普通高等教育高职高专土建类"十二五"规划教材

建筑力学与结构

主　编　樊长林　周立军
副主编　王士坤　赵培兰
王　博　翟晓力
秦焕朝

中国水利水电出版社
www.waterpub.com.cn

内 容 提 要

本教材是"普通高等教育高职高专土建类'十二五'规划教材"之一。根据最新规范和高职高专人才培养目标，以工作任务为导向编写，突出对学生职业能力和创新能力的培养。共分9个教学模块，主要内容包括：建筑结构材料，建筑结构荷载确定，建筑结构受力分析，钢筋混凝土受弯构件设计，钢筋混凝土受压构件设计，肋形楼盖设计，钢筋混凝土多层及高层结构房屋设计简介，砌体结构房屋设计，钢结构房屋设计。

本教材可作为高职高专、成人教育建筑工程技术专业以及土建类相关专业教材，也可供相关工程技术人员作为参考用书。

图书在版编目（CIP）数据

建筑力学与结构/樊长林，周立军主编．—北京：中国水利水电出版社，2012.2（2015.1重印）
普通高等教育高职高专土建类"十二五"规划教材
ISBN 978-7-5084-9402-9

Ⅰ.①建… Ⅱ.①樊…②周… Ⅲ.①建筑科学：力学-高等职业教育-教材②建筑结构-高等职业教育-教材 Ⅳ.①TU3

中国版本图书馆CIP数据核字（2012）第018189号

书　名	普通高等教育高职高专土建类"十二五"规划教材 **建筑力学与结构**
作　者	主编　樊长林 周立军　副主编　王士坤 赵培兰 王博 翟晓力 秦焕朝
出版发行	中国水利水电出版社 （北京市海淀区玉渊潭南路1号D座　100038） 网址：www.waterpub.com.cn E-mail：sales@waterpub.com.cn 电话：（010）68367658（发行部）
经　售	北京科水图书销售中心（零售） 电话：（010）88383994、63202643、68545874 全国各地新华书店和相关出版物销售网点
排　版	中国水利水电出版社微机排版中心
印　刷	北京嘉恒彩色印刷有限责任公司
规　格	184mm×260mm　16开本　23印张　546千字
版　次	2012年2月第1版　2015年1月第3次印刷
印　数	6001—9000册
定　价	**45.00**元

普通高等教育高职高专土建类
“十二五”规划教材

参编院校及单位

安徽工业经济职业技术学院
滨州职业学院
重庆建筑工程职业学院
甘肃工业职业技术学院
甘肃林业职业技术学院
广东建设职业技术学院
广西经济干部管理学院
广西机电职业技术学院
广西建设职业技术学院
广西理工职业技术学院
广西交通职业技术学院
广西水利电力职业技术学院
河北交通职业技术学院
河北省交通厅公路管理局
河南财政税务高等专科学校
河南工业职业技术学院
黑龙江农垦科技职业学院
湖南城建集团
湖南交通职业技术学院
淮北职业技术学院
淮海工学院
金华职业技术学院
九江学院
九江职业大学
兰州工业高等专科学校
辽宁建筑职业技术学院
漯河职业技术学院
内蒙古河套大学
内蒙古建筑职业技术学院
南宁职业技术学院
宁夏建设职业技术学院
山西长治职业技术学院
山西水利职业技术学院
石家庄铁路职业技术学院
太原城市职业技术学院
太原大学
乌海职业技术学院
烟台职业学院
延安职业技术学院
义乌工商学院
邕江大学
浙江工商职业技术学院

本 书 编 委 会

主　编： 樊长林　周立军

副主编： 王士坤　赵培兰　王　博　翟晓力　秦焕朝

序

“十二五”时期，高等职业教育面临新的机遇和挑战，其教学改革必须动态跟进，才能体现职业教育“以服务为宗旨、以就业为导向”的本质特征，其教材建设也要顺应时代变化，根据市场对职业教育的要求，进一步贯彻“任务导向、项目教学”的教改精神，强化实践技能训练、突出现代高职特色。

鉴于此，从培养应用型技术人才的期许出发，中国水利水电出版社于2010年启动了土建类（包括建筑工程、市政工程、工程管理、建筑设备、房地产等专业）以及道路桥梁工程等相关专业高等职业教育的“十二五”规划教材。本套“普通高等教育高职高专土建类‘十二五’规划教材”，编写上力求结合新知识、新技术、新工艺、新材料、新规范、新案例，内容上力求精简理论、结合就业、突出实践。

随着教改的不断深入，高职院校结合本地实际所展现出的教改成果也各不相同，与之对应的教材也各有特色。本套教材的一个重要组织思想，就是希望突破长久以来习惯以“大一统”设计教材的思维模式。这套教材中，既有以章节为主体的传统教材体例模式，也有以“项目—任务”模式的“任务驱动型”教材，还有基于工作过程的“模块—课题”类教材。不管形式如何，编写目标均是结合课程特点、针对就业实际、突出职业技能，从而符合高职学生学习规律的精品教材。其主要特点有以下几方面。

（1）专业针对性强。针对土建类各专业的培养目标、业务规格（包括知识结构和能力结构）和教学大纲的基本要求，充分展示创新思想，突出应用技术。

（2）以培养能力为主。根据高职学生所应具备的相关能力培养体系，构建职业能力训练模块，突出实训、实验内容，加强学生的实践能力与操作技能。

（3）引入校企结合的实践经验。由企业的工程技术人员参与教材的编写，将实际工作中所需的技能与知识引入教材，使最新的知识与最新的应用充实到教学过程中。

（4）多渠道完善。充分利用多媒体介质，完善传统纸质介质中所欠缺的表达方式和内容，将课件的基本功能有效体现，提高教师的教学效果；将光盘的容量充分发挥，满足学生有效应用的愿望。

本套教材适用于高职高专院校土建类相关专业学生使用，亦可为工程技术人员参考借鉴，也可作为成人、函授、网络教育、自学考试等参考用书。本套丛书的出版对于“十二五”期间高职高专的教材建设是一次有益的探索，也是一次积累、沉淀、迸发的过程，其丛书的框架构建、编写模式还可进一步探讨，书中不妥之处，恳请广大读者和业内专家、教师批评指正，提出宝贵建议。

编委会

2011 年 11 月

前言

本教材以《国务院关于大力发展职业教育的决定》（国发［2005］35号）、《关于全面提高高等职业教育教学质量的若干意见》（教高［2006］16号）等文件精神为指导，在对建筑工程技术专业的人才培养模式和课程体系改革进行充分调研的基础上，吸收国内众多高职高专院校在课程建设方面取得的进展，以及广泛征求企业专家意见的基础上编写而成。本教材打破以知识传授为主的传统模式，以工作任务为引领组织教学内容，适合用于对学生进行项目化教学。教材内容突出对学生职业能力的训练，理论知识的选取紧紧围绕解决具体的工程问题，突出职业能力和创新能力的培养，针对性强，体现了高职教育课程的实践性、开放性和职业性，符合高职高专人才的培养目标。

本教材主要包括以下内容：建筑结构材料，建筑结构荷载确定，建筑结构受力分析，钢筋混凝土受弯构件设计，钢筋混凝土受压构件设计，肋形楼盖设计，钢筋混凝土多层及高层结构房屋设计简介，砌体结构房屋设计，钢结构房屋设计，共有9个教学模块。

参加本书编写的有，太原城市职业技术学院樊长林（负责模块一、二的编写）、王博（负责模块三、四的编写），山西水利职业技术学院翟晓力（负责模块五的编写），山西建筑职业技术学院秦焕朝（负责模块六的编写），太原城市职业技术学院王士坤（负责模块七的编写），日照职业技术学院周立军（负责模块八的编写），太原城市职业技术学院赵培兰（负责模块九的编写），全书由樊长林统稿。

本教材在编写过程中得到了中国水利水电出版社和编者所在单位领导的大力支持和协助，在此表示感谢。本教材参考和借鉴了有关文献资料，许多热心朋友也给予了很大帮助，谨向这些文献作者和朋友致以诚挚的谢意。

由于水平有限，加之编写时间仓促，书中难免有不妥与疏漏之处，恳请读者批评指正。

编者

2012年01月

前言

[illegible]

目 录

导 言

1. 建筑结构的概念及分类

建筑结构是用建筑材料组成的具有足够抵抗能力的空间骨架，抵御自然界可能发生的各种作用从而为人类服务。建筑结构由水平构件、竖向构件和基础组成。水平构件包括板、梁等，竖向构件包括柱、墙等，这些构件组成空间几何不变体系，承受水平及竖向作用。基础用以将建筑物承受的作用传至地基。

按照所用的材料不同，建筑结构可分为混凝土结构、砌体结构、钢结构、木结构等类型。

(1) 混凝土结构。

混凝土结构是钢筋混凝土结构、预应力混凝土结构和素混凝土结构的总称，其中钢筋混凝土结构应用最为广泛。

钢筋混凝土结构具有以下优点。

1) 易于就地取材。钢筋混凝土的主要材料是砂、石，两种材料几乎到处都有，且水泥和钢材的产地在我国分布也较广，有利于降低钢筋混凝土的工程造价。

2) 耐久性好。钢筋混凝土结构中，钢筋紧紧包裹在混凝土中而不致锈蚀，即使在侵蚀性介质中，也可采用特殊工艺制成耐腐蚀的混凝土。因此具有很好的耐久性，几乎不用维修。

3) 抗震性能好。钢筋混凝土结构，特别是现浇混凝土结构具有很好的整体性，能抵御地震作用，具有较好抗震性能。

4) 可模性好。混凝土拌合物是可塑的，可根据工程需要制成各种形状的构件，这为合理选择结构形式及构件断面提供了方便。

5) 耐火性好。在钢筋混凝土结构中，由于钢筋被混凝土包裹着，而混凝土的导热性很差，因此发生火灾时钢筋不致很快达到软化温度而造成结构破坏。

6) 刚度大，承载力较高。

基于上述优点，钢筋混凝土结构不但被广泛应用于多层、高层住宅，宾馆及单层与多层工业厂房，而且也应用于水塔、烟囱、核反应堆等特种结构。

钢筋混凝土的主要缺点是自重大，抗裂性能差，现浇结构模板用量大、工期长等。但随着科学技术的不断发展，这些缺点可以逐渐克服。

(2) 砌体结构。

由块体（砖、石材、砌块）和砂浆砌筑而成的墙、柱作为建筑物主要受力构件的结构称为砌体结构，为砖砌体结构、石砌体结构和砌块砌体结构的统称。砌体结构主要有以下优点。

1）取材方便，造价低廉。砌体结构原材料为黏土、砂子、天然石材等几乎到处都有，因而与钢筋混凝土结构相比更为经济，并节约水泥、钢材和木材。利用工业废料制成的砌块砌体还可节约土地，使建筑向绿色建筑、环保建筑方向发展。

2）具有良好的耐火性及耐久性。一般情况下，砌体能耐受400℃的高温。砌体耐腐蚀性良好，完全能满足预期的耐久年限要求。

3）具有良好的保温、隔热、隔音性能，节能效果好。

4）施工简单，技术容易掌握和普及，也不需要特殊的设备。

砌体结构的主要缺点是自重大，强度低，整体性差，砌筑劳动强度大等。

砌体结构在多层建筑中应用非常广泛，特别是在多层民用建筑中，砌体结构占绝大多数。目前高层砌体结构也开始应用，最高砌体建筑高度已达10余层。

砌体的抗压承载力较高而抗弯及抗拉承载力较低，因此，在实际工程中，砌体结构主要用于房屋结构中以受压为主的竖向承重构件（如墙、柱等），而水平承重构件（如梁、板等）多为钢筋混凝土构件。

（3）钢结构。

钢结构指以钢材为主要承重构件的结构。钢结构具有以下主要优点：

1）材料强度高，自重轻，塑性和韧性好，材质均匀。

2）便于工厂生产和机械化施工，便于拆卸。

3）具有优越的抗震性能。

4）无污染、可再生、节能、安全，符合建筑可持续发展的原则，可以说钢结构的发展是21世纪建筑文明的体现。

钢结构易腐蚀，需经常刷油漆维护，故维护费用较高。钢结构的耐火性差。当温度达到250℃时，钢结构的材质将会发生较大变化；温度400℃时，钢材的屈服强度将降至室温下的一半，温度达到600℃时，钢材基本丧失全部强度。

钢结构的应用日益增多，尤其是在高层建筑及大跨度结构（如网架、网壳、悬索等结构）中。

2．建筑结构的发展趋势

近年来，我国建筑结构领域取得了辉煌成就。建筑结构的发展趋势主要表现在以下几个方面。

（1）理论方面。

一是随着研究的不断深入、统计资料的不断积累，结构设计方法将会发展至全概率极限状态设计方法。二是衡量结构安全的可靠度理论不断发展，目前有学者提出全过程可靠度理论，将可靠度理论应用到工程结构设计、施工与使用的全过程中，以保证结构的安全可靠。随着模糊数学的发展，模糊可靠度的概念正在建立。三是随着计算机的发展，工程结构计算正向精确化方向发展，结构的非线性分析是发展趋势。非线性分析的主要方法是有限元法。对混凝土等材料进行非线性有限元分析目前还不太成熟，学者们正在对有关问题进行深入研究。

（2）材料方面。

建筑结构材料向轻质高强方向发展。目前美国已制成C200的混凝土，我国已制成

C100 的混凝土。目前高强混凝土的塑性性能不如普通混凝土，研制塑性好的高强混凝土是今后的发展方向。轻质混凝土主要是采用轻质集料，轻质集料主要有天然轻集料（如浮石、凝灰石等），人造轻集料（页岩陶粒、私土陶粒、膨胀珍珠岩等），工业废料（炉渣、矿渣粉煤灰陶粒等）。轻质混凝土的强度目前一般只能达到 5～20N/mm^2，开发高强度的轻质混凝土是今后的方向。为改善混凝土抗拉性能差、延性差的缺点，在混凝土中掺入纤维是有效的途径。掺入的纤维有钢纤维、耐碱玻璃纤维、聚丙烯纤维或尼龙合成纤维等。除此之外，许多特种混凝土如膨胀混凝土、聚合物混凝土、浸渍混凝土等也在研制、应用之中。

高强钢筋发展较快。现在强度达 400～600N/mm^2 的高强钢筋已开始应用，今后将会出现强度超过 1000N/mm^2 的钢筋。目前高强钢筋主要是冷轧钢筋，包括冷轧带肋钢筋和冷轧扭钢筋。为减小裂缝宽度，焊成梯格形的双钢筋也在开始应用。

砌体结构材料的发展方向也是轻质高强。途径之一是发展空心砖。国外空心砖的抗压强度普遍可达 30～60N/mm^2，甚至高达 100N/mm^2 以上，孔洞率达 40%以上。另一途径是在黏土内掺入可燃性植物纤维或塑料珠，煅烧后形成气泡空心砖，它不仅自重轻，而且隔声、隔热性能好。砌体结构材料另一个发展趋势是高强砂浆。

钢结构材料主要是向高效能方向发展。除提高材料强度外，还应大力发展型钢。如 H 型钢可直接作梁和柱，采用高强螺栓连接，施工非常方便。压型钢板可以直接作屋盖，也可在其上面浇上一层混凝土作楼盖。作楼盖时压型钢板既是楼板的抗拉钢筋，又是模板。

(3) 结构方面。

空间钢网架、悬索结构、薄壳结构成为大跨度结构发展的方向。空间钢网架最大跨度已超过 100m。

高层砌体结构也开始应用。为克服传统体系砌体结构水平承载力低的缺点，一个途径是使墙体只受垂直荷载，将所有的水平荷载由钢筋混凝土内核芯筒承受，形成砖墙-筒体体系；另一个途径就是对墙体施加预应力，形成预应力砖墙。

组合结构也是结构发展的方向。目前型钢混凝土、钢管混凝土、压型钢板叠合梁等组合结构已广泛应用，在超高层建筑结构中还采用钢框架与内核芯筒共同受力的组合体系，能充分利用材料优势。

(4) 施工技术方面。

预应力混凝土楼盖和预应力混凝土框架结构有较快发展。在高层建筑中，大模板、滑模等施工方法得到广泛推广和应用。碾压混凝土也是近年来发展较快的新型混凝土，它可用于大体积混凝土结构、公路路面及机场道面，其特点是施工机械化程度高、效率高、劳动条件好、工期短。

3. 建筑结构的内容、任务及学习方法

建筑结构或构件具有足够的可靠性的同时还应具有经济性。二者是一对矛盾。例如，当构件材料、受力、截面形状等已经确定时，构件截面尺寸过小，则可能承载能力不够而导致结构破坏，或者因变形或裂缝过大而不能正常工作；反之，如果构件截面尺寸过大，则构件承载能力将过于富裕，势必增加造价，造成不必要的浪费。实际工程中，需要通过结构设计来解决这对矛盾。

建筑结构设计就是要在结构的可靠与经济之间选择一种合理的平衡，使所建造的结构既经济合理又安全可靠。结构设计是一个复杂的综合过程，一般需要先对结构进行总体布置，然后再对构件进行受力分析、荷载计算、内力计算、选择尺寸和材料、构造处理，等等，最后绘出结构施工图。由此可见，建筑力学与结构的内容是十分丰富和复杂的。本课程主要研究结构或构件在载荷作用下的平衡规律及常用结构的内力计算方法，研究钢筋混凝土结构基本构件承载力的计算方法以及钢筋混凝土结构、砌体结构、钢结构的基本构造要求，为正确识读结构施工图奠定基础。

通过本课程的学习，要求理解建筑结构的基本概念、基本理论，能进行结构的受力分析与内力计算，理解结构计算的基本原则，掌握钢筋混凝土、钢结构基本受力构件的承载力计算方法，了解高层建筑结构的内力计算及受力特点。本课程是建筑工程技术、工程造价、建筑装饰工程技术、建筑经济管理、建筑工程管理建筑设计技术、室内设计技术等专业的重要专业基础课。

本课程学习要理论联系实际。理论本身就来源于生产实践，是大量工程实践的经验总结。学习时，应通过实习、参观等各种渠道向工程实践学习，加强练习，在学习本课程时应注意培养自己综合分析问题的能力。结构问题的答案具有多样性，即使是同一构件在给定荷载作用下，其截面形式、截面尺寸、配筋方式和数量都可以有多种答案。这时往往需要综合考虑适用、材料、造价、施工等多方面因素，才能作出合理选择。要注意学习有关规范，结构设计规范是国家颁布的关于结构设计计算和构造要求的技术规定和标准，设计、施工等工程技术人员都必须遵循，熟悉并学会应用有关规范是学习本课程的重要任务之一，因此，学习中应自觉结合课程内容学习有关规范，以达到逐步熟悉并正确应用之目的。

模块一　建筑结构材料

学习目标

1. 学会使用钢筋、混凝土、砌体，钢材的设计指标。
2. 会正确运用钢筋锚固与连接的构造。
3. 能够运用力学性能指标综合评价钢材。
4. 了解混凝土强度和变形关系曲线。
5. 能分析砂浆、块体强度与砌体强度关系。
6. 会合理选择结构材料种类及等级。

任务1　钢筋强度指标选取

一、任务描述

某工业厂房，采用钢筋混凝土三角形屋架，上下弦截面均为 250mm×250mm，采用 HRB400 级钢筋。若下弦选配 4 Φ 14 钢筋。确定该屋架下弦的钢筋设计值与锚固长度。

二、任务分析

1. 钢筋分类

钢筋混凝土及预应力混凝土结构中采用的钢筋和钢丝按其生产、加工工艺及机械性能的不同分为热轧钢筋、冷拉钢筋、钢丝和热处理钢筋等四大类（见图 1-1-1），其中应

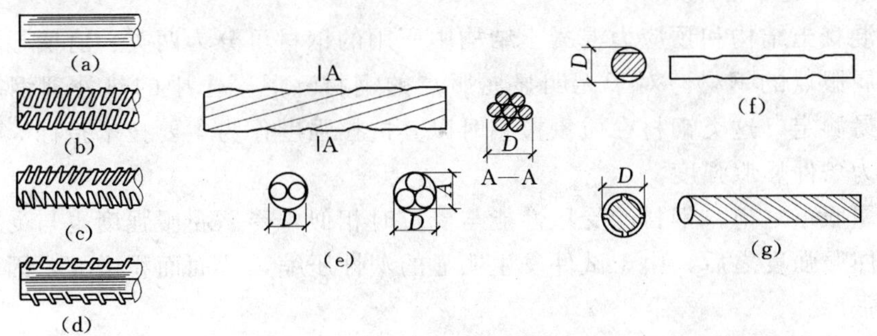

图 1-1-1　钢筋及钢丝的种类

(a) 光面钢筋；(b) 螺纹钢筋；(c) 人字纹钢筋；(d) 月牙纹钢筋；(e) 钢绞线；(f) 刻痕钢丝；(g) 螺旋肋钢丝

用最多的为热处理钢筋。

（1）热轧钢筋。

热轧钢筋按其强度由低到高分为 HPB235、HRB335、HRB400 和 RRB400 四级，其中 HPB235 钢筋为低碳钢，其余均为低合金钢。HPB235 钢筋的外形为光圆面，称为光圆钢筋；其余三级均在表面上轧有肋纹，称为变形钢筋。过去通用的肋纹有螺纹和人字纹，近年来为了改进生产工艺并改善使用功能，变形钢筋的螺纹形式已逐步被月牙纹取代。

HPB235、HRB335、HRB400 和 RRB400 的钢筋代号含义如下：

（2）冷加工钢筋。

冷加工钢筋是由热轧钢筋和盘条经冷拉、冷拔、冷压、冷扭加工后而成。冷加工的目的是为了提高钢筋的强度，节约钢材。但经冷加工后，塑性降低，钢材产生硬化，增加脆性破坏的危险。近年来，冷加工钢筋的品种很多，应根据专门规程使用。

（3）钢丝。

按外形预应力钢丝分为光面钢丝、螺旋肋钢丝和刻痕钢丝三种，共同特点是高强度，伸长率较低。采用预应力钢丝可节省钢材，减少构件截面，节约混凝土。刻痕钢丝是在光面钢丝的表面经过机械刻痕处理而成，以增加钢筋与混凝土的粘结能力。螺旋肋钢丝是以普通低碳或低合金钢的热轧圆盘条为母材，经冷轧减径后在其表面冷轧成两面或三面有月牙肋的钢筋。钢绞线则是由几根高强钢丝捻制在一起经过低温回火处理清除内应力后制成的。钢绞线强度高，与混凝土的粘结好，多用于大跨度、重荷载的预应力混凝土结构中。

（4）热处理钢筋。

热处理是对某些特定钢号的热轧钢筋进行淬火和回火处理，钢筋经淬火后硬度大幅度提高，但塑性和韧性降低，通过回火可以在不降低强度的前提下消除由淬火产生的内应力，改善塑性和韧性。

2. 钢筋强度设计指标

在钢筋混凝土结构和预应力混凝土结构中所用的钢材可分为两类：有明显屈服点的钢材和无明显屈服点的钢材。对于无明显屈服点的钢材（混凝土中的热处理钢筋和钢丝），其屈服点不易测定，这类钢材在质量检测时以其抗拉强度作为主要技术指标，并以抗拉强度的 0.8 作为条件屈服强度。

在达到屈服点之前，钢材的受压性能与受拉时相似，受压屈服强度也与受拉时基本一样。在达到屈服强度之后，由于试件发生明显的塑性压缩，截面面积增大，因而难以达到明显的抗压强度。

钢筋强度设计值。强度标准值除以材料分项系数即为钢筋强度设计值。钢筋的材料分项系数 γ_s 为：热轧钢筋为 1.10；预应力钢筋为 1.20。

《混凝土结构设计规范》规定：钢筋的强度标准值应具有不小于95%的保证率。热轧钢筋的强度标准值根据屈服强度确定；预应力钢绞线、钢丝和热处理钢筋的强度值根据极限抗拉强度确定；用于钢筋混凝土和预应力混凝土中的非预应力钢筋宜采用HRB400级和HRB335级钢筋，也可采用HPB235级和RRB400级钢筋；预应力钢筋宜采用预应力钢绞线、钢丝，也可采用热处理钢筋。钢筋强度标准值应具有不小于95%的保证率。当采用直径大于40mm的钢筋时，应有可靠工程经验。

3. 建筑结构对钢筋性能要求

(1) 强度。

强度是指钢筋的屈服强度和极限强度。钢筋的屈服强度是混凝土结构构件技术主要依据之一，采用较高强度的钢筋可以节省钢材，获得较好的经济效益。

(2) 塑性。

要求钢筋在断裂前有足够的变形，能够在破坏前给人们预兆，因此应保证钢筋的伸长率和冷弯性能合格。

(3) 可焊性。

在很多情况下，钢筋的接长需要通过焊接完成，因此要求在一定工艺条件下钢筋焊接后不产生裂纹和过大变形，保证焊接后性能良好。

(4) 与混凝土具有很好的粘结力。

为了保证钢筋和混凝土共同工作，要采取一定的措施保证钢筋与混凝土之间的粘结力。

4. 钢筋与混凝土间的粘结力

混凝土与钢筋是两种性能完全不同的材料，在混凝土结构中，钢筋和混凝土共同工作是因为：

(1) 混凝土结硬后，能与钢筋牢固地结合成整体，形成可靠的粘结力，共同变形，这是钢筋和混凝土共同工作的基础。

(2) 钢筋和混凝土具有相近的温度线膨胀系数：钢筋为1.2×10^{-5}，混凝土为$(1.0\sim1.5)\times10^{-5}$，当温度变化时，两者之间不致产生过大的温度变形差和破坏两者之间的粘结。

(3) 混凝土包裹在钢筋外面，提供的碱性环境可以保护钢筋免受锈蚀，从而保证构件的耐久性。

钢筋与混凝土能够共同工作，除了二者的温度线膨胀系数相近以外，还有一个主要原因是钢筋和混凝土之间存在着粘结力。影响粘结强度的主要因素有：

1) 混凝土强度等级。混凝土强度越大，粘结强度越大。

2) 混凝土保护层厚度及钢筋净距。混凝土保护层较薄时，其粘结力降低，并易在保护层最薄弱处出现纵向劈裂裂缝，使粘结力提早破坏。为此《混凝土结构设计规范》对保护层厚度及钢筋的最小间距均作了要求。

3) 钢筋表面形状。变形钢筋表面凹凸不平，与混凝土之间机械咬合力大，则粘结强度高于光面钢筋。工程中通过将光面钢筋端部做弯钩来增加其粘结强度。

4) 横向钢筋设置。构件中设置横向钢筋如箍筋，可以延缓径向劈裂裂缝的发展和限

制劈裂裂缝的宽度，从而提高粘结强度。所以《混凝土结构设计规范》要求在钢筋锚固区和搭接范围内要增设附加箍筋。

5）钢筋周围有无侧向压力。有侧向压力（如在梁的支承区的下部），则粘结力增大。

5. 保证钢筋和混凝土之间粘结力的措施

我国规范用规定构造措施的方法来保证钢筋和混凝土的粘结力。构造措施规定了钢筋最小搭接长度和锚固长度、钢筋的最小间距和混凝土保护层的最小厚度、钢筋在搭接接头范围内箍筋加密、受力的光面钢筋端部要做弯钩等。

（1）锚固长度的计算。

为了保证钢筋受力后有可靠的粘结，不产生相对滑移，纵向钢筋必须伸过其受力截面并在混凝土中有足够的埋入长度。《混凝土结构设计规范》以钢筋应力达到屈服强度 f_y 时不发生粘结锚固破坏的最小埋入长度作为确定锚固长度的依据。受拉钢筋的锚固长度又称为基本锚固长度，用 l_a 表示，按下式计算，即：

$$l_a=\frac{f_y}{af_t}d \tag{1-1-1}$$

式中 l_a——受拉钢筋的锚固长度，mm；

f_y——锚固钢筋的抗拉强度设计值，N/mm²；

f_t——锚固区混凝土的轴心抗拉强度设计值，N/mm²；

d——锚固钢筋的直径或锚固并筋的等效直径，mm；

a——锚固钢筋的外形系数，按附表 5 取用。

（2）钢筋锚固的要求。

当符合下列条件时，计算的锚固长度应进行修正：

a. 当 HRB335、HRB400 和 RRB400 级钢筋的直径大于 25mm 时，其锚固长度应乘以修正系数 1.1。

b. HRB335、HRB400 和 RRB400 级的环氧树脂涂层钢筋，其锚固长度应乘以修正系数 1.25。

c. 当钢筋在混凝土施工中易受扰动（如滑模施工）时，其锚固长度应乘以修正系数 1.1。

d. 当 HRB335、HRB400 和 RRB400 级钢筋在锚固区的混凝土保护层厚度大于钢筋直径的 3 倍且配有箍筋时，其锚固长度可乘以修正系数 0.8。

e. 除构造需要的锚固长度外，当纵向受力钢筋的实际配筋面积大于其设计计算面积时，如有充分依据和可靠措施，其锚固长度可乘以设计计算面积与实际配筋面积的比值，但对有抗震设防要求及直接承受动力荷载的结构构件。不得采用此向修正。

f. 当采用骤然放松预应力钢筋的施工工艺时，先张法预应力钢筋的锚固长度从距构件末端 $0.25l_{tr}$ 处开始计算，此处 l_{tr} 为预应力传递长度。

经过上述修正后的锚固长度不应小于按公式计算的锚固长度的 0.7 倍，且不应小于 250mm。

当 HRB335、HRB400 和 RRB400 级纵向受拉钢筋末端采用机械锚固措施时，包括附加锚固端头在内的锚固长度可取为按公式计算的锚固长度的 0.7 倍。机械锚固的形式及构

造要求宜按图1-1-2采用。

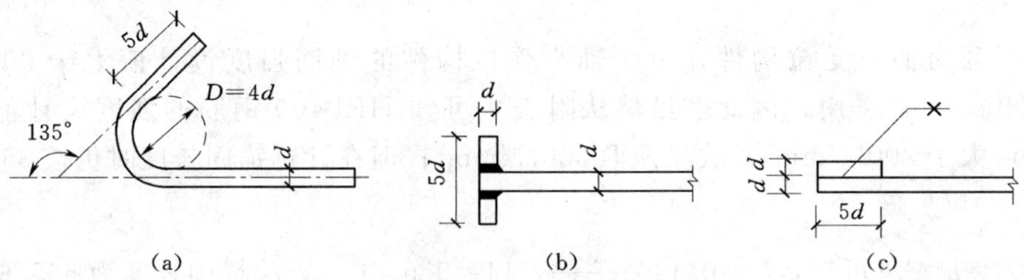

图1-1-2　钢筋机械锚固的形式及构造要求

(a) 末端带135°弯钩；(b) 末端与钢板穿孔塞焊；(c) 末端与短钢筋双面贴焊

采用机械锚固措施时，锚固长度范围内的箍筋不应少于3个，其直径不应小于纵向钢筋直径的0.25倍，其间距不应大于纵向钢筋直径的5倍。当纵向钢筋的混凝土保护层厚度不小于钢筋公称直径5倍时，可不配置上述箍筋。

当计算中充分利用纵向钢筋的抗压强度时，其锚固长度不应小于受拉锚固长度 l_a 的0.7倍。

(3) 钢筋连接。

钢筋连接可分为三类：绑扎搭接连接（见图1-1-3）、机械连接（锥螺纹套筒、钢套筒挤压连接等）和焊接连接（见图1-1-4）。钢筋的搭接接头可视为锚固的一个特例，但搭接接头的受力情况较为不利。由于搭接范围内两根钢筋贴近且同时受力，钢筋与混凝土间的粘结作用被削弱，钢筋间的混凝土易被磨碎或剪坏。因此，如果同一截面内钢筋的搭接接头的百分率过大或搭接钢筋的横向间距过密时，锚固作用会严重下降。

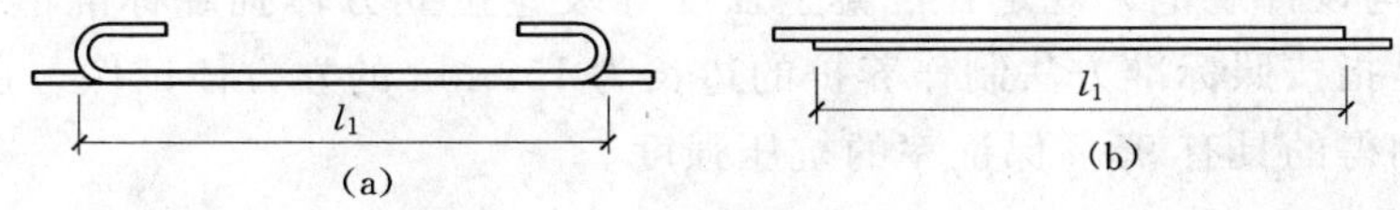

图1-1-3　钢筋的绑扎接头

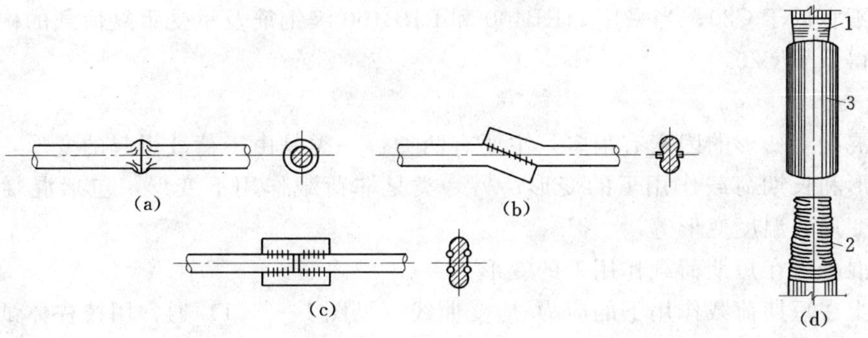

图1-1-4　钢筋机械连接与焊接

(a) 闪光对焊；(b)、(c) 电弧焊；(d) 锥螺纹连接

1—上钢筋；2—下钢筋；3—套筒

三、任务实施

屋架下弦为轴心受拉构件，由于轴心受拉构件的钢筋强度设计值大于 300N/mm² 时，按 300N/mm² 采用，因此，虽然从附表 4 可知 HRB400 钢筋的强度设计值为 $f_y=360N/mm^2$ 大于 300N/mm²，故只能取 300N/mm²；但在计算锚固长度时仍按 360N/mm² 计算。

由式 $l_a=a\frac{f_y}{f_t}d$ 可知，$l_a=0.14\times\frac{360}{1.27}\times14=555.6mm$，故锚固长度为 555.6mm。

任务 2 混凝土强度指标选取

一、任务描述

某工业厂房，采用混凝土三角形屋架上下弦界面均为 250mm×250mm，采用 HRB400 级钢筋。确定该屋架上、下弦所采用的混凝土强度等级及强度设计值。

二、任务分析

混凝土强度等级是其受力性能的一个基本指标。混凝土强度与水泥标号、水灰比、骨料品种、混凝土配合比、硬化条件等有很大关系。在实验室还因试件的尺寸及形状、试验方法和加载时间的不同，所测得的强度也不同。

1. 混凝土强度

《混凝土结构设计规范》规定：混凝土强度等级应按立方体强度标准值确定。立方体抗压强度标准是指按照标准方法制作养护的边长为 150mm 的立方体试件，在 28 天龄期用标准试验方法测得的具有 95%保证率的抗压强度。

2. 混凝土选用原则

钢筋混凝土结构的混凝土强度等级不应低于 C15；当采用 HRB335 级钢筋时，混凝土钢筋等级不宜低于 C20；当采用 HRB400 和 RRB400 级钢筋及承受重复荷载的构件，混凝土等级不得低于 C20。

3. 混凝土变形

影响混凝土变形的因素有很多，主要有两类：一类是由于荷载引起的变形，包括短期加载时变形和长期荷载作用下的变形；另一类是非荷载作用下变形，包括混凝土化学收缩、干湿变形、温度变形等。

（1）混凝土在短期荷载作用下的变形。

混凝土在短期荷载作用下的应力-应变曲线（见图 1-2-1）通常用棱柱体试件进行测定，它是研究钢筋混凝土构件强度、裂缝、变形、延性所必需的依据。

图中的几个特征阶段如下：

OA 段：应力较小，$\sigma\leqslant f_c^0$，混凝土表现出理想的弹性性质，应力-应变关系呈直线变化，混凝土内部的初始裂缝没有发展。

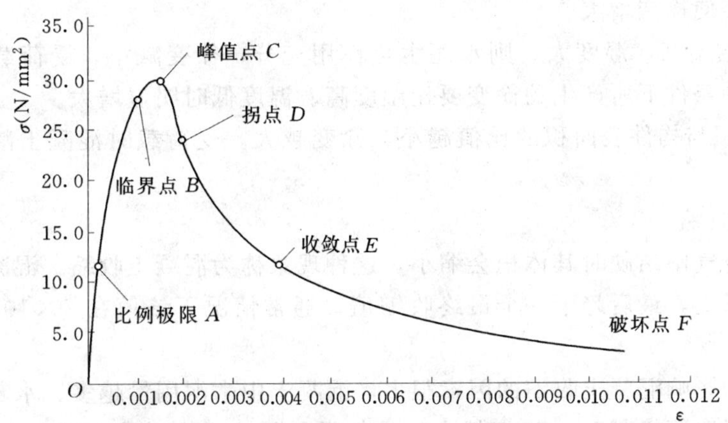

图 1-2-1　混凝土的应力-应变曲线

AB 段：$\sigma=(0.3\sim0.8)f_c^0$，混凝土开始表现出越来越明显的非弹性性质，应力-应变关系偏离直线，应变增长速度比应力增长速度快，在此阶段混凝土内部裂缝已有所发展，但处于稳定状态。

BC 段：$\sigma=(0.8\sim1.0)f_c^0$，应变增长速度进一步加快，应力-应变曲线的斜率急剧减小，混凝土内部裂缝进入非稳定发展阶段。

C 点：当应力到达 C 点即应力峰值 σ_0 时，混凝土发挥出它受压时的最大承载能力，即轴心抗压能力 f_c^0。此时内部微裂缝已延伸扩展成若干通缝。相应于最大应力的应变值称为峰值应变，它随混凝土强度等级的不同在 $1.5\times10^{-3}\sim2.5\times10^{-3}$ 之间变动。实用中对轴心受压通常取 $\varepsilon_0=2\times10^{-3}$。曲线的 OC 段称为应力-应变曲线的上升段。

C 点以后：通过 C 点后，试件的承载力随应变增长逐渐减小。应力开始下降。试件表面出现一些不连续的纵向裂缝，以后应力下降加快，应力-应变曲线的坡度变陡，当应变约增大到 $4\times10^{-3}\sim6\times10^{-3}$ 时，应力下降变缓，最后趋向于稳定的残余应力。C 点以后的应力-应变曲线称为“下降段”，下降段后反映了混凝土内部沿裂缝面的剪切滑移及骨料颗粒处裂缝不断延伸扩展，此时的承载能力主要依靠滑移面上的摩擦咬合力。

从混凝土应力-应变曲线可以看出：混凝土应力-应变关系图形是一条曲线，这说明混凝土是一种弹塑性材料，只有当应力很小时才能将其视为弹性材料。曲线分为上升段和下降段，说明混凝土在破坏过程中，承载力有一个从增加到减少的过程，当混凝土的压应力达到最大时，并不意味着立即破坏。因此，混凝土最大应变对应的不是最大应力，最大应力对应的应变也不是最大应变。

(2) 混凝土的徐变和收缩。

1) 混凝土徐变。

混凝土在荷载长期作用下随时间而增长的变形，称为徐变。徐变会造成结构内力重分布，使变形增大，引起预应力损失。混凝土的组成成分和配合比是影响徐变的直接因素。

a. 骨料的弹性模量越大，骨料体积在混凝土中所占的比例越大，则由凝胶体流变后转给骨料压力所引起的变形越小，徐变亦越小。

b. 水泥用量大，凝胶体在混凝土中所占的比重也大，水灰比高，水泥水化后残存的游离水也多，会使徐变增大。

c. 养护时温度高，湿度大，则水泥水化作用充分，徐变减小。受荷载后混凝土在湿度低，温度高的条件下所产生的徐变要比湿度高、温度低时明显增大。

d. 构件体积与构件表面积的比值越小，徐变越大。受荷载时混凝土龄期越长，徐变越小。

2）混凝土收缩。

混凝土在空气中结硬时其体积会缩小，这种现象称为混凝土收缩。混凝土整个收缩过程可延续2年以上，最后趋于一个最终收缩值，通常情况下该值在$2\times10^{-4}\sim5\times10^{-4}$范围内变化。

试验表明，影响混凝土收缩的因素很多，混凝土中水泥用量越多、水灰比越大、收缩越大；混凝土强度等级越高，收缩越大；骨料颗粒越小、空隙率越高、骨料弹性模量越低，则混凝土的收缩也越大。此外，混凝土结硬过程中周围湿度大以及使用环境的湿度越大时，混凝土收缩则较小。

4. 混凝土的弹性模量和变形模量

弹性模量反映了材料受力之后的应力-应变性质。混凝土的弹性模量指混凝土的原点切线模量。但是，混凝土不是弹性材料，其应力-应变不呈线性关系，在不同应力阶段的变形模量（应力与应变之比）不同，原点切线很难准确地作出。实用中，用应力上限为$(0.4\sim0.5)f_c$循环5～10次后的应力-应变曲线，应力为$(0.4\sim0.5)f_c$时的割线模量作为混凝土弹性模量的近似值。

按照上述方法，《混凝土结构设计规范》经统计分析得到混凝土的受拉或受压弹性模量$E_c(\mathrm{N/mm^2})$的经验计算公式

$$E_c=\frac{10^5}{2.2+\frac{34.7}{f_{cu,k}}} \tag{1-2-1}$$

式中　$f_{cu,k}$——混凝土的立方体抗压强度标准值，$\mathrm{N/mm^2}$。

5. 混凝土耐久性规定

混凝土结构应符合有关耐久性规定，以保证其在化学的、生物的以及其他使结构材料性能恶化的各种侵蚀的作用下，达到预期的耐久年限。

结构的使用环境是影响混凝土结构耐久性的最重要因素。使用环境类按表1-2-1划分。影响混凝土结构耐久性的另一重要因素是混凝土的质量。控制水灰比，减小渗透性，提高混凝土的强度等级，增加混凝土的密实性，以及控制混凝土中氯离子和碱的含量等，对于混凝土的耐久性都有非常重要的作用。

表1-2-1　　混凝土结构使用环境类别

环境类别		条　件
一		室内正常环境
二	a	室内潮湿环境，非严寒和非寒冷地区的露天环境、与无侵蚀性的水或土壤直接接触的环境
	b	严寒和寒冷地区的露天环境、与无侵蚀性的水或土壤直接接触的室外环境

续表

环境类别	条　　件
三	使用除冰盐的环境；严寒和寒冷地区冬季水位变动的环境；滨海室外环境
四	海水环境
五	受人为或自然的侵蚀性物质影响的环境

耐久性对混凝土质量主要要求如下。

设计年限为50年的结构混凝土质量，应符合表1-2-2规定。

表1-2-2　　结构混凝土耐久性的基本规定

环境类别		最大水灰比	最小水泥用量（kg/m^3）	最低混凝土强度等级	最大氯离子含量（%）	最大碱含量（kg/m^3）
一		0.65	225	C20	1.0	不限制
二	a	0.60	250	C25	0.3	3.0
二	b	0.55	275	C30	0.2	3.0
三		0.50	300	C30	0.1	3.0

注　1. 氯离子含量系指其占水泥用量的百分率。

2. 预应力混凝土中的最大氯离子的含量为0.06%，最小水泥用量为300kg/m^3；最低混凝土强度等级应按表中规定提高两个等级。

3. 素混凝土构件的最小水泥用量不应少于表中数值减25kg/m^3。

4. 当混凝土中加入活性掺合料或能提高耐久性的外加剂时，可适当降低最小水泥用量。

5. 当有可靠工程经验时，处于一类和二类环境中的最低混凝土强度等级可降低一个等级。

6. 当使用非碱活性骨料时，对混凝土中碱含量可不作限制。

（1）一类环境中，设计使用年限为100年的结构混凝土应符合下列规定：

1）钢筋混凝土结构的最低混凝土强度等级为C30；预应力混凝土结构的最低混凝土强度等级为C40。

2）混凝土中的最大氯离子含量为0.06%。

3）宜使用非碱活性骨料；当使用碱活性骨料时，混凝土中的最大碱含量为3.0kg/m^3。

4）混凝土保护层厚度应按规定增加40%；当采用有效的表面防护措施时，混凝土保护层厚度可适当减少。

5）在使用过程中，应定期维护。

（2）二类和三类环境中，设计使用年限为100年的混凝土结构，应采取专门有效措施。

（3）其他要求。

1）严寒及寒冷地区的潮湿环境中，结构混凝土应满足抗冻要求，混凝土抗冻等级应符合有关标准要求。

2）有抗渗要求的混凝土结构，混凝土的抗渗等级应符合有关标准的要求。

3）三类环境中的结构构件，其受力钢筋宜采用环氧树脂涂层带肋钢筋；对预应力钢筋、锚具及连接器，应采取专门防护措施。

4）四类和五类环境中的混凝土结构，其耐久性要求应符合有关标准的规定。

5）对临时性混凝土结构，可不考虑混凝土耐久性要求。

三、任务实施

因为该框架柱采用 HRB400 级钢筋，采用的混凝土强度等级不应低于 C20，因此采用 C25 混凝土，但是由于长边为 250mm 小于 300mm，故强度设计值应乘以系数 0.8。混凝土强度设计值为 $f_c=0.8\times11.9\text{N/mm}^2$。

任务 3　砌体强度指标选取

一、任务描述

某一混凝土小型空心砌块 MU10 对孔错缝搭砌的 T 形截面的砌体，用 Mb5 的水泥砂浆砌筑。试确定该砌体的抗压强度设计值 f。若改用错孔砌筑，试确定该砌体的抗压强度设计值 f。

二、任务分析

由于砌体结构是由块材和砂浆组成的共同受力结构，其强度取决于块材和砂浆强度、块材的形状、砌筑质量等，合理选择砌体强度等级是极其重要的。

砌体的材料包括块材和砂浆，块材的强度等级用符号 MU 表示；砂浆强度等级用符号 M 表示，单位均为 MPa。

（1）砖的种类及强度等级。

砖是砌体结构中应用最为广泛的一种块材，主要有烧结普通砖、烧结多孔砖、蒸压砖、蒸压粉煤砖。

1）烧结普通砖。

烧结普通砖简称普通砖，指以黏土、页岩、煤矸石、粉煤灰为主要原料，经过焙烧而成的实心的或孔洞率不大于规定值且外形尺寸符合规定的砖。烧结普通砖可分为烧结黏土砖、烧结页岩砖、烧结粉煤灰砖等。全国统一规定砖的尺寸为 240mm×115mm×53mm，习惯上称为标准砖。每立方米砌体的标准砖为 512 块。为了保护土地资源，利用工业废料和改善环境，国家禁止使用黏土实心砖。推广和生产采用非黏土材料制成的砖材，已成为我国墙体材料改革发展方向。

烧结普通砖的强度等级有 MU30、MU25、MU20、MU15 和 MU10 五个等级。

2）非烧结硅酸盐砖。

非烧结硅酸盐砖是指以硅酸盐材料、石灰、砂石、矿渣、粉煤灰等为主要材料压制成型后经蒸汽养护制成的实心砖。常用的有蒸压灰砂砖、炉渣砖、矿渣砖等。

蒸压灰砂砖简称灰砂砖，是以石灰和砂为主要原料，经坯料制备、压制成型、蒸压养护而成的实心砖，其强度等级有 MU25、MU20、MU15 和 MU10。灰砂砖不能用于长期超过 200℃、受急冷急热或有酸性介质侵蚀的部位。MU25、MU20、MU15 的灰砂砖可

用于建筑基础及其部位，MU10仅用于防潮层以上。

蒸压粉煤灰砖简称粉煤灰砖，是以粉煤灰、石灰为主要原料，掺配适量的石膏和集料，经坯料制备、压制成型、高压蒸汽养护而成的实心砖，有MU20、MU15、MU10和MU7.5四个强度等级，但《砌体结构设计规范》（GB 5003—2001）（以下简称《砌体规范》）不使用MU7.5四个强度等级。粉煤灰砖可用于工业与民用建筑的墙体和基础，而用于基础和易受冻融和干湿交替作用的建筑部位时，必须使用一等砖与优等砖，但不得用于长期超过200℃、受急冷急热或有酸性介质侵蚀的建筑部位。

炉渣砖亦称煤渣砖，以炉渣为主要原料，掺配适量的石灰、粉煤灰、石膏或其他集料制成。

矿渣砖以未经水淬处理的高炉炉渣为主要原料，掺配适量的石灰、粉煤灰或炉渣制成。

非烧结硅酸盐砖的规格尺寸与实心黏土砖相同。

3）烧结多孔砖。

烧结多孔砖简称多孔砖，是指以黏土、页岩、煤矸石或粉煤灰为主要原料，经焙烧而成的具有竖向孔洞（孔洞率不小于25%，孔的尺寸小而数量多）的砖。其外形尺寸，长度为290mm、240mm、190mm，宽度为240mm、190mm、180mm、175mm、140mm、115mm，高度为90mm。型号有KM1、KP1和KP2三种（见图1-3-1）。烧结多孔砖与烧结普通黏土砖相比，突出的优点是减轻墙体自重1/4～1/3，节约原料和能源，提高砌筑效率约40%，降低成本20%左右，显著改善保温隔热性能。

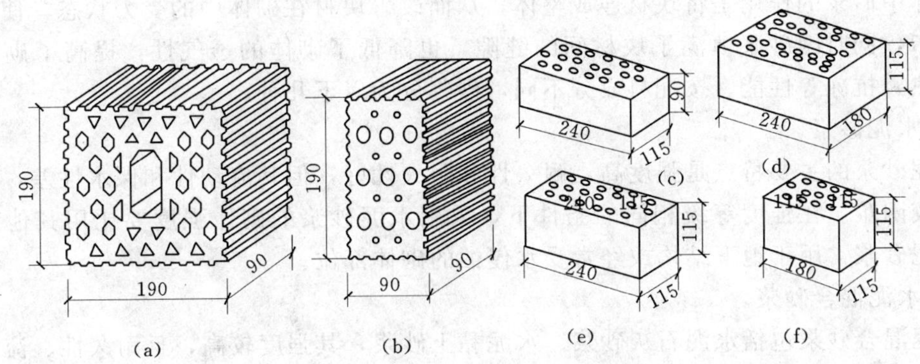

图1-3-1　几种多孔砖的规格和孔洞形式

(a) KM1型；(b) KM1型配砖；(c) KP1型；(d) KP2型；(e)、(f) KP2型配砖

烧结多孔砖主要用于承重部位，其强度等级划分为MU30、MU25、MU20、MU15和MU10。

4）砌块。

砌块指除普通砖和黏土空心砖及石材以外的块材。砌块尺寸较大，可分为小型、中型和大型三类。高度在180～350mm的一般称为小型砌块，便于手工砌筑，使用上也灵活。高度在350～900mm的一般称为中型砌块。高度大于900mm的一般称为大型砌块。由于起重设备限制，中型和大型砌块已很少应用。

砌块一般用混凝土或水泥炉渣浇制而成，也可用粉煤灰蒸养而成，主要有混凝土空心砌块、加气混凝土砌块、水泥矿渣空心砌块、粉煤灰硅酸盐砌块。砌块能节约耕地，且其保温隔热性能及隔音性能较好。用砌块砌筑可以减少劳动量，加快施工进度。混凝土小型空心砌块的主要尺寸为 390mm×190mm×190mm（见图 1-3-2），是墙体材料改革的方向之一。

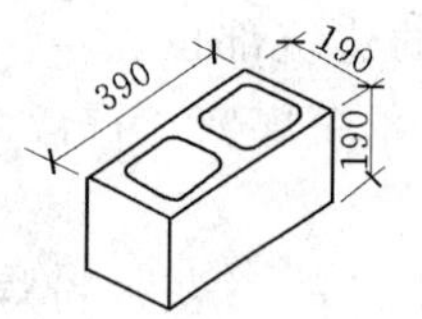

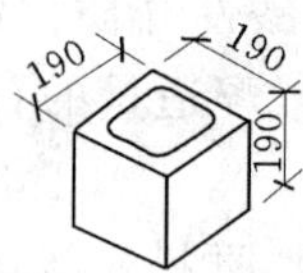

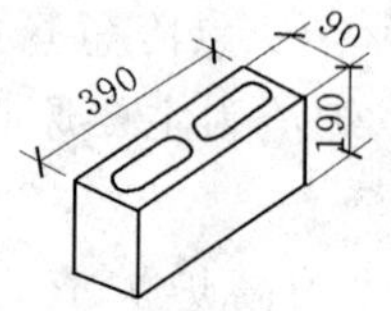

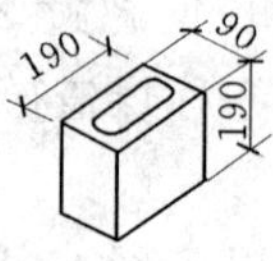

图 1-3-2　混凝土小型空心砌块块型

砌块的强度等级分为 MU20、MU15、MU10、MU7.5 和 MU5 五级。

5）石材。

石材抗压强度高，抗冻性及耐久性均较好，通常用于建筑物基础、挡土墙等，可以用于建筑墙体。砌体中的石材应选用无明显风化的天然石材。石材的强度等级共分七级：MU100、MU80、MU60、MU50、MU40、MU30 和 MU20。石材按加工后的外形规则程度分为料石和毛石两种。

（2）砂浆。

砌体中砂浆的作用是将块材连成整体，从而改善块材在砌体中的受力状态，使其应力均匀分布，同时因砂浆填满了块材间的缝隙，也降低了砌体的透气性，提高了砌体的防水、隔热、抗冻等性能。按配料成分不同，砂浆分为以下几种。

1）水泥砂浆。

水泥砂浆的主要特点是强度高，耐久性和耐火性好，但其流动性和保水性差，相对而言施工较困难。在强度等级相同的条件下，采用水泥砂浆的砌体强度要比用其他砂浆时低。水泥砂浆常用于地下结构或经常受水侵蚀的砌体部位。

2）水泥混合砂浆。

水泥混合砂浆包括水泥石灰砂浆、水泥黏土砂浆，其强度较高，且耐久性、流动性和保水性较好，便于施工，容易保证施工质量，常用于地上砌体，是最常用的砂浆。

3）非水泥砂浆。

非水泥砂浆有石灰砂浆、黏土砂浆、石膏砂浆。石灰砂浆强度较低，耐久性也差。流动性和保水性较好，通常用于地上砌体。黏土砂浆强度低，可用于临时建筑或简易建筑。石膏砂浆硬化快，可用于不受潮的地上砌体。

4）混凝土砌块砌筑砂浆。

它是由水泥、砂、水以及根据需要掺入的掺合料和外加剂等组成，按一定比例采用机械拌和而成。专门用于砌筑混凝土砌块的砌筑砂浆，简称砌块专用砂浆，其强度等级用 Mb 表示。

砂浆的强度等级由通过标准试验方法测得的边长为 70.7mm 立方体的 28 天龄期抗压

强度平均值确定，共有 M15、M10、M7.5、M5 和 M2.5 五级。

《砌体规范》规定，五层及五层以上房屋的墙，以及受震动或层高大于 6m 的墙、柱所用材料最低强度等级为：砖 MU10，砌块 MU7.5，石材 MU30，砂浆采用 M5。对安全等级为一级或设计使用年限大于 50 年的房屋，墙、柱所用材料最低强度等级应至少提高一级。

对于潮湿房间以及防潮层和地面以下的砌体，所用块材及砂浆最低强度等级应满足表 1-3-1 的规定。

表 1-3-1　地面以下或防潮层以下的砌体所用材料的最低强度等级

基土的潮湿程度	黏土砖		混凝土砌块	石材	水泥砂浆
	严寒地区	一般地区			
稍潮湿	MU10	MU10	MU7.5	MU30	M5
很潮湿	MU15	MU10	MU7.5	MU30	M7.5
含水饱和	MU20	MU15	MU10	MU40	M10

注 1. 在冻胀地区，地面以下或防潮层以下的砌体，不宜采用多孔砖，如采用时，其孔洞应用水泥砂浆灌实。当采用混凝土砌块砌体时，其孔洞应采用强度等级不低于 Cb20 的混凝土灌实。
2. 对安全等级为一级或设计使用年限大于 50 年的房屋，表中材料强度等级应至少提高一级。

(3) 砌体材料的力学性能。

砌体分为无筋砌体和配筋砌体两类。

1) 无筋砌体。

无筋砌体有块体和砂浆组成，包括砖砌体、砌块砌体和石砌体。无筋砌体房屋抗震性能和抗不均匀沉降能力较差。

a. 砖砌体。砖砌体包括实砌砖砌体和空斗墙。

实砌砖砌体可以砌成厚度为 120mm（半砖）、240mm（一砖）、370mm（一砖半）、490mm（两砖）及 620mm（两砖半）的墙体，也可砌成厚度为 180mm、300mm 和 420mm 的墙体，但此时部分砖必须侧砌，不利于抗震。

空斗墙是将全部或部分砖立砌，并留空斗（洞）现已很少采用。

b. 砌块砌体。砌块砌体由砌块和砂浆（或混凝土）砌筑而成。其自重轻，保温隔热性能好，施工速度快，经济效果好，又具有优良的环保功能，因此，砌块砌体特别是小型砌块砌体有很广阔的发展前景。

c. 石砌体。石砌体由石材和砂浆（或混凝土）砌筑而成。按石材加工后的外形规则程度，可分为料石砌体、毛石砌体、毛石混凝土砌体等（见图 1-3-3）。它价格低廉，可就地取材，但自重大，隔热性能差，作外墙时厚度一般较大，在产石的山区应用较为广

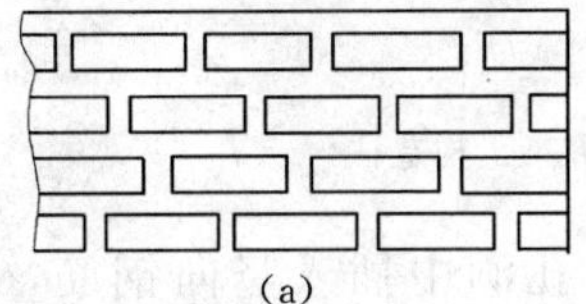

(a)

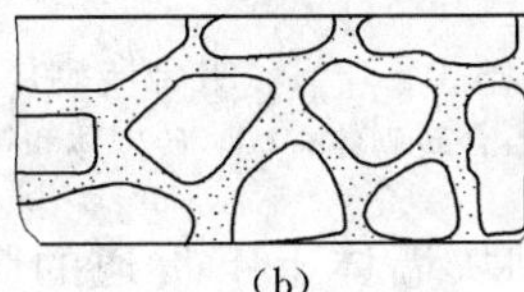

(b)

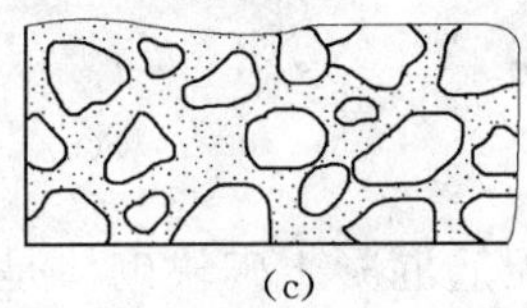

(c)

图 1-3-3　石砌体种类

(a) 料石砌体；(b) 毛石砌体；(c) 毛石混凝土砌体

泛。料石砌体可用作房屋墙、柱，毛石砌体一般用作挡土墙、基础。

2）配筋砌体。

配筋砌体是指在灰缝中配置钢筋或钢筋混凝土的砌体，包括网状配筋砌体、组合砖砌体、配筋混凝土砌块砌体。

a. 网状配筋砌体又称横向配筋砌体，是在砖柱或砖墙中每隔几皮砖在其水平缝中设置直径为 3～4mm 的方格网式钢筋网片，或直径为 6～8mm 的连弯式钢筋网片（见图 1－3－4），在砌体受压时，网状配筋可约束砌体的横向变形，从而提高砌体的抗压强度。

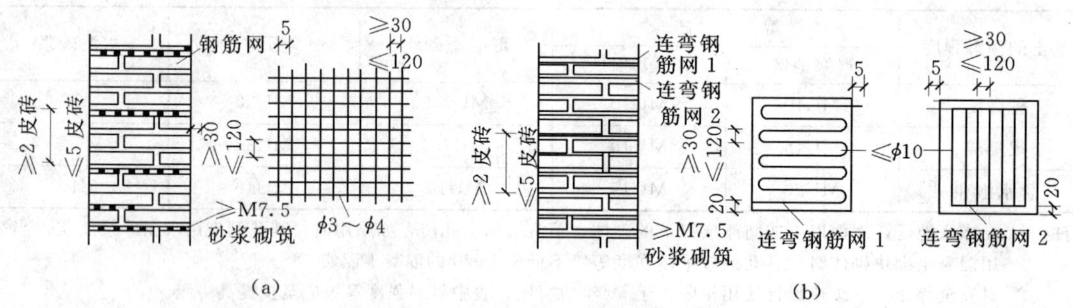

图 1－3－4　网状配筋砌体

（a）用方格网配筋的砖柱；（b）连弯钢筋网

b. 组合砖砌体有两种。一种是在砌体外侧预留的竖向凹槽内配置纵向钢筋，再浇筑混凝土面层或钢筋砂浆面层构成的［见图 1－3－5（a）～（c）］，可以认为是外包式组合砖砌体。另一种是砖砌体和钢筋混凝土构造柱组合墙，是在砖砌体中每隔一定距离设置钢筋混凝土构造柱，并在各层楼盖处设置钢筋混凝土圈梁（约束梁），使砖砌体墙与钢筋混凝土构造柱和圈梁组成一个构件（弱框架）共同受力，属内嵌式组合砖砌体［见图 1－3－5（d）］。

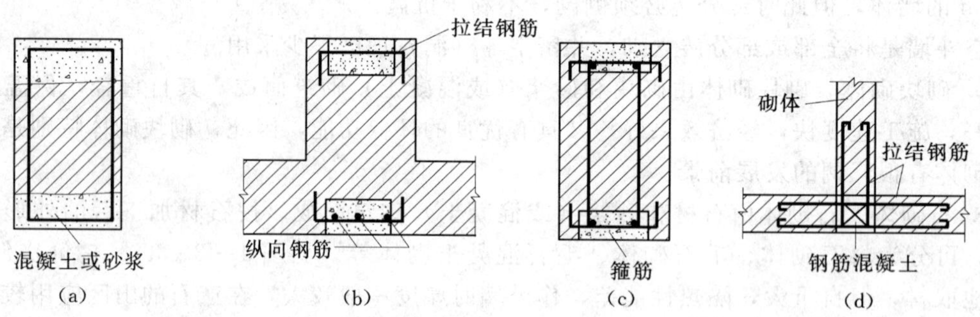

图 1－3－5　组合砖砌体

（a）、（b）、（c）组合砖砌体；（d）砖砌体和钢筋混凝土构造柱

c. 配筋混凝土砌块砌体是在砌块墙体上下贯通的竖向孔洞中插入竖向钢筋，并用灌孔混凝土灌实，使竖向和水平钢筋与砌体形成一个共同工作的整体（见图 1－3－6）。由于这种墙体主要用于中高层或高层房屋中起剪力墙作用，故又称配筋砌块剪力墙。

配筋砌体不仅加强了砌体的各种强度和抗震性能，还扩大了砌体结构的使用范围，如高强混凝土砌块通过配筋与浇注灌孔混凝土，可作为 10～20 层房屋的承重墙体。

（4）影响砌体抗压强度的因素。

1）块材和砂浆强度。

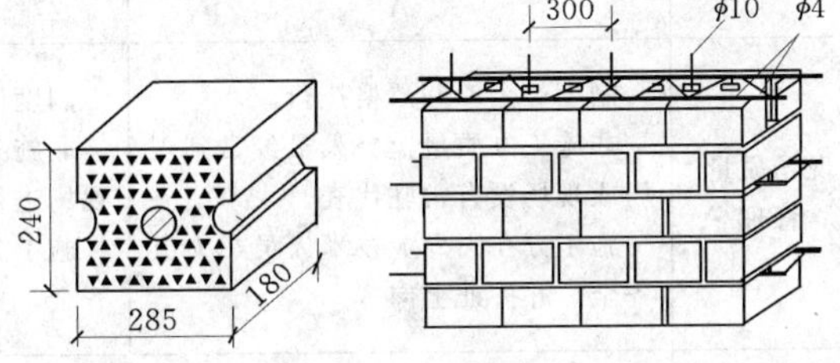

图 1-3-6　配筋砌块砌体

块材和砂浆的强度是决定砌体抗压强度的首要因素，其中尤其是块材的强度又是最主要的因素。块材的抗压强度较高时，其相应的抗拉、抗弯、抗剪等强度也相应提高。一般来说，砌体抗压强度随块材和砂浆强度等级的提高而提高，但采用提高砂浆强度等级来提高砌体强度的做法，不如用提高块材的强度等级更有效。试验表明当砖的强度等级不变，砂浆强度等级提高一级，砌体抗压强度只提高约 15%，而当砂浆强度等级不变，砖的强度等级提高一级，砌体抗压强度可提高 20%。但在毛石砌体中，提高砂浆强度等级对提高砌体抗压强度的影响较大。

2）砂浆的性能。

砂浆的流动性、保水性等性能对砌体抗压强度都有重要影响。用具有合适的流动性以及良好的保水性的砂浆铺成的水平灰缝厚度较均匀且密实性较好，可以有效地降低砌体内的局部弯剪应力，提高砌体抗压强度。与混合砂浆相比，纯水泥砂浆容易失水而导致流动性变差，所以同一强度等级的混合砂浆砌筑的砌体强度要比纯水泥砂浆高。但当砂浆的流动性过大时，硬化后的砂浆变形也大，砌体抗压强度反而降低。所以性能较好的砂浆应同时具有合适的流动性和保水性。实际工程中，宜采用掺有石灰或黏土的混合砂浆砌筑砌体。

3）块材的尺寸、形状及灰缝厚度。

砌块厚度增大，其抗弯、抗剪、抗拉的能力增大会推迟砌体的开裂；长度增大时，块体在砌体中引起块体开裂破坏。块材表面规则、平整时，砌体中块材的弯剪不利影响减少，砌体强度相对较高。如细料石砌体抗压强度要比毛石料高 50%左右。

灰缝愈厚，愈容易铺砌均匀，但砂浆的横向变形愈大，块体内横向拉力亦大，砌体内的复杂应力状态亦随之加剧，砌体抗压强度亦降低。灰缝太薄又难以铺设均匀。因而一般灰缝厚度应控制在 8～12mm；对石砌体中的细料石砌体不宜大于 5mm，毛料石砌体不宜大于 5mm，毛料石和粗料石砌体不宜大于 20mm。

4）砌筑质量。

砌筑质量的影响因素是多方面的，如块材砌筑的含水率、工人的技术水平、砂浆搅拌方式、现场管理水平、灰缝饱满度等《砌体工程施工质量验收规范》（GB 50203—2002）规定水平灰缝的砂浆饱满度不得小于 80%，并根据施工现场的质保体系、砂浆和混凝土的强度、砌筑工人技术等方面的综合水平将施工技术水平划分为 A、B、C 三个等级，即砌体施工质量控制等级（见表 1-3-2）《砌体规范》规定，当采用 A 级施工质量控制等级时，砌体设计强度可提高 5%，而采用 C 级施工质量控制等极时，砌体强度设计值应降低。

表 1-3-2　　砌体施工质量控制等级

项目	施工质量控制等级		
	A	B	C
现场质量管理	制度健全，并严格执行。 非施工方质量监督人员经常到现场或现场设有常驻代表。 施工方在岗专业技术人员，人员齐全，并持证上岗	制度健全，并能执行。 非施工方质量监督人员间断地到现场进行质量控制。 施工方在岗专业技术人员，人员齐全，并持证上岗	有制度，非施工方质量监督人员很少作现场质量控制。 施工方有在岗专业技术管理人员
砂浆、混凝土强度	试块按规定制作，强度满足验收规定，离散性小	试块按规定制作，强度满足验收规定，离散性较小	试块强度满足验收规定，离散性大
砂浆拌和方式	机械拌和。 配合比计量控制严格	机械拌和。 配合比计量控制一般	机械或人工拌和。 配合比计量控制较差
砌筑工人技术水平	中级工以上，其中高级工不少于 20%	高、中级工不少于 70%	初级工以上

（5）砌体的抗压强度设计值。

龄期为 28d 的以毛截面计算的各类砌体抗压强度设计值，当施工质量控制等级为 B 级时，根据块材和砂浆的强度等级可按附表采用（施工阶段砂浆尚未硬化的新砌砌体的强度和稳定性，可按砂浆强度等级为零进行验算）。

但是需对附表 22～附表 26 中数值作以下修正：

1）对错孔砌体，应按表中数值乘以 0.8。

2）对独立柱或厚度为双排组砌的砌块砌体，应按表中数值乘以 0.7。

3）对于 T 形截面砌体，应按表中数值乘以 0.85。

4）当采用水泥砂浆砌筑时对表数值乘以 0.9。

三、任务实施

查附表 24 得 MU10 砌块，Mb5 的抗压强度设计值 $f=2.22\text{N/mm}^2$；对于 T 形截面砌体应乘以 0.85，故 $f=0.85\times2.22=1.887\text{N/mm}^2$；当采用水泥砂浆砌筑时，应乘以 0.9，故 $f=0.85\times1.887=1.698\text{N/mm}^2$。若采用错孔砌筑时，除以上调整外还应乘以 0.8，故 $f=0.8\times1.698=1.3584\text{N/mm}^2$

任务 4　钢结构材料设计强度指标选取

一、任务描述

如图 1-4-1 所示，某工字形截面柱采用 Q235 钢，整个截面的压应力均匀，确定钢材强度设计值。

二、任务分析

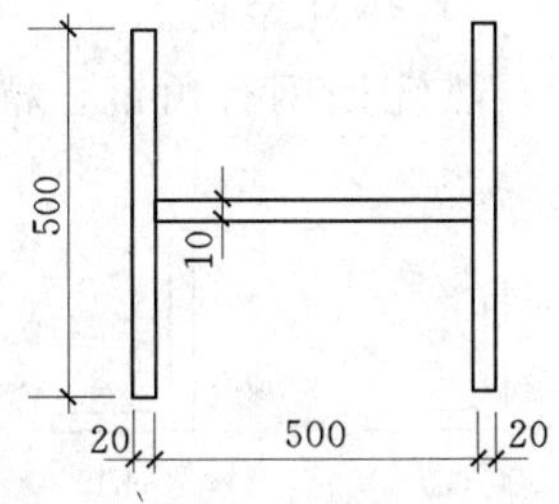

图 1-4-1　工字形截面尺寸（单位：mm）

1. 钢材的品种

钢结构用的钢材主要是碳素结构钢和低合金钢。

（1）碳素结构钢。

碳素结构钢的牌号由字母 Q、屈服点数值、质量等级代号、脱氧方法代号四个部分组成。其中 Q 是“屈”字汉语拼音的首位字母；屈服点数值（以 N/mm^2 为单位）分为 195、215、235、255、275；质量等级代号有 A、B、C、D，表示质量由低到高；脱氧方法代号有 F、b、Z、TZ 分别表示沸腾钢、半镇静钢、镇静钢、特殊镇静钢，其中代号 Z、TZ 可以省略不写。钢材的强度主要由其中碳元素含量的多少决定，钢号由低到高在很大程度上代表了含碳量的由低到高。钢材质量高低主要是以对冲击韧性的要求区分的，对冷弯试验的要求也有不同。对 A 级钢，冲击韧性不作为要求条件，对冷弯试验也只在需方有要求时才进行，而 B、C、D 级对冲击韧性则有不同程度的要求，且都要求冷弯试验合格。在浇注过程中由于脱氧程度不同，钢材镇静钢、半镇静钢与沸腾钢之分，镇静钢脱氧最充分。钢结构常用的 Q235 钢分为 A、B、C、D 四级，A、B 两级有沸腾钢、半镇静钢和镇静钢，C 级全部为镇静钢，D 级全部为特殊镇静钢。

现举例说明钢号表示方法及代表意义：Q235A 表示屈服强度为 $235N/mm^2$，A 级镇静钢；Q235B·F 表示屈服强度为 $235N/mm^2$，B 级，沸腾钢。

（2）低合金高强度结构钢。

低合金高强度结构钢是在钢的冶炼过程中添加少量合金元素（含量低于 5%），以提高钢材强度、耐腐蚀性及低温冲击韧性等。低合金高强度结构钢均为镇静钢或特殊镇静钢，所以它的牌号只有 Q、屈服点数值、质量等级三部分，其中质量等级有 A 到 E 五个级别。A 级无冲击功要求，B、C、D、E 级均有冲击功要求。不同质量等级对碳、硫、磷、铝等含量的要求也有区别。国家标准《低合金高强度结构钢》（GB/T 1591—94）规定，低合金高强度结构钢分为 Q295、Q345、Q420 和 Q460 五种，其符号的含义与碳素结构钢牌号的含义相同，例如 Q345—E 代表屈服点为 $345N/mm^2$ 的 E 级低合金钢高强度结构钢。低合金高强度结构钢的 A、B 级属于镇静钢，C、D、E 属于特殊镇静钢。

《钢结构设计规范》（GB 50017—2003）（以下简称《钢结构规范》）规定，承重结构的钢材宜采用 Q235 钢、Q345 钢、Q390 钢和 Q420 钢。

（3）钢材的规格。

钢结构采用的型材有热轧成型的钢板、型钢以冷弯（或冷压）成型的薄壁型材。

1）热轧钢板。

热轧钢板分厚板和薄板。厚板的厚度为 4.5～60mm，宽 0.7～3m，长 4～12m；薄板厚度为 0.35～4mm，宽 0.5～1.5m，长 0.5～4m。此外，还有一种扁钢，厚度为 4.5～60mm，宽度为 30～200mm，长 3～9m。厚钢板广泛用来组成焊接构件和连接钢板，薄钢板是冷弯薄壁型钢的原料。钢板用符号“—”后加“厚×宽×长”（单位为 mm）的方法表示，如—12×800×2100。

2）热轧型钢。

热轧型钢有角钢、槽钢、工字钢、H型钢、T型钢和钢管，如图1-4-2所示。

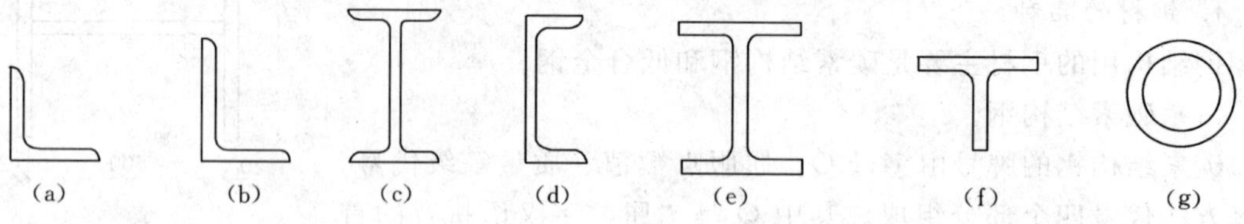

图1-4-2 热轧型钢截面

角钢有等边角钢和不等边角钢两种。等边角钢（亦称等肢角钢），以符号“∟”后加“边宽×厚度”（单位mm）表示，如∟100×10表示肢宽100mm、厚度为10mm的等肢角钢。不等边角钢（亦称不等肢角钢）则以符号“∟”后加“长边宽×短边宽×厚度”（单位mm）表示，如∟100×80×8等。我国目前生产的等边角钢，其肢宽为20～200mm，不等边角钢的肢宽为25mm×16mm～200mm×125mm。

槽钢有热轧普通槽钢与热轧轻型槽钢。普通槽钢以符号“［”后加截面高度（单位为cm）表示并以a、b、c区分同一截面高度中不同腹板厚度，如30［a表示槽钢外廓高度为30cm且腹板厚度为最薄的一种。轻型槽钢表示方法如［25Q，其中Q是“轻”字的汉语拼音首字母。同样型号的槽钢，轻型槽钢由于腹板薄及翼缘宽而薄，因而截面小但回转半径大，能节约钢材、减少自重。

工字钢分普通工字钢和轻型工字钢。普通工字钢以符号“I”后加截面高度（单位为cm）表示，如I16。20号以上的工字钢，同一截面高度有三种腹板厚度，并以a、b、c、区分（其中a类腹板最薄），如I30b。轻型工字钢的表示方法如I25Q。我国生产的普通工字钢规格有10～63号，轻型工字钢的规格有10～70号。工程中不易使用轻型工字钢。

H型钢分为宽翼缘H型钢、中翼缘H型钢和窄翼缘H型钢三类，此外还有H型钢柱，其代号分别为HW、HM、HN、HP。H型钢的规格以代号后加“高度×宽度×腹板厚度×翼缘厚度”（单位为mm）表示，如HW340×250×9×14。H型钢是一种经工字钢发展而来的经济断面型材，其翼缘内外表面平行，没表面无斜度，翼缘端部为直角，与其他构件联结方便。我国正在积极推广采用H型钢。H型钢的腹板与翼缘的厚度相同，常用作柱子构件。

剖分T型钢系有对应的H型钢沿腹板中部对等剖分而成。其代号与H型钢相对应，采用TW、TM、TN分别表示宽翼缘T型钢、中翼缘T型钢和窄翼缘T型钢，其规格和表示方法亦与H型钢相同，如TN225×200×12表示截面高度为225mm、翼缘宽度为200mm、腹板厚度为12mm的窄翼缘剖分T型钢代替有双角钢组成的T型截面，其截面力学性能更为优越，且制作方便。

钢管分为无缝钢管和焊接钢管以符号“ϕ”后加“外径×厚度”（单位为mm）如ϕ400×6。

3）冷弯薄壁型钢是由2～6mm的薄钢板经冷弯或模压而成型的，其截面各部分厚度相同，转角处均呈圆弧形［见图1-4-3（a）～（i）］。压型钢板是近年来开始使用的薄壁型材，所用钢板厚度为0.4～2mm。因其壁薄，截面几何形状开展，因而与面积相同的

热轧型钢相比，其截面惯性矩大，是一种高效经济的型钢；缺点是因为壁薄，对锈蚀影响较为敏感，故多用于跨度小、荷载小的轻型钢结构中。

压型钢板［见图 1-4-3(j)］是近年来开始使用的薄壁型材，所用的钢板厚度为 0.4～2mm。其优缺点同冷弯薄壁型钢，主要用于维护结构、屋面、楼板等。

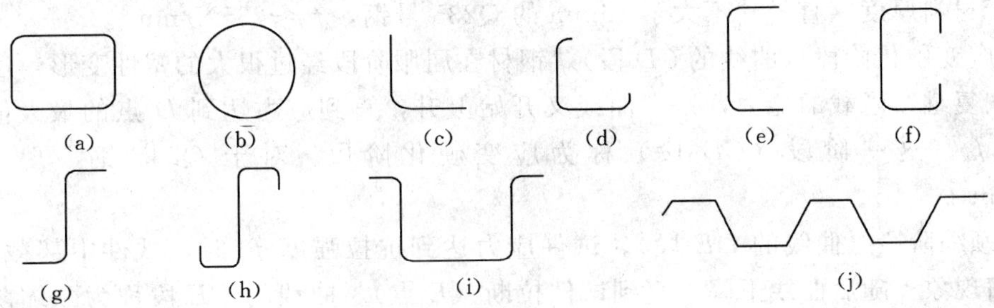

图 1-4-3　薄壁型钢截面

2. 钢材的机械性能

钢材的机械性能主要包括强度、塑性、冷弯试验、韧性及可焊性。

(1) 强度。

将钢材的标准试件放在拉伸试验机上，在常温下按规定的加荷速度逐渐施加拉力，使试件逐渐伸长，直至拉断破坏，然后根据加载过程测得其应力-应变曲线（即 $\sigma-\varepsilon$ 曲线）。图 1-4-4 为低碳钢在常温下单向拉伸的 $\sigma-\varepsilon$ 曲线。图中纵坐标为应力 σ，横坐标为应变 ε。从曲线中可以看出，钢材在单向受拉过程中有下列阶段：

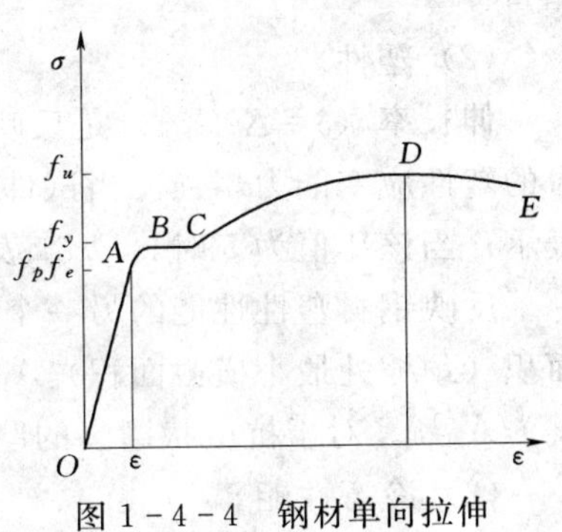

图 1-4-4　钢材单向拉伸 $\sigma-\varepsilon$ 曲线

1) 弹性阶段（曲线的 OA 段）。应力很小，不超过 A 点。这时如果试件卸荷，$\sigma-\varepsilon$ 曲线将沿着原来的曲线下降，至应力为 0 时，应变也为 0，即没有残余变形。这时钢材处于弹性工作阶段，A 点的应力称为钢材的弹性极限 f_e，所发生的变形（应变）称为弹性变形（应变）。实际上弹性阶段 OA 是由一直线段及一曲线段组成，直线段从 O 开始到接近 A 点处终止，然后是一极短的曲线段到 A 点终止。直线段的应变随着应力增加成比例地增长，即应力-应变关系符合虎克定律，直线的斜率 $E=\mathrm{d}\sigma/\mathrm{d}\varepsilon$ 称为钢材的弹性模量。直线段终点处的应力称为钢材的比例极限 f_p，由于 f_p 与 f_e 十分接近，一般认为二者相同。《钢结构规范》取各类建筑钢材的弹性模量 $E=2.06\times10^5\,\mathrm{N/mm^2}$

2) 弹塑性阶段（曲线的 AB 段）。在这一阶段应力与应变不再保持直线变化而呈曲线关系。弹性模量由 A 点处 $E=2.06\times10^5\,\mathrm{N/mm^2}$ 逐渐下降，至 B 点趋于 O。B 点应力称为钢材屈服点（或称屈服应力、屈服强度）f_y。这时如果卸荷，$\sigma-\varepsilon$ 曲线将从卸荷点开始沿着与 OA 平行的方向下降，至应力为 0 时，应变仍保持一定数值，称为塑性应变或残余应变。在这一阶段，试件既包括弹性变形（应变），也包括塑性变形（应变），因此 AB 段称为弹塑性阶段。其中弹性变形在卸荷后可以恢复，塑性变形在卸荷后仍旧保留，故塑性变

形又称为永久变形。

3）屈服阶段（曲线的 BC 段）。低碳钢在应力达到屈服点 f_y 后，压力不再增加，应变却可以继续增加。应变由 B 点开始屈服时 $\varepsilon_y \approx 0.15\%$，增加到屈服终了时 ε 达到 2.5% 左右。这一阶段曲线保持水平，故又称为屈服台阶，在这一阶段钢材处于完全的塑性状态。对于材料厚度（直径）不大于 16mm 的 Q235 号钢，$f_y \approx 235\text{N/mm}^2$。

4）应变硬化阶段（曲线的 CD 段）。钢材在屈服阶段经过很大的塑性变形，达到 C 点以后又恢复继续承载的能力，$\sigma-\varepsilon$ 曲线又开始上升，直到应力达到 D 点的最大值，即抗拉强度 f_u。这一阶段（CD 段）称为应变硬化阶段。对于 Q235 钢，$f_u \approx 375 \sim 460\text{N/mm}^2$。

5）颈缩阶段（曲线的 DE 段）。试件应力达到抗拉强度 f_u 时，试件中部截面变细，形成颈缩现象。随后曲线下降，直到试件拉断（E 点）。曲线的 DE 段称为颈缩阶段。试件拉断后的残余应变称为伸长率 δ。对于材料厚度（直径）不大于 16mm 的 Q235 钢，$\delta \geqslant 26\%$。

钢材的拉伸试验所得屈服点 f_y、抗拉强度 f_u 和伸长率 δ，是钢结构设计对钢材机械性能要求的三项指标。f_y、f_u 反映钢材强度，其值越大承载力越高。钢结构设计时，常把屈服点 f_y 作为评价钢结构承载能力极限状态标志，使结构有相当大的强度安全储备。

（2）塑性。

伸长率（$\delta=\Delta l/l\%$）是反映钢材塑性性能指标之一，其值越大说明钢材在单向拉伸时的塑性应变能力越强。当试件标距长度与试件直径 d（圆形试件）之比为 10 时，以 δ_{10} 表示；当该比值为 5 时，以 δ_5 表示（$\delta_{10} < \delta_5$）。

反映钢材塑性性能的另一个指标是断面收缩率，即试件发生颈缩拉断后，断口处的截面积（颈缩处最小横截面积）A_1 与原横截面积 A_0 缩减百分比，用 ψ 来表示即 $\psi=(A_0-A_1)/A_0\%$。对于抗层状撕裂的厚钢板 $\psi \geqslant 15\%$。

（3）冷弯性能。

钢材的冷弯性能是衡量钢材在常温下弯曲加工产生塑性变形时对裂纹的抵抗能力的一项指标，一般通过冷弯试验来检测。冷弯试验的方法是在材料的试验机上，通过具有一定弯心直径 d 的冲头，对标准试件中部施加荷载使之弯曲，以试件在冷弯 180°后其外侧不出现裂纹为合格（见图 1-4-5）。

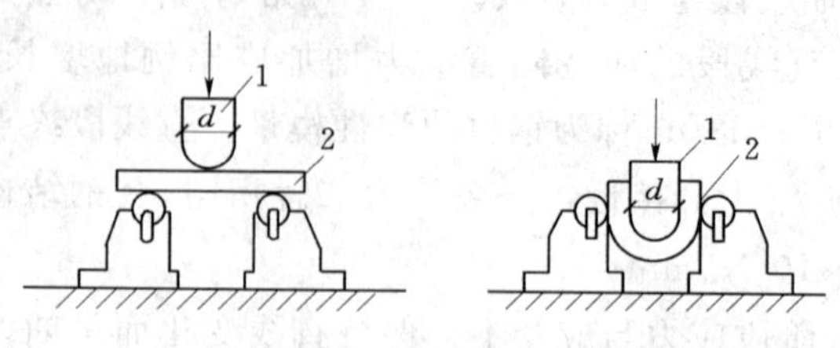

图 1-4-5 冷弯试验示意图

1—冲头；2—标准试件

冷弯试验不仅能直接检验钢材的弯曲能力或塑性性能，还能暴露钢材内部的冶金缺陷。故冷弯性能合格是鉴定钢材在弯曲状态下的塑性应变能力和钢材质量的综合指标。

（4）冲击韧性。

韧性是钢材抵抗冲击荷载的能力，是钢材强度和塑性的综合指标。冲击韧性是衡量钢材抵抗脆性断裂能力的一项机械性能指标。通常是用有特定缺口的标准试件，在材料冲击

试验机上进行冲击荷载试验使试件断裂，并测定此时冲击值 a_k 来作为衡量冲击韧性的指标。

具体试验方法是采用标准带槽试件，在摆式试验机上将试件两端支在支座上，然后通过摆锤的冲击使试件断裂，而此时试件刻槽处单位面积所耗的功，就是冲击值 a_k，单位：J/mm^2。钢材的冲击韧性试验示意图如图 1-4-6 所示。一般情况下，只有经常承受较大动力荷载的结构，特别是焊接结构，才需要有冲击韧性的保证。

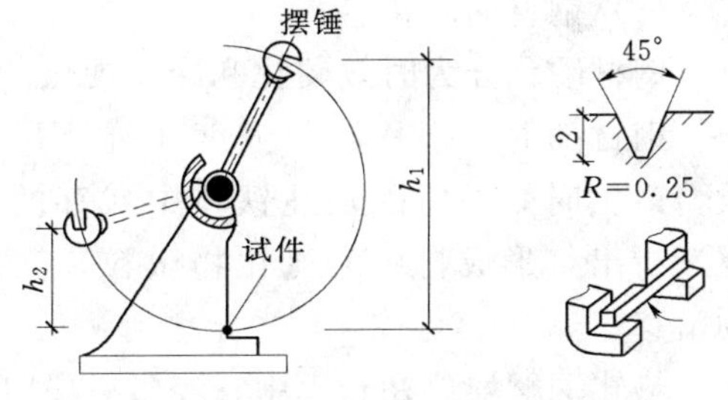

图 1-4-6　冲击韧性试验示意图

3. 影响钢材性能的因素

（1）化学成分。

钢材的化学成分直接影响钢的组成构造，并与钢材的力学性能有密切关系。铁（Fe）是钢材的基本元素，碳（C）和其他元素在钢材中的含量不大（仅占1%左右），但对钢材的力学性能却有着决定性的影响。

碳（C）是碳素结构钢中除铁（Fe）以外的主要元素，其含量决定着钢材的强度、塑性、韧性和可焊性等。在低碳钢中，碳含量越多，强度越高，塑性、韧性越差，脆性提高，可焊性变差；故一般碳含量不大于 0.22%，对焊接结构不大于 0.20%。

硅（Si）作为脱氧剂加入碳素结构钢中，用以制成质量较高的镇静钢，适量的硅可使钢材强度大为提高，并对塑性、冲击韧性、冷弯性能及可焊性均无显著不良影响，但是过量的硅（1%左右）却能降低钢材的塑性、冲击韧性，并恶化钢材的可焊性。一般镇静钢硅的含量为 0.1%～0.3%。

锰（Mn）为弱脱氧剂，其可改善钢材的冷脆性能，并能有效提高钢材的屈服点、抗拉强度，又不过分地降低钢材的塑性和冲击韧性，但当锰含量过高时（1.0%～1.5%以上），也会造成钢材变脆变硬，并降低钢材抗腐蚀性和可焊性。

钒（V）是低合金钢中特意添加的一种合金元素，可以提高钢材强度，细化钢的晶粒。另外，钒的化合物具有高稳定性，可提高钢的高温硬度。

硫（S）、磷（P）是碳素钢中有害元素，它们将造成钢材的“冷脆”（在冷加工过程中或低温下工作时，使钢结构韧性降低，并容易产生脆性破坏）及“热脆”（在加热过程中，钢材变脆）现象，并都能使钢材的塑性、韧性降低，因此应严格控制钢材中硫、磷含量。一般硫含量不大于 0.050%；磷含量不大于 0.045%。

氧（O）、氮（N）、氢（H）也是钢中有害元素，其中氧的有害作用类似于硫，氮与磷相似，而氢在低温时也会使钢材呈脆性破坏，因此在熔炼过程中应尽量减少与空气及水分接触。

（2）冶金缺陷。

钢材在冶炼、轧制过程中常常出现的缺陷有偏析、夹层、裂纹等等。偏析是指钢中化学成分不一致和不均匀。钢材的夹层是由于钢锭内留有气泡，有时气泡内还有非金属夹渣，当轧制温度及压力不够时，不能使气泡压合，气泡被压扁延伸，形成夹层，当钢板厚

度大于40mm时钢板出现分层现象。有时由于轧制工艺不当，还可能导致钢材内部形成细小裂纹。

(3) 钢材的硬化。

钢材硬化分为时效硬化和冷作硬化。

钢材随时间推移屈服强度和抗拉强度提高，塑性、冲击韧性降低的现象，称为时效。产生时效的原因是纯铁体中残存的少量氮的固溶物质，随时间增长，从纯铁体中逐渐析出，形成自由的氮化物微粒，散布在晶粒间的滑移面上，阻碍了纯铁体晶粒间的滑移。

热轧钢材堆放在仓库中，经过一段时间，其强度提高，但塑性、冲击韧性降低的现象称为自然时效。其属于一种不利因素，发生的过程可以从几天到几千年。为测定时效后钢材的冲击韧性是否满足机械性能要求，常采用人工时效的方法，先使钢材产生10%的塑性变形，再加热到250℃左右，保温1h冷却到室温，做成构件测定其应变时效后的冲击韧性。图1-4-7为时效后钢材试件的拉伸实验图。从图中可看出，钢材强度大为提高，但塑性显著降低。

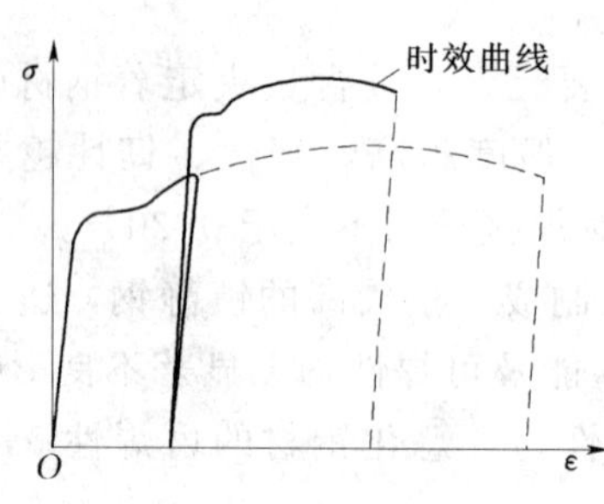

图1-4-7 钢材的时效硬化

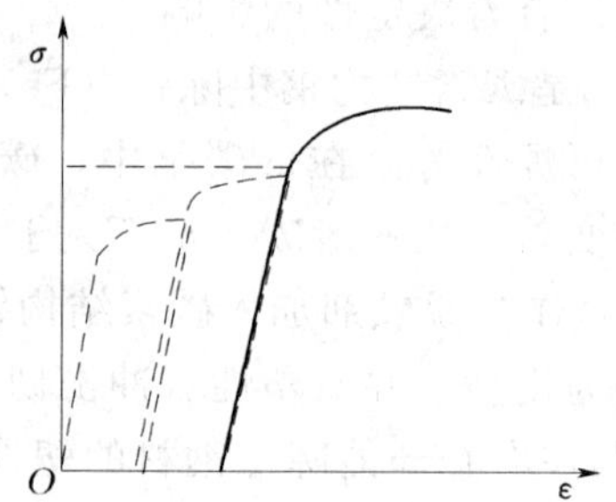

图1-4-8 钢材的冷作硬化

荷载的间断重复作用在弹性工作阶段基本上不影响钢材的工作性能，但在弹-塑性或塑性变化范围内重复加卸荷载将明显改变钢材的性能。即钢材的屈服点提高，弹性范围增加，塑性降低（见图1-4-8)。钢材的这种性质叫冷作硬化，或称应变硬化。

由于冷作硬化降低了钢材的塑性和冲击韧性，增加了出现脆性破坏的危险程度，因此对钢结构是有害的。对于特殊钢结构（高压容器、锅炉的汽包等)，为消除冷作硬化对钢材造成的不利影响，常应进行热处理使钢材的力学性能恢复正常。

(4) 温度的影响。

0℃以上，总趋势是温度升高，钢材强度和弹性模量降低塑性增大。100℃以内时钢材性能变化不大（见图1-4-9)。但升至250℃左右时，其抗拉强度提高，塑性和冲击韧性下降（称蓝脆现象)。当温度升至300℃以后，屈服点和极限强度显著下降；当600℃时强度已经很低，丧失承载能力。

0℃以下，总的趋势是温度降低，钢材强度略有提高，塑性、韧性降低。特别是当温度下降到某一值时，钢材的冲击韧性突然急剧下降（见图1-4-10)，试件发生脆性破坏，这种现象称为低温冷脆现象。钢材由韧性状态向脆性状态转变的温度叫冷脆转变温度(或叫冷脆临界温度)。

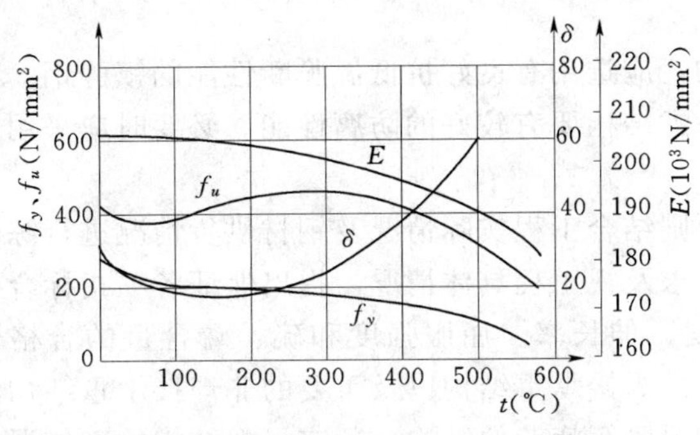

图 1－4－9　高温对钢材性能影响

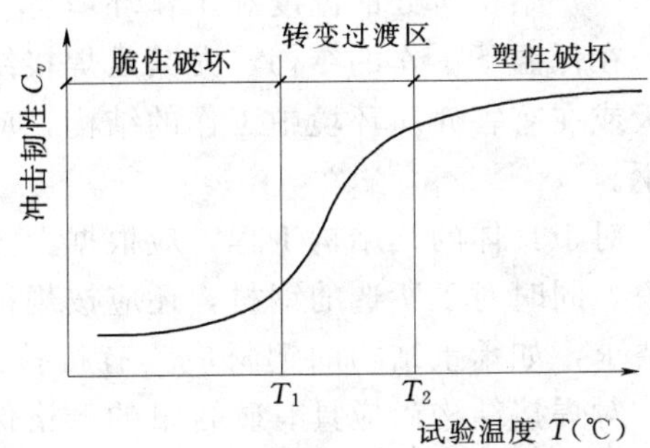

图 1－4－10　低温对钢材冲击韧性影响

(5) 应力集中。

由于钢结构存在着孔洞、刻槽、凹角、裂纹以及厚度的突然改变，此时，构件中的应力不再保持均匀分布（见图 1－4－11)，而是某些区域产生局部高峰应力，而另外一些区域则应力降低，形成所谓的应力集中现象；应力集中往往引起脆性破坏，故在设计中应采取措施避免或减小应力集中，并选用质量优良的钢材。

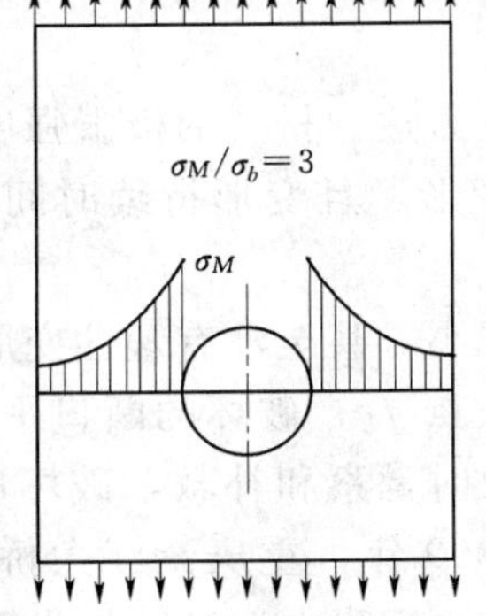

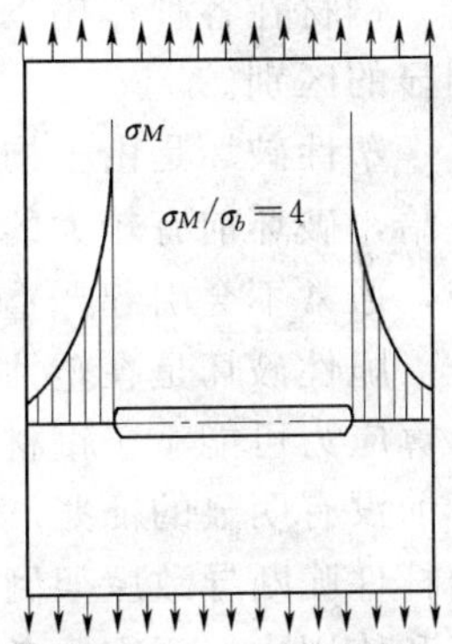

图 1－4－11　应力集中

(6) 反复荷载作用。

钢材在反复荷载作用下，结构的抗力及性能都会发生重要变化，甚至发生疲劳破坏。

4. 钢材的选用

钢结构用钢材的选用原则为：保证结构安全可靠，符合使用要求，尽可能地节省钢材和降低工程费用。

(1) 结构的重要性。

对重型工业建筑结构、大跨度结构、高层民用建筑结构等重要结构，应考虑选用质量好的钢材。结构的安全等级不同，所选钢材的质量也应不同。同时，构件造成破坏对结构整体的影响也应考虑。当构件破坏导致整个结构不能正常使用时，则后果十分严重；若构件破坏只造成局部损害而不致危及整个结构正常使用，则后果就不很严重。两者对材质的要求也应有所区别。

(2) 荷载情况。

直接承受动荷载的结构和强烈地震区的结构，应选用综合性能好的钢材，一般承受静荷载的结构则可选用质量等级稍低的钢材，以降低造价。

(3) 连接方法。

钢结构的连接方法有焊接和非焊接两种。对于焊接结构，为保证焊缝质量，要求可焊性较好的钢材。

(4) 结构所处的温度和工作环境。

在低温下工作的结构，尤其是焊接结构，应选用有良好抗低温脆断性能的镇静钢。在露天或在有害介质环境中工作的结构，应考虑结构要有较好的防腐性能。必要时应采用耐候钢。

对于具体的钢结构工程，应根据上述原则结合工程实际情况及钢材供货情况进行综合考虑。同时对于所选的钢材，还应按规范要求及视工程具体情况，提出保证各项指标合格的要求，如承重结构的钢材应具有抗拉强度、伸长率、屈服强度和硫、磷含量的合格保证，对焊接结构尚应具有碳含量的合格保证。焊接承重结构以及重要的非焊接承重结构的钢材还应具有冷弯试验的合格保证。对于需要验算疲劳的结构，还应根据结构的工作温度及所用钢材的品种保证不同温度下的冲击韧性合格。一般说来，保证的条件愈高，保证的项目愈多，钢材的价格愈高。因此，应力图经济合理。

5. 钢材的破坏形式

钢材在各种作用下会发生两种破坏形式，即塑性破坏和脆性破坏，两者的破坏特征有明显的区别。

塑性破坏是由于构件的应力达到材料的极限强度而产生的，破坏断口呈纤维状，色泽发暗，破坏前有较大的塑性变形，且变形持续时间长，容易及时发现并采取有效补救措施，通常不会引起严重后果。

脆性破坏是在塑性变形很小，甚至没有塑性变形的情况下突然发生的，破坏时构件的计算应力可能小于钢材的屈服点 f_y，破坏的断口平齐并呈有光泽的晶粒状。由于脆性破坏前没有明显的征兆，不能及时觉察和补救，破坏后果严重。如 1972 年，河北廊坊因一个杆件脆断导致屋架倒塌；1999 年，重庆綦江大桥倒塌等。因此，在钢结构的设计、施工和使用中，要充分考虑各方面因素，避免一切发生脆性破坏的可能性。

6. 建筑钢材的设计指标

用于建筑结构的钢材，在性能方面要求具有较高强度，较好的塑性及韧性，以及良好的加工性能。对于焊接结构还要求可焊性良好。在低温下工作的结构，要求钢材在低温下也能保持较好的韧性。在易受大气侵蚀的露天环境下或有害介质侵蚀的环境下工作的结构，要求钢材具有较好的抗锈蚀能力。

钢材的强度具有变异性。按同一标准生产的钢材，不同时期生产的各批钢材之间的强度不会完全相同；即使同一炉钢轧制的钢材，其强度也会有差异。因此，在结构设计中采用其强度标准值作为基本代表值。所谓强度标准值，是正常情况下可能出现的最小材料强度值。《统一标准》规定，材料强度标准值应具有不小于 95%的保证率。对于钢材，国家标准中已规定了每一种钢材的屈服强度废品限值，其保证率大约为 97.73%，高于规定的 95%，因此规范取国家标准规定的屈服强度废品限值作为钢筋强度的标准值，以使结构设计时采用的钢筋强度与国家规定的钢筋出厂检验强度一致。

强度标准值除以材料分项系数即为材料强度设计值。各类热轧钢筋材料分项系数的取值大约为 1.15。

三、任务实施

图 1-4-1 所示构件腹板厚度 10mm、查表 1-4-1 可知：厚度＜16mm、$f=215\text{N/mm}^2$；

翼缘：厚 20mm、16＜mm 厚度＜40mm、$f=205\text{N/mm}^2$；对于轴心受力（截面应力均匀）构件应按较厚板件的厚度取值，故 $f=205\text{N/mm}^2$。

表 1-4-1　　钢材的强度设计值　　单位：N/mm^2

钢材		抗拉、抗压和抗弯 f	抗剪 f_v	端面承压（刨平顶紧）f_{ce}
牌号	厚度或直径（mm）			
Q235	≤16	215	125	325
	＞16～40	205	120	
	＞40～60	200	115	
	＞60～100	190	110	
Q345	≤16	310	180	400
	＞16～35	295	170	
	＞35～50	265	155	
	＞50～100	250	155	
Q390	≤16	350	205	415
	＞16～35	335	190	
	＞35～50	315	180	
	＞50～100	295	170	
Q420	≤16	380	220	440
	＞16～35	360	210	
	＞35～50	340	195	
	＞50～100	325	185	

注　表中厚度系指计算点的钢材厚度，对轴心受拉和轴心受压构件系指截面中较厚板件的厚度。

模块二 建筑结构荷载确定

学习目标

1. 能识别结构极限状态的类型。
2. 能正确使用《荷载规范》，学会简单荷载设计值的计算。
3. 能应用极限状态设计法的实用表达式。
4. 学会计算荷载效应值。

任务1 建筑结构荷载计算

一、任务描述

某6层办公楼为框架（填充墙）结构，其平面图与计算简图如图2-1-1所示。已知1～6层所有柱截面均为500mm×600mm，所有纵向梁（x向）截面均为250mm×500mm，自重3.125kN/m，所有横向梁（y向）截面为250mm×700mm，所有柱、梁的混凝土强度均为C40，2～6层楼面永久荷载5.0kN/m²，活载2.5kN/m²，屋面永久荷载7.0kN/m²，活载0.7kN/m²，楼面和屋面的永久荷载包括楼板自重、粉刷与吊顶等。除屋面梁外，其他各层纵向梁（x向）和横向梁（y向）上均作用有填充墙（包括门窗等）均布荷载2.0kN/m，计算时忽略柱子自重的影响，上述永久荷载与活荷载均为标准值。

试计算确定：

（1）横向梁（y向）的自重。

（2）设计底层时柱脚处的N(kN)的标准值。

二、任务分析

建筑结构必须能够承受各种“作用”，这里所说的作用是使结构产生效应（如结构或构件的内力、应力、位移等）的各种原因总称，分为直接作用和间接作用。直接作用习惯上称为荷载。间接作用指引起结构外加变形或约束变形的原因，如地基变形，混凝土收缩、温度变化、地震作用等，要进行结构设计应该确定出结构所承受各种作用。

按随时间的变化，结构上的荷载可分为以下三类。

（1）永久荷载。

在设计基准期内，其值不随时间变化，或者变化与平均值相比可忽略不计的荷载称为

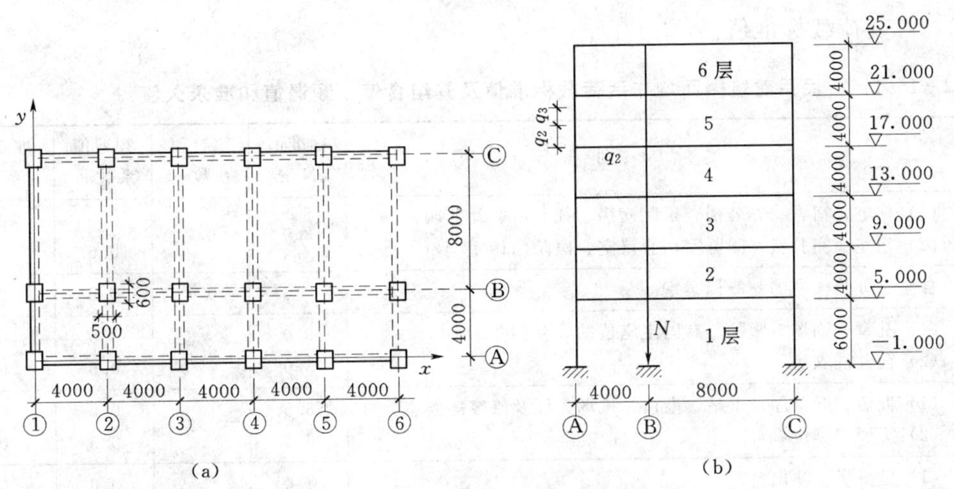

图 2-1-1 结构示意图（尺寸单位：mm）

(a) 平面布置简图；(b) 中间框架计算简图

永久荷载，如结构自重、土压力、预应力等。永久荷载也成为恒荷载。

(2) 可变荷载。

在设计基准期内，其值随时间变化，且其变化值与平均值相比不可忽略的荷载称为可变荷载，如楼面活荷载、屋面活荷载、雪荷载、吊车荷载等。可变荷载也称为活荷载。

(3) 偶然荷载。

在设计基准期限内不一定出现，而一旦出现，其量值很大且持续时间很短的荷载，如爆炸力、冲击力等。

进行结构设计时，对荷载应赋予一个规定的量值，该量值即所谓荷载代表值。永久荷载采用标准值为代表值，可变荷载可采用标准值、组合值、频遇值或准永久值为代表值。上面提及的设计基准期，是为确定可变荷载代表值而选定的时间参数，一般取为50年。

三、任务知识点

1. 荷载标准值

作用于结构上荷载的大小具有变异性。例如，对于结构自重等永久荷载，虽可事先根据结构的设计尺寸和材料单位重量计算出来，但施工时的尺寸偏差、材料单位重量的变异性等原因，致使结构的实际自重并不完全与计算结果相吻合。至于可变荷载的大小，其不定因素则更多。荷载标准值就是结构在正常使用期间可能出现的最大荷载值，它是荷载的基本代表值。

(1) 永久荷载标准值。

永久荷载主要是结构自重及粉刷、装修、固定设备的重量。由于结构或非承重构件的自重的变异性不大，一般以其平均值作为荷载标准值，即可按结构构件的设计尺寸和材料或结构构件单位体积（或面积）的自重标准值确定。对于自重变异性较大的材料，在设计中应根据其对结构有利或不利的情况，分别取其自重的下限值或上限值。常用材料和构件的单位自重见《建筑结构荷载规范》(GB 5009—2001)（以下简称《荷载规范》）。

（2）可变荷载标准值。

表 2-1-1　　民用建筑楼面均布活荷载标准值及其组合值、频遇值和准永久值

项次	类　　别	标准值（kN/m²）	组合值系数 ψ_c	频遇值系数 ψ_f	准永久值系数 ψ_q
1	（1）住宅、宿舍、办公楼、医院病房、托儿所、幼儿园； （2）教室、实验室、阅览室、会议室、医院门诊室	2.0	0.7	0.5 0.6	0.4 0.5
2	食堂、办公楼中的一般档案室	2.5	0.7	0.6	0.5
3	（1）礼堂、剧场、影院、有固定座位的看台； （2）公共洗衣房	3.0 3.0	0.7	0.5 0.6	0.3 0.5
4	（1）商店、展览厅、车站、港口、机场大厅及旅客等候室； （2）无固定座位看台	3.5 3.5	0.7	0.6 0.5	0.5 0.3
5	（1）健身房、演出台； （2）舞厅	4.0 4.0	0.7	0.6 0.6	0.5 0.3
6	（1）书库、档案室、贮藏室； （2）密集柜书库	5.0 12.0	0.9	0.9	0.8
7	通风机房、电梯机房		0.9	0.9	0.8
8	汽车通道及停车库： （1）单向板楼盖（板跨不小于 2m）： 客车； 消防车。 （2）双向板楼盖和无梁楼盖（柱网尺寸不小于 6m×6m）： 客车； 消防车	 4.0 35.0 2.5 20.0	 0.7 0.7 0.7 0.7	 0.7 0.7 0.7 0.7	 0.6 0.6 0.6 0.6
9	厨房： （1）一般的； （2）餐厅	 2.0 4.0	 0.7 0.7	 0.6 0.7	 0.5 0.7
10	浴室、厕所、盥洗池： （1）第 1 项中的民用建筑； （2）其他民用建筑	 2.0 2.5	 0.7 0.7	 0.5 0.6	 0.4 0.5
11	走廊、门厅、楼梯： （1）宿舍、旅馆、医院病房、托儿所、幼儿园、住宅； （2）办公楼、教室、餐厅、医院门诊部； （3）消防疏散楼梯、其他民用建筑	 2.0 2.5 3.5	 0.7 0.7 0.7	 0.5 0.6 0.5	 0.4 0.5 0.3
12	阳台： （1）一般情况； （2）当人群有可能密集时				

注　1. 设计楼面梁时的折减系数：① 第 1（1）项，当楼面梁从属面积超过 25m²时，应取 0.9；② 第 1（2）～7 项，当楼面梁从属面积超过 50m² 时应取 0.9；③ 第 8 项，对单向板楼盖的次梁和槽形板的纵肋应取 0.8；对单向板楼盖的主梁应取 0.6；对双向板楼盖的梁应取 0.8；④ 第 9～12 项，应采用与所属房屋类别相同的折减系数。

2. 设计墙、柱和基础时的折减系数：① 表 2-1-1 中第 1（1）项，应按表 2-1-1 规定采用；② 表 2-1-2 中第 1（2）～7 项，采用与其楼面梁相同的折减系数；③ 表 2.2 中第 8 项，对单向板楼盖取 0.5；对双向板楼盖取 0.8；④ 表 2-1-1 中第 9～12 项，采用与所属房屋类别相同的折减系数。

表 2-1-2　　活荷载按楼层折减系数

墙、柱、基础计算截面以上层数	1	2～3	4～5	6～8	9～20	>20
计算截面以上各楼层活荷载总和折减系数	1.00 (0.90)	0.85	0.70	0.65	0.60	0.55

注　1. 当楼面梁的从属面积超过 25m² 时，应采用括号内折减系数。
2. 上面提及的楼面从属面积，是指向梁两侧各延伸 1/2 梁间距的范围内实际面积。

房屋建筑的屋面，其水平投影面上的屋面均布活荷载，按表 2-1-3 采用。

表 2-1-3　　屋面均布荷载

项次	类　别	标准值 (kN/m²)	组合值系数 ψ_c	频遇值系数 ψ_f	准永久值系数 ψ_q
1	不上人的屋面	0.5	0.7	0.5	0
2	上人屋面	2.0	0.7	0.5	0.4
3	屋顶花园	3.0	0.7	0.6	0.5

注　1. 不上人的屋面，当施工荷载较大时，应按实际情况采用。
2. 上人的屋面，当兼做其他用途时，应按相应楼面活荷载采用。
3. 对于因屋面排水不畅、堵塞等引起积水荷载，应采取构造措施加以防止；必要时，应按积水的可能深度确定屋面活荷载。
4. 屋顶花园活荷载不包括花圃土石等材料自重。

其余可变荷载，如工业建筑楼面荷载、风荷载、雪荷载、厂房屋面积灰荷载等详见《荷载规范》。

2. 可变荷载永久值

可变荷载在设计基准期内会随时间而发生变化，并且不同可变荷载在结构上的变化情况不一样。在设计基准期内经常作用（可理解为总的持续时间不低于 25 年）的可变荷载，称为可变荷载永久值。它对结构的影响类似于永久荷载。

可变荷载准永久值是正常使用极限状态按永久组合设计时采用的可变荷载代表值。实际上它是考虑荷载的长期作用效应而对可变荷载标准值的一种折减，其大小可表示为 $\psi_q Q_k$，其中 Q_k 为可变荷载标准值，ψ_q 为可变荷载永久值系数。ψ_q 的值见表 2-1-3。

例如住宅的楼面活荷载标准值为 2kN/m²，准永久值系数 $\psi_q=0.4$，则活荷载准永久值为 $2\times0.4=0.8$kN/m²。

四、任务实施

永久荷载标准值为结构构件单位体积（或面积）的自重标准值确定，因此横向梁（y 向）的自重为：

$$G=\rho bh=0.25\times0.7\times25=4.375\text{kN/m}$$

（1）计算底层柱脚处的荷载标准值，不考虑第一层填充墙的作用。

（2）计算荷载。

1）恒载。

均布荷载，2～6 层楼面永久荷载：5.0kN/m²；

楼面从属面积：$\frac{4}{2}\times2\times\left(\frac{4}{2}+\frac{8}{2}\right)=24\text{m}^2$；

每层楼面永久荷载标准值：5×24＝120kN/m^2；

屋面永久荷载为：7.0kN/m^2；

屋面从属面积与楼面相同为：24m^2；

屋面永久荷载为：24×7＝168kN；

均布荷载：120×5＋168＝768kN；

梁：梁（y 向）的从属长度为：$\frac{8+4}{2}=6$m；

梁（y 向）的自重为：4.375kN/m；

梁（y 向）根数：6；

则梁自重产生的 N 为：6×4.375×6＋3.125×4×6＝232.5kN；

填充墙：填充墙的均匀永久荷载为：2.0kN/m；

横向（x 向）的计算长度为：4m；

纵向（y 向）的从属长度为：6m；

则每层填充墙产生的 N 为：2.0×(4＋6)＝20kN；

5 层总共为：5×20＝100kN。

2）活载。

屋面活荷载的标准值为：0.7kN/m^2；

楼面活荷载标准值为：2.5 kN/m^2；

从属面积均为：24m^2；

则活荷载产生的 N 为：0.7×4×6＋5×2.5×4×6＝316.8kN；

计算楼面活荷载时要考虑活荷载的折减，由表 2－1－2 可知，折减系数为 0.65，N＝768＋232.5＋100＋0.7×316.8＝1322.26kN。

任务2　荷载组合值计算

结构的设计目的是要使所设计的结构在规定的设计使用年限内完成预期的全部功能。《建筑结构可靠度设计统一标准》（GB 50068—2001）（以下简称统一标准）采用的设计使用年限为：临时性结构 5 年；易于替换结构 25 年；普通房屋和构筑物 50 年；纪念性建筑和特别重要建筑结构为 100 年。结构设计时，应根据结构破坏产生的后果（危及人的生命、造成经济损失、产生社会影响等）的严重性将结构安全等级分为三级（见表 2－2－1）。工程结构中各类结构构件的安全等级宜与整个结构的安全等级相同。对其中部分结构构件的安全等级可适当提高或降低，但不得低于三级。

表 2－2－1　　建筑结构安全等级

安全等级	破坏后果	建筑类型	结构重要性系数
一级	很严重	重要建筑物	1.1
二级	严重	一般建筑物	1.0
三级	不严重	次要的建筑物	0.9

建筑结构的功能要求表现为：

（1）安全性。

建筑结构应能承受正常施工和正常使用时可能出现的各种荷载和变形，在偶然事件（如地震、爆炸等）发生时和发生后保持必须的整体稳定性，不致发生倒塌。

（2）适用性。

结构在正常使用过程中应具有良好的工作性能。例如，不发生影响使用的过大变形或振幅。不发生足以让使用者不安的过宽裂缝等。

（3）耐久性。

结构在正常维护条件下应有足够耐久性，完好使用到设计规定年限，即设计使用年限。例如，混凝土不发生严重风化、腐蚀、脱落，钢筋不发生腐蚀等。

一、任务描述

位于非地震区的某六层办公楼，已知永久荷载的标准值、楼面活荷载的标准值、风荷载的标准值及雪荷载标准值作用下，某横梁两端弯矩标准值分别为 $M_{GK}=10\text{kN}\cdot\text{m}$、$M_{QK}=12\text{kN}\cdot\text{m}$、$M_{WK}=4\text{kN}\cdot\text{m}$、$M_{SK}=2\text{kN}\cdot\text{m}$。顶层柱的轴向压力分别为 $N_{GK}=40\text{kN}$、$N_{QK}=12\text{kN}$、$N_{WK}=5\text{kN}$、$N_{SK}=1\text{kN}$，求：

（1）确定顶层横梁在按承载能力极限状态基本组合时的两端弯矩设计值。

（2）确定顶层柱在按承载能力极限状态基本组合时轴向压力设计值。

（3）正常使用极限状态准永久组合时两端弯矩组合值。

二、任务分析

1. 结构极限状态

当整个结构或其一部分进入某一特定状态，而不能满足设计规定的某种功能要求时，则称该特定状态为结构功能的极限状态。结构的极限状态往往以结构的某种荷载效应，如内力、应力、变形等超过规定的标志值为依据。结构极限状态一般分为两类。

（1）承载能力极限状态。

承载能力极限状态对应于结构或结构构件达到最大承载能力或不适于继续承载的变形，主要考虑关于结构安全性的功能。超过这一状态，便不能满足安全性的功能。当结构或结构构件出现下列状态之一时，即认为超过了承载能力极限状态：①结构构件或连接因材料强度不够而破坏；②整个结构或结构的一部分作为刚体失去平衡（如倾覆等）；③ 结构转变为机动体系；④结构或结构构件丧失稳定（柱子被压曲等）。结构或结构构件一旦超过承载能力极限状态，将造成结构全部或部分破坏或倒塌，导致人员伤亡或重大经济损失，因此，在设计中对所有结构和构件都必须按承载力极限状态进行计算，并保证具有足够的可靠度。

（2）正常使用极限状态。

正常使用极限状态对应于结构或结构构件达到正常使用或耐久性能的某项规定限值，超过这一状态便不能满足适用性或耐久性的功能。当结构或结构构件出现下列状态之一时，即认为超过了正常使用极限状态：①影响正常使用或外观的变形；②影响正常使用或

耐久性能的局部损坏（包括裂缝）；③影响正常使用的振动；④影响正常使用的其他特定状态等。虽然超过正常使用极限状态的后果一般没有超过承载能力极限状态那样严重，但也不可忽视。例如，过大的变形会造成房屋内粉刷层剥落、门窗变形、屋面积水等后果，水池和油罐等结构开裂会引起渗漏等。工程设计时，一般先按承载力极限状态设计结构构件，再按正常使用极限状态验算。

2. 荷载效应

（1）内力的概念。

材料是由分子、原子等组成，当杆件不受外力作用时，杆件内相邻微粒之间已有相互作用力，将这种作用力称为固体的固有内力。当杆件受到外力作用，发生变形，引起内部相邻各部分相对位置发生变化，势必引起相邻微粒之间固有内力发生改变，将在固有内力基础上产生的该变量称为附加内力，简称内力。因此可将内力定义为：由于外力作用，杆件内部相连部分之间产生的相互作用力。杆件的强度、刚度及稳定性，与内力的大小及其在杆件内的分布情况有关，内力分析是解决强度、刚度及稳定性问题的基础。截面上的内力是连续分布的，但为了方便计算，将截面上的分布内力向截面形心简化，然后用各向分力表示。常见的内力有轴力、剪力、扭矩、弯矩等。

（2）结构的功能函数。

作用效应是指结构上的各种作用，在结构内产生的内力（轴力、弯矩、剪力、扭矩等）和变形（如挠度、转角、裂缝等）的总称，用 S 表示。由直接作用产生的效应，通常称为荷载效应。结构抗力是结构或构件承受作用效应的能力，如构件的承载力、刚度、抗裂度等，用 R 表示。结构抗力是结构内部固有的，其大小主要取决于材料性能、构件几何参数及计算模式的精确性等。

结构的工作性能可用结构功能函数 Z 来描述。为简化起见，仅以荷载效应 S 和结构抗力 R 两个基本变量来表达结构的功能函数，则有

$$Z=g(S,R)=R-S \tag{2-2-1}$$

上式中，荷载效应 S 和结构抗力 R 均为随机变量，其函数 Z 也是一个随机变量。实际工程中，可能出现以下三种情况：当 $Z>0$ 时，结构处于可靠状态；当 $Z<0$ 时，结构处于失效状态；当 $Z=0$ 时，结构处于极限状态。

关系式 $g(S,R)=R-S=0$ 称为极限状态方程。

现行规范采用以概率理论为基础的极限状态设计方法，用分项系数的设计表达式进行计算。按承载能力极限状态设计的实用表达式

$$S\leqslant R \tag{2-2-2}$$

式中　R——结构构件的承载力设计值，即抗力设计值；

　　　S——荷载效应的基本组合或偶然组合的设计值。

3. 荷载组合值的计算

当结构上同时作用两种及两种以上可变荷载时，要考虑荷载效应组合。荷载效应组合是指在所有可能出现的各种荷载组合中，确定结构或构件产生的总效应，取其最不利值，

进行承载能力极限状态设计时，应考虑荷载的基本组合和偶然组合两种情况。所谓基本组合，指永久作用和可变作用组合。偶然组合则指永久作用、可变作用和一个偶然作用的组合。

（1）由可变荷载效应控制的组合。

$$S=\gamma_0\left(\gamma_G S_{Gk}+\gamma_{Q1}S_{Q1k}+\sum_{i=2}^{n}\gamma_{Qi}\psi_{ci}S_{Qik}\right) \quad (2-2-3)$$

式中　γ_0——结构构件的重要性系数，对安全等级为一级或设计使用年限为100年及以上的结构构件，不应小于1.1；对安全等级为二级或设计使用年限为50年的结构构件，不应小于1.0；对安全等级为三级或设计使用年限为5年及以下的结构构件，不应小于0.9；在抗震设计中，不考虑结构构件的重要性系数；另外，对于钢结构设计年限为25年的结构构件，不应小于0.95；

γ_G——永久荷载分项系数，当其效应对结构不利时：对由可变荷载效应控制的组合，取1.2；对结构的倾覆、滑移或漂浮验算，取0.9；

S_{Gk}——按永久荷载标准值认计算的荷载效应值；

γ_{Q1}、γ_{Qi}——分别为第一个和第i个可变荷载的分项系数，一般情况下取1.4；对标准值大于$4kN/m^2$的房屋楼面结构的活荷载取1.3；

S_{Gk}——按永久荷载标准值G_k计算的荷载效应值；

S_{Q1k}——第一个可变荷载（在可变荷载中该可变荷载产生的效应即最大）标准值Q_{1k}在计算截面上的效应值；

S_{Qik}——第i个可变荷载标准值Q_{ik}产生的荷载效应值，其中$i=2$，…，n（n为参与荷载组合的可变荷载数目）；

ψ_{ci}——可变荷载组合系数，其值不大于1，取值详见《荷载规范》。

（2）由永久荷载效应控制的组合。

$$S=\gamma_0\left(\gamma_G S_{Gk}+\sum_{i=1}^{n}\gamma_{Qi}\psi_{ci}S_{Qik}\right) \quad (2-2-4)$$

式中　γ_G——一般取1.35；当其效应对结构有利时：取1.0。

对于一般排架、框架结构，并有可变荷载效应控制的组合，可用简化表达式

$$S=\gamma_0\left(\gamma_G S_{Gk}+0.9\sum_{i=1}^{n}\gamma_{Qi}S_{Qik}\right) \quad (2-2-5)$$

由永久荷载效应控制的组合仍按式（2-2-4）计算。

对于砌体结构，应按下列情况确定S。

按下列公式计算最不利组合

$$S=\gamma_0\left(1.2S_{Gk}+1.4S_{Q1k}+\sum_{i=2}^{n}\gamma_{Qi}\psi_{ci}S_{Qik}\right) \quad (2-2-6)$$

$$S=\gamma_0\left(1.35S_{Gk}+1.4\sum_{i=1}^{n}\psi_{ci}S_{Qik}\right) \quad (2-2-7)$$

当砌体结构作为一个刚体，需验算整体稳定时，例如倾覆、滑移、漂浮等，应采用下列设计表达式进行验算：

$$\gamma_0(1.2S_{G2k}+1.4S_{Q1k}+\sum_{i=2}^{n}S_{Qik})\leqslant 0.8S_{G1k} \tag{2-2-8}$$

式中 S_{G1k}——起有利作用的永久荷载标准值的效应；

S_{G2k}——起有利作用的永久荷载标准值的效应；

S_{Q1k}、S_{Qik}——起不利作用的第一个和第 i 个可变荷载标准值的效应。

结构构件承载力设计值 R 的计算。结构构件承载力设计值与材料强度、材料用量、截面尺寸、形状等有关。根据结构构件类型的不同，承载力设计值 R 的计算方法也不相同，具体计算将在以后各模块中进行介绍。

(3) 正常使用极限状态的荷载组合。

对于使用时需要控制裂缝和变形的结构构件，除了进行承载力计算以外，还要进行正常使用极限状态的变形和抗裂度或裂缝宽度验算。由于混凝土的徐变，可变荷载作用时间的长短等对构件的变形和裂缝的宽度显然是有影响的。

正常使用极限状态的验算，应根据不同的设计要求，分别按荷载效应的标准组合、频遇组合或准永久组合并考虑长期作用影响。

对于标准组合，荷载效应组合的设计值 S 按下式采用：

$$S=S_{Gk}+S_{Q1k}+\sum_{i=2}^{n}\psi_{ci}S_{Qik} \tag{2-2-9}$$

对于准永久组合，荷载效应组合的设计值 S 按下式采用：

$$S=S_{Gk}+\sum_{i=1}^{n}\psi_{qi}S_{Qik} \tag{2-2-10}$$

式中 ψ_{ci}——可变荷载 Q_i 的组合值系数，其值不应大于 1.0，按《荷载规范》有关规定取用；

ψ_{qi}——可变荷载 Qi 的准永久值系数，其值不应大于 1.0，按《荷载规范》有关规定取用；

S——正常使用状态的荷载效应组合。

三、任务实施

1. 按承载能力时，应分两种情况来考虑

屋面活荷载与雪荷载不同时组合。

当可变荷载效应起控制作用，由式（2-2-3）计算

$M=1.2\times10+1.4\times12+1.4\times0.6\times4=32.16\text{kN}\cdot\text{m}$。

或 $M=1.2\times10+1.4\times12\times0.7+1.4\times4=29.36\text{kN}\cdot\text{m}$。

当永久荷载效应起控制作用

$M=1.35\times10+1.4\times0.7\times12+1.4\times0.6\times4=28.62\text{kN}\cdot\text{m}$。

取最大值，$M=32.16\text{kN}\cdot\text{m}$。

2. 当可变荷载效应起控制作用

$N=1.2\times40+1.4\times12+1.4\times0.6\times4=68.16\text{kN}$。

永久荷载效应起控制作用

$N=1.35\times40+0.7\times1.4\times12+1.4\times0.6\times4=69.12\text{kN}$。

永久荷载效应起控制作用，$N=69.12\text{kN}$。

正常使用极限状态准永久组合时的轴力设计值为：

风荷载准永久系数为 $\psi_q=0$，上人屋面均布荷载的准永久值 $\psi_q=0.4$。

轴力设计值为，$N=40+0.4\times12=44.80\text{kN}$。

模块三　建筑结构受力分析

学习目标

1. 能够完整、准确地画出构件和结构的受力图。
2. 具有初步确定工程中常见结构的计算简图的能力。
3. 对平面杆系能进行几何组成分析，判断其是否为结构。

任务1　结构计算简图的确定

一、任务描述

某四层办公楼，采用钢筋混凝土框架结构，建筑平面、剖面如图 3－1－1 所示，根据已知设计资料，试确定该结构的计算简图及梁柱构件的受力图。

设计资料：

（1）设计标高：室内设计标高为±0.000，基础顶标高为－0.800m。

（2）墙身做法：外墙采用 300mm 厚的加气混凝土砌块混合砂浆砌筑，内墙采用 200mm 厚的加气混凝土砌块混合砂浆砌筑。内粉刷为混合砂浆打底，纸筋灰面，厚 20mm。外粉刷为 1∶3 水泥砂浆打底，厚 20mm，陶瓷锦砖贴面。

（3）楼面做法：楼板顶面为 20mm 厚的水泥砂浆地面；楼板底面为 15mm 厚纸筋面石灰抹底。

（4）屋面做法：现浇楼板上铺膨胀珍珠岩保温层（檐口处厚 30mm，2%自板中间向两边找坡），1∶2 水泥砂浆找平层厚 20mm，三毡二油防水层，撒绿豆砂保护。

（5）门窗做法：所有门窗均为塑钢门窗。

二、任务分析

在工程实际中的建筑物，其结构、构造以及作用在其上的荷载，往往是比较复杂的。结构设计时，若严格地按照结构的实际情况进行力学分析和计算，会使问题非常复杂甚至无法求解，完全精确求解是不可能的，也是不必要的。因此，在对实际结构进行力学分析和计算时，必须用简化的图形作为模型代替实际的工程结构。

一般结构实际上都是空间结构，各部分互相联结成为一个空间整体，以便抵抗多个方向可能出现的荷载。因此，在一定的条件下，根据结构的受力状态和特点，设法把空间结

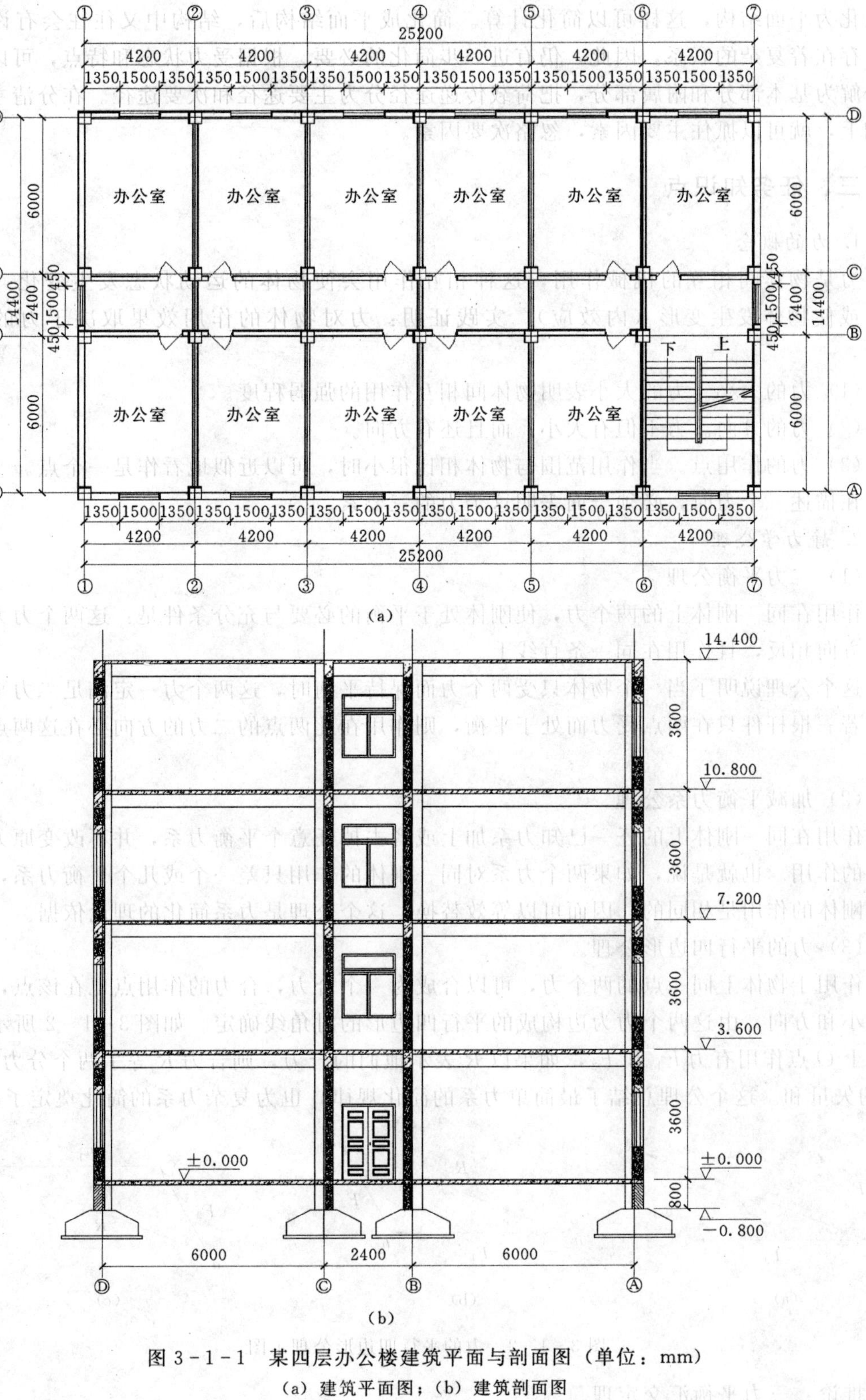

图3-1-1　某四层办公楼建筑平面与剖面图（单位：mm）

(a) 建筑平面图；(b) 建筑剖面图

构简化为平面结构，这样可以简化计算。简化成平面结构后，结构中又往往会有许多构件，存在着复杂的联系，因此，仍有进一步简化的必要。根据受力状态和特点，可以把结构分解为基本部分和附属部分，把荷载传递途径分为主要途径和次要途径。在分清主次的基础上，就可以抓住主要因素，忽略次要因素。

三、任务知识点

1. 力的概念

力是物体间相互的机械作用，这种相互作用会使物体的运动状态发生变化（外效应）或使物体发生变形（内效应）。实践证明：力对物体的作用效果取决于力的三个要素：

（1）力的大小。力的大小表明物体间相互作用的强弱程度。

（2）力的方向。力不但有大小，而且还有方向。

（3）力的作用点。当作用范围与物体相比很小时，可以近似地看作是一个点。

在描述一个力时，必须全面表明这个力的三要素。

2. 静力学公理

（1）二力平衡公理。

作用在同一刚体上的两个力，使刚体处于平衡的必要与充分条件是：这两个力大小相等，方向相反，且作用在同一条直线上。

这个公理说明了当一个物体只受两个力而保持平衡时，这两个力一定满足二力平衡公理。若一根杆件只在两点受力而处于平衡，则作用在此两点的二力的方向必在这两点的连线上。

（2）加减平衡力系公理。

作用在同一刚体上的任一已知力系加上或者去掉任意个平衡力系，并不改变原力系对刚体的作用。也就是说，如果两个力系对同一刚体的作用只差一个或几个平衡力系，则它们对刚体的作用是相同的，因而可以等效替换。这个公理是力系简化的理论依据。

（3）力的平行四边形公理。

作用于物体上同一点的两个力，可以合成为一个合力，合力的作用点也在该点，合力的大小和方向，由这两个力为边构成的平行四边形的对角线确定。如图 3-1-2 所示，设物体上 O 点作用有力 F_1 和 F_2，如果以 R 表示他们的合力，则合力 R 等于两个分力 F_1 和 F_2 的矢量和。这个公理总结了最简单力系的简化规律，也为复杂力系的简化奠定了基础。

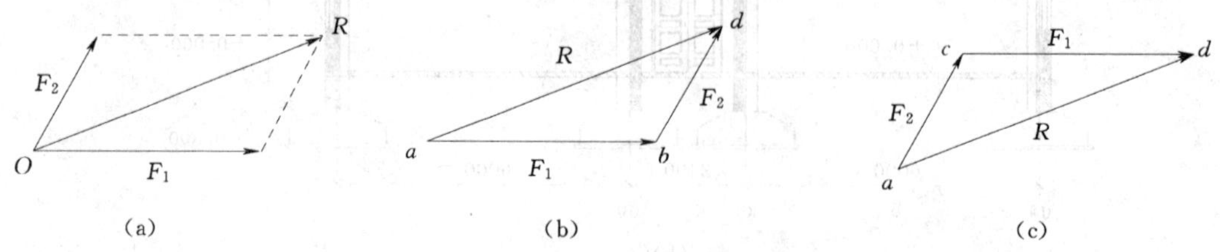

图 3-1-2　力的平行四边形公理示图

推论：三力平衡汇交定理。

当刚体在三个力作用下处于平衡时，若其中两个力的作用线交于一点，则第三个力的作用线也必交于同一点，且三个力的作用线共面。

（4）作用与反作用公理。

两物体间相互作用的作用力与反作用力总是同时存在，大小相等、方向相反，沿同一直线，分别作用在两相互作用的物体上。

这个公理概括了物体间相互作用的关系，表明作用力与反作用力总是成对出现的。它是物体受力分析必须遵循的原则，并为从单个物体的受力分析过渡到物体系统的受力分析提供了基础。

3. 约束与约束反力

（1）约束和约束反力的概念。

在工程中，空间位移受到限制的物体称为非自由体，如房屋中的梁受到两端柱子的约束而保持稳定，桥梁受到桥墩的支持而静止等。

对非自由体的某些位移起限制作用的周围物体称为约束体，简称约束。既然约束阻碍物体的运动，则约束必然对物体有作用力，这种力称为约束反力，简称反力，约束反力的方向总是与约束所能限制的运动方向相反。一般说来，约束反力是未知的。

（2）常见的约束和约束反力。

1）柔体约束。

柔软的绳索、链条、皮带等用于阻碍物体的运动时，都称为柔体约束。由于柔体本身只能承受拉力，所以柔体约束只能限制物体沿柔体中心线且离开柔体的运动。因此，柔体约束对物体的约束反力是通过接触点、沿柔体中心线且背离物体的拉力，常用 F_T 表示，如图 3-1-3 所示。

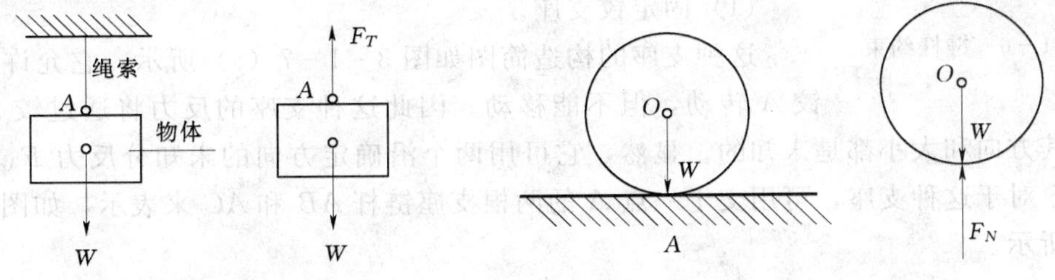

图 3-1-3　柔体约束　　　　图 3-1-4　光滑接触面约束

2）光滑接触面约束。

物体与其他物体接触，当接触面光滑，摩擦力很小可以忽略不计时，就是光滑接触面约束。这类约束只能阻碍物体沿接触点处公法线并指向约束物体方向的位移。因此，光滑接触面约束对物体的约束反力是作用于接触点处、沿接触面的公法线，并指向被约束物体，常用 F_N 表示，如图 3-1-4 所示。

3）圆柱铰链约束。

圆柱铰链简称铰链，由一个圆柱形销钉插入两个物体的圆孔中构成，并且认为销钉和圆孔的表面都是光滑的。销钉只能限制物体在垂直于销钉轴线平面内任意方向的相对移动，而不能限制物体绕销钉的转动。圆柱铰的简图如图 3-1-5 所示。圆柱铰链的约束反

力可用一个大小与方向均未知的力表示，也可用两个相互垂直的未知分力表示，如图 3-1-5 所示。

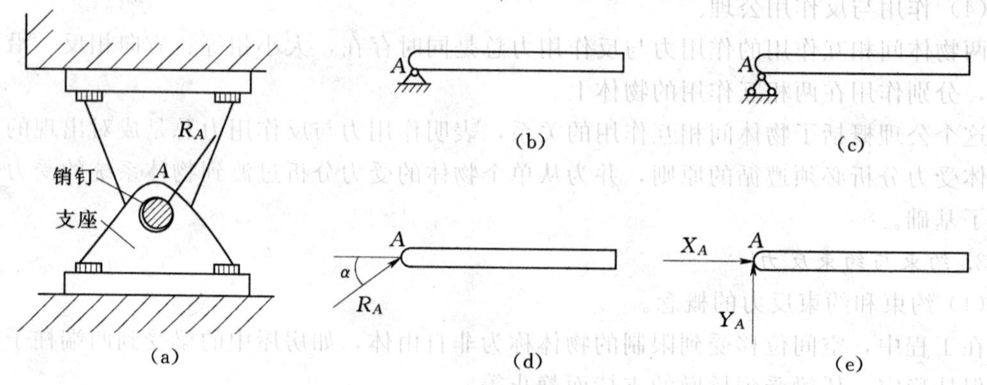

图 3-1-5 圆柱铰约束

4）链杆约束。

链杆约束为两端用光滑销钉与物体相连而中间不受其他力的直杆，如图 3-1-6 所示 *BC* 杆。这种约束只能限制物体沿链杆轴线方向上的运动，而不能限制其他方向的运动。所以，链杆约束对物体的约束反力沿链杆的轴线，而指向未定。

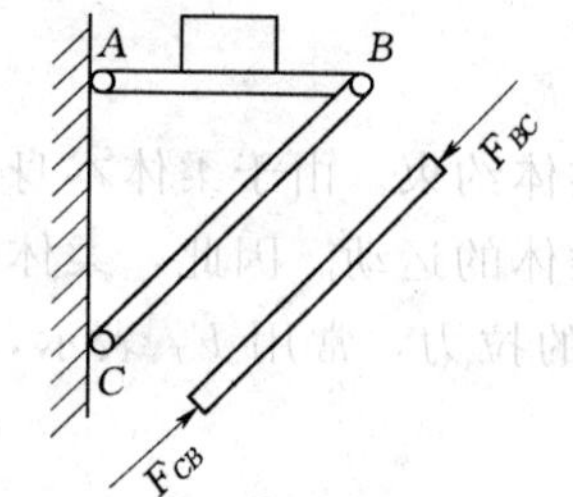

图 3-1-6 链杆约束

4. 建筑结构中常见的支座和支座反力

将结构与基础或其他支撑物联系起来，以固定结构位置的装置称为支座，一般分为以下几种。

（1）固定铰支座。

这种支座的构造简图如图 3-1-7（a）所示，它允许物体绕铰 *A* 转动，但不能移动。因此这种支座的反力将通过铰 *A* 的中心，但其方向和大小都是未知的。显然，它可用两个沿确定方向的未知分反力 F_{Ax} 和 F_{Ay} 来表示。对于这种支座，可用交于一点 *A* 的两根支座链杆 *AB* 和 *AC* 来表示，如图 3-1-7（b）所示。

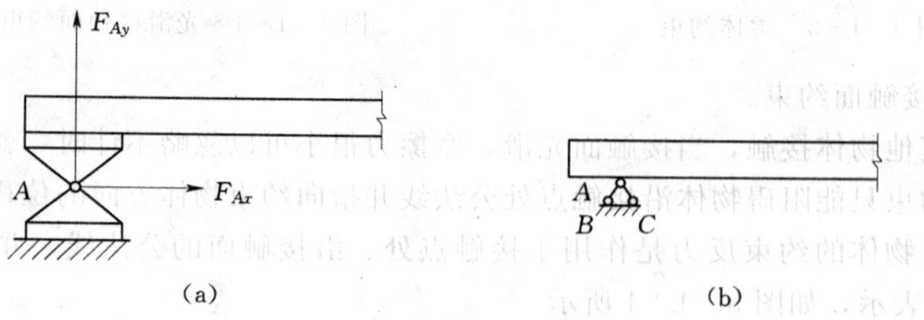

图 3-1-7 固定铰支座

在房屋建筑中这种理想的支座很少，通常把限制移动，而允许产生微小转动的支座都视为固定铰支座。例如，在房屋建筑当中的屋架，它的端部支承在柱子上，并将预埋在屋

架和柱子上的两块钢板焊接起来，它可以阻止屋架的移动，因为焊缝的长度有限，对屋架的转动限制作用很小，因此，可以把这种装置视为固定铰支座；预制混凝土柱插入杯形基础，并用沥青、麻丝填实，如图3-1-8所示，可视为固定铰支座。

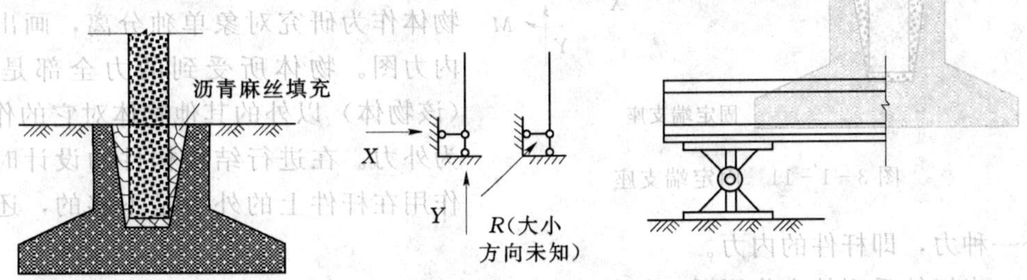

图3-1-8　固定铰支座

（2）可动铰支座。

这种支座的构造简图如图3-1-9（a）所示，它容许结构绕铰A转动，并可沿支承平面方向移动。这种支座在建筑结构中很少见，在此不作详细讲述。

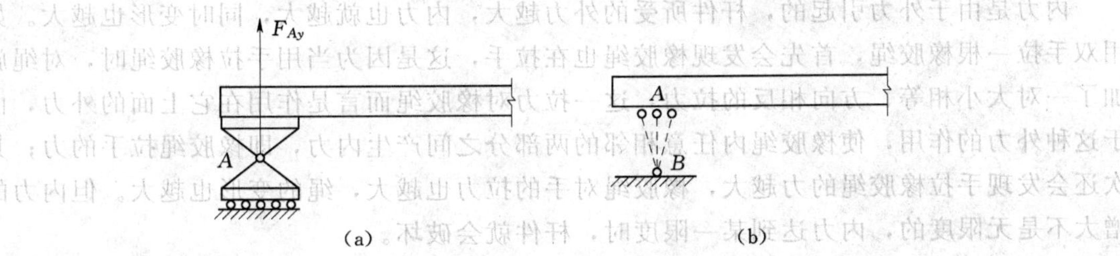

图3-1-9　可变动铰支座

（3）固定端支座。

这种支座不允许结构发生任何转动和移动。它的反力的大小、方向和作用点都是未知的，因此可以用水平和竖向的分反力F_x和F_y以及力偶M来表示，如图3-1-10所示。这种支座也可以表示为三根既不全平行又不全交于一点的支座链杆AB、CD和EF，这三根链杆的内力即代表固定支座的反力，它们可在杆端构成两个分反力F_x和F_y以及力偶矩M。

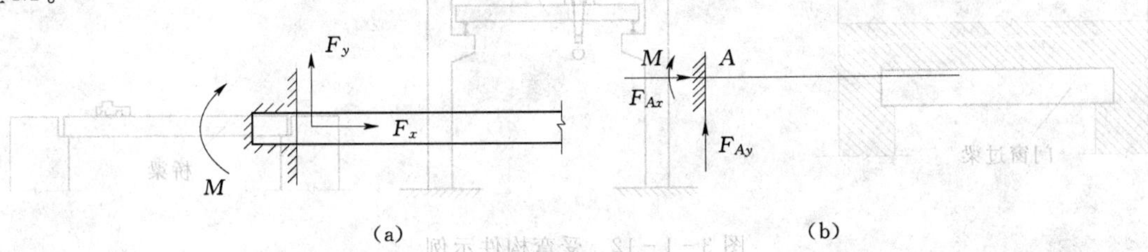

图3-1-10　固定端支座力及力偶

在实际结构中，凡嵌入墙身的杆件，其嵌入部分有足够的长度，致使杆端不能有任何移动和转动时，该杆端所联结的支座视为固定支座。又如图3-1-11所示，插入杯形基础中的柱子，如果用细石混凝土填实或与基础整体现浇的柱子，则柱与基础的联结也可看

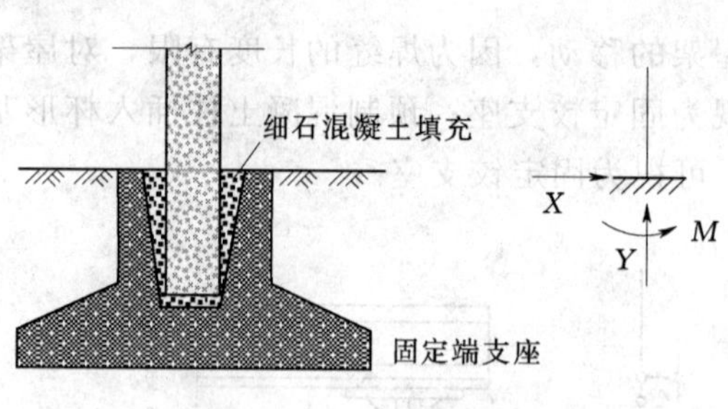

图 3-1-11　固定端支座

作固定支座。

5. 内力概述

在对某一物体进行受力分析时，常将该物体作为研究对象单独分离，画出该物体的内力图。物体所受到的力全部是研究对象（该物体）以外的其他物体对它的作用力，称为外力。在进行结构构件的设计时，只研究作用在杆件上的外力是不够的，还需研究另外一种力，即杆件的内力。

当杆件受到外力作用后，杆件内部相邻各质点间的相对位置就要发生变化，这种相对位置的变化使整个杆件产生变形，并使杆件内各质点之间原来的相互作用力发生改变，各质点之间相互作用力的变化使杆件相连两部分之间原有的相互作用力也发生了改变。习惯上将这种由于外力的作用而使杆件相连两部分之间相互作用力产生的改变量称为附加内力，简称为内力。

内力是由于外力引起的，杆件所受的外力越大，内力也就越大，同时变形也越大。如用双手拉一根橡胶绳，首先会发现橡胶绳也在拉手，这是因为当用手拉橡胶绳时，对绳施加了一对大小相等、方向相反的拉力，这一拉力对橡胶绳而言是作用在它上面的外力，由于这种外力的作用，使橡胶绳内任意相邻的两部分之间产生内力，即橡胶绳拉手的力；其次还会发现手拉橡胶绳的力越大，橡胶绳对手的拉力也越大，绳的变形也越大。但内力的增大不是无限度的，内力达到某一限度时，杆件就会破坏。

（1）平面弯曲的概念。

杆件在纵向平面内受到力偶或垂直于杆轴线的横向力作用时，杆件的轴线将由直线变成曲线，这种变形称为弯曲。实际上，杆件在荷载作用下产生弯曲变形时，往往还伴随有其他变形。凡是以弯曲变形为主的构件称为受弯构件，如房屋建筑中的楼（屋）面梁、楼（屋）面板，门窗过梁、厂房中的吊车梁、梁式桥的主梁等，都是工程实际中典型的受弯构件，如图 3-1-12 所示。

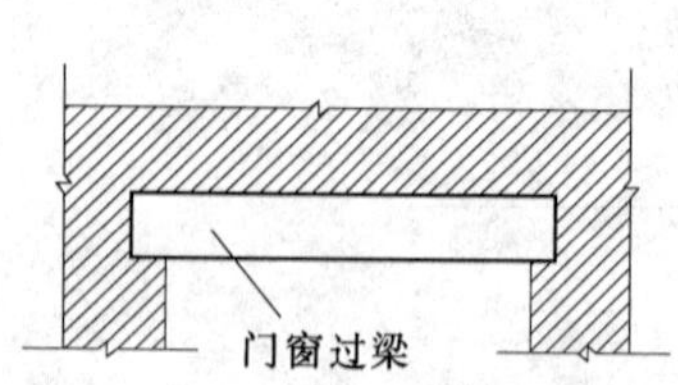

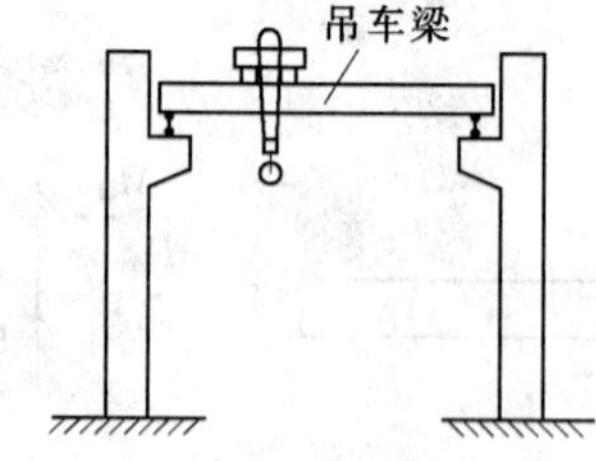

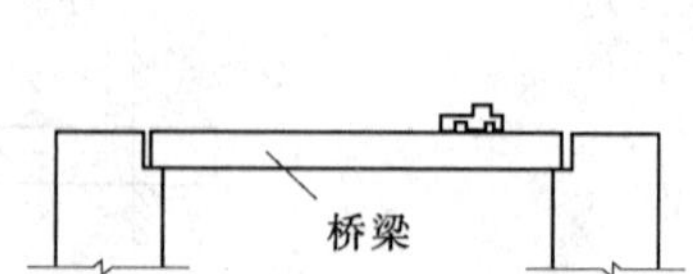

图 3-1-12　受弯构件示例

实际工程中常见的梁，其横截面往往具有竖向对称轴［见图 3-1-13（a）］，它与梁轴线所构成的平面称为纵向对称平面［见图 3-1-13（b）］。若作用在梁上的所有外力（包括荷载和支座反力）和外力偶都位于纵向对称平面内，则梁变形时，其轴线将变成该纵向对称平面内的一条平面曲线，这样的弯曲称为平面弯曲。

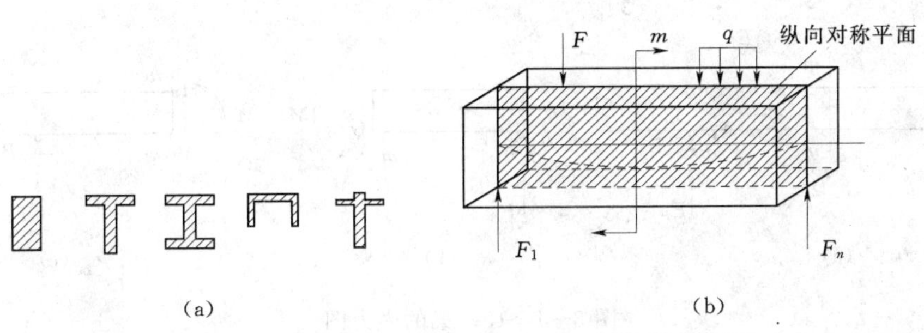

图 3-1-13　梁受力后的平面弯曲示图

(a) 工程中常见的梁；(b) 纵向对称平面

(2) 单跨静定梁内力的计算。

静定梁一般可分为单跨静定梁和多跨静定梁两种。多跨静定梁又可看作是由单跨静定梁加入适当的约束而形成的结构。因此，单跨静定梁的受力分析是各种结构受力分析的基础。

按支座情况不同，工程中的单跨静定梁分为悬臂梁、简支梁和外伸梁三类。其中，悬臂梁的一端是固定端，另一端为自由端；简支梁的一端是固定铰支座，另一端为可动铰支座；外伸梁是一端或两端伸出支座以外的简支梁。

在梁的计算简图中，梁用其轴线表示，梁上荷载简化为作用在轴线上的集中荷载或分布荷载，支座则视其对梁的约束，简化为可动铰支座、固定铰支座或固定端支座。梁相邻两支座间的距离称为梁的跨度。悬臂梁、简支梁、外伸梁的计算简图如图 3-1-14 所示。

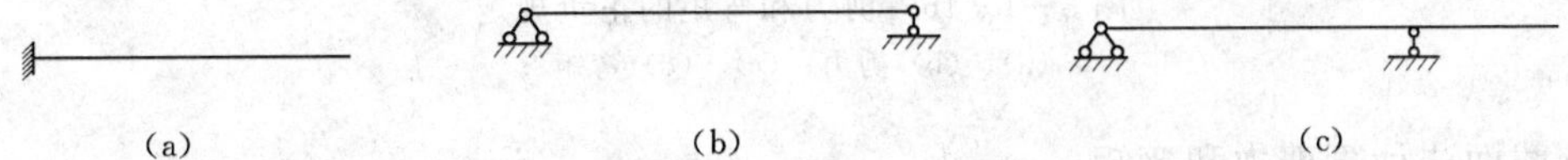

图 3-1-14　几种不同类型梁的计算简图

(a) 悬臂梁；(b) 简支梁；(c) 外伸梁

静定结构内力计算方法的要点是：适当选取隔离体，正确的运用平衡条件计算约束反力及各个杆件的内力。静定杆件结构是由若干个杆件按前面介绍的基本组成规则通过适当的约束联结而成。因此，若能计算出杆件之间和杆件与基础之间联结处的约束力，那么各个杆件的内力便可用平衡方程求得。

1) 剪力和弯矩的概念。

图 3-1-15 为一平面弯曲梁。现用一假想平面将梁沿 $m-m$ 截面切成左、右两段。现分析左段，由平衡条件可知，切开处应有竖向力 V 和约束力偶 M。若取右段分析，由作用和反作用关系可知，截面上竖向力 V 和约束力偶 M 的指向如图 4-2-4（c）所示。

V 是与横截面相切的竖向分布内力系的合力，称为剪力；M 是垂直于横截面的合力偶矩，称为弯矩。

剪力的单位为牛顿（N）或千牛顿（kN）；弯矩的单位是牛顿米（N·m）或千牛米（kN·m）。

剪力和弯矩的正负规定如下：剪力使所取脱离体有顺时针方向转动趋势时为正，反之

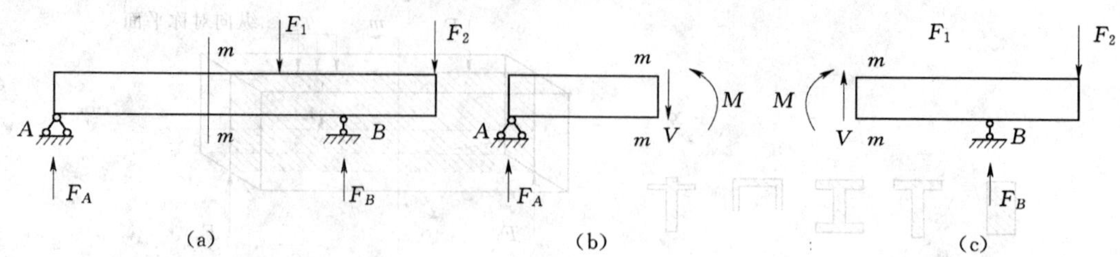

图 3-1-15 梁的内力图

(a) 平面弯曲梁；(b) 左段；(c) 右段

为负［如图 3-1-16 (a)、(b) 所示］，弯矩使所取脱离体产生上部受压，下部受拉的弯曲变形时为正，反之为负［如图 3-1-16 (c)、(d) 所示］。

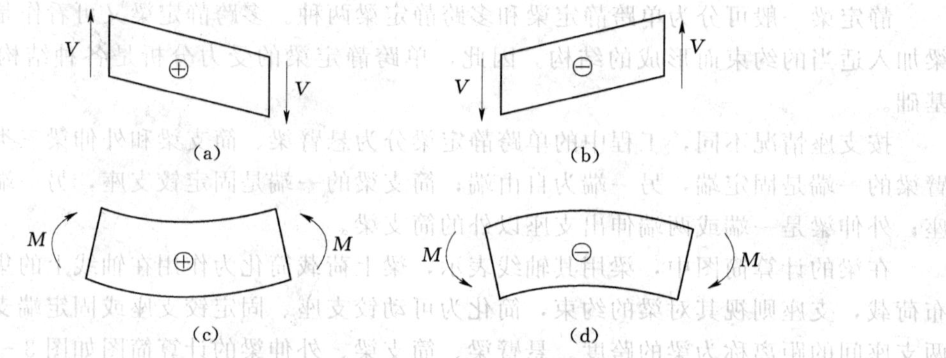

图 3-1-16 剪力和弯矩的正负规定

(a)、(b) 剪力；(c)、(d) 弯矩

2) 截面法计算剪力和弯矩。

用截面法计算指定截面剪力和弯矩的步骤如下：

a. 根据平衡条件，计算支座反力。

b. 用假想截面在需要求内力处将梁切成两段，取其中一段为研究对象。

c. 画出研究对象的受力图，截面上未知剪力和弯矩均按正向假定。

d. 建立平衡方程，求解内力。

3) 绘制剪力图和弯矩图。

梁的剪力图和弯矩图可直观的反映出梁的内力随截面变化的规律，并可据此确定最大剪力和最大弯矩的大小及位置。

若用沿梁轴线的坐标 x 表示横截面的位置，则各横截面上的剪力和弯矩都可以表示为坐标 x 的函数，即：

$$V_x = V(x) \tag{3-1-1}$$

$$M_x = M(x) \tag{3-1-2}$$

式 (3-1-1)、式 (3-1-2) 分别称为剪力方程和弯矩方程。根据剪力方程和弯矩方程，用描点法即可绘制出相应剪力图和弯矩图，这种方法称为静力法。习惯上，正剪力画在 x 轴上方，负剪力画在 x 轴下方；弯矩图画在梁的受拉侧。

用静力法画梁内力图的步骤如下：

a. 求支座反力。

b. 根据静力平衡条件，分段列出剪力方程和弯矩方程。

在集中力（包括支座反力）、集中力偶作用处，以及分布荷载的起止点处内力分布规律将发生变化，这些截面称为控制截面。应将梁在控制截面处分段。

c. 求出各控制截面的内力值，描点绘图。

d. 根据所画 V 和 M 图确定 V_{max} 和 M_{max} 的数值和位置。

【例 3-1-1】 如图 3-1-17（a）所示简支梁承受均布荷载作用，试求跨中及支座 A 处的弯矩和剪力，并画出其内力图。

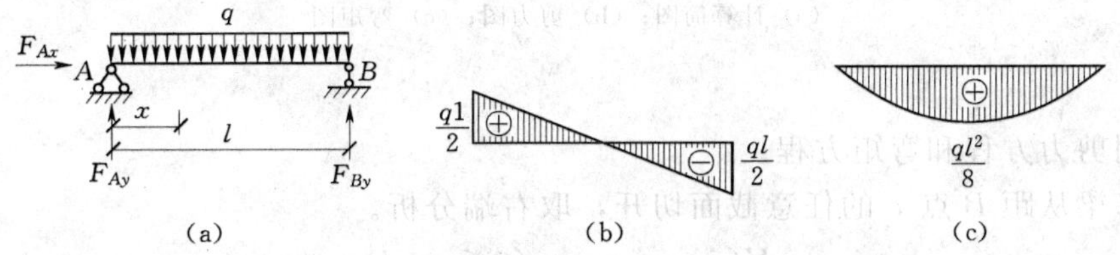

图 3-1-17　简支梁荷载与剪力、弯矩图

（a）计算简图；（b）剪力图；（c）弯矩图

解：

（1）求支座反力。

因结构与荷载对称，显然有 $F_{Ay}=F_{By}=\dfrac{ql}{2}$；$F_{Ax}=0$

（2）列剪力方程和弯矩方程。

假想将梁从距支座 A 点 x 的任意截面切开，取左段为研究对象。

$$V(x)=F_{Ay}-qx=\frac{1}{2}ql-qx \qquad (0\leqslant x\leqslant l)$$

$$M(x)=F_{Ay}x-\frac{1}{2}qx^2=\frac{1}{2}qlx-\frac{1}{2}qx^2 \qquad (0\leqslant x\leqslant l)$$

（3）在支座 A 处，$x=0$，代入上式，$V=\dfrac{ql}{2}$；$M=0$。

在梁跨中处，$x=\dfrac{l}{2}$，代入上式，$V=0$；$M=\dfrac{1}{8}ql^2$。

（4）画剪力图和弯矩图。

由剪力方程可知，剪力图为一斜直线，计算出两个截面的剪力即可画出剪力图，根据支座 A 处、跨中处的截面剪力可画出如图 3-1-17（b）所示的剪力图。

由弯矩方程知，弯矩图是二次抛物线，根据高等数学知识，即可画出如图 3-1-17（c）所示的弯矩图。

根据弯矩、剪力图可知，承受均布荷载作用的简支梁，最大剪力发生在梁端，其剪力为 $|V|_{max}=\dfrac{1}{2}ql$；最大弯矩发生在剪力为零的跨中截面，其弯矩为 $|M|_{max}=\dfrac{1}{8}ql^2$。

【例 3-1-2】 如图 3-1-18（a）所示悬臂梁承受均布荷载作用，试求支座 A 处的弯矩和剪力，并画出其内力图。

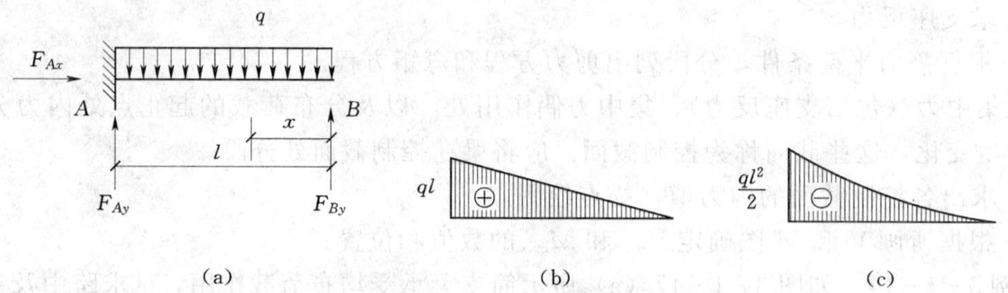

图 3-1-18 悬臂梁荷载与剪力、弯矩图

(a) 计算简图；(b) 剪力图；(c) 弯矩图

解：

(1) 列剪力方程和弯矩方程。

假设将梁从距 B 点 x 的任意截面切开，取右端分析。

$$V(x)=qx \qquad (0\leqslant x\leqslant l)$$

$$M(x)=-\frac{qx^2}{2} \quad (0\leqslant x\leqslant l)$$

(2) 在支座 A 处，$x=l$，代入上式，$V=ql$；$M=-\frac{ql^2}{2}$。

在支座 B 处，$x=0$，代入上式，$V=0$；$M=0$。

(3) 画剪力图和弯矩图。

由剪力方程可知，剪力图为一斜直线，计算出两个截面的剪力即可画出剪力图，根据支座 A 处、B 处的截面剪力可画出如图 3-1-18 (b) 所示的剪力图。

由弯矩方程知，弯矩图是二次抛物线，根据高等数学知识，即可画出如图 3-1-18 (c) 所示的弯矩图。

根据弯矩、剪力图可知，承受均布荷载作用的悬臂梁，最大剪力发生在支座端 A，其剪力为 $|V|_{\max}=ql$；最大弯矩发生在支座端 A，其弯矩为 $|M|_{\max}=\frac{ql^2}{2}$。

6. 结构计算简图的确定

(1) 结构计算简图的简化原则。

实际结构是很复杂的，对实际结构进行力学计算之前，必须加以简化，略去不重要的细节，用一个简化的图形来代替实际结构，这种图形称为结构的计算简图。计算简图简化的原则是：

1) 从实际出发，计算简图应反映结构的主要受力情况，计算结果应接近实际情况。

2) 尽可能简单，简化时要分清主次，略去细节，使其便于计算。

(2) 结构计算简图的确定。

1) 结构体系的简化。

一般结构实际上都是空间结构，各部分相互连接成一个空间整体，以承受各个方向可能出现的荷载。但在多数情况下，常可以忽略一些次要的空间约束而将实际结构分解为平

面结构，使计算得以简化。

2）杆件的简化。

杆件的截面尺寸（宽度、高度）通常比杆件长度小得多，截面上的应力可根据截面的内力（弯矩、轴力、剪力）来确定。因此，在计算简图中，杆件用其轴线表示，杆件之间的连接区域用结点表示，杆长用节点间的距离表示，而荷载的作用点也转移到轴线上。当截面尺寸增大时（例如超过长度的1/4），杆件用其轴线表示的简化，将引起较大的误差。

3）杆件间连接的简化。

杆件间的连接区域简化为结点。结点通常简化为以下两种理想情形：

a. 铰接点。被连接的杆件在连接处不能相对移动，但可相对转动，即可以传递力，但不能传递力矩。

b. 刚结点。被连接的杆件在连接处既不能相对移动，又不能相对转动，既可以传递力，也可以传递力矩。现浇钢筋混凝土结点通常属于这类情况。

4）材料性能的简化。

在建筑结构中所用的材料通常为钢、混凝土、砖、石、木料等，在结构计算中，为了简化，对组成各构件的材料一般都假设为连续、匀质、各向同性、完全弹性或弹塑性的。

5）荷载的简化。

结构承受的荷载可分为体积力和表面力两大类。体积力指的是结构的自重或惯性力等；表面力则是由其他物体通过接触面而传给结构的作用力，如土压力、车辆的轮压力等。在杆件结构中把杆件简化为轴线，无论是体积力还是表面力都可以简化为作用在轴线上的力。荷载按其分布情况可简化为集中荷载和分布荷载。

分布荷载是指连续分布在结构某一表面上的荷载，根据其均匀与否还可以分为均布荷载和非均布荷载。如果分布荷载在一定的范围内连续作用且其大小在各处都相同，这种荷载称为均布荷载，例如构件的自重。反过来，如果分布荷载不是均布荷载，则称为非均布荷载，如水压力，其大小与水的深度成正比，按照三角形规律分布。

集中荷载是指作用在结构上的荷载，其分布面积远小于结构的尺寸，则将此荷载认为是作用在结构的某点上，称为集中荷载。工业厂房中的吊车轮压，即认为是集中荷载。

恰当地选取实际结构的计算简图，是结构设计中十分重要的问题。为此，不仅要掌握计算简图的选取原则，还要有丰富的实践经验，足够的施工知识、构造知识及设计概念。必须指出，由于结构的重要性、设计进行的阶段、计算问题的性质以及计算工具等因素的不同，即使是同一结构也可以取得不同的计算简图，在初步设计阶段选取相对简化的计算简图以方便计算，而在技术阶段选取比较精确的计算简图。对于工程中常用的结构，已经有了成熟的计算简图，可以直接采用。对于一些新型结构，往往需要反复试验和实践，才能获得比较合理的计算简图。

【例 3-1-3】 图 3-1-19 所示为钢筋混凝土楼盖，它由预制空心板和钢

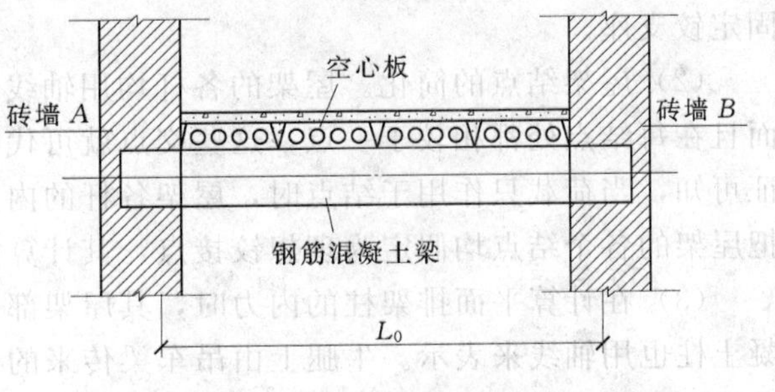

图 3-1-19　钢筋混凝土楼盖

筋混凝土梁组成，试确定梁的计算简图。

解：

(1) 构件的简化。在计算简图中，以梁的纵轴线来表示梁 AB，由板传来的楼面荷载，以及梁的自重均简化为作用在梁轴线上的铅直平面内。

(2) 支座的简化。由于梁端嵌入墙内的实际长度较短，加以砂浆砌筑的墙身本身坚实性差，所以在受力后，梁端有产生微小松动的可能，即由于梁受力变弯，梁端可能产生微小转动，所以将梁端简化为铰支座。另外，考虑到作为整体，虽然梁不能水平移动，但又存在着由于梁的变形而引起端部有微小伸缩的可能性，因此，可把梁端支座简化为一端固定铰支座，另一端为可动铰支座。

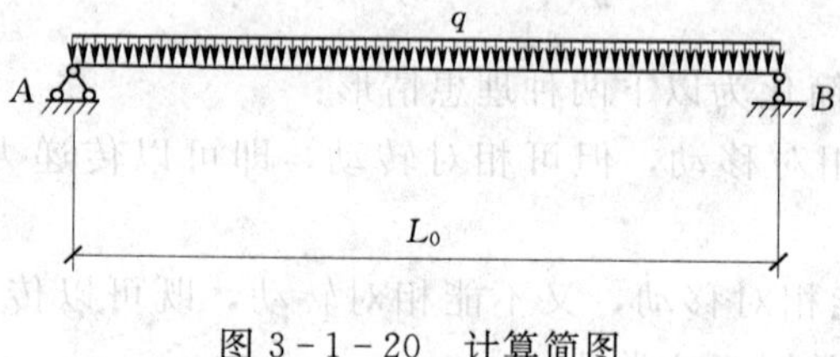

图 3-1-20　计算简图

(3) 荷载的简化。将楼板传来的荷载和梁的自重简化为作用在梁的纵向对称平面内的均布线荷载。计算简图如图 3-1-20 所示。

【例 3-1-4】 某钢筋混凝土单层工业厂房中的一榀排架结构，如图 3-1-21 所示，试选取此排架的计算简图。

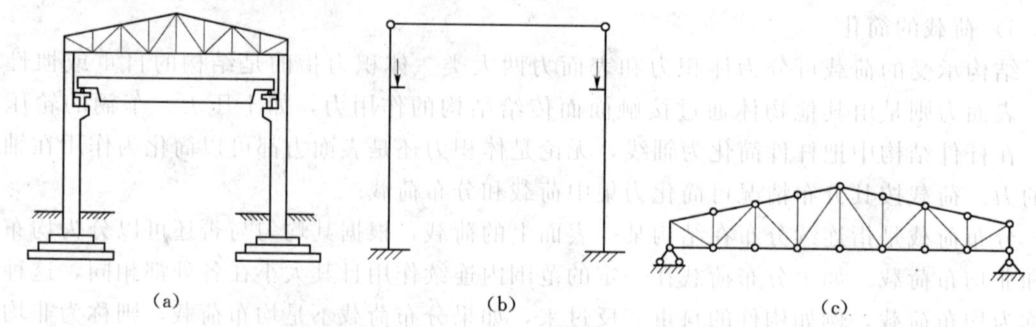

图 3-1-21　一榀排架结构计算简图

(a) 单层工业厂房排架结构；(b) 牛腿柱的计算简图；(c) 屋架的计算简图

解：

(1) 支座的简化。对于平面排架内的屋架，由于通常采用预埋钢板，在吊装就位后，再与柱顶预埋钢板焊接在一起，则屋架端部与柱顶不能发生相对线位移，但仍可能发生微小的转动，故可将一端简化为固定铰支座，另一端简化为可动铰支座。柱与杯口基础的连接，视填充材料不同，若为细石混凝土，则可视为固定端支座；若为沥青麻丝，则可视为固定铰支座。

(2) 屋架结点的简化。屋架的各杆均用轴线表示，并假定所有这些轴线都位于同一平面且在每结点处都相较于一点，这些交点就可代替实际的结点。根据力学分析和实测的验证可知，当荷载只作用于结点时，屋架各杆的内力主要是轴力，弯矩和剪力都很小，故可把屋架的各个结点均假定为理想铰接点，其计算简图如图 3-1-21 (c) 所示。

(3) 在计算平面排架柱的内力时，其屋架部分用抗拉刚度为无限大的杆件来代替，混凝土柱也用轴线来表示。牛腿上由吊车梁传来的荷载相对于柱轴线的偏心，用在牛腿处的悬挑短杆来表示。竖杆与基础之间的连接按固定支座处理。其计算简图如图 3-1-21

(b) 所示。

7. 结构构件受力图的确定

(1) 结构构件受力分析的步骤。

在对结构构件进行力学计算之前，首先要对它们进行受力分析，即分析构件受到哪些力的作用，哪些力是已知力，哪些力是未知力。为了便于分析，首先要把构件从周围相连的物体中隔离出来，从而明确研究对象，准确显示其他物体对研究对象的作用。这种从与其他物体的联系中隔离出来的研究对象称为隔离体。用于完整显示研究对象受力的图形，称为受力图。受力图是对研究对象进行力学计算的依据，也是解决力学问题的关键，必须认真对待，熟练掌握。受力分析的一般步骤为：

1) 根据题意确定研究对象。研究对象可以是一个刚体、几个刚体的组合，也可以是整个刚体系统。

2) 画出研究对象的简图和作用在其上的主动力，并标注各主动力的名称。

3) 根据所去掉约束的性质和类型画出相应的约束反力，并标注其名称。

4) 有时利用二力平衡共线，三力平衡汇交的条件来确定某些约束反力的作用线方位。

5) 为了计算方便，还应标明有关的几何尺寸和某些特征点的名称。

受力分析的最终结果就是得出受力图。画受力图时要注意：一般不考虑研究对象的自重；每画一力都要有依据，不多画力，也不漏画力；两刚体的相互约束反力应符合作用与反作用公理。

(2) 构件受力图确定实例。

【例 3-1-5】 如图 3-1-22 所示，梁 AC 与 CD 在 C 处铰接，并支承在三个支座上，画出梁 AC、CD 及全梁 AD 的受力图。

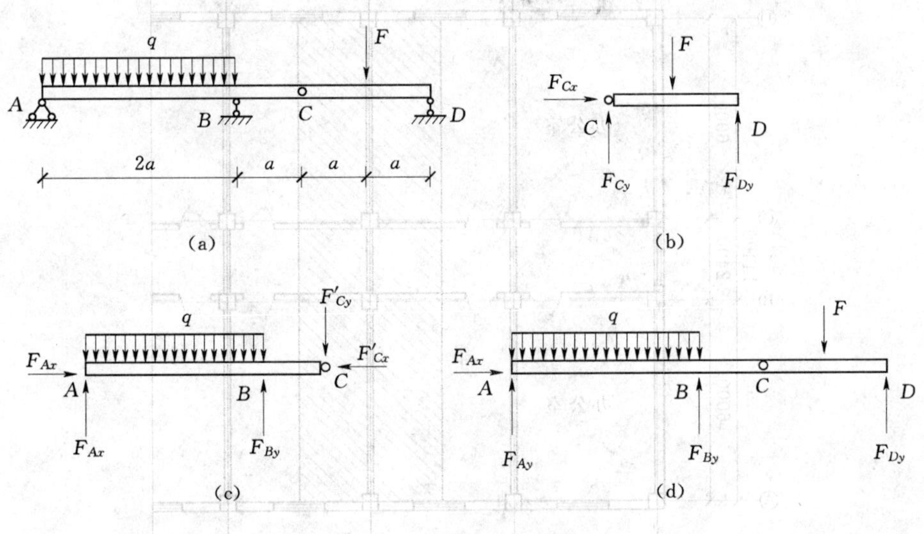

图 3-1-22　构件受力分析

(a) 构件受力图；(b) 梁 CD 单独分析；(c) 梁 ABC 单独分析；(d) 整个梁分析

解：

(1) 取梁 CD 为研究对象并画出脱离体，梁上有主动力 F；D 端为移动铰支座，其约

束反力 F_{Dy} 应垂直于支承面；C 处为圆柱铰约束，它的反力用水平和竖直的两个未知力 F_{Cx} 和 F_{Cy} 表示，如图 3-1-22（b）所示。

（2）取梁 AC 为研究对象并画出脱离体，梁上有主动分布荷载 q；B 端为移动铰支座，其约束反力 F_{By} 应垂直于支承面；A 处为固定铰支座，它的反力用水平和竖直两个未知反力 F_{Ax}，F_{Ay} 表示；C 处反力 F'_{Cx} 和 F'_{Cy} 分别是 F_{Cx} 和 F_{Cy} 的反作用力，如图 3-1-22（c）所示。

（3）以整个梁为研究对象，画出脱离体，主动力有 F 和 q，A、B、D 处约束反力 F_{Ax}、F_{Ay}、F_{By}、F_{Dy}，C 铰在整个梁的内部，反力不再画出，如图 3-1-22（d）所示。

综上所述，画结构受力图应注意以下几个方面：

1）明确研究对象。一般来讲，在一个要研究的具体问题中，总是选取与待求未知力直接发生联系的物体作为研究对象。

2）在解除约束时，解除几个约束，应有几个约束反力与之相对应，不能漏画，也不能多画。与研究对象不直接相关的力不进行分析。

3）物体之间的内部作用不进行分析和画出。

四、任务实施

1. 计算单元的确定

为了方便计算，常忽略结构纵向和横向之间的空间联系，忽略各构件的抗扭作用，将纵向框架和横向框架分别按平面框架进行分析计算。

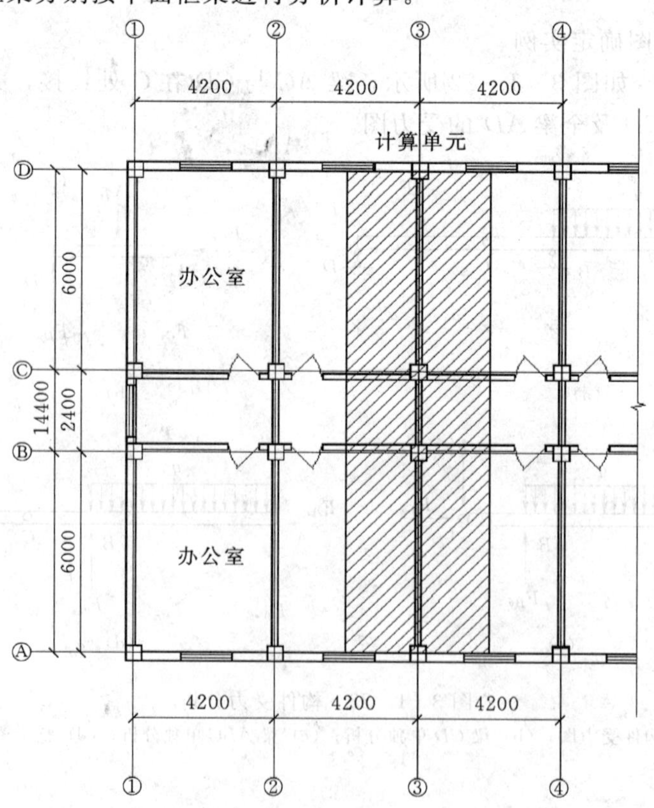

图 3-1-23　计算单元的确定

一般工程中，通常横向框架的间距相同，作用于各横向框架上的荷载相同，框架的抗侧刚度相同，因此，各榀横向框架都将产生相同的内力与变形。结构设计时，一般取中间有代表性的一榀横向框架进行分析即可（图3-1-23）。而作用于纵向框架上的荷载则各不相同，设计时应分别进行计算。取出的平面框架所承受的竖向荷载与楼盖结构的布置方案有关，当采用现浇楼板时，楼面分布荷载一般可按角平分线传至相应两侧的梁上（图3-1-24）。

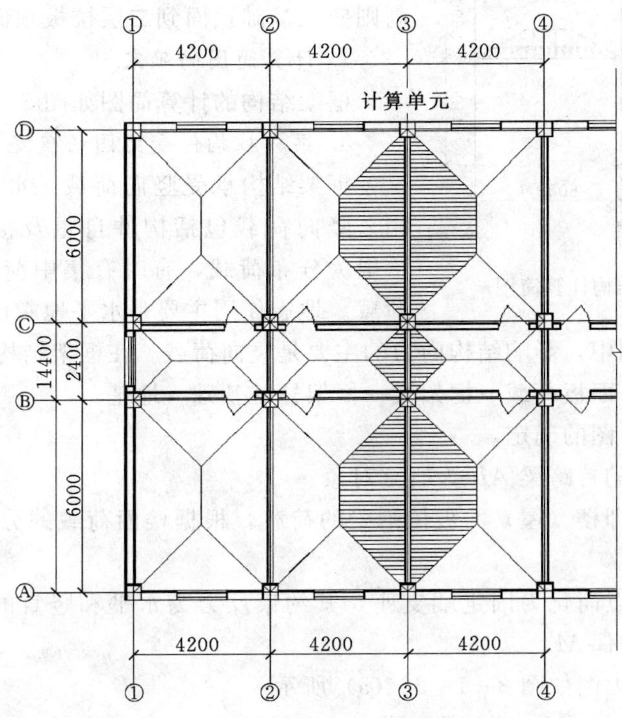

图3-1-24　受荷面积的确定

2. 节点的简化

框架节点一般总是三向受力的，但当按平面框架进行分析时，则节点也相应的简化。框架节点的简化应根据实际施工方案和构造措施确定。在现浇混凝土结构中，梁和柱内的纵向受力钢筋都将穿过节点或锚入节点区，显然这时应简化为刚性节点。

装配式框架结构则是在梁底和柱的某些部位预埋钢板，安装就位后再焊接，由于钢板在其自身平面外的刚度很小，同时焊接质量随机性很大，难以保证结构受力后梁柱间没有相对转动，因此常把这类节点简化成铰接节点。

在装配整体式框架结构中，梁（柱）中的钢筋在节点处或为焊接或为搭接，并现场浇注节点部分的混凝土。节点左右梁端均可有效传递弯矩，因此可认为是刚接节点。当然这种节点的刚性不如现浇式框架好，节点处梁端的实际负弯矩要小于按刚性节点假定所得到的计算值。

框架支座可分为固定支座和铰支座，当为现浇钢筋混凝土柱时，一般设计成固定支座，当为预制杯形基础时，则应视构造措施不同分别简化为固定支座和铰支座。

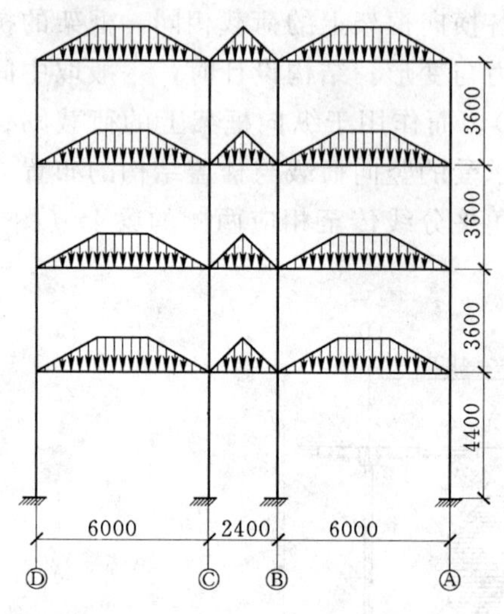

图 3-1-25　结构计算简图

3. 跨度与层高的确定

在结构计算简图中，杆件用其轴线来表示。框架梁的跨度即取柱子中心线之间的距离，当上下层柱截面尺寸变化时，一般以最小截面的形心线来确定。框架的层高即框架柱的长度可取相应的建筑层高，即取本层楼面至上层楼面的高度，但底层的层高则应取基础顶面到二层楼板顶面之间的距离。

4. 计算简图的确定

框架结构的计算简图如图 3-1-25 所示。

5. 梁、柱构件受力图的确定

框架结构承受竖向荷载、水平荷载和地震的作用。竖向荷载包括构件自重及楼（屋）面活荷载，一般为分布荷载，有时有集中荷载。水平荷载为风荷载。地震作用主要是水平地震作用。

在多层框架结构中，影响结构内力的主要是竖向荷载。在框架结构中，竖向荷载的传递途径为：楼（屋）面板荷载→框架梁→框架柱→基础→地基。

（1）框架梁受力图的确定。

1）取一榀框架的首跨梁 AB 为研究对象。

2）画主动力，即楼（屋）面板传给梁的荷载，根据楼面荷载的分布规律，框架梁上的荷载成梯形分布。

3）框架梁柱节点简化为固定端支座，其约束反力为水平和竖直的未知力 F_X 和 F_Y，以及未知的约束反力偶 M。

4）框架梁的受力图如图 3-1-26（a）所示。

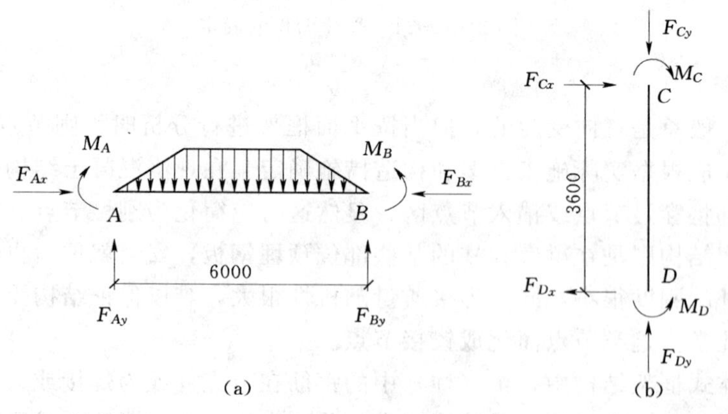

图 3-1-26　框架梁与柱受力图

（a）梁受力图；（b）柱受力图

（2）框架柱受力图的确定。

1）取一榀框架的其中一层的框架柱 CD 为研究对象。

2）画主动力。

3）框架梁柱节点简化为固定端支座，框架柱端的约束反力为水平和竖直的未知力 F_X 和 F_Y，以及未知的约束反力偶 M。

4）框架柱的受力图如图 3-1-26（b）所示。

任务 2　平面杆件体系的几何组成分析

一、任务描述

已知一榀排架结构平面杆件如图 3-2-1 所示，判断此杆件体系是否能作为结构。

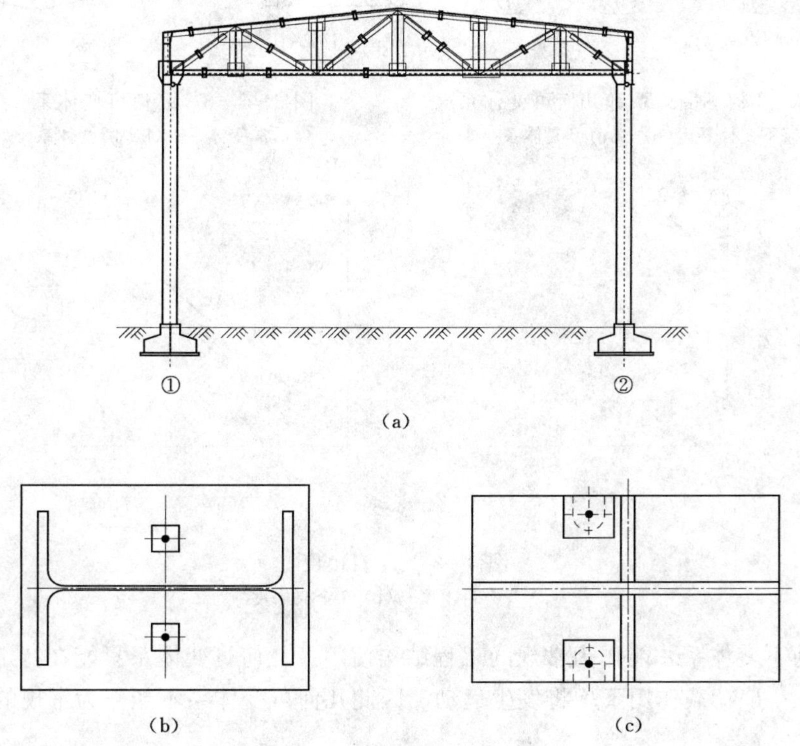

图 3-2-1　排架结构平面杆件

（a）一榀排架结构图；（b）钢柱与基础连接处；（c）屋架与钢柱连接处

二、任务分析

杆件结构一般是由若干杆件相互连接所组成的体系，这个体系组成方式必须有一定的规律，否则，即使不考虑杆件的变形，整个体系也不一定能保证在任何荷载作用下都不发生几何形状与位置变化；只有不发生几何形状与位置变化的体系才能做常规的工程结构使用。结构的几何组成方式不同还将影响其力学性能和分析方法。因此，在分析结构受力、变形等之前，必须了解常规结构的几何组成。

实际结构中的杆件在外界因素作用下都是要变形的，但是因为变形都很微小，做体系

的几何组成分析时可以忽略其变形，所以在本项目中所有构件均视为刚体。

在任意力系的作用下，若不考虑杆件本身的微小变形，能够保持几何形状和位置不变的杆件体系称为几何不变体系，如图3-2-2（a）所示。而几何形状或位置能发生变化或两者均能发生变化的体系，则称为几何可变体系，如图3-2-2（b）所示。

几何可变体系又可分为常变体系和瞬变体系。图3-2-2（b）和图3-2-3（a）所示的体系可发生有限的位移，称为常变体系；图3-2-3（b）所示的体系，杆件处在水平位置可能有运动趋势，但在发生微小位移后又不再能继续运动，称为瞬变体系。

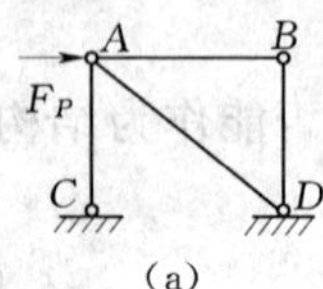

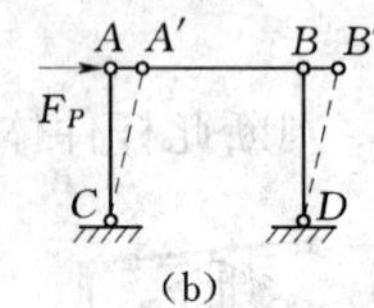

图3-2-2　几何不变体系和几何可变体系
（a）几何不变体系；（b）几何可变体系

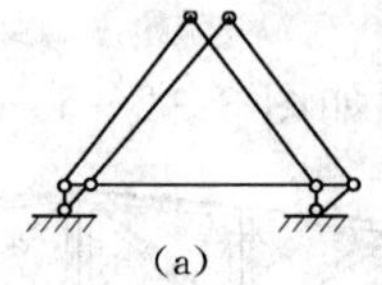

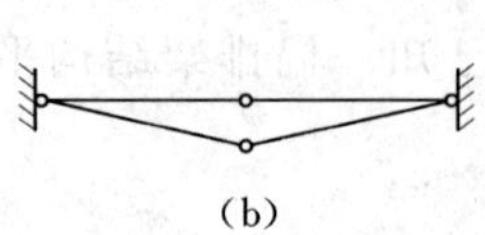

图3-2-3　几何可变体系
（a）常变体系；（b）瞬变体系

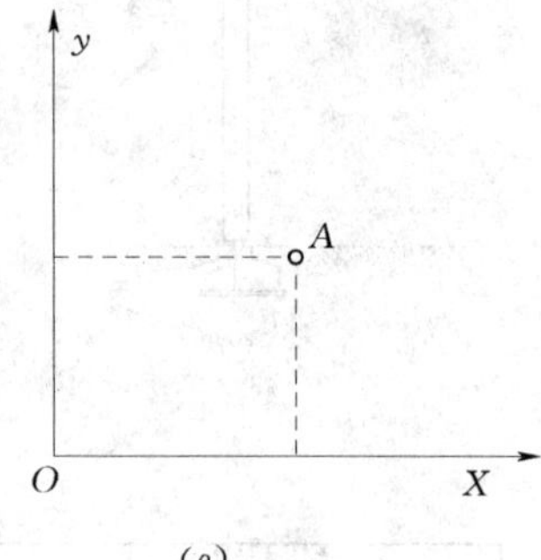

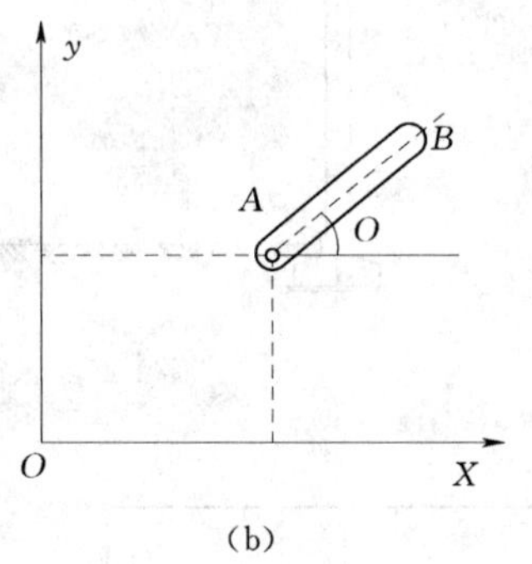

图3-2-4　自由度
（a）2个自由度；（b）3个自由度

只有几何不变体系才能作为常规的工程结构使用。几何可变体系只能在特定荷载作用下保持平衡，在一般荷载作用下均将发生运动，因此几何可变体系不能作为常规的工程结构。

三、任务知识点

1. 自由度及约束

（1）自由度。

自由度是指该体系运动时可以独立变化的几何参数的数目，即确定体系的位置所需要的独立坐标的数目。

1）一个动点在平面内的位置，可用在选定的坐标系中的两个独立坐标 x 和 y 两个坐标确定。所以其自由度是2，如图3-2-4（a）所示。

2）一个不受约束的刚片，要确定其在平面上的位置，只要确定刚片上任意一点 A 的位置及刚片上过 A 点的任一直线 AB 的位置，确定 A 点的位置需要两个坐标 x，y，确定线段 AB 的方位还需要一个坐标。因此，总共需要三个独立坐标，即刚片的自由度是3，

如图3-2-4（b）所示。

（2）约束。

对刚片运动起限制作用的连接装置也统称为约束，约束的作用是使体系的自由度减少。不同的连接装置对体系自由度的影响不同，常见的约束有链杆、铰和刚结点这三类约束。

链杆，如图3-2-5（a）所示，平面上的杆件 AB 原有三个自由度，增加一根链杆 AC 后，杆件只能绕 A 点和 C 点运动，减少了一个自由度，所以一根链杆相当于一个约束。

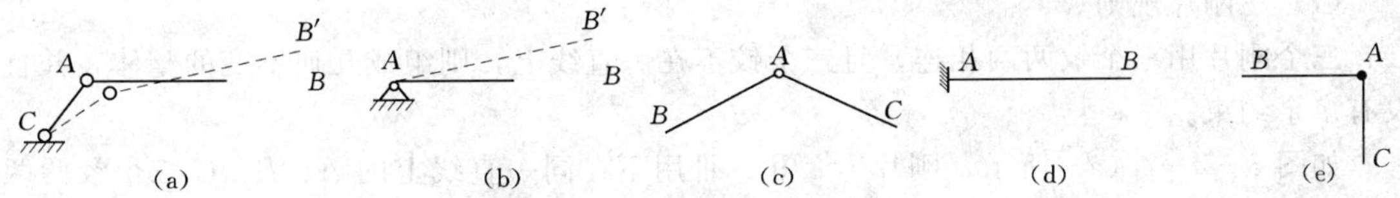

图3-2-5　常见约束

（a）链杆；（b）固定铰支座；（c）单铰；（d）固定支座；（e）单刚结点

固定铰支座，如图3-2-5（b）所示，固定铰支座 A 加在 AB 杆上后，杆件只能绕 A 转动，减少了两个自由度，所以相当于两个约束。一个固定铰支座相当于两根链杆。

单铰，如图3-2-5（c）所示，杆件 AB、AC 通过单铰 A 相连后，如果说 AB 在平面内有三个自由度，AC 只能绕 AB 转动，共四个自由度。而两根杆件在没有铰连接前有六个自由度。这个单铰能减少两个自由度，所以相当于两个约束。一个单铰相当于两个链杆。

固定支座，如图3-2-5（d）所示，杆件 AB 原有三个自由度，而现在无自由度。固定端支座减少了三个自由度。相当于三个约束。

单刚结点，如图3-2-5(e) 所示，两根杆件 AB、AC 通过刚结点相连，在平面内只能有三个自由度，一个刚结点减少了三个自由度，相当于三个约束。任何一杆段均可视为由两段刚结而成，因而杆中任意截面处均可视为有三个约束。

必要约束和多余约束，凡使体系的自由度减少为零所需要的最少约束，就称为必要约束。如果在一个体系中增加一个约束，而体系的自由度并不因此而减少，则此约束称为多余约束。例如，平面内一个自由点 A 原来有两个自由度，如果用两根不共线的链杆1和2把 A 点与基础相联，如图3-2-6（a）所示，则 A 点即被固定，因此减少两个自由度，可见链杆1和2都是必要约束。

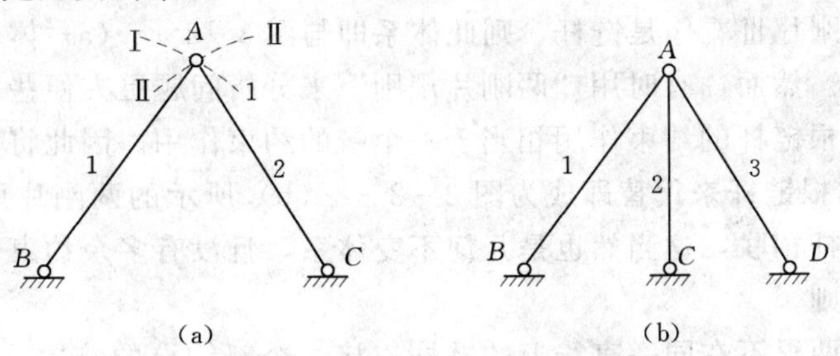

图3-2-6　必要约束和多余约束

（a）1、2都是必要约束；（b）有一根多余约束

如果用三根不共线的链杆把 A 点与基础相联，如图 3－2－6（b）所示，实际上仍只减少两个自由度。因此，这三根链杆中只有两根是必要约束，而有一根是多余约束（可把三根链杆中的任何一根链杆视作多余约束）。另外，一个体系中如果有多余约束存在，那么，应当分清楚哪些约束是多余的，哪些约束是必要的。只有必要约束才对体系的自由度有影响，而多余约束则对体系的自由度没有影响。

2. 几何不变体系的组成规则

（1）三刚片规则。

三个刚片用三个铰两两相连，且三个铰不在一直线上，则组成几何不变的整体，并且没有多余约束。

如图 3－2－7（a）所示，刚片Ⅰ、Ⅱ、Ⅲ用不在同一直线上的 A、B、C 三个铰两两相联。假定刚片Ⅰ固定不动，则刚片Ⅱ只能绕点 A 转动，其上点 C 必在半径为 AC 的圆弧上运动。刚片Ⅲ则只能绕点 B 转动，其上点 C 又必在半径为 BC 的圆弧上运动。现因在点 C 用铰将刚片Ⅱ、Ⅲ联结，点 C 不可能同时在两个不同的圆弧上运动，故知各刚片之间不可能发生相对运动。这样组成的体系是几何不变的，且没有多余约束。

由于联结两刚片的两根链杆的作用相当于一个单铰，故可将任一单铰换为两根链杆所构成的虚铰。据此可知，图 3－2－7（b）所示体系也是没有多余约束的几何不变体系。

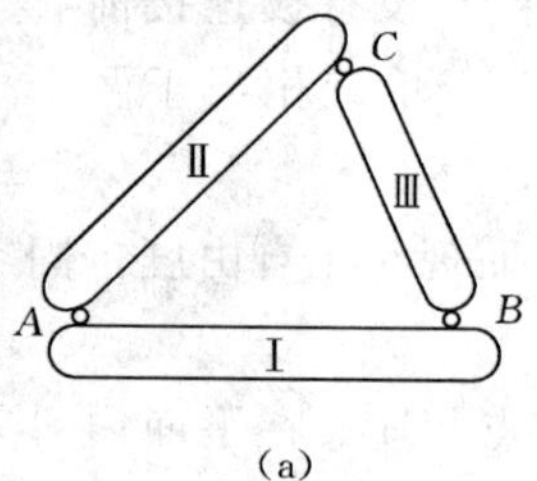

(a)

（Ⅰ、Ⅱ）
（Ⅲ、Ⅱ）
Ⅱ
Ⅰ
（Ⅰ、Ⅲ）
Ⅲ

(b)

图 3－2－7 三刚片规则

(a) 三个铰相连；(b) 单铰换为两根链杆

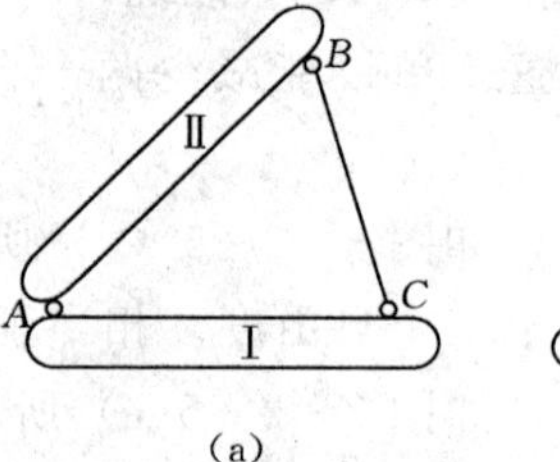

(a)

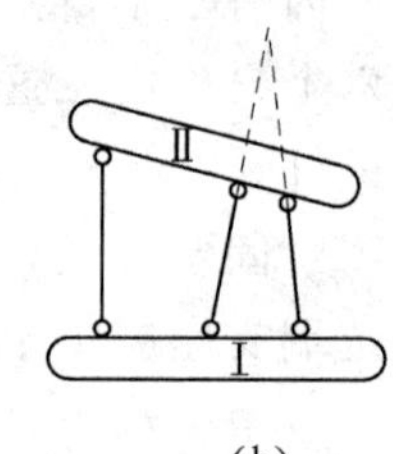

(b)

图 3－2－8 两刚片规则

(a)；一个铰和一根杆；(b) 三根杆相连

（2）两刚片规则。

两个刚片用一个铰和一根延长线不通过此铰的链杆相联，或者两个刚片用不全交于一点也不全平行的三根链杆相联，则组成几何不变的整体，并且没有多余约束。

如图 3－2－8（a）所示体系，显然也是按“三刚片规则”构成的。只要将图 3－2－7（a）所示体系中的刚片Ⅲ看作是链杆，则此体系即与图 3－2－8（a）体系完全等效。这当然是几何不变体系。然而，有时用“两刚片规则”来分析问题更方便些。

前面指出，两根链杆的约束作用相当于一个铰的约束作用。因此将 3－2－8（a）所示体系中的铰 A 用两根链杆来代替即成为图 3－2－8（b）所示的两刚片用三根不完全平行也不交于一点的链杆相联，这当然也是几何不变体系，且没有多余约束。

（3）二元体规则。

二元体是指由两根不在同一直线上的链杆连接一个新结点的装置，如图 3－2－9（a）所示 ACB 部分，由于在平面内增加一个点会增加两个自由度，而新增加的两根不共线的链杆恰能减去新结点 C 的两个自由度，故对原体系来说，自由度的数目没有变化。因此在一个已知体系上增加一个二元体不会影响原体系的几何不变性或可变性。同理，若在已知体系中拆除一个二元体，也不会影响体系的几何不变性或可变性。

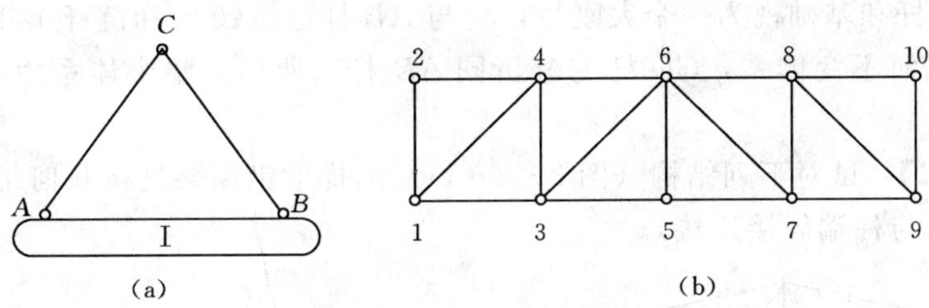

图 3－2－9　二元体规则

（a）一根链杆增加一个二元体；（b）依次增加二元体构成几何不变体系

利用二元体规则，可以得到更为一般的几何不变体系。如图 3－2－9（b）所示体系，则是从一个基本的铰接三角形开始，按此依次增加二元体所组成的没有多余约束的几何不变体系。

以上三个基本规则能够对绝大多数体系的几何组成进行分析，但有少数不常见的复杂体系，这些规则不完全适用，必须用其他方法进行分析，这里不再介绍，可参考有关专著。

3. 平面体系的几何组成分析

几何不变体系的组成规则是进行几何组成分析的依据，对体系灵活使用这些规则，就可以判断体系是否是几何不变体及有无多余约束等问题。分析时，步骤如下：

（1）选定刚片。

在体系几何组成分析中任一杆件、基础、几何不变部分都可视为刚片。选定刚片后，根据几何不变体系的组成规则，可判别已知刚片间的联结是否为几何不变，把判定的几何不变部分作为一个较大的刚片，再去判定它与其他刚片间联结后的情况，如此不断扩大刚片范围，以完成对整个体系的判别。

（2）利用简单组成规则进行几何组成分析，分析时，注意以下几个方面：

1）如果体系只用三根不全交于一点也不全平行的支座链杆与基础相联，则其几何不变性只取决于体系本身，因此只需对体系本身做几何组成分析。

2）如果体系上有二元体，则可先将其拆除，使体系的组成简化。但应注意，只能逐个撤除暴露在体系最外面的二元体，但不可从体系中间任意抽取。

3）利用规则，从一个刚片或一个铰接三角形开始，依次增加二元体，尽量扩大刚片范围，将体系中的刚片数目尽量减少，便于分析。

4. 几何组成分析举例

【例 3－2－1】 试对下列所示的体系（见图 3－2－10）进行几何组成分析。

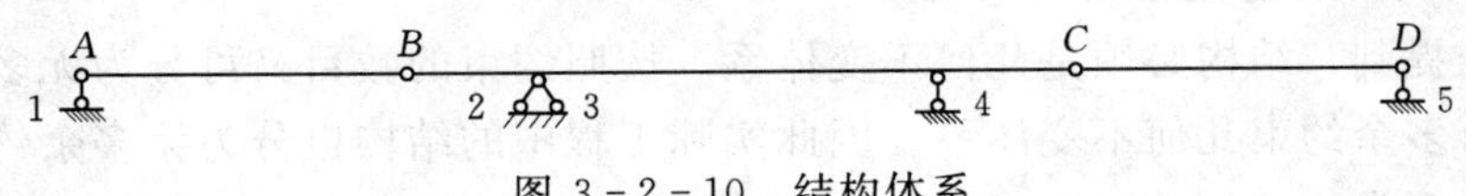

图 3－2－10　结构体系

解：

（1）在此体系中，将基础视为刚片，*BC* 杆视为刚片，两个刚片用三根不全交于一

点，也不全平行的链杆相联，根据两刚片规则，此组成部分组成几何不变体系，且没有多余约束。

(2) 将 BC 杆和基础视为一个大刚片，它与 AB 杆通过铰 B 和链杆 1 相连，又组成没有多余约束的几何不变体系，CD 杆的分析同 AB 杆。所以，整个体系为几何不变体系，且没有多余约束。

【例 3-2-2】 试对下列结构（图 3-2-11）的梯形钢屋架进行几何组成分析（其中钢屋架通过钢板与柱端焊接连接）。

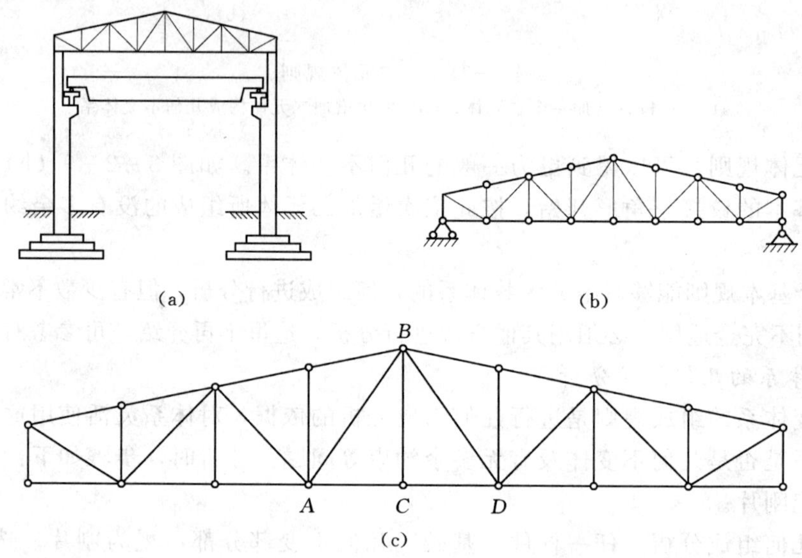

图 3-2-11　梯形钢屋架受力分析

(a) 梯形钢屋架；(b) 计算简图；(c) 几何组成分析

解：

(1) 根据任务 1 所学的知识，对钢屋架结构进行简化，画出钢屋架的计算简图，如图 3-2-11 (b) 所示。

(2) 在此体系中，钢屋架是几何不变体系，故可当作刚片Ⅰ，将混凝土柱看做刚片Ⅱ。刚片Ⅰ和刚片Ⅱ用三根不完全平行也不交于一点的链杆相联，根据规律 2，此体系为几何不变体系，且没有多余约束。

(3) 对钢屋架做几何组成分析，如图 3-2-11 (c) 所示，钢屋架是以三角形 ABC 或三角形 BCD 为基础，依次增加二元体形成的，钢屋架是一个没有多余约束的几何不变体系。

5. 静定结构与超静定结构的判定

前面已经提到，结构必须是几何不变体系。按照约束的数目又可分为无多余约束几何不变体系和有多余约束几何不变体系。因此实际工程中的结构也分为无多余约束体系和有多余约束体系两类。

对于无多余约束的几何不变体系，称为静定结构，如图 3-2-12 (a) 所示结构。对于具有多余约束的几何不变体系称为超静定结构，如图 3-2-12 (b) 所示的结构。

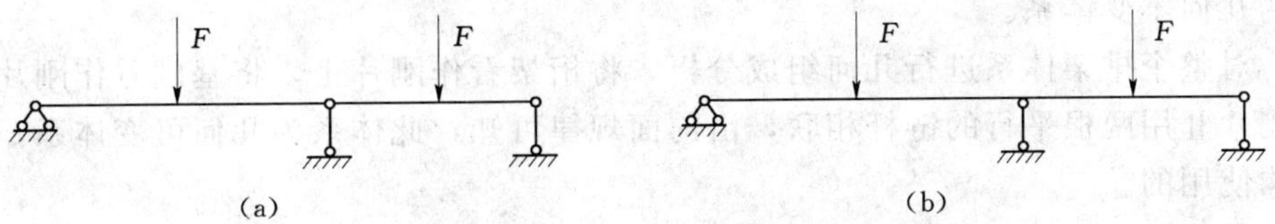

图 3-2-12　静定和超静定结构

(a) 静定结构；(b) 超静定结构

6. 超静定结构与静定结构相比，超静定结构具有以下特征

(1) 在几何组成面，超静定结构与静定结构一样，必须是几何不变的，能承受荷载。超静定结构是有多余联系的几何不变体系。与多余联系相应的支座反力和内力称为多余反力或多余内力。

静定结构无多余联系，即在任一联系遭到破坏后，结构就变成几何可变体系，不能承受荷载。超静定结构有多余联系，在其多余联系破坏后，仍能保持其几何的不变性，并具有一定的承载力。可见，超静定结构是具有一定的抵御突然破坏的防护能力。

(2) 超静定结构即使不受外荷作用，但遇到温度变化、支座位移、材料收缩或构件制造误差等情况，也会引起支承反力和构件内力。

(3) 在超静定结构中各部分的内力和支承反力与结构各部分的材料，截面尺寸和形状都有关系，而静定结构的反力或内力与材料及截面形状无关。

(4) 从结构内力的分布情况来看，超静定结构比静定结构受力均匀，内力峰值也相应偏小。

工程中应根据具体条件如施工条件、经济条件、工程性质、工程大小等采用相应的结构形式。

四、任务实施

(1) 根据任务 1 所学的知识，对排架结构进行简化，画出排架的计算简图，如图 3-2-13 (a) 所示。

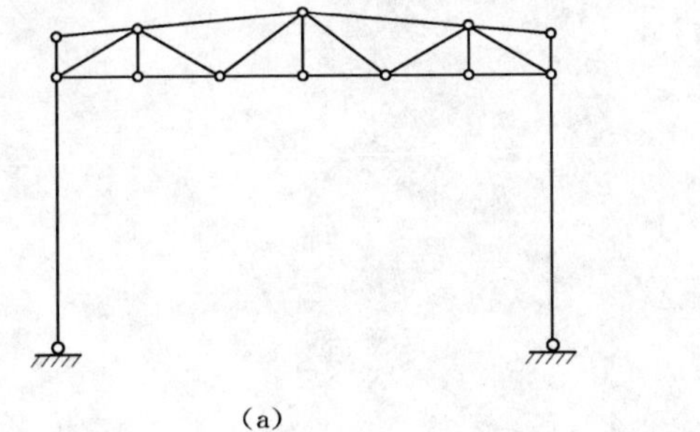

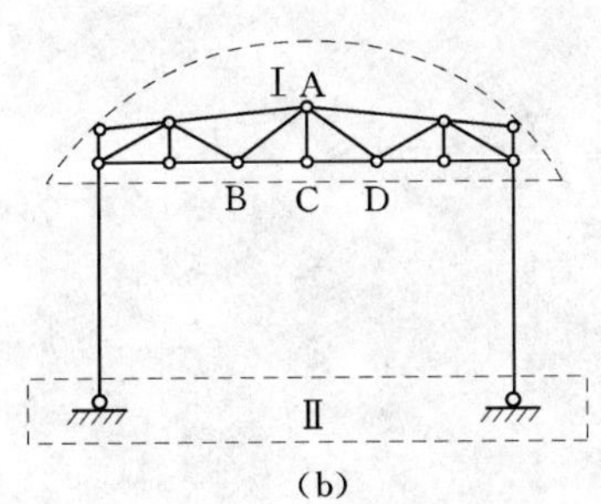

图 3-2-13　排架结构

(a) 计算简图；(b) 几何组成分析图

(2) 对钢屋架组成的平面桁架体系进行几何组成分析，桁架是以三角形 ABC 或三角形 ACD 为基础，如图 3-2-13 (b) 所示，依次增加二元体形成的，桁架是一个没有多

余约束的几何不变体系。

(3) 对整个排架体系进行几何组成分析，将桁架看作刚片Ⅰ，将基础看作刚片Ⅱ。刚片Ⅰ和刚片Ⅱ用两根平行的链杆相联，由前面规律可知，此体系为几何可变体系，是不能作为结构使用的。

(4) 此排架结构要成为几何不变体系，可从以下两个方面进行修改：

1) 将钢屋架与钢柱进行刚接，其计算简图如图 3-2-14 (a) 所示。

2) 将钢柱与基础进行刚接，其计算简图如图 3-2-14 (b) 所示。

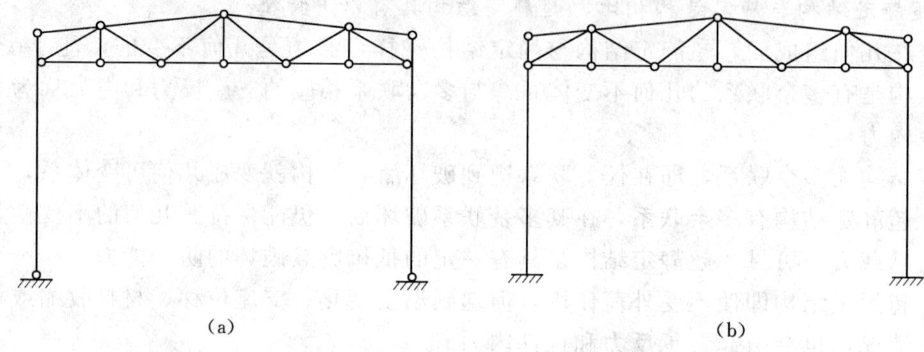

图 3-2-14　排架结构计算简图

(a) 钢屋架与钢柱进行刚接；(b) 钢柱与基础进行刚接

模块四　钢筋混凝土受弯构件设计

学习目标

1. 熟悉钢筋混凝土受弯构件的基本构造要求。
2. 会计算受弯构件的内力，并作出内力图。
3. 能进行单筋矩形截面、T 形截面受弯构件正截面承载力计算。
4. 能进行梁斜截面受剪承载力的计算。
5. 掌握受弯构件内力计算及内力图绘制方法。
6. 会应用钢筋混凝土受弯构件正截面承载力和斜截面承载力计算方法解决工程当中的实际问题。
7. 理解钢筋混凝土受弯构件梁、板的主要构造要求。

任务 1　受弯构件正截面受弯承载力计算

一、任务描述

某办公楼钢筋混凝土矩形截面简支梁，该梁所处环境类别为一类，安全等级为二级，梁的截面尺寸为 $b\times h=250\text{mm}\times 500\text{mm}$，采用 C30 混凝土，HRB335 级钢筋，配置 4 Φ 20 单排钢筋，如图 4-1-1 所示。试确定该梁能承受的最大弯矩设计值。

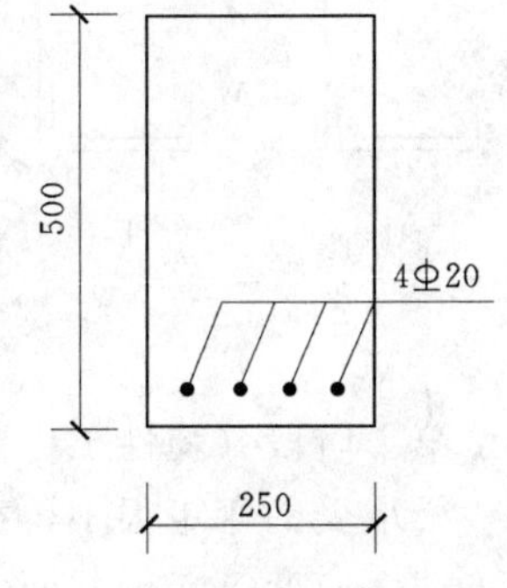

图 4-1-1　钢筋混凝土矩形截面简支梁

二、任务分析

钢筋混凝土受弯构件所能抵抗的极限弯矩与构件的截面形状、尺寸、纵向钢筋数量、种类、强度以及混凝土强度等级、加载速度等因素有关。

三、任务知识点

1. 混凝土保护层厚度

钢筋外边缘至混凝土表面的距离称为钢筋的混凝土保护层厚度。保护层的主要作用，一是保护钢筋不致锈蚀，保证结构的耐久性；二是保证钢筋与混凝土间的粘结；三是在火

灾等情况下，避免钢筋过早软化。纵向受力钢筋的混凝土保护层不应小于钢筋的公称直径，并符合钢筋混凝土规范的规定。混凝土保护层厚度过大不仅会影响构件的承载力，而且会增大裂缝宽度。当梁、柱中纵向受力钢筋的混凝土保护层厚度大于 40mm 时，应对保护层采取有效的防裂构造措施。

2. 受弯构件正截面承载力的计算

钢筋混凝土受弯构件通常承受弯矩和剪力共同作用。试验表明，其破坏有两种可能：一种是由弯矩引起的，破坏截面与构件的纵轴线垂直，称为沿正截面破坏；另一种是由弯矩和剪力共同作用引起的，破坏截面是倾斜的，称为沿斜截面破坏。所以，设计受弯构件时，需进行正截面承载力和斜截面承载力计算。

（1）受弯构件正截面的受力性能。

钢筋混凝土受弯构件正截面的破坏形式与钢筋和混凝土的强度以及纵向受拉钢筋配筋率 ρ 有关。ρ 用纵向受拉钢筋的截面面积 A_s 与正截面的有效面积的比值来表示，即：

$$\rho=\frac{A_s}{bh_0} \tag{4-1-1}$$

式中　A_s——受拉钢筋截面面积，mm^2；

b——梁截面宽度，mm；

h_0——梁的截面有效高度（指截面受压区边缘至受拉钢筋合力点的距离），mm。

根据试验研究，梁正截面的破坏形式与配筋率 ρ、钢筋和混凝土强度有关。当材料品种选定以后，其破坏形式主要依据配筋率的大小而异。配筋率不同，梁的破坏形式不同，根据梁纵向钢筋配筋率的不同，钢筋混凝土梁可分为适筋梁、超筋梁和少筋梁三种类型，不同类型梁具有不同的破坏特征。

1）适筋梁。

适筋梁从加载到完全破坏，其应力变化经历了三个阶段，如图 4-1-2 所示：

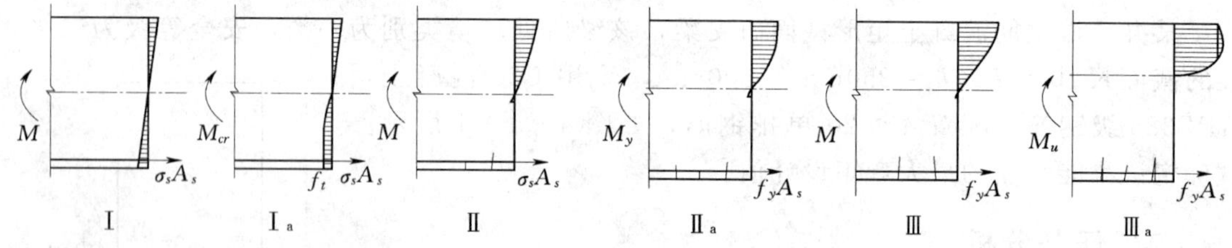

图 4-1-2　钢筋混凝土梁三个阶段应力

第Ⅰ阶段（弹性工作阶段）：

梁承受的弯矩很小，截面的应变也很小，混凝土处于弹性工作阶段，应力与应变呈正比。截面应变符合平截面假定，故梁的截面应力分布为三角形，中和轴以上受压，另一侧受拉，钢筋与外围混凝土应变相同，共同受拉。随着 M 的增大，截面应变随之增大。由于受拉区混凝土塑性变形的发展，混凝土的应力图形呈曲线，弯矩增加到使受拉边缘混凝土应变达到极限拉应变时，进入裂缝出现的临界状态。如再增加荷载，受拉区混凝土将开裂，此时的弯矩为开裂弯矩。在此阶段，受压区混凝土仍处于弹性阶段，因此受压区应力图形为三角形。

第Ⅱ阶段（带裂缝工作阶段）：

弯矩达到 M_{cr} 后，混凝土受拉强度最弱的截面上将出现裂缝，开裂部分混凝土承受的拉力将传给钢筋，使开裂截面的钢筋应力突然增大，但中和轴以下未开裂部分混凝土仍可承担一部分拉力。随着弯矩增大，截面应变增大；但截面应变分布基本上符合平截面假定；而受压区混凝土则越来越表现出塑性变形的特征，受压区的应力图形呈曲线形。当钢筋应力达到屈服时，为第Ⅱ阶段的结束，这时的弯矩称为屈服弯矩 M_y。

第Ⅲ阶段（破坏阶段）：

钢筋屈服后应变急剧发展，钢筋与混凝土间的粘结遭到明显的破坏，使钢筋到达屈服的截面形成一条宽度很大，迅速向梁顶发展的临界裂缝。虽然此阶段钢筋承担拉力不增大，但中和轴急剧上升，受压区高度很快减小，混凝土受压边缘的压应变显著增大。当受压区混凝土的抗压强度耗尽时，在临界裂缝两侧的一定区段内，受压区混凝土出现纵向水平裂缝，随即混凝土被压酥，梁达到极限弯矩 M_u。

以上为适筋梁的破坏特征，其破坏是由于受拉钢筋首先到达屈服，然后受压区混凝土破坏。破坏前临界裂缝显著开展，顶部混凝土产生很大局部变形，形成集中的塑性变形区域。在这个区域内，在 M_u 不增加或增加不多情况下，截面的转角急剧增大，同时梁的挠度迅速增大，预示着梁的破坏即将到来，破坏前有明显的预兆，常把适筋梁的破坏叫做延性破坏。

2）超筋梁。

超筋梁的纵向受力钢筋配筋率大于最大配筋率。由于纵向钢筋配置过多，受压区混凝土在钢筋屈服前即达到极限压应变被压碎而破坏。破坏时裂缝宽度及挠度均较小。发生非常突然，没有明显的预兆，称为“脆性破坏”。由于超筋梁不能充分利用钢筋的强度，且破坏前毫无预兆，故实际工程中不应采用超筋梁。

3）少筋梁。

少筋梁的配筋率小于最小配筋率。破坏时，裂缝往往集中出现一条，不但开展宽度大，而且沿梁高延伸较高。一旦裂缝出现，钢筋的应力就会迅速增大并超过屈服强度而进入强化阶段，甚至被拉断。在此过程中，裂缝迅速开展，构件严重向下挠曲，最后因裂缝过宽，变形过大而丧失承载力发生破坏。这种破坏没有明显预兆，属于脆性破坏。故实际工程中不应采用少筋梁。

适筋梁、超筋梁及少筋梁的破坏特征如图 4－1－3 所示，从图中可以看出：超筋梁在破坏时表面无明显受拉裂缝，破坏时受压区混凝土压碎；少筋梁破坏时只有一条裂缝，一旦开裂，即沿此裂缝延伸到梁顶端。

（2）正截面承载力计算基本理论。

1）基本假定。

a. 截面应保持平面。

构件正截面弯曲变形后，其截面依然保持平面，截面应变分布服从平截面假定，即截面内任意点的应变与该点到中和轴的距离成正比，钢筋与外围混凝土的应变相同。

国内外大量试验也表明，从加载开始到破坏，若受拉区的应变是采用跨过几条裂缝的长标距量测时，所测得破坏区段的混凝土及钢筋的平均应变，基本上符合平截面假定。

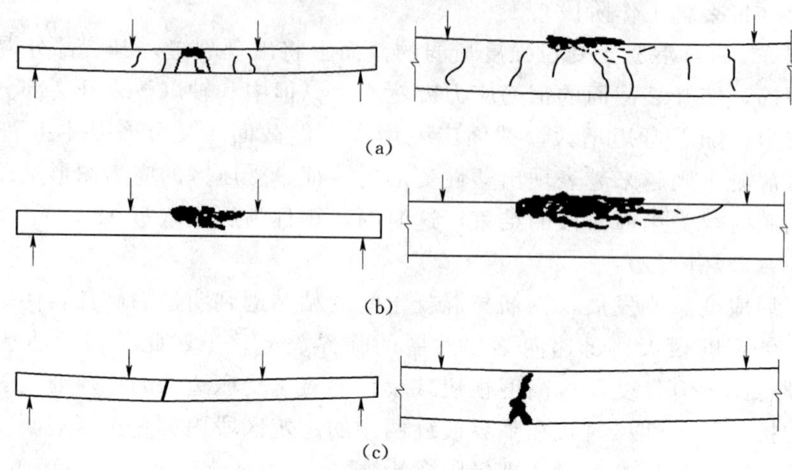

图 4-1-3 梁的三种破坏形式

(a) 适筋梁；(b) 超筋梁；(c) 少筋梁

b. 不考虑混凝土的抗拉强度，即认为拉力全部由受拉钢筋承担。

虽然在中和轴附近尚有部分混凝土承担拉力，但与钢筋承担的拉力或混凝土承担的压力相比，数值很小，并且合力离中和轴很近，承担的弯矩可以忽略。

c. 混凝土应力-应变关系。

不考虑其下降段，并简化如图 4-1-4 的形式。

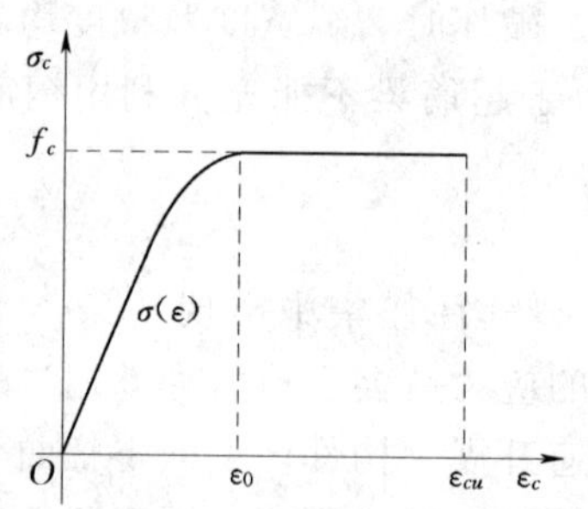

图 4-1-4 混凝土应力应变设计曲线

图 4-1-5 钢筋应力应变设计曲线

d. 钢筋应力-应变关系。

钢筋应力取等于钢筋应变与其弹性模量的乘积，但不大于其强度设计值，受拉钢筋的极限拉应变取 0.01，其简化的应力-应变曲线如图 4-1-5 所示。

2）基本公式及适用条件。

为便于建立基本公式，适筋梁的应力图形可简化为图 4-1-6（b）所示的应力图，其中 x_n 为实际混凝土受压区高度。为进一步简化计算，按照受压区混凝土的合力大小不变、受压区混凝土的合力作用点不变的原则，将其简化为图 4-1-6（c）所示的等效矩形应力图形。等效矩形应力图形的混凝土受压区高度 $x=\beta_1 x_n$，等效矩形应力图形的应力值为 $\alpha_1 f_c$，其中 f_c 为混凝土轴心抗压强度设计值，β_1 为等效矩形应力图受压区高度与中和轴高度的比值，α_1 为受压区混凝土等效矩形应力图的应力值与混凝土轴心抗压强度设计

值的比值，β_1、α_1 的值见表 4-1-1。

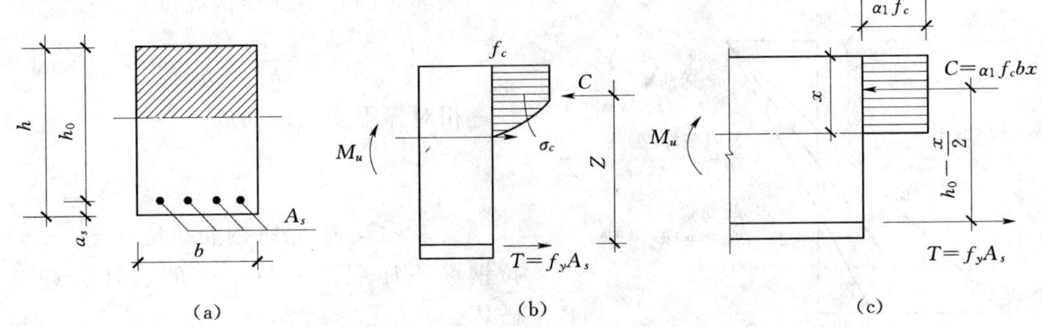

图 4-1-6 梁截面应力分布图

(a) 应力分布图；(b) 曲线应力图；(c) 等效矩形应力图

表 4-1-1 **β_1、α_1 值**

混凝土强度等级	≤C50	C55	C60	C65	C70	C75	C80
β_1	0.8	0.79	0.78	0.77	0.76	0.75	0.74
α_1	1.0	0.99	0.98	0.97	0.96	0.95	0.94

由图 4-1-6 (c) 所示等效矩形应力图形，根据静力平衡条件，可得出单筋矩形截面梁正截面承载力计算的基本公式：

$$\alpha_1 f_c bx = f_y A_s \quad (4-1-2)$$

$$M \leqslant \alpha_1 f_c bx\left(h_0-\frac{x}{2}\right) \quad (4-1-3)$$

或

$$M \leqslant A_s f_y\left(h_0-\frac{x}{2}\right) \quad (4-1-4)$$

式中 M——弯矩设计值，N·m；

f_c——混凝土轴心抗压强度设计值，按附表1采用，N/mm^2；

f_y——钢筋抗拉强度设计值，按附表4采用，N/mm^2；

x——混凝土受压区的高度，mm。

式 (4-1-2)～式 (4-1-4) 应满足下列两个适用条件：

a. 为了防止发生超筋破坏，需满足 $\xi \leqslant \xi_b$ 或 $x \leqslant \xi_b h_0$，其中 ξ、ξ_b 分别称为相对受压区高度和界限相对受压区高度；

b. 防止发生少筋破坏，应满足 $\rho \geqslant \rho_{\min}$ 或 $A_s \geqslant A_{s,\min} = \rho_{\min} bh$，其中，$\rho_{\min}$ 为截面最小配筋率。

3）界限相对受压区高度 ξ_b 与最小配筋率 $\rho_{\min}$。

a. 界限相对受压区高度 ξ_b。

界限相对受压区高度 ξ_b，是指在适筋梁的界限破坏时，等效受压区高度与截面有效高度之比。界限破坏的特征是受拉钢筋屈服的同时，受压区混凝土边缘达到极限压应变。

根据平截面假定，正截面破坏时，不同受压区高度的应变变化如图 4-1-7 所示，中间斜线表示的为界限破坏的应变。对于确定的混凝土强度等级，ε_u 的值为常数，$\beta = x/x_c$

也为常数。由图中可以看出，破坏时的相对受压区高度越大，钢筋拉应变越小。

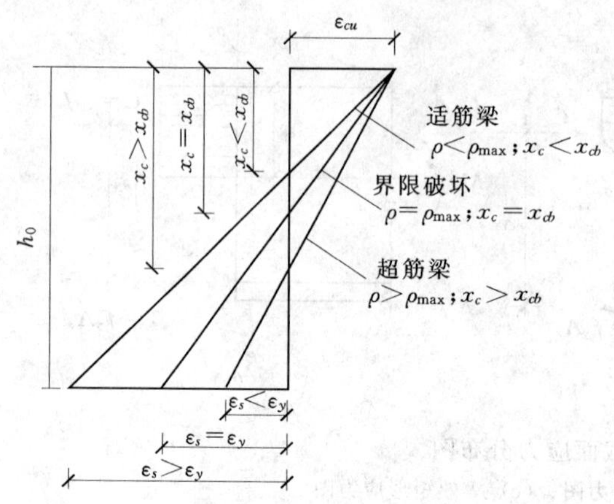

图 4-1-7　适筋梁、超筋梁在界限破坏时的截面平均应变图

破坏时的相对受压区高度：

$$\xi=\frac{x}{h_0}=\frac{\beta_1 x_c}{h_0} \tag{4-1-5}$$

相对界限受压区高度：

$$\xi_b=\frac{x_b}{h_0}=\frac{\beta_1 x_{cb}}{h_0} \tag{4-1-6}$$

当 $\xi>\xi_b$，破坏时钢筋拉应变 $\varepsilon_s<\varepsilon_y$，受拉钢筋不屈服，表明发生的破坏为超筋梁破坏。

当 $\xi<\xi_b$，破坏时钢筋拉应变 $\varepsilon_s>\varepsilon_y$，受拉钢筋已经达到屈服，表明发生的破坏为适筋梁破坏或少筋梁破坏。

根据平截面假定，相对界限受压区高度可用简单的几何关系求出：

$$\xi_b=\frac{\beta_1 x_{cb}}{h_0}=\frac{\beta_1\varepsilon_{cu}}{\varepsilon_{cu}+\varepsilon_y}=\frac{\beta_1\varepsilon_{cu}}{\varepsilon_{cu}+\frac{f_y}{E_s}}=\frac{\beta_1}{1+\frac{f_y}{\varepsilon_{cu}E_s}} \tag{4-1-7}$$

根据《混凝土结构设计规范》规定。

对有屈服点的钢筋：

$$\xi_b=\frac{\beta_1}{1+\frac{f_y}{\varepsilon_{cu}E_s}} \tag{4-1-8}$$

对无屈服点的钢筋：

$$\xi_b=\frac{\beta_1}{1+\frac{0.002}{\varepsilon_{cu}}+\frac{f_y}{\varepsilon_{cu}E_s}} \tag{4-1-9}$$

截面受拉区配有不同种类的钢筋时，受弯构件的先对界限受压区高度应分别计算，并取其中小值。各种钢筋的 ξ_b 值见表 4-1-2。

表 4-1-2　　相对界限受压区高度 ξ_b 值

钢筋级别	ξ_b						
	≤C50	C55	C60	C65	C70	C75	C80
HPB235	0.614	—	—	—	—	—	—
HRB335	0.550	0.541	0.531	0.522	0.512	0.503	0.493
HRB400 RRB400	0.518	0.508	0.499	0.490	0.481	0.472	0.463

b. 最小配筋率 ρ_{min}。

《混凝土结构设计规范》规定梁的配筋率不得小于 ρ_{min}。实际上的 ρ_{min} 往往是根据经验得出的。梁的截面最小配筋率按附表 6 查取。对于受弯构件，ρ_{min} 按下式计算：

$$\rho_{min}=\max(0.45f_t/f_y, 0.2\%) \quad (4-1-10)$$

（3）单筋矩形截面受弯构件正截面承载力计算。

单筋矩形截面受弯构件的正截面承载力计算，可以分为两类问题：一是截面设计，二是复核已知截面的承载力。

【例4-1-1】 已知：弯矩设计值M，混凝土强度等级，钢筋级别，构件截面尺寸b、h。求解：所需受拉钢筋截面面积A_s。

解：

（1）确定截面有效高度h_0。

$$h_0=h-a_s$$

式中　h——梁的截面高度，mm；

a_s——受拉钢筋合力点到截面受拉边缘的距离，mm。

a_s按如下计算：当采用单排配筋时，$a_s=c+\frac{d}{2}$；

当采用双排钢筋时，$a_s=c+d+\max\left(\frac{25}{2}, \frac{d}{2}\right)$。

式中　c——混凝土的保护层厚度，mm；

d——钢筋的直径，mm。

承载力计算时，室内正常使用环境下的梁、板，a_s可近似按表4-1-3取用。

表4-1-3　室内正常环境下的梁、板a_s的近似值　单位：mm

构件种类	纵向受力钢筋层数	混凝土强度等级	
		≤C20	≥C25
梁	一层	40	35
	二层	65	60
板	一层	25	20

（2）计算混凝土受压区高度x，并判断是否属超筋梁。

$$x=h_0-\sqrt{h_0^2-\frac{2M}{\alpha_1 f_c b}}$$

若$x\leqslant\xi_b h_0$，则不属超筋梁；否则为超筋梁。当为超筋梁时，应加大截面尺寸，或提高混凝土强度等级，或改用双筋截面。

（3）计算钢筋截面面积A_s，并判断是否属少筋梁。

$$A_s=\alpha_1 f_c bx/f_y$$

若$A_s\geqslant\rho_{min}bh$，则不属少筋梁。当为少筋梁时，应取$A_s=\rho_{min}bh$。

（4）选配钢筋。

选配钢筋时用注意以下两点：

1）实际钢筋的面积与计算面积的差值控制在5%以内。

2）选配钢筋，为了充分发挥钢筋的受拉性能，钢筋尽可能布置在一层，最好不超过两层。

【例 4-1-2】 已知：构件截面尺寸 b 和 h，钢筋截面面积 A_s，混凝土强度等级，钢筋级别，弯矩设计值 M。求解：复核截面是否安全。

解：

(1) 确定截面有效高度 h_0。

$$h_0=h-a_s$$

(2) 判断梁的类型。

$$x=\frac{A_s f_y}{\alpha_1 f_c b}$$

若 $A_s \geqslant \rho_{\min} bh$，且 $x \leqslant \xi_b h_0$，为适筋梁；

若 $x>\xi_b h_0$，为超筋梁；

若 $A_s<\rho_{\min} bh$，为少筋梁。

(3) 计算截面受弯承载力 M_u。

适筋梁：

$$M_u=A_s f_y\left(h_0-\frac{x}{2}\right)$$

超筋梁：

$$M_u=M_{u,\max}=\alpha_1 f_c b h_0^2 \xi_b(1-0.5\xi_b)$$

对少筋梁，应将其受弯承载力降低使用或修改设计。

(4) 判断截面是否安全。

若 $M \leqslant M_u$，则截面安全。

3. 受弯构件斜截面承载力的计算

除了承受弯矩外受弯构件还同时承受剪力，试验研究和工程实践都表明，在钢筋混凝土受弯构件中某些区段常常产生裂缝，并可能沿斜截面（斜裂缝）发生破坏。斜截面破坏往往带有脆性破坏的性质，缺乏明显的预兆，因此在实际工程中应当避免，在设计时必须进行斜截面承载力的计算。

梁的斜截面承载能力包括斜截面受剪承载力和斜截面受弯承载力。在实际工程设计中，斜截面受剪承载力通过计算配置箍筋来保证，而斜截面受弯承载力则通过构造措施来保证。

一般来说，板的跨高比较大，具有足够的斜截面承载力，因此，受弯构件斜截面承载力计算主要是针对梁和厚板而言。

(1) 受弯构件斜截面受剪破坏形态。

受弯构件斜截面受剪破坏形态主要取决于箍筋数量和剪跨比 λ。$\lambda=a/h_0$，其中 a 称为剪跨，即集中荷载作用点至支座的距离。随着箍筋数量和剪跨比的不同，受弯构件主要有以下三种斜截面受剪破坏形态。

1) 斜压破坏。

当集中荷载距支座较近，即 $\lambda<1$ 时，破坏前梁腹部将出现一系列大体上相互平行的腹剪斜裂缝，向支座和集中荷载作用处发展，这些斜裂缝将梁腹分割成若干倾斜的受压杆件，最后由于混凝土斜向压酥而破坏。这种破坏称为斜压破坏［图 4-1-8 (a)］。

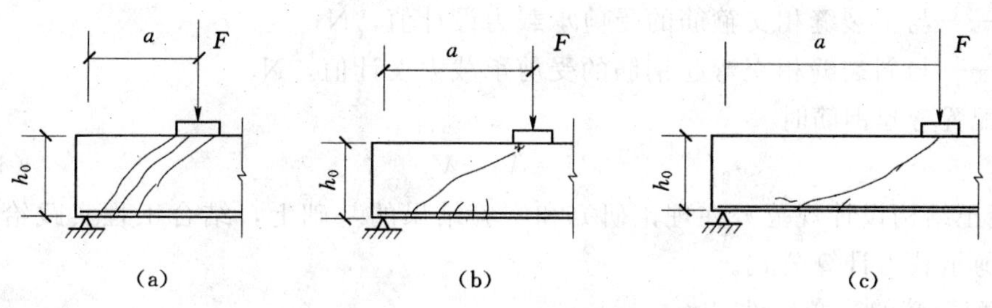

图 4-1-8　斜截面破坏的主要形态

(a) 斜压破坏；(b) 剪压破坏；(c) 斜拉破坏

2) 剪压破坏。

当 $1<\lambda<3$ 时，梁承受荷载后，先在剪跨度段内出现弯剪斜裂缝，当荷载继续增加到某一数值时，在数条弯剪斜裂缝中出现一条延伸较长、相对开展较宽的主要斜裂缝，称为临界斜裂缝。随着荷载的继续增加，临界斜裂缝不断向加载点延伸，使混凝土受压区高度不断减小，最后剪压区混凝土在剪应力和压应力的共同作用下达到极限强度而破坏，这种破坏称为剪压破坏［图 4-1-8 (b)］。

3) 斜拉破坏。

当 $\lambda>3$ 时，常发生斜拉破坏。其特点是一旦出现斜裂缝，与斜裂缝相交的箍筋应力立即达到屈服强度，箍筋对斜裂缝发展的约束作用消失，随后斜裂缝迅速延伸到梁的受压区边缘，构件裂为两部分而破坏。这种破坏称为斜拉破坏［图 4-1-8 (c)］。斜拉破坏的破坏过程急剧，具有明显的脆性。

上述三种破坏形态，剪压破坏通过计算来避免，斜压破坏和斜拉破坏分别通过采用截面限制条件与按构造要求配置箍筋来防止。剪压破坏形态是建立斜截面受剪承载力计算公式的依据。

(2) 斜截面受剪承载力的计算基本公式及适用条件。

影响受弯构件斜截面受剪承载力的因素很多，除剪跨比 λ、配箍率 ρ_{sv} 外，混凝土强度、纵向钢筋配筋率、截面形状、荷载种类和作用方式等都有影响，精确计算比较困难，我国《混凝土结构设计规范》的基本公式根据剪压破坏形态的受力特征而建立的。

1) 基本公式。

有腹筋梁发生剪压破坏时，从图 4-1-9 理想化模型中临界斜裂缝左边的脱离体可以看出，斜截面所承受的剪力由三部分组成，即

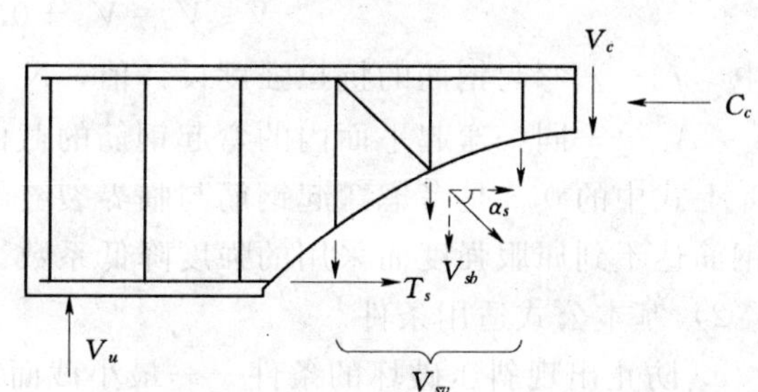

图 4-1-9　斜裂缝脱离体受力图

$$V_u=V_c+V_{sv}+V_{sb} \tag{4-1-11}$$

式中　V_u——受弯构件的斜截面受剪承载力，N；

V_c——剪压区混凝土的受剪承载力设计值，即无腹筋梁的受剪承载力，N；

V_{sv}——与斜裂缝相交箍筋的受剪承载力设计值，N；

V_{sb}——与斜裂缝相交弯起钢筋的受剪承载力设计值，N。

当不配置弯起钢筋时

$$V_u = V_c + V_{sv} \tag{4-1-12}$$

《混凝土结构设计规范》在理论研究和实验结果的基础上，结合工程实践给出了以下斜截面受剪承载力计算公式。

a. 仅配箍筋的受弯构件

对矩形、T形及I形截面一般受弯构件，其受剪承载力计算基本公式为：

$$V \leqslant V_{cs} = 0.7 f_t b h_0 + 1.25 f_{yv} \frac{A_{sv}}{s} h_0 \tag{4-1-13}$$

$$A_{sv} = n A_{sv1} \tag{4-1-14}$$

对集中荷载作用下（包括作用多种荷载，其中集中荷载对支座截面或节点边缘所产生的剪力占该截面总剪力值得75%以上的情况）的独立梁，受剪承载力计算基本公式为：

$$V \leqslant V_{cs} = \frac{1.75}{\lambda + 1.0} f_t b h_0 + f_{yv} \frac{A_{sv}}{s} h_0 \tag{4-1-15}$$

式中 f_t——混凝土轴心抗拉强度设计值，N/mm²；

f_{yv}——箍筋抗拉强度设计值，N/mm²；

A_{sv1}——单肢箍筋的横截面积，mm²；

A_{sv}——配置在同一截面内箍筋各肢的全部截面面积，mm²，$A_{sv} = nA_{sv1}$，其中 n 为箍筋肢数；

s——箍筋间距，mm；

λ——计算截面的剪跨比，当 $\lambda < 1.5$ 时，取 $\lambda = 1.5$；当 $\lambda > 3$ 时，取 $\lambda = 3$；集中荷载作用点至支座之间的箍筋，应配置均匀。

b. 同时配置箍筋和弯起钢筋的受弯构件。

同时配置箍筋和弯起钢筋受剪承载力计算基本公式为：

$$V \leqslant V_u = V_{cs} + 0.8 f_y A_{sb} \sin\alpha_s \tag{4-1-16}$$

式中 f_y——弯起钢筋的抗拉强度设计值，N/mm²；

A_{sb}——同一弯起平面内的弯起钢筋的截面面积，mm²。

上式中的0.8是考虑弯起钢筋与临界裂缝的交点有可能过分靠近混凝土剪压区时，弯起钢筋达不到屈服强度而采用的强度降低系数。

2）基本公式适用条件。

a. 防止出现斜压破坏的条件——最小截面尺寸的限制

试验表明，当箍筋量达到一定程度时，再增加箍筋，截面的受剪承载力几乎不再增加。相反，若剪力很大，而截面尺寸过小，即使箍筋配置很多，也不能完全发挥作用，因为箍筋屈服前混凝土已被压碎而发生斜压破坏。所以，为了防止斜压破坏，必须限制截面最小尺寸。

《混凝土结构设计规范》规定如下：矩形、T形和I形截面的受弯构件，其受剪截面应符合下列条件：

当 $h_w/b \leqslant 4$ 时

$$V \leqslant 0.25\beta_c f_c b h_0 \tag{4-1-17}$$

当 $h_w/b \geqslant 6$ 时

$$V \leqslant 0.2\beta_c f_c b h_0 \tag{4-1-18}$$

当 $4 < \frac{h_w}{b} < 6$ 时，按线性内插法确定。

式中　V——构件斜截面上的最大剪力设计值，N；

β_c——混凝土强度影响系数：当混凝土强度等级不超过C50时，取 $\beta_c = 1.0$；当混凝土强度等级为C80时，取 $\beta_c = 0.8$；其间按线性内插法确定；

f_c——混凝土轴心抗压强度设计值，N/mm^2；

b——矩形截面的宽度，T形截面或I形截面的腹板宽度，mm；

h_0——截面的有效高度，mm；

h_w——截面的腹板高度：对矩形截面取有效高度，mm；对T形截面取有效高度减去翼缘高度，mm；对I形截面，取腹板净高，mm。

b. 防止出现斜拉破坏的条件为最小配箍率的限制。

为了避免出现斜拉破坏，构件的配箍率应满足：

$$\rho_{sv} = \frac{A_{sv}}{bs} = \frac{nA_{sv1}}{bs} \geqslant \rho_{sv,\min} = 0.24\,\frac{f_t}{f_{yv}} \tag{4-1-19}$$

式中符号的意义同前。

(3) 剪力设计值计算截面的选取。

在计算斜截面受剪承载力时，其剪力设计值的计算截面应按下列规定采用：

1) 支座边缘处的截面［图4-1-10 (a)、(b) 截面1-1］。

2) 受拉区弯起钢筋弯起点处的截面［图4-1-10 (a) 截面2-2、3-3］。

3) 箍筋截面面积或间距改变处的截面［图4-1-10 (b) 截面4-4］。

4) 腹板宽度改变处的截面。

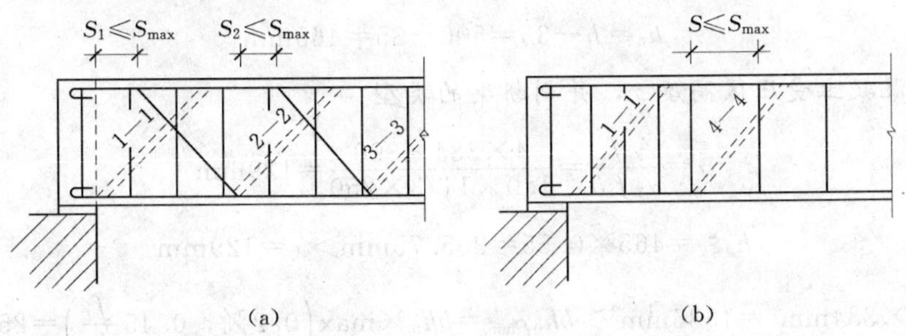

图4-1-10　斜截面的受剪承载力计算位置

(a) 受拉区弯起钢筋弯起点处的截面；(b) 箍筋截面面积或间距改变处的截面

(4) 斜截面的受剪承载力计算步骤。

【例4-1-3】 已知：剪力设计值 V，截面尺寸，混凝土强度等级、箍筋级别，纵向受力钢筋的级别和数量。求解：箍筋数量。

解：

（1）复核截面尺寸。

梁的截面尺寸应满足式（4-1-17）～式（4-1-18）的要求，否则，应加大截面尺寸或提高混凝土强度等级。

（2）确定是否需要按计算配置箍筋。

当满足下式条件时，可按构造配置箍筋，否则，需按计算配置箍筋。

$$V \leqslant 0.7 f_t b h_0$$

或

$$V \leqslant \frac{1.75}{\lambda+1} f_t b h_0$$

（3）确定箍筋数量。

当仅配置箍筋时，

$$\frac{A_{sv}}{s} \geqslant \frac{V - 0.7 f_t b h_0}{1.25 f_{yv} h_0} \text{或} \frac{A_{sv}}{s} \geqslant \frac{V - \frac{1.75}{\lambda+1} f_t b h_0}{f_{yv} h_0}$$

求出$\frac{A_{sv}}{s}$的值后，即可根据构造要求选定箍筋肢数 n 和直径 d，然后求出间距 s，或者根据构造要求选定 n、s，然后求出 d。箍筋的间距和直径应满足相应的构造要求。

（4）验算配箍率。

配箍率应满足式（4-1-19）的要求。

四、任务实施

1. 确定基本参数

查附表，C30 混凝土 $f_c = 14.3\text{N/mm}^2$，$f_t = 1.43\text{N/mm}^2$；HRB335 级钢筋 $f_y = 300\text{N/mm}^2$；$\alpha_1 = 1.0$，$\xi_b = 0.55$。

2. 确定截面有效高度

查附表，保护层 $c = 25\text{mm}$，则 $a_s = 35\text{mm}$

$$h_0 = h - 35 = 500 - 35 = 465\text{mm}$$

3. 计算混凝土受压区高度 x，并判断梁的类型

$$x = \frac{A_s f_y}{\alpha_1 f_c b} = \frac{4 \times 384 \times 300}{1.0 \times 14.3 \times 250} = 129\text{mm}$$

$$h_0 \xi_b = 465 \times 0.55 = 255.75\text{mm} > x = 129\text{mm}$$

$$A_s = 4 \times 384\text{mm}^2 = 1536\text{mm}^2 > b h_0 \rho_{\min} = b h_0 \times \max\left(0.2\%,\ 0.45\frac{f_t}{f_y}\right) = 250\text{mm}^2$$

所以此梁为适筋梁。

4. 计算截面受弯承载力 M_u

$$M_u = A_s f_y \left(h_0 - \frac{x}{2}\right) = 1536 \times 300 \times \left(465 - \frac{129}{2}\right) = 184.6 \times 10^6 \text{N} \cdot \text{mm} = 184.6\text{kN} \cdot \text{m}$$

因此该梁所能承受的最大弯矩为 184.6kN·m

任务2 某办公楼受弯构件设计

任务2.1 矩形截面简支楼面梁的设计

一、任务描述

某办公楼钢筋混凝土矩形截面简支梁，安全等级为二级，环境类别为一类，截面尺寸为300mm×600mm，该梁承受恒载标准值为12kN/m（不包括梁的自重），活荷载标准值为20kN/m，计算跨度 $l_0=7.2\text{m}$，采用C30混凝土，纵筋采用HRB335级钢筋，箍筋为HPB235级钢筋，试对该梁的配筋进行设计。

二、任务分析

该任务为钢筋混凝土简支梁的配筋设计，其设计步骤如下：

（1）将实际构件进行简化，作出计算简图。

（2）根据计算简图，求出弯矩、剪力，并作出弯矩图和剪力图。

（3）选取内力最大的截面作为控制截面，计算内力设计值。

（4）按正截面计算公式计算所需纵向钢筋数量，按斜截面承载力计算公式计算所需要腹筋数量。

（5）选配受力钢筋及构造钢筋。

三、任务知识点

1. 梁的截面形式及尺寸

梁的截面形式主要有矩形、T形、倒T形、L形、十字形、花篮形等，如图4-2-1所示，其中，矩形截面由于构造简单、施工方便而被广泛应用。T形截面虽然构造较矩形截面复杂，但受力合理，因而应用也较多。

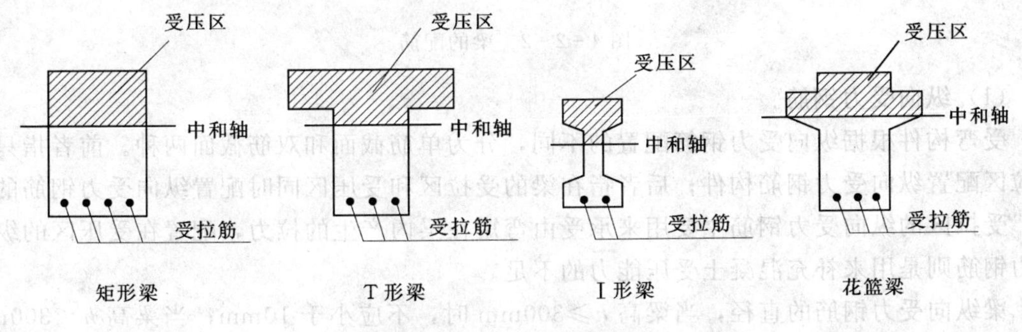

图4-2-1 梁的截面形式

梁的截面尺寸必须满足承载力、刚度和裂缝控制要求，同时还应利于模板定型化。按刚度要求，根据经验，梁的截面高跨比不宜小于表4-2-1所列数值。

从利用模板定型化考虑，梁的截面高度 h 一般可取250mm、300mm、…、800 mm、

900 mm、1000 mm 等，$h\leqslant800$mm 时取 50mm 的倍数，$h>800$mm 时取 100mm 的倍数；矩形梁的截面宽度和 T 形截面的肋宽 b 宜采用 100mm、120mm、150mm、180mm、200mm、220mm、250mm，大于 250mm 时取 50mm 的倍数。梁适宜的截面高宽比 h/b，矩形截面为 2～3.5，T 形截面为 2.5～4。

表 4-2-1　　梁截面高跨比 h/l_0 参考值

构件种类				h/l_0
梁	整体肋形梁	主梁	简支梁	1/12
			连续梁	1/15
			悬臂梁	1/6
		次梁	简支梁	1/20
			连续梁	1/25
			悬臂梁	1/8
	矩形截面独立梁	简支梁		1/12
		连续梁		1/15
		悬臂梁		1/6

2. 梁的配筋

梁中通常配置纵向受力钢筋、弯起钢筋、箍筋、架立筋等，构成钢筋骨架（见图 4-2-2），有时还配置纵向构造钢筋及相应的拉筋等。

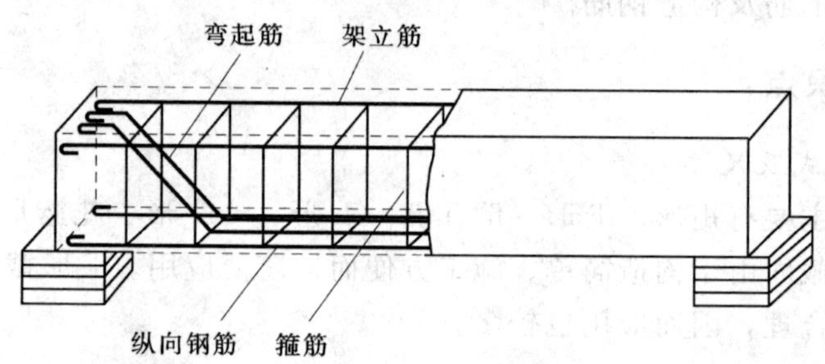

图 4-2-2　梁的配筋

（1）纵向受力钢筋。

受弯构件根据纵向受力钢筋配置的不同，分为单筋截面和双筋截面两种。前者指只在受拉区配置纵向受力钢筋构件；后者指在梁的受拉区和受压区同时配置纵向受力钢筋的构件。受拉区的纵向受力钢筋主要用来承受由弯矩在梁内产生的拉力，配置在受压区的纵向受力钢筋则是用来补充混凝土受压能力的不足。

梁纵向受力钢筋的直径，当梁高 $h\geqslant300$mm 时，不应小于 10mm；当梁高 $h<300$mm 时，不应小于 8mm。梁上部纵向钢筋水平方向的净间距（钢筋外边缘之间的最小距离）不应小于 30mm 和 1.5d（d 为钢筋的最大直径）；下部纵向钢筋水平方向的净间距不应小于 25mm 和 d。梁的下部纵向钢筋配置多于两层时，两层以上钢筋水平方向的中距应比下面两层的中距增大一倍。各层钢筋之间的净间距不应小于 25mm 和 d（见图 4-2-3）。

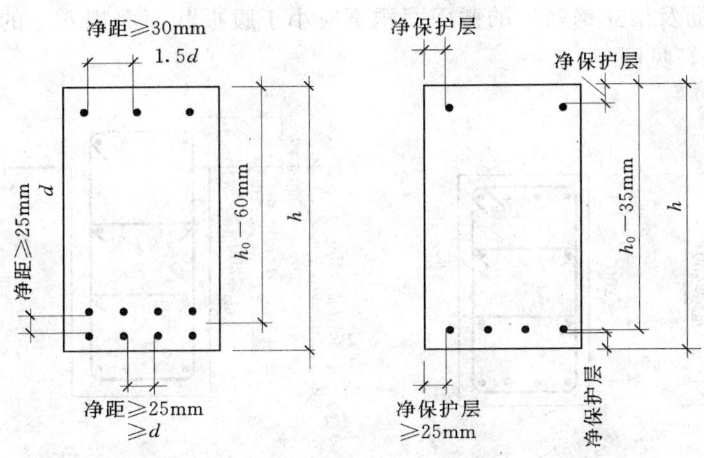

图4-2-3　梁受力钢筋的排列

一根梁中同一种受力钢筋最好为同一种直径；当有两种直径时，其直径相差不应小于2mm，以便施工时辨别。梁中受拉钢筋的根数不应少于2根，纵向受力钢筋应尽量布置成一层，当一层排不下时，可布置成两层，但应尽量避免出现两层以上的受力钢筋，以免影响截面受弯承载力。

(2) 架立筋。

架立钢筋设置在受压区边缘两侧，并平行于纵向受力钢筋。其作用一是固定箍筋位置以形成梁的钢筋骨架，二是承受因温度变化和混凝土收缩而产生的拉应力以及构件吊装过程中可能产生的拉力，防止发生裂缝。受压区配置的纵向受压钢筋可兼做架立钢筋。

架立钢筋与受力钢筋的搭接长度应符合下列规定：

1) 架立钢筋直径<10mm时，搭接长度为100mm。

2) 架立钢筋直径>10mm时，搭接长度为150mm。架立钢筋的直径，当梁的跨度小于4m时，不宜小于8mm；当梁的跨度为4～6m时，不宜小于10mm；当梁的跨度大于6mm时，不宜小于12mm。

(3) 弯起钢筋。

弯起钢筋是纵向受力钢筋的一部分，在靠近支座的弯起段弯矩较小处则用来承受弯矩和剪力共同产生的主拉应力，即作为受剪钢筋的一部分。

钢筋弯起角度一般为45°，梁高$h>800$时可采用60°。当按计算需设弯起钢筋时，前一排（对支座而言）的弯起点至后一排的弯终点的距离不应大于表4-2-2中$V>0.7f_tbh_0$一栏规定的箍筋最大间距。实际工程中第一排弯起钢筋的弯终点距支座边缘的距离通常取为50mm，同时应注意弯起钢筋不应采用浮筋。

(4) 纵向构造钢筋及拉筋。

当梁的截面高度较大时，为了防止在梁的侧面产生垂直于梁轴线的收缩裂缝，同时也为了增强钢筋骨架的刚度和梁抗扭作用。《混凝土设计规范》规定，当梁的腹板高度$h_w\geqslant$450mm时，在梁的两个侧面应沿高度配置纵向构造钢筋，每侧纵向构造钢筋（不包括梁

上、下部受力钢筋及架立钢筋）的截面面积不应小于腹板截面面积 bh_w 的 0.1%，其间距不宜大于 200mm，见图 4-2-4。

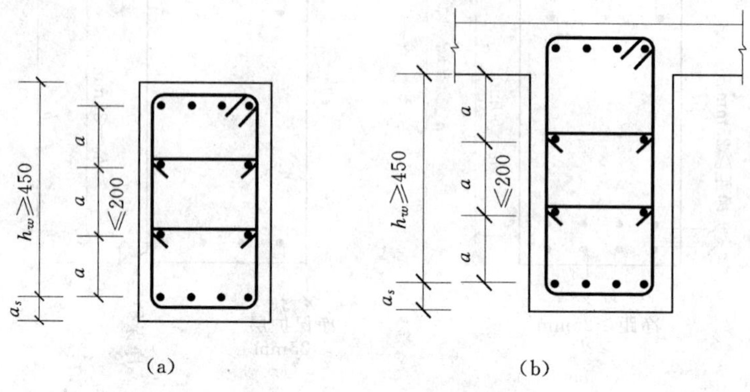

图 4-2-4　梁侧面构造钢筋

腹板高度：对于矩形截面为有效高度；对 T 形截面，为有效高度减去翼缘高度；对 I 形截面，取腹板净高，见图 4-2-4。

(5) 箍筋。

箍筋主要用来承受由剪力和弯矩引起的主拉应力，并通过绑扎或焊接把其他钢筋联系在一起，形成空间骨架。箍筋应根据计算确定。

按计算不需要箍筋的梁，当梁的截面高度 $h>300$mm 时，应沿梁全长设置箍筋；当截面高度 $h=150\sim300$mm 时，可仅在构件端部各四分之一跨度范围内设置箍筋；但当在构件中部二分之一跨范围内有集中荷载作用时，则应沿梁全长设置箍筋；当截面高度 $h<150$mm 时，可不设箍筋。

箍筋的直径，对截面高度 $h>800$mm 的梁，其箍筋直径不宜小于 8mm；对截面高度 $h\leqslant800$mm 的梁，其箍筋直径不宜小于 6mm。梁中配有计算需要的纵向受压钢筋时，箍筋直径尚不应小于纵向受压钢筋最大直径的 0.25 倍。为了便于加工，箍筋直径一般不宜大于 12mm。箍筋宜采用 HPB235、HRB335、HRB400 级钢筋，箍筋常用直径为 6mm，8mm，10mm，12mm。

梁中箍筋的最大间距宜符合表 4-2-2 的规定，当 $V>0.7f_tbh_0$ 时，箍筋的配筋率 ρ_{sv} $\left(\rho_{sv}=\dfrac{A_{sv}}{bs}\right)$尚不应小于$0.24f_t/f_{yv}$。

箍筋的形式有开口式和封闭式，如图 4-2-5 所示，开口式箍筋只能用于无振动荷载且计算不需要配置纵向受压钢筋的现浇 T 形截面梁的跨中部分，除此以外，一般采用封闭式箍筋。在有扭矩作用的构件中，箍筋必须为封闭式，当采用绑扎骨架时，箍筋的末端应做成 135°的弯钩，弯钩端头平直段长度不应小于 $5d$ 和 50mm。

当梁中配有按计算需要的纵向受压钢筋时，箍筋应做成封闭式；此时，箍筋的间距不应大于 $15d$（d 为纵向受压钢筋的最小直径），同时不应大于 400mm；当一层内的纵向受压钢筋多余 5 根且直径大于 18mm 时，箍筋间距不应大于 $10d$；当梁的宽度大于 400mm 且一层内的纵向受压钢筋多于 3 根时，或当梁的宽度不大于 400mm 但一层内的纵向受压

钢筋多余 4 根时，应设置复合箍筋。

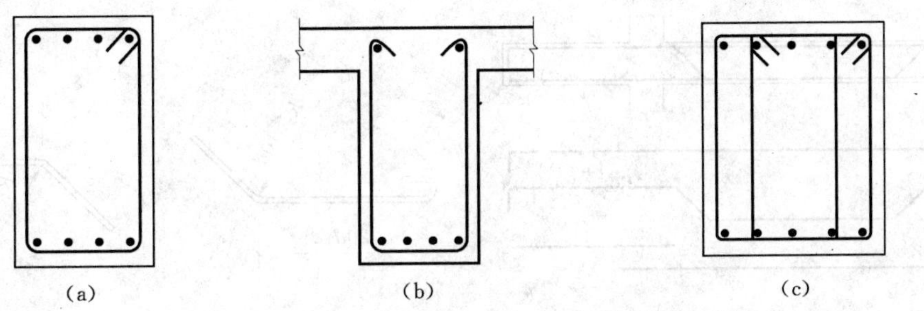

图 4-2-5　箍筋的形式和肢数
(a) 双肢箍；(b) 开口箍；(c) 四肢箍

梁支座处的箍筋一般从梁边（或墙边）50mm 处开始设置。支承在砌体结构上的独立梁，在纵向受力钢筋的锚固长度 l_{as} 范围内应配置两道箍筋，其直径不宜小于纵向受力钢筋最大直径的 0.25 倍，间距不宜大于纵向受力钢筋最小直径的 10 倍。当梁与梁或柱整体连接时，支座内可不设置箍筋。

在纵向受力钢筋搭接长度范围内应配置箍筋，其直径不应小于搭接钢筋较大直径的 0.25 倍。当钢筋受拉时，箍筋间距不应大于搭接钢筋较小直径的 5 倍，且不应大于 100mm；当钢筋受压时，箍筋间距不应大于搭接钢筋较小直径的 10 倍，且不应大于 200mm。当受压钢筋直径 $d>25$mm 时，尚应在搭接接头两个端面外 100mm 范围内各设置两个箍筋。

应当注意，箍筋是受拉钢筋，必须有良好的锚固。其端部应采用 135°的弯钩，弯钩端头直段长度不小于 50mm，且不小于 $5d$。

表 4-2-2　　梁中箍筋的最大间距　　单位：mm

梁高	$V>0.7f_tbh_0$	$V\leqslant 0.7f_tbh_0$	梁高	$V>0.7f_tbh_0$	$V\leqslant 0.7f_tbh_0$
$150<h\leqslant 300$	150	200	$500<h\leqslant 800$	250	350
$300<h\leqslant 500$	200	300	$h>800$	300	400

3. 保证斜截面受弯承载力的构造措施

受弯构件的斜截面受弯承载力是通过构造措施来保证的。这些措施包括纵向钢筋的锚固、简支梁下部纵向钢筋伸入支座的锚固长度、支座截面负弯矩纵筋截断时的伸出长度、弯起钢筋弯终点的锚固要求、箍筋的间距及肢距等。

(1) 纵向受拉钢筋弯起与截断时的构造。

梁的正、负纵筋都是根据跨中或支座最大弯矩值计算配置的。当截面弯矩较小时，纵向受力钢筋的数量也应随之减少。对于正弯矩区段内的纵向钢筋，通常采用弯向支座的方式来减少多余钢筋，而不应将梁底部承受正弯矩的钢筋在受拉区截断。这是因为纵向受拉钢筋在跨间截断时，钢筋截面面积会发生突变，混凝土中产生应力集中现象，在纵筋截断处提前出现裂缝。如果截断钢筋的锚固长度不足，则会导致粘结破坏，从而降低构件承载力。对于连续梁和框架梁承受支座负弯矩的钢筋则往往采用截断的方式来减少多余纵向钢

筋见图 4-2-6。

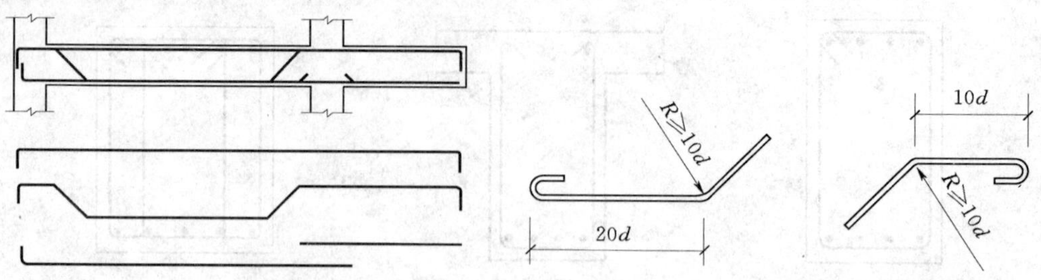

图 4-2-6　梁纵筋的弯起与截断　　　　图 4-2-7　弯起钢筋的端部构造

梁底层钢筋中的角部钢筋不应弯起，顶层钢筋中的角部钢筋不应弯下。

弯起钢筋在弯终点外应有一直线段的锚固长度，以保证在斜截面处发挥其强度。《混凝土结构设计规范》规定，当直线段位于受拉区时，其长度不小于 $20d$，位于受拉区时不小于 $10d$（d 为弯起钢筋的直径）。光面钢筋的末端应设弯钩。为了防止弯折处混凝土挤压力过于集中，弯折半径不应小于 $10d$，如图 4-2-7 所示。

当纵向受力钢筋不能在需要的地方弯起或弯起钢筋不足以承受剪力时，可单独设置抗剪弯起钢筋。此时，弯起钢筋应采用“鸭筋”形式，严禁采用“浮筋”，“鸭筋”的构造与弯起钢筋基本相同（如图 4-2-8 所示）。

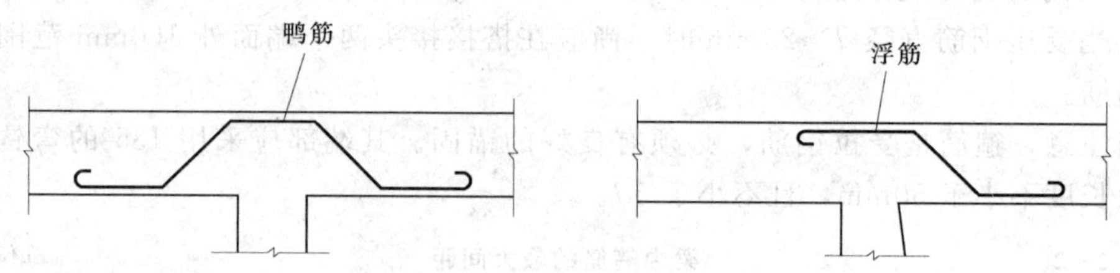

图 4-2-8　鸭筋和浮筋

（2）纵向受力钢筋在支座内的锚固。

简支梁支座处弯矩较小，但剪力最大，在弯、剪共同作用下，容易在支座附近发生斜裂缝。斜裂缝产生后，与裂缝相交的纵筋所承受的弯矩会增加（见图 4-2-9），纵筋的拉力明显增大，若纵筋无足够的锚固长度，就会从支座内拔出而使梁发生斜截面的弯曲破坏。因此，《混凝土结构设计规范》规定，钢筋混凝土简支梁和连续梁简支端的下部纵向受力钢筋伸入支座内的锚固长度 l_{as} 的数值不应小于表 4-2-3 的规定。同时规定，伸入梁支座范围内锚固的纵向受力钢筋的数量不宜少于 2 根，梁宽 $b<100$mm 的小梁可设 1 根。

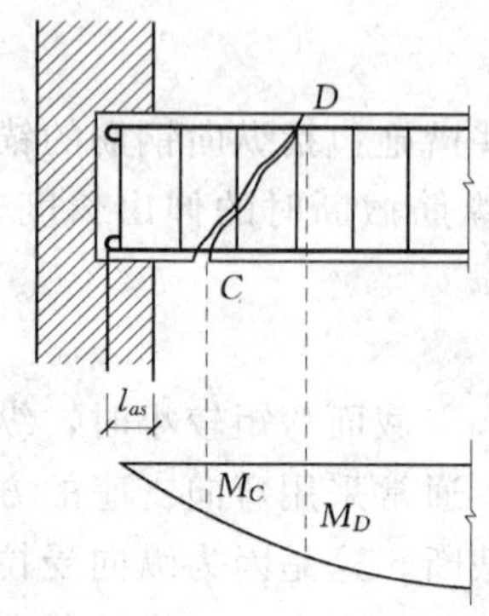

图 4-2-9　荷载作用下梁简支端纵筋受力状态

因条件限制不能满足上述规定锚固长度时，可将纵向受力钢筋的端部弯起，或采取附加锚固措施，如在钢筋上加焊锚固钢板或将钢筋端部焊接在梁端的预埋件上等，如图 4-2-10 所示。

表 4-2-3　　简支支座的钢筋锚固长度 l_{as}

锚固条件		$V \leqslant 0.7f_tbh_0$	$V > 0.7f_tbh_0$
钢筋类型	光面钢筋（带弯钩）	5d	15d
	带肋钢筋		12d
	C25 及以下混凝土，跨边有集中力作用		15d

注　1. d 为纵向受力钢筋直径。
2. 跨边有集中力作用，是指混凝土梁的简支支座跨边 1.5h 范围内有集中力作用，且其对支座截面所产生的剪力占总剪力值的 75%以上。

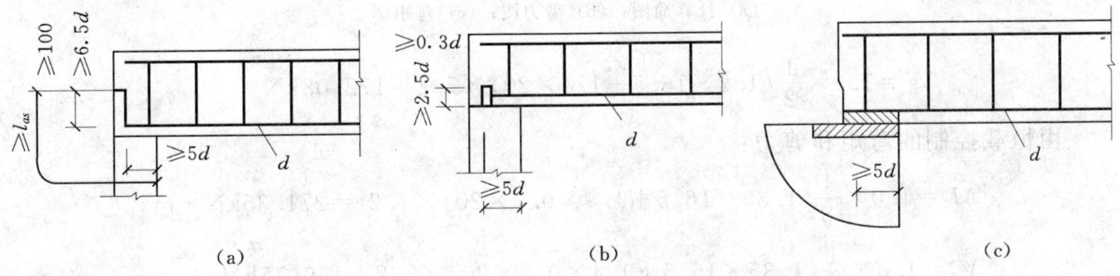

图 4-2-10　锚固长度不足时的措施
(a) 纵筋端部弯起锚固；(b) 纵筋端部加焊锚固钢板；(c) 纵筋端部焊接在梁端预埋件上

四、任务实施

1. 正截面承载力的计算

(1) 确定基本参数。

查附表 1，C30 混凝土：$f_t=1.43\text{N/mm}^2$，$f_c=14.3\text{N/mm}^2$

$\alpha_1=1.0$，$\gamma_0=1.0$，$\xi_b=0.55$

环境类别为一类，查表得 $c=25\text{mm}$，$a_s=35\text{mm}$，$h_0=600-35=565\text{mm}$

查附表 4，HRB335 级钢筋：$f_y=300\text{N/mm}^2$，HPB235 级钢筋，$f_{yv}=210\text{N/mm}^2$

(2) 画受力计算简图。

该梁计算简图如图 4-2-11 (a) 所示。

$$g_{1k}=0.3\times0.6\times25=4.5\text{kN/m}$$
$$g_{2k}=12\text{kN/m}$$
$$g_k=g_{1k}+g_{2k}=16.5\text{kN/m}$$
$$q_k=20\text{kN/m}$$

(3) 进行内力计算，画内力图。

简支梁上作用有均布荷载，根据受力规律，可知荷载在梁跨中截面上产生的弯矩最大，且使梁下部受拉；剪力在支座截面上产生的剪力最大，跨中截面弯矩、支座处截面剪力设计值为：

由恒载控制的弯矩和剪力：

$$M_1=1.0\times\frac{1}{8}(1.2\times16.5+1.4\times20)\times7.2^2=309.74\text{kN}\cdot\text{m}$$

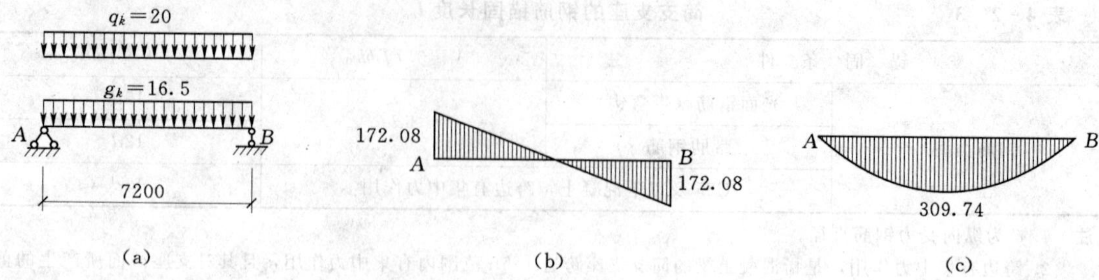

图 4-2-11
(a) 计算简图；(b) 剪力图；(c) 弯矩图

$$V_1=1.0\times\frac{1}{2}(1.2\times16.5+1.4\times20)\times7.2=172.08\text{kN}$$

由恒载控制的弯矩和剪力：

$$M_2=1.0\times\frac{1}{8}(1.35\times16.5+1.4\times0.7\times20)\times7.2^2=271.35\text{kN}\cdot\text{m}$$

$$V_2=1.0\times\frac{1}{2}(1.35\times16.5+1.4\times0.7\times20)\times7.2=150.75\text{kN}$$

取较大值作为支座截面设计值为 $M=309.74\text{kN}\cdot\text{m}$，$V=172.08\text{kN}$

剪力图、弯矩图如图 4-2-11（b）、（c）所示。

4）纵筋的配筋计算：

$$x=h_0-\sqrt{h_0^2-\frac{2M}{\alpha_1 f_c b}}=565-\sqrt{565^2-\frac{2\times309.74\times10^6}{1.0\times14.3\times300}}$$

$$=146.88\text{mm}<\xi_b h_0=0.55\times565=310.75\text{mm}$$

不属超筋梁。

$$A_s=\alpha_1 f_c bx/f_y=1.0\times14.3\times300\times146.88/300=2100\text{mm}^2$$

$$\rho_{\min}=\max\left(0.2\%,0.45\frac{f_t}{f_y}\right)=0.215\%$$

$$A_{s,\min}=0.215\%\times300\times600=387<A_s=2100\text{mm}^2$$

不属少筋梁。

选配 2⌀25+3⌀22（$A_s=2122\text{mm}^2$）。

2. 箍筋的配筋计算

（1）复核截面尺寸。

$$h_w/b=h_0/b=565/300=1.88<4.0$$

复核截面尺寸。

$$0.25\beta_c f_c bh_0=0.25\times1.0\times14.3\times300\times565=605.96\text{kN}>172.08\text{kN}$$

截面尺寸满足要求。

（2）确定是否需按计算配置箍筋：

$$0.7f_t bh_0=0.7\times1.43\times300\times565=169.67\text{kN}<172.08\text{kN}$$

需按计算配置箍筋。

（3）确定箍筋数量：

$$\frac{A_{sv}}{s} \geqslant \frac{V-0.7f_tbh_0}{1.25f_{yv}h_0}=\frac{172.08\times10^3-0.7\times1.43\times300\times565}{1.25\times210\times565}=0.016\text{mm}^2/\text{mm}$$

按构造要求，箍筋直径不宜小于 6mm，选用Φ8 双肢箍筋（$A_{sv1}=50.3\text{mm}^2$），则箍筋间距为：

$$s \leqslant \frac{A_{sv}}{0.016}=\frac{2\times50.3}{0.016}=6287\text{mm}$$

查表 4-2-2，得 $s_{\max}=200\text{mm}$，取 $s=200\text{mm}$。

（4）验算配箍率：

$$\rho_{sv}=\frac{nA_{sv1}}{bs}=\frac{2\times50.3}{300\times200}=0.168\%$$

$$\rho_{sv,\min}=\frac{0.24f_t}{f_{yv}}=0.24\times1.43/210=0.16\%<\rho_{sv}=0.168\%$$

配箍率满足要求。

所以箍筋选用Φ8@200，沿全长均匀布置。

任务 2.2　现浇简支板的设计

一、任务描述

某办公楼一单跨现浇简支板，板厚为 80mm，计算跨度 $l_0=2.4\text{m}$，承受恒荷载标准值为 $g_{k1}=0.5\text{kN/m}^2$，（不包括板的自重），活荷载标准值为 $q_k=2.5\text{kN/m}^2$，如图 4-2-12 所示，混凝土等级为 C25，钢筋选用 HPB235 级。永久荷载分项系数为 $\gamma_G=1.2$，可变荷载分项系数 $\gamma_Q=1.4$，钢筋混凝土容重为 25kN/m^3，环境类别为一类。确定板的受拉钢筋截面面积 A_s。

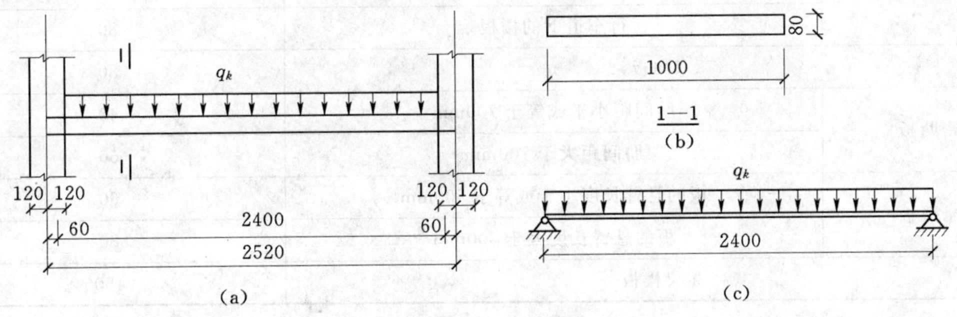

图 4-2-12　单跨现浇简支板

二、任务分析

该任务为现浇钢筋混凝土简支板的截面设计，完成该任务的步骤如下：

（1）选取计算简图，将实际构件简化。

（2）根据计算简图计算弯矩，并做出构件弯矩图。

（3）取弯矩最大截面作为计算截面，求该构件的弯矩设计值。

（4）按正截面承载力计算公式计算所需纵向受力钢筋面积。

（5）选配纵向受力钢筋。

三、任务知识点

1. 板的截面形式及尺寸

板的截面形式一般为矩形、空心板、槽型板等，如图 4－2－13 所示。

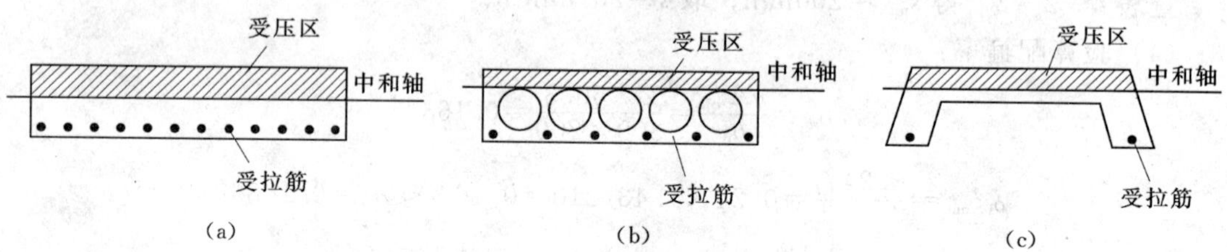

图 4－2－13　板的截面形式

(a) 矩形板；(b) 空心板；(c) 槽型板

按构造要求，现浇板的厚度不应小于表 4－2－4 的数值，现浇板的厚度一般取为 10mm 的倍数，工程中现浇板的常用厚度为 60mm、70mm、80mm、100mm、120mm。现浇板的高跨比参考表 4－2－5。

表 4－2－4　现浇钢筋混凝土楼板的厚度

板的类型		最小厚度（mm）
单向板	屋面板	60
	民用建筑楼板	60
	工业建筑楼板	70
	行车道下的楼板	80
双向板		80
密肋板	肋间距小于或等于 700mm	40
	肋间距大于 700mm	50
悬臂板	板的悬臂长度小于或等于 500mm	60
	板的悬臂长度大于 500mm	80
无梁楼板		150

表 4－2－5　板截面高跨比参考值

构件种类			h/l_0
板	单向板		1/35～1/40
	双向板		1/40～1/50
	悬臂板		1/10～1/12
	无梁楼板	有柱帽	1/32～1/40
		无柱帽	1/30～1/35

2. 板的配筋

板通常只配置纵向受力钢筋和分布钢筋(如图 4-2-14 所示)。

(1) 受力钢筋。

梁式板的受力钢筋沿板的传力方向布置在截面受拉一侧，用来承受弯矩产生的拉力。

板的纵向受拉钢筋的常用直径为 6mm、8mm、10mm、12mm。

为了正常的分担内力，板中受力钢筋的间距不宜过稀，但为了绑扎方便和保证浇捣质量，板的受力钢筋间距也不宜过密。当板厚 $h \leqslant 150$mm 时，不宜大于 200mm；当板厚 $h > 150$mm 时，不宜大于 $1.5h$，且不宜大于 250mm。

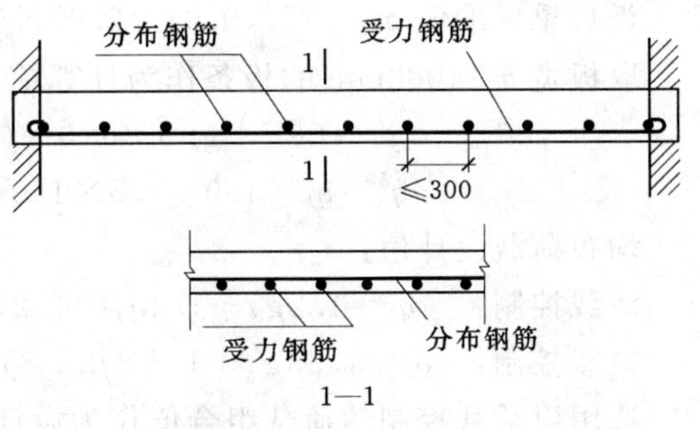

图 4-2-14　板的配筋

(2) 分布钢筋。

分布钢筋垂直于板的受力钢筋方向，在受力钢筋内侧按构造要求配置。分布钢筋的作用，一是固定受力钢筋的位置，形成钢筋网；二是将板上荷载有效的传递到受力钢筋上；三是防止温度或混凝土收缩等原因沿跨度方向的裂缝。

分布钢筋宜采用 HPB235、HRB335 级钢筋，常用直径为 6mm、8mm。梁式板中单位长度上分布钢筋的截面面积不宜小于单位宽度上受力钢筋截面面积的 15%，且不宜小于该方向板截面面积的 0.15%。分布钢筋的直径不宜小于 6mm，间距不宜大于 250mm；当集中荷载较大时，分布钢筋截面面积应适当增加，间距不宜大于 200mm。

四、任务实施

1. 确定基本参数

C25 混凝土查附表得：$f_t = 1.27\text{N/mm}^2$，$f_c = 11.9\text{N/mm}^2$

$\alpha_1 = 1.0$，$\gamma_0 = 1.0$

环境类别为一类，查附表得 $c = 15$mm，$a_s = 20$mm，$h_0 = 80 - 20 = 60$mm

HPB235 级钢筋，查表得 $f_{yv} = 210\text{N/mm}^2$，$\xi_b = 0.614$

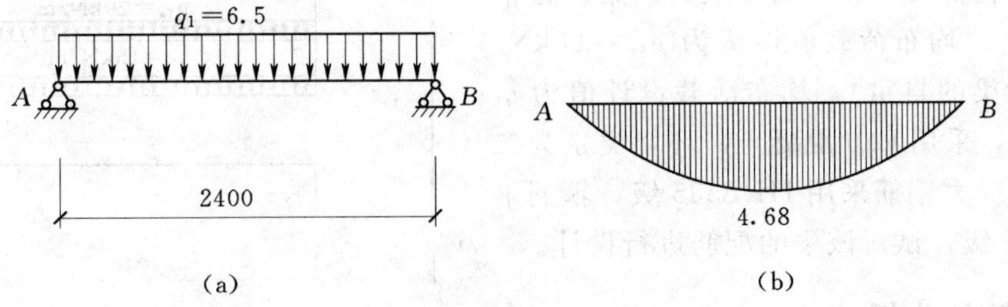

图 4-2-15　内力计算

(a) 计算简图；(b) 弯矩图

2. 画受力计算简图（见图 4－2－15）

板自重标准值 $g_{k2}=25\times0.08=2.0\text{kN/m}^2$。

取板宽 $b=1000\text{mm}$ 的板条作为计算单元，并将荷载简化为线荷载。

$$g'_k=(g_{k1}+g_{k2})\times1.0=(0.5+2.0)\times1.0=2.5\text{kN/m}$$

$$q'_k=q_k\times1.0=2.5\times1.0=2.5\text{kN/m}$$

均布荷载设计值：

活载控制：　$q_1=1.2g'_k+1.4q'_k=1.2\times2.5+1.4\times2.5=6.5\text{kN/m}$

恒载控制：　$q_2=1.35g'_k+1.4\times0.7\times q'_k=1.35\times2.5+1.4\times0.7\times2.5=5.83\text{kN/m}$

选用以活载控制的荷载组合值作为设计值。

3. 内力计算

由力学知识，知道简支构件跨中处弯矩最大，因此计算跨中弯矩作为设计构件的控制截面弯矩。

$$M_{中}=\gamma_0\ \frac{1}{8}ql_0^2=1.0\times\frac{1}{8}\times6.5\times2.4^2=4.68\text{kN}\cdot\text{m}$$

4. 纵筋计算

$$x=h_0\quad\sqrt{h_0^2-\frac{2M_{中}}{\alpha_1 f_c b}}-60-\sqrt{60^2-\frac{2\times4.68\times10^6}{1.0\times11.9\times1000}}=7\text{mm}<\xi_b h_0=0.614\times60=36.8$$

$$A_s=\frac{\alpha_1 f_c bx}{f_y}=\frac{1.0\times11.9\times1000\times7}{210}=396.7\text{mm}^2$$

选用Φ 8@125（$A_s=402\text{mm}^2$）

5. 验算最小配筋率

$$\rho_{\min}=\max(0.2\%,0.45f_t/f_y)=0.27\%$$

$A_s=402\text{mm}^2>A_{s,\min}=\rho_{\min}bh=0.0027\times1000\times80=218\text{mm}^2$，满足要求。

任务 2.3　雨篷梁的设计

一、任务描述

某办公楼雨篷梁如图 4－2－16 所示，该梁的截面尺寸为 250mm×400mm，跨长为 2.40m，结构的安全级别为二级，该梁在正常使用时承受的均布荷载值恒载为 $g_{1k}=20\text{kN/m}$（不包括梁的自重），均布活载设计值为 $q_k=15\text{kN/m}$，采用 C30 混凝土，环境类别为二 a 类，纵向受力钢筋采用 HRB335 级，箍筋采用 HPB235 级，试对该梁的配筋进行设计。

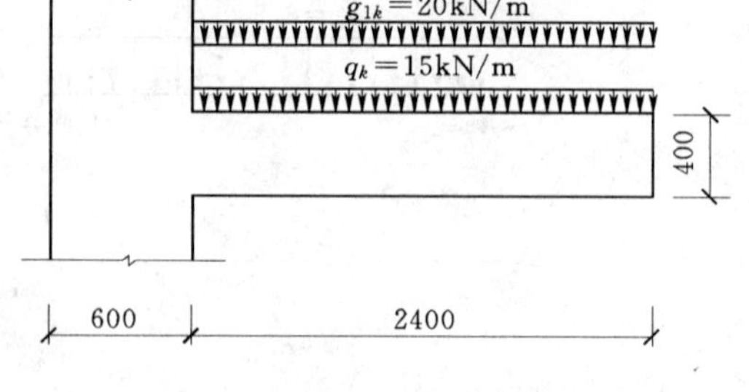

图 4－2－16　雨篷梁

二、任务分析

该任务为钢筋混凝土悬臂梁设计，已知梁的跨度、截面尺寸、材料等级、荷载等，设计步骤如下：

(1) 画出计算简图。

(2) 进行内力计算，绘制出弯矩图、剪力图。

(3) 验算截面尺寸。

(4) 按正截面承载力要求确定纵向钢筋用量。

(5) 按斜截面承载力要求确定箍筋用量。

三、任务知识点

钢筋混凝土悬臂梁受力钢筋应按计算确定，梁顶面受力纵向直通钢筋不应少于 2 根，沿梁角布置，因梁全长受负弯矩作用，因此，上部纵向受拉钢筋不宜在悬臂梁长度内截断负弯矩钢筋，可按构造要求分批向下弯折，应有不少于两根上部钢筋伸至悬臂梁外端，并向下弯折不少于 $12d$，其余钢筋不应在梁的上部截断。

在悬臂梁支座处，要充分利用钢筋的强度，当支座高度足够时，悬臂梁的上部纵筋可用直线方式锚入支座，其深入支座的长度应满足锚固长度 l_a 的要求。当支座高度不足时，可通过弯锚的形式进行锚固。当采用 90°弯折时，其弯折前的水平投影长度，不应小于 $0.4l_a$。悬臂梁中，底部架立钢筋不应少于 2 根，其直径不小于 12mm，如图 4-2-17 所示。

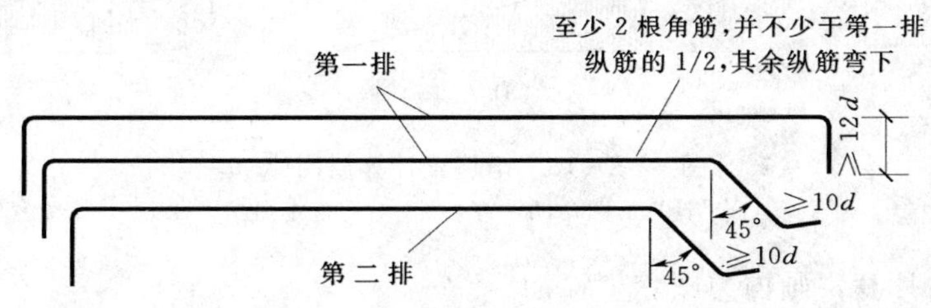

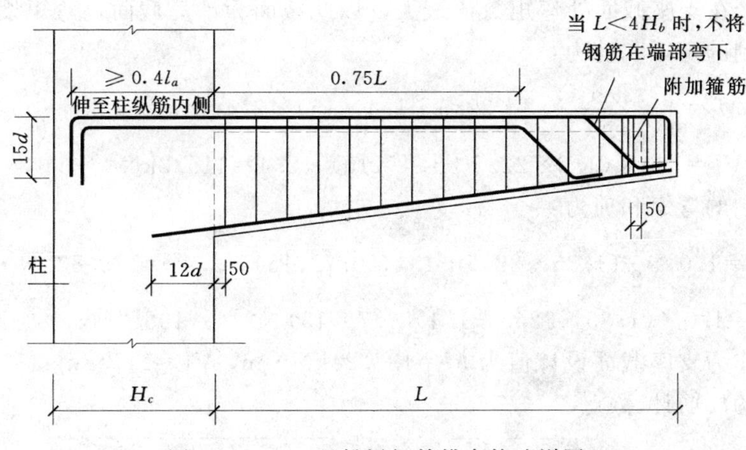

图 4-2-17　悬挑梁钢筋排布构造详图

四、任务实施

1. 正截面承载力的计算

(1) 确定基本参数。

查附表，C30 混凝土：$f_t=1.43\text{N/mm}^2$，$f_c=14.3\text{N/mm}^2$。

$\alpha_1=1.0$，$\gamma_0=1.0$。

$c=25\text{mm}$，$a_s=35\text{mm}$，$h_0=400-35=365\text{mm}$。

查附表，HRB335 级钢筋，$f_y=300\text{N/mm}^2$，HPB235 级钢筋，$f_y=210\text{N/mm}^2$，$\xi_b=0.55$。

（2）画受力计算简图。

该雨篷梁一端与柱整体浇注，一端自由，其计算简图如图 4-2-18 所示。

$$g_{2k}=0.25\times0.4\times25=2.5\text{kN/m}$$

$$g_{1k}=20\text{kN/m}$$

$$g_k=g_{1k}+g_{2k}=22.5\text{kN/m}$$

$$q_k=15\text{kN/m}$$

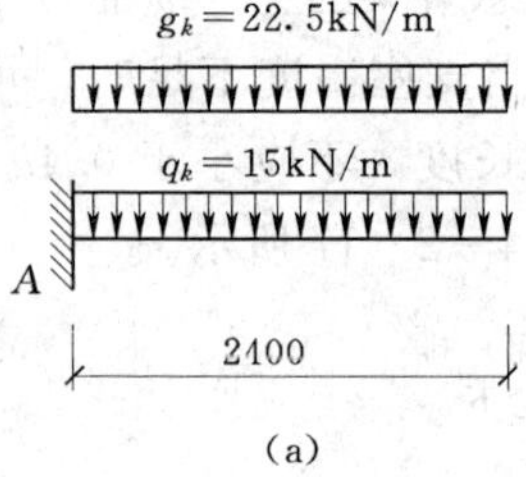

（a）

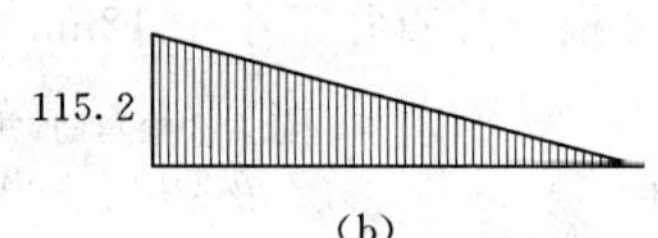

（b）

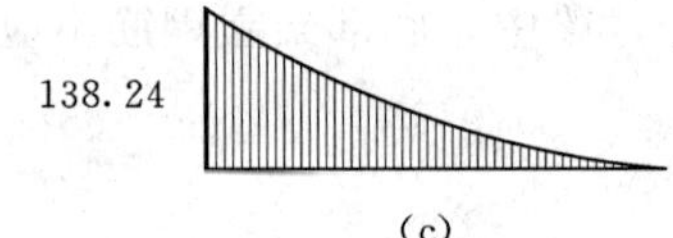

（c）

图 4-2-18　雨篷梁计算简图

（a）计算简图；（b）剪力图；（c）弯矩图

（3）进行内力计算，画内力图。

雨篷梁上作用有均布荷载，荷载在梁截面上产生的弯矩使梁上部受拉，弯矩图如图 4-2-18 所示，在支座截面处弯矩数值最大，以此截面为计算截面，弯矩设计值为：

由活载控制的弯矩和剪力：

$$M_1=1.0\times\frac{1}{2}(1.2\times22.5+1.4\times15)\times2.4^2=138.24\text{kN}\cdot\text{m}$$

$$V_1=1.0\times(1.2\times22.5+1.4\times15)\times2.4=115.2\text{kN}$$

由恒载控制的弯矩和剪力：

$$M_2=1.0\times\frac{1}{2}(1.35\times22.5+1.4\times0.7\times15)\times2.4^2=129.82\text{kN}\cdot\text{m}$$

$$V_2=1.0\times(1.35\times22.5+1.4\times0.7\times15)\times2.4=108.2\text{kN}$$

取较大值作为支座截面设计值为 $M=138.24\text{kN}\cdot\text{m}$，$V_1=115.2\text{kN}$

（4）纵筋的配筋计算。

$$x=h_0-\sqrt{h_0^2-\frac{2M}{\alpha_1 f_c b}}=365-\sqrt{365^2-\frac{2\times138.24\times10^6}{1.0\times14.3\times250}}$$

$$=128.60\text{mm}<\xi_b h_0=0.55\times365=200.8\text{mm}$$

不属超筋梁。

$$A_s=\frac{\alpha_1 f_c bx}{f_y}=1.0\times14.3\times250\times128.6/300=1532.5\text{mm}^2$$

$$\rho_{min}=\max\left(0.2\%,\ 0.45\frac{f_t}{f_y}\right)=0.215\%$$

$$A_{s,min}=0.215\%\times250\times400=214.5<A_s=1532.5\text{mm}^2$$

不属少筋梁。

选配 4 ⌀ 22（$A_s=1520\text{mm}^2$）。

2. 箍筋的配筋计算

（1）复核截面尺寸。

$$h_w/b=h_0/b=365/250=1.46<4.0$$

应按式（4-1-17）复核截面尺寸。

$$0.25\beta_c f_c bh_0=0.25\times1.0\times14.3\times250\times365=326.2\text{kN}>115.2\text{kN}$$

截面尺寸满足要求。

（2）确定是否需按计算配置箍筋。

$$0.7f_tbh_0=0.7\times1.43\times250\times365=91.3\text{kN}<115.2\text{kN}$$

需按计算配置箍筋。

（3）确定箍筋数量。

$$\frac{A_{sv}}{s}\geqslant\frac{V-0.7f_tbh_0}{1.25f_{yv}h_0}=\frac{115.2\times10^3-0.7\times1.43\times250\times365}{1.25\times210\times365}=0.249\text{mm}^2/\text{mm}$$

按构造要求，箍筋直径不宜小于 6mm，选用 ϕ8 双肢箍筋（$A_{sv1}=50.3\text{mm}^2$），则箍筋间距为：

$$s\leqslant\frac{A_{sv}}{0.249}=\frac{2\times50.3}{0.249}=404\text{mm}$$

查表 4-2-2，得 $s_{max}=200\text{mm}$，取 $s=200\text{mm}$

（4）验算配箍率。

$$\rho_{sv}=\frac{nA_{sv1}}{bs}=\frac{2\times50.3}{250\times200}=0.2\%$$

$$\rho_{sv,min}=0.24f_t/f_{yv}=0.24\times1.43/210=0.16\%<\rho_{sv}=0.2\%$$

配箍率满足要求。

所以箍筋选用 ϕ8@200，沿梁全长均匀布置。

任务3　某厂房T形梁设计

一、任务描述

某肋形楼盖的次梁，跨度为 6m，间距为 2.4m，次梁截面尺寸为 200mm×450mm，板的厚度为 70mm，已知次梁跨中的最大正弯矩为 $M=150\text{kN}\cdot\text{m}$，次梁和板均采用 C25 级混凝土，钢筋为 HRB400 级，安全等级二级，环境类别为一类。试计算次梁纵向钢筋面积（见图 4-3-1）。

二、任务分析

该任务为钢筋混凝土简支梁的截面设计，完成该任务的步骤如下：

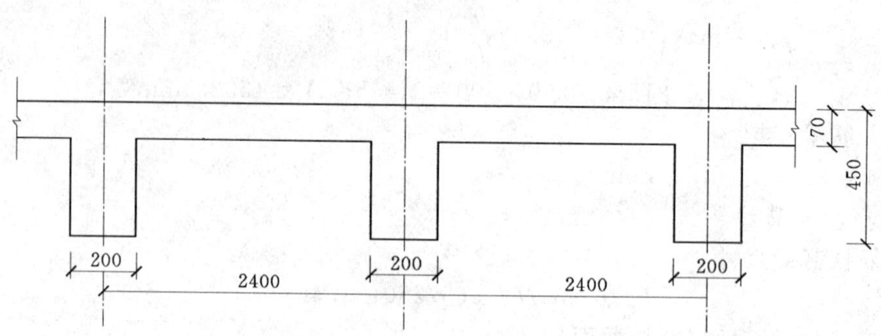

图 4-3-1　肋形楼盖次梁

（1）将实际构件简化，作出计算简图。

（2）根据计算简图，利用力学知识求弯矩、剪力，并作出弯矩图和剪力图。

（3）选内力最大截面作为计算截面，计算内力设计值。

（4）按正截面计算公式计算所需纵向受力钢筋数量。

（5）选配受力钢筋和构造钢筋。

三、任务知识点

1. T 形截面梁概述

矩形截面受弯构件在破坏时，受拉区混凝土早已开裂，在裂缝截面处，受拉区的混凝土不再承担拉力，对截面的抗弯承载力已不起作用，因此可将受拉区混凝土挖去一部分，将受拉钢筋集中在肋内，且钢筋截面重心高度不变，形成如图 4-3-2 所示的 T 形截面，它和原来的矩形截面所能承受的弯矩是相同的，这样可节省混凝土，减轻构件自重。

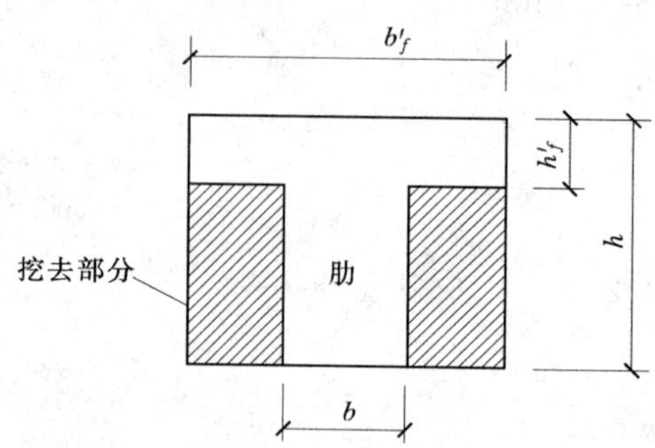

图 4-3-2　T 形梁的截面尺寸

T 形截面伸出部分称为翼缘，中间部分称为肋或梁腹。肋的宽度为 b，位于截面受压区的翼缘宽度为 b'_f，厚度为 h'_f，截面总高为 h。I 形截面位于受拉区的翼缘不参与受力，因此也按 T 形截面计算。

T 形截面受弯构件在实际结构中应用极为广泛。除独立 T 形梁外，槽型板、空心板以及现浇肋形楼盖中的主梁和次梁的跨中截面也按 T 形梁计算。但是，翼缘位于受拉区的倒 T 形截面梁，当受拉区开裂后，翼缘就不起作用了，因此，其受弯承载力应按截面为 $b \times h$ 的矩形截面计算。

2. T 形截面翼缘计算宽度

通过试验和理论分析得知，T 形梁受弯后，翼缘中的纵向压应力的分布是不均匀的，靠近梁肋处翼缘中压应力较高，而离肋部越远翼缘中压应力越小，超过一定距离时压应力几乎为零。在计算中，为了简便起见，假定只在翼缘一定宽度范围内受有压应力，且均匀

分布，该范围以外的部分不起作用，这个宽度称为翼缘计算宽度，用 b'_f 表示，其值取表 4-3-1 中各项的最小值。

表 4-3-1　　T 形、I 形及倒 L 形截面受弯构件翼缘计算宽度 b'_f

项次	考虑情况		T 形截面、I 形截面		倒 L 形截面
			肋形梁、肋形板	独立梁	肋形梁、肋形板
1	按计算跨度 l_0 考虑		$l_0/3$	$l_0/3$	$l_0/6$
2	按梁（纵肋）净距 s_n 考虑		$b+s_n$	—	$b+s_n/2$
3	按翼缘高度 h'_f 考虑	$h'_f/h_0\geqslant0.1$	—	$b+12h'_f$	—
		$0.05\leqslant h'_f/h_0<0.1$	$b+12h'_f$	$b+6h'_f$	$b+5h'_f$
		$h'_f/h_0<0.05$	$b+12h'_f$	b	$b+5h'_f$

注　表中 b 为梁的腹板宽度。

3. T 形截面的分类

根据受力大小，T 形截面的中和轴可能通过翼缘［见图 4-3-3（a）］，也可能通过肋部［见图 4-3-3（b）］。中和轴通过翼缘者称为第一类 T 形截面，通过肋部者称为第二类 T 形截面。

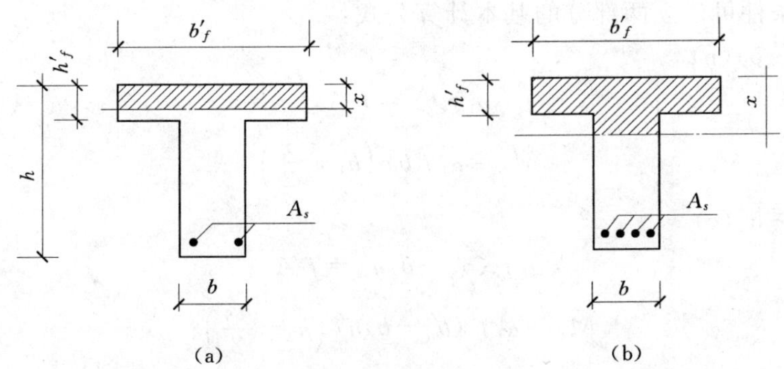

图 4-3-3　两类 T 形截面

（a）第一类 T 形截面；（b）第二类 T 形截面

经分析，当符合下列条件时，必然满足 $x\leqslant h'_f$，即为第一类 T 形截面，否则为第二类 T 形截面。

$$f_yA_s\leqslant\alpha_1f_cb'_fh'_f \tag{4-3-1}$$

或

$$M\leqslant\alpha_1f_cb'_fh'_f(h_0-h'_f/2) \tag{4-3-2}$$

4. T 形截面基本计算公式及其适用条件

（1）基本计算公式。

由图 4-3-4 可知，第一类 T 形截面的受压区为矩形，面积为 b'_fx。由前述知识可知，梁截面承载力与受拉区形状无关。因此，第一类 T 形截面承载力与截面 $b'_f\times h$ 的矩形截面完全相同，故其基本公式可表示为：

$$\alpha_1f_cb'_fx=f_yA_s \tag{4-3-3}$$

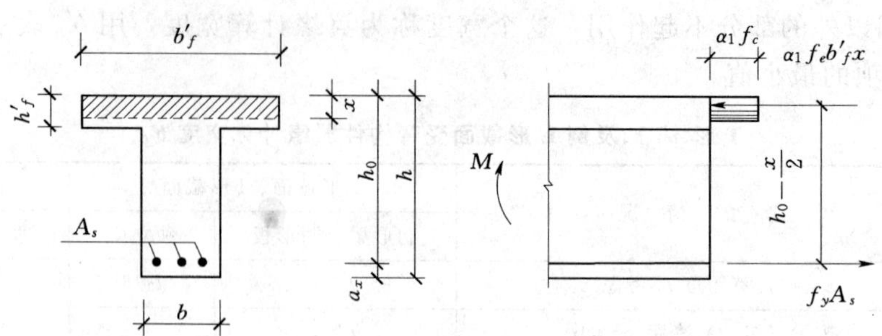

图 4-3-4　第一类 T 形截面计算简图

$$M\leqslant\alpha_1 f_c b'_f x\left(h_0-\frac{x}{2}\right) \tag{4-3-4}$$

第二类 T 形截面。

为了便于建立第二类 T 形截面的基本公式，现将其应力图形分成两部分：一部分由肋部受压区混凝土的压力与相应的受拉钢筋 A_{s1} 的拉力组成，相应的截面受弯承载力设计值为 M_{u1}；另一部分则由翼缘混凝土的压力与相应的受拉钢筋 A_{s2} 的拉力组成，相应的截面受弯承载力设计值为 M_{u2}，如图 4-3-5 所示。

根据平衡条件可建立两部分的基本计算公式：

由图 4-3-5（b）

$$\alpha_1 f_c bx=f_y A_{s1} \tag{4-3-5}$$

$$M_{u1}=\alpha_1 f_c bx\left(h_0-\frac{x}{2}\right) \tag{4-3-6}$$

由图 4-3-5（c）

$$\alpha_1 f_c(b'_f-b)h'_f=f_y A_{s2} \tag{4-3-7}$$

$$M_{u2}=\alpha_1 f_c(b'_f-b)h'_f\left(h_0-\frac{h'_f}{2}\right) \tag{4-3-8}$$

由于 $M_u=M_{u1}+M_{u2}$，$A_s=A_{s1}+A_{s2}$ 故将两部分叠加即得到整个截面的基本公式：

$$\alpha_1 f_c h'_f(b'_f-b)+\alpha_1 f_c bx=f_y A_s \tag{4-3-9}$$

$$M\leqslant\alpha_1 f_c h'_f(b'_f-b)\left(h_0-\frac{h'_f}{2}\right)+\alpha_1 f_c bx\left(h_0-\frac{x}{2}\right) \tag{4-3-10}$$

（2）基本公式的适用条件。

上述基本公式的适用条件如下：

1）
$$x\leqslant\xi_b h_0 \tag{4-3-11}$$

该条件是为了防止出现超筋梁。但第一类 T 形截面一般不会超筋，故计算时可不验算这个条件。

2）
$$A_s\geqslant\rho_{\min}bh\text{ 或 }\rho\geqslant\rho_{\min} \tag{4-3-12}$$

该条件是为了防止出现少筋梁。第二类 T 形截面的配筋较多，一般不会出现少筋的情况，故可不验算这一条件。

应当注意：由于肋宽为 b、高度为 h 的素混凝土 T 形梁的受弯承载力比截面为 $b\times h$ 的矩形截面素混凝土梁的受弯承载力大不了多少，故 T 形截面的配筋率按矩形截面的公

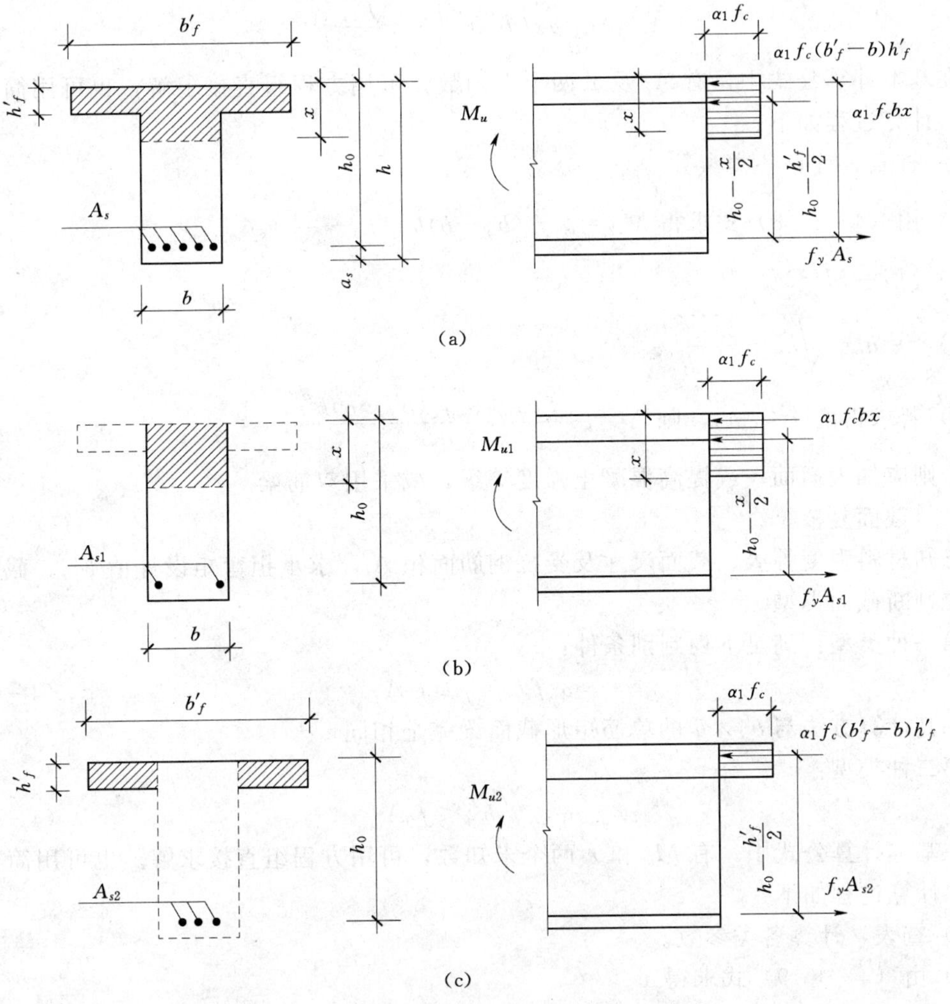

(a)

(b)

(c)

图 4-3-5 第二类 T 形截面计算简图

式计算，即 $\rho=\dfrac{A_s}{bh_0}$，式中 b 为肋宽。

5. T 形截面受弯构件正截面承载力计算步骤

T 形截面受弯构件的正截面承载力计算也可分为截面设计和截面复核两类问题。

(1) 截面设计。

已知材料强度等级、截面尺寸及弯矩设计值 M，求受拉钢筋面积 A_s。计算时应先判断截面类型，然后再对不同类型进行不同的计算。

第一种类型：满足下列判别条件：

$$M \leqslant \alpha_1 f_c b'_f h'_f \left(h_0-\frac{h'_f}{2}\right) \tag{4-3-13}$$

则其计算方法与 $b'_f \times h$ 的单筋矩形截面梁完全相同，不同的是应注意最小配筋率验算时截面宽度的取值。

第二种类型满足下列判别条件：

$$M > \alpha_1 f_c b'_f h'_f \left(h_0 - \frac{h'_f}{2}\right) \tag{4-3-14}$$

在基本计算公式中，有 A_s 及 x 两个未知数，可用方程组直接求解，也可用简化计算方法，计算过程如下：

1）查表，计算各类参数。

2）用（4-3-8）式求得 $M_{u2}=\alpha_1 f_c(b'_f-b)h'_f\left(h_0-\frac{h'_f}{2}\right)$。

3）$M_{u1}=M-M_{u2}$。

4）$x=h_0-\sqrt{h_0^2-\frac{2M_{u1}}{\alpha_1 f_c b}}$。

5）若求得的 $x\leqslant\xi_b h_0$，则 $A_s=\frac{\alpha_1 f_c bx+\alpha_1 f_c(b'_f-b)h'_f}{f_y}$。

否则应加大截面，或提高混凝土强度等级，或采用双筋梁。

（2）截面复核。

已知材料强度等级、截面尺寸及受拉钢筋面积 A_s，求承担弯矩设计值 M_u。截面复核也应先判断截面类型。

第一种类型：满足下列判别条件：

$$\alpha_1 f_c b'_f h'_f \geqslant f_y A_s \tag{4-3-15}$$

则其计算方法与 $b'_f\times h$ 的单筋矩形截面梁完全相同。

第二种类型：

$$\alpha_1 f_c b'_f h'_f < f_y A_s \tag{4-3-16}$$

在基本计算公式中，有 M_u 和 x 两个未知数，可用方程组直接求解。也可用简化计算方法，计算过程如下：

1）查表，计算各类参数。

2）由（4-3-9）式求得 x。

3）若 $x\leqslant\xi_b h_0$。

4）代入式（4-3-10）求得 M_u。

四、任务实施

（1）查附表得 C25 的保护层厚度 $c=30$mm，设 $a_s=40$mm。

（2）确定翼缘计算宽度 b'_f：根据表 4-3-1 可得：

按梁跨度 l 考虑：$b'_f=\frac{l}{3}=\frac{6000}{3}=2000$

按梁净距考虑：$b'_f=b+s_n=200+2200=2400$

按翼缘厚度 h'_f 考虑，由于 $h_0=450-40=410$mm

$$h'_f/h_0=70/410=0.171>0.1$$

故翼缘宽度不受此项限制。

最后，翼缘宽度取其计算结果中的较小值，即：

$$b'_f=2000\text{mm}$$

(3) 判别 T 形截面类型。

$$\alpha_1 f_c b'_f h'_f\left(h_0-\frac{h'_f}{2}\right)=1.0\times11.9\times2000\times70\times\left(410-\frac{70}{2}\right)=6.25\times10^8\text{N}\cdot\text{mm}$$

$$=625\text{kN}\cdot\text{m}>150\text{kN}\cdot\text{m}$$

故属于第一类 T 形截面。

(4) 求受拉钢筋面积 A_s。

$$x=h_0-\sqrt{h_0^2-\frac{2M}{\alpha_1 f_c b}}=410-\sqrt{410^2-\frac{2\times150\times10^6}{1.0\times11.9\times2000}}=15.7\text{mm}$$

于是 $$A_s=\frac{\alpha_1 f_c bx}{f_y}=\frac{1.0\times11.9\times2000\times15.7}{360}=1037\text{mm}^2$$

实选 3 Φ 22（$A_s=1140\text{mm}^2$）；配筋如图 4-3-6 所示。

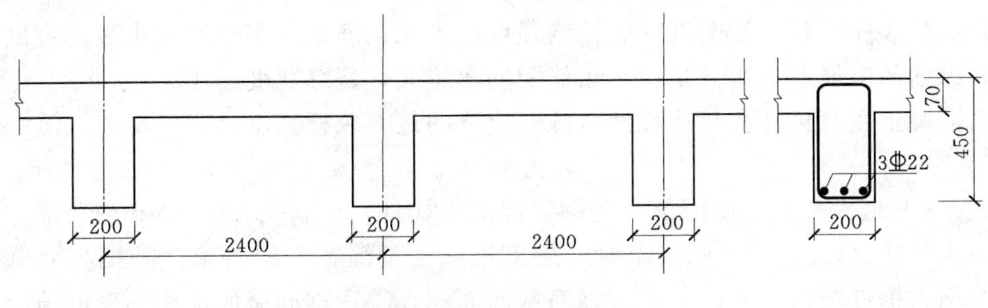

图 4-3-6　次梁配筋图

(5) 验算适用条件。

$$\rho_{\min}=\max\left(0.2\%,\ 0.45\frac{f_t}{f_y}\right)=0.2\%$$

$$A_{s,\min}=0.2\%\times200\times450=180\text{mm}^2,\ A_s=1140\text{mm}^2>A_{s,\min}$$

任务 4　受弯构件变形和裂缝验算

一、任务描述

已知某钢筋混凝土受弯构件的截面尺寸、跨度、材料等级、标准荷载、配筋数量，要求验算其裂缝宽度和变形。

二、任务知识点

结构构件应根据承载能力极限状态及正常使用极限状态分别进行计算和验算，通常，对各类混凝土构件都要求进行承载力计算；对某些构件，还应根据其使用条件，通过验算，使变形和裂缝宽度不超过规定限制，同时还应满足保证正常使用及耐久性的其他要求与规定限值，如混凝土保护层的最小厚度等。《混凝土结构设计规范》规定：结构构件除进行承载力极限状态计算外，还应进行正常使用极限状态下的验算。

1. 钢筋混凝土受弯构件裂缝宽度验算

钢筋混凝土受弯构件的裂缝有两种：一种是由于混凝土的收缩或温度变形引起的；另

一种则是由荷载引起的。对于前一种裂缝，主要是采取控制混凝土浇筑质量，改善水泥性能，选择集料成分，改进结构形式，设置伸缩缝等措施解决，不需要进行裂缝宽度计算。以下所说的裂缝均指由荷载引起的裂缝。

混凝土的抗拉强度很低，当混凝土构件受拉区的荷载还较小时，构件受拉区就会开裂，说明混凝土受弯构件基本上是带裂缝工作的；但裂缝过大时，会使钢筋锈蚀，从而降低结构的耐久性，并且裂缝的出现和扩展还会降低构件的刚度，从而使变形增大，甚至影响正常使用。

影响裂缝宽度的主要因素如下：

（1）保护层厚度。保护层越厚，裂缝宽度越大。

（2）纵筋的直径。当构件内受拉纵筋截面相同时，采用细而密的钢筋则会增大钢筋表面积，因而使粘结力增大，裂缝宽度减小。

（3）纵筋表面形状。带肋钢筋的粘结强度较光面钢筋大得多，可减小裂缝宽度。

（4）纵筋的配筋率。构件受拉区纵筋配筋率越大，裂缝宽度越小。

钢筋混凝土受弯构件在荷载长期荷载效应下的最大裂缝宽度，应满足：

$$w_{max} \leqslant w_{lim} \tag{4-4-1}$$

式中　w_{lim}——最大裂缝宽度限值。对钢筋混凝土构件，$w_{lim}=0.2\sim0.4$mm。

若不满足式（4-4-1）的要求时，应采用减小裂缝宽度的措施：①提高混凝土强度等级；②增大构件截面尺寸；③增大钢筋截面面积；④在钢筋截面面积不变的情况下，采用较小直径的变形钢筋；⑤减小混凝土保护层厚度。其中，采用较小直径的变形钢筋是减小裂缝宽度最有效的措施，需注意的是，混凝土保护层厚度应同时考虑耐久性和减小裂缝宽度的要求。

2. 钢筋混凝土受弯构件挠度验算

钢筋混凝土受弯构件在荷载作用下会产生挠曲。过大的挠度会影响结构的正常使用。例如，楼盖的挠度超过正常使用的某一限制时，一方面会在使用中发生有感觉的震颤，给人们有一种不舒服和不安全的感觉，另一方面将造成楼层地面不平或使上部的楼面及下部的抹灰开裂，影响结构的功能；屋面构件挠度过大会妨碍屋面排水；吊车梁挠度过大会加剧吊车运行时的冲击和振动，甚至使吊车运行困难，等等。因此，受弯构件除应满足承载力要求外，必要时还需要进行变形验算，以保证其不超过正常使用极限状态，确保结构构件的正常使用。

钢筋混凝土受弯构件的挠度应满足：

$$f \leqslant [f] \tag{4-4-2}$$

式中　$[f]$——钢筋混凝土受弯构件的挠度限值。

对屋盖、楼盖及楼梯构件$[f]=(1/200\sim1/400)l_0$，吊车梁$[f]=(1/500\sim1/600)l_0$，其中 l_0 为构件计算跨度。

当挠度计算不能满足要求时，说明受弯构件的弯曲刚度不足，应采取措施后重新验算。理论上讲，提高混凝土强度等级，增加纵向钢筋的数量，选用合理的截面形状（如T形、I形等）都能提高梁的弯曲刚度，但其效果并不明显，最有效的措施是增加梁的截面高度。

模块五　钢筋混凝土受压构件设计

学习目标

1. 掌握轴心受压构件的承载力计算，大偏心受压构件的承载力计算、校核及构造。
2. 理解轴心受压构件的破坏特征，偏心受压的破坏特征，计算公式及适用条件。
3. 了解偏心距增大系数的概念，偏心受压构件斜截面承载力的计算。

建筑工程中，受压构件是最重要最常见的承重构件之一，按照纵向压力在截面上作用位置的不同，纵向受力构件分为轴心受压构件和偏心受压构件。纵向压力作用线与构件轴线重合的构件称为轴心受压构件，否则为偏心受压构件。偏心受压构件又可分为单向偏心受压构件和双向偏心受压构件，如图 5－1 所示。

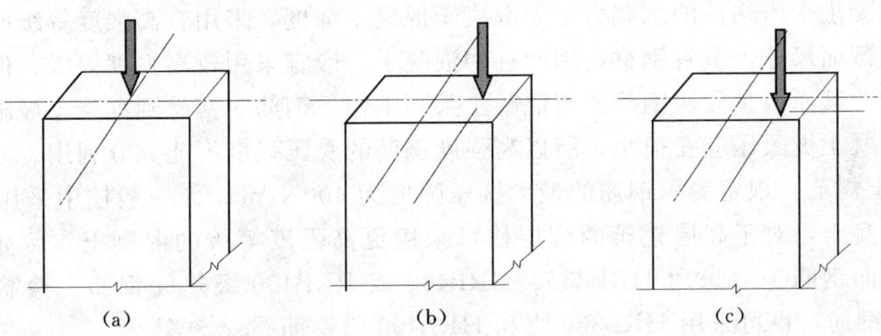

图 5－1　轴心受压与偏心受压

(a) 轴心受压；(b) 单向偏心受压；(c) 双向偏心受压

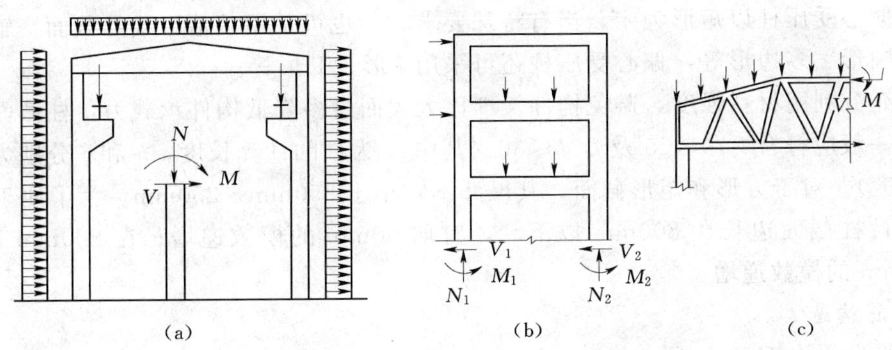

图 5－2　受压构件实例

(a) 单层工业厂房柱；(b) 一般框架柱；(c) 屋架上弦杆

由于混凝土浇筑的不均匀，构件尺寸的施工误差，荷载作用位置偏差、配筋不对称以及施工误差等原因，总是或多或少存在初始偏心距。为计算方便，当初始偏心距较小时，仍可按轴心受压构件计算。例如只承受节点荷载屋架的受压弦杆和腹杆、以恒荷载为主的等跨多层框架房屋的内柱等，均可按轴心受压构件计算。单层工业厂房柱、一般框架柱、剪力墙结构中的剪力墙、桥梁结构中的桥墩、屋架上弦杆、拱等都属于偏心受压构件。如图 5-2 所示。

任务1　某工业厂房轴心受压柱设计

一、任务描述

已知某工业厂房现浇钢筋混凝土框架结构，中柱按轴心受压构件计算。该柱安全等级为二级，轴向压力设计值 $N=1400\text{kN}$，计算长度 $l_0=5\text{m}$，纵向钢筋采用 HRB335 级，混凝土强度等级为 C30。求该柱截面尺寸及纵向钢筋截面面积。

二、任务分析

1. 材料选择

钢筋混凝土受压构件的承载力主要取决于混凝土强度，采用较高强度等级的混凝土可以减小构件截面尺寸，节省钢材，因而柱中混凝土一般宜采用较高强度等级，但不宜选用高强度钢筋。其原因是受压钢筋要与混凝土共同工作，钢筋应变受到混凝土极限压应变的限制，而混凝土极限压应变很小，所以高强度钢筋的受压强度不能充分利用。

《混凝土规范》规定受压钢筋的最大抗压强度为 400N/mm^2。一般柱中采用 C25 及以上等级的混凝土，对于高层建筑的底层柱可采用更高强度等级的混凝土，例如采用 C40 或以上；纵向钢筋一般采用 HRB335、HRB400 或 RRB400 级热轧钢筋，箍筋一般采用 HPB235 级钢筋，也可采用 HRB335 级和 HRB400 级钢筋。

2. 截面形式与尺寸

钢筋混凝土受压构件通常采用方形或矩形截面，以便制作模板。一般轴心受压柱以方形为主，偏心受压柱以矩形为主。当有特殊要求时，也可采用其他形式的截面。轴心受压柱可采用圆形、多边形等，偏心受压柱还可采用 I 形、T 形等。

为了充分利用材料强度，避免构件长细比太大而过多降低构件承载力，柱截面尺寸不宜过小。一般应符合 $l_0/b\leqslant25$ 及 $l_0/b\leqslant30$（其中 l_0 为柱的计算长度，h 和 b 分别为截面的高度和宽度）。对于方形和矩形截面，其尺寸不宜小于 250mm×250mm。为了便于模板尺寸模数化，柱截面边长在 800mm 以下者，宜取 50mm 的模数递增；在 800mm 以上者，取为 100mm 的模数递增。

3. 配筋构造

（1）纵向受力钢筋。

轴心受压构件的荷载主要由混凝土承担，设置纵向受力钢筋有三个目的：一是协助混

凝土承受压力，以减小构件尺寸；二是承受可能的弯矩，以及混凝土收缩和温度变形引起的拉应力；三是防止构件突然的脆性破坏。

轴心受压柱的纵向受力钢筋应沿截面四周均匀对称布置，偏心受压柱的纵向受力钢筋布置在弯矩作用方向的两对边，圆柱中纵向受力钢筋宜沿周边均匀布置。

纵向受力钢筋直径 d 不宜小于 12mm，通常采用 12～32mm。一般宜采用根数较少，直径较粗的钢筋，以保证骨架的刚度。方形和矩形截面柱中纵向受力钢筋不少于 4 根，圆柱中不宜少于 8 根且不应少于 6 根。纵向受力钢筋的净距不应小于 50mm，偏心受压柱中垂直于弯矩作用平面的侧面上的纵向受力钢筋及轴心受压柱中各边的纵向受力钢筋的中距不宜大于 300mm。对水平浇筑的预制柱，其纵向钢筋的最小净距按梁的有关规定采用。受压构件纵向钢筋的最小配筋率应符合附表 6 的规定。从经济和施工方便（不使钢筋太密集）角度考虑，全部纵向钢筋的配筋率不宜超过 5%。受压钢筋的配筋率一般不超过 3%，通常在 0.5 %～2%之间。

偏心受压构件的纵向钢筋配置方式有两种：一种是在柱弯矩作用方向的两对边对称配置相同的纵向受力钢筋，这种方式称为对称配筋。对称配筋构造简单，施工方便，不易出错，但用钢量较大；另一种是非对称配筋，即在柱弯矩作用方向的两对边配置不同的纵向受力钢筋。非对称配筋的优缺点与对称配筋相反。为了设计、施工方便，通常采用对称配筋。

（2）箍筋。

受压构件中箍筋的作用是保证纵向钢筋的位置正确，防止纵向钢筋压屈，从而提高柱的承载能力。受压构件中的周边箍筋应做成封闭式。箍筋直径不应小于 $d/4$（d 为纵向钢筋的最大直径），且不应小于 6mm。箍筋间距不应大于 400mm 及构件截面的短边尺寸，且不应大于 $15d$（d 为纵向受力钢筋的最小直径）。

当柱中全部纵向受力钢筋的配筋率超过 3%时，箍筋直径不应小于 8mm，间距不应大于 $10d$（d 为纵向受力钢筋的最小直径），且不应大于 200mm；箍筋末端应做成 135°弯钩且弯钩末端平直段长度不应小于直径的 $10d$ 倍。

在纵向钢筋搭接长度范围内，箍筋的直径不宜小于搭接钢筋直径的 0.25 倍。箍筋间距，当搭接钢筋为受拉时，不应大于 $5d$（d 为受力钢筋中最小直径），且不应大于 100mm；当搭接钢筋为受压时，不应大于 $10d$，且不应大于 200mm。搭接受压钢筋直径大于 25mm 时，应在搭接接头两个端面外 100mm 范围内各设置 2 根箍筋。

柱截面短边尺寸大于 400mm 且各边纵向受力钢筋多于 3 根时，或当柱截面短边尺寸不大于 400mm 但各边纵向钢筋多于 4 根时，应设置复合箍筋，以防止中间钢筋被压屈（见图 5-1-1）。复合箍筋的直径、间距与前述箍筋相同。

当偏心受压柱的截面高度 $h \geqslant 600$mm 时，在柱的侧面上应设置直径为 10～16mm 的纵向构造钢筋，并相应设置复合箍筋或拉筋。

对于截面形状复杂的构件，不可采用具有内折角的箍筋（见图 5-1-2）。其原因是，内折角处受拉箍筋的合力向外，可能使该处混凝土保护层崩裂。

按照箍筋配置方式不同，钢筋混凝土轴心受压柱可分为两种：一种是配置纵向钢筋和普通箍筋的柱［见图 5-1-3（a）］，称为普通箍筋柱；一种是配置纵向钢筋和螺旋筋［见图 5-1-3（b）］或焊接环筋［见图 5-1-3（c）］的柱，称为螺旋箍筋柱或间接箍

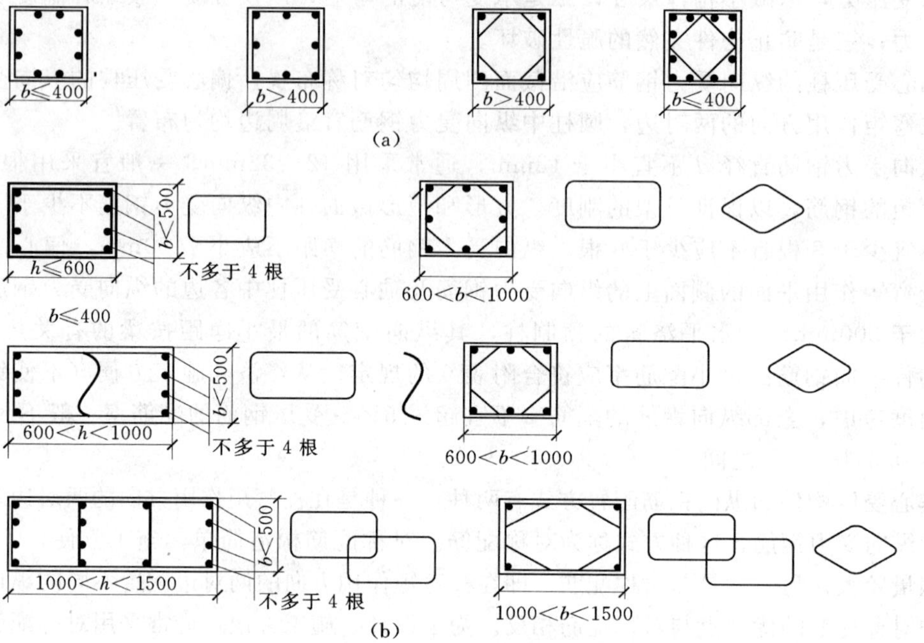

(a)

(b)

图 5-1-1　箍筋的构造

(a) 轴心受压柱；(b) 偏心受压柱

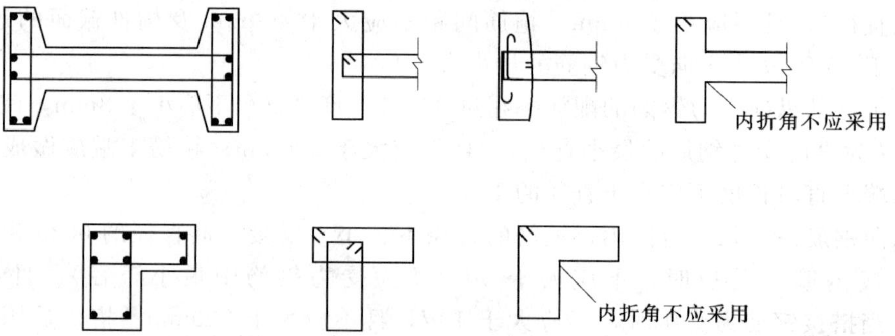

图 5-1-2　复杂截面的箍筋形式

筋柱。

4. 螺旋箍筋柱

螺旋箍筋柱的箍筋既是构造钢筋又是受力钢筋。由于螺旋筋或焊接环筋的套箍作用可约束核心混凝土（螺旋筋或焊接环筋所包围的混凝土）的横向变形，间接地提高混凝土的纵向抗压强度。当混凝土纵向压缩产生横向膨胀时，将受到密排螺旋筋或焊接环筋的约束，在箍筋中产生拉力而在混凝土中产生侧向压力。当构件的压应变超过无约束混凝土的极限应变后，尽管箍筋以外的表层混凝土会开裂甚至剥落而退出工作，但核心混凝土尚能继续承担更大的压力，直至箍筋屈服。显然，混凝土抗压强度的提高程度与箍筋的约束力的大小有关。为了使箍筋对混凝土有足够大的约束力，箍筋应为圆形，当为圆环时应焊

接。由于螺旋筋或焊接环筋间接地起到了纵向受压钢筋的作用，故又称之为间接钢筋。

螺旋箍筋柱虽可提高构件承载力，但施工复杂，用钢量较多，一般仅用于轴力很大，截面尺寸又受限制，采用普通箍筋柱会使纵向钢筋配筋率过高，而混凝土强度等级又不宜再提高的情况。

螺旋箍筋柱的截面形状一般为圆形或正八边形。箍筋为螺旋环或焊接圆环，间距不应大于80mm及$0.2d_{cor}$（d_{cor}为构件核心直径，即螺旋箍筋内皮直径），且不宜小于40mm。间接钢筋的直径应符合柱中箍筋直径的规定。

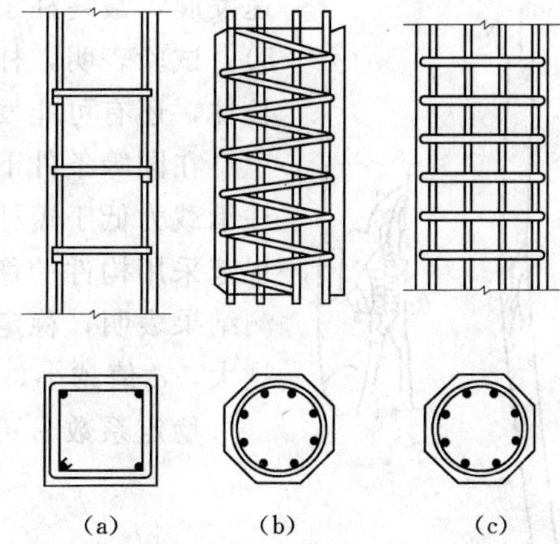

图5-1-3　轴心受压柱的类型

(a) 普通箍筋柱；(b) 螺旋箍筋柱
(c) 焊接环筋柱

5. 轴心受压构件的破坏特征

按照长细比l_0/b的大小，轴心受压柱可分为短柱和长柱两类。对方形和矩形柱，当$l_0/b\leqslant8$，或圆形柱$l_0/d\leqslant7$，或任意截面$l_0/i\leqslant28$时属于短柱，否则为长柱。其中l_0为柱的计算长度，b为矩形截面的短边尺寸，d为圆形截面直径，i为截面的最小回转半径。

(1) 轴心受压短柱的破坏特征。

配有普通箍筋的矩形截面短柱，在轴向压力N作用下整个截面的应变基本上是均匀分布的。N较小时，构件的压缩变形主要为弹性变形。随着荷载的增大，构件变形迅速增大。与此同时，混凝土塑性变形增加，弹性模量降低，应力增长逐渐变慢，而钢筋应力的增加则越来越快。对配置HPB235、HRB335、HRB400、RRB400级热轧钢筋的构件，钢筋将先达到其屈服强度，此后增加的荷载全部由混凝土来承受。在临近破坏时，柱子表面出现纵向裂缝，混凝土保护层开始剥落，最后，箍筋之间的纵向钢筋压屈而向外凸出，混凝土被压碎崩裂而破坏（见图5-1-4）。当短柱破坏时，混凝土达到极限压应变$\varepsilon'_c=0.002$，相应的纵向钢筋应力值$\sigma'_s=E_s\cdot\varepsilon'_c=2\times10^5\times0.002\text{N/mm}^2=400\text{N/mm}^2$。因此，当纵向钢筋为高强度钢筋时，构件破坏时纵向钢筋可能达不到屈服强度。设计中对于屈服强度超过400N/mm²的钢筋，其抗压强度设计值f'_y只能取400N/mm²。显然，在受压构件内配置高强度的钢筋不能充分发挥其作用，这是不经济的。

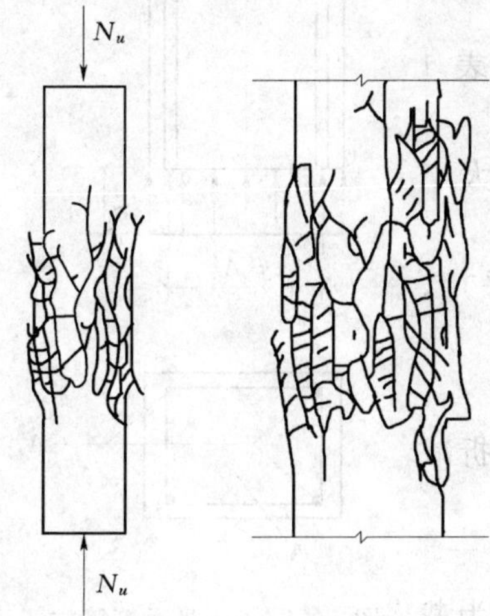

图5-1-4　短柱的破坏

(2) 轴心受压长柱的破坏特征。

对于长细比较大的长柱，由于各种偶然因素造成的初始偏心距的影响是不可忽略的，在轴心压力N作用下，由初始偏心距将产生附加弯矩，而这个附加弯矩产生的水平挠度又加大了原来的初始偏心距，这样相互影响的结果，促使了构件截面材料破坏较早到来，导致承载能力的降低。破坏时首先在凹边出现纵向裂缝，接着混凝土被压碎，纵向钢筋被压弯向外凸出，侧向挠度急

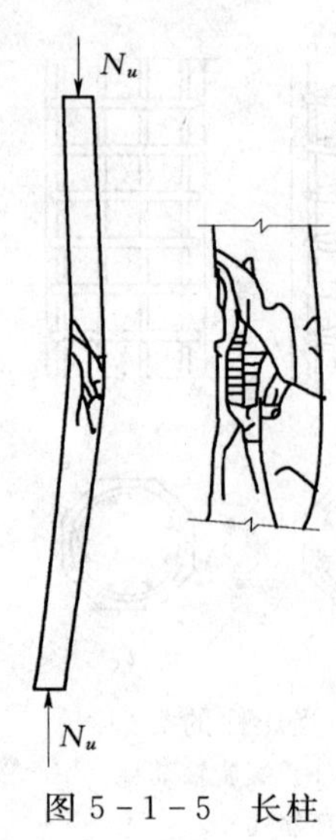

图 5-1-5　长柱的破坏

速发展，最终柱子失去平衡并将凸边混凝土拉裂而破坏（见图 5-1-5）。试验表明，柱的长细比愈大，其承载力愈低，对于长细比很大的长柱，还有可能发生“失稳破坏”。

在同等条件下，即截面相同，配筋相同，材料相同的条件下，长柱承载力低于短柱承载力。在确定轴心受压构件承载力计算公式时，规范采用构件的稳定系数 φ 来表示长柱承载力降低的程度。试验的实测结果表明，稳定系数主要和构件的长细比 l_0/b 有关，长细比 l_0/b 越大，φ 值越小。当 $l_0/b\leqslant 8$ 时，$\varphi=1$，说明承载力的降低可忽略。

稳定系数 φ 可按下式计算：

$$\varphi=\frac{1}{1+0.002(l_0/b-8)^2} \qquad (5-1-1)$$

式中　l_0——柱的计算长度，mm；

b——矩形截面的短边尺寸，mm。

圆形截面可取 $b=\frac{\sqrt{3}d}{2}$（d 为截面直径），对任意截面可取 $b=\sqrt{12}i$（i 为截面最小回转半径）。构件的计算长度 l_0 与构件两端支承情况有关，在实际工程中，由于构件支承情况并非完全符合理想条件，应结合具体情况按《混凝土规范》的规定取用。

6. 普通箍筋柱的正截面承载力计算

（1）基本公式。

钢筋混凝土轴心受压柱的正截面承载力由混凝土承载力及钢筋承载力两部分组成，如图 5-1-6 所示。根据力的平衡条件，得短柱和长柱的承载力计算公式为：

$$N\leqslant N_u=0.94\ (f_cA+f'_yA'_s) \qquad (5-1-2)$$

式中　N_u——轴向压力承载力设计值，N；

N——轴向压力设计值，N；

φ——钢筋混凝土构件的稳定系数；

f_c——混凝土抗压强度设计值，N/mm^2，按附表 1 采用；

A——构件截面面积，mm^2，当纵向钢筋配筋率大于 3%时，A 应改为 $A_c=A-A'_s$；

f'_y——纵向钢筋的抗压强度设计值按附表 1 采用，N/mm^2；

A'_s——全部纵向钢筋的截面面积，mm^2；

0.9——是考虑到初始偏心的影响而引入的承载力折减系数。

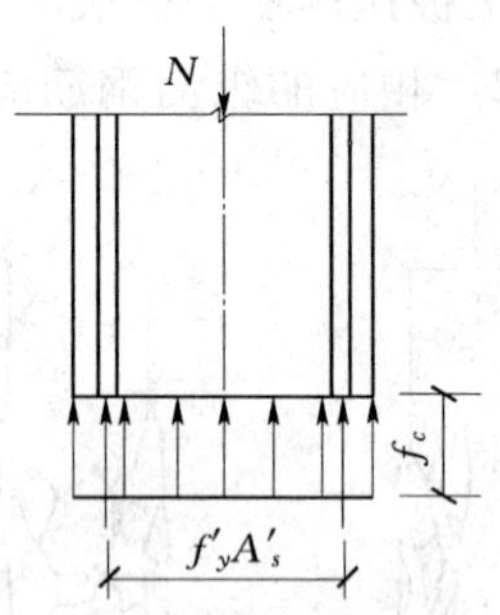

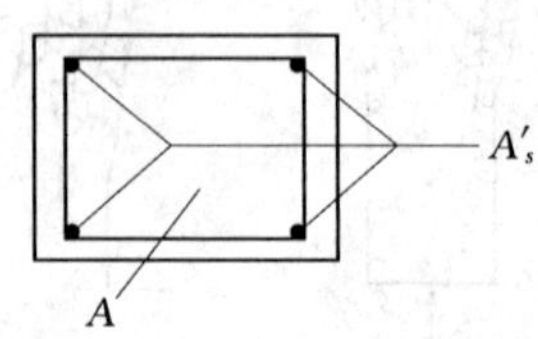

图 5-1-6　普通箍筋柱正截面承载力计算简图

（2）计算方法。

实际工程中，轴心受压构件的承载力计算问题可归纳为截面设计和截面复核两大类。

1）截面设计。

已知：构件截面尺寸 $b\times h$，轴向力设计值 N，构件的计算长度 l_0，材料强度等级 f_c、f'_y；

求：纵向钢筋截面面积 A'_s。

计算步骤如图5-1-7所示。

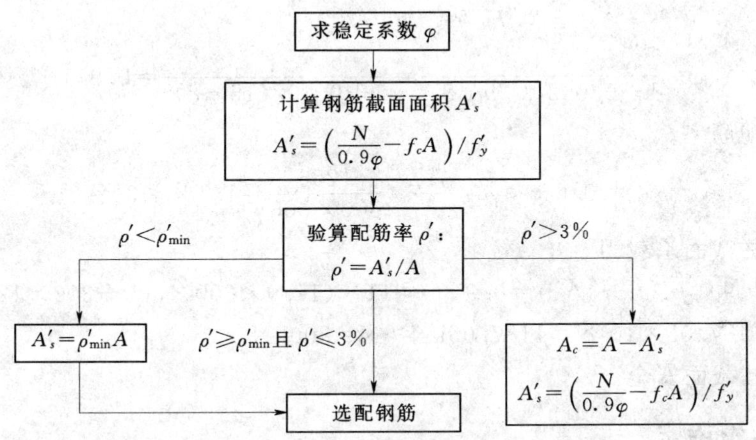

图5-1-7　轴心受压构件截面设计步骤

若构件截面尺寸 $b\times h$ 为未知，则可先根据构造要求并参照同类工程假定柱截面尺寸 $b\times h$，然后按上述步骤计算 A'_s。纵向钢筋配筋率宜在0.5%～2%之间。若配筋率 ρ' 过大或过小，则应调整 b、h，重新计算 A'_s。也可先假定 φ 和 ρ' 的值（常可假定 $\varphi=1$，$\rho'=1\%$），由下式计算出构件截面面积，进而得出 $b\times h$：

$$A=\frac{N}{0.9\varphi(f_c+f'_y\rho')} \tag{5-1-3}$$

2）截面承载力复核。

已知：柱截面尺寸 $b\times h$，计算长度 l_0，纵向钢筋数量及级别，混凝土强度等级 f_c；

求：柱的受压承载力 N_u，或已知轴向力设计值 N，判断截面是否安全。

计算步骤如图5-1-8所示。

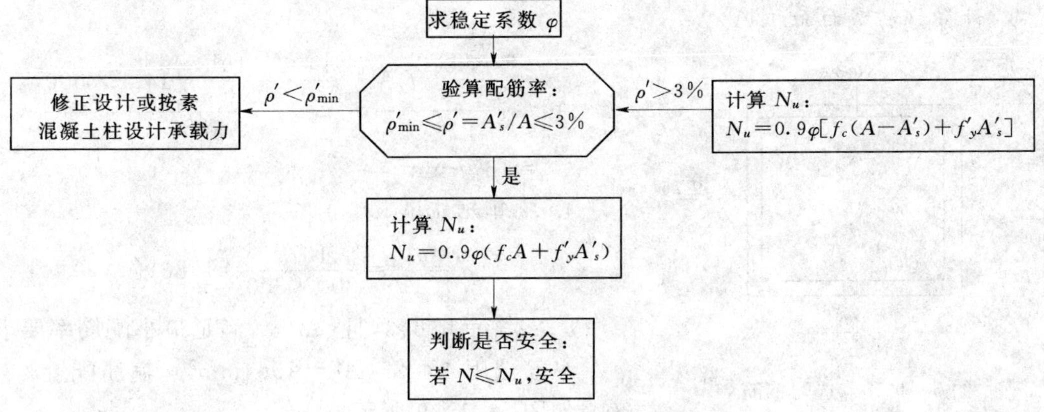

图5-1-8　轴心受压构件截面复核步骤

【例 5-1-1】 某现浇底层钢筋混凝土轴心受压柱，截面尺寸 $b\times h=300\text{mm}\times 300\text{mm}$，采用4Φ20的HRB335级（$f'_y=300\text{N/mm}^2$）钢筋，混凝土强度等级C25（$f_c=11.9\text{N/mm}^2$），$l_0=4.5\text{m}$，承受轴向力设计值800kN，试校核此柱是否安全。

解： 查表得 $f'_y=300\text{N/mm}^2$，$f_c=11.9\text{N/mm}^2$，$A'_s=1256\text{mm}^2$。

（1）确定稳定系数 φ

$$l_0/b=4500/300=15$$

$$\varphi=\frac{1}{1+0.002(l_0/b-8)^2}=\frac{1}{1+0.002(15-8)^2}=0.911$$

（2）验算配筋率。

$$\rho'_{\min}=0.6\%<\rho'=\frac{A'_s}{A}=\frac{1256}{300\times300}=1.4\%<3\%$$

（3）确定柱截面承载力。

$$N_u=0.9\varphi(f_cA+f'_yA'_s)=0.9\times0.911\times(11.9\times300\times300+300\times1256)\text{N}$$
$$=1187.05\times10^3\text{N}=1187.05\text{kN}>\text{N}=800\text{kN}$$

因此，此柱截面安全。

三、任务实施

查附表1可知，$f_c=14.3\text{N/mm}^2$，$f'_y=300\text{N/mm}^2$

1. 初步确定柱截面尺寸

设 $\rho'=\frac{A'_s}{A}=1\%$，$\varphi=1$，则

$$A=\frac{N}{0.9\varphi(f_c+f'_y\rho')}=\frac{1400\times10^3}{0.9\times1\times(14.3+300\times1\%)}=89916.5\text{mm}^2$$

选用方形截面，则 $b=h=\sqrt{89916.5}=299.7\text{mm}$，取用 $b=h=300\text{mm}$。

2. 计算稳定系数 φ

$$l_0/b=5000/300=16.7$$

$$\varphi=\frac{1}{1+0.002(l_0/b-8)^2}=\frac{1}{1+0.002(16.7-8)^2}=0.869$$

3. 计算钢筋截面面积 A'_s

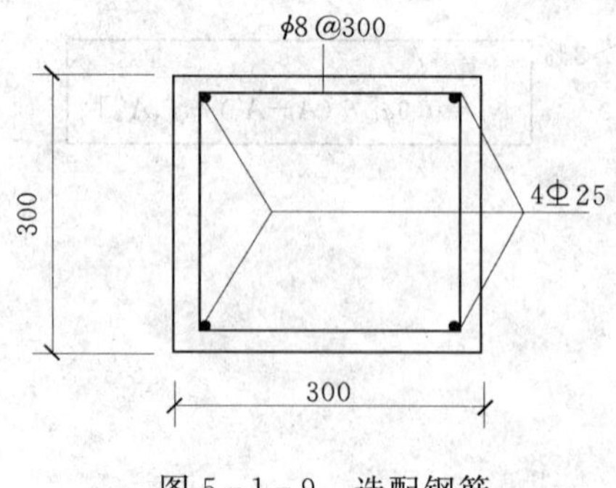

图 5-1-9　选配钢筋

$$A'_s=\frac{\frac{N}{0.9\varphi}-f_cA}{f'_y}=\frac{\frac{1400\times10^3}{0.9\times0.869}-14.3\times300^2}{300}$$
$$=1677\text{mm}^2$$

4. 验算配筋率

$$\rho'=\frac{A'_s}{A}=\frac{1677}{300\times300}=1.86\%$$

$\rho'>\rho'_{\min}=0.6\%$，且$<3\%$，满足最小配筋率要求。

纵筋选用4Φ25（$A'_s=1964\text{mm}^2$），箍筋配置Φ8@300，如图5-1-9所示。

任务 2　某办公楼框架柱设计

一、任务描述

某办公楼框架柱，按偏心受压柱设计，截面尺寸 $b\times h=300\text{mm}\times 400\text{mm}$，采用 C20 混凝土，HRB335 级钢筋，柱子计算长度 $l_0=3000$ mm，承受弯矩设计值 $M=150\text{kN}\cdot\text{m}$，轴向压力设计值 $N=260\text{kN}$，$a_s=a'_s=40\text{mm}$，采用对称配筋。求纵向受力钢筋的截面面积 $A_s=A'_s$。

二、任务分析

1. 偏心受压构件破坏特征

偏心受压构件在承受轴向力 N 和弯矩 M 的共同作用时，等效于承受一个偏心距为 e_0 的偏心力 N 的作用，当弯矩 M 相对较小时，e_0 就很小，构件接近于轴心受压，相反当 N 相对较小时，e_0 就很大，构件接近于受弯，因此，随着 e_0 的改变，偏心受压构件的受力性能和破坏形态介于轴心受压和受弯之间。按照轴向力的偏心距和配筋情况的不同，偏心受压构件的破坏可分为受拉破坏（大偏心受压破坏）和受压破坏（小偏心受压破坏）两种情况。

（1）受拉破坏。

当轴向拉力偏心距 e_0 较大，且受拉钢筋配置不太多时，构件发生受拉破坏。在这种情况下，构件受轴向压力 N 后，离 N 较远一侧的截面受拉，另一侧截面受压。当 N 增加到一定程度，首先在受拉区出现横向裂缝，随着荷载的增加，裂缝不断发展和加宽，裂缝截面处的拉力全部由钢筋承担。荷载继续加大，受拉钢筋首先达到屈服，并形成一条明显的主裂缝，随后主裂缝明显加宽并向受压一侧延伸，受压区高度迅速减小。最后，受压区边缘出现纵向裂缝，受压区混凝土被压碎而导致构件破坏。此时，受压钢筋一般也能屈服。由于受拉破坏通常在轴向压力偏心距 e_0 较大发生，故习惯上也称为大偏心受压破坏。受拉破坏有明显预兆，属于延性破坏。

（2）受压破坏。

当构件的轴向压力的偏心距 e_0 较小，或偏心距 e_0 虽然较大但配置的受拉钢筋过多时，就发生这种类型的破坏。加荷后整个截面全部受压或大部分受压，靠近轴向压力 N 一侧的混凝土压应力较高，远离轴向压力一侧的压应力较小甚至受拉。随着荷载 N 逐渐增加，靠近轴一侧混凝土出现纵向裂缝，进而混凝土达到极限应变 ε_{cu} 被压碎，受压钢筋 A'_s 的应力也达到 f'_y，远离 N 一侧的钢筋 A_s 可能受压，也可能受拉，但因本身截面应力太小，或因配筋过多，都达不到屈服强度。由于受压破坏通常在轴向压力偏心距 e_0 较小时发生，故习惯上也称为小偏心受压破坏。受压破坏无明显预兆，属脆性破坏。

（3）受拉破坏与受压破坏的界限。

综上可知，受拉破坏和受压破坏都属于“材料破坏”。截面的最终破坏都是受压区边缘混凝土达到极限压应变而被压碎，但截面破坏的起因不同，即截面受拉部分和受压部分谁先发生破坏，前者是受拉钢筋先屈服而后受压混凝土被压碎，后者是受压部分先发生破坏。受拉破坏与受弯构件正截面适筋破坏类似，而受压破坏类似于受弯构件正截面的超筋破坏，故受拉破坏与受压破坏也用界限相对受压区高度 ξ_b 作为界限，即：$\xi \leqslant \xi_b$ 属大偏心受压破坏；$\xi > \xi_b$ 为小偏心受压破坏。其中 ξ_b 按表 4-1-2 采用。

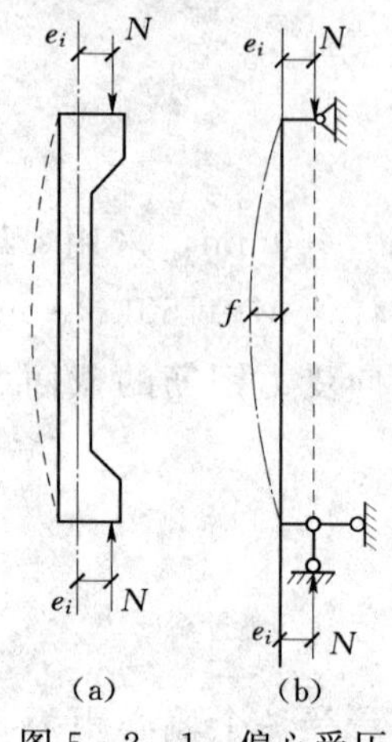

图 5-2-1　偏心受压柱的侧向挠曲

2. 偏心距增大系数 η

在偏心力作用下，钢筋混凝土受压构件将产生纵向弯曲变形，即会产生侧向挠度，从而导致截面的初始偏心矩增大（见图 5-2-1）。如 1/2 柱高处的初始偏心距将由 e_i 增大为 e_i+f，截面最大弯矩也将由 Ne_i 增大为 $N(e_i+f)$。f 随着荷载的增大而不断加大，因而弯矩的增长也就越来越快，结果致使柱的承载力降低。这种偏心受压构件截面内的弯矩受轴向力和侧向挠度变化影响的现象称为"压弯效应"。为此，引入偏心距增大系数 η，相当于用 ηe_i 代替 e_i+f。

钢筋混凝土偏心受压构件按其长细比 l_0/h 不同分为短柱、长柱和细长柱，其偏心距增大系数 η 分别按下述方法确定：

（1）对短柱（矩形截面 $l_0/h \leqslant 5$），可不考虑纵向弯曲对偏心距的影响，取 $\eta=1.0$。

（2）对长柱（矩形截面 $5 < l_0/h \leqslant 30$），偏心距增大系数按下式计算：

$$\eta=1+\frac{1}{1400\frac{e_i}{h_0}}\left(\frac{l_0}{h}\right)^2\zeta_1\zeta_2 \tag{5-2-1}$$

$$\zeta_1=\frac{0.5f_cA}{N} \tag{5-2-2}$$

$$\zeta_2=1.15-0.01\frac{l_0}{h} \tag{5-2-3}$$

式中　l_0——构件的计算长度，mm；

h——矩形截面的高度，mm；

h_0——截面的有效高度，mm；

ζ_1——偏心受压构件的截面曲率修正系数，当 $\zeta_1 > 1.0$ 时，取 $\zeta_1=1.0$；

ζ_2——构件长细比对截面曲率的影响系数，当 $l_0/h < 15$ 时，取 $\zeta_2=1.0$；

A——构件的截面面积，mm^2。

（3）对细长柱（$l_0/h > 30$），η 应按专门方法确定。

3. 对称配筋矩形截面偏心受压构件正截面承载力计算

（1）基本公式及适用条件。

1）基本假定。

偏心受压构件正截面承载力计算也可仿照受弯构件正截面承载力计算作如下基本假定：

a. 截面应变符合平截面假定。

b. 不考虑受拉区的混凝土参加工作。

c. 受压区混凝土采用等效矩形应力图，其强度取等于混凝土轴心抗压强度设计值 f_c 乘以系数 α_1，矩形应力图形的受压区高度 $x=\beta_1 \cdot x_n$，x_n 为由平截面假定确定的中性轴高度，α_1、β_1 仍按表 4-1-1 取用。

d. 考虑到实际工程中由于施工的误差、混凝土质量的不均匀性以及荷载实际作用位置的偏差等原因，都会造成轴向压力在偏心方向产生附加偏心距 e_a，因此在偏心受压构件的正截面承载力计算中应考虑 e_a 的影响，e_a 应取 20mm 和偏心方向截面尺寸 h 的 1/30 中的较大值，即 $e_a=\max(h/30, 20\text{mm})$。

2）大偏心受压（$\xi \leqslant \xi_b$）。

a. 基本公式。

矩形截面大偏心受压构件破坏时的应力分布如图 5-2-2（a）所示。为简化计算，将其简化为图 5-2-2（b）所示的等效矩形图。由静力平衡条件可得出大偏心受压的基本公式：

$$N \leqslant \alpha_1 f_c bx + f'_y A'_s - f_y A_s \tag{5-2-4}$$

$$Ne \leqslant \alpha_1 f_c bx(h_0 - x/2) + f'_y A'_s (h_0 - a'_s) \tag{5-2-5}$$

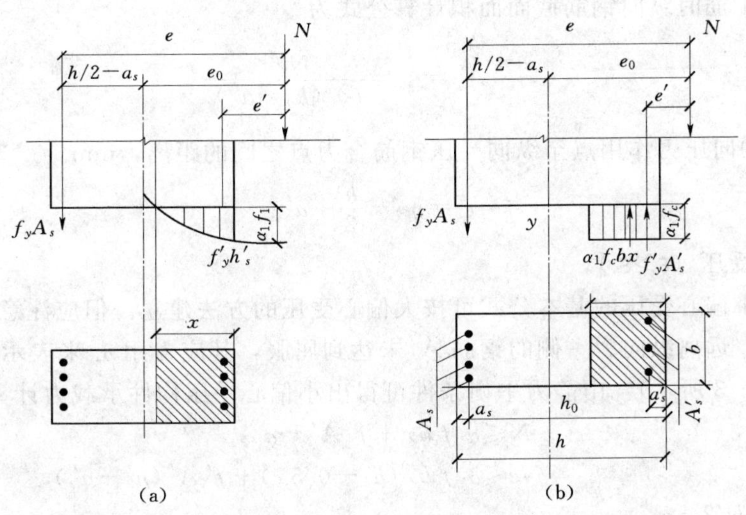

图 5-2-2　矩形截面大偏心受压构件破坏时的应力分布
（a）应力分布图；（b）等效矩形图

将对称配筋条件 $A_s=A'_s$，$f_y=f'_y$ 代入式（5-2-4）得

$$N=\alpha_1 f_c bx \tag{5-2-6}$$

式中　N——轴向压力设计值，N；

x——混凝土受压区高度，mm；

e——轴向压力作用点至纵向受拉钢筋合力点之间的距离，mm。

$$e=\eta e_i+\left(\frac{h}{2}-a_s\right)\text{，其中 } e_i=e_0+e_a \tag{5-2-7}$$

式中　η——偏心距增大系数；

e_i——初始偏心距，mm；

e_0——轴向压力 N 对截面重心的偏心距，$e_0=M/N$，mm。

由式（5-2-5）可得对称配筋时纵向钢筋截面面积计算公式：

$$A'_s=A_s=\frac{Ne-\alpha_1 f_c bx\left(h_0-\frac{x}{2}\right)}{f'_y(h_0-a'_s)}=\frac{Ne-\alpha_1 f_c bh_0^2\xi(1-0.5\xi)}{f'_y(h_0-a'_s)} \qquad (5-2-8)$$

b. 基本公式适用条件。

为了保证构件在破坏时，受拉钢筋应力能达到抗拉强度设计值 f_y，必须满足：

$$\xi=\frac{x}{h_0}\leqslant\xi_b \qquad (5-2-9)$$

为了保证构件在破坏时，受压钢筋应力能达到抗压强度设计值 f'_y，必须满足：$x\geqslant 2a'_s$。当 $x<2a'_s$ 时，表示受压钢筋的应力可能达不到 f'_y，此时，近似取 $x=2a'_s$，构件正截面承载力按下式计算：

$$Ne'=f_yA_s(h_0-a'_s) \qquad (5-2-10)$$

相应地，对称配筋时纵向钢筋截面面积计算公式为

$$A'_s=A_s=\frac{Ne'}{f_y\ (h_0-a'_s)} \qquad (5-2-11)$$

式中　e'——轴向压力作用点至纵向受压钢筋合力点之间的距离，mm。

$$e'=\eta e_i-\frac{h}{2}+a'_s \qquad (5-2-12)$$

c. 小偏心受压（$\xi>\xi_b$）。

矩形截面小偏心受压的基本公式可按大偏心受压的方法建立。但应注意，小偏心受压构件在破坏时，远离纵向力一侧的钢筋 A_s 未达到屈服，其应力用 σ_s 来表示。根据等效矩图（如图 5-2-3 所示），由静力平衡条件可得出小偏心受压构件承载力计算基本公式为：

$$N\leqslant\alpha_1 f_c bx+f'_yA'_s-\sigma_sA_s \qquad (5-2-13)$$

$$Ne\leqslant\alpha_1 f_c bx(h_0-0.5x)+f'_yA'_s(h_0-a'_s) \qquad (5-2-14)$$

式中　$e=\eta e_i+h/2-a_s$；

σ_s——距轴向力较远一侧钢筋中的应力（以拉为正）：

$$\sigma_s=\frac{f_y}{\xi_b-\beta_1}\left(\frac{x}{h_0}-\beta_1\right) \qquad (5-2-15)$$

β_1——系数，按表 4-1-1 取用，其余符号意义同前。

矩形截面对称配筋时纵向钢筋截面面积计算公式为

$$A_s=A'_s=\frac{Ne-a_1 f_c bx(h_0-0.5x)}{f'_y(h_0-a'_s)}=\frac{Ne-a_1 f_c bh_0^2\xi(1-0.5\xi)}{f'_y(h_0-a'_s)} \qquad (5-2-16)$$

其中 ξ 可近似按下式计算：

$$\xi=\frac{N-\xi_b\alpha_1 f_c bh_0}{\dfrac{Ne-0.45\alpha_1 f_c bh_0^2}{(\beta_1-\xi_b)(h_0-a'_s)}+\alpha_1 f_c bh_0}+\xi_b \qquad (5-2-17)$$

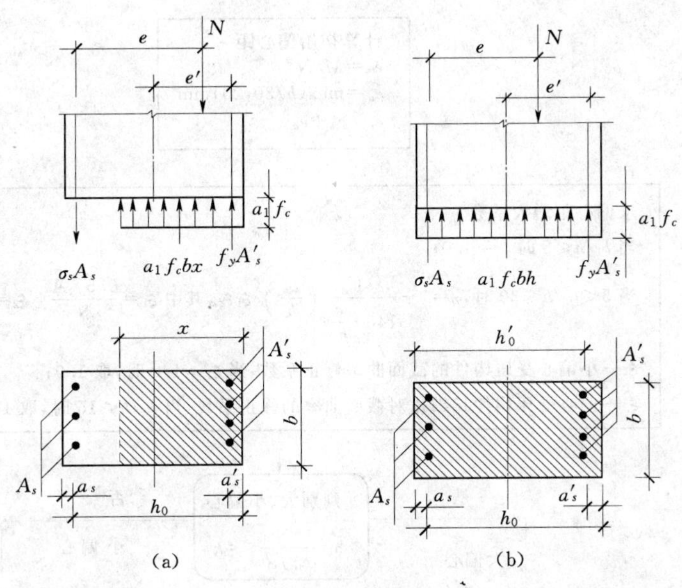

图5-2-3　小偏心受压构件正截面计算简图

(a) A_s 受拉；(b) A_s 受压

4. 计算方法

对称配筋矩形截面偏心受压构件正截面承载力计算有两类问题：截面设计和截面复核。这里仅介绍截面设计的方法。

已知：构件截面尺寸 b、h，计算长度 l_0，材料强度，弯矩设计值 M，轴向压力设计值 N。

求：纵向钢筋截面面积。

计算步骤见图5-2-4所示。

需要注意的是，轴向压力 N 较大且弯矩平面内的偏心距 e_i 较小时，若垂直于弯矩平面的长细比 l_0/b 较大时，则有可能由垂直于弯矩作用平面的轴向压力起控制作用。因此，偏心受压构件除应计算弯矩作用平面的受压承载力外，还应验算垂直于弯矩作用平面的受压承载力。垂直于弯矩作用平面的受压承载力按轴心受压构件计算，此时，式(5-1-2)中的 A'_s 应以 A'_s+A_s 代替。

【例5-2-1】 某矩形截面偏心受压柱，截面尺寸 $b\times h=300\text{mm}\times500\text{mm}$，柱计算长度 $l_0=2500\text{mm}$，混凝土强度等级为C25，纵向钢筋采用HRB335级，$a_s=a'_s=40\text{mm}$，承受轴向力设计值 $N=1600\text{kN}$，弯矩设计值 $M=180\text{kN}\cdot\text{m}$，采用对称配筋，求纵向钢筋面积 A_s，A'_s。

解：$f_c=11.9\text{N/mm}^2$，$f_y=f'_y=300\text{N/mm}^2$，$\xi_b=0.55$，$\alpha_1=1.0$，$\beta_1=0.8$

(1) 求初始偏心距 e_i。

$$e_0=\frac{M}{N}=180\times10^6/1600\times10^3=112.5\text{mm}$$

$$e_a=\max(20\text{mm},h/30)=\max(20\text{mm},500\text{mm}/30)=20\text{mm}$$

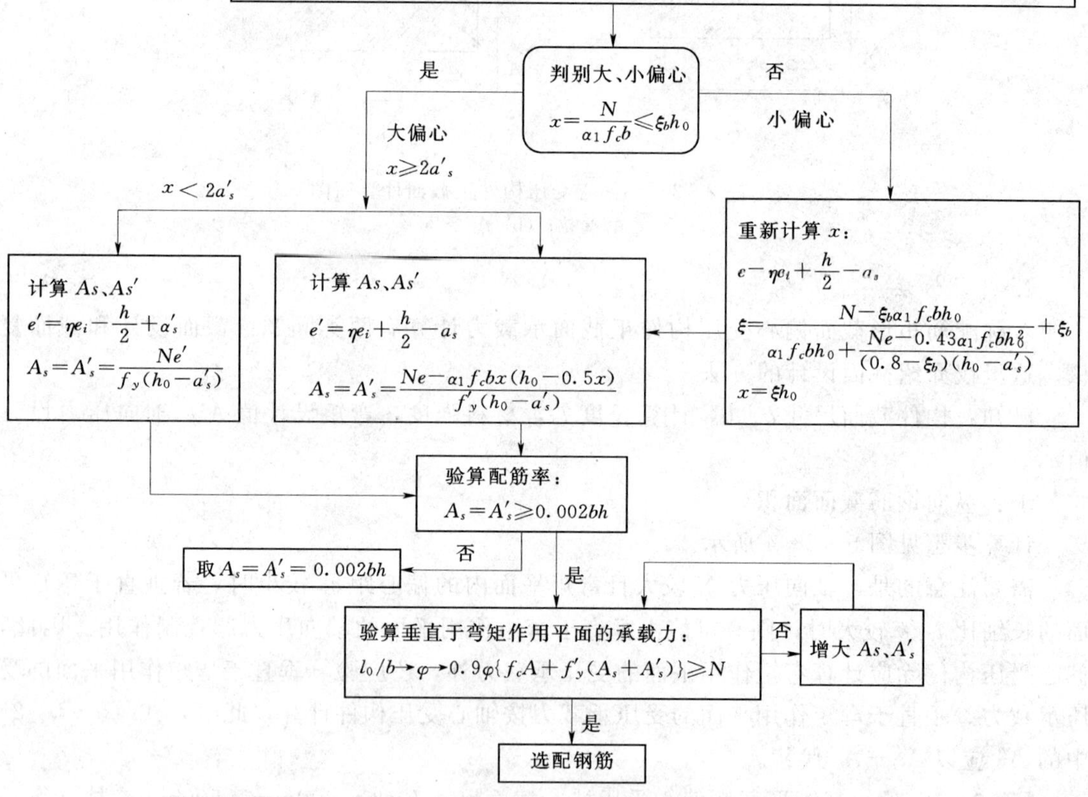

图 5-2-4　偏心受压构件截面设计计算步骤

$$e_i=e_0+e_a=(112.5+20)\text{mm}=132.5\text{mm}$$

（2）求偏心距增大系数 η。

$$l_0/h=2500/500=5\leqslant 5，故\ \eta=1.0$$

（3）判别大小偏心受压。

$$h_0=h-a_s=(500-40)\text{mm}=460\text{mm}$$

$$x=\frac{N}{\alpha_1 f_cb}=\frac{1600\times 10^3}{1.0\times 11.9\times 300}\text{mm}=448.2\text{mm}$$

$$\xi_b \cdot h_0 = 0.55\times(500-40) = 253\text{mm}$$

因此该构件属于小偏心受压构件。

（4）重新计算 x。

$$e = \eta e_i + \frac{h}{2} - a_s = 1.0\times 132.5 + 500/2 - 40 = 342.5\text{mm}$$

$$\xi = \frac{N - \xi_b \alpha_1 f_c b h_0}{\dfrac{Ne - 0.45\alpha_1 f_c b h_0^2}{(\beta_1 - \xi_b)(h_0 - a'_s)} + \alpha_1 f_c b h_0} + \xi_b$$

$$= \frac{1600\times 10^3 - 0.55\times 11.9\times 300\times 460}{\dfrac{1600\times 10^3 - 0.45\times 1.0\times 11.9\times 300\times 460}{(0.8-0.55)(460-40)} + 1.0\times 11.9\times 300\times 460} + 0.55$$

$$= 0.652$$

$$x = \xi \cdot h_0 = 0.652\times 460 = 299.9\text{mm}$$

（5）求纵向钢筋截面面积 As、As'。

$$A'_s = A_s = \frac{Ne - \alpha_1 f_c bx(h_0 - 0.5x)}{f'_y(h_0 - a'_s)}$$

$$= \frac{1600\times 10^3\times 342.5 - 1.0\times 11.9\times 300\times 299.9\times(460 - 299.9/2)}{300\times(460-40)}$$

$$= 1375\text{mm}^2$$

（6）验算垂直于弯矩作用平面的承载力。

$$l_0/b = 2500/300 = 8.33 > 8$$

$$\varphi = \frac{1}{1+0.002(l_0/b-8)^2} = \frac{1}{1+0.002(8.33-8)^2} = 0.999$$

$$N_u = 0.9\varphi(f_c A + f'_y A'_s) = 0.9\times 0.999\times[11.9\times 300\times 500 + 300\times(1375+1375)]$$

$$= 2346651\text{N} = 2346.651\text{kN} > N = 1600\text{kN}$$

故垂直于弯矩作用平面的承载力满足要求。

每侧各配 2 Φ 22（$As = As' = 1520\text{mm}^2$），如图 5-2-5 所示。

5. *偏心受压构件斜截面承载力计算简介*

偏心受压构件，一般情况下承受的剪力值相对较小，可不进行斜截面承载力的计算。但对有较大水平力作用的框架柱，有横向力作用下的桁架上弦压杆等，剪力影响相对较大，须考虑其斜截面受剪承载力。

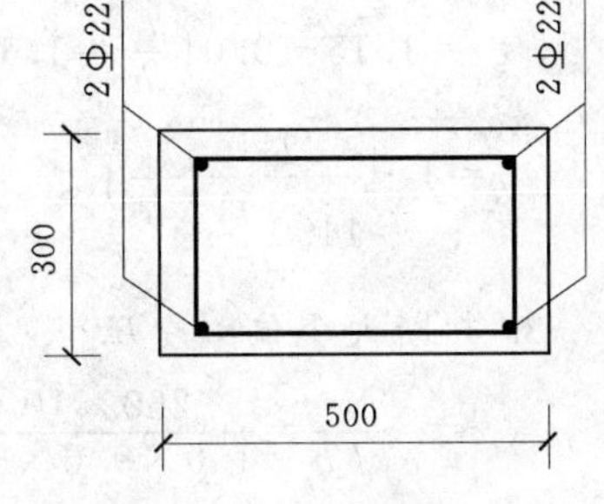

图 5-2-5　选配钢筋

试验表明，由于轴向压力的存在，延缓了斜裂缝的出现和开展，且能使构件各点的主拉应力方向与构件轴线的夹角与无轴向压力构件相比均有增大，因而临界斜裂缝与构件轴线的夹角较小，增加了混凝土剪压高度，使剪压区的面积相对增大，从而提高剪压区混凝土的抗剪能力，然而，临界斜裂缝的倾角虽然有所减少，但斜裂缝水平投影长度与无轴向压力时相比基本不变，故对跨越斜裂缝箍筋所承担的剪力没有明显影响。

下面仅给出框架结构中矩形截面框架柱的斜截面受剪承载力计算公式，其他情况可参阅有关文献：

$$V\leqslant V_{cs}=\frac{1.75}{\lambda+1.0}f_tbh_0+f_{yv}\frac{A_{sv}}{s}h_0+0.07N \tag{5-2-18}$$

式中　λ——偏心受压构件计算截面的剪跨比，对框架结构中的框架柱，取 $\lambda=\frac{H_n}{2h_0}$。当 $\lambda\leqslant 1$ 时，取 $\lambda=1$；当 $\lambda>3$ 时，取 $\lambda=3$；

N——与剪力设计值 V 相应的轴向压力设计值，当 $N>0.3f_cbh_0$ 时，取 $N=0.3f_cbh_0$；

H_n——柱的净高。

当构件配箍率过大时，箍筋强度将不能充分发挥作用，因此，《混凝土规范》规定，框架柱的截面尺寸应满足：

$$V\leqslant 0.25\beta_cf_cbh_0 \tag{5-2-19}$$

若满足下式条件，则可不进行斜截面受剪承载力计算，而仅需按构造要求配置箍筋：

$$V\leqslant\frac{1.75}{\lambda+1.0}f_tbh_0+0.07N \tag{5-2-20}$$

三、任务实施

$$f_c=9.6\text{N/mm}^2,\ \alpha_1=1.0,\ f_y=f'_y=300\text{N/mm}^2,\ \xi_b=0.55$$

1. 求初始偏心距 e_i

$$e_0=\frac{M}{N}=\frac{150\times10^6}{260\times10^3}=577\text{mm}$$

$$e_a=\max(20\text{mm},h/30)=\max(20\text{mm},400\text{mm}/30)=20\text{mm}$$

$$e_i=e_0+e_a=(577+20)\text{mm}=597\text{mm}$$

2. 求偏心距增大系数 η

$l_0/h=3000/400=7.5>5$，计算 η。

$$\zeta_1=\frac{0.5f_cA}{N}=\frac{0.5\times9.6\times300\times400}{260\times10^3}=2.22>1.0\quad 取\ \zeta_1=1.0$$

$$\zeta_2=1.15-0.01\frac{l_0}{h}=1.15-0.01\frac{3000}{400}=1.075>1.0\quad 取\ \zeta_2=1.0$$

$$\eta=1+\frac{1}{1400\frac{e_i}{h_0}}\left(\frac{l_0}{h}\right)^2\zeta_1\zeta_2=1+\frac{1}{1400\times\frac{597}{360}}\times\left(\frac{3000}{400}\right)^2\times1.0\times1.0=1.024$$

3. 判断大小偏心受压

$$x=\frac{N}{\alpha_1f_cb}=\frac{260\times10^3}{1.0\times9.6\times300}\text{mm}=90.3\text{mm}<\xi_bh_0=0.55\times(400-40)=198\text{mm}$$

为大偏心受压构件。

4. 求 $A_s=A'_s$

$e=\eta e_i+\frac{h}{2}-a_s=1.024\times597+400/2-40=771\text{mm}, x=90.3\text{mm}>2a'_s=80\text{mm}$，

$$A_s=A'_s=\frac{Ne-\alpha_1f_cbx(h_0-x/2)}{f_y(h_0-a'_s)}$$

$$=\frac{260\times10^{3}\times771-1.0\times9.6\times300\times90.3\times\left(360-\frac{90.3}{2}\right)}{300\times(360-40)}=1235\text{mm}^{2}$$

5. 验算配筋率

$A_s=A'_s=1235\text{mm}^2>0.2\%bh=0.2\%\times300\times400\text{mm}^2=240\text{mm}^2$，满足要求。

6. 验算垂直弯矩作用平面的承载力

$l_0/b=3000/300=10>8$

$$\varphi=\frac{1}{1+0.002(l_0/b-8)^2}=\frac{1}{1+0.002(10-8)^2}=0.992$$

$$N_u=0.9\varphi(f_cA+f'_yA'_s)=0.9\times0.992\times[9.6\times300\times400+300\times(1235+1235)]$$
$$=1690070\text{N}=1690.07\text{kN}>N=260\text{kN}$$

故垂直弯矩作用平面的承载力满足要求。

每侧纵向钢筋选配 4 ⌀ 20（$A_s=A'_s=1256\text{mm}^2$），箍筋选用 $\phi8@250$，如图 5-2-6 所示。

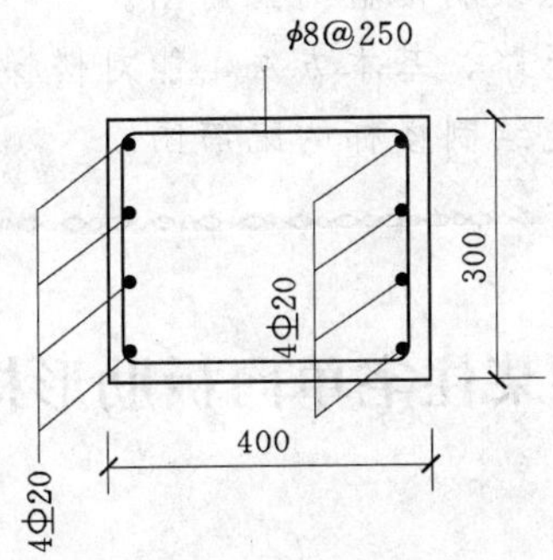

图 5-2-6　选配钢筋

模块六　肋形楼盖设计

学习目标

1. 掌握单向板肋形楼盖设计的基本思路、基本方法。
2. 能分析设计肋形楼盖进行，掌握其构造要求。
3. 能绘制楼盖的配筋图。
4. 掌握双向板肋形楼盖设计的基本思路、基本方法，能对肋形楼盖分析设计。
5. 掌握其构造要求，并能绘制楼盖的配筋图。
6. 掌握楼梯设计的基本思路、基本方法，能对楼梯进行分析设计。
7. 掌握其构造要求，并能绘制楼梯的配筋图。

任务1　某住宅单向板肋形楼盖设计

一、任务描述

某住宅楼盖平面如图6-1-1所示，采用整体式钢筋混凝土单向板肋梁楼盖，楼板周边支承在砖墙上，试设计之。

设计资料：

(1) 楼面做法：20mm厚水泥砂浆面层，现浇钢筋混凝土楼板，15mm厚混合砂浆天棚抹灰。

(2) 楼面活荷载标准值为7.0kN/m^2。

(3) 材料：混凝土采用C20，$f_t=1.1\text{N/mm}^2$，$f_c=9.6\text{N/mm}^2$。梁纵向受力钢筋为HRB335级，$f_y=300\text{N/mm}^2$；其余钢筋为HPB235，$f_y=210\text{N/mm}^2$。

二、任务分析

单向肋形楼盖是工程中常见的一种楼板形式，要设计单向板肋形楼盖要掌握以下知识点。

1. 概述

钢筋混凝土梁板结构是土木工程中常用的结构，例如房屋中的楼（屋）盖［见图6-1-2(a)］，地下室底板［见图6-1-2(b)］等。

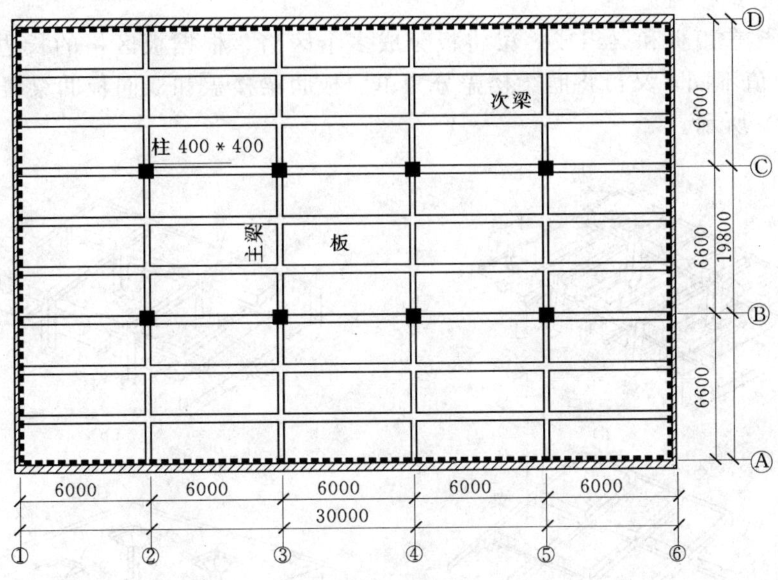

图6-1-1　楼盖结构平面布置图

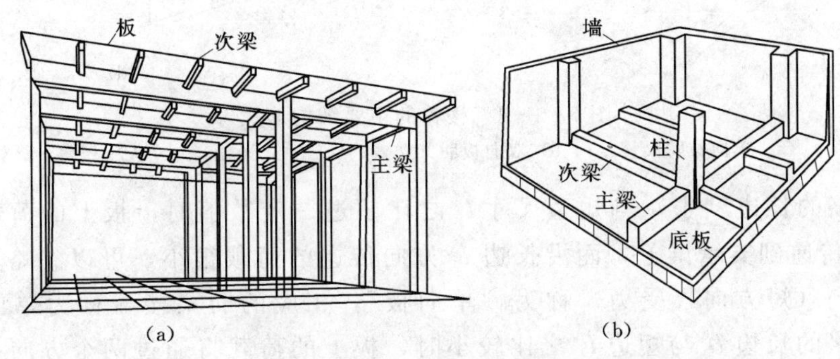

图6-1-2　钢筋混凝土梁板结构

(a) 肋型楼盖；(b) 地下室底板

根据施工方法的不同，钢筋混凝土楼盖可分为现浇整体式、装配式和装配整体式三类。现浇整体式楼盖的全部构件均为现场浇筑，因而整体性好，抗震性能强，可适应各种特殊的结构布置要求，但模板用量大，工期较长，施工受季节影响比较大。装配式楼盖是将预制梁板构件在现场装配而成，可节省模板并缩短工期，但整体性和刚度较差。装配整体式楼盖（见图6-1-3）是在预制梁、板吊装就位后，再在板面作配筋现浇层而形成的叠合式楼盖，该楼盖可节省模板，楼盖整体性也较好，但费工费料。

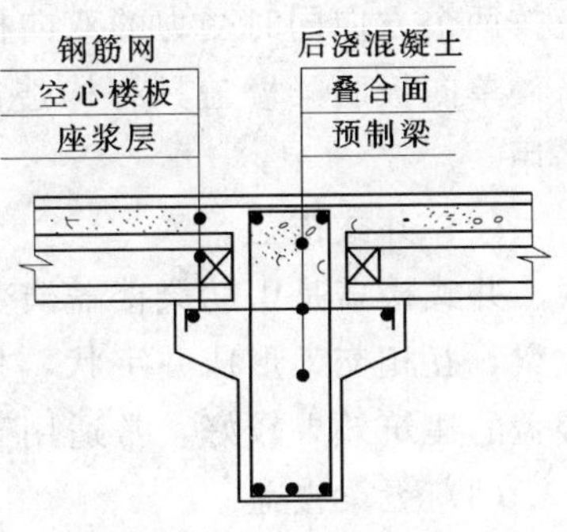

图6-1-3　叠合梁

现浇整体式楼盖按楼板受力和支承条件的不同又分为现浇肋梁楼盖、无梁楼盖和井式楼盖。

（1）现浇肋梁楼盖。

现浇肋梁楼盖由板和梁组成。梁将板分成多个区格，根据板区格的长边尺寸 l_2 和短边尺寸 l_1 的比值不同，又可将肋梁楼盖分为单向板肋梁楼盖和双向板肋梁楼盖，如图 6-1-4（a）、（b）所示。

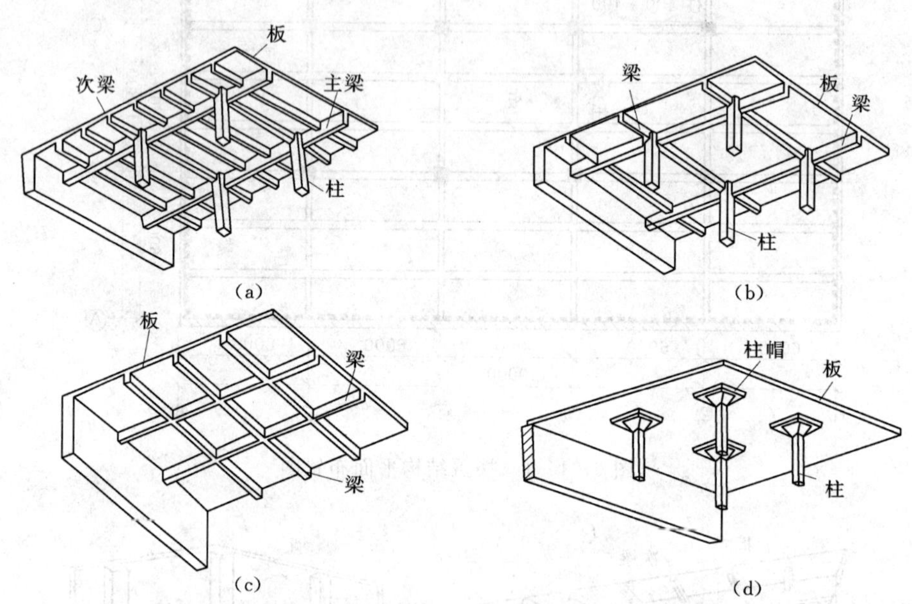

图 6-1-4　楼盖的主要结构形式

（a）单向板肋梁楼盖；（b）双向板肋梁楼盖；（c）井式楼盖；（d）无梁楼盖

当板区格的长边尺寸 l_2 与短边尺寸 l_1 之比超过一定数值时，板上的荷载主要沿短边 l_1 的方向传递到支承梁上，而沿长边 l_2 方向传递的荷载很小，可以忽略不计，仅考虑板沿单方向（短方向）受力，称为"单向板"，相应的肋梁楼盖称为单向板肋梁楼盖。当板区格的长边 l_2 与短边 l_1 之比较小时，板上的荷载将通过两个方向同时传递到相应的支承梁上，此时板沿两个方向受力，称为"双向板"，相应的肋梁楼盖称为双向板肋梁楼盖。

《规范》规定，当 $l_2/l_1 \geqslant 3.0$ 时，按沿短边方向受力的单向板计算；当 $l_2/l_1 \leqslant 2.0$ 时，应按两个方向同时受力的双向板计算；当 $2.0 < l_2/l_1 < 3.0$ 时，宜按双向板计算。

单向板肋梁楼盖具有构造简单、计算简便、施工方便、较为经济的优点，故被广泛采用。

（2）井式楼盖。

井式楼盖是由肋梁楼盖演变而成，其特点是两个方向上的梁截面尺寸相同，不分主、次梁，互相交叉形成井字状，共同直接承受板传来的荷载，如图 6-1-4（c）所示。井式楼盖的建筑效果较好，常适用于公共建筑的大厅或接近方形的中小礼堂、餐厅。

（3）无梁楼盖。

无梁楼盖是在楼盖中不设梁肋，将板直接支承在带有柱帽（或无柱帽）的柱上，是一种板柱结构，如图 6-1-4（d）所示。无梁楼盖具有结构高度小，板底平整，采光、通

风效果好等特点，通常适用于柱网尺寸不超过6米的图书馆、冷库和各种仓库等。

2. 结构平面布置及梁、板尺寸的确定

单向肋梁楼盖一般由板、次梁和主梁组成，板可以支承在次梁、主梁或砖墙上。在单向板肋梁楼盖中，荷载传递路线为：荷载→板→次梁→主梁→柱（墙），也就是说，板的支座为次梁，次梁的支座为主梁，主梁的支座为柱或墙。由于板、次梁和主梁整体浇注在一起，因此楼盖中的板和梁往往形成多跨连续结构，在内力计算和构造要求上与单跨简支板、梁均有较大区别，所以在现浇楼盖的设计和施工中，必须注意这一重要特点。

（1）结构平面布置。

楼盖结构平面布置的任务是合理的确定柱网和梁格，结构平面布置一般可按下列原则进行：

1）满足房屋的正常使用要求。

当房屋的宽度不大时（<5～7m），梁可以只沿一个方向布置［见图6-1-5（a）］；当房屋的平面尺寸较大时（例如工厂、仓库等），梁则应布置在两个方向上，并设一、两排或更多的支柱，此时主梁可平行于纵向外墙［见图6-1-5（b）］或垂直于纵向外墙［见图6-1-5（c）］设置，前者对室内采光较为有利，后者则适合需要开设较大窗孔的建筑。

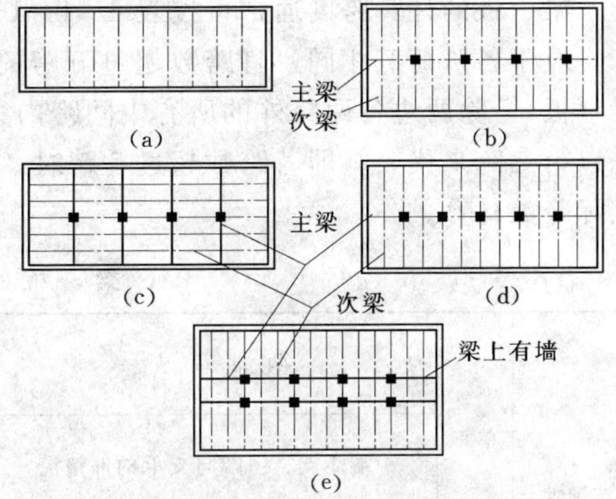

图6-1-5　单向板楼盖的几种结构布置

（a）单向布置；（b）（d）主梁平行于纵向外墙；（c）主梁垂直于纵向外墙；（e）梁上有墙

2）结构受力是否合理。

应尽量避免将集中荷载直接支承于板上，如板上有隔墙、机器设备等集中荷载作用时，宜在板下设置梁来支承［见图6-1-5（e）］，也应尽量避免将梁搁置在门窗洞口上。

3）节约材料、降低造价。

实践表明，楼盖中板的混凝土用量占整个楼盖混凝土用量的50%～70%，因此板厚不宜大，但板太薄会使挠度过大，且施工质量难以保证。由图6-1-5中可以看出，板的跨度就是次梁的间距，次梁跨度即为主梁的间距，主梁跨度即为柱或墙的间距。构件的跨度过大和过小均不经济，应控制在合理跨度范围内。通常，板的合理跨度一般为1.7～2.7m之间，不宜超过3m；次梁的合理跨度为4～6m，主梁的合理跨度为5～8m。

（2）梁、板尺寸的初步确定。

梁、板一般不需作刚度和裂缝宽度验算的最小截面高度为：

板：$h=(1/30\sim1/40)l_1$；次梁：$h=(1/18\sim1/12)l_0$；主梁：$h=(1/14\sim1/8)l_0$；

主、次梁截面宽度为：$b=h/2\sim h/3$ 其中：l_1 为单向板的标志跨度（次梁间距）；l_0 为次梁、主梁的标志跨度（主梁间距、柱与柱或柱与墙的间距）。

3. 单向板楼盖计算简图的确定

结构平面布置确定后，即可确定梁、板的计算简图，以便对板、次梁和主梁分别进行计算，其内容有荷载计算、支承条件的影响、计算跨度和跨数。

（1）结构支承条件。

1）边支座。

当板或梁直接搁置在砖墙（或砖柱）上时，支座对板、梁的嵌固作用不大，计算中可将其视为铰支座。

2）中间支座。

在肋梁楼盖中，板、次梁、主梁和柱均是整浇在一起的，板支承于次梁，次梁支承于主梁，主梁支承于柱。因此，次梁对于板、主梁对于次梁、柱对于主梁转动具有一定的约束作用。但在实际工程中为简化计算，假定板、次梁、主梁分别在次梁、主梁、柱的支承为铰支承，认为在支承处可以自由转动，而忽略了次梁、主梁、柱在支承处对连续板、次梁、主梁的转动约束能力。

（2）计算跨度与计算跨数。

梁、板的计算跨度通常可按表 6－1－1 中规定采用。

对于各跨荷载相同，且跨数超过五跨的等跨（或跨度相差不超过 10%）等截面连续梁（板），除两边各两跨外的所有中间跨内力十分接近，因此为简化计算，将所有中间跨均以第三跨来代表。即若跨数超过 5 跨时，可近似地按 5 跨计算；若跨数小于 5 跨时，按实际跨数计算。

表 6－1－1　　梁、板的计算跨度

按弹性理论计算	单跨	两端简支	$l_0\leqslant l_n+h$　（板） $l_0=l_n+a\leqslant 1.05l_n$　（梁）
		一端简支、一端与支承构件整浇	$l_0\leqslant l_n+h/2$　（板） $l_0=l_n+a/2\leqslant 1.05l_n$　（梁）
		两端与支承构件整浇	$l_0=l_n$
	多跨	边　跨	$l_0\leqslant l_n+h/2+b/2$　（板） $l_0=l_n+a/2+b/2\leqslant 1.025l_n+b/2$　（梁）
		中间跨	$l_0=l_c$
按塑性理论计算		一端简支、一端与支承构件整浇	$l_0\leqslant l_n+h/2$　（板） $l_0=l_n+a/2\leqslant 1.025l_n$　（梁）
		两端与支承构件整浇	$l_0=l_n$

注　l_0—板、梁的计算跨度；l_c—支座中心线间距离；l_n—板、梁的净跨；h—板厚；a—板、梁端部支承长度；b—中间支座宽度。

4. 荷载取值

楼盖上的荷载有恒荷载和活荷载两类。其中楼盖恒荷载的标准值可由其几何尺寸和材料单位体积重量计算，楼盖的活荷载标准值可从《荷载规范》中查得。

当楼面承受均布荷载时，梁、板的荷载计算单元分别按下述方法确定，如图 6－1－6（a）所示。

单向板：除承受板自重、抹灰荷载外，还承受作用其上的使用活荷载，通常取 1m 宽

的板带作为计算单元。

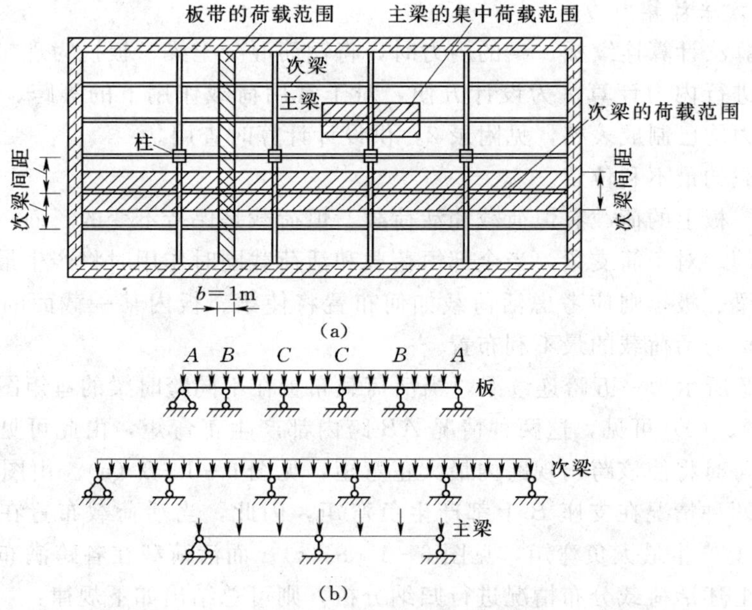

图6-1-6　单向板肋梁楼盖板、梁的计算简图

(a) 荷载计算单元；(b) 板、梁的计算简图

次梁：除承受次梁自重、抹灰荷载外，还承受板传来的荷载。计算板传来的荷载时，为简化计算，不考虑板的连续性而按简支板进行计算，即取宽度为板跨度 l_1 的负荷带作为计算单元。

主梁：除承受主梁自重、抹灰荷载外，还承受次梁传来的集中荷载。为简化计算，计算时不考虑次梁的连续性，而按简支次梁计算次梁传来的集中荷载，主梁自重及抹灰荷载也可简化为集中荷载。

在确定连续梁、板的计算简图时，由于一般假设其支座均为铰接，即忽略了支座对被板、梁的转动约束作用，这对于等跨连续梁、板在恒荷载作用下带来的误差是不大的，但在活荷载不利布置下，次梁的转动将减小板的内力，由此对连续梁、板在荷载作用下的内力带来一定的误差。为了简单计算，可以采取增大恒荷载、相应减小活荷载，保持总荷载不变的方法来进行计算，以考虑这种有利影响。同理，主梁的转动势必也将减小次梁的内力，故对次梁也采用折算荷载来计算次梁的内力，但折算的少些。

折算荷载的取值如下：

连续板　$$g'=g+q/2 \quad q'=q/2 \tag{6-1-1}$$

连续次梁　$$g'=g+q/4 \quad q'=3q/4 \tag{6-1-2}$$

式中　g、q——单位长度上的恒荷载、活荷载设计值，kN/m^2；

g'、q——单位长度上折算恒荷载、折算活荷载设计值，kN/m^2。

在按弹性理论分析内力时，可采用折算荷载计算内力；但在按塑性理论分析计算内力时，可不必考虑折算荷载，即可直接取用荷载 g 和 q。当板或次梁支承在砖墙上或钢结构构件上时，上述约束不存在，故不用折减。

连续板、次梁和主梁的计算简图如图 6-1-6（b）所示。

5. 按弹性方法计算内力

按弹性计算法计算连续板、梁的内力时，将钢筋混凝土梁、板视为理想弹性体，按结构力学的方法进行内力计算。为设计方便，对于常用荷载作用下的等跨、等截面的连续梁、板，其内力均已制成表格，见附录 2，供设计计算时查用。

（1）活荷载的最不利位置。

作用在梁、板上的荷载有恒荷载和活荷载，恒荷载是保持不变的，而活荷载在各跨的分布则是随机的。对于简支梁，当全部恒荷载和活荷载同时作用时将产生最大的内力；但对于多跨连续梁、板，则应考虑活荷载如何布置将使梁、板内某一截面的内力绝对值最大，这种布置称为活荷载的最不利布置。

图 6-1-7 所示为一五跨连续梁，当活荷载布置在不同跨时梁的弯矩图及剪力图。由图 6-1-7（a）、（c）可见，这两种情况 AB 跨内都产生正弯矩，由此可见，当活荷载布置在 1、3、5 跨时将使该跨出现跨内最大正弯矩，见图 6-1-8（a）。由图 6-1-7（a）、（b）可见，这两种情况在支座 B 上都产生负弯矩，因此，当活荷载布置在 1、2、4 跨时使支座 B 截面上产生最大负弯矩，见图 6-1-8（c）。而活荷载在各跨满布时，并不是最不利情况。把上述活荷载分布情况进行归纳分析，则可总结出如下规律：

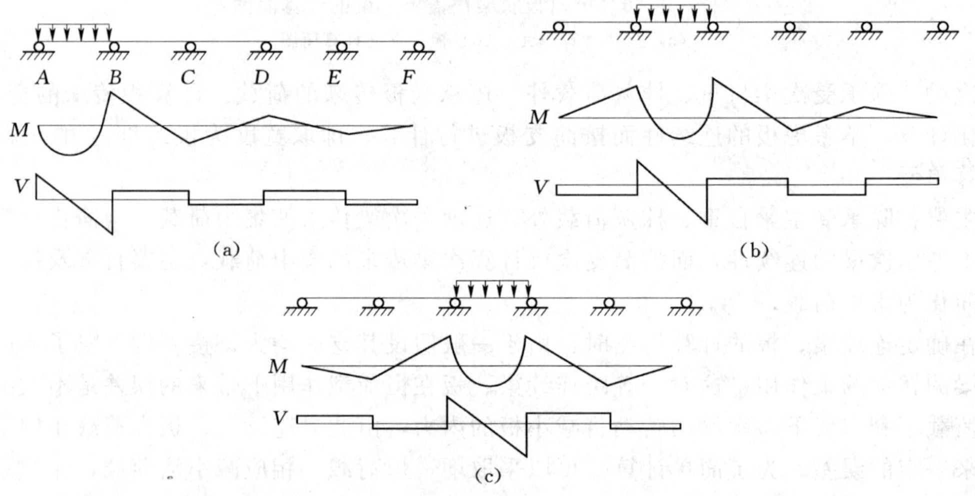

图 6-1-7　五跨连续梁弯矩图及剪力图

1）当求连续梁某跨跨中最大正弯矩时，除应在该跨布置活荷载外，两边应每隔一跨布置活荷载。

2）当求连续梁各中间支座的最大（绝对值）负弯矩时，应在该支座的左、右两跨布置活荷载，然后隔跨布置活荷载。

3）当求连续梁各支座截面（左侧或右侧）的最大剪力时，应在该支座的左、右两跨布置活荷载，然后各跨布置活荷载。

（2）内力计算。

明确活荷载最不利布置后，可直接由附表 1-8 中查出相应的弯矩、剪力系数，利用

下列公式计算跨内或支座截面的最大内力：

均布荷载作用下：

$$M=k_1gl_0^2+k_2ql_0^2 \quad (6-1-3)$$

$$V=k_3gl_0+k_4ql_0 \quad (6-1-4)$$

集中荷载作用下：

$$M=k_1Gl_0+k_2Ql_0 \quad (6-1-5)$$

$$V=k_3G+k_4Q \quad (6-1-6)$$

式中　g、q——单位长度上的均布恒荷载和活荷载，N/m；

G、Q——集中恒荷载和活荷载，N；

$k_1\sim k_4$——内力系数，由附录2中相应栏内查得；

l_0——梁的计算跨度，m。

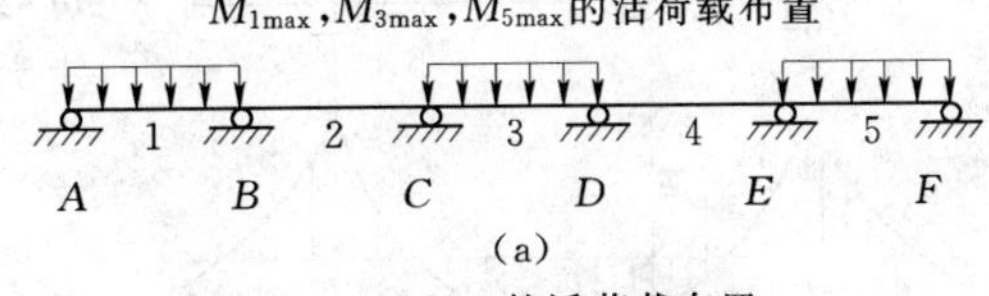

(a)

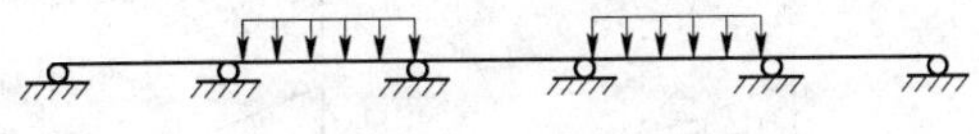

(b)

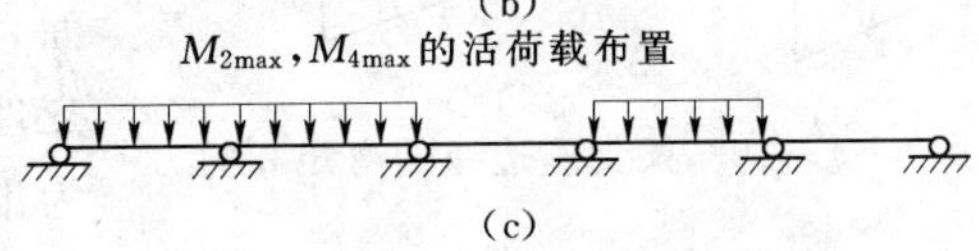

(c)

图6-1-8　活载不利布置

在求跨中弯矩时，取相应跨的计算跨度；但当求支座负弯矩时，计算跨度可取相邻两跨的平均值（或取其中较大值）。

（3）内力包络图。

在求出了支座截面和跨内截面的最大弯矩值、最大剪力值后，即可进行截面设计。但这只能确定支座截面和跨内的配筋，而不能确定钢筋在跨内的变化情况，要想合理地确定上部纵向钢筋的切断和下部纵向钢筋的弯起位置，就需要知道每一跨内其它截面的最大弯矩和最大剪力的变化情况，即绘制内力包络图。

内力包络图是分别将各种活荷载不利组合作用下的内力图（弯矩图和剪力图），把它们分别叠画在同一坐标图上的“内力叠合图”的外包线所形成的图形。它表示连续梁在各种活荷载最不利布置下各截面可能产生的最大内力值。图6-1-9为五跨连续梁的弯矩包络图和剪力包络图。

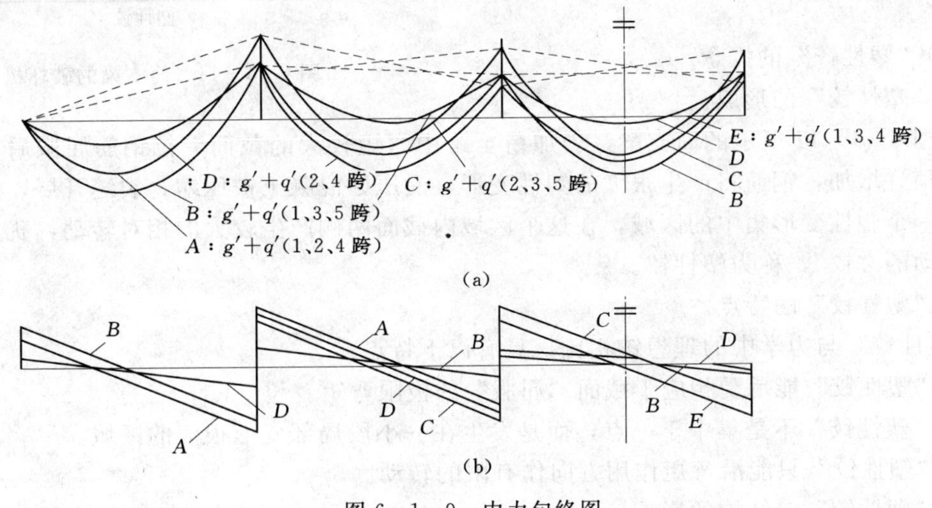

图6-1-9　内力包络图

(a) 弯矩包络图；(b) 剪力包络图

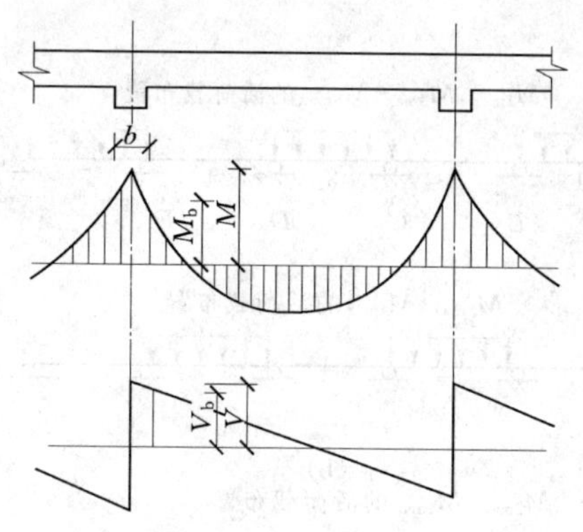

图 6-1-10　梁支座边缘的弯矩和剪力

绘制弯矩包络图的目的，在于能合理地确定钢筋弯起和切断的位置，有时也可以检查构件截面承载力是否可靠、材料用量是否经济。

(4) 支座弯矩和剪力设计值的计算。

按弹性理论计算时，求得的支座截面最大内力均为支座中心线处的内力，但此处的截面高度却由于与其整体连接的支承梁（或柱）的存在而明显增大，故其内力虽为最大，但并非最危险截面，如图 6-1-10 所示。实际上，控制截面应在支座边缘，弯矩和剪力设计值应以支座边缘截面为准，故取：

弯矩设计值：
$$M_b = M - V_0 \frac{b}{2} \quad (6-1-7)$$

剪力设计值：
$$V_b = V - (g+q)\frac{b}{2} \quad (6-1-8)$$

式中　M_b、V_b——支座边缘截面处的弯矩和剪力设计值，kN·m，kN；

M、V——支座中心线处截面的弯矩和剪力设计值，kN·m，kN；

V_0——按简支梁计算的支座中心处的剪力设计值，kN；

g、q——均布荷载和活荷载，kN；

b——支座宽度，m。

6. 按塑性内力重分布的方法计算内力

按弹性理论分析梁、板内力时，认为结构是匀质弹性体，假定从开始加荷到结构破坏，梁、板内力恒与荷载成正比。但实际上，钢筋混凝土并非完全弹性材料，在受荷过程中构件截面上会出现明显的塑性，结构各截面间的内力关系在发生变化，即出现了内力重分布现象。特别是当钢筋屈服后所表现的塑性性能，更加剧了这一现象。

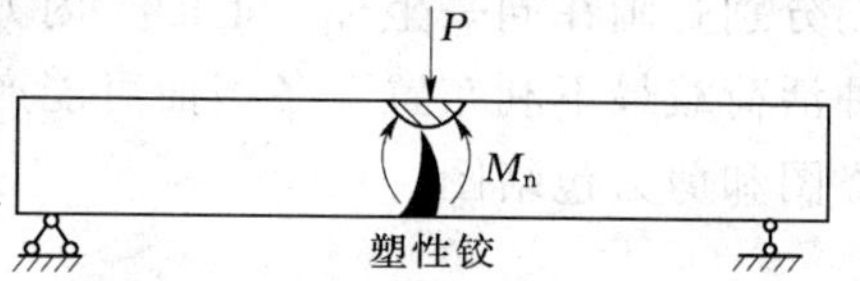

图 6-1-11　简支梁的破坏机构

(1) "塑性铰"的概念。

1) "塑性铰"的形成。

如图 6-1-11 所示的简支梁，当加荷至跨中弯矩较大的截面受拉钢筋屈服后，随着荷载的稍许增加，钢筋将产生很大的塑性变形，受压区混凝土被压缩，裂缝开展，屈服截面形成一个塑性变形集中的区域，在这个区域内截面两侧产生较大的相对转动，犹如一个能够转动的"铰"，称为塑性铰。

2) "塑性铰"的特点。

"塑性铰"与力学中的理想铰相比，具有以下特点：

a. "塑性铰"能承受相应于截面"屈服"的极限弯矩。

b. "塑性铰"不是集中于一点，而是发生在一小段局部变形很大的区域。

c. "塑性铰"只能沿弯矩作用方向作有限的转动。

3) "塑性铰"对结构的影响。

静定结构中任一截面出现塑性铰后，结构将成为几何可变体系，结构的承载能力将随着塑性铰转动的终止而达极限。超静定结构由于存在多余约束，构件某一截面出现塑性铰只意味着将减少一个多余约束，不一定会导致结构立即破坏，还可继续增加荷载，只是结构的内力分布发生了变化，即产生了内力重分布。

（2）超静定结构的塑性内力重分布。

1）塑性内力重分布过程。

以图 6－1－12 所示的两跨连续梁来说明超静定结构的内力重分布过程。

该梁每跨跨中作用一集中荷载 P，梁跨度 $l=3\text{m}$，设梁跨中和支座截面能承受的极限弯矩相同，$M_u=30\text{kN}\cdot\text{m}$。

按照弹性理论计算，由附录 2 查得弯矩为：

跨中截面：$M_1=M_2=0.156Pl$

支座截面：$M_B=-0.188Pl$

跨中和支座截面的弯矩比值 $M_1:M_B=1:1.2$。则支座在外荷载 $P_1=\dfrac{M_B}{0.188l}=\dfrac{30}{0.188\times3}=53.2\text{kN}$ 时将达到截面的抗弯承载力，如图 6－1－12（b）所示。按弹性方法分析，P_1 就是这根梁所能承担的极限荷载，但此时跨中截面的弯矩仅为 $M_1=M_2=0.156\times53.2\times3=24.89\text{kN}\cdot\text{m}$，其抗弯承载力并未得到发挥，还存在一定的承载能力储备（$30-24.89=5.11\text{kN}\cdot\text{m}$）。

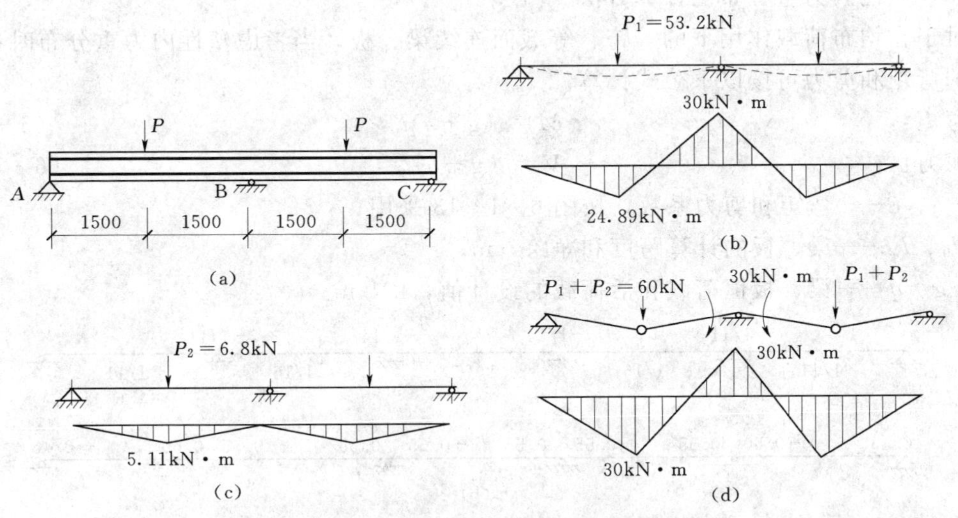

图 6－1－12　连续梁塑性内力重分布过程

按照塑性理论分析，当支座弯矩达极限值 M_B 时，中间支座将出现塑性铰，但此时结构并未破坏。若再继续增加荷载 P_2，此时连续梁的工作将类似两根简支梁，如图 6－1－12（c）所示。在 P_2 作用下，其支座弯矩的增值为零，跨中弯矩将按简支梁的规律增加，直到跨中总弯矩也达到其极限弯矩值而形成塑性铰。此时，连续梁将成为几何可变体系，结构承载能力丧失，如图 6－1－12（d）所示。

本例中，在加荷初期，连续梁的内力分布规律基本符合按弹性理论计算的情况，其跨中和支座截面的弯矩比例为 $M_1:M_B=1:1.2$。但是在中间支座出现塑性铰后，结构计算简图发生变化，随着荷载加大，这一比例关系在变化着，直至破坏时其比例改变为1∶1。

显然，在塑性铰出现后的加载过程中，增加的荷载将全部由跨中截面来负担，跨中弯矩随着荷载的增加而逐渐增大，这就是结构的内力重分布过程。

2）塑性内力重分布的几点结论。

a. 超静定结构的破坏标志，不是某一截面达到极限弯矩，而是结构出现足够数目的塑性铰，使整个结构形成可变体系，其具有良好的经济效益。如本例中按塑性理论确定的极限荷载值较按弹性理论所确定的极限荷载值提高了 $P_2/P_1\times100\%=12.78\%$。

b. 按弹性方法计算，连续梁的内支座截面弯矩通常较大，配筋较多，钢筋拥挤施工不方便。考虑塑性内力重分布，可适当降低支座截面弯矩（进行弯矩调幅），即适当减少支座截面配筋，人为地使支座截面达屈服形成塑性铰，产生内力重分布，实现支座弯矩向跨中截面的转移。

3）结构塑性内力重分布的限制条件。

塑性铰的形成是超静定结构实现塑性内力重分布的关键。为保证结构塑性内力重分布的实现，一方面要求塑性铰有足够的转动能力；另一方面塑性铰的转动幅度又不宜过大。

a. 钢筋宜采用塑性较好的HPB235、HRB335和HRB400级钢筋。

b. 塑性铰处截面的相对受压区高度应满足 $\xi=x/h_0\leqslant0.35$。

c. 弯矩调整幅度不宜过大，应控制在弹性理论计算弯矩的20%以内。

（3）塑性内力重分布的计算方法。

对于在均布荷载作用下的等跨、等截面连续梁、板，当考虑塑性内力重分布时各控制截面的弯矩和剪力可按以下公式计算。

弯矩：
$$M=\alpha(g+q)l_0^2 \qquad (6-1-9)$$

剪力：
$$V=\beta(g+q)l_n \qquad (6-1-10)$$

式中　α、β——弯矩和剪力系数，按图6-1-13采用；

l_0、l_n——梁、板的计算跨度和净跨，m；

g、q——梁、板恒荷载和活荷载的设计值，kN/m。

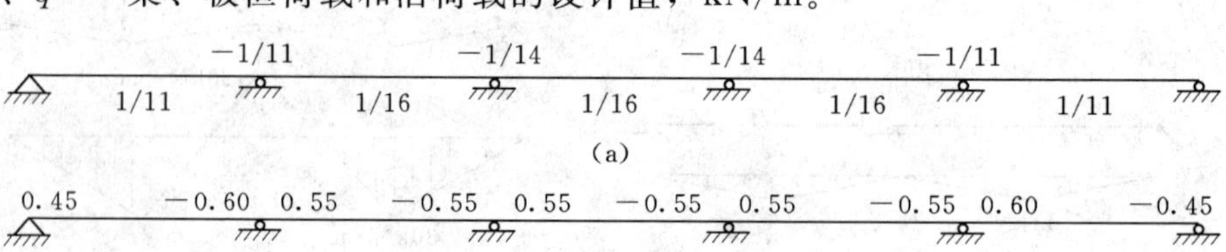

图6-1-13　板和次梁按塑性理论计算的内力系数

(a) 弯矩系数；(b) 剪力系数

应当指出，按内力塑性重分布理论计算超静定结构虽然可以节约钢材，但在使用阶段钢筋应力较高，构件裂缝和变形均较大。因此，在下列情况下不能采用塑性计算方法，而应采用弹性理论计算方法。

1）使用阶段不允许开裂的结构。

2）重要部位的结构，要求可靠度较高的结构，如主梁。

3）受动力和疲劳荷载作用的结构。

4）处于有腐蚀环境中的结构。

7. 截面设计及构造要求

（1）板的计算及构造要求。

1）板的计算。

a. 支承在次梁或砖墙上的连续板，一般可按塑性内力重分布的方法计算。

b. 板一般均能满足斜截面抗剪要求，设计时不需进行抗剪计算。

c. 四周与梁整浇的板，在负弯矩作用下支座上部开裂，在正弯矩的作用跨中下部开裂，板实际轴线成为一个拱形（见图6-1-14）。在竖向荷载作用下，受到支座水平推力的影响，板的弯矩有所减少。因此，板中间跨的跨中截面及中间支座，计算弯矩可减少20%，但边跨跨中及第一内支座的弯矩不予降低。边区格板一律不折减。

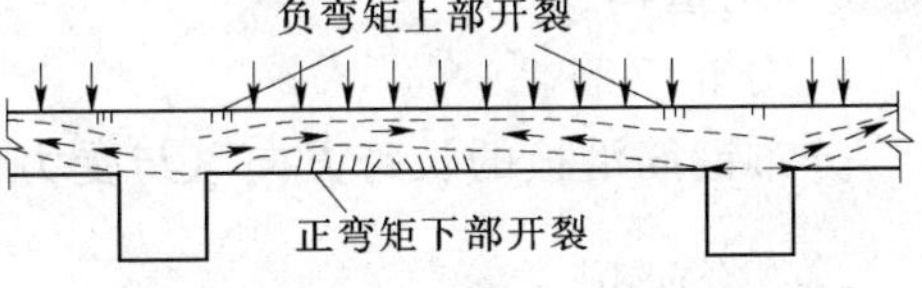

图6-1-14　板的内拱作用

d. 根据弯矩算出各控制截面的钢筋面积后，为保证配筋协调（直径、间距协调），应按先内跨后边跨，先跨中后支座的顺序选配钢筋。

2）构造要求。

a. 板的支承长度。

板的支承长度应满足其受力钢筋在支座内锚固的要求，且一般不小于板厚，当搁置在砖墙上时，不少于120mm。

b. 受力钢筋的配筋方式。

连续板受力钢筋有弯起式和分离式两种配筋方式，如图6-1-15所示。

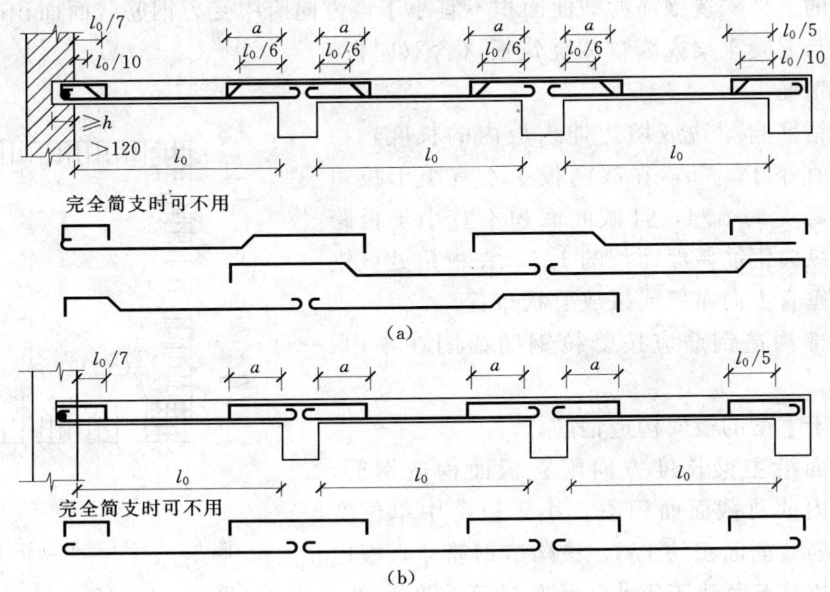

图6-1-15　连续板受力钢筋的布置方式

（a）弯起式；（b）分离式

当 $q/g \leqslant 3$ 时，$a=l_n/4$；当 $q/g>3$ 时，$a=l_n/3$。其中 g、q 分别为均布恒载和活载设计值。

弯起式配筋的特点是钢筋锚固较好，整体性强，省钢材，但施工较复杂，目前已很少采用。

分离式配筋是指在跨中和支座钢筋各自单独选配。其特点是配筋构造简单，但其锚固能力较差，整体性不如弯起式配筋，耗钢量也较多。

3）构造钢筋。

a. 分布钢筋。

分布钢筋沿板的长跨方向（与受力钢筋垂直）布置，并放在受力钢筋的内侧，其单位长度上的截面面积不应小于单位宽度上受力钢筋截面面积的 15%，其间距不应大于 250mm。在受力钢筋的所有弯折处均应配置分布钢筋，但在梁的范围内不必布置（见图 6-1-16）。

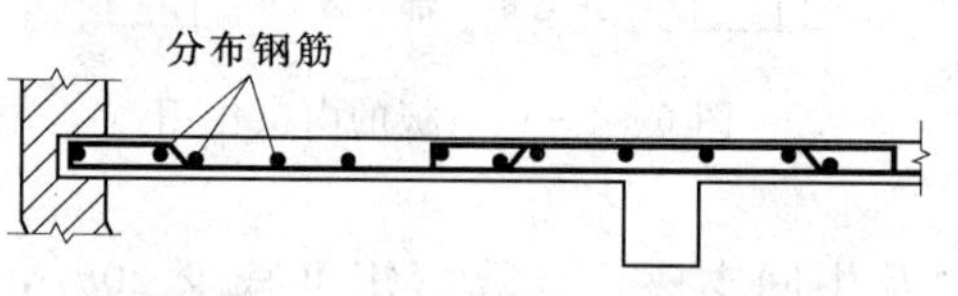

图 6-1-16　板的分布钢筋

b. 板面附加钢筋。

对于支承结构整体浇筑或嵌固在承重砌体墙内的现浇板，为了避免沿墙边（或梁边）板面产生裂缝，应沿支承周边配置上部构造钢筋，其直径不宜小于 8mm，间距不宜大于 200mm，并应符合下列规定：

①嵌固在承重砌体墙内现浇板的上部构造钢筋。

该构造钢筋从墙边算起伸入板内的长度不宜小于 $l_1/7$（l_1 为单向板的短边跨度）；对于两边均嵌固在墙内的板角部分，在板上部离板角点 $l_1/4$ 范围内应双向配置上部构造钢筋，该钢筋从墙边算起伸入板内的长度不宜小于 $l_1/4$，见图 6-1-17 所示。同时，沿受力方向配置的上部构造钢筋的截面面积不宜小于该方向跨中受力钢筋截面面积的 1/3。

②周边与混凝土梁或墙整体浇筑板（含双向板）的上部构造钢筋。

该构造钢筋自梁边或墙边伸入板内的长度，在单向板中不宜小于 $l_1/5$，在双向板中不宜小于板短跨方向计算跨度的 $l_1/4$，且截面面积不宜小于板跨中相应方向纵向钢筋截面面积的 1/3；在板角处该钢筋应沿两个垂直方向布置或按放射状布置。

上述上部构造钢筋应按受拉钢筋锚固在梁内、墙内或柱内。

③垂直于主梁的板面构造钢筋。

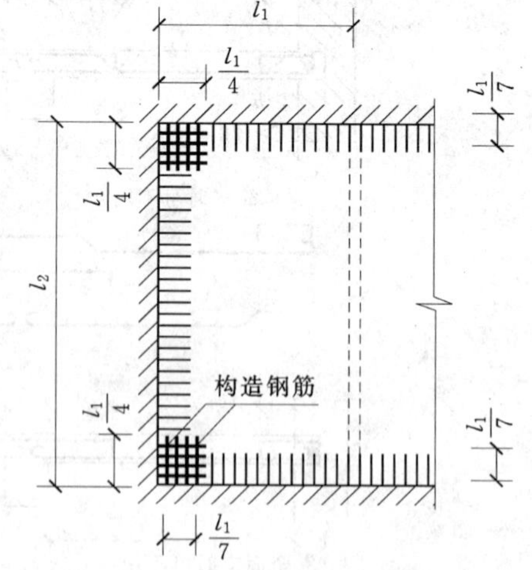

图 6-1-17　板的构造钢

应在板面沿主梁长度方向配置板面构造钢筋，其单位长度内的总截面面积不宜小于板跨中单位宽度内受力钢筋截面面积的 1/3，该构造钢筋伸入板内的长度自梁边算起每边不宜小于为板计算跨度 l_0 的 1/4，见图 6-1-18。

c. 板面的温度、收缩钢筋。

在温度、收缩应力较大的现浇板区域内，应在板面布置温度、收缩钢筋。温度、收缩钢筋可利用原有钢筋贯通布置，也可另行设置构造钢筋网，并与原有钢筋按受拉钢筋的要求搭接或在周边构件中锚固。

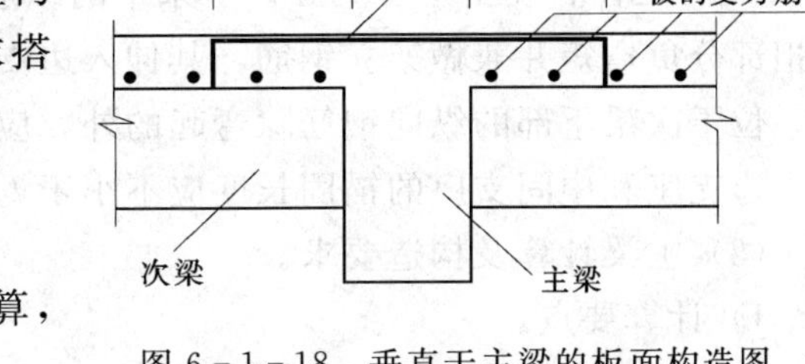

图 6-1-18 垂直于主梁的板面构造图

(2) 次梁的计算及构造要求。

1) 计算要点。

a. 配筋计算时，跨中可按 T 形截面计算，但支座只能按矩形截面计算。

b. 计算腹筋时，一般只利用箍筋抗剪；但当荷载、跨度较大时，宜在支座附近设置弯起钢筋，以减少箍筋用量。

2) 构造要求。

a. 次梁的一般构造要求，如受力钢筋的直径、间距、根数等。

b. 次梁伸入墙内的长度一般不应小于 240mm。

c. 沿梁长纵向钢筋的弯起和切断，原则上应按弯矩包络图确定。但对于相邻跨度相差不超过 20%，且活荷载与恒荷载的比值 $q/g \leqslant 3$ 时，其纵筋的弯起和截断可参考图 6-1-19进行。

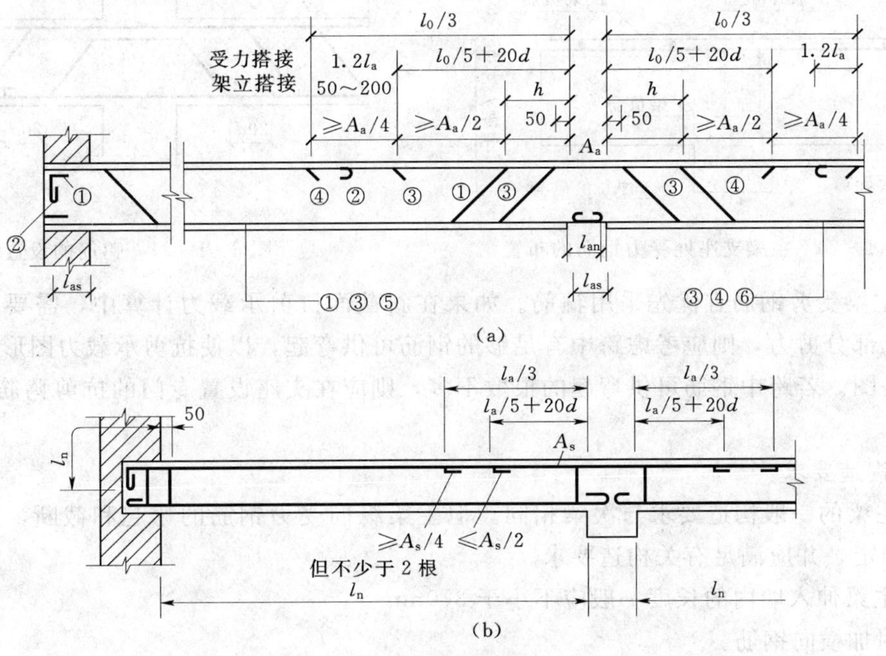

图 6-1-19 纵筋的弯起和截断

(a) 有弯起筋的次梁配筋构造要求；(b) 无弯起筋的次梁配筋构造要求

①、④—弯起钢筋可同时用于抗剪和抗弯；②—架立钢筋兼负钢筋

③—弯起钢筋或鸭筋仅用于抗剪；⑤⑥—梁底下排角部纵筋

按图 6-1-19 (a)，中间支座负钢筋的弯起，第一排的上弯点距支座边缘为 50mm；第二排、第三排上弯点距支座边缘分别为 h 和 $2h$。

支座处上部受力钢筋总面积为 A_s，则第一批截断的钢筋面积不得超过 $A_s/2$，延伸长度从支座边缘起不小于 $l_n/5+20d$（d 为截断钢筋的直径）；第二批截断的钢筋面积不得超过 $A_s/4$，延伸长度不小于 $l_n/3$。所余下的纵筋面积不小于 $A_s/4$，且不少于 2 根，可用来承担部分负弯矩并兼做架立钢筋，其伸入边支座的锚固长度不得小于 l_a。

位于次梁下部的纵向钢筋除弯起的外，应全部伸入支座，不得在跨间截断。下部纵筋伸入边支座和中间支座的锚固长度应不小于 l_{as}。

(3) 主梁计算及构造要求。

1) 计算要点。

a. 主梁按弹性理论计算，不考虑塑性内力重分布。

b. 截面配筋计算时，跨中可按 T 形截面计算，但支座只按矩形截面计算。

c. 由于支座处板、次梁和主梁的钢筋重叠交错，且主梁负筋位于次梁和板的负筋之下（见图 6-1-20），故主梁截面有效高度在支座处有所减少。此时主梁支座截面有效高度应取：

受力钢筋一排布置时：$h_0=h-(55\sim60)$

受力钢筋二排布置时：$h_0=h-(80\sim90)$

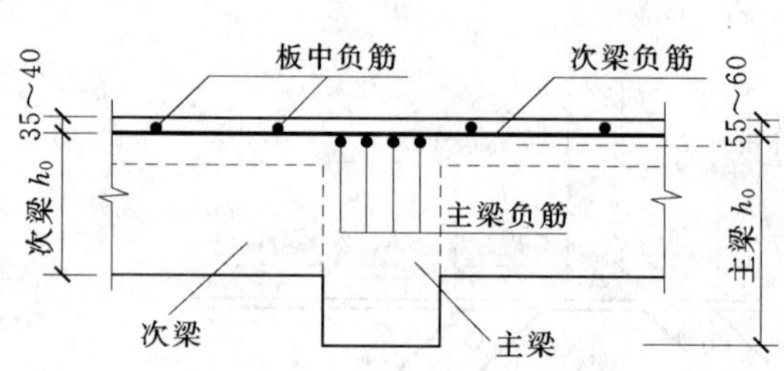

图 6-1-20 主梁支座处受力钢筋的布置

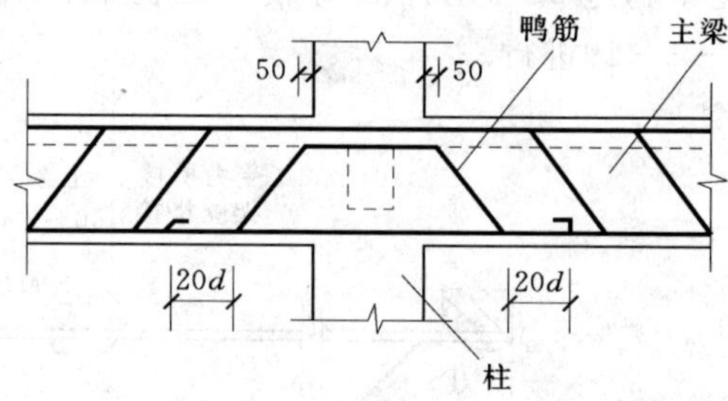

图 6-1-21 鸭筋的设置

d. 主梁受剪钢筋宜优先采用箍筋。如果在斜截面抗剪承载力计算中，需要利用弯起钢筋抵抗部分剪力，则应考虑跨中有足够的钢筋可供弯起，以使抗剪承载力图形完全覆盖剪力包络图。若跨中钢筋可供弯起的根数不多，则应在支座设置专门的抗剪鸭筋（见图 6-1-21）。

2) 构造要求。

a. 主梁的一般构造要求与次梁相同。但主梁纵向受力钢筋的弯起和截断，应按弯矩包络图确定，并应满足有关构造要求。

b. 主梁伸入墙内的长度一般应不小于 370mm。

c. 附加横向钢筋。

在主梁上的次梁与之相交处，应设置附加横向钢筋，以承担次梁作用于主梁上传来的集中荷载，防止主梁腹部可能出现斜裂缝而引起局部破坏。附加横向钢筋有箍筋和吊筋两种，应优先采用箍筋。附加横向钢筋应布置在长度为 $s=2h_1+3b$ 的范围内（见图 6-1-22），第一道附加箍筋距次梁边缘 50mm。

附加横向钢筋的用量按下式计算：

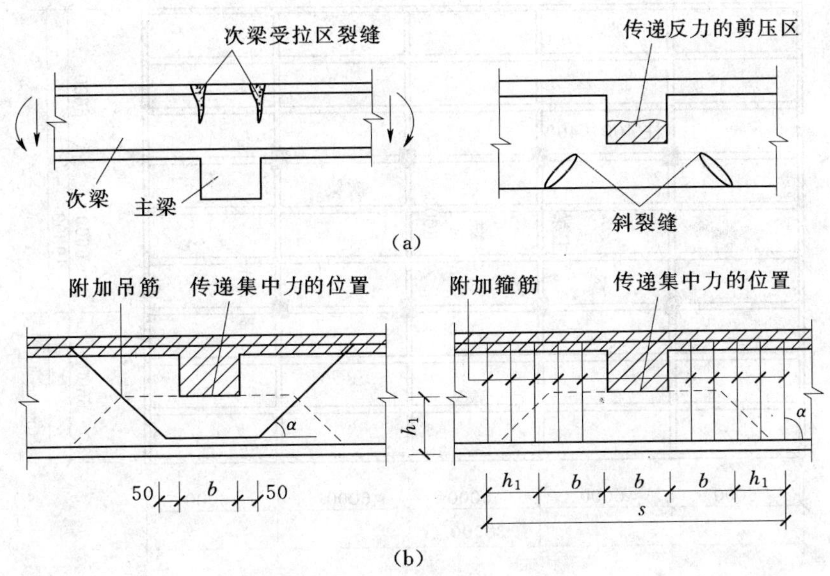

图 6-1-22　梁截面高度范围内有集中荷载作用时的附加钢筋的布置

(a) 次梁和主梁相交处的裂缝情况；(b) 集中荷载处附加横向钢筋的布置

$$F \leqslant mnA_{sv1}f_{yv}+2A_{sb}f_y\sin\alpha_s \qquad (6-1-11)$$

式中　F——作用在梁的下部或梁截面高度范围内的集中荷载设计值，kN；

A_{sb}——附加吊筋的截面面积，mm^2；

A_{sv1}——附加箍筋的单肢截面面积，mm^2；

n——同一截面内附加箍筋的肢数；

m——在长度 s 范围内附加箍筋的道数；

f_{yv}、f_y——附加箍筋、吊筋的抗拉强度设计值，kN/mm^2；

α_s——附加吊筋与梁轴线的夹角，一般取45°，如梁高大于800mm时取60°。

三、任务实施

1. 楼盖梁板结构平面布置及确定截面尺寸

(1) 梁格布置。楼盖的梁板结构平面布置见图6-1-23。主梁、次梁的跨度分别为6.6m和6.0m，板的跨度为2.2m，跨长均处合理跨度范围内。

(2) 截面尺寸。

板厚：按 $h=(1/40\sim1/35)l_0=55\sim63$mm，考虑到工业楼面最小板厚要求，故取 $h=80$mm。

次梁：$h=(1/18\sim1/12)l_0=334\sim500$mm，取 $h=450$mm；

$b=(1/3\sim1/2)h=150\sim225$mm，取 $b=200$mm。

主梁：$h=(1/14\sim1/8)l_0=470\sim825$mm，取 $h=700$mm；

$b=(1/3\sim1/2)h=233\sim350$mm，取 $b=300$mm。

柱：截面尺寸为400mm×400mm。

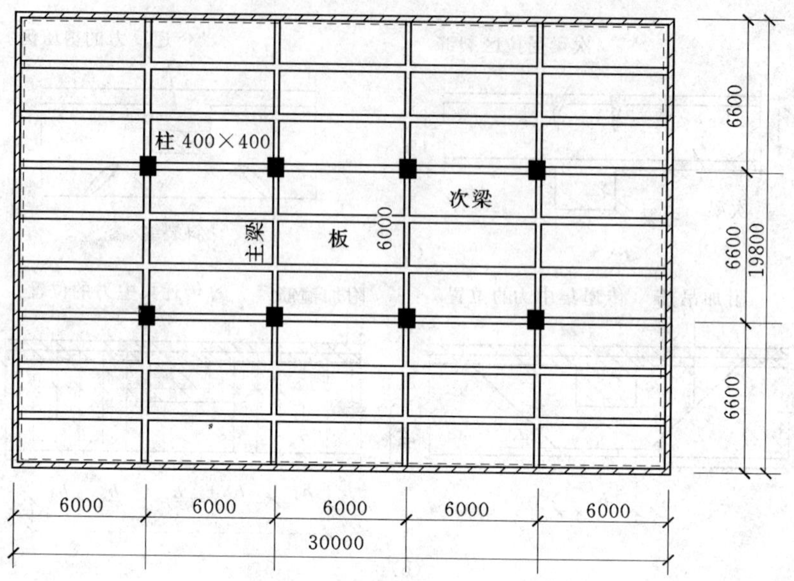

图 6-1-23　楼盖结构平面布置图

2. 板的设计

(1) 荷载计算：

20mm 水泥砂浆面层	$0.020\times20=0.4\text{kN/m}^2$
80mm 现浇混凝土板	$0.080\times25=2.00\text{kN/m}^2$
15mm 混合砂浆天棚抹灰	$0.015\times17=0.255\text{kN/m}^2$
恒荷载标准值	$g_k=2.655\text{kN/m}^2$
恒荷载设计值：	$g=1.2\times2.655\text{kN/m}^2=3.186\text{kN/m}^2$
活荷载标准值：	$q_k=7.0\text{kN/m}^2$

活荷载设计值：　$q=1.3\times7.0\text{kN/m}^2=9.1\text{kN/m}^2$，(由于 $q_k>4\text{kN/m}^2$，故 $\gamma_Q=1.3$)

板上荷载设计值为：$(3.186+9.1)\text{kN/m}^2\times1\text{m}=12.286\text{kN/m}$。如图 6-1-24 所示。

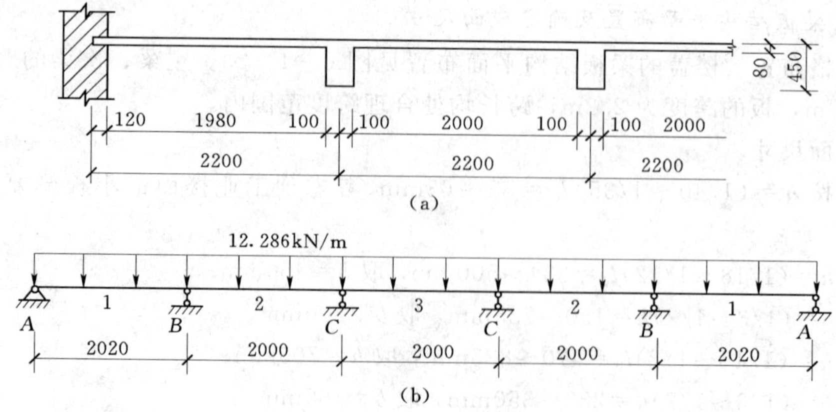

图 6-1-24　板的计算简图

（2）计算简图：取1m宽板带作为计算单元，各跨的计算跨度为：

中间跨：　　　　$l_0=l_n=2200-200=2000\text{mm}$

边跨：　$l_0=l_n+h/2=2200-100-120+80/2=2020\text{mm}<l_n+a/2$

$=1980+120/2=2040\text{mm}$

取　　　　$l_0=2020\text{mm}$

平均跨度：　　$l_0=(2020+2000)/2=2010\text{mm}$

（3）内力计算：由于跨度差(2020－2000)/2000＝1％＜10％，故可按等跨连续板计算内力。各截面的弯矩计算见表6－1－2。

表6－1－2　　板弯矩计算表

截面	边跨跨中	第一内支座	中间跨跨中	中间支座
弯矩系数	+1/11	−1/11	+1/16	−1/14
$M=\alpha(g+q)l_0^2$ (kN·m)	$1/11\times12.29\times2.02^2=4.56$	$-1/11\times12.29\times2.02^2=-4.56$	$1/16\times12.29\times2.0^2=3.07$	$-1/14\times12.29\times2.01^2=-3.55$

（4）截面强度计算：见表6－1－3。

表6－1－3　　正截面强度计算

截面		边跨中	B支座	中间跨中		中间支座	
在平面图上的位置				①～② ⑤～⑥轴线	②～⑤轴线	①～② ⑤～⑥轴线	②～⑤轴线
M(kN·m)		4.56	−4.56	3.07	0.8×3.07	−3.55	−0.8×3.55
$\alpha_s=\frac{M}{\alpha_1 f_c bh_0^2}$		0.157	0.157	0.106	0.085	0.122	0.092
$\gamma_s=0.5(1+\sqrt{1-2\alpha_s})$		0.914	0.914	0.944	0.956	0.935	0.952
$A_s=M/\gamma_s f_y h_0(\text{mm}^2)$		432	432	282	222	328	258
实配钢筋 (mm^2)	①～② ⑤～⑥轴线	φ8/10@180 $A_s=460$	φ8/10@180 $A_s=460$	φ6/8@140 $A_s=281$		φ8@140 $A_s=359$	
	②～⑤轴线	φ10@180 $A_s=436$	φ10@180 $A_s=436$		φ8@180 $A_s=279$		φ8@180 $A_s=279$

$f_y=210\text{N/mm}^2, f_c=9.6\text{N/mm}^2, \alpha_1=1.0, h_0=80-25=55\text{mm}$。

位于中间板带上的中间区格板四周与梁整体连接，其中间跨的跨中截面（M_2、M_3）和中间支座（M_c）计算弯矩可以减少20％，其他截面则不予以减少。

为方便施工，在同一板中钢筋直径的种类不宜超过两种，且相邻跨跨中及支座钢筋宜取相同的间距或整数倍。且由于 $q/g=9.1/3.186<3$，所以取 $a=l_n/4=550$。

（5）根据计算结果及板的构造要求，绘制板的配筋图，如图6－1－25所示。

板中分布钢筋选用φ6@200，满足构造要求。

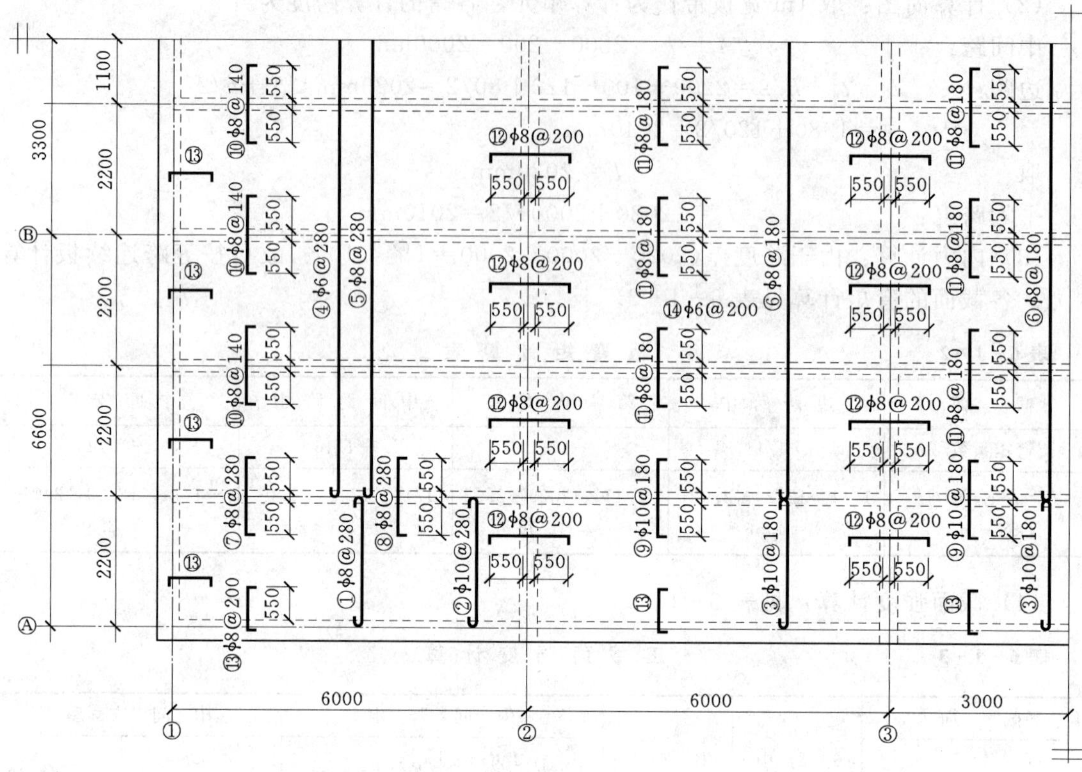

图 6-1-25　板配筋图（板厚均为 80mm）

3. 次梁的设计（按考虑塑性内力重分布的方法计算）

(1) 荷载计算。

板传来的恒载：　　$2.655\times2.2=5.841\text{kN/m}$

次梁自重：　　$25\times0.2\times(0.45-0.08)=1.850\text{kN/m}$

次梁粉刷抹灰：　　$17\times0.015\times(0.45-0.08)\times2=0.189\text{kN/m}$

恒载标准值：　　$g_k=7.880\text{kN/m}$

恒载设计值：　　$g=1.2g_k=1.2\times7.88=9.46\text{kN/m}$

板传来活载标准值：　　$q_k=7.0\times2.2=15.4\text{kN/m}$

活载设计值：　　$q=1.3g_k=1.3\times15.4=20.02\text{kN/m}$

荷载设计总值：　　$9.46+20.02=29.48\text{kN/m}$。

(2) 计算简图。

各跨计算跨度为：

中间跨：　　$l_0=l_n=6000-300=5700\text{mm}$

边跨：$l_0=l_n+a/2=6000-150-120+250/2=5855\text{mm}<1.025l_n=5873.25\text{mm}$

取　　$l_0=5855\text{mm}$

平均跨度：　　$l_0=(5855+5700)/2=5777.5\text{mm}$

跨度差：　　　　　　$(5855-5700)/5700=2.7\%<10\%$

次梁计算简图见图6-1-26。

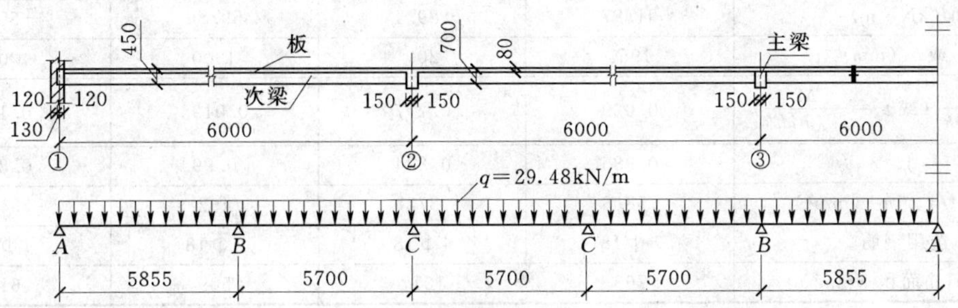

图6-1-26　次梁的计算简图

（3）内力计算。

各截面的弯矩计算见表6-1-4，各截面的剪力计算见表6-1-5。

表6-1-4　　　　次梁的弯矩计算

截　面	边跨中	第一内支座	中间跨度	中间支座
弯矩系数 α	+1/11	−1/11	+1/16	−1/14
$M=\alpha(g+q)l_0^2$ (kN·m)	$1/11\times29.48\times5.855^2=91.87$	$-1/11\times29.48\times5.855^2=-89.47$	$1/16\times29.48\times5.70^2=59.86$	$-1/16\times29.48\times5.70^2=-68.41$

表6-1-5　　　　次梁的剪力计算

截　面	A支座	B支座左	B支座右	C支座
剪力系数 β	0.45	0.6	0.55	0.55
$V=\beta(g+q)l_n$ (kN)	$0.45\times29.48\times5.73=76.01$	$0.6\times29.48\times5.73=101.35$	$0.55\times29.48\times5.70=92.42$	$0.55\times29.48\times5.70=92.42$

（4）正截面承载力计算。

1）次梁跨中截面按T形截面计算。

边跨：　　$b_f'=l_0/3=5.855/3=1.95\text{m}<b+s_n=0.2+1.98=2.18\text{m}$

取　　　　　　　　$b_f'=1.95\text{m}$

中间跨：　　$b_f'=l_0/3=5.7/3=1.90\text{m}<b+s_n=0.2+2.0=2.2\text{m}$

取　　　　　　　　$b_f'=1.90\text{m}$

支座截面按矩形截面计算。

2）判断截面类型。

$$h_0=h-40=450-40=410\text{mm}$$

$$\alpha_1 f_c b_f' h_f'(h_0-h_f'/2)=1.0\times9.6\times1950\times80\times(410-80/2)$$

$$=554.1\text{kN}\cdot\text{m}>91.87\text{kN}\cdot\text{m}$$

属于第一类T形截面。

次梁正截面承载力计算见表6-1-6。

表 6-1-6　　**次梁正截面承载力计算**

截　　面	边 跨 中	B 支 座	中 间 跨 中	中 间 支 座
M(kN·m)	91.87	−89.47	59.86	−59.86
b_f'或b (mm)	1950	200	1900	200
$\alpha_s=\frac{M}{\alpha_1 f_c b h_0^2}$ (或$\alpha_s=\frac{M}{\alpha_1 f_c b_f' h_0^2}$)	0.029	0.277	0.0195	0.185
γ_s	0.985	0.834	0.99	0.897
$A_s=M/f_y\gamma_s h_0$ (mm²)	758.3	872	492	543
选用钢筋	3Φ18	4Φ18	2Φ18	4Φ14
实际配筋面积 (mm²)	763	1017	509	615

(5) 斜截面承载力计算：见表 6-1-7。

表 6-1-7　　**次梁斜截面承载力计算**

截　　面	A 支 座	B 支 座 左	B 支 座 右	C 支 座
V(kN)	76.01	101.35	92.42	92.42
$0.25f_cbh_o$(kN)	0.25×9.6×200×410=196.8kN>V　截面满足要求			
$0.7f_tbh_o$(kN)	0.7×1.1×200×410=63.14kN<V　按计算配箍			
箍筋直径和肢数	ϕ6　双肢			
$A_{sv}=nA_{sv1}$(mm²)	2×28.3=56.6	2×28.3=56.6	2×28.3=56.6	2×28.3=56.6
$s=\frac{1.25f_{yv}A_{sv}h_0}{V-0.7f_tbh_0}$(mm)	473.32	159.42	208.05	208.05
实配间距 (mm)	150	150	200	200

(6) 根据计算结果及次梁的构造要求，绘次梁配筋图，见图 6-1-27。

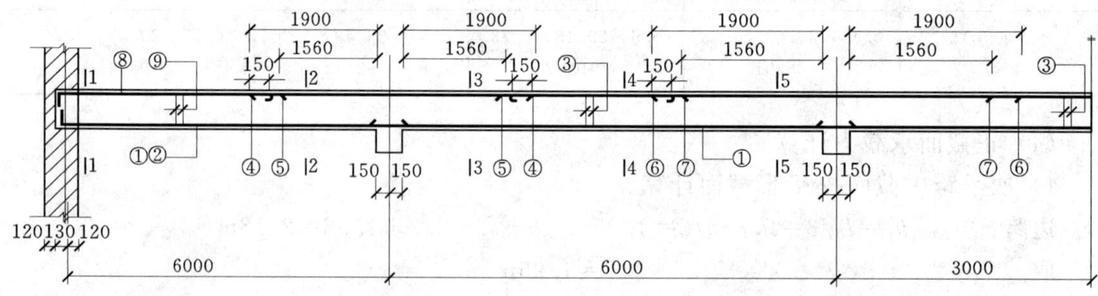

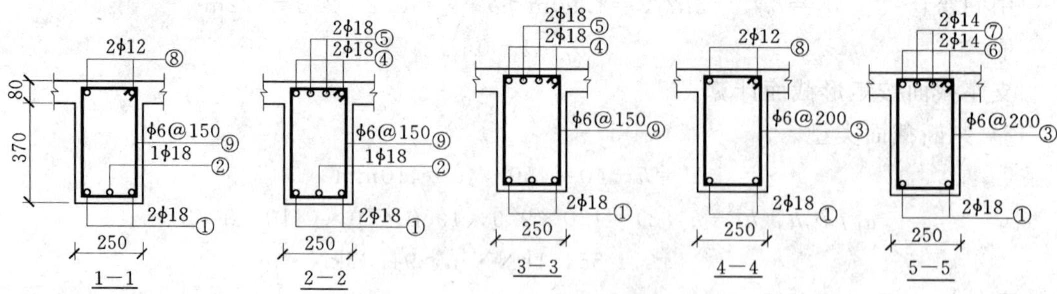

图 6-1-27　次梁配筋图

架立钢筋：$l_0=6$m，不小于10mm，选用2Φ12；

梁侧构造钢筋：$h_0=410$mm<450mm，故不需要设置。

4. 主梁的计算（按弹性理论计算）

（1）荷载计算。

次梁传来的恒载：　　　　$7.88\times6.0=47.28$kN

主梁自重：　　　　$25\times0.3\times(0.7-0.08)\times2.2=10.23$kN

梁侧抹灰：　$17\times0.015\times(0.7-0.08)\times2\times2.2=0.696$kN

恒载标准值：　　　　$G_k=58.206$kN

恒载设计值：　　　　$G=1.2\times58.206=69.85$kN

次梁传来活载标准值：　　　　$Q_k=15.4\times6=92.40$kN

活载设计值：　　　　$Q=1.3\times92.4=120.1$kN

（2）计算简图。

主梁中间支承于柱上，柱截面400mm×400mm；主梁端部支承于砖墙上，其支承长度$a=370$mm。

则主梁各跨计算跨度为：

中间跨：　　　　$l_0=l_c=6600$mm

边跨：　　$l_0=1.025l_n+b/2=6637\text{mm}<l_n+a/2+b/2$

$=6600-120-200+370/2+400/2=6665$mm

取　　　　$l_0=6637$mm

平均跨度：　　　　$l_0=(6637+6600)/2=6619$mm

跨度差：　　　　$(6637-6600)/6600=0.56\%<10\%$

主梁计算简图见图6-1-28。

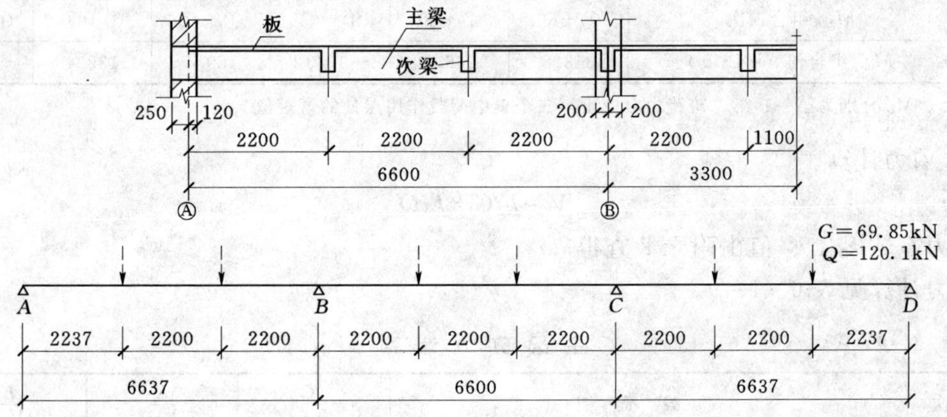

图6-1-28　主梁的计算简图

（3）内力计算。

1）弯矩计算。

$$M=k_1Gl_0+k_2Ql_0$$

弯矩系数 k_1、k_2 值由附录 2 查得

边跨：$Gl_0=69.85\times6.637=463.59\text{kN}\cdot\text{m}$，　$Ql_0=120.1\times6.637=797.1\text{kN}\cdot\text{m}$

中跨：$Gl_0=69.85\times6.60=461.01\text{kN}\cdot\text{m}$，　$Ql_0=120.1\times6.60=792.7\text{kN}\cdot\text{m}$

平均跨：$Gl_0=69.85\times6.619=462.34\text{kN}\cdot\text{m}$，　$Ql_0=120.1\times6.619=795\text{kN}\cdot\text{m}$

主梁弯矩计算见表 6-1-8。

表 6-1-8　　主梁弯矩计算

项次	荷载简图	$\frac{K}{M_1}$	$\frac{K}{M_{1a}}$	$\frac{K}{M_B}$	$\frac{K}{M_2}$	$\frac{K}{M_{2a}}$	$\frac{K}{M_C}$
①恒载	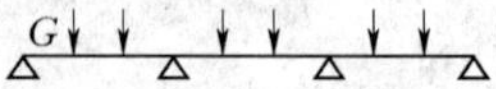 G	$\frac{0.244}{113.1}$	71.7	$\frac{-0.267}{-123.4}$	$\frac{0.067}{30.9}$	$\frac{0.067}{30.9}$	$\frac{-0.267}{-123.4}$
活载	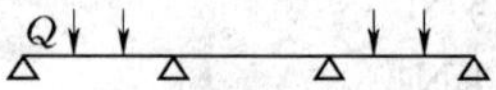 Q	$\frac{0.289}{230.4}$	194.5	$\frac{-0.133}{-105.7}$	-105.7	-105.7	$\frac{-0.133}{-105.7}$
③活载	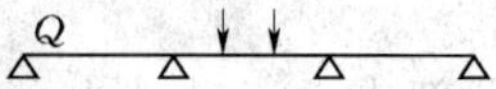 Q	-35.6	-70.7	$\frac{-0.133}{-105.7}$	$\frac{0.200}{158.5}$	$\frac{0.200}{158.5}$	$\frac{-0.133}{-105.7}$
④活载	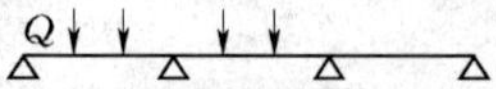 Q	$\frac{0.229}{182.5}$	99.8	$\frac{-0.311}{-247.2}$	75.9	$\frac{0.170}{134.8}$	$\frac{-0.089}{-70.8}$
⑤活载	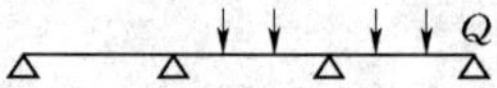 Q	-23.9	-47.3	$\frac{-0.089}{-70.8}$	$\frac{0.170}{134.8}$	75.9	$\frac{-0.311}{-247.2}$
内力组合	①+②	343.5	266.2	-229.1	-74.8	-74.8	-229.1
	①+③	77.5	0.8	-229.1	189.4	189.4	-229.1
	①+④	295.6	171.5	-370.6	106.8	165.7	-194.2
	①+⑤	89.2	24.4	-194.2	165.7	106.8	-370.6
最不利内力	M_{min}组合项次	①+③	①+③	①+④	①+②	①+②	①+⑤
	M_{min}组合值（kN·m）	77.5	0.8	-370.6	-74.8	-74.8	-370.6
	M_{max}组合项次	①+②	①+②	①+⑤	①+③	①+③	①+④
	M_{max}组合值（kN·m）	343.5	266.2	-194.2	189.4	189.4	-194.2

注　M_{1a}、M_{2a} 分别为第一、第二跨跨中对应于第二个集中荷载作用点处的弯矩值。

2）剪力计算。

$$V=k_3G+k_4Q$$

剪力系数 k_3、k_4 值由附录 2 查得

剪力计算见表 6-1-9。

表 6-1-9　　主梁剪力计算

项次	荷载简图	$\frac{K}{V_A}$	$\frac{K}{V_{Bl}}$	$\frac{K}{V_{Br}}$
①恒载	 G	$\frac{0.733}{51.2}$	$\frac{-1.267}{-88.5}$	$\frac{1.000}{69.85}$
②活载	 Q	$\frac{0.866}{104.0}$	$\frac{-1.134}{-136.2}$	0 0

续表

项　　次	荷　载　简　图	$\frac{K}{V_A}$	$\frac{K}{V_{Bl}}$	$\frac{K}{V_{Br}}$
③活载		$\frac{-0.133}{-16}$	$\frac{-0.133}{-16}$	$\frac{1.000}{120.1}$
④活载		$\frac{0.689}{82.7}$	$\frac{-1.311}{-157.5}$	$\frac{1.222}{146.8}$
⑤活载		$\frac{-0.089}{-10.7}$	$\frac{-0.089}{-10.7}$	$\frac{0.778}{93.4}$
V_{min}(kN)	组合项次	①＋③	①＋④	①＋⑤
	组合值	35.2	－246.0	163.3
V_{max}(kN)	组合项次	①＋②	①＋⑤	①＋④
	组合值	155.2	－99.2	216.7

主梁弯矩及剪力包络图见图6－1－29。

(4) 正截面承载力计算。

1) 确定翼缘宽度。

主梁跨中按T形截面计算：

边跨：$b'_f=l_0/3=6.637/3=2.212\text{m}<b+s_n=0.3+5.7=6\text{m}$

取　$b'_f=2.212\text{m}$

中间跨：$b'_f=l_0/3=6.6/3=2.2\text{m}<b+s_n=0.3+5.7=6\text{m}$

取 $b'_f=2.2\text{m}$

支座截面仍按矩形截面计算。

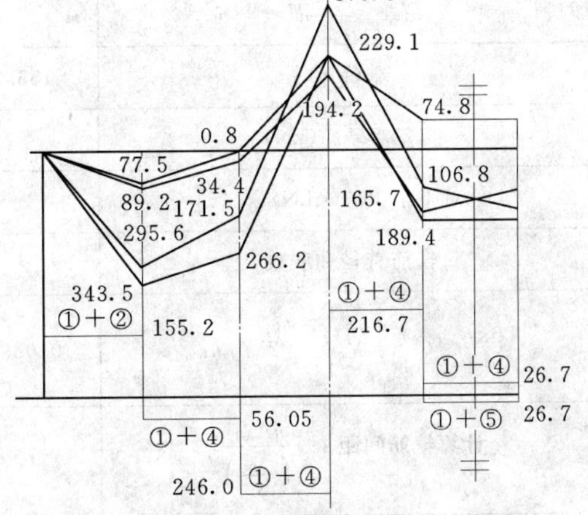

图6－1－29　主梁弯矩及剪力包络图

2) 判断截面类型。

截面有效高度：跨中截面取 $h_0=h-60=640\text{mm}$，支座截面取 $h_0=h-90=610\text{mm}$

$$\alpha_1 f_c b'_f h'_f(h_0-h'_f/2)=1.0\times9.6\times2212\times80\times(640-80/2)=1019.4\text{kN}\cdot\text{m}>343.5\text{kN}\cdot\text{m}$$

属于第一类T形截面。

3) 截面承载力计算。

主梁正截面承载力计算见表6－1－10。

表6－1－10　　主梁正截面承载力计算

截　　面	边跨中	B 支 座	中 间 跨 中	
M (kN·m)	343.5	－370.6	189.4	－74.8
$V_0b/2$ (kN)	—	216.7×0.4/2＝43.3	—	—
$M-V_0b/2$ (kN·m)	343.5	－327.3	189.4	－74.8

续表

截　　面	边跨中	B 支座	中间跨中	
$\alpha_s=\frac{M}{\alpha_1 f_c bh_0^2}$（或 $\alpha_s=\frac{M}{\alpha_1 f_c b'_F h_0^2}$）	0.039	0.305	0.022	0.010
γ_s	0.980	0.812	0.989	0.995
$A_s=M/f_y\gamma_s h_0$（mm²）	1826	2207	997	392
选用钢筋	4 Φ 25	2 Φ 16+6 Φ 20	2 Φ 25	2 Φ 16
实际配筋面积（mm²）	1964	2286	982	402

（5）斜截面承载力计算。

主梁斜截面承载力计算见表 6-1-11。

表中 $V_0=G+Q=69.85+120.1=189.95\text{kN}$

表 6-1-11　　主梁斜截面承载力计算

截　　面	A 支座	B 支座左	B 支座右
V（kN）	155.2	246.0	216.7
$0.25f_cbh_o$（kN）	$0.25\times9.6\times300\times610=439.2\text{kN}>V$　截面满足要求		
$0.7f_tbh_o$（kN）	$0.7\times1.1\times300\times610=140.91\text{kN}<V$　按计算配箍		
箍筋直径和肢数	双肢 ϕ8（$n=2$，$A_{sv1}=50.3\text{mm}^2$）		
$\frac{A_{SV}}{s}=(V_{cs}-V_c)/1.25f_{yv}h_0$	0.0892	0.656	0.473
计算箍筋间距 $s\leqslant\frac{nA_{sv1}}{\left(\frac{A_{sv}}{s}\right)}$	1127	153	213
实配箍筋间距 s	150	150	200

（6）主梁吊筋计算。

由次梁传给主梁的集中荷载为：

$$F=1.2\times47.28+1.0\times1.3\times92.4=176.86\text{kN}$$

$$A_s\geqslant\frac{F}{2f_y\sin45^\circ}=\frac{176.86\times10^3}{2\times300\times0.707}=416.93\text{mm}^2$$

选用 2 Φ 8（$A_s=509\text{mm}^2$）。

（7）根据构造要求选择构造筋，并根据计算结果及主梁的构造要求，绘主梁配筋图，见图 6-1-30。

架立钢筋：$l_0=6.6\text{m}$，应不小于 12mm，选用 2 ϕ 14；

梁侧构造钢筋：$h_0=640\text{mm}>450\text{mm}$，并满足间距要求，选用每侧 2 ϕ 14。

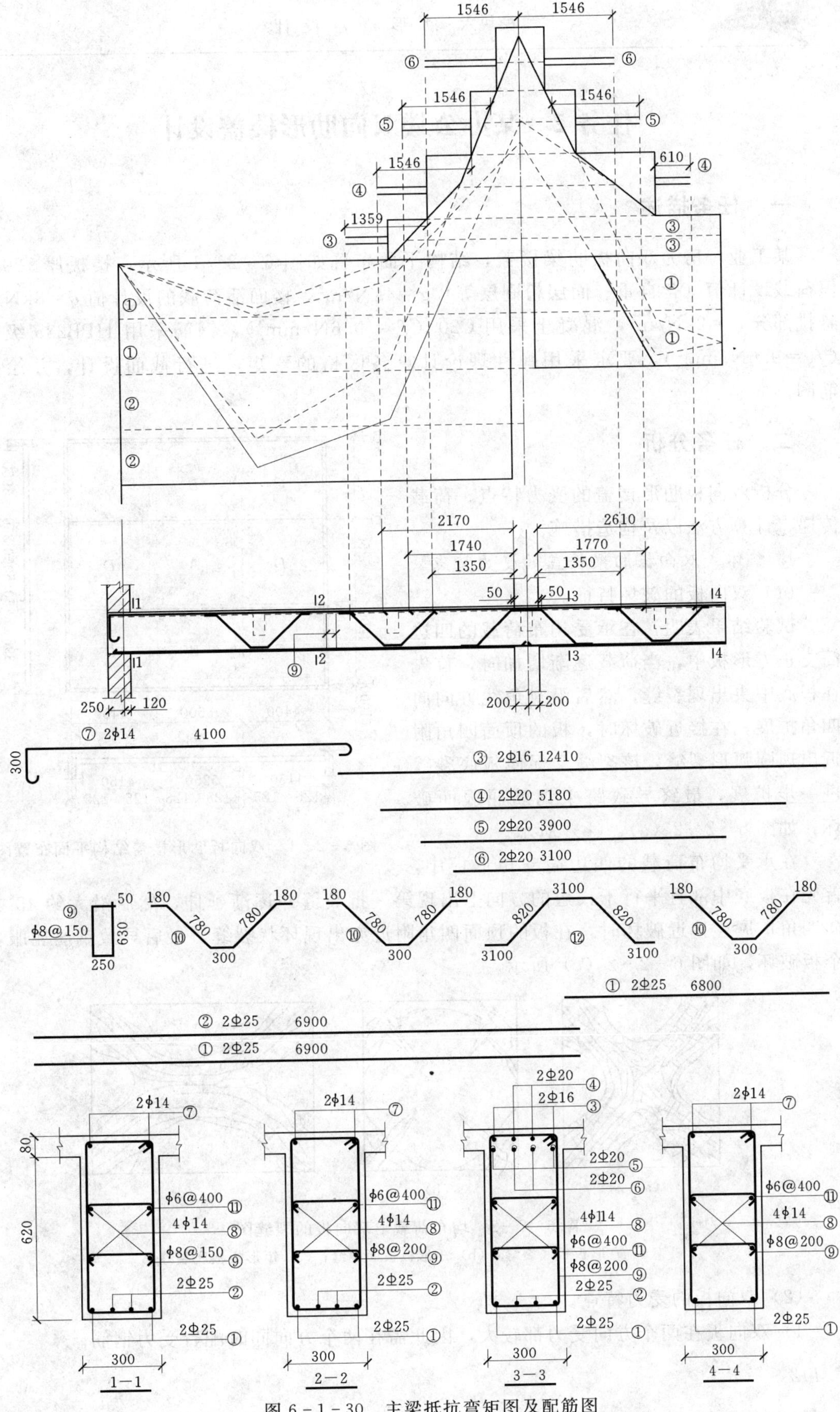

图 6-1-30　主梁抵抗弯矩图及配筋图

任务2　某办公楼双向肋形楼盖设计

一、任务描述

某工业厂房为双向板肋梁楼盖，结构平面布置如图6-2-1所示，楼板厚120mm，恒荷载设计值（含自重、面层粉刷层等）$g=4kN/m^2$，楼面活荷载的设计值$q=8kN/m^2$，悬挑部分$q=2kN/m^2$，混凝土采用C20（$f_c=9.6N/mm^2$），钢筋采用HPB235级钢筋（$f_y=9.6N/mm^2$），要求采用弹性理论计算各区格的弯矩，进行截面设计，并绘出配筋图。

二、任务分析

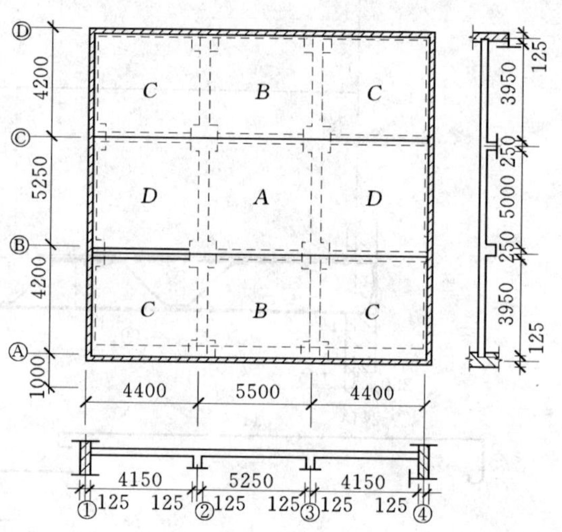

图6-2-1　双向板肋形楼盖结构平面布置图

分析双向板肋形楼盖的受力特点、荷载传递、计算方法以及构造措施。

1. 整体式双向板肋梁楼盖的受力特点

（1）双向板的破坏特征。

试验结果表明，在承受均布荷载的四边简支正方形板中，当荷载逐渐增加时，首先在板底中央出现裂缝，然后沿对角线方向向四角扩展，在接近破坏时，板的顶面四角附近出现圆弧形裂缝，该裂缝又促使板底裂缝进一步扩展，最终导致跨中钢筋屈服而破坏，如图6-2-2（a）、（b）所示。

在承受均布荷载的四边简支矩形板中，首先在板底中部且平行于长边的方向上出现第一批裂缝并逐渐延伸，然后沿大约45°方向向四角扩展，接近破坏时，在板的顶面四角附近亦出现环状裂缝，最后导致钢筋屈服，整个板破坏，如图6-2-2（c）所示。

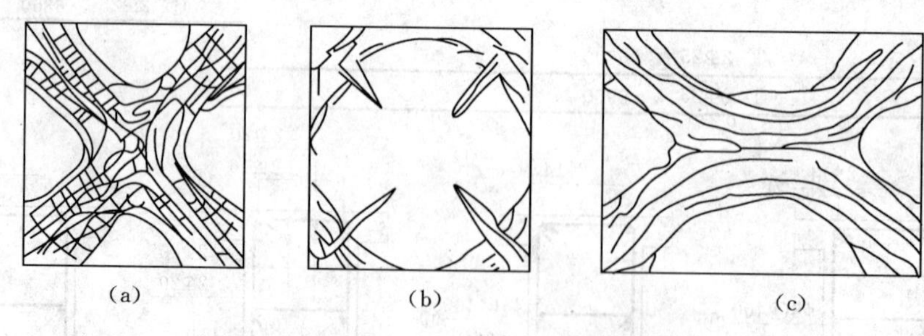

图6-2-2　均布荷载下双向板的裂缝图

（a）方形板板底裂缝；（b）矩形板板面裂缝；（c）矩形板板底裂缝

（2）双向板的受力特点。

1）双向板在两个方向受力都较大，因此需在两个方向同时配置受力钢筋。

2）试验表明，在荷载的作用下，简支双向板的四角都有翘起的趋势，板传给四边支承梁的压力并非均匀分布，而是中部较大，两端较小。

3）试验还表明，在其它条件相同时，采用强度等级较高的混凝土较为优越。当用钢量相同时，采用细而密的配筋较采用粗而疏的配筋有利，且将板中间部分钢筋排列较密些要比均匀排列更适宜。

2. 双向板的内力计算要点

（1）单跨双向板的计算。

对于常用的荷载分布及支承条件的单跨双向板，有关设计手册中已按弹性理论方法给出了计算结果，并制成图表，供设计时查用。

单跨双向板按其四边支承情况的不同，可形成不同的计算简图。在附录 2 中，列出了在均布荷载作用下常见的六种边界约束条件：①四边简支；②三边简支，一边固定；③两对边简支，两对边固定；④两邻边简支，两邻边固定；⑤三边固定，一边简支；⑥四边固定。

计算时，根据双向板两个方向跨度的比值以及板周边的支承情况，从附录 2 中查出相应的弯矩系数和挠度系数，按下式计算双向板中间板带每米宽度内的弯矩值：

$$M=\text{表中系数}\times(g+q)l^2 \qquad (6-2-1)$$

式中　M——跨中或支座截面单位板宽内的弯矩，kN·m；

g、q——作用于板上的均布恒载、均布活载，kN·m；

l——板的较小跨度，m。

（2）连续双向板的计算。

多跨连续双向板按弹性理论的精确计算十分复杂，为了计算简化，一般采用“实用计算方法”。实用计算方法的基本方法是，考虑活荷载的不利位置布置，将连续双向板可以按下述方法将其转化为单跨双向板，利用单跨双向板的计算系数进行计算。

1）跨内最大弯矩。

a. 活荷载的不利位置。

当求连续双向板某跨的跨内最大弯矩时，活荷载的不利位置为棋盘布置。图 6-2-3 所示的带阴线的板区格内将发生跨内最大弯矩。

b. 荷载等效分解。

将板上活载 q 与恒载 g 分成对称型和反对称型两种情况，在每一区格内的荷载总值保持不变。

对称型：
$$g'=g+q/2 \qquad (6-2-2)$$

反对称型：
$$q'=\pm q/2 \qquad (6-2-3)$$

在对称型荷载 g' 作用下，连续板的各中间支座两侧的荷载相同，可认为支承处板的转角为零。则中间区格板可近似视为四边固定的双向板，可按四边固定的双向板来计算跨内弯矩。边区格板的三个内支承边、角区格板的两个内支承边均可看成固定边。各外支承边应根据楼盖四周的实际支承条件而定。

在反对称型荷载 q' 作用下，连续板的支承处左右截面旋转方向一致，即板在支承处的转动变形基本自由，可将板的各中间支座看成铰支承，因此在 q' 作用下，各板均可按四边简支的双向板计算跨内弯矩。

c. 跨内最大弯矩。

通过上述荷载的等效处理，连续双向板在荷载 g'、q' 作用下，均转化成单跨双向板计算出跨内弯矩，再将两种荷载下的跨内弯矩叠加，即得各连续双向板的跨内最大弯矩。

2）支座最大负弯矩。

计算连续双向板的支座最大负弯矩时，可不考虑活荷载的不利位置，近似地假定全部恒载 g 和活载 q 均匀布满板面，将各个区格板均看作嵌固在中间支座上。这样，内区格板计算时，可按四边固定双向板计算支座负弯矩。边区格板计算时，其外边支承条件按实际情况考虑。

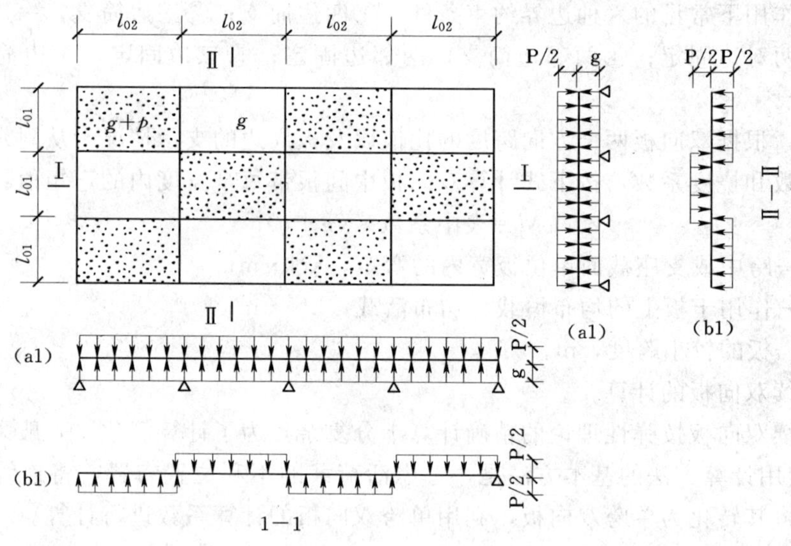

图 6-2-3 连续双向板的计算图示

3. 双向板的配筋计算和构造要求

（1）双向板配筋计算要点

1）双向板若短跨方向跨中截面的有效高度为 h_{01}，则长跨方向截面的有效高度 $h_{02}=h_{01}-d$，（d 为板中受力钢筋直径），若两向钢筋直径不同时，取其平均值。

2）若板与支座为整体连接并按弹性理论方法计算双向板内力时，应采用支座边缘处的弯矩值为计算弯矩。

3）对于四边与梁整体连接的板，应考虑周边支承梁对板产生水平推力的有利影响，因此，设计时应将计算所得弯矩值根据下列情况予以减少。对中间跨的跨中截面及中间支座截面，减少 20%；对边跨的跨中截面及自楼板边缘算起的第二支座截面：当 $l_{02}/l_{01}<1.5$ 时，减少 20%；当 $1.5\leqslant l_{02}/l_{01}\leqslant 2$ 时，减少 10%（l_{01} 为垂直于楼板边缘方向的计算跨度，l_{02} 为沿楼板边缘方向的计算跨度）；楼板的角区格板不应减少。

（2）双向板的构造要求。

1）双向板的板厚一般为 80～160mm。为满足板的刚度要求，简支板厚应不小于 l_0/

45，连续板厚不小于 $l_0/50$，l_0 为短边的计算跨度。

2）双向板跨中的受力钢筋应根据相应方向跨内最大弯矩计算，沿短跨方向的跨中钢筋放在外侧，沿长跨方向的跨中钢筋放在内侧。

3）双向板的配筋形式有分离式和弯起式两种，如图 6-2-4 所示，通常采用分离式配筋。双向板的其他配筋要求同单向板。

4）双向板的角区格板如两边嵌固在承重墙内，为防止产生垂直于对角线方向的裂缝，应在板角上部配置附加的双向钢筋网，每一方向的钢筋不少于Φ8@200，伸出长度不小于 $l_1/4$（l_1 为板的短跨）。

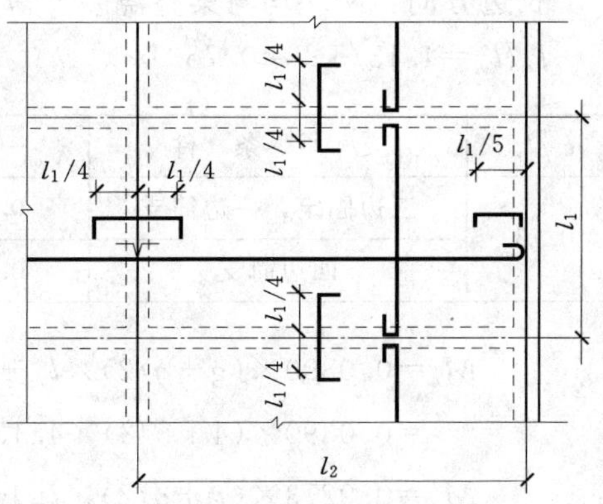

图 6-2-4　双向板的配筋方式

三、任务实施

根据板的支承条件和几何尺寸以及结构的对称性，将楼盖划分为 A、B、C、D 四种区格板，在各区格板的计算中 l_x 为短边方向，l_y 为长边方向。

1. 计算各区格板的弯矩

区格板 A：

短边方向：　　两端与梁整浇 $l_x=l_c=5.25\text{m}$

长边方向：　　两端与梁整浇 $l_y=l_c=5.5\text{m}$

$$l_x/l_y=5.25/5.5=0.95$$

查附录 2，得弯矩系数为：

l_x/l_y	支承条件	α_x	α_y	α'_x	α'_y
0.95	四边固定	0.0227	0.0205	−0.055	−0.0528
	四边简支	0.0471	0.0432	—	—

$$M_x=0.0227\times(g+q/2)\times l_x^2+0.0471\times q/2\times l_x^2$$
$$=0.0227\times(4+8/2)\times5.25^2+0.0471\times8/2\times5.25^2=10.20\text{kN}\cdot\text{m}$$

$$M_y=0.0205\times(g+q/2)\times l_x^2+0.0432\times q/2\times l_x^2$$
$$=0.0205\times(4+8/2)\times5.25^2+0.432\times8/2\times5.25^2=9.28\text{kN}\cdot\text{m}$$

$$M'_x=-0.055\times(g+q)\times l_x^2=-0.055\times(4+8)\times5.25^2=-18.19\text{kN}\cdot\text{m}$$

$$M'_y=-0.0528\times(g+q)\times l_x^2=-0.0528\times(4+8)\times5.25^2=-17.46\text{kN}\cdot\text{m}$$

区格板 B：

短边方向：一端简支，一端与梁整浇　$l_x=l_n+h/2+\text{b}/2=3.95+0.125+0.06=4.13\text{m}$

长边方向：两端均与梁整浇　　$l_y=l_c=5.5\text{m}$

$l_x/l_y=4.13/5.5=0.75$

l_x/l_y	支 承 条 件	α_x	α_y	α'_x	α'_y
0.75	三边固定，一边简支	0.0390	0.0273	－0.0837	－0.0729
	四边简支	0.0673	0.0420	—	—

$$M_x=0.0390\times(g+q/2)\times l_x^2+0.0673\times q/2\times l_x^2$$
$$=0.0390\times(4+8/2)\times 4.13^2+0.0673\times 8/2\times 4.13^2=9.91\text{kN}\cdot\text{m}$$
$$M_y=0.0273\times(g+q/2)\times l_x^2+0.0420\times q/2\times l_x^2$$
$$=0.0273\times(4+8/2)\times 4.13^2+0.0420\times 8/2\times 4.13^2=6.59\text{kN}\cdot\text{m}$$
$$M'_x=-0.0837\times(g+q)\times l_x^2=-0.0837\times(4+8)\times 4.13^2=-17.13\text{kN}\cdot\text{m}$$
$$M'_y=-0.0729\times(g+q)\times l_x^2=-0.0729\times(4+8)\times 4.13^2=-14.92\text{kN}\cdot\text{m}$$

区格板 C：

短边方向：一端简支，一端与梁整浇　$l_x=l_n+h/2+b/2=3.95+0.125+0.06=4.13\text{m}$

长边方向：一端简支，一端与梁整浇　$l_y=l_n+h/2+b/2=4.15+0.125+0.06=4.34\text{m}$

$l_x/l_y=4.13/4.34=0.95$

l_x/l_y	支 承 条 件	α_x	α_y	α'_x	α'_y
0.95	两邻边固定，两邻边简支	0.0308	0.0289	－0.0726	－0.0698
	四边简支	0.0471	0.0432	—	—

$$M_x=0.0308\times(g+q/2)\times l_x^2+0.471\times q/2\times l_x^2$$
$$=0.0308\times(4+8/2)\times 4.13^2+0.0471\times 8/2\times 4.13^2=7.42\text{kN}\cdot\text{m}$$
$$M_y=0.0289\times(g+q/2)\times l_x^2+0.0432\times q/2\times l_x^2$$
$$=0.0289\times(4+8/2)\times 4.13^2+0.0432\times 8/2\times 4.13^2=6.89\text{kN}\cdot\text{m}$$
$$M'_x=-0.0726\times(g+q)\times l_x^2=-0.0726\times(4+8)\times 4.13^2=-14.86\text{kN}\cdot\text{m}$$
$$M'_y=-0.0698\times(g+q)\times l_x^2=-0.0698\times(4+8)\times 4.13^2=-14.29\text{kN}\cdot\text{m}$$

区格 D：

短边方向：一端简支，一端与梁整浇 $l_x=l_n+h/2+b/2=4.15+0.125+0.06=4.34\text{m}$

长边方向：两端均与梁整浇　　$l_y=l_c=5.25\text{m}$

$l_x/l_y=4.34/5.25=0.83$

l_x/l_y	支 承 条 件	α_x	α_y	α'_x	α'_y
0.83	三边固定，一边简支	0.0326	0.0274	－0.0735	－0.0693
	四边简支	0.0584	0.0430	—	—

$$M_x=0.0326\times(g+q/2)\times l_x^2+0.0584\times q/2\times l_x^2$$
$$=0.0326\times(4+8/2)\times4.34^2+0.0584\times8/2\times4.34^2=9.31\text{kN}\cdot\text{m}$$
$$M_y=0.0274\times(g+q/2)\times l_x^2+0.0430\times q/2\times l_x^2$$
$$=0.0274\times(4+8/2)\times4.34^2+0.0430\times8/2\times4.34^2=7.37\text{kN}\cdot\text{m}$$
$$M_x'=-0.0735\times(g+q)\times l_x^2=-0.0735\times(4+8)\times4.34^2=-16.61\text{kN}\cdot\text{m}$$
$$M_y'=-0.0693\times(g+q)\times l_x^2=-0.0693\times(4+8)\times4.34^2=-15.66\text{kN}\cdot\text{m}$$

2. 截面设计

(1) 截面有效高度 h_0 确定：假定钢筋选用 ϕ10。

板跨中截面：　$h_{0x}=h-a_s=120-20-5=95\text{mm}$

$h_{0y}=h-a_s-d=120-20-5-10=85\text{mm}$

板支座截面：　$h_0=h-a_s=120-20-5=95\text{mm}$

(2) 配筋计算。

由于楼盖周边按铰支考虑，因此 C 角区格板的弯矩不折减，而中央区格板 A 和边区格板 B、D 的跨中弯矩和支座弯矩均可减少 20%。

受拉钢筋 A_s 可近似按下式计算：

$$A_s=\frac{M}{0.90f_yh_o}$$

配筋计算结果见表 6-2-1，其配筋图如图 6-2-5 所示。

表 6-2-1　多区格按弹性理论分析内力时的截面配筋计算表

截面			h_o (mm)	M (kN·m)	A_s (mm²)	配筋	实配 (mm²)
跨中	区格 A	短向	95	10.2×0.8=8.16	431	①Φ10@160	491
		长向	85	9.28×0.8=7.42	438	②Φ10@160	491
	区格 B	短向	95	7.93	419	⑥Φ10@160	491
		长向	85	5.27	311	③④Φ8/10@180	358
	区格 C	短向	95	7.42	391	⑥Φ10@160	491
		长向	85	6.89	406	⑤Φ10@180	436
	区格 D	短向	95	7.45	393	⑦Φ10@180	436
		长向	85	5.90	348	⑧⑨Φ8/10@160	403
支座	$A-B$		95	0.8×（18.19+17.13）/2=14.13	746	⑩Φ10/12@120	798
	$A-D$		95	0.8×(17.46+16.61)/2=13.63	719	⑫Φ10/12@120	798
	$B-C$		95	(14.29+14.92)/2=14.68	775	⑬Φ10/12@120	798
	$C-D$		95	(15.66+14.86)/2=15.26	805	⑪Φ10/12@110	871

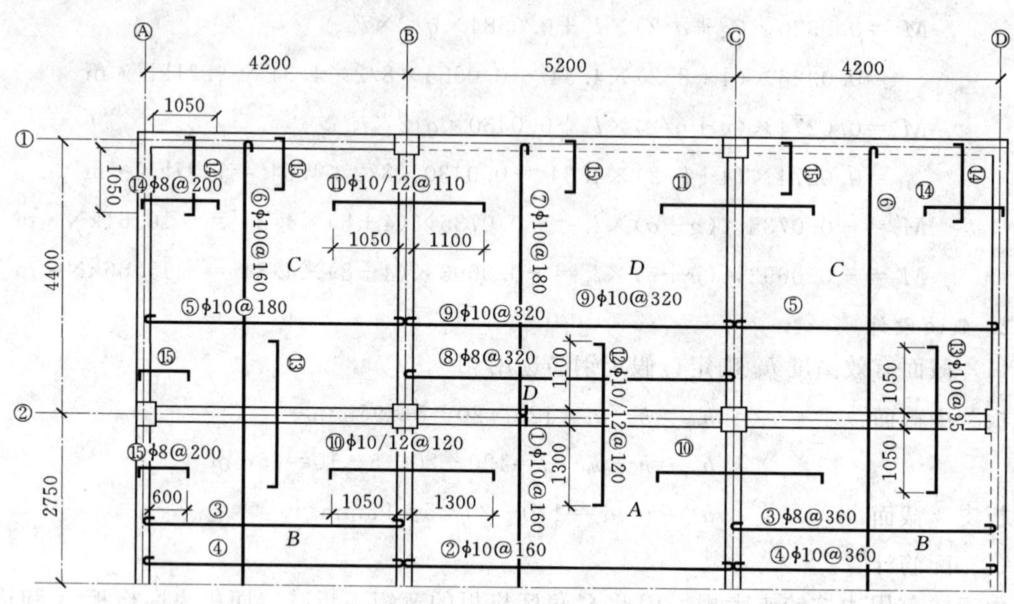

图 6-2-5　双向板肋形楼盖按弹性理论计算配筋图

任务3　某办公楼钢筋混凝土楼梯设计

一、任务描述

某办公楼楼梯采用现浇整体式钢筋混凝土结构，其结构布置如图 6-3-1 所示。楼梯承受活荷载标准值 $q_k=2.5\text{kN/m}^2$。混凝土采用 C20($f_t=1.1\text{N/mm}^2$, $f_c=9.6\text{N/mm}^2$)，梁中钢筋 HRB335 级，其余钢筋采用 HPB235 级，($f_y=210\text{N/mm}^2$)。试按板式楼梯进行设计。

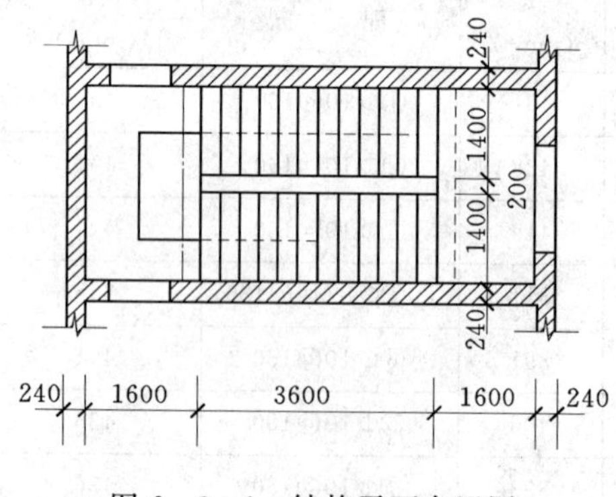

图 6-3-1　结构平面布置图

二、任务分析

对于钢筋混凝土楼梯的设计首先要了解楼梯的形式、特点和适用范围，分析楼梯的受力并计算，以及楼梯的构造知识，要完成该任务需以下知识。

楼梯是多层及高层房屋的竖向通道，是房屋的重要组成部分。楼梯有很多形式：按施工方法可分为整体式楼梯和装配式楼梯；按平面布置可分为直跑楼梯、双跑楼梯、三跑楼梯、旋转楼梯等。按结构受力可分为板式楼梯、梁式楼梯、悬挑楼梯、螺旋楼梯等，如图 6-3-2 所示。

板式楼梯的特点是下表面平整，支模施工方便，外观轻巧美观，但是当斜板的跨度 l 较大时，板厚 h 较大而不够经济。当板跨 l 在 3m 以内时，板式楼梯的经济指标较好。

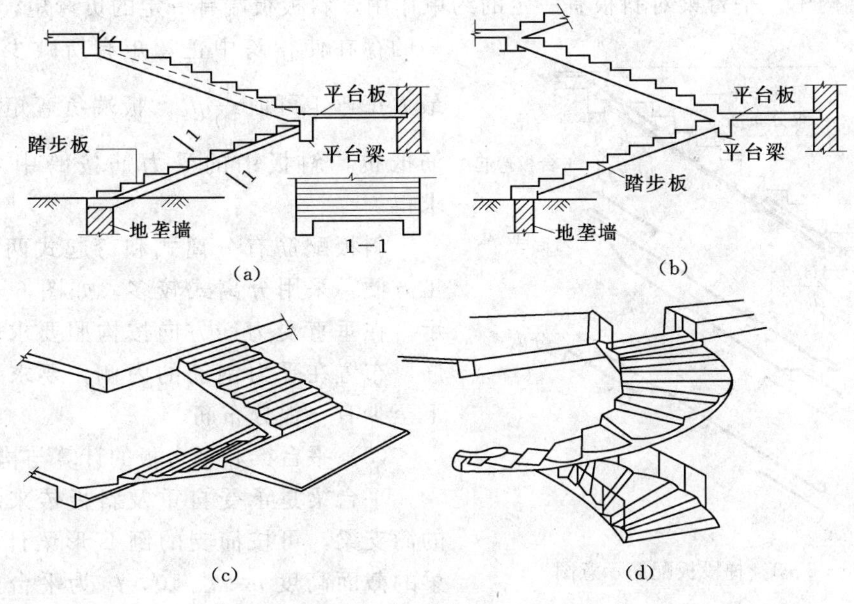

图 6-3-2　各种楼梯示意图

梁式楼梯的特点是当梯段较长时较为经济，但支模，施工复杂，外观显得笨重。斜梁一般放在踏步板两侧，采用钢筋混凝土栏板时，可利用栏板兼做斜梁。在砌体结构中，也有将踏步板一侧直接支承于楼梯间的承重墙上，可节约一侧的斜梁。但砌体构造复杂，且踏步板对墙体有削弱，使用时应注意这些问题。

1. 现浇板式楼梯的计算与构造

一般当楼梯的跨度不大(水平投影长度小于 3m)、使用荷载较小，或公共建筑中为符合卫生和美观的要求时，宜采用板式楼梯。

(1)板式楼梯的受力特点。

板式楼梯由梯段斜板、平台板和平台梁组成。梯段斜板自带三角形踏步，两端分别支承在上、下平台梁上(底层第一梯段斜板可支承在地垄墙上)，平台板两端分别支承在平台梁或楼层梁上，而平台梁两端支承在楼梯间侧墙或柱上。板式楼梯的荷载传递途径为：

梯段上荷载 —均布荷载→ 斜板 —均布荷载→ 平台梁 —集中荷载→ 楼梯间侧墙(或柱)

平台板上荷载 —均布荷载→ 平台梁

(2)梯段板的计算与构造。

板式楼梯的梯段板可近似按简支单向平板计算，上下平台梁是斜板的支座，板跨取平台梁中心至中心的斜长。斜板的截面计算高度取垂直于斜板轴线的最小高度，不考虑三角形踏步部分的作用。均布荷载 q 包括踏步板与板的自重和活荷载，沿斜板水平投影方向竖直向下作用；斜板与水平方向夹角 α，简支斜板的最大内力为：

$$M_{max}=\frac{1}{8}ql_0^2,\ V_{max}=\frac{ql_0\cos\alpha}{2}$$

式中　l_0——斜板水平投影长度，mm。

实际结构中，平台梁对斜板有一定的约束作用，斜板板端有一定的负弯矩，支座负弯矩的存在使得跨中正弯矩有所减少，故跨中最大正弯矩可取$\frac{1}{10}ql_0^2$。板端负弯矩由构造钢筋抵抗，斜板中的受力筋按跨中弯矩计算求得。

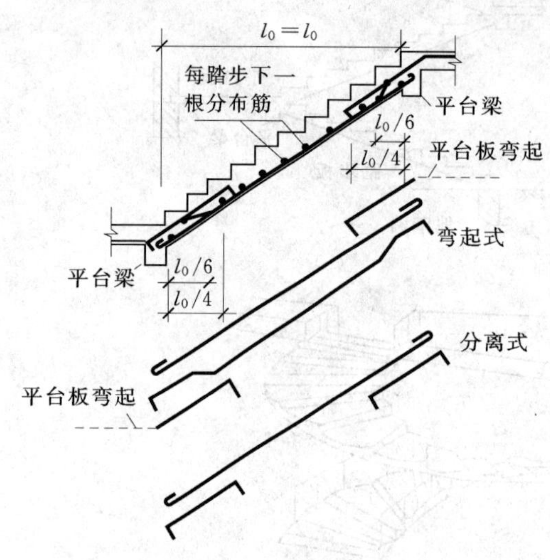

图 6-3-3　梯段板配筋示意图

斜板配筋有分离式和弯起式两种，为施工方便，采用分离式较多，如图 6-3-3 所示。在垂直受力筋方向按构照要求配置分布筋，布置在受力钢筋的内侧，要求每个踏步下至少有一根分布筋。

(3) 平台梁和平台板的计算与构造。

平台梁是承受自重及斜板传来均布荷载的简支梁，可按简支的倒 L 形梁计算。平台梁的截面高度 $h=l_0/10$，l_0 为平台梁的计算跨度，其他构照要求与一般的梁相同。

平台板视支承条件不同，可能是两对边简支板或悬臂板，其配筋方式及构照与普通板一样。

2. 现浇梁式楼梯的计算与构造

当梯段跨度较大（水平投影长度大于 3m）、且使用荷载较大时，宜采用梁式楼梯。

(1) 梁式楼梯的受力特点。

梁式楼梯由踏步板、斜梁、平台板和平台梁组成。踏步板两端支承在斜梁上，斜梁两端分别支承在上、下平台梁（有时一端支承在层间楼面梁）上，平台板支承在平台梁或楼层梁上，而平台梁则支承在楼梯间两侧的墙上。梁式楼梯的荷载传递途径为：

梯段荷载 —均布荷载→ 踏步板 —均布荷载→ 斜梁 —集中荷载→ 平台梁 ——→ 楼梯间侧墙（或柱）

平台板上荷载 —均布荷载→ 平台梁

梁式楼梯中各构件均可简化为简支受弯构件计算。与板式楼梯不同之处在于，梁式楼梯中的平台梁除承受平台板传来的均布荷载外，还承受斜梁传来的集中荷载。

(2) 踏步板的计算与构造。

梁式楼梯的踏步板近似按简支在斜梁上的单向平板计算，取一个踏步作为计算单元，板厚取梯形踏步的平均高度，如图 6-3-4 所示。按受弯构件正截面强度计算配筋，每个踏步内不少于 2Φ8 钢筋。此外，沿整个梯段斜梁方向应布置间距不大于 250mm 的分布钢筋，位于受力钢筋的内侧。

(3) 斜梁的计算与构造。

斜梁承受由踏步板传来的均布荷载及自重，按简支受弯构件进行设计，梁中最大弯矩和剪力计算的方法同板式楼梯的斜板。若踏步板与斜梁整浇，计算时可考虑踏步板参与斜梁的工作，取斜梁截面为倒 L 形，其内力计算简图如图 6-3-4 所示。斜梁端部纵筋必须

放在平台梁纵筋上面，梁端上部应设置负弯矩钢筋，斜梁纵筋在平台梁中的锚固长度应满足受拉钢筋锚固长度的要求。其他构造同一般梁，如图6-3-6所示。

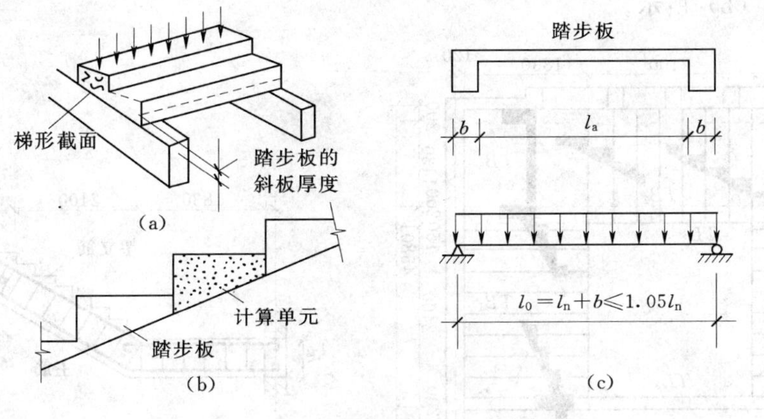

图6-3-4　梁式楼梯踏步板计算简图

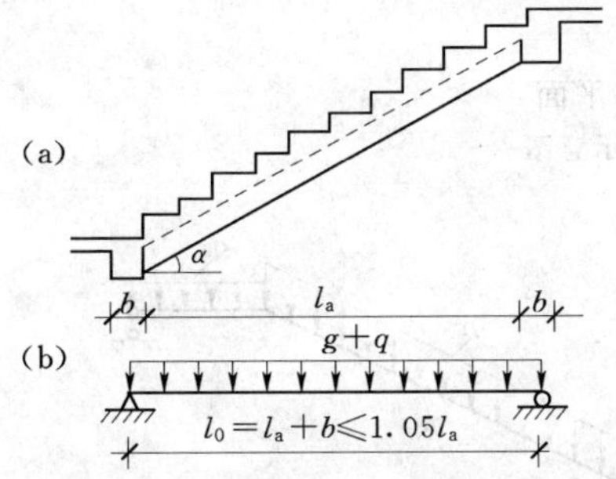

图6-3-5　梯段斜梁的计算简图

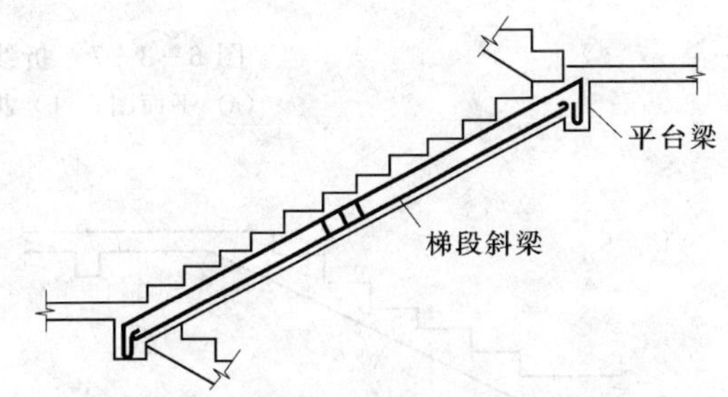

图6-3-6　梯段斜梁的配筋示意图

(4) 平台梁与平台板的计算与构造。

梁式楼梯的平台梁由于要承受斜梁传来的集中荷载，因此在平台梁与斜梁相交处，应在平台梁中斜梁两侧设置附加箍筋或吊筋，其要求与钢筋混凝土主梁内附加钢筋要求相同。

平台梁和平台板的计算与配筋构造同板式楼梯。

3. 折线形楼梯的计算与构造

当建筑物层高较大、楼梯间进深不够时，也可设计成板式梁式混合形的三折式楼梯，如图6-3-7 (a) 所示。其中，TB_1 为板式楼梯，其一端支承在 TL_2 上，另一端支承在 TL_3 上；TB_2 为梁式楼梯；其梁 TL_1、TL_2 均为折线形梁。有时还需要采用折线形梯段板，如图6-3-8 (a) 所示。

折线形楼梯梁（板）的计算与普通梁（板）式楼梯一样，一般将斜梯段梁（板）上的荷载化为沿水平长度方向分布的荷载［见图6-3-8 (b)］，再折算成简支梁［见图6-3-8 (c)］，计算其 M_{max} 及 V_{max} 值。

由于折线形楼梯在梁（板）弯折处形成内角，在配筋时，若钢筋沿内折角连续配置，则此处受拉钢筋将产生较大的向外的合力，可使该处混凝土保护层剥落，钢筋被拉出而失去作用，如图6-3-9（a）所示。因此，在内折角处应将纵向受力钢筋断开并分别进行锚固，如图6-3-9（b）所示。在梁的内折角处箍筋还应适当加密，折线形梁的配筋构造，如图6-3-7（b）所示。

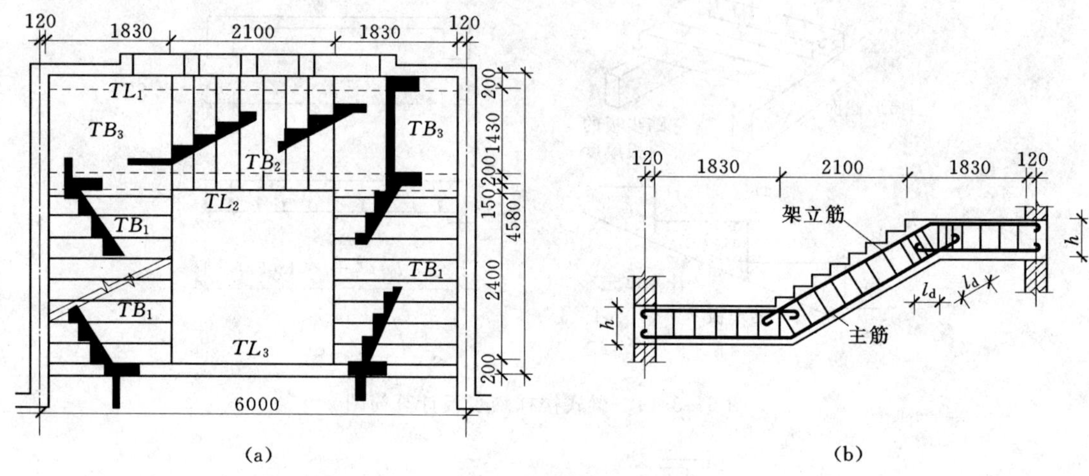

图6-3-7　折线形楼梯平面

（a）平面图；（b）折梁配筋示意图

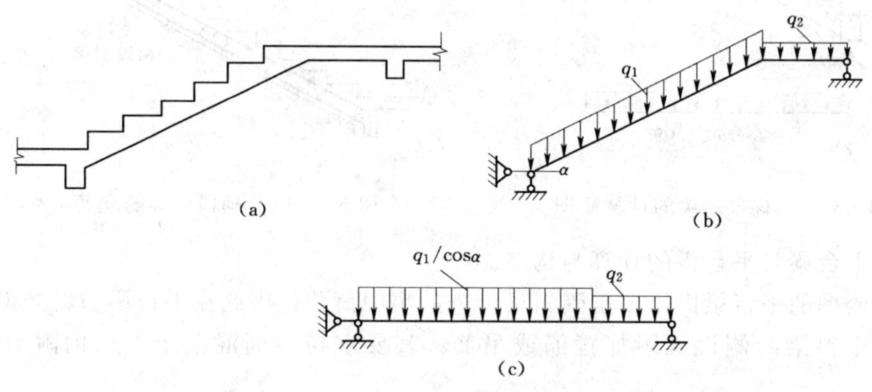

图6-3-8　折板式楼梯的计算简化处理

（a）折线形梯形板；（b）将斜梯段荷载化为水平长度方向分布荷载；（c）折算为简支梁

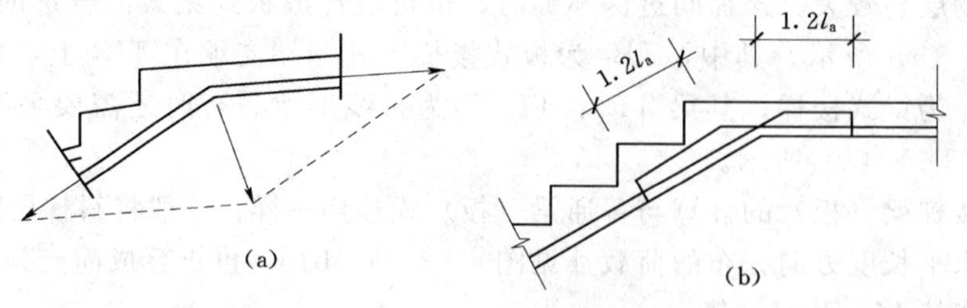

图6-3-9　折线形楼梯板在曲折处的配筋

（a）混凝土保护层剥落，钢筋被拉出；（b）转角处钢筋的锚固措施

三、任务实施

1. 确定截面尺寸

(1) 平台梁：平台梁高度，$h=(1/12\sim1/8)\times3600\text{mm}=(300\sim450)\text{mm}$，取 $h=300\text{mm}$，平台梁宽度取 200mm。

(2) 梯段斜板厚度：$h=(1/30\sim1/25)l_0=(1/30\sim1/25)\times3600\text{mm}=(120\sim144)\text{mm}$，取 $h=120\text{mm}$。

(3) 平台板厚度：按单向板考虑，$h=l_0/35=1600\text{mm}\div35=46\text{mm}$，取 $h=70\text{mm}$

2. 梯段板的计算

取 1m 宽板带作为计算单元。

(1) 荷载计算

楼体斜板的倾角　　$\alpha=\tan^{-1}\dfrac{150}{300}=26°57', \cos\alpha=0.894$

恒荷载：踏步板重　　$1/2\times0.3\times0.15\times25\text{kN/m}\times1/0.3=1.875\text{kN/m}$

斜板重　　$0.12\times25\text{kN/m}\times1/0.894=3.356\text{kN/m}$

20mm 厚水泥砂浆面层　　$(0.3+0.15)\times0.02\times20\text{kN/m}\times1/0.3=0.60\text{kN/m}$

恒荷载标准值　　$g_k=(1.875+3.356+0.60)\text{kN/m}=5.831\text{kN/m}$

恒荷载设计值　　$g=1.2\times5.831\text{kN/m}=6.997\text{kN/m}$

活荷载：活荷载标准值　　$q_k=2.50\times1\text{kN/m}=2.50\text{kN/m}$

活荷载设计值　　$q=1.4\times2.50\text{kN/m}=3.50\text{kN/m}$

总荷载设计值　　$p=(6.997+3.5)\text{kN/m}=10.497\text{kN/m}$

(2) 内力计算：

计算跨度取　　$l_0=3.6\text{m}$

跨中最大弯矩　　$M=1/10pl_0^2=(1/10\times10.497\times3.6^2)\text{kN}\cdot\text{m}=13.6\text{kN}\cdot\text{m}$

(3) 配筋估算：

$$h_0=(120-25)\text{mm}=95\text{mm}$$

$$\alpha_s=\frac{M}{\alpha_1 f_c bh_0^2}=\frac{13.6\times10^6}{1.0\times9.6\times1000\times95^2}=0.157$$

$$\xi=1-\sqrt{1-2\alpha_s}=1-\sqrt{1-2\times0.157}=0.172<\xi_b=0.614$$

$$\gamma_s=1-0.5\xi=1-0.5\times0.172=0.914$$

$$A_s=\frac{M}{\gamma_s h_o f_y}=\frac{13.6\times10^6}{0.914\times95\times210}=746\text{mm}^2$$

受力钢筋选用Φ10@100，$A_s=785\text{mm}^2$。

分布钢筋选用Φ6@200。

3. 平台板的计算

取 1m 宽作为计算单元。

(1) 荷载计算：

恒荷载：20mm 厚面层　　$0.02\times20\times1\text{kN/m}=0.40\text{kN/m}$

平台板自重	$0.07\times25\times1\text{kN/m}=1.75\text{kN/m}$
恒荷载标准值	$g_k=0.40+1.75\text{kN/m}=2.15\text{kN/m}$
恒荷载设计值	$g=1.2\times2.15\text{kN/m}=2.58\text{kN/m}$
活荷载：活荷载标准值	$q_k=2.50\times1\text{kN/m}=2.50\text{kN/m}$
活荷载设计值	$q=1.4\times2.50\text{kN/m}=3.50\text{kN/m}$
总荷载设计值	$p=2.58+3.50\text{kN/m}=6.08\text{kN/m}$

(2) 内力计算。

计算跨度　$l_0=(l_n+h/2)=(1.4+0.07/2)\text{m}=1.435\text{m}$

跨中最大弯矩　$M=1/8pl_0^2=(1/8\times6.08\times1.435)\text{kN}\cdot\text{m}=1.57\text{kN}\cdot\text{m}$

(3) 配筋估算　$h_0=(70-25)\text{mm}=45\text{mm}$。

$$\alpha_s=\frac{M}{\alpha_1 f_c bh_0^2}=\frac{15.7\times10^6}{1.0\times9.6\times1000\times45^2}=0.081$$

$$\xi=1-\sqrt{1-2\alpha_s}=1-\sqrt{1-2\times0.081}=0.0845<\xi_b=0.614$$

$$\gamma_s=1-0.5\xi=1-0.5\times0.0845=0.958$$

$$A_s=\frac{M}{\gamma_s h_o f_y}=\frac{1.57\times10^6}{0.958\times45\times210}=173\text{mm}^2$$

受力钢筋选用 ϕ6@160，$A_S=177\text{mm}^2$；分布钢筋选用 ϕ6@200 梯段板和平台板的配筋见图 6-3-10。

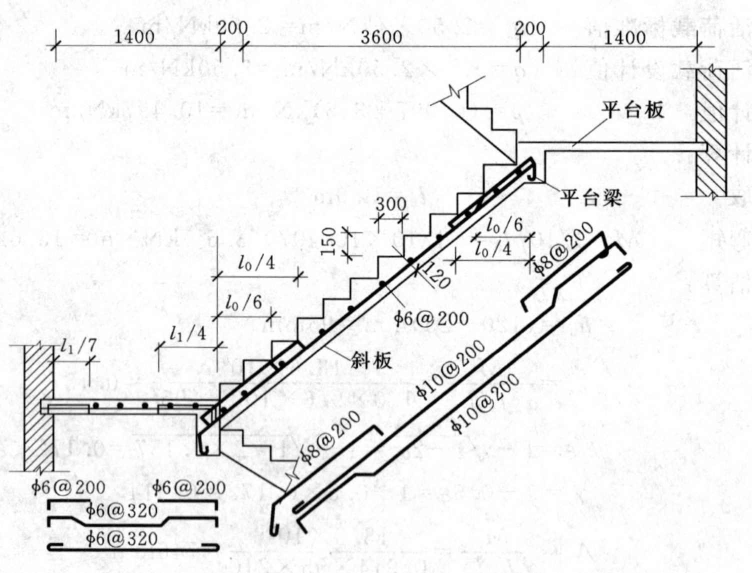

图 6-3-10　踏步板的配筋图

4. 平台梁的计算

(1) 荷载计算：

梯段板传来荷载　$(10.497\times3.36/2)\text{kN/m}=18.89\text{kN/m}$

平台板传来荷载　$6.08\times(1.4/2+0.2)\text{kN/m}=5.47\text{kN/m}$

梁自重　$1.2\times0.2\times(0.3-0.07)\times25\text{kN/m}=1.38\text{kN/m}$

梁上总荷载设计值　$p=25.74\text{kN/m}$

(2) 内力计算：

计算跨度　$l_0=l_n+a=(3.0+0.24)\text{m}=3.24\text{m}$

$$l_0=1.05l_n=(1.05\times3.0)\text{m}=3.15\text{m}$$

取 $l_0=3.15\text{m}$

跨中弯距　$M=1/8pl_0^2=(1/8\times25.74\times3.15^2)\text{kN}\cdot\text{m}=31.93\text{kN}\cdot\text{m}$

支座剪力　$V=1/2pl_n=(1/2\times25.74\times3.0)\text{kN}=38.61\text{kN}$

(3) 配筋计算：正截面按第一类倒L形截面计算，翼缘宽度为

$$b_f'=l_0/6=3150/6=525\text{mm}$$

$$h_0=(300-40)\text{mm}=260\text{mm}$$

受力钢筋：

$$\alpha_s=\frac{M}{\alpha_1 f_c bh_0^2}=\frac{31.93\times10^6}{1.0\times9.6\times525\times260^2}=0.094$$

$$\xi=1-\sqrt{1-2\alpha_s}=1-\sqrt{1-2\times0.094}=0.099<\xi_b=0.614$$

$$\gamma_s=1-0.5\xi=1-0.5\times0.099=0.951$$

$$A_s=\frac{M}{\gamma_s h_o f_y}=\frac{31.93\times10^6}{0.951\times260\times210}=615\text{mm}^2$$

受力钢筋选用 3Φ16，$A_s=603\text{mm}^2$

斜截面箍筋计算：

$$0.7f_tbh_0=0.7\times1.1\times200\times260=40.04\text{kN}>V_{max}=38.61\text{kN}$$

故箍筋可按照构造要求配置，采用Φ6@200钢筋布置。

模块七　钢筋混凝土多层及高层结构房屋设计简介

学习目标

1. 熟悉多层及高层钢筋混凝土结构的基本类型，能进行多层及高层建筑的结构方案及体系的选择。

2. 掌握框架结构设计的基本思路、基本方法，能对简单框架结构进行分析设计。

3. 掌握框架结构的构造要求，能合理选择截面尺寸并设计构件间连接构造。

4. 了解剪力墙结构的受力特点，掌握剪力墙结构的构造措施，能按标准图集对剪力墙结构施工图进行初步审校。

5. 了解框架—剪力墙结构的受力特点，掌握框架—剪力墙结构的构造措施，能按标准图案对框架—剪力墙结构施工图进行初步校审。

任务1　钢筋混凝土多层及高层房屋结构体系认识

一、任务描述

查阅相关资料了解国内外高层及身边多层钢筋混凝土的基本类型，并分析其结构体系的组成及特点。

二、任务知识点

1. 多层及高层房屋的界定

对于高层建筑的定义，世界各国有不同的划分标准，或者说不同的国家有不同的规定。

我国《高层建筑混凝土结构技术规程》(JGJ3—2002）中，把10层及10层以上或房屋高度超过28m的非抗震设计和抗震设防烈度为6至9度抗震设计的民用建筑结构规定为高层结构，9层及9层以下为多层房屋。

我国《民用建筑设计通则》(GB 50352—2005）中，把一层至三层为定义低层住宅，四层至六层为多层住宅，七层至九层为中高层住宅，十层及十层以上为高层住宅；除住宅建筑之外的民用建筑高度不大于24m者为单层和多层建筑，大于24m者为高层建筑（不包括建筑高度大于24m的单层公共建筑）；建筑高度大于100m的民用建筑为

超高层建筑。

2. 多层及高层房屋常用结构体系

所谓结构体系，是指结构抵抗外部作用的构件类型和组成方式。在多、高层建筑中，随高度增加，抵抗水平力作用下的侧向变形是主要问题。因此，抗侧力结构体系的合理选择和布置，就成为高层建筑结构设计的关键。高层建筑的基本抗侧力单元有框架、剪力墙、实腹筒、框筒等，由此组成的结构体系常用的有以下几种。

(1) 框架结构体系。

框架结构主要由楼板、梁、柱及基础四种承重构件组成。由主梁、柱与基础构成平面框架，是主要的承重结构，(见图7-1-1)。各平面框架再由联系梁联系起来，形成一个空间结构体系。

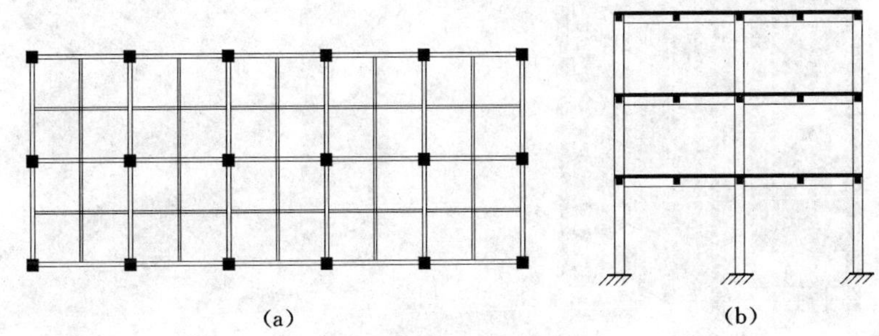

图7-1-1　框架结构

(a) 框架结构平面布置图；(b) 框架结构立面布置图

1) 现浇整体式框架。

框架的全部构件均在现场整体浇筑而成。其优点是结构整体性好、刚度大、抗震性好、构件尺寸不受标准构件的限制、节省钢材、造价低等，缺点是需耗用大量模板、现场工作量大、工期长、北方冬季施工要求防冻等，适用于使用需求高、功能复杂、抗震要求强的多高层框架。

2) 装配式框架。

其全部构件均为预制，然后进行吊装，通过预埋件焊接连接成整体。其优点是可以做到标准化和定型化，加快施工进度和提高工业化程度，节约模板和缩短工期，还可以大量采用预应力混凝土构件；缺点是增加了节点的连接件，总用钢量增多，且框架整体性较差，不宜用于地震区。

3) 装配整体式框架。

其板、梁、柱均为预制，待安装就位后，再局部现浇混凝土使预制构件连接成整体的框架。与装配式框架相比，保证了节点的刚度、结构整体性好、可节省连接件，但增加了现场混凝土的二次浇筑工作量。由于它兼有现浇整体式框架与装配式框架的一些优点，所以应用比较广泛，适用于地震区采用。

优点：①建筑平面布置灵活，分隔方便；②整体性、抗震性能好，设计合理时结构具有较好的塑性变形能力；③外墙采用轻质填充材料时，结构自重小。

缺点：侧向刚度小，抵抗侧向变形能力差。正是这一点，限制了框架结构的建造高度。

使用范围：一般适宜 6～15 层，25～40m。框架结构广泛应用于办公、住宅、商店、医院、旅馆、学校及多层工业厂房和仓库的建筑中。

(2) 剪力墙结构体系。

一般是在钢筋混凝土结构中，用实心的钢筋混凝土墙片作为抗侧力单元，同时由墙片承担竖向荷载，见图 7-1-2。

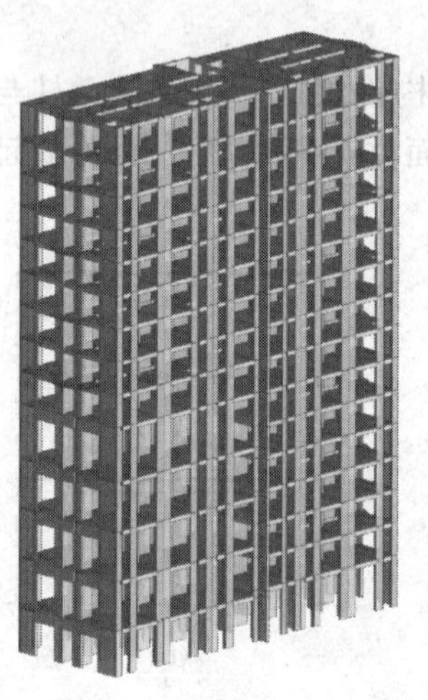

图 7-1-2　剪力墙结构

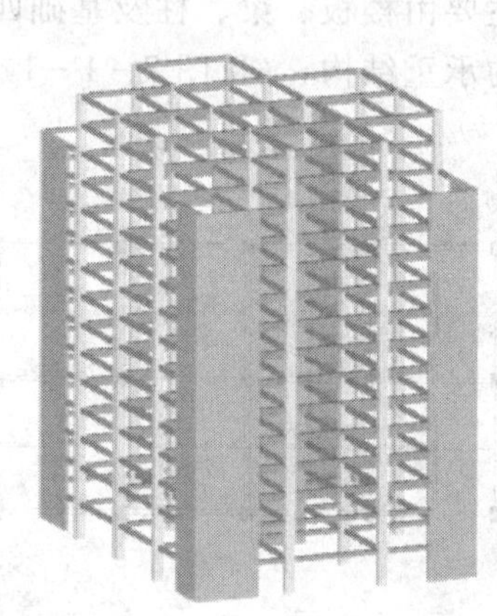

图 7-1-3　框架-剪力墙结构

优点：①整体性好、刚度大，抵抗侧向变形能力强；②抗震性能较好，设计合理时结构具有较好的塑性变形能力。因而剪力墙结构适宜的建造高度比框架结构要高。

缺点：受楼板跨度的限制（一般为 3～8m），剪力墙间距不能太大，建筑平面布置不够灵活。

特殊情况下，为了在建筑底部做成较大空间，有时将剪力墙底部做成为框架柱，形成框支剪力墙。但是这种墙体上、下刚度形成突变，对抗震极为不利。故在地震区不允许采用框支剪力墙结构体系。可以采用部剪力墙分落地、部分剪力墙框支的结构体系，并且在构造上：①落地墙布置在两端或中部，纵、横向连接围成筒体；②落地墙间距不能过大；③落地剪力墙的厚度和混凝土的等级要适当提高，使整体结构上、下刚度相近；④应加强过渡层楼板的整体性和刚度。

使用范围：不适用于大空间公共建筑，适宜旅馆、住宅，可建 100－150 层，地震区较一般建造 15～30 层，50～100m 较为经济。

(3) 框架-剪力墙结构体系。

将框架、剪力墙两种抗侧力结构结合在一起使用，或者将剪力墙围成封闭的筒体，再与框架结合起来使用，就形成了框架-剪力墙结构体系。这种结构形式具备了纯框架结构和纯剪力墙结构的优点，同时克服了纯框架结构抗侧移刚度小和纯剪力墙结构平面布置不够灵活的缺点。

在框架-剪力墙结构体系中，剪力墙的布置应注意以下几点：

1) 剪力墙以对称布置为好，可减少结构的扭转。这一点在地震区尤为重要；

2）剪力墙应上下贯通，使结构刚度连续而且变化均匀；

3）剪力墙宜布置成筒体，建筑层数较少时，也应将剪力墙布置成T形、L形、I形等。便于剪力墙更好地发挥作用；

4）剪力墙应布置在结构的外围，可以加强结构的抗扭作用。但是考虑温度应力的影响和楼板平面内的变形，剪力墙的间距不应过大。剪力墙间距应符合表7-1-1的要求。

表7-1-1　横向剪力墙的最大间距

楼盖形式	非抗震设计	抗震设计设防烈度		
		6～7度	8度	9度
现　浇	≤5B ≤60m	≤4B ≤50m	≤3B ≤40m	≤2B ≤30m
装配整体	≤3.5B ≤50m	≤3B ≤40m	≤2.5B ≤30m	*B为楼板宽度

使用范围：一般10～20层。

（4）筒体结构体系。

筒体结构是指由若干片剪力墙围成的封闭井筒式结构，结构竖向和水平作用主要由筒体承受，其受力情况相当于一个固定于基础上的筒形悬臂构件。

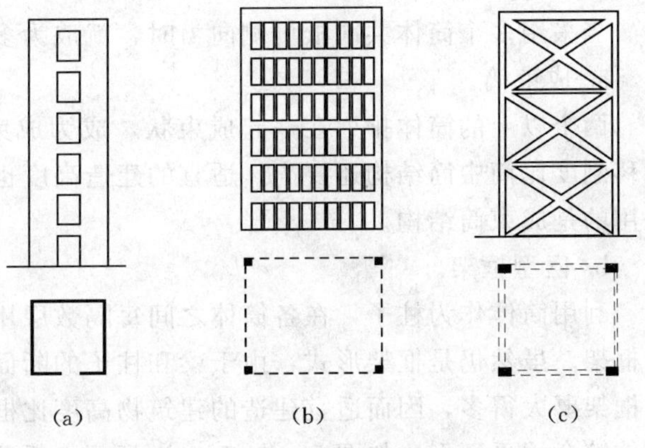

图7-1-4　筒体结构基本形式

（a）实腹筒；（b）框筒；（c）桁架筒

根据开孔的多少，筒体有实腹筒、框筒和桁架筒之分。根据房屋高度及其所受水平力不同，筒体可以布置成内筒结构、外筒结构、筒中筒结构。

1）内筒结构。

建筑物内部是由剪力墙围成的筒体结构为内筒结构，如图7-1-5（a）所示。高层建筑的电梯间一般都可以认为是该建筑的内筒。内筒结构一般的建筑高度为30～50层。

2）外筒结构。

建筑物的外围是由剪力墙或由密柱构成的筒体结构为外筒结构，如图7-1-5（b）所示。外筒结构的建筑高度在30～50层。

3）筒中筒结构。

筒中筒结构体系是由内筒和外筒两个筒体组成的结构体系。内筒通常是由剪力墙围成的实腹筒，而外筒一般采用框筒或桁架筒。其中框筒是指由密柱深梁框架围成的筒体，桁架筒则是筒体的四壁采用桁架做成。与框筒相比，桁架筒具有更大的抗侧移刚度。

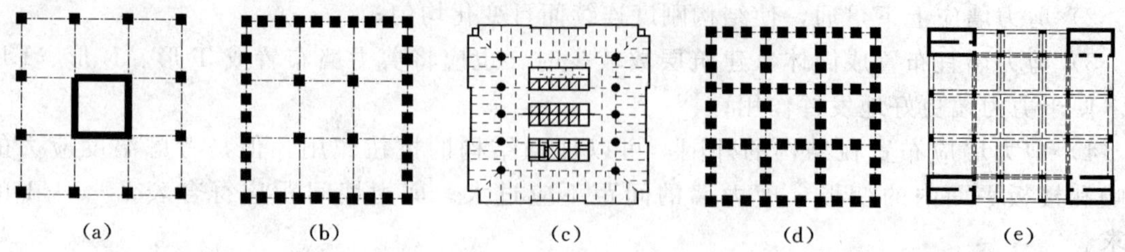

图 7-1-5　筒体结构体系的类型

(a) 内筒结构；(b) 外筒结构；(c) 筒中筒结构；(d) 成束筒结构；(e) 巨型框构

如图 7-1-5 中（c）图为武汉佳丽广场平面图，该广场采用钢筋混凝土筒中筒结构，平面中部的楼梯间、电梯间钢筋混凝土墙组成核心筒，周边以小间距柱组成外框筒。

筒体最主要的特点是它的空间受力性能。无论哪一种筒体，在水平力的作用下都可以看成是固定于基础上的悬臂结构，比单片平面结构具有更大的抗侧移刚度和承载能力，因而适宜建造高度更高的超高层建筑。同时，由于筒体的对称性，筒体结构具有很好的抗扭刚度。

筒中筒结构一般建筑高度在 30 层以上。

4）多筒体系。

当采用多个筒体共同抵抗侧向力时，就成为多筒体系。有以下两种形式：

a. 成束筒。

两个以上的筒体排列在一起成束状，成为成束筒［见图 7-1-5（d)］。成束筒的抗侧移刚度比筒中筒结构还要高，适宜的建造高度也更高。如目前世界最高建筑迪拜塔，就采用的是成束筒结构。

b. 巨型框架。

利用筒体作为柱子，在各筒体之间每隔数层用巨型大梁相连，由筒体和巨型梁形成巨型框架。虽然仍是框架形式，由于梁和柱子的断面尺寸很大，巨型框架的抗侧移刚度比一般框架要大得多，因而适宜建造的建筑物高度比框架结构要大的多。如南京电信局鼓楼多媒体综合楼平面形式如图 7-1-5（e）所示，采用的就是巨型框架结构形式。

多筒体系建筑高度可达 100 层以上。

3. 结构体系的选择及最大适用高度

按照我国《钢筋混凝土高层建筑设计与施工规程》(JC3—2002)，钢筋混凝土高层建筑结构的最大适用高度和高宽比应分为 A 级和 B 级。B 级高度高层建筑结构的最大适用高度和高宽比可较 A 级适当放宽，其结构抗震等级、有关的计算和构造措施应相应加严。

A 级高度钢筋混凝土乙类和丙类高层建筑的最大适用高度应符合表 7-1-2 的规定，具有较多短肢剪力墙的剪力墙结构的最大适用高度应比表 7-1-2 中规定值适当降低，且 7 度和 8 度抗震设计时分别不应大于 100m 和 60m。框架-剪力墙、剪力墙和筒体结构高层建筑，其高度超过表 7-1-2 规定时为 B 级高度高层建筑。B 级高度钢筋混凝土乙类和丙类高层建筑的最大适用高度应符合表 7-1-3 的规定。

表 7-1-2　**A级高度钢筋混凝土高层建筑的最大适用高度**　单位：m

结构体系		非抗震设计	抗震设计			
			6度	7度	8度	9度
框架		70	60	55	45	25
框架—剪力墙		140	130	120	100	50
剪力墙	部分框支	130	120	100	80	不应采用
	无框支	150	140	120	100	60
筒中筒及成束筒		180	180	150	120	70

注　1. 房屋高度室外地面至主要屋面的高度，不包括局部突出屋面的电梯机房、水箱、构架等高度。
2. 甲类建筑，6、7、8度时宜按本地区抗震设防烈度提高1度后符合本表的要求，9度时应专门研究。

表 7-1-3　**B级高度钢筋混凝土高层建筑的最大适用高度**　单位：m

结构体系		非抗震设计	抗震设计		
			6度	7度	8度
框架—剪力墙		170	160	140	120
剪力墙	部分框支	150	140	120	100
	无框支	180	170	150	130
筒中筒及成束筒		300	280	230	170

注　1. 房屋高度室外地面至主要屋面的高度，不包括局部突出屋面的电梯机房、水箱、构架等高度。
2. 甲类建筑，6、7度时宜按本地区抗震设防烈度提高1度后符合本表的要求，8度时应专门研究。

此外，选择结构体系时还应注意：

(1) 结构的自振周期避开场地的特征周期，以免发生共振而加重震害。

(2) 选择合理的基础形式，保证基础有足够的埋置深度，有重要条件时宜设置地下室。在软弱地基上宜选用桩基、筏片基础、箱形基础或桩-箱、桩-筏联合基础。

任务2　某多层办公楼框架结构设计简介

一、任务描述

某五层钢筋混凝土框架结构办公楼，其建筑平面图、剖面图如图7-2-1所示。建筑平面尺寸为54.6×16.8m，总建筑面积约为4800m^2；层高3.3m，总高度为17.1m。采用条形基础，室内地坪为±0.000m，室外内高差0.6m。楼面、屋面板均为现浇板。

设计使用年限50年；Ⅱ类场地；地震烈度8度，设计地震分组为第一组；基本雪压值：0.25kN/m^2。

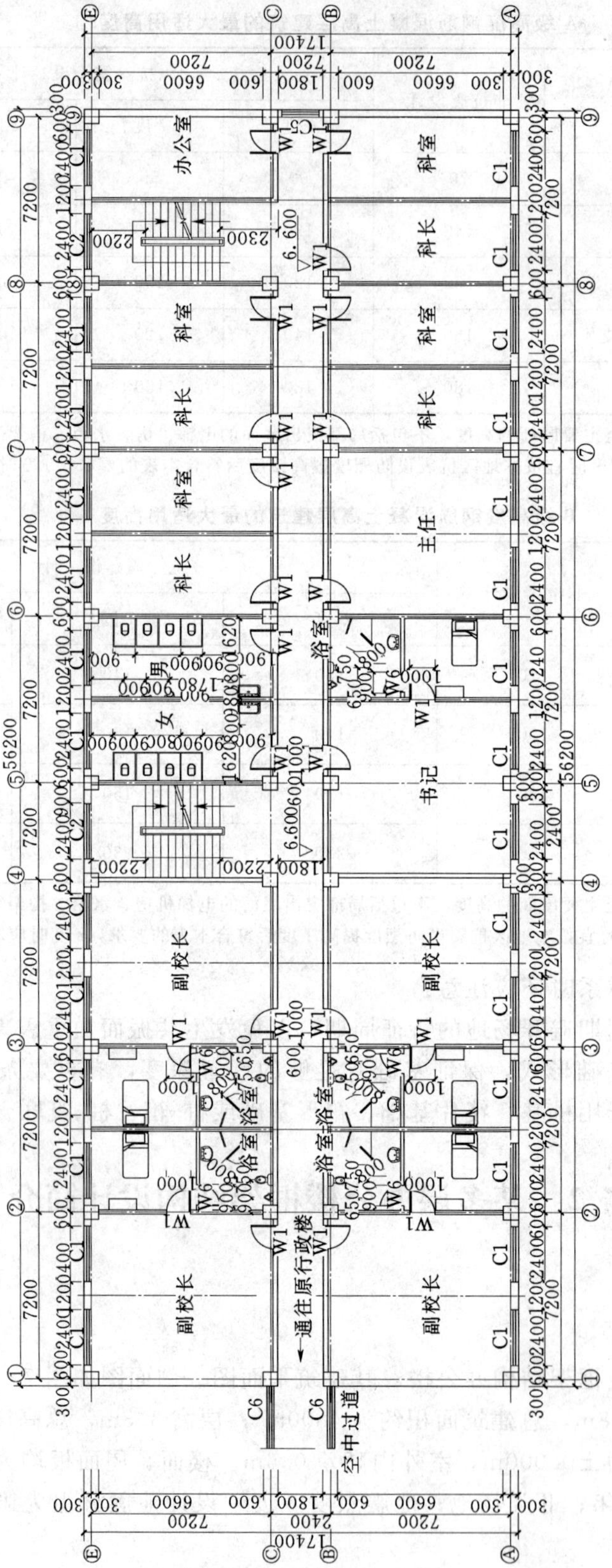

（a）

图7-2-1（一）　某多层办公楼建筑平面图

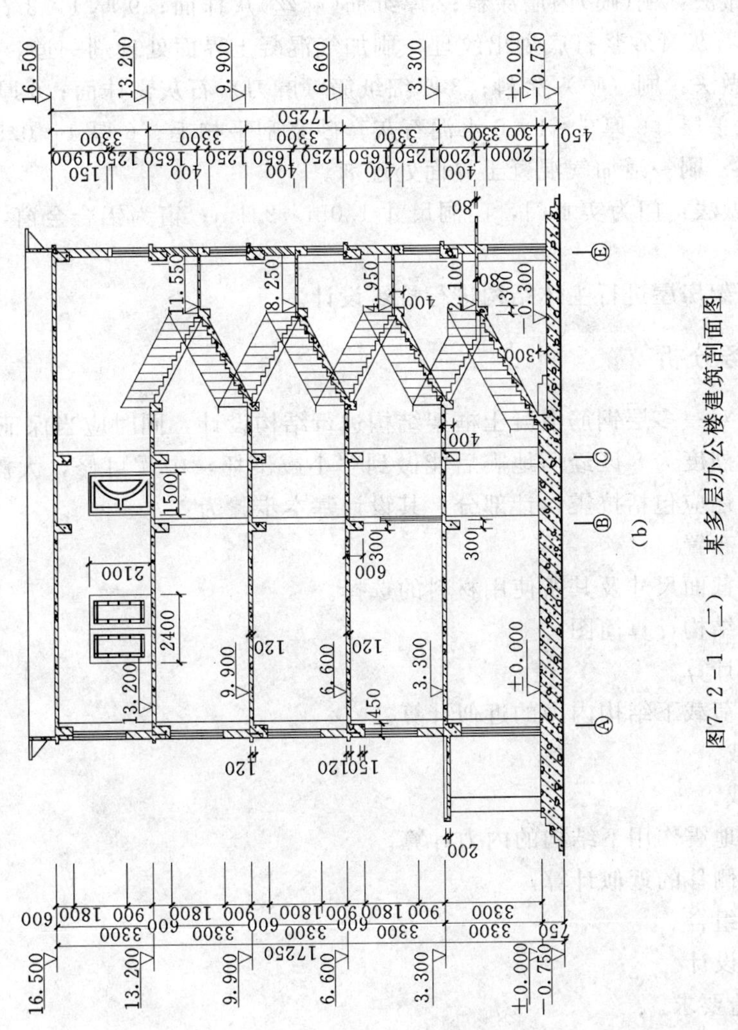

(b)

图7-2-1（二）　某多层办公楼建筑剖面图

建筑做法：

(1) 屋面做法：20厚1∶3水泥砂浆找平层；SBS防水层；150厚水泥蛭石保温层；100厚钢筋混凝土基层；20厚板底抹灰；V形轻钢龙骨吊顶。

(2) 楼面做法：20厚花岗石楼面；20厚1∶4干硬性水泥砂浆结合层；120厚钢筋混凝土板；V形轻钢龙骨吊顶。

(3) 墙体做法：填充墙采用蒸压粉煤灰混凝土砌块，外墙300mm，内墙200mm。

1) 内墙做法：刷(喷)内墙涂料;2厚纸筋(麻丝)灰抹面；9厚1∶3石灰膏砂浆；5厚1∶3∶9水泥石灰膏砂浆打底划出纹理；刷加气混凝土界面处理剂一道。

2) 外墙做法：刷（喷）涂料；3厚细纸筋（麻刀）石灰膏抹面；6厚1∶0.2∶2水泥石灰膏砂浆找平层；6厚1∶1∶6水泥石灰膏砂浆刮平扫毛；6厚1∶0.5∶4水泥石灰膏砂浆打底扫毛；刷一道加气混凝土界面处理剂。

3) 门窗做法：门为实木门，门洞尺寸1.0m×2.1m；窗为铝合金窗，窗洞尺寸1.8m×2.4m。

试对此框架房屋进行主体结构进行抗震设计。

二、任务分析

该任务是对一多层钢筋混凝土框架结构进行结构设计，同时应当保证所设计的结构能够在抗震设防烈度为8区经历地震后能做到“小震不坏，中震可修，大震不倒”，因而对此结构的设计还应包括抗震设计部分。其设计基本步骤为：

(1) 结构布置。

(2) 构件截面尺寸及其所使用材料的选择。

(3) 框架结构计算简图。

(4) 荷载计算。

(5) 竖向荷载下结构内力的近似计算。

1) 恒荷载。

2) 活荷载。

(6) 水平地震作用下结构的内力计算。

(7) 结构侧移的近似计算。

(8) 内力组合。

(9) 截面设计。

(10) 构造要求。

三、任务知识点

1. 抗震设计基础知识

(1) 抗震设防目标及方法。

1) 总目标。

通过抗震设防，减轻建筑的破坏，避免人员死亡，减轻经济损失。具体通过“三水准”的抗震设防要求和“两阶段”的抗震设计方法实现。

2）“三水准”抗震设防目标。

当遭受低于本地区抗震设防烈度的多遇地震影响时，一般不受损坏或不需修理可继续使用。

当遭受相当于本地区抗震设防烈度的地震影响时，可能损坏，经一般修理或不需修理仍可继续使用。

当遭受高于本地区抗震设防烈度的预估的罕遇地震影响时，不致倒塌或发生危及生命的严重破坏。

3）“两阶段”抗震设计方法。

第一阶段：

对绝大多数结构进行小震作用下的结构和构件承载力验算；在此基础上对各类结构按规定要求采取抗震措施。

第二阶段：

对一些规范规定的结构进行大震作用下的弹塑性变形验算。

（2）抗震设防范围。

一般情况下，抗震设防烈度可采用中国地震动参数区划图的地震基本烈度。对已编制抗震设防区划的城市，可按国家规定的权限审批批准的抗震设防烈度或设计地震动参数进行抗震设防。

抗震设防烈度为 6 度及以上地区的所有新建建筑工程均必需进行抗震设计。

《建筑抗震设计规范》（GB 50011—2010）适用于 6～9 度地区抗震设计及隔震、消能减震设计。

超过 9 度的地区和行业有特殊要求的工业建筑按有关专门规定执行。

（3）抗震设防分类及抗震设防措施。

建筑类别不同，抗震设防标准也不同。

1）抗震设防分类。

国家技术监督局和建设部在 2008 年 7 月 30 日公布了《建筑抗震设防分类标准》（GB 50223—2008）。该标准主要以地震中和地震后房屋的损坏对社会和经济产生的影响的程度大小，将建筑工程应分为以下四个抗震设防类别：

a. 特殊设防类：指使用上有特殊设施，涉及国家公共安全的重大建筑工程和地震时可能发生严重次生灾害等特别重大灾害后果，需要进行特殊设防的建筑。简称甲类。如中央级、省级的电视调频广播发射塔建筑，国际电信楼、三级特等医院的住院部、门诊部；承担研究、中试和存放剧毒的高危险传染病病毒任务的疾病预防与控制中心的建筑或其区段。

b. 重点设防类：指地震时使用功能不能中断或需尽快恢复的生命线相关建筑，以及地震时可能导致大量人员伤亡等重大灾害后果，需要提高设防标准的建筑。简称乙类。如教学楼、影剧院、体育馆、博物馆、消防中心、抗震救灾指挥部、电信调度楼及三级甲等医院的住院部、门诊部等。

c. 标准设防类：指大量的除 1、2、4 款以外按标准要求进行设防的建筑。简称丙类。除甲、乙、丁类以外的一般建筑。

d. 适度设防类：指使用上人员稀少且震损不致产生次生灾害，允许在一定条件下适度

降低要求的建筑。简称丁类。丁类建筑在地震破坏后不致影响甲、乙、丙类建筑，且社会影响和经济损失轻微。一般为储存物品价值低、人员活动少、无次生灾害的单层仓库等。

2）抗震设防措施。

- 抗震设防措施
  - 地震作用：地震时，由于地面运动使原来处于静止的结构产生强迫振动，这种强迫振动在结构上产生的惯性力称为地震作用。通过计算确定。
  - 抗震措施：除结构地震作用计算和抗力计算以外的抗震设计内容，包括结构概念设计及抗震构造措施。

抗震构造措施是指一般不须计算而对结构和非结构各部分必须采取的各种细部要求。

- 甲类建筑
  - 地震作用：应高于本地区抗震设防烈度的要求
  - 抗震措施
    - 抗震设防烈度为 6～8 度时，应符合本地区抗震设防烈度提高 1 度的要求
    - 抗震设防烈度为 9 度时，应符合比 9 度更高的要求
- 乙类建筑
  - 地震作用：应高于本地区抗震设防烈度的要求
  - 抗震措施
    - 抗震设防烈度为 6～8 度时，应符合本地区抗震设防烈度提高 1 度的要求
    - 抗震设防烈度为 9 度时，应符合比 9 度更高的要求
- 丙类建筑
  - 地震作用：应符合本地区抗震设防烈度的要求
  - 抗震措施：应符合本地区抗震设防烈度的要求
- 丁类建筑
  - 地震作用：应符合本地区抗震设防烈度的要求
  - 抗震措施：允许比本地区抗震设防烈度的要求适当降低，但抗震设防烈度为 6 度时不应降低

抗震设防烈度为 6 度时，对乙、丙、丁类建筑可不进行地震作用计算。

（4）结构抗震计算原则。

各类建筑结构的抗震计算应遵循下列原则：

1）一般情况下，可在建筑结构的两个主轴方向分别考虑水平地震作用并进行抗震验算，各方向的水平地震作用应由该方向抗侧力构件承担。

2）有斜交抗侧力构件的结构，当相交角度大于 15°时，应分别考虑各抗侧力构件方向的水平地震作用。

3）质量和刚度分布明显不对称的结构，应考虑双向水平地震作用下的扭转影响其他情况宜采用调整地震作用效应的方法考虑扭转影响。

4）8 度和 9 度时的大跨度结构、长悬臂结构，9 度时的高层建筑，应考虑竖向地震作用。

（5）结构抗震计算方法。

为了简化结构地震反应分析，通常把具体的结构体系抽象为质点体系。对于质量绝大部分集中于屋盖的结构，工程上可抽象为单质点体系，当杆件的轴向变形可忽略时，体系只做水平单向振动，质点只有单向水平位移，称为单自由度弹性体系［见图 7－2－2(a)］；对于大多数建筑结构（如多层、高层房屋及多跨不等高厂房等）质量比较分散，则简化为多质点体系，当体系中各质点只做水平单向振动，产生单向水平位移时，称为多自

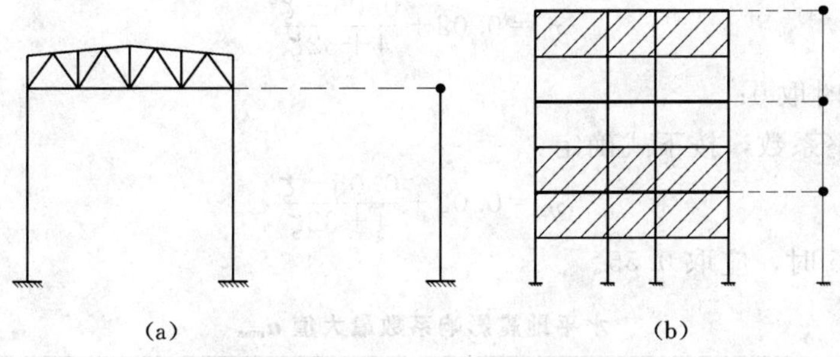

图 7-2-2　单自由度弹性体系及多自由度弹性体系的计算简图

(a) 单自由度弹性体系；(b) 多自由度弹性体系

由度弹性体系［见图 7-2-2 (b)］。

1) 单自由度弹性体系

单自由度弹性体系水平地震作用为：

$$F_{EK}=\alpha G_E \tag{7-2-1}$$

式中　F_{EK}——水平地震作用；

α——水平地震影响系数；

G_E——重力荷载代表值。

a. 水平地震影响系数 α。

水平地震影响系数 α 按地震影响系数谱曲线取值（见图 7-2-3）。

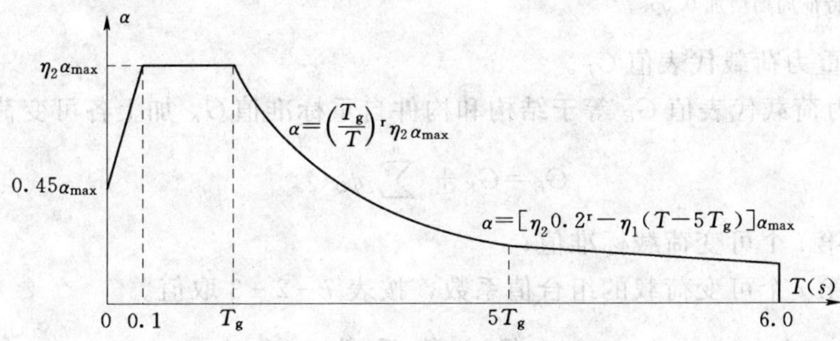

图 7-2-3　地震影响系数曲线

图中　$\alpha_{\max}$——水平地震影响系数最大值，按表 7-2-1 取值；

T_g——结构的特征周期，按表 7-2-2 取值；

T——结构的自振周期，s；

γ——曲线下降段的衰减指数，按下式确定：

$$\gamma=0.9+\frac{0.05-\zeta}{0.3+6\zeta} \tag{7-2-2}$$

式中　ζ——阻尼比，钢筋混凝土结构为 0.05；

η_1——直线下降段的下降斜率调整系数，按下式确定：

$$\eta_1 = 0.02 + \frac{0.05-\zeta}{4+32\zeta} \tag{7-2-3}$$

式中　η_1 小于 0 时取 0；

η_2——阻尼调整系数，按下式确定：

$$\eta_2 = 0.02 + \frac{0.05-\zeta}{4+32\zeta} \tag{7-2-4}$$

式中 η_2 小于 0.55 时，应取 0.55。

表 7-2-1　　水平地震影响系数最大值 α_{max}

地震影响	6 度	7 度	8 度	9 度
多遇地震	0.04	0.08 (0.12)	0.16 (0.24)	0.32
设防地震	0.12	0.23 (0.34)	0.45 (0.67)	0.90
罕遇地震	0.28	0.50 (0.72)	0.90 (1.20)	1.40

注　括号中数值分别用于设计基本地震加速度为 0.15g 和 0.30g 的地区。

表 7-2-2　　特征周期值 T_g(s)

设计地震分组	场　地　类　别				
	Ⅰ₀	Ⅰ₁	Ⅱ	Ⅲ	Ⅳ
第一组	0.20	0.25	0.35	0.45	0.65
第二组	0.25	0.30	0.40	0.55	0.75
第三组	0.30	0.35	0.45	0.65	0.90

注　1. 建筑的场地类别按土层等效剪切波速和场地覆盖层厚度划分。

2. 罕遇地震特征周期增加 0.05s。

b. 结构的重力荷载代表值 G_E。

结构的重力荷载代表值 G_E 等于结构和构件自重标准值 G_K 加上各可变荷载组合值。

即：

$$G_E = G_K + \sum_{i=1}^{n} \psi_{Qi} Q_{ik} \tag{7-2-5}$$

式中　Q_{ik}——第 i 个可变荷载标准值；

ψ_{Qi}——第 i 个可变荷载的组合值系数，按表 7-2-3 取值。

表 7-2-3　　组　合　值　系　数

可　变　荷　载　种　类		组　合　值　系　数
雪荷载		0.5
屋面积灰荷载		0.5
屋面活荷载		不计入
按实际情况计算的楼面活荷载		1.0
按等效均布荷载计算的楼面活荷载	藏书库、档案库	0.8
	其他民用建筑	0.5
起重机悬吊物重力	硬钩吊车	0.3
	软钩吊车	不计入

注　硬钩吊车的吊重较大时，组合值系数应按实际情况采用。

2）多自由度弹性体系。

a. 振型分解反应谱法。

振型分解反应谱法是利用振型分解的概念，将多自由度体系分解成若干单自由度体系的组合；再用单自由度反应谱理论计算各振型的地震作用；最后按一定的方法将各振型的地震作用组合到一起，得到多自由度体系的地震作用。

采用振型分解反应谱法时，结构在第 j 振型下第 i 质点的水平地震作用标准值为：

$$F_{ji}=\alpha_j\gamma_j X_{ji}G_i \qquad (i=1,2,\cdots,m) \tag{7-2-6}$$

$$\gamma_j=\frac{\sum X_{ji}G_i}{\sum X_{ji}^2 G_i} \tag{7-2-7}$$

式中　F_{ji}——第 j 振型下第 i 质点的水平地震作用标准值；

α_j——相应于第 j 振型自振周期的地震影响系数；

X_{ji}——第 j 振型下第 i 质点的水平相对位移；

γ_j——第 j 振型的参与系数。

求出各振型下地震作用后，根据结构力学计算出各振型下结构的水平地震作用效应（弯矩、剪力、轴向力和变形），当相邻振型的周期比小于 0.85 时，结构的水平地震作用效应可按 SRSS 法进行组合，即：

$$S_{EK}=\sqrt{\sum S_j^2} \tag{7-2-8}$$

式中　S_{EK}——水平地震作用标准值的效应；

S_j——第 j 振型水平地震作用标准值的效应，可只取前 2～3 个振型，当基本自振周期大于 1.5s 或房屋高宽比大于 5 时，振型个数应适当增加。

b. 底部剪力法。

底部剪力法是计算作用于结构底部的总水平地震作用，将总水平地震作用按一定规律分配到各个质点上，从而得到各个质点的水平地震作用的计算方法。它是振型分解反应谱法只考虑第一振型，而忽略高阶振型影响的近似计算方法。

首先底部剪力法将多质点体系等效成一个基本周期（第一振型下结构的自振周期）相同的单质点体系，则这一多质点体系总的地震作用 F_{Ek} 为：

$$F_{Ek}=\alpha_1 G_{eq} \tag{7-2-9}$$

式中　G_{eq}——等效重力荷载代表值，$G_{eq}=0.85\sum G_i$，G_i 为第 i 层的重力荷载代表值；

α_1——相应于结构基本自振周期的水平地震影响系数，按图 7-2-3 取值。

其次，将总水平地震作用按倒三角形规律分配到各个质点上，从而得到各个质点的水平地震作用 F_i：

$$F_i=\frac{G_iH_i}{\sum G_jH_j}F_{Ek} \tag{7-2-10}$$

当结构层数较多时，按上式计算出的水平地震作用比振型分解反应谱法小（不安全）。为了修正，在顶部附加一个集中力。

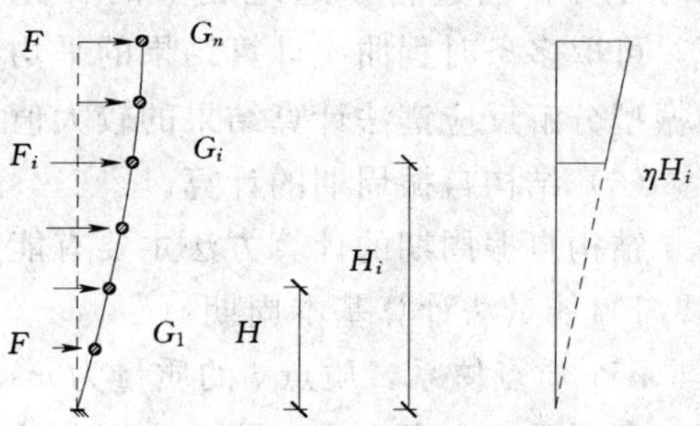

图 7-2-4　底部剪力法水平地震作用计算简图

$$\Delta F_n=\delta_n F_{Ek} \tag{7-2-11}$$

式中　δ_n——顶部附加地震作用系数，多层内框架砖房0.2，多层钢筋混凝土、钢结构房屋按表7-2-4取值，其他可不考虑。

表7-2-4　　顶部附加地震作用系数

T_g (s)	$T_1>1.4T_g$	$T_1\leqslant1.4T_g$
≤0.35	$0.08T_1+0.07$	0
0.35～0.55	$0.08T_1+0.01$	0
>0.55	$0.08T_1-0.02$	0

因而各层的水平地震作用为：

$$F_i=\frac{G_iH_i}{\sum G_kH_k}F_{Ek}(1-\delta_n) \tag{7-2-12}$$

$$F_{Ek}=\alpha_1 G_{eq}$$

同时，震害表明，突出屋面的屋顶间（电梯机房、水箱间）、女儿墙、烟囱等，它们的震害比下面的主体结构严重。原因是由于突出屋面的这些结构的质量和刚度突然减小，地震反应随之增大，这就是鞭端效应。

《抗震规范》规定：采用底部剪力法时，突出屋面的屋顶间、女儿墙、烟囱等的地震作用效应，宜乘以增大系数3。此增大部分不应向下传递，但与该突出部分相连的构件应计入。

当结构基本周期 $T_1>1.4T_g$ 时，同时考虑高阶振型的影响，附加地震作用 ΔF 作用于主体结构顶层$(n-1)$层。

c. 时程分析法。

时程分析法是在原有结构的基础上输入地震波，利用数学上步步积分的方法进行求解，得到在整个时间历程上的结构的内力和变形随时间变化的过程，并以此进行结构构件的截面抗震承载力验算和变形验算。

d. 结构计算方法的确定。

①高度不超过40m，以剪切变形为主且质量和刚度沿高度分布比较均匀的结构，以及近似于单质点体系的结构，宜采用底部剪力法等简化方法。

②除上述以外的建筑结构，宜采用振型分解反应谱法。

③特别不规则的建筑、甲类建筑和表7-2-5所列高度范围的高层建筑，应采用时程分析法进行多遇地震下的补充计算，可取多条时程曲线计算结果的平均值与振型分解反应谱法计算结果的较大值。

表7-2-5　采用时程分析法的房屋高度范围

烈度、场地类别	房屋高度范围（m）
8度Ⅰ、Ⅱ类场地和7度	>100
8度Ⅲ、Ⅳ类场地	>80
9度	>60

(6) 结构自振周期的计算。

结构自振周期的计算方法主要有能量法、等效质量法及顶点位移法。

1) 能量法计算基本周期。

n个质点体系，质点i的质量为m_i，相应的重力荷载为$G_i=m_ig$，将重力荷载水平作用于相应质点上所产生的弹性变形曲线为基本振型。当体系在此振型下作自由振动时，各质点位移同时达到最大时，得到最大势能$U_{i\max}$，动能为零；当体系运动经过平衡位置时，得到最大动能$T_{i\max}$，热能为零。

$$U_{imax} = \frac{1}{2}\sum_{i=1}^{n} G_i u_i = \frac{g}{2}\sum_{i=1}^{n} m_i u_i$$

$$T_{imax} = \frac{1}{2}\sum_{i=1}^{n} m_i(\omega_i u_i)^2$$

而在整个运动动中不考虑能量损失，则最大动能与最大势能相等，即 $U_{imax} = T_{imax}$。由此可得结构的基本周期为：

$$T_1 = 2\sqrt{\frac{\sum_{i=1}^{n} G_i u_i^2}{\sum_{i=1}^{n} G_i u_i}} \qquad (7-2-13)$$

式中　G_i——第 i 个质点的重力荷载代表值；

u_i——将重力荷载水平作用于相应质点上，第 i 个质点所产生的弹性位移。

2）等效质量法（折算质量法）。

将多质点体系用单质点体系代替。多质点体系的最大动能为

$$T_{1max} = \frac{1}{2}\sum_{i=1}^{n} m_i(\omega_i x_i)^2$$

单质点体系的最大动能为

$$T_{2max} = \frac{1}{2}M_{eq}(\omega_1 x_m)^2$$

式中　x_m——体系按第一振型振动时，相应于折算质点处的最大位移。

因为 $T_{1max} = T_{2max}$，$\omega_1 = \sqrt{\frac{1}{M_{eq}\delta}}$，$M_{eq} = \frac{\sum_{i=1}^{n} m_i x_i^2}{x_m^2}$

所以

$$T_1 = 2\pi\sqrt{M_{eq}\delta} \qquad (7-2-14)$$

3）顶点位移法。

利用均匀分布策略荷载水平作用下的结构顶点位移来确定体系的基本周期。

一质量均匀的悬臂杆，杆单位长度的质量为$\overline{m}$，相应重力荷载为 $q=\overline{m}g$。

a. 体系按弯曲振动时。

抗震墙结构可视为弯曲型杆。

基本周期为 $T_1 = 1.78l^2\sqrt{\frac{\overline{m}}{EI}}$

重力作为水平荷载所引起的位移为 $u_T = ql^4/8EI$

而 $q=\overline{m}g$，$\frac{\overline{m}}{EI} = \frac{8}{ql^4}u_T$

故

$$T_1 = 1.6\sqrt{u_T} \qquad (7-2-15)$$

b. 体系按剪切振动时。

框架结构可近似视为剪切型杆。基本周期为

$$T_1 = 1.8\sqrt{u_T} \qquad (7-2-16)$$

c. 体系按剪弯振动时。

框架－抗震墙结构可近似视为剪弯型杆。基本周期为

$$T_1 = 1.7\sqrt{u_T} \tag{7-2-17}$$

4）基本周期的修正。

按能量法、顶点位移法求解基本周期时，没考虑非承重构件对刚度的影响，故计算的周期偏长，用反应谱理论计算地震作用会使地震作用偏小，因而要对理论计算结果进行折减。

能量法

$$T_1 = 2\psi_T\sqrt{\frac{\sum_{i=1}^{n} G_i u_i^2}{\sum_{i=1}^{n} G_i u_i}} \tag{7-2-18}$$

顶点位移法

$$T_1 = 1.7\psi_T\sqrt{u_T} \tag{7-2-19}$$

式中　ψ_T——折减系数，对框架结构为 0.6～0.7，对框架－抗震墙结构为 0.7～0.8，对抗震墙结构为 1.0。

（7）框架结构的抗震等级。

钢筋混凝土房屋应根据设防类别、烈度、结构类型和房屋高度采用不同的抗震等级，并应符合相应的计算和构造措施要求。丙类建筑的抗震等级应按表 7－2－6。

表 7－2－6　　现浇钢筋混凝土房屋的抗震等级

结构类型		抗震设防烈度						
		6		7		8		9
框架结构	高度（m）	≤24	>24	≤24	>24	≤24	>24	≤24
	框架	四	三	三	二	二	一	一
	大跨度框架	三		二		一		一

注　1. 建筑场地为Ⅰ类时，除 6 度外应允许按表内降低 1 度所对应的抗震等级采取抗震构造措施，但相应的计算要求不应降低。

2. 接近或等于高度分界时，应允许结合房屋不规则程度及场地、地基条件确定抗震等级。

3. 大跨度框架指跨度不小于 18m 的框架。

2. 框架结构的结构布置

房屋结构布置是否合理，对结构的安全性、适用性、经济性影响很大。因此，应根据房屋的高度、荷载情况以及建筑的使用和造型等要求，确定合理的结构布置方案。

（1）结构布置原则。

1）结构体系。

a. 双向抗侧力体系。

框架结构是由若干平面框架通过连系梁连接而形成的空间结构体系，为计算方便起见，可将空间框架分解成纵、横两个方向的平面框架。

按框架楼板布置方式和传力线路的不同，框架的布置方案分为以下三种：横向框架承重

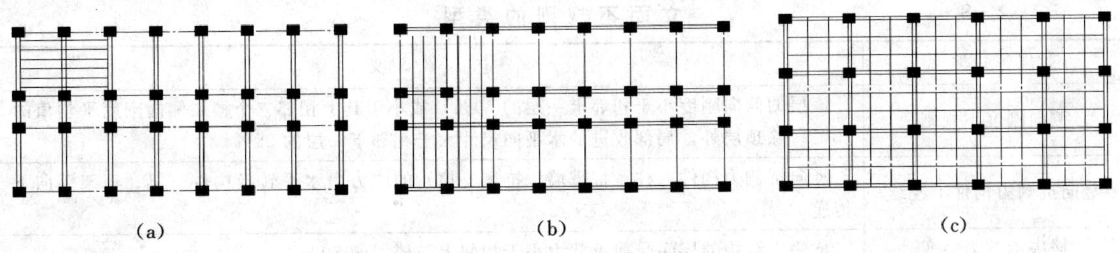

图 7-2-5　承重框架布置方案

(a) 横向框架承重方案；(b) 纵向框架承重方案；(c) 纵横向框架承重方案

方案[见图 7-2-5(a)]、纵向框架承重方案[见图 7-2-5(b)]、纵横向共同框架承重方案[见图 7-2-5(c)]。纵横向共同框架承重方案即双向抗侧力体系，由于纵横向的梁均承担荷载，梁截面均较大，故房屋的双向刚度均较大，具有较好的整体工作性能，目前采用得较多。

b. 刚接体系。

除个别部位外，框架的梁柱应采用刚接，以增大结构刚度和整体性；抗震设计时不宜采用单跨框架。

c. 纯框架体系。

抗震设计的框架结构，不应采用部分由砌体承重的混合形式。框架结构中的楼、电梯间及局部突出屋顶的电梯机房、楼梯间、水箱间等，应采用框架承重结构，不应采用砌体墙承重。

2) 结构受力。

a. 结构体系应具有明确的计算简图和合理的地震作用传递途径。受力明确、传力合理、传力路线不间断、抗震分析与实际表现相符合。

b. 应避免因部分结构或构件破坏而导致整个结构丧失抗震能力或对重力荷载的承载能力。

c. 结构体系应具备必要的承载能力，良好的变形能力和消耗地震能量的能力。平面不规则类型如表 7-2-7 所示。

表 7-2-7　平面不规则的类型

不规则类型	定义
扭转不规则	楼层的最大弹性水平位移（或层间位移），大于该楼层两端弹性水平位移（或层间位移）平均值的 1.2 倍
凹凸不规则	结构平面凹进的一侧尺寸，大于相应投影方向总尺寸的 30％
楼板局部不连续	楼板的尺寸和平面刚度急剧变化，例如，有效楼板宽度小于该层楼板典型宽度的 50％，或开洞面积大于该层楼面面积的 30％，或较大的楼层错层

3) 结构规则。

a. 平面：简单、规则、对称、均匀；避免过大内收和外伸（凹角处应力集中）；质心于刚心宜接近，避免平面不规则结构，平面不规则类型见表 7-2-7。

b. 立面：沿高度之刚度、强度、质量分布均匀、连续；避免立面不规则结构，见表7-2-8。

表 7-2-8　　立面不规则的类型

不规则类型	定义
侧向刚度不规则	该层的侧向刚度小于相邻上一层的70%，或小于其上相邻三个楼层侧向刚度平均值的80%；除顶层外，局部收进的水平向尺寸大于相邻下一层的25%
竖向抗侧力构件不连续	竖向抗侧力构件（柱、抗震墙、抗震支撑）的内力由水平转换构件（梁、桁架等向下传递
楼层承载力突变	抗侧力结构的层间受剪承载力小于相邻上一楼层的80%

4）结构的高宽比 H/B。

在高层建筑的设计中，控制侧向位移是结构设计的主要问题。随着高宽比的增大，结构的侧向变形能力也相对越强，倾覆力矩也越大。因此，应对建筑物的高宽比加以限制。如表 7-2-9 所示，为结构的高宽比限值。

表 7-2-9　　高宽比限值（H/B）

结构类型	非抗震设计	抗震设计		
		6、7度	8度	9度
框　　架	5	5	4	2
框架—剪力墙	5	5	4	3
剪力墙	6	6	5	4
筒中筒、成束筒	6	6	5	4

（2）柱网尺寸。

框架结构的柱网布置应力求做到简单、规则、整齐，柱网尺小应符合经济原则，尽量符合模数；框架结构的柱网尺寸及层高应根据建筑功能要求、施工条件及材料设备等各方面因素来确定。

房屋长度较大时，需考虑设置伸缩缝，以避免温度开裂；当考虑结构沉降时，需设沉降缝；当结构单元的结构体系不同、高度和刚度相差过大以及各结构单元的地基条件有较大差异时，应考虑设防震缝。对于钢筋混凝土框架房屋来说，其防震缝最小宽度为：当高度不超过 15m 时可采用 70mm，超过 15m 时，6、7、8、9 度相应每增加高度 5m、4m、3m、2m，宜加宽 20mm。当防震缝两侧结构类型不同时，按不利体系考虑，并按低的房屋高度计算缝宽。

但是，在高层建筑中常常由于建筑使用要求和立面效果的考虑，以及防水处理困难等，希望少设缝或不设缝。并从总体布置上或构造上采取相应措施来减少沉降、温度和体型复杂引起的问题。

如图 7-2-6 所示，为格网布置图，柱网尺寸的适宜范围为：

柱网布置形式

a. 内廊式柱网　常为对称三跨（A＋B＋A）：

A—边跨跨度（房间进深）常为 6m、6.6 m、6.9m

B—中间跨为走廊，跨度常为 2.4m、2.7m、3.0m

开间方向，柱距为 6～8.4m。

常用于旅馆、办公楼、宿舍、教室、医院等。

b. 等跨式柱网　进深常为 6m、7.5m、9 m、12m，从经济考虑不宜超过 9m。

开间方向的柱距常为 6～9m。

适用于商场、厂房、仓库等。

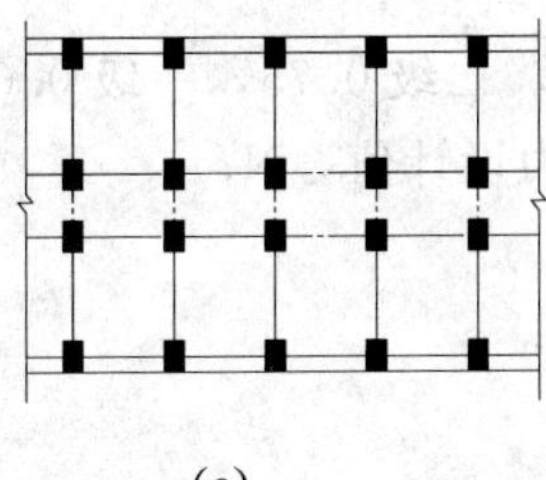

(a)

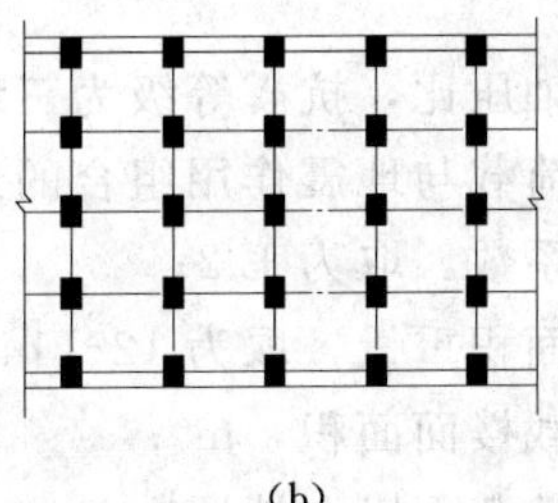

(b)

图 7-2-6　柱网布置

(a) 内廊式柱网；(b) 等跨式柱网

3. 框架结构构件的截面尺寸选择及材料使用要求

(1) 框架梁截面形式及尺寸。

在现浇整体式框架中，框架梁大多 T 形或矩形（中跨）和倒 L 形截面（边跨）。框架梁的截面尺寸应满足框架结构承载力和刚度要求。通常：

1）梁宽不宜小于 200mm，且不宜小于柱宽的 1/2（节点要求，联结紧密）。

2）梁截面的高宽比小于 4（抗剪要求，避免形成薄腹梁降低其抗剪性能）。

3）梁净跨与截面高度之比宜大于 4（避免形成深梁，以抗剪为主，脆性破坏）。

4）考虑强度与刚度的需要，取值如下：

框架梁高 $h=\left(\frac{1}{8}\sim\frac{1}{14}\right)l$，$l$ 为梁跨；通常取 $h=\frac{1}{10}l$；

框架梁宽 $b=\left(\frac{1}{2}\sim\frac{1}{3}\right)h$，一般不小于 250mm。

框架梁截面惯性矩 I_b 的计算，应考虑楼板与梁的共同工作。为简化计算，可按表 7-2-10 取值。

梁的线刚度分别为 $i_b=\frac{E_cI_b}{l}$。此处 I_b 为梁的截面惯性矩，l 为梁的跨度。

(2) 框架柱截面形式及尺寸。

框架柱的截面形式一般采用矩形或正方形。

表 7-2-10　　框架梁截面惯性矩 I_b

楼 盖 型 式		框架梁截面惯性矩 I_b
现浇楼盖	中框架梁	$I_b=2.0I_o$
	边框架梁	$I_b=1.5I_o$
装配整体式楼盖	中框架梁	$I_b=1.5I_o$
	边框架梁	$I_b=1.2I_o$
装配式楼盖	框架梁	$I_b=I_o$

注　I_o 为梁矩形部分的惯性矩。

柱的截面尺寸根据柱承受的轴向压力设计值来估算（按轴压比）

$$N=\gamma_G wSn\beta_1\beta_2 \quad (7-2-20)$$

$$\mu_c \leqslant \frac{N}{f_c d_c h_c} \quad (7-2-21)$$

式中　μ_c——允许轴压比，抗震等级为三级 0.85，二级 0.75，一级 0.65；

N——竖向荷载与地震作用组合的最大轴力设计值，N；

γ_G——分项系数，取为 1.2；

w——单位面积重量，取为 12～14kN/m²；

S——柱承载楼面面积，m²；

n——柱设计截面以上楼层数；

β_1——抗震等级一、二级时角柱为 1.3，其余为 1.0；

β_2——由于水平力使轴力增大的系数，7 度 1.05，8 度 1.1，9 度 1.2；

f_c——框架柱混凝土强度等级，N/mm²；

d_c、h_c——框架柱两个方向边长，m。

此外，框架柱截面尺寸需满足下列要求：

1）截面的宽度和高度，抗震等级为四级或不超过 2 层时不宜小于 300mm，抗震等级为一、二、三级且超过 2 层时不宜小于 400mm；圆柱的直径，四级或不超过 2 层时不宜小于 350mm，一、二、三级且超过 2 层时不宜小于 450mm。

2）截面长边与短边的边长比不宜大于 3。

3）柱净高与截面高度之比不宜小于 4，小于 4，变形能力要求较高，因为短柱刚度大易剪坏，需设全长加密箍筋。

4）层高与柱截面高度之比不宜大于 15，经验数值，大于 15 时不易满足水平侧移要求。

框架柱截面的惯性矩 I_c 按实际截面尺寸进行计算。

柱的线刚度为 $i_c=\frac{E_c I_c}{h}$。此处 I_c 为柱的截面惯性矩，h 为柱高。

（3）次梁截面尺寸。

1）梁高 h（l 为梁跨）。

简支梁：$h=\left(\frac{1}{12}\sim\frac{1}{15}\right)l$；连续梁：$h=\left(\frac{1}{12}\sim\frac{1}{20}\right)l$

井字梁：$h=\left(\frac{1}{15}\sim\frac{1}{20}\right)l$；悬挑梁：$h=\left(\frac{1}{5}\sim\frac{1}{7}\right)l$

2）梁宽 b。

梁宽 $b=\left(\frac{1}{2}\sim\frac{1}{3}\right)h$；一般不小于 200mm。

（4）现浇板的厚度。

现浇板厚满足承载力和刚度要求；满足防火要求；满足预埋暗管的要求。

通常，板厚与板跨的最小比值：

简支单向板：$h=\frac{1}{30}l$；简支双向板：$h=\frac{1}{40}l$；

连续单向板：$h=\frac{1}{40}l$；连续双向板：$h=\frac{1}{50}l$；

悬臂板：$h=\frac{1}{12}l$；

最小板厚：一般为80mm，预埋暗管时不小于100mm。

（5）混凝土结构构件材料的使用要求。

1）混凝土的强度等级。

框支梁、框支柱及抗震等级为一级的框架梁、柱、节点核芯区，不应低于C30；构造柱、芯柱、圈梁及其他各类构件不应低于C20。

2）钢筋。

抗震等级为一、二、三级的框架和斜撑构件（含梯段），其纵向受力钢筋采用普通钢筋时，钢筋的抗拉强度实测值与屈服强度实测值的比值不应小于1.25；钢筋的屈服强度实测值与屈服强度标准值的比值不应大于1.3。且钢筋在最大拉力下的总伸长率实测值不应小于9%。

纵筋宜选用符合抗震性能指标的HRB400级热轧钢筋，也可采用符合抗震性能指标的HRB335级热轧钢筋，箍筋宜采用符合抗震性能指标的不低于HRB335级热轧钢筋，也可采用HPB300级热轧钢筋。

4. 计算简图

（1）计算单元的选取。

框架结构体系是由横向框架和纵向框架组成的空间结构。在工程设计中为方便起见，常忽略结构的空间联系，将纵向框架和横向框架分别按平面框架进行分析和计算［图7-2-7（a）］，即在各榀框架中，选取在结构上和所受荷载上具有代表性的框架作为计算单元进行内力分析和结构设计。取出来的平面框架承受如图7-2-7（b）阴影范围内的水平荷载，竖向荷载则需按楼盖结构布置方案确定。

（2）计算模型的确定。

框架结构的计算简图是以梁、柱的截面几何轴线来确定的。框架杆件用轴线表示，杆件之间的连接用节点表示，杆件长度用节点间的距离表示，对于变截面杆件应以该杆最小截面的形心轴线表示。对于现浇整体式框架各节点视为刚接节点，认为框架柱在基础顶面处为固定支座［见图7-2-7（c）、（d）］。

通常处理的方法为：

1）框架梁跨度取柱轴线间距；柱高取层高，即为各层梁顶面间的距离；底层柱高则取基础顶面到一层梁顶面间的距离。

2）当框架梁为坡度$i\leqslant\frac{1}{8}$的斜梁或折梁时，可简化为直杆。

3）对于各跨跨度相差不超过10%的不等跨框架，可简化为具有平均跨度的等跨框架。

（3）荷载的简化。

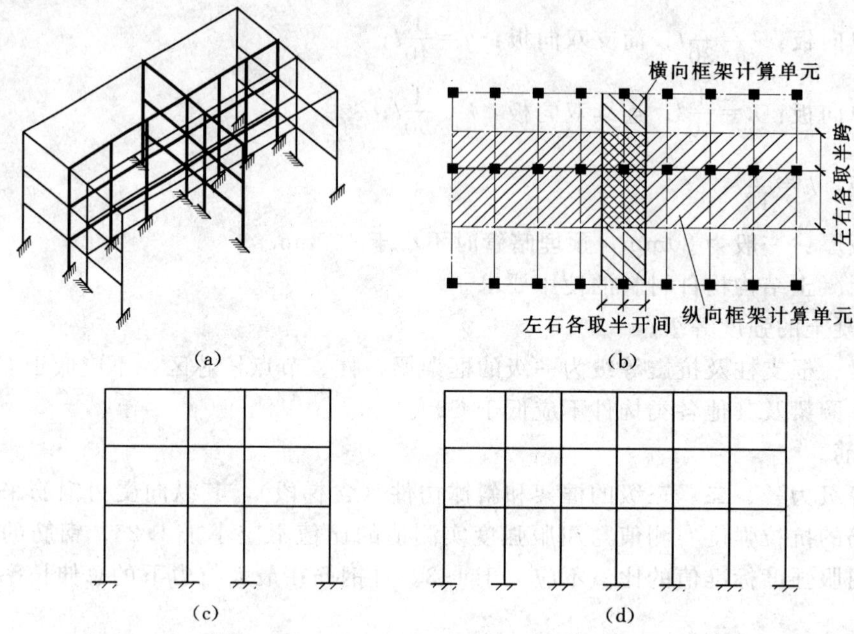

图 7-2-7　框架结构计算简图

在保证必要计算精度的前提下，为简化计算，允许将作用在框架上的荷载作如下简化。

1）作用在框架上的集中荷载的位置可略作调整，但移动不超过梁计算跨度的 1/20。

2）计算次梁传给框架主梁的荷载时，可不考虑次梁的连续性，即按简支次梁来计算传至主梁的集中荷载。

3）作用于框架上的次要荷载可以简化为与主要荷载形式相同的荷载，但应对结构的主要受力部位保持内力等效示，如图 7-2-8 所示。

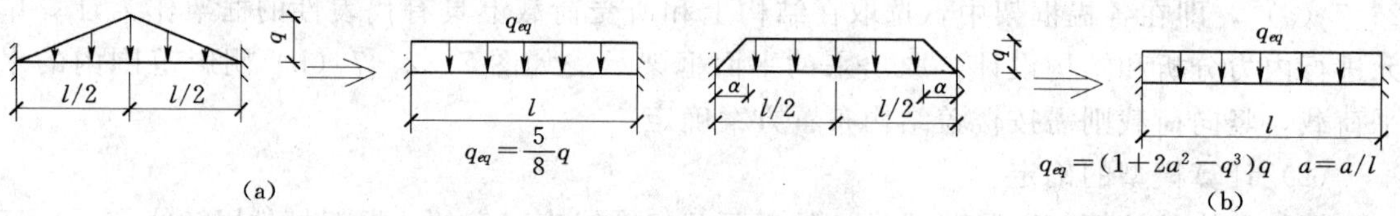

图 7-2-8　荷载简化

(a) 三角形荷载；(b) 梯形荷载

4）水平荷载可简化为作用于框架节点处的水平集中荷载。

5. 竖向荷载下结构内力的近似计算

通常，多层多跨框架在竖向荷载作用下的侧移是不大的，对内力的影响较小，为计算简便，可近似地按无侧移框架进行分析。

对竖向荷载下结构内力的近似计算常采用的方法有弯矩分配法及分层法。

(1) 弯矩分配法。

1）弯矩分配法的三要素。

a. 转动刚度 S。

①杆端转动刚度 S_{1k}。

等截面直杆 $1k$ 杆，在忽略杆件轴向变形的情况下，1端的转动刚度表示在 $1k$ 杆的1端产生一单位转角而不发生线位移时，在该杆所需作用的弯矩。它的值取决于单元杆件的线刚度 i 和其另一端的支承情况。如图7-2-9中单结点刚架中12杆的远端是铰支端，$S_{12}=3i$，13杆的远端是固定端，$S_{13}=4i$，14杆的远端是定向支座，$S_{14}=i$。

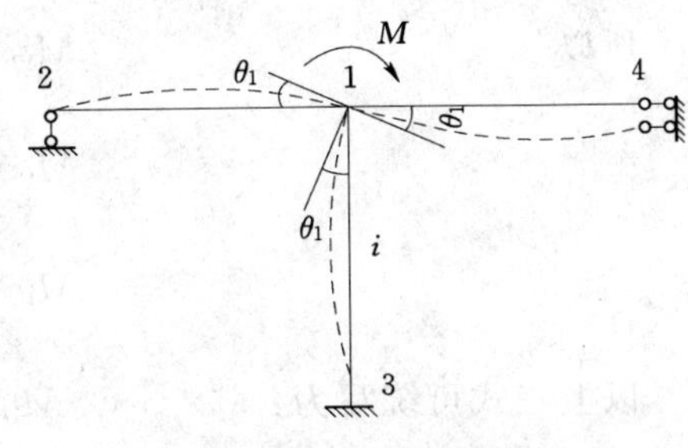

图7-2-9　单结点刚架受力变形图

②节点转动刚度 $\sum S_{1k}$。

$\sum S_{1k}$ 表示交汇于结点1所有单元杆件在1端的转动刚度之和，其含义是使节点发生一单位转角 $\theta=1$ 所需的总力矩。

b. 分配系数 μ。

在 M 作用下，结点1产生转角位移 θ_1。和节点1相交的各杆端弯矩称为近端弯矩查表7-2-11可知：

$$M_{12}=3i_{12}\theta_1$$

$$M_{13}=4i_{13}\theta_1$$

$$M_{14}=i_{14}\theta_1$$

而

$$M_{12}+M_{13}+M_{14}=M$$

表7-2-11　　单位位移在等截面单跨超静定梁中产生的杆端内力

序号	变形图	弯矩图	M_{AB}	M_{BA}	V_{AB}	V_{BA}
1	$\theta=1$, A, EI, B, l	2i, 4i	$4i$	$2i$	$-\frac{6i}{l}$	$-\frac{6i}{l}$
2	EI, $\Delta=1$, l	$\frac{6i}{l}$, 2i	$-\frac{6i}{l}$	$-\frac{6i}{l}$	$\frac{12i}{l^2}$	$\frac{12i}{l^2}$
3	$\theta=1$, A, EI, B, l	3i	$3i$	0	$-\frac{3i}{l}$	$-\frac{3i}{l}$
4	EI, $\Delta=1$, l	$\frac{3i}{l}$	$-\frac{3i}{l}$	0	$\frac{3i}{l^2}$	$\frac{3i}{l^2}$
5	$\theta=1$, EI, l	i	i	$-i$	0	0

故

$$\theta_1=\frac{M}{3i_{12}+4i_{13}+i_{14}}$$

所以

$$M_{12}=\frac{3i_{12}}{3i_{12}+4i_{13}+i_{14}}M$$

$$M_{13}=\frac{4i_{13}}{3i_{12}+4i_{13}+i_{14}}M$$

$$M_{12}=\frac{3i_{12}}{3i_{12}+4i_{13}+i_{14}}M$$

以上三式可统写为：

$$M_{1k}=\frac{S_{1k}}{\sum S_{1k}}M=\mu_{1k}M$$

$$\mu_{1k}=\frac{S_{1k}}{\sum S_{1k}} \tag{7-2-22}$$

c. 传递系数 C。

在 M 作用下，结点 1 产生转角位移 θ_1 后，远离节点 1 的各杆另一端的弯矩，称为远端弯矩，其值查表 7-2-6 可知：

$$M_{21}=0$$

$$M_{31}=2i_{13}\theta_1$$

$$M_{41}=-i_{14}\theta_1$$

将 θ_1 代入以上三式得远端弯矩：

$$M_{21}=0$$

$$M_{31}=\frac{1}{2}\frac{4i_{13}M}{3i_{12}+4i_{13}+i_{14}}$$

$$M_{41}=-\frac{i_{14}M}{3i_{12}+4i_{13}+i_{14}}$$

则远端弯矩可统一写为：

$$M_{k1}=C_{1k}M_{1k} \tag{7-2-23}$$

式中　C_{1k}——$1k$ 杆 1 端向 k 端的传递系数。远端为固定支座时，$C=\frac{1}{2}$；远端为滑动支座时，$C=-1$；远端为铰支座时，$C=0$。

2）单节点的弯矩分配运算。

以图 7-2-10 所示的两跨连续梁为例，说明计算步骤“先锁后松再叠加”。

a.“先锁”——固定结点，求约束弯矩。

先在结点 B 假想施加一阻止其转动的附加刚臂“⊳”，把连续梁分解为 B 端为固定端的两根单跨梁，然后施加荷载［见图 7-2-10（b）］。算出交汇于 B 结点各杆端的固端弯矩后，利用力矩平衡条件，进而求出交汇于 B 点的各杆端弯矩之和，即附加刚臂给予结点的约束弯矩 M_B［见图 7-2-10（d）］。即 $M_B=M_{BC}^F+M_{BA}^F$，约束弯矩以顺时针转向为正。

b.“后松”——放松结点，求分配弯矩及传递弯矩。

实际结点 B 既不存在附加刚臂，也不存在约束弯矩，为使 B 点恢复到原有状态，约束弯矩应由 M_B 回复到 0，相当于在 B 点加一个与它反向的力偶 $-M_B$［见图 7-2-10

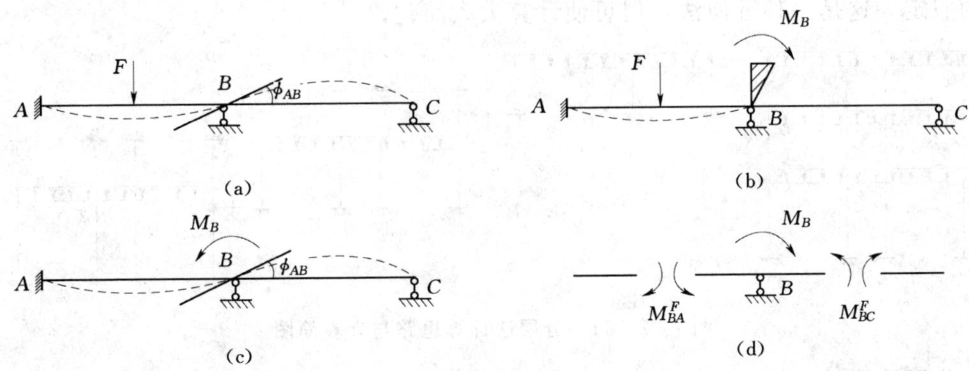

图 7-2-10　两跨连续梁弯矩分配计算步骤图

(c)]，在力偶 $-M_B$ 作用下，结点 B 处各杆近端有根本弯矩 M_{BA}^{μ} 及 M_{BC}^{μ}；同时在远端 A 处有传递弯矩 M_{AB}^{C}。杆端弯矩以顺时针为正，逆时针为负。

c. “叠加”——叠加得到实际杆端弯矩。

结构的实际状态是以上两种情况的叠加［图 7-2-10 中（b）、（c）两种情况叠加］，得各杆端的实际变形及受力状态。如 $M_{BA}=M_{BA}^{F}+M_{BA}^{\mu}$。

3）多节点的弯矩分配运算。

多节点弯矩分配的基本方法是多次应用单结点运算，“轮流放松，逐步渐近”。具体步骤为：

a. 先锁——利用附加约束锁住全部刚结点，使结构变成互不相关的单跨梁，分别求出各杆端弯矩及各结点处的不平衡弯矩。

b. 逐次放松——逐次放松每个结点（每次只有一个结点被放松，其余刚结点仍被锁），将平衡弯矩反号，再根据分配系数进行分配，得各杆近端的分配弯矩。根据传递系数求各杆远端的传递弯矩。经多次分配循环，使所有结点趋于平衡（通常两次，基本可满足工程设计的精度要求）。

c. 叠加——实际杆端弯矩＝固端弯矩＋分配弯矩＋传递弯矩。

弯矩分配法是一种渐进法，只适用于只有结点角位移的连续梁和无侧移刚架。

（2）分层法。

在竖向荷载作用下的多层框架，根据用力学精确解法的计算结果表明，不仅框架节点的侧移值很小，而且每层横梁上的荷载对上、下各层横梁的影响也很小，尤其是当梁的线刚度大于柱的线刚度时，这一特点更加明显。为进一步简化，可作如下假定：

1）忽略框架在竖向荷载作用下的侧移和由它引起的侧移弯矩。

2）忽略每层横框架梁上的荷载对其他各层框架梁、框架柱的影响。

根据上述假定，多层框架在竖向荷载作用下可以分层计算，即将各层梁极其相连的上、下柱所组成的开口框架作为一个独立的计算单元进行计算（见图 7-2-11）。这样，就将一个多层框架分解为多个单层多跨开口框架，并用弯矩二次分配法进行计算。然后将各个开口框架的内力叠加起来，分层计算所得各层横梁的内力即为原框架结构中的梁的内力，将相邻两个开口框架中同层同柱号的内力叠加即为原框架结构中柱的内力。由于作了

上述的假定，这是一种近似法，但可使计算大大简化。

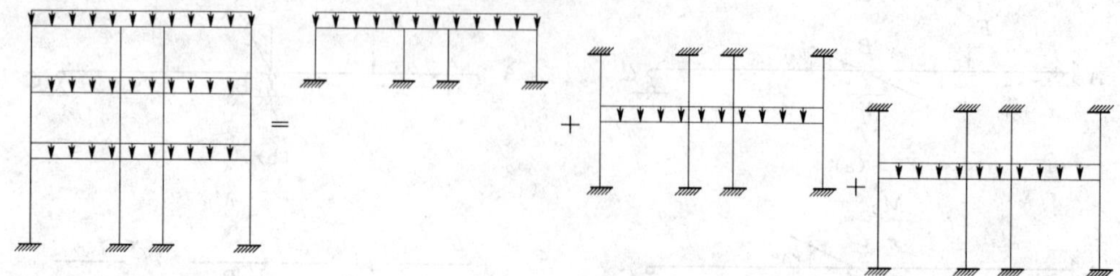

图 7-2-11　分层法计算思路与计算简图

在分层计算时，均假定上、下柱的远端为固定端，而实际的框架柱除在底层基础处为固定端外，其余各柱的远端均有转角产生，介于铰支承与固定支承之间。为改善由此所引起的误差，分层法计算时应将底层柱除外的所有各层柱的线刚度 i_c 乘以 0.9 的折减系数；弯矩传递系数除底层柱其余层柱均为 1/3 以作修正。而底层柱脚本来即为固定支座，故底层柱的线刚度不予折减，传递系数也可限为 1/2。

由于分层法计算的近似性，框架节点处的最终弯矩往往是不平衡的，但一般误差不大。若需提高精度，可对不平衡弯矩较大的节点再作一次弯矩分配，予以修正，但不传递。

分层法适用于节点梁柱线刚度之比 $\dfrac{\sum i_b}{\sum i_c} \geqslant 3$，且结构与荷载沿高度比较均匀的多层框架，也可用于框架—抗震墙结构中的框架。

【例 7-2-1】 分层法计算学习任务中第 7 轴单榀横向框架第二层框架梁、框架柱的弯矩，并绘制弯矩图。假设第 i 层($i=1,2,3$)框架梁所承受的竖向荷载设计值如图 7-2-12 所示，图中括号内数值为各杆件的相对线刚度。

解：

本框架结构对称，荷载对称，利用对称性原理可取其一半计算即可，此时中跨梁的相对线刚度应乘以线刚度修正系数 1/2。

(1) 计算第三层弯矩分配系数

结点 M：

$$\mu_{MQ} = \frac{1.4\times 0.9}{1.4\times 0.9\times 2+1.51} = 0.313$$

$$\mu_{MI} = \frac{1.4\times 0.9}{1.4\times 0.9\times 2+1.51} = 0.313$$

$$\mu_{MN} = \frac{1.51}{1.4\times 0.9\times 2+1.51} = 0.374$$

结点 N：

$$\mu_{NR} = \frac{1.4\times 0.9}{1.4\times 0.9\times 2+1.51+0.96} = 0.252$$

$$\mu_{NJ} = \frac{1.4\times 0.9}{1.4\times 0.9\times 2+1.51+0.96} = 0.252$$

$$\mu_{NM} = \frac{1.51}{1.4\times 0.9\times 2+1.51+0.96} = 0.303$$

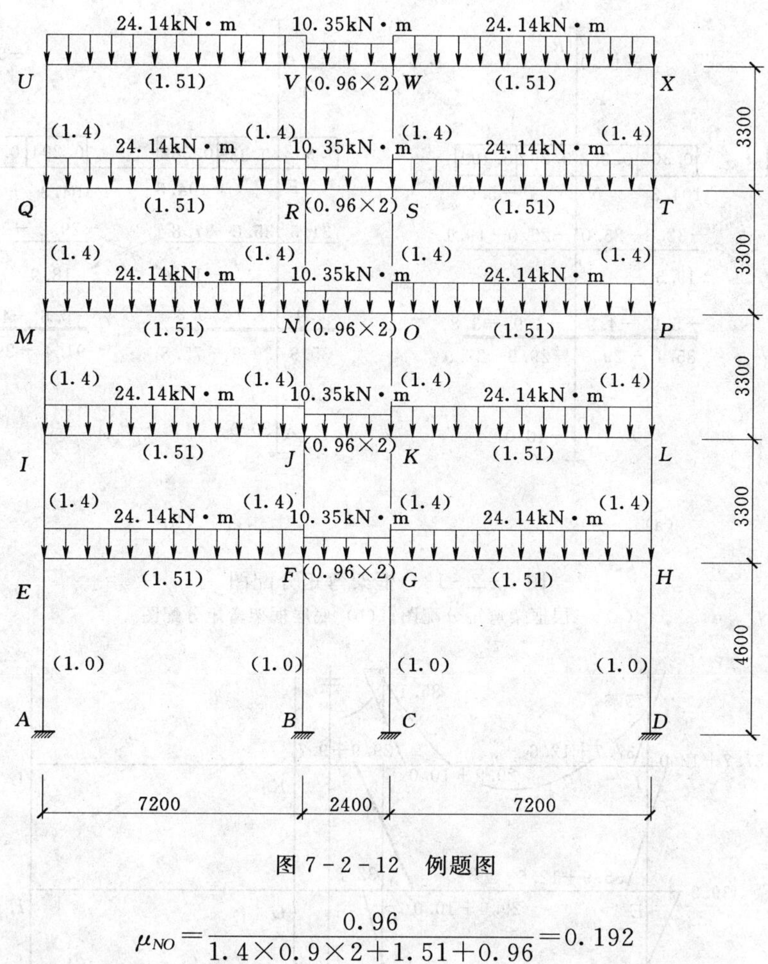

图7-2-12　例题图

$$\mu_{NO}=\frac{0.96}{1.4\times0.9\times2+1.51+0.96}=0.192$$

(2) 第三层固端弯矩：计算式分别为：

$$M_{MN}=-M_{NM}=-\frac{q}{12}l^2=-\frac{24.14}{12}\times7.2^2=-104.3\text{kN}\cdot\text{m}$$

$$M_{NO}=-\frac{q}{12}l^2=-\frac{10.35}{12}\times2.4^2=-5.0\text{kN}\cdot\text{m}$$

(3) 第三层弯矩分配：弯矩分配传递过程见图7-2-13 (a)，单位kN・m。

(4) 第二层弯矩分配系数、固端弯矩及弯矩分配：因荷载、构件线刚度与三层相同，弯矩分配传递过程参见图7-2-13 (a) 所示。

(5) 底层弯矩分配系数、固端弯矩及弯矩分配：如图7-2-13 (b) 所示，单位kN・m。

(6) 绘制第二层弯矩图：叠加后的弯矩图见图7-2-14。

第 i 层柱上端弯矩值＝本层下柱值＋下层上柱传递的值；

第 i 层柱下端弯矩值＝下层上柱值＋本层下柱传递的值。

6. 水平荷载作用下结构的内力计算（水平地震作用）

多层多跨框架在水平荷载作用下，一般均可归结为在节点处受水平力的作用，其弯矩图通常如图7-2-15 (a) 所示。它的特点是，各杆的弯矩图形均为直线，每杆均有一个

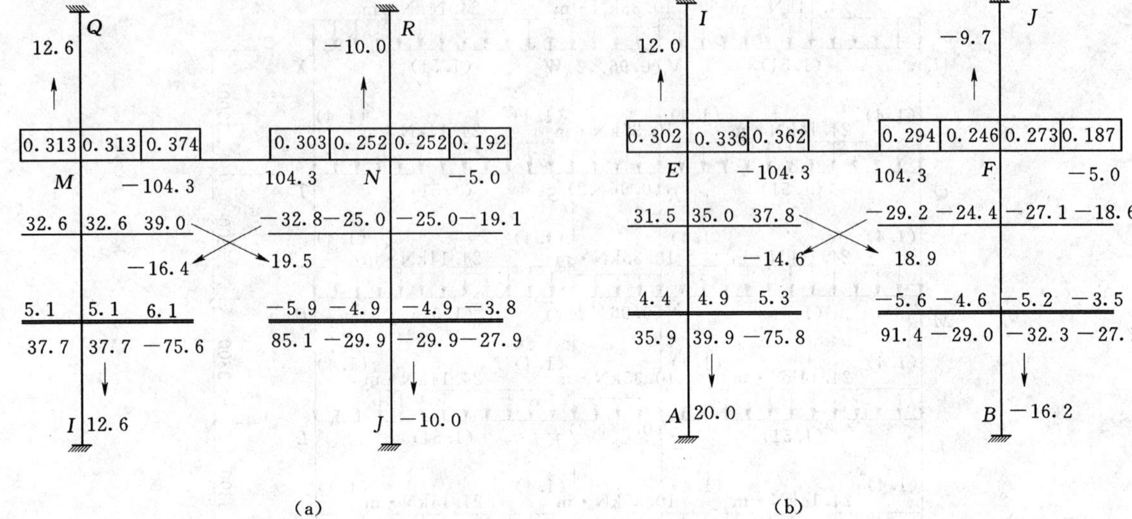

图 7-2-13　框架弯矩分配图

(a) 三层框架弯矩分配图；(b) 底层框架弯矩分配图

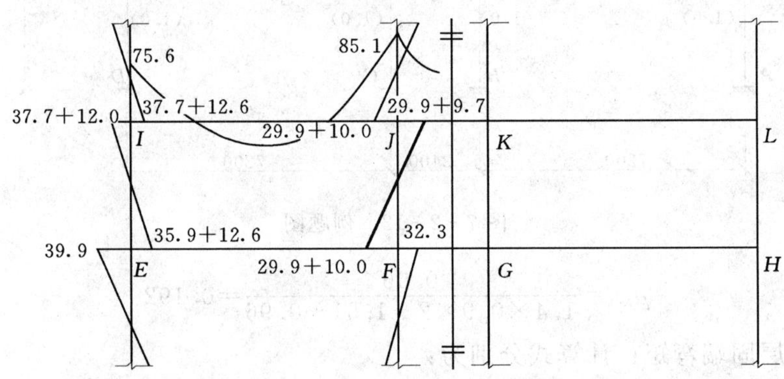

图 7-2-14　分层法绘制框架二层弯矩图

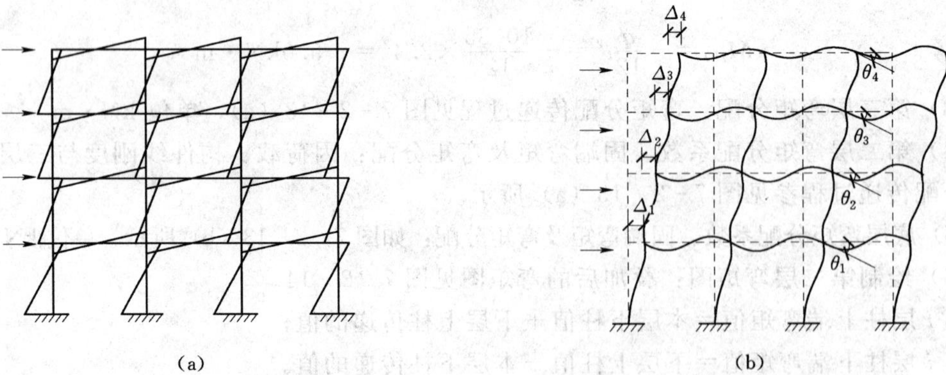

图 7-2-15　框架结构在水平荷载下的弯矩图及变形示意图

(a) 框架结构在水平荷载下的弯矩图；(b) 框架结构在水平荷载下的变形示意图

零弯矩点即反弯点。图 7－2－15（b）表示该框架在水平力作用下的变形图，从图中看出，各柱的上下端既有水平位移，又有角位移（即柱端转角）。如果忽略梁的轴向变形，则在同一层内的各节点具有相同的侧向位移，同一层内各柱上下端的水平位移差（即层间位移）也相同。而各柱端节点角位移的大小则与节点梁柱线刚度比$\frac{\sum i_b}{\sum i_c}$值有关，如果梁的线刚度比柱的线刚度大得多时，节点的角位移就很小。

如能确定各柱反弯点处的剪力及其反弯点的位置，则各柱端弯矩就可算出，进而可算出梁端弯矩及整个框架的其他内力。所以对水平荷载作用下的框架近似计算，需解决两个主要问题：①确定各层柱的剪力；②确定各层柱的反弯点位置。

（1）反弯点法。

当$\frac{\sum i_b}{\sum i_c}>3j$时，节点转角位移很小，对框架内力影响不大。故而假定转角位移$\theta=0$，这相当于框架横梁刚度为无穷大。

当柱子端部转角为零（$\theta=0$）时，反弯点的位置应该位于柱子高度的中间。而实际结构中，尽管梁、柱的线刚度之比大于 3，在水平力的作用下，节点仍然存在转角，那么反弯点的位置就不在柱子中间。尤其是底层柱子，由于柱子下端为嵌固，无转角，当上端有转角时，反弯点必然向上移，故假定底层柱子的反弯点取在 2/3 处。上部各层，当节点转角接近时，柱子反弯点基本在柱子中间。

在同一楼层各柱子的侧移都相同，故而，各柱所分配的剪力与其侧移刚度可成正比。即：

$$V_{ik}=\frac{d_{ik}}{\sum_{k=1}^{m}d_{ik}}V_i \tag{7-2-24}$$

式中　V_{ik}——第 i 层第 k 根柱子分配到的层间剪力，N；

V_i——第 i 层水平地震作用下的层间剪力值，N；

d_{ik}——第 i 层第 k 根柱子的抗侧移刚度，N/m。

柱子的抗侧移刚度与反弯点位置一样也与梁柱的线刚度有关，与柱端的支承条件有关。图 7－2－16 所示为一规则框架结构（层高、跨度、柱的线刚度、梁线刚度均相等）中不在底层某 AB 柱，在水平荷载作用下产生变形后，柱到达了新位置 $A'B'$，在水平方向产生位移 Δ，在柱子上下端产生转角位移 θ_A、θ_B。则参看表 7－2－11，可知对于两端同时存转角位移和相对线位移的杆件的内力方程为：

$$M_{AB}=4i_c\theta_A+2i_c\theta_B-6i_c\frac{\Delta}{h}$$

$$M_{BA}=4i_c\theta_B+2i_c\theta_A-6i_c\frac{\Delta}{h}$$

$$V_{AB}=V_{BA}=-6\frac{i_c}{h}\theta_{AB}-6\frac{i_c}{h}\theta_{BA}+12\frac{i_c}{h^2}\Delta$$

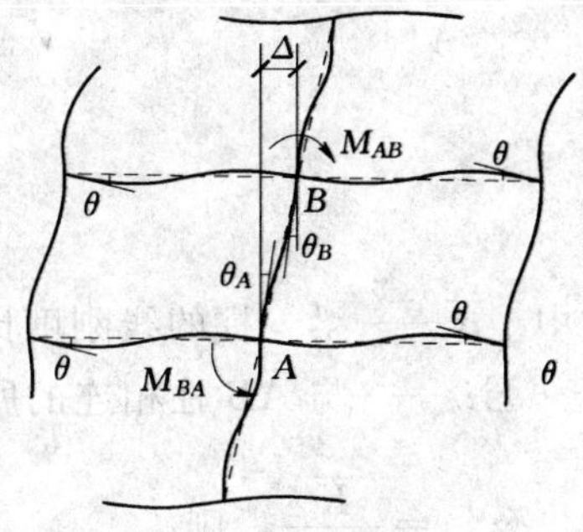

图 7－2－16　规则框架柱侧移刚度图

其中，h 为层高。

当梁的刚度为无穷大时($EI_b=\infty$)

$$\theta_A=\theta_B=0$$

故
$$M_{AB}=M_{BA}=6i_c\frac{\Delta}{h}$$

$$V_{AB}=V_{BA}=12\frac{i_c}{h^2}\Delta$$

令 $d=\dfrac{V}{\Delta}$则，柱子的抗侧移刚度为

$$d=\frac{12i_c}{h^2} \tag{7-2-25}$$

这样，柱端弯矩可由柱端剪力值与反弯点高度确定。梁端弯矩可由节点弯矩平衡确定，由梁端弯矩又可推出梁端剪力，进而得到整个结构的内力值。

反弯点法适用于层数较少的框架结构，因为一般层数较少的结构柱截面尺寸较小，容易满足梁、柱的线刚度之比大于 3 的要求。

(2) D 值法。

当框架的高度较大、层数较多时，柱子的截面尺寸一般较大，这时梁、柱的线刚度之比要小于 3，反弯点法不再适用。如果仍采用类似反弯点的方法进行框架内力计算，就必须对反弯点法进行改进——改进反弯点（D 值）法。

1) 基本假定：

a. 承认节点转角的存在，为简化计算假定同层各节点转角相同均为 θ。

b. 假定同层各节点的侧移相同均为 Δ。

c. 假定柱及其上、下相邻柱两端的弦转角均相同 $\varphi=\dfrac{\Delta}{h}$。

2) 抗侧移刚度 D 值的确定。

由转角位移方程可写出柱端弯矩和梁端弯矩。根据节点 A、B 的力矩平衡条件，经简化后可得柱 AB 所受到的剪力 V_{AB} 为：

$$V_{AB}=\frac{\overline{K}}{2+\overline{K}}\times\frac{12i_c}{h}\varphi=\frac{\overline{K}}{2+\overline{K}}\times\frac{12i_c}{h^2}\Delta$$

$$\overline{K}=\frac{\sum i_b}{2i_c}$$

式中　$\overline{K}$——梁、柱的线刚度比；

$\sum i_b$——与 AB 柱相连的所有梁的线刚度和，N/m。

令 $\alpha_c=\dfrac{\overline{K}}{2+\overline{K}}$，则
$$V_{AB}=\alpha_c\frac{12i_c}{h^2}\Delta$$

由此可得柱子的抗侧移刚度为：

$$D=\frac{V_{AB}}{\Delta}=\alpha_c\,\frac{12i_c}{h^2} \tag{7-2-26}$$

式中　α_c——柱刚度修正系数，表示梁柱线刚度比对柱刚度的影响，节点转动大小取决于梁对节点的转动约束程度，梁刚度越大，对柱转动的约束能力越大，节点转角越小，α_c 就越接近于 1。构件所处的位置不同，所受的约束程度不同，节点的转动量也不同，因而 α_c 取值也不同。

表 7-2-12 将$\overline{K}$及 α_c 的计算公式进行了归纳。

表 7-2-12　　不同情况下$\overline{K}$及 α_c 的计算公式

楼层		简图		$\overline{K}$	α_c
一般层		i_2, i_c, i_4	i_1, i_2, i_c, i_3, i_4	$\overline{K}=\frac{i_1+i_2+i_3+i_4}{2i_c}$	$\alpha_c=\frac{\overline{K}}{2+\overline{K}}$
	固接	i_2, i_c	i_1, i_2, i_c	$\overline{K}=\frac{i_1+i_2}{i_c}$	$\alpha_c=\frac{0.5+\overline{K}}{2+\overline{K}}$
底层	铰接	i_2, i_c	i_1, i_2, i_c	$\overline{K}=\frac{i_1+i_2}{i_c}$	$\alpha_c=\frac{0.5+\overline{K}}{1+2\overline{K}}$
	铰接有连梁	i_2, i_c, i_{p1}	i_2, i_2, i_c, i_{p1}, i_{p2}	$\overline{K}=\frac{i_1+i_2+i_{p1}+i_{p2}}{2i_c}$	$\alpha_c=\frac{\overline{K}}{2+\overline{K}}$

注　边柱情况下，式中 i_1、i_3 或 i_{p1} 取值为 0。

因为在同一楼层各柱子的侧移都相同，第 i 层第 k 根柱所分配的剪力为：

$$V_{ik}=\frac{D_{ik}}{\sum\limits_{k=1}^{m}D_{ik}}V_i$$

3）反弯点高度的确定。

而柱子反弯点的位置——反弯点高度，取决于柱子两端转角的相对大小。如果柱子两端转角相等，反弯点必然在柱子中间；如果柱子两端转角不一样，反弯点必然向转角较大的一端移动。影响柱子反弯点高度的因素主要有：结构总层数及该层所在的位置；梁、柱线刚度比；荷载形式；上、下层梁刚度比；上、下层层高变化。

在改进反弯点法中，柱子反弯点位置往往用反弯点高度比 y 来表示：

$$y=(y_0+y_1+y_2+y_3)h \tag{7-2-27}$$

式中　y——反弯点到柱子下端的距离，即反弯点高度，m；

h——柱子高度，m；

y_0——柱标准反弯点高度比。标准反弯点高度比是在各层等高、各跨相等、各层梁和柱线刚度都不改变时框架在水平荷载作用下的反弯点高度比，可从表 7-2-13 中查取；

y_1——上、下梁刚度变化时的反弯点高度比修正值。当某柱的上梁与下梁的刚度不等，柱上、下结点转角不同时，反弯点位置会有变化，应将标准反弯点高度比 y_0 加以修正；当 $i_1+i_2>i_3+i_4$ 时，令 $\alpha_1=(i_1+i_2)/(i_3+i_4)$，根据 α_1 和$\overline{K}$从表 7-2-14 查 y_1，且 $y_1>0$ 当 $i_1+i_2<i_3+i_4$ 时，令 $\alpha_1=(i_3+i_4)/(i_1+i_2)$，根据 α_1 和$\overline{K}$从表 7-2-14 查 y_1，且 $y_1<0$ 对于底层不考虑 y_1 修正值；

y_2、y_3——上、下层高度变化时反弯点高度比的修正值。

令上层层高与本层层高比为 α_2，即 $\alpha_2=\dfrac{h_上}{h}$，由表 7-2-15 可查修正值 y_2。当 $\alpha_2>1$ 时，$y_2>0$；当 $\alpha_2<1$ 时，$y_2<0$。

表 7-2-13　　规则框架承受倒三角形分布水平荷载作用时标准反弯点高度比 y_0 值

m	n \ $\overline{K}$	0.1	0.2	0.3	0.4	0.5	0.6	0.7	0.8	0.9	1.0	2.0	3.0	4.0	5.0
1	1	0.80	0.75	0.70	0.65	0.60	0.60	0.60	0.60	0.60	0.55	0.55	0.55	0.55	0.55
2	2	0.50	0.45	0.40	0.40	0.40	0.40	0.40	0.40	0.40	0.45	0.45	0.45	0.45	0.50
	1	1.00	0.85	0.25	0.70	0.65	0.65	0.65	0.65	0.60	0.60	0.55	0.55	0.55	0.55
3	3	0.25	0.25	0.25	0.30	0.30	0.35	0.35	0.35	0.40	0.40	0.45	0.45	0.45	0.50
	2	0.60	0.50	0.50	0.50	0.50	0.45	0.45	0.45	0.45	0.45	0.50	0.50	0.55	0.50
	1	1.15	0.90	0.80	0.75	0.75	0.70	0.70	0.65	0.65	0.65	0.55	0.55	0.55	0.55
4	4	0.10	0.15	0.20	0.25	0.30	0.35	0.35	0.35	0.35	0.40	0.45	0.45	0.45	0.45
	3	0.35	0.35	0.35	0.40	0.40	0.40	0.40	0.45	0.45	0.45	0.45	0.50	0.50	0.50
	2	0.70	0.60	0.55	0.50	0.50	0.50	0.50	0.50	0.50	0.50	0.50	0.50	0.50	0.50
	1	1.20	0.95	0.85	0.80	0.75	0.70	0.70	0.65	0.65	0.65	0.55	0.55	0.55	0.55
5	5	−0.05	0.10	0.20	0.25	0.30	0.30	0.35	0.35	0.35	0.35	0.40	0.45	0.45	0.45
	4	0.20	0.25	0.35	0.35	0.40	0.40	0.40	0.40	0.45	0.45	0.45	0.50	0.50	0.50
	3	0.45	0.40	0.45	0.45	0.45	0.45	0.45	0.45	0.45	0.50	0.50	0.50	0.50	0.50
	2	0.75	0.60	0.55	0.55	0.55	0.50	0.50	0.50	0.50	0.50	0.50	0.50	0.50	0.50
	1	1.30	1.00	0.85	0.80	0.75	0.70	0.70	0.65	0.65	0.65	0.60	0.55	0.55	0.55

表 7-2-14　　上下层横梁线刚度比对 y_0 的修正值 y_1

α_1 \ $\overline{K}$	0.1	0.2	0.3	0.4	0.5	0.6	0.7	0.8	0.9	1.0	2.0	3.0	4.0	5.0
0.4	0.55	0.40	0.30	0.25	0.20	0.20	0.20	0.10	0.15	0.15	0.05	0.05	0.05	0.05
0.5	0.45	0.30	0.20	0.20	0.15	0.15	0.15	0.10	0.10	0.10	0.05	0.05	0.05	0.05
0.6	0.30	0.20	0.15	0.15	0.10	0.10	0.10	0.10	0.05	0.05	0.05	0.05	0	0
0.7	0.20	0.15	0.10	0.10	0.10	0.10	0.05	0.05	0.05	0.05	0.05	0	0	0
0.8	0.15	0.10	0.05	0.05	0.05	0.05	0.05	0.05	0.05	0	0	0	0	0
0.9	0.05	0.05	0.05	0.05	0	0	0	0	0	0	0	0	0	0

表 7-2-15　　上下层高变化对 y_0 的修正值 y_2 和 y_3

α_2	α_3 \ $\overline{K}$	0.1	0.2	0.3	0.4	0.5	0.6	0.7	0.8	0.9	1.0	2.0	3.0	4.0	5.0
2.0		0.25	0.15	0.15	0.10	0.10	0.10	0.10	0.10	0.05	0.05	0.05	0.05	0.0	0.0
1.8		0.20	0.15	0.10	0.10	0.10	0.05	0.05	0.05	0.05	0.05	0.05	0.0	0.0	0.0
1.6	0.4	0.15	0.10	0.10	0.05	0.05	0.05	0.05	0.05	0.05	0.05	0.0	0.0	0.0	0.0
1.4	0.6	0.10	0.05	0.05	0.05	0.05	0.05	0.05	0.05	0.05	0.0	0.0	0.0	0.0	0.0
1.2	0.8	0.05	0.05	0.05	0.0	0.0	0.0	0.0	0.0	0.0	0.0	0.0	0.0	0.0	0.0
1.0	1.0	0.0	0.0	0.0	0.0	0.0	0.0	0.0	0.0	0.0	0.0	0.0	0.0	0.0	0.0
0.8	1.2	−0.05	−0.05	−0.05	0.0	0.0	0.0	0.0	0.0	0.0	0.0	0.0	0.0	0.0	0.0
0.6	1.4	−0.10	−0.05	−0.05	−0.05	−0.05	−0.05	−0.05	−0.05	0.0	0.0	0.0	0.0	0.0	0.0
0.4	1.6	−0.1	−0.10	−0.10	−0.05	−0.05	−0.05	−0.05	−0.05	−0.05	−0.05	0.0	0.0	0.0	0.0
	1.8	−0.20	−0.15	−0.10	−0.10	−0.10	−0.05	−0.05	−0.05	−0.05	−0.05	−0.05	0.0	0.0	0.0
	2.0	−0.25	−0.15	−0.15	−0.10	−0.10	−0.10	−0.10	−0.10	−0.05	−0.05	−0.05	−0.05	0.0	0.0

同理，令下层层高与本层层高比为 α_3，即 $\alpha_3=\dfrac{h_{下}}{h}$，由表 7-2-15 可查修正值 y_3。

在框架最顶层，不考虑 y_2，在框架最底层，不考虑 y_3。

(3) 框架结构内力计算用 D 值法求得各柱剪力并确定了反弯点位置后，梁柱内力可以很容易求得。

1) 柱端弯矩值。

上端弯矩
$$M_{c,ij}^{t}=V_{ij}(1-y_{ij})h_{ij} \tag{7-2-28}$$

下端弯矩
$$M_{c,ij}^{b}=V_{ij}y_{ij}h_{ij} \tag{7-2-29}$$

式中　$M_{c,ij}^{t}$、$M_{c,ij}^{b}$——第 i 层第 j 根柱子上端、下端弯矩值，kN·m；

V_{ij}——第 i 层第 j 根柱端剪力值，kN；

y_{ij}——第 i 层第 j 根柱子的反弯点高度比。

2) 利用节点平衡计算梁端弯矩。

边节点梁端弯矩
$$M_b=M_{c,i}+M_{c,i+1} \tag{7-2-30}$$

对于中间节点

梁左端弯矩
$$M_b^l=(M_{c,i}+M_{c,i+1})\frac{i_b^l}{i_b^l+i_b^r} \tag{7-2-31}$$

梁右端弯矩
$$M_b^l=(M_{c,i}+M_{c,i+1})\frac{i_b^r}{i_b^l+i_b^r} \tag{7-2-32}$$

式中　$M_{c,i}$、$M_{c,i+1}$——分别为该节点处柱上、下端弯矩，kN·m；

i_b^l、i_b^r——分别为该节点处左端梁、右端梁的线刚度，N/m。

3）求梁端剪力。

$$V_b=\frac{M_b^l+M_b^r}{l} \tag{7-2-33}$$

式中　M_b^l、M_b^r——分别为该梁左端、右端梁的弯矩值，kN·m。

4）计算柱子的轴力。

柱轴力值为梁（两）端剪力值（差）逐层累加。

【例7-2-2】 用D值法计算学习任务中第7轴单榀横向框架第二层框架梁、框架柱弯矩，并绘制弯矩图。图7-2-17中括号内数值为各杆件的相对线刚度。

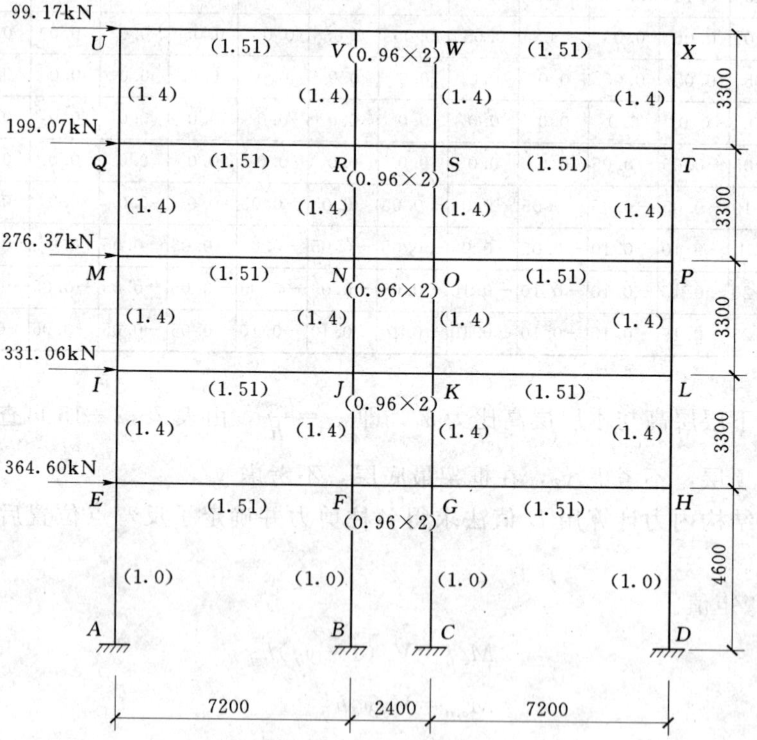

图7-2-17　例题图

解：

（1）计算柱的侧移刚度。

第二层：

柱 EI 及柱 HL

$$\overline{K}=\frac{1.51+1.51}{1.4+1.4}=1.078$$

$$\alpha_c=\frac{\overline{K}}{2+\overline{K}}=0.350$$

$$D=\alpha\frac{12i_c}{h^2}=0.490\times\left(\frac{12}{3.3^2}\right)$$

柱 FJ 及柱 GK

$$\overline{K}=\frac{1.51\times 2+1.92\times 2}{1.4+1.4}=2.45$$

$$\alpha_c=\frac{\overline{K}}{2+\overline{K}}=0.550$$

$$D=\alpha\frac{12i_c}{h^2}=0.770\times\left(\frac{12}{3.3^2}\right)$$

$$\sum D=(0.490\times 2+0.770\times 2)\times\left(\frac{12}{3.3^2}\right)=2.52\times\left(\frac{12}{3.3^2}\right)$$

其余各层柱的侧移刚度同理可得。

(2) 求第二层各柱的剪力值。

柱 EI 及柱 HL：

$$V_{EI}=V_{HL}=\frac{0.49}{2.52}\times 331.06=64.37\text{kN}$$

$$V_{FJ}=V_{GK}=\frac{0.77}{2.52}\times 331.06=101.16\text{kN}$$

柱 FJ 及柱 GK：

其余各层柱的剪力值同理可得。

(3) 求各柱反弯点高度比。

第二层：$m=5$　　$n=2$

柱 EI 及柱 HL：$\overline{K}=1.078$ 查表 7-2-13 得 $y_0=0.50$

$\alpha_1=1$，故 $y_1=0$

$\alpha_2=1$，故 $y_2=0$

$\alpha_3=1.394$，查表 7-2-14$y_3=-0.05$

所以，$y=y_0+y_1+y_2+y_3=0.50-0.05=0.45$

柱 FJ 及柱 GK：$\overline{K}=2.45$ 查表 7-2-13 得 $y_0=0.50$

$\alpha_1=1$，故 $y_1=0$

$\alpha_2=1$，故 $y_2=0$

$\alpha_3=1.394$，查表 7-2-14$y_3=-0.05$

所以，$y=y_0+y_1+y_2+y_3=0.50-0.05=0.45$

其余各层柱的反弯点高度比同理可得。

(4) 求第二层柱端弯矩。

柱 EI 及柱 HL　上端弯矩：$M_{上}=64.37\times(1-0.45)\times3.3=116.84\text{kN}\cdot\text{m}$

下端弯矩　$M_{下}=64.37\times0.45\times3.3=95.59\text{kN}\cdot\text{m}$

柱 FJ 及柱 GK　上端弯矩：$M_{上}=101.16\times(1-0.45)\times3.3=183.60\text{kN}\cdot\text{m}$

下端弯矩　$M_{下}=101.16\times0.45\times3.3=150.22\text{kN}\cdot\text{m}$

其余各层柱的弯矩同理可得。

(5) 利用节点平衡计算第二层梁端弯矩。

边节点梁端弯矩：　$M_b=M_{c,i}+M_{c,i+1}=79.8+116.84=196.64\text{kN}\cdot\text{m}$

对于中间节点，左端弯矩：

$$M_b^l=(M_{c,i}+M_{c,i+1})\frac{i_b^l}{i_b^l+i_b^r}=(139.34+183.60)\times\frac{1.51}{1.51+1.92}=142.17\text{kN}\cdot\text{m}$$

对于中间节点，右端弯矩：

$$M_b^l=(M_{c,i}+M_{c,i+1})\frac{i_b^r}{i_b^l+i_b^r}=(139.34+183.60)\times\frac{1.92}{1.51+1.92}=180.77\text{kN}\cdot\text{m}$$

其余各层梁端弯矩同理可得。

(6) 绘制弯矩图，如图 7-2-18 所示，单位 kN·m。

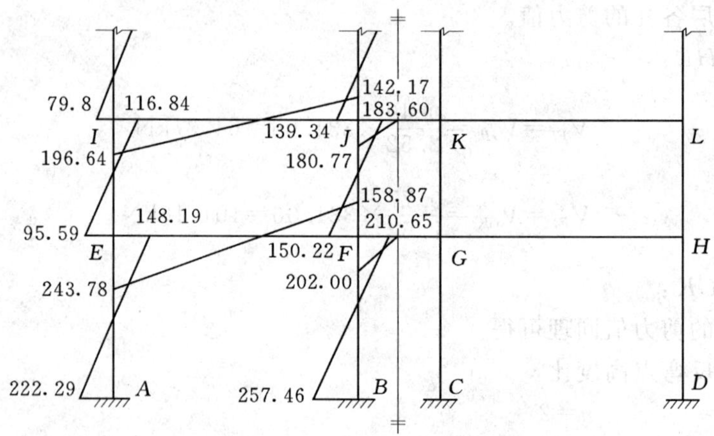

图 7-2-18　框架二层弯矩图

7. 结构侧移的近似计算

若框架结构的侧向位移过大，会使填充墙或建筑物装修出现裂缝，使电梯轨道变形，还会引起主体结构产生裂缝，产生附加内力，甚至引起倒塌。故对于多高层框架结构的侧移应进行控制。

(1) 多遇地震下结构允许弹性变形验算。

除砌体结构、厂房外的框架结构、填充墙框架结构、框架－剪力墙结构等需验算允许弹性变形。

对于按底部剪力法分析结构地震作用时，其弹性位移计算公式为

$$\Delta u_e(i)=V_e(i)/\sum_{j=1}^{n}D_{ij} \tag{7-2-34}$$

式中　$\Delta u_e(i)$——第 i 层的层间位移，m；

$\sum_{j=1}^{n} D_{ij}$——第 i 层的侧移刚度，N/m；

$V_e(i)$——第 i 层的水平地震剪力标准值，N

$$V_e(i) = \sum_{k=i}^{m} F_k \qquad (7-2-35)$$

F_k——第 i 层顶节点的水平集中荷载标准值，N；

楼层内最大弹性层间位移应符合下式

$$\Delta u_e \leqslant [\theta_e] h \qquad (7-2-36)$$

式中　Δu_e——多遇地震作用标准值产生的楼层内最大的弹性层间位移，m；

$[\theta_e]$——弹性层间位移角限值，按表 7-2-16 取值；

h——计算楼层层高，m。

表 7-2-16　　弹性层间位移角限值

结　构　类　型	$[\theta_e]$
钢筋混凝土框架	1/550
钢筋混凝土框架—抗震墙、板柱—抗震墙、框架—核心筒	1/800
钢筋混凝土抗震土墙、筒中筒	1/1000
钢筋混凝土框支层	1/1000
多层、高层钢结构	1/300

（2）罕遇地震下结构弹塑性变形验算。

需要进行结构罕遇地震作用下薄弱层弹塑性变形验算的范围：

1）下列结构应进行弹塑性变形验算：

a. 8 度Ⅲ、Ⅳ类场地和 9 度时，高大的单层钢筋混凝土柱厂房的横向排架。

b. 7—9 度时楼层屈服强度系数小于 0.5 的钢筋混凝土框架结构。

c. 高度大于 150m 的钢结构。

d. 甲类建筑和 9 度时乙类建筑中的钢筋混凝土结构和钢结构。

e. 采用隔震和消能减震设计的结构。

2）下列结构宜进行弹塑性变形验算。

a. 表 7-2-5 所列高度范围且属于表 7-2-7 所列竖向不规则类型的高层建筑结构；

b. 7 度Ⅲ、Ⅳ类场地和 8 度时乙类建筑中的钢筋混凝土结构和钢结构；

c. 板柱—抗震墙结构和底部框架砖房。

d. 高度不大于 150m 的其他高层钢结构。

（3）薄弱楼层弹塑性层间位移的验算：

不超过 12 层且层刚度无突变的钢筋混凝土框架和框排架结构、单层钢筋混凝土柱厂房可采用《建筑结构抗震设计规范》中的简化计算法计算。

1）结构薄弱层（部位）的位置的确定：

a. 楼层屈服强度系数 ξ_y 沿高度分布均匀的结构，可取底层。

b. 楼层屈服强度系数 ξ_y 沿高度分布不均匀的结构，可取该系数最小的楼层（部位）和相对较小的楼层，一般不超过 2～3 处。

c. 单层厂房，可取上柱。

2）弹塑性层间位移可按下列公式计算：

$$\Delta u_p = \eta_p \Delta u_e \quad 或 \quad \Delta u_p = \mu \Delta u_y = \frac{\mu_p}{\xi_y} \Delta u_y \tag{7-2-37}$$

式中　Δu_p——弹塑性层间位移，m；

Δu_y——层间屈服位移，m；

μ——楼层延性系数；

Δu_e——罕遇地震作用下按弹性分析的层间位移，m；

η_p——弹塑性层间位移增大系数，当薄弱层（部位）的屈服强度系数不小于相邻层（部位）该系数平均值的 0.8 时，可按表 7-2-17 采用。当不大于该平均值的 0.5 时，可按表内相应数值的 1.5 倍采用；其他情况可采用内插法取值。

表 7-2-17　弹塑性层间位移增大系数

结构类型	总层数 n 或部位	ξ_y		
		0.5	0.4	0.3
多层均匀框架结构	2～4	1.30	1.40	1.60
	5～7	1.50	1.65	1.80
	8～12	1.80	2.00	2.20
单层厂房	上柱	1.30	1.60	2.00

3）结构薄弱层（部位）弹塑性层间位移应符合下式要求：

$$\Delta u_p \leqslant [\theta_p] h \tag{7-2-38}$$

式中　$[\theta_p]$——弹塑性层间位移角限值，可按表 7-2-18 采用；

h——薄弱层楼层高度或单层厂房上柱高度，m。

表 7-2-18　弹塑性层间位移角限值

结构类型	$[\theta_p]$
单层钢筋混凝土柱排架	1/30
钢筋混凝土框架	1/50
底部框架砌体房屋中的框架抗震墙	1/100
钢筋混凝土框架-抗震墙、板柱-抗震墙、框架-核心筒	1/100
钢筋混凝土抗震墙、筒中筒	1/120
多层、高层钢结构	1/50

对钢筋混凝土框架结构，当轴压比小于 0.40 时，$[\theta_p]$ 可提高 10%；当子全高的箍筋构造比本规范规定的体积配箍率大 30%时，可提高 20%，但累计不超过 25%。

8. 内力组合

框架结构构件设计时，必须找到各构件控制截面的最不利内力，以此作为梁、柱配筋

的依据。

(1) 控制截面及最不利内力。

1) 控制截面。

框架梁在竖向荷载作用下的剪力沿梁轴线呈线性变化(两端剪力值最大)，而弯矩呈抛物线变化(跨中弯矩最大)，因此，控制截面为梁的两端截面和跨中最大正弯矩截面。这里的梁端截面即支座截面，是指柱外缘处梁截面，一般产生最大负弯矩和最大剪力(水平荷载作用下还有正弯矩产生)，而内力分析时得到的梁端弯矩和剪力都是轴线处的内力值 M 或 V(见图 7-2-19)，在进行截面配筋时应采用梁端柱边截面的内力 M' 或 V'，而不是轴线处的内力。

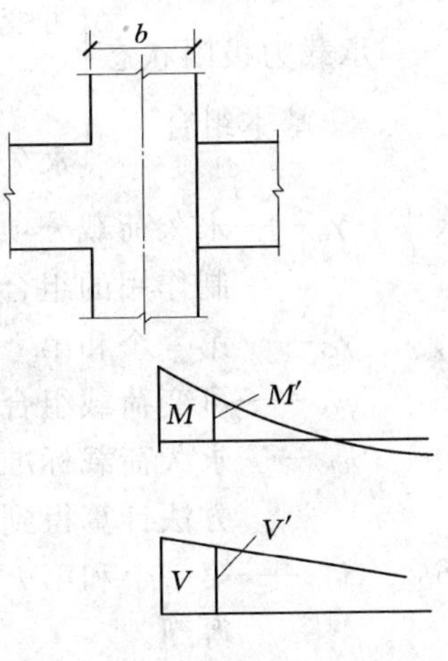

图 7-2-19　梁端控制截面的弯矩和剪力

框架柱的弯矩、轴力和剪力沿柱高是线性变化的，因此，控制截面是柱的上、下端截面。

2) 最不利内力。

最不利内力组合是指对控制截面的配筋起控制作用的内力组合。对于某一控制截面，最不利内力组合可能有多种，一般框架结构的最不利内力组合归纳为：

a. 梁端截面：$+M_{max}$、$-M_{max}$、V_{max}

b. 梁跨中截面：$+M_{max}$、$-M_{max}$(可能出现)

c. 框架柱端截面：$|M|_{max}$ 及相应的 N、V；

N_{max} 及相应的 M、V；

N_{min} 及相应的 M、V。

组合时应注意，水平荷载应考虑左、右两个方向，取其不利的一种。

(2) 竖向可变荷载的不利布置。

由于活荷载产生的内力远小于恒荷载及水平力所产生的内力时，可把活荷载同时作用于框架所有梁上，不考虑活荷载的不利布置。这样求得的内力在梁支座处与活荷载不利布置法算得的结果极为接近，可直接用于构件设计。但跨中弯矩却比最不利荷载法的计算结果明显偏低，因此，对梁跨中弯矩应乘以 1.1～1.2 的系数予以增大。

(3) 梁端弯矩调幅。

为了充分考虑钢筋混凝土结构的塑性变形能力，挖掘结构潜在的承载力，提高框架结构的延性，在梁端是允许出现塑性铰的，进行框架结构设计时，可对框架梁在竖向荷载作用下的梁端负弯矩进行调幅，即将梁端负弯矩乘以调幅系数 β，以减少节点附近梁顶面的配筋量，节约钢材。对现浇整体式框架，$\beta=0.8\sim0.9$；对装配整体式框架，$\beta=0.7\sim0.8$。当支座弯矩降低后，在相应荷载作用下的跨中弯矩相应有所增加。

(4) 内力组合。

多、高层钢筋混凝土结构在抗震设防区，应按无地震组合和有地震组合计算。若地震作用较小或构件地震内力较小时，有地震组合的抗震计算则可能不起控制作用，无地震组合的静力计算起控制作用。对于无地震组合，同时出现充满希望荷载、活荷载及共创可变荷载作用的情况荷载效应组合按承载力极限状态中的基本组合确定。

承载力极限状态基本组合：

可变荷载起控制作用时 $S=\gamma_G S_{GK}+\gamma_{Q1}S_{Q1K}+\sum\gamma_{Qi}\psi_{Qi}S_{QiK}$

$S=\gamma_G S_{GK}+\gamma_{Q1}S_{Q1K}$（一般排架、框架）

永久荷载起控制作用时 $S=\gamma_G S_{GK}+\sum\gamma_{Qi}\psi_{Qi}S_{Q1K}$

式中 γ_G——永久荷载分项系数，对可变荷载起控制作用的组合取 1.2，对永久荷载起控制作用的组合取 1.35；

γ_{Q1}、γ_{Qi}——第一个和第 i 个可变荷载分项系数，一般情况下取 1.4；

ψ_{Qi}——可变荷载组合系数；

S_{GK}——永久荷载标准值计算的荷载效应，即在计算截面上产生的内力，按结构力学方法计算得到；

S_{Q1}、S_{Qi}——第一个和第 i 个可变荷载准值计算截面上产生的内力，按结构力学方法计算得到。

对于有地震的组合，构件截面抗震承载力极限状态计算时，应采用基本组合设计值，并按下述表达式：

$$S=\gamma_G S_{GE}+\gamma_{Eh}S_{Ehk} \tag{7-2-39}$$

式中 γ_G——重力荷载分项系数，一般取 1.2，当重力荷载效应对构件承载能力有利时，不应大于 1.0；

γ_{Eh}——水平地震作用分项系数，一般取 1.3；

S_{GE}——重力荷载代表值；

S_{Ehk}——水平地震作用标准值效应，尚应乘以有关调整系数。

9. 截面设计

（1）一般原则。

通过对地震后框架结构的震害调查发现，房屋倒塌的原因多种多样，在设计方面主要是因为结构平面、立面不均匀，存在局部薄弱环节，不能发挥整体抗震能力；框架梁、柱变形能力不足，构件过早发生破坏；框架柱节点箍筋不足，节点受震破坏，构件失去相互联系；框架中填充墙破坏严重等。

在结构抗震设计时如何避免这些破坏，归纳起来有以下几点：

1）塑性铰应较多较早了发生在梁端，即“强柱弱梁”。

2）梁柱在弯曲破坏前应避免其他形式的破坏，即“强剪弱弯”。

3）梁柱在破坏前节点间应有足够的承载及变形能力，即“强节点”。

4）重视非结构构件的设计，即“强锚固”。

（2）框架梁的抗震设计。

1）正截面受弯承载力计算。

求出梁控制截面处考虑抗震作用组合后梁端最大弯矩值，按一般钢筋混凝土受弯构件进行正截面受弯承载力计算，但应注意在受弯承载力计算公式右边要除以相应的承载力抗震调整系数。承载力抗震调整系数按表 7-2-19 取用。

对于 T 形、I 形及倒 L 形截面受弯构件，位于受压区的翼缘计算宽度 b'_f 按表 7-2-20 所列情况中最小值取用。

表 7-2-19　**承载力抗震调整系数**

材　料	结　构　构　件	受力状态	γ_{RE}
混凝土	梁	受弯	0.75
	轴压比小于 0.15 的柱	偏压	0.75
	轴压比不小于 0.15 的柱	偏压	0.80
	抗震墙	偏压	0.85
	各类构件	受剪、偏拉	0.85

表 7-2-20　**T 形、I 形及倒 L 形截面受弯构件受压区的翼缘计算宽度 b'_f**

情　况			T 形、I 形截面		倒 L 形截面
			肋形梁、肋形板	独立梁	肋形梁、肋形板
1	按计算跨度 l_0 考虑		$l_0/3$	$l_0/3$	$l_0/6$
2	按梁（纵肋）净距 s_n 考虑		$b+s_n$	—	$b+s_n/2$
3	按翼缘高度 h'_f 考虑	$h'_f/h_0\geqslant 0.1$	—	$b+12h'_f$	—
		$0.1>h'_f/h_0\geqslant 0.05$	$b+12h'_f$	$b+6h'_f$	$b+5h'_f$
		$h'_f/h_0<0.05$	$b+12h'_f$	b	$b+5h'_f$

为保证框架梁的延性，尚需满足下列限制条件：

a. 为避免超筋，不考虑地震作用时要求。

$$x\leqslant \xi_b h_{b0} \tag{7-2-40}$$

式中　ξ_b——纵向受拉钢筋屈服与受压区混凝土破坏同时发生时的相对界限受压区高度

对于有屈服点的钢筋：

$$\xi_b=\frac{\beta_1}{1+\dfrac{f_y}{E_s\varepsilon_{cu}}} \tag{7-2-41}$$

对于无屈服点钢筋：

$$\xi_b=\frac{\beta_1}{1+\dfrac{0.002}{\varepsilon_{cu}}+\dfrac{f_y}{E_s\varepsilon_{cu}}} \tag{7-2-42}$$

式中　f_y——钢筋抗拉强度设计值，N/mm^2；

E_s——钢筋弹性模量，Pa；

β_1——系数，当混凝土强度等级不超过 C50 时，β_1 取为 0.8，当混凝土强度等级为 C80 时，β_1 取为 0.74，其间按线性内插法确定；

ε_{cu}——非均匀受压时的混凝土极限压应变，按下式取用：

$$\varepsilon_{cu}=0.0033-(f_{cu,k}-50)\times 10^{-5}$$

$f_{cu,k}$——混凝土立方体抗压强度标准值，N/mm^2。

同时为避免少筋，跨中截面受拉钢筋最小配筋率为 0.2%，支座截面最小配筋率为 0.25%。

b. 考虑地震组合时，为保证梁端塑性铰的延性，设计时要求梁端截面必须配置一定数量的受压钢筋，以形成双筋截面，并控制名义压区高度 x。

一级抗震　　$x\leqslant 0.25h_{b0}$，$\dfrac{A'_s}{A_s}\geqslant 0.5$

二级、三级抗震　　$x\leqslant 0.35h_{b0}$，$\dfrac{A'_s}{A_s}\geqslant 0.3$

四级同非抗震要求。

同时最小配筋率应满足表 7－2－21 的要求：

梁跨中截面受压区控制与非抗震相同。

2）梁的斜截面受剪承载力计算。

a. 梁端剪力设计值的调整。

表 7－2－21　　抗震设计框架梁最小配筋率

抗　震　等　级	支　座	跨　中
一级	0.4 和 $80f_t/f_y$ 中的较大者	0.3 和 $65f_t/f_y$ 中的较大者
二级	0.3 和 $65f_t/f_y$ 中的较大者	0.25 和 $55f_t/f_y$ 中的较大者
三、四级	0.25 和 $55f_t/f_y$ 中的较大者	0.2 和 $45f_t/f_y$ 中的较大者

按"强剪弱弯"原则，抗剪承载力要高于抗弯承载力。

为了保证框架梁塑性铰区的强剪弱弯，《建筑抗震设计规范》规定，一级、二级、三级抗震时应根据梁的抗弯承载力计算其设计剪力。

一级、二级、三级抗震

$$V_b=\eta_{vb}\frac{M_b^l+M_b^r}{l_n}+V_{Gb} \tag{7-2-43}$$

一级框架梁及 9 度区的一级框架梁可不按上式调整，但应满足：

$$V_b=1.1\frac{M_{bua}^l+M_{bua}^r}{l_n}+V_{Gb} \tag{7-2-44}$$

式中　η_{vb}——梁端剪力增大系数，一级取 1.3，二级取 1.2，三级取 1.1；

M_b^l、M_b^r——梁左、右端组合弯矩设计值，对一级框架梁若两端均为负弯矩，则绝对值较小的弯矩取 0，N·m；

M_{bua}^l、M_{bua}^r——梁左、右端实配的正截面抗震受弯承载力所对应的弯矩值，N·m；

V_{Gb}——梁重力荷载代表值作用下，按简支梁分析的梁端截面剪力设计值，N。

c. 剪压比的限制$\frac{V}{f_cbh_0}$。

梁塑性铰区，截面剪力对梁的延性、耗能及保持梁的刚度、承载力有明显影响。故保证梁截面不至于过小，使其产生过高的主压应力，必须限制剪压比。

对跨高比>2.5 的梁　　$\frac{V}{f_cbh_0}\leqslant\frac{0.2}{\gamma_{RE}}$

对跨高比<2.5 的梁　　$\frac{V}{f_cbh_0}\leqslant\frac{0.15}{\gamma_{RE}}$

d. 梁斜截面受剪承载力验算。

低周反复荷载作用下，当纵筋进入屈服阶段，斜裂缝反复开闭，使混凝土剪压区剪切强度下降，斜裂缝间混凝土咬合力、纵筋的咬合力降低，导致梁斜截面受剪承载力下降。故，对矩形、T 形、I 形截面的一般框架梁，斜截面受剪承载力验算公式为：

$$V_b\leqslant\frac{1}{\gamma_{RE}}\left(0.42f_tb_bh_{b0}+1.25f_{yv}\frac{A_{sv}}{S}h_{b0}\right) \tag{7-2-45}$$

对集中荷载作用下的框架梁：

$$V_b \leqslant \frac{1}{\gamma_{RE}}\left(\frac{1.05}{\lambda+1} f_t b_b h_{b0} + f_{yv}\frac{A_{sv}}{S} h_{b0}\right) \tag{7-2-46}$$

式中　　$\lambda=\frac{M}{Vh_0}$——框架梁的剪跨比；

$\lambda \leqslant 1 \sim 1.5$ 或构件超配箍——斜压破坏（脆性），控制截面尺寸不要太小，混凝土强度不要太低；

$1 \sim 1.5 \leqslant \lambda \leqslant 2 \sim 3$ 配箍适量——剪压破坏（延性），是抗剪设计的依据；

$\lambda > 2 \sim 3$ 配箍低时——斜拉破坏（脆性），控制配箍率不宜太低。

（3）框架柱的抗震截面设计。

1）柱子的破坏形态。

柱子的破坏形态有弯曲破坏、剪切破坏、粘结破坏三种类型，具体有：

a. 弯曲破坏。

通常发生在柱顶或柱底截面。破坏时压区混凝土压碎、主筋压屈。受拉钢筋有时能达到屈服，有时则达不到屈服。

b. 剪切受压破坏。

在荷载作用下，水平弯曲裂缝向斜向发展，形成斜裂缝。当箍筋配置较多时，斜裂缝不会迅速开展，而是剪压区混凝土在弯、剪的共同作用下压碎。

c. 剪切受拉破坏。

当剪跨比较小且配箍率较低时，在主筋受拉屈服后，随着反复荷载的作用，会产生一条较宽大的斜裂缝，导致箍筋屈服、柱子剪坏。

d. 剪切斜拉破坏。

一般发生在短柱中。斜裂缝往往沿柱子对角出现，箍筋达到屈服甚至被拉断，柱子被剪坏。

e. 粘结开裂破坏。

粘结破坏有两种类型，一是由于钢筋锚固不足被拔出而破坏；另一种是在柱子弯曲裂缝或剪切裂缝出现后，在反复荷载作用下，沿主筋出现粘结裂缝，使混凝土沿主筋酥裂脱落导致柱子破坏。

以上几种破坏形式不同，其对应的极限变形能力也不一样。比较而言，剪切斜拉破坏和剪切受拉破坏属于脆性破坏，设计中应该避免；粘结破坏延性较差，也应当避免；弯曲破坏和剪切受压破坏属于延性破坏，其延性受到许多因素的影响。

在实际工程中，柱子的破坏常常是几种破坏形态的综合反映。只是有时某一种破坏形态表现的突出一些。

2）影响柱子延性的几个因素。

影响柱子延性的因素主要是剪跨比、轴压比和剪压比。

a. 剪跨比。

剪跨比是反映柱截面弯矩与剪力相对大小的参数。其表达式为：

$$\lambda=\frac{M}{Vh} \tag{7-2-47}$$

式中　h——柱子截面高度，m。

在框架中，柱端弯矩等于剪力与反弯点距柱端距离的乘积

$$M=Vy$$

如果近似取 $y=H/2$，则

$$\lambda \approx \frac{VH/2}{h}=\frac{H}{2h} \tag{7-2-48}$$

式中　H——柱子净高，m。

剪跨比 λ 是影响钢筋混凝土柱子破坏形态的重要因素。剪跨比较小的柱子往往会出现斜裂缝而导致剪切破坏。试验研究发现：

①当 $\lambda>2$ 时，柱子称为长柱，其破坏形式多为弯曲破坏。

②当 $\lambda\leqslant 2$ 时，称为短柱，其破坏形式多为剪切破坏。但是，当混凝土强度等级较高、箍筋配置量足够时，有可能出现稍有延性的剪切受压破坏。

③当 $\lambda<1.5$ 时，称为极短柱，一般都会发生剪切斜拉破坏，几乎没有延性。

按照 λ 值的划分，框架柱可分为以下类型：

长柱：
$$\frac{H}{h}>4$$

短柱：
$$3\leqslant\frac{H}{h}\leqslant 4$$

极短柱：
$$\frac{H}{h}<3$$

这样，在抗震结构的设计中，在确定方案和结构布置时，就应该避免极短柱。特别是应避免在同一层中存在长柱和短柱的情况。

b. 轴压比。

轴压比$\frac{N}{f_c b_c h_c}$是影响柱的破坏形态和变形能力的重要因素之一。

柱的延性随轴压比的升高而下降，且有可能产生脆性破坏。当轴压比大到一定程度时，增加箍筋对柱的变形能力的影响很小。

在长柱中，轴压比越大，混凝土的受压范围也越大，受拉钢筋屈服的可能性也越小，柱子的延性越低，有时还会出现剪切受压破坏。在短柱中，轴压比很小时还会出现粘结破坏。

表 7-2-22　　框架柱最大轴压比限值

结构类型	抗震等级			
	一	二	三	四
框架结构	0.65	0.75	0.85	0.90

注　1. 轴压比指柱组合的轴压力设计值与柱的全截面面积和混凝土轴心抗压强度设计值乘积之比值。

2. 表内限值适用于剪跨比大于 2、混凝土强度等级不高于 C60 的柱；剪跨比不大于 2 的柱，轴压比限值应降低 0.05；剪跨比小于 1.5 的柱，轴压比限值应专门研究并采取特殊构造措施。

3. 沿柱全高采用井字复合箍且箍筋肢距不大于 200mm、间距不大于 100mm、直径不小于 12mm，或沿柱全高采用复合螺旋箍、螺旋间距不大于 100mm、箍筋肢距不大于 200mm、直径不小于 12mm，或沿柱全高采用连续复合矩形螺旋箍、螺旋净距不大于 80mm、箍筋肢距不大于 200mm、直径不小于 10mm，轴压比限值均可增加 0.10；上述三种箍筋的最小配箍特征值均应按增大的轴压比确定。

4. 在柱的截面中部附加芯柱，其中另加的纵向钢筋的总面积不少于柱截面面积的 0.8%，轴压比限值可增加 0.05；此项措施与注 3 的措施共同采用时，轴压比限值可增加 0.15，但箍筋的体积配箍率仍可按轴压比增加 0.10 的要求确定。

5. 柱轴压比不应大于 1.05。

c. 剪压比。

剪压比是指截面平均剪应力与混凝土轴心抗压强度的比值，表达式为：

$$V/f_c b_c h_c$$

剪压比越大，斜裂缝出现的越早，要求配置的箍筋量也就越多。但是试验表明，当配箍率过高时，有可能混凝土已经破碎而箍筋尚未屈服，箍筋难以发挥作用，在设计中应当避免这种情况。

3）正截面承载力计算。

a. 柱端弯矩设计值的调整。

按“强柱弱梁”的原则。

一级、二级、三级、四级框架的梁柱节点处，除框架顶层和柱轴压比小于 0.15 者外，柱端组合的弯矩设计值应符合下式要求：

$$\sum M_c = \eta_c \sum M_b \tag{7-2-49}$$

一级框架结构及 9 度区一级框架可不符合上式要求，但应符合：

$$\sum M_c = 1.2 \sum M_{bua} \tag{7-2-50}$$

式中　η_c——柱端弯矩增大系数，一级、二级、三级、四级分别取 1.7、1.5、1.3、1.2；其他结构类型中的框架，一级可取 1.4，二级可取 1.2，三级、四级可取 1.1。

对框架结构，若底层柱下端过早出现塑性铰会影响结构变形能力，同时梁端出现塑性铰会产生塑性内力重分布导致柱的反弯点位置不确定。故对一级、二级、三级、四级框架结构底层柱的下端截面的组合弯矩设计值应分别乘增大系数 1.7、1.5、1.3、1.2。

b. 柱的正截面承载力计算。

框架柱按偏压（大偏压或小偏压）计算纵筋，具体计算见《钢筋混凝土基本构件》。需要注意的是，有地震作用组合时，应考虑抗震调整系数 γ_{RE}。

4）斜截面受剪承载力计算。

a. 柱端剪力设计值的调整。

按“强剪弱弯”原则。

一级、二级、三级、四级框架柱的剪力设计值应按下式调整：

$$V_c = \eta_{vc} \frac{M_c^t + M_c^b}{H_{c0}} \tag{7-2-51}$$

一级框架及 9 度区一级框架可不按上式调整，但应符合：

$$V_c = 1.2 \frac{M_{cua}^t + M_{cua}^b}{H_{c0}} \tag{7-2-52}$$

式中　η_{vc}——柱端剪力增大系数，一级、二级、三级、四级分别取 1.5、1.3、1.2、1.1；对其他结构类型的框架，一级可取 1.4，二级可取 1.2，三级、四级可取 1.1。

b. 剪压比的限制　　$\dfrac{V}{f_c b h_0}$

对 $\lambda>2$ 的柱　　$$\frac{V}{f_c b h_0} \leqslant \frac{0.2}{\gamma_{RE}} \tag{7-2-53}$$

对 $\lambda\leqslant 2$ 的柱
$$\frac{V}{f_c b h_0}\leqslant\frac{0.15}{\gamma_{RE}} \tag{7-2-54}$$

c. 柱斜截面受剪承载力验算

$$V_c\leqslant\frac{1}{\gamma_{RE}}\left(\frac{1.05}{\lambda+1}f_t b_c h_{c0}+f_{yv}\frac{A_{sv}}{S}h_{c0}+0.056N\right) \tag{7-2-55}$$

式中　λ——框架柱剪跨比。设计时取柱子净高一半和柱截面高度的比值。当 $\lambda>3$ 取 $\lambda=3$，当 $\lambda<1$ 时取 $\lambda=1$；

N——与设计剪力相对应的轴向压力。当 $N>0.3f_c b_c h_{c0}$，取 $0.3f_c b_c h_{c0}$。

当 N 为轴向拉力时，应将上述公式中的 $+0.056N$ 改为 $-0.2N$，但公式右端不应小于 $1.25f_{yv}\frac{A_{sv}}{S}h_{c0}$，小于时取 $f_{yv}\frac{A_{sv}}{S}h_{c0}$，且 $f_{yv}\frac{A_{sv}}{S}h_{c0}$ 值不应小于 $0.36f_t b h_{c0}$。

框架角柱由于处于结构的端部受结构整体的约束较小，同时结构角部受地震扭转作用较大，因而一级、二级、三级、四级框架的角柱，经调整后的组合弯矩设计值、剪力设计值尚应乘以不小于 1.10 的增大系数。

(4) 节点核心区截面抗震验算。

节点区是框架梁、柱的结合点，是保证梁、柱可靠工作的关键。在设计中，保证节点的承载力，使之不发生过早破坏，是十分重要的。“强节点”原则，防止梁、柱破坏前节点先发生破坏。

反复荷载作用下，核心区未开裂前，箍筋应力很小，混凝土受剪。当剪力值为 60%～70%核心区抗剪能力极限，混凝土产生对角贯通裂缝，箍筋应力提高，个别屈服。随力的增加，斜裂缝增多、增宽，箍筋陆续屈服。故要保证核心区受剪承载力及箍筋数量。

四边有梁的节点，核心区混凝土抗剪强度可提高 50%～100%（因交叉梁对核心区有约束作用），故框架结构、框架-抗震墙结构宜用双向框架。

框架节点核芯区的抗震验算应符合下列要求：

1) 对一级、二级、三级框架的节点核芯区应进行抗震验算；四级框架节点核芯区可不进行抗震验算，但应符合抗震构造措施的要求。

2) 核芯区截面抗震验算方法应符合以下规定：

a. 核芯区剪力设计值。

一级、二级、三级框架梁柱节点核芯区组合剪力设计值按下列公式确定：

$$V_j=\frac{\eta_{jb}\sum M_b}{h_{b0}-a'}\left(1-\frac{h_{b0}-a'}{H_c-h_b}\right) \tag{7-2-56}$$

一级框架结构及 9 度区一级框架可不按上式确定，但应符合：

$$V_j=\frac{1.15\sum M_{bua}}{h_{b0}-a'}\left(1-\frac{h_{b0}-a'}{H_c-h_b}\right) \tag{7-2-57}$$

式中　η_{jb}——节点剪力增大系数，一级取 1.5，二级取 1.35，三级取 1.2；对于其他结构中的，一级取 1.35，二级取 1.2，三级取 1.1。

b. 核芯区截面有效验算宽度。

①梁柱中线重合时。

核芯区截面有效验算宽度 b_j，当验算方向的梁截面宽度 b_b 不小于该侧柱截面宽度 b_c 的1/2时，可采用该侧柱截面宽度，当小于柱截面宽度的1/2时可采用下列二者的较小值：

$$b_j = b_b + 0.5h_c \tag{7-2-58}$$

$$b_j = b_c \tag{7-2-59}$$

式中　h_c——验算方向柱截面高度，m。

②梁柱中线不重合且偏心距 $e < \frac{1}{4}b_c$ 时。

核芯区的截面有效验算宽度可采用下列计算结果的较小值。

$$b_j = 0.5(b_b + b_c) + 0.25h_c - e$$

$$b_j = b_b + 0.5h_c$$

$$b_j = b_c$$

③节点核芯区截面抗震验算。

$$V_j \leqslant \frac{1}{\gamma_{RE}}(0.30\eta_j f_c b_j h_j) \tag{7-2-60}$$

式中　η_j——正交梁的约束影响系数，楼板为现浇、梁柱中线重合、四侧各梁截面宽度不小于该侧柱截面宽度的1/2，且正交方向梁高度不小于框架梁高度的3/4时，可采用1.5，9度的一级宜采用1.25；其他情况均采用1.0；

h_j——节点核芯区截面高度，可采用验算方向的柱截面高度，m。

节点核芯截面抗震受剪承载力为：

$$V_j \leqslant \frac{1}{\gamma_{RE}}\left(0.1\eta_j f_t b_j h_j + 0.05\eta_j N \frac{b_j}{b_c} + f_{yv}\frac{A_{svj}}{S}(h_{b0} - a')\right) \tag{7-2-61}$$

9度的一级

$$V_j \leqslant \frac{1}{\gamma_{RE}}\left(0.9\eta_j f_t b_j h_j + f_{yv}\frac{A_{svj}}{S}(h_{b0} - a')\right) \tag{7-2-62}$$

式中　N——对应于组合剪力设计值的上柱组合轴向压力较小值，N，其取值不应大于柱的截面面积和混凝土轴心抗压强度设计值的乘积的50%，当 N 为拉力时，取 $N=0$；

A_{svj}——核芯区有效验算宽度范围内同一截面验算方向箍筋的总截面面积，m^2。

10. 抗震构造要求

(1) 框架梁的抗震构造要求。

1) 梁的纵向钢筋配置。

a. 梁端计入受压钢筋的混凝土受压区高度和有效高度之比，一级不应大于0.25，二级、三级不应大于0.35。

b. 梁端截面的底面和顶面纵向钢筋配筋量的比值，除按计算确定外，一级不应小于0.5，二级、三级不应小于0.3。

c. 梁端纵向受拉钢筋的配筋率不宜大于2.5%。沿梁全长顶面、底面的配筋，一级、二级不应少于2Φ14，且分别不应少于梁顶面、底面两端纵向配筋中较大截面面积的1/4；

三级、四级不应少于2Φ12。

d. 一级、二级、三级框架梁内贯通中柱的每根纵向钢筋直径，对框架结构不应大于矩形截面柱在该方向截面尺寸的1/20，或纵向钢筋所在位置圆形截面柱弦长的1/20；对其他结构类型的框架不宜大于矩形截面柱在该方向截面尺寸的1/20，或纵向钢筋所在位置圆形截面柱弦长的1/20。

2）梁的箍筋配置。

a. 梁端箍筋加密区的长度、箍筋最大间距和最小直径应按表7-2-23采用，当梁端纵向受拉钢筋配筋率大于2%时，表中箍筋最小直径数值应增大2mm。

表7-2-23　梁端箍筋加密区的长度、箍筋的最大间距和最小直径　单位：mm

抗震等级	加密区长度（采用较大值）	箍筋最大间距（采用最小值）	箍筋最小直径
一	$2h_b$，500	$h_b/4$，$6d$，100	10
二	$1.5h_b$，500	$h_b/4$，$8d$，100	8
三	$1.5h_b$，500	$h_b/4$，$8d$，150	8
四	$1.5h_b$，500	$h_b/4$，$8d$，150	6

注　1. d为纵向钢筋直径，h_b为梁截面高度。

2. 箍筋直径大于12mm、数量不少于4肢且肢距不大于150mm时，一级、二级的最大间距允许适当放宽，但不得大于150mm。

b. 梁端加密区的箍筋肢距，一级不宜大于200mm和20倍箍筋直径的较大值，二级、三级不宜大于250mm和20倍箍筋直径的较大值，四级不宜大于300mm。

（2）框架柱的抗震构造要求。

1）柱轴压比不宜超过表7-2-24的规定；建造于Ⅳ类场地且较高的高层建筑，柱轴压比限值应适当减小。

表7-2-24　柱轴压比限值

结构类型	抗震等级			
	一	二	三	四
框架结构	0.65	0.75	0.85	0.90
框架—抗震墙、板柱—抗震墙、框架—核心筒，筒中筒	0.75	0.85	0.90	0.95
部分框支抗震墙	0.6	0.70	—	

注　1. 轴压比指柱组合的轴压力设计值与柱的全截面面积和混凝土轴心抗压强度设计值乘积之比值；对不进行地震作用计算的结构，可取无地震作用组合的轴力设计值计算。

2. 表内限值适用于剪跨比大于2、混凝土强度等级不高于C60的柱；剪跨比不大于2的柱，轴压比限值应降低0.05；剪跨比小于1.5的柱，轴压比限值应专门研究并采取特殊构造措施。

3. 沿柱全高采用井字复合箍且箍筋肢距不大于200mm、间距不大于100mm、直径不小于12mm，或沿柱全高采用复合螺旋箍、螺旋间距不大于100mm、箍筋肢距不大于200mm、直径不小于12mm，或沿柱全高采用连续复合矩形螺旋箍、螺旋净距不大于80mm、箍筋肢距不大于200mm、直径不小于10mm，轴压比限值均可增加0.10；上述三种箍筋的最小配箍特征值均应按增大的轴压比确定。

4. 在柱的截面中部附加芯柱，其中另加的纵向钢筋的总面积不少于柱截面面积的0.8%，轴压比限值可增加0.05；此项措施与注3的措施共同采用时，轴压比限值可增加0.15，但箍筋的体积配箍率仍可按轴压比增加0.10的要求确定。

5. 柱轴压比不应大于1.05。

2）柱的纵向钢筋配置，应符合下列各项要求：

a. 柱纵向受力钢筋的最小总配筋率应按表7－2－25采用，同时每侧配筋率不应，小于0.2%；对建造于Ⅳ类场地且较高的高层建筑，最小总配筋率应增加0.1%。

表7－2－25　柱截面纵向钢筋的最小总配筋率　%

类　别	抗　震　等　级			
	一	二	三	四
中柱和边柱	0.9（1.0）	0.7（0.8）	0.6（0.7）	0.5（0.6）
角柱、框支柱	1.1	0.9	0.8	0.7

注　1. 表中括号内数值用于框架结构的柱。
2. 钢筋强度标准值小于400MPa时，表中数值应增加0.1，钢筋强度标准值为400MPa时，表中数值应增加0.05。
3. 混凝土强度等级高于C60时，上述数值应相应增加0.1。

b. 柱的纵向钢筋配置，尚应符合下列规定：

①柱的纵向钢筋宜对称配置。

②截面边长大于400mm的柱，纵向钢筋间距不宜大于200mm。

③柱总配筋率不应大于5%；剪跨比不大于2的一级框架的柱，每侧纵向钢筋配筋率不宜大于1.2%。

④边柱、角柱及抗震墙端柱在小偏心受拉时，柱内纵筋总截面面积应比计算值增加25%。

⑤柱纵向钢筋的绑扎接头应避开柱端的箍筋加密区。

3）柱的箍筋配置。

a. 柱的箍筋加密范围，应按下列规定采用：

①柱端，取截面高度（圆柱直径）、柱净高的1/6和500mm三者的最大值。

②底层柱的下端不小于柱净高的1/3。

③刚性地面上下各500mm。

④剪跨比不大于2的柱、因设置填充墙等形成的柱净高与柱截面高度之比不大于4的柱、框支柱、一级和二级框架的角柱，取全高。

b. 柱箍筋在规定的范围内应加密，加密区的箍筋间距和直径，应符合下列要求：

①一般情况下，箍筋的最大间距和最小直径，应按表7－2－26采用。

表7－2－26　柱箍筋加密区的箍筋最大间距和最小直径　单位：mm

抗　震　等　级	箍筋最大间距（采用较小值）	箍筋最小直径
一	6*d*，100	10
二	8*d*，100	8
三	8*d*，150（柱根100）	8
四	8*d*，150（柱根100）	6（柱根8）

注　1. *d*为柱纵筋最小直径。
2. 柱根指底层柱下端箍筋加密区。

②一级框架柱的箍筋直径大于 12mm，且箍筋肢距不大于 150mm；二级框架柱的箍筋直径不小于 10mm，且箍筋肢距不大于 200mm 时，除底层柱下端外，箍筋最大间距应允许采用 150mm：三级框架柱的截面尺寸不大于 400mm 时，箍筋最小直径应允许采用 6mm；四级框架柱剪跨比不大于 2 时，箍筋直径不应小于 8mm。

③框支柱和剪跨比不大于 2 的框架柱，箍筋间距不应大于 100mm。

c. 柱箍筋加密区的箍筋肢距，一级不宜大于 200mm，二级、三级不宜大于 250mm，四级不宜大于 300mm。至少每隔一根纵向钢筋宜在两个方向有箍筋或拉筋约束；采用拉筋复合箍时，拉筋宜紧靠纵向钢筋并钩住箍筋。

d. 柱箍筋加密区的体积配箍率，应按下列规定采用：

①柱箍筋加密区的体积配箍率应符合下式要求：

$$\rho_v \geqslant \lambda_v f_c / f_{yv} \tag{7-2-63}$$

式中　ρ_v——柱箍筋加密区的体积配箍率，一级不应小于 0.8%，二级不应小于 0.6%，三级、四级不应小于 0.4%；计算复合螺旋箍的体积配箍率时，其非螺旋箍的箍筋体积应乘以折减系数 0.80；

f_c——混凝土轴心抗压强度设计值，强度等级低于 C35 时，应按 C35 计算，N/mm^2；

f_{yv}——箍筋或拉筋抗拉强度设计值，N/mm^2；

λ_v——最小配箍特征值，宜按表 7-2-26 采用。

②框支柱宜采用复合螺旋箍或井字复合箍，其最小配箍特征值应比表 7-2-27 内数值增加 0.02，且体积配箍率不应小于 1.5%。

③剪跨比不大于 2 的柱宜采用复合螺旋箍或井字复合箍，其体积配箍率不应小于 1.2%，9 度一级时不应小于 1.5%。

表 7-2-27　柱箍筋加密区的箍筋最小配箍特征值

抗震等级	箍筋形式	柱轴压比								
		≤0.3	0.4	0.5	0.6	0.7	0.8	0.9	1.0	1.05
一	普通箍、复合箍	0.10	0.11	0.13	0.15	0.17	0.20	0.23	—	—
	螺旋箍、复合或连续复合矩形螺旋箍	0.08	0.09	0.11	0.13	0.15	0.18	0.21	—	—
二	普通箍、复合箍	0.08	0.09	0.11	0.13	0.15	0.17	0.19	0.22	0.24
	螺旋箍、复合或连续复合矩形螺旋箍	0.06	0.07	0.09	0.11	0.13	0.15	0.17	0.20	0.22
三、四	普通箍、复合箍	0.06	0.07	0.09	0.11	0.13	0.15	0.17	0.20	0.22
	螺旋箍、复合或连续复合矩形螺旋箍	0.05	0.06	0.07	0.09	0.11	0.13	0.15	0.18	0.20

注　普通箍指单个矩形箍和单个圆形箍，复合箍指由矩形、多边形、圆形箍或拉筋组成的箍筋；复合螺旋箍指由螺旋箍与矩形、多边形、圆形箍或拉筋组成的箍筋；连续复合矩形螺旋箍指用一根通长钢筋加工而成的箍筋。

e. 柱箍筋非加密区的箍筋配置，应符合下列要求：

①柱箍筋非加密区的体积配箍率不宜小于加密区的 50%。

②箍筋间距，一级、二级框架柱不应大于 10 倍纵向钢筋直径，三级、四级框架柱不

应大于 15 倍纵向钢筋直径。

(3) 框架节点抗震构造要求。

1) 框架梁和框架柱的纵向受力钢筋在框架节点区的锚固和搭接要求。

a. 框架中间层的中间节点。

框架梁的上部纵向钢筋应贯穿中间节点；对一级、二级抗震等级，梁的下部纵向钢筋伸入中间节点的锚固长度不应小于 l_{aE}，且伸过中心线不应小于 $5d$ [见图 7-2-20 (a)]。梁内贯穿中柱的每根纵向钢筋直径，对一级、二级抗震等级，不宜大于柱在该方向截面尺寸的 1/20；对圆柱截面，不宜大于纵向钢筋所在位置柱截面弦长的 1/20。

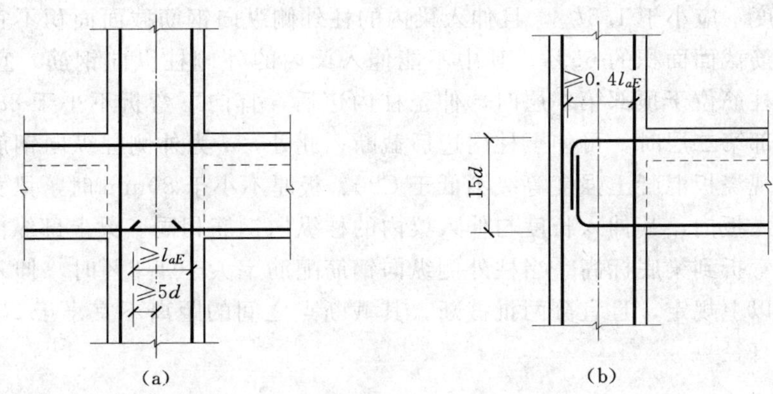

图 7-2-20　中间层框架节点的抗震构造

(a) 中间层框架中间节点抗震构造；(b) 中间层框架端节点抗震构造

b. 框架中间层的端节点。

当框架梁上部纵向钢筋用直线锚固方向锚入端节点时，其锚固长度除不应小于 l_{aE} 外，尚应伸过柱中心线不小于 $5d$，此处，d 为梁上部纵向钢筋的直径。当水平直线段锚固长度不足时，梁上部纵向钢筋应伸至柱外边并向下弯折。弯折前的水平投影长度不应小于 $0.4l_{aE}$，弯折后的竖直投影长度取 $15d$ [见图 7-2-20 (b)]。梁下部纵向钢筋在中间层端节点中的锚固措施与梁上部纵向钢筋相同，但竖直段应向上弯入节点。

c. 框架顶层中间节点。

柱纵向钢筋应伸至柱顶。当采用直线锚固方式时，其自梁底边算起的锚固长度应不小于 l_{aE} [见图 7-2-21 (a)]，当直线段锚固长度不足时，该纵向钢筋伸到柱顶后可向内弯

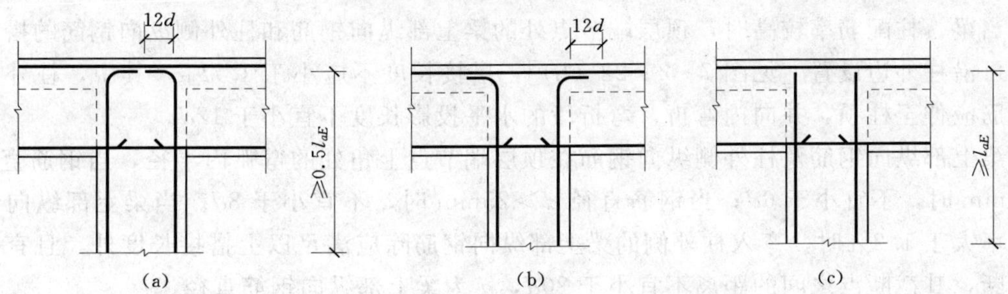

图 7-2-21　框架顶层中间节点的抗震构造

(a) 直锚长度满足要求；(b) 直锚向内弯折；(c) 直锚向外弯折

折，弯折前的锚固段竖向投影长度不应小于 $0.5l_{aE}$，弯折后的水平投影长度取 $12d$［见图 7-2-21（b）］；当楼盖为现浇混凝土，且板的混凝土强度不低于 C20、板厚不小于 80mm 时，也可向外弯折，弯折后的水平投影长度取 $12d$［见图 7-2-21（c）］。对一级、二级抗震等级，贯穿顶层中间节点的梁上部纵向钢筋的直径，不宜大于柱在该方向截面尺寸的 1/25。梁下部纵向钢筋在顶层中间节点中的锚固措施与梁下部纵向钢筋的中间层中间节点处的锚固措施相同。

d. 框架顶层端节点。

柱外侧纵向钢筋可沿节点外边和梁上边与梁上部纵向钢筋搭接连接［见图 7-2-22（a）］，搭接长度不应小于 $1.5l_{aE}$，且伸入梁内的柱外侧纵向钢筋截面面积不宜少于柱外侧全部柱纵向钢筋截面面积的 65%，其中不能伸入梁内的外侧柱纵向钢筋，宜沿柱顶伸至柱内边；当该柱筋位于顶部第一层时，伸至柱内边后，宜向下弯折不小于 $8d$ 后截断；当该柱筋位于顶部第二层时，可伸至柱内边后截断；此处，d 为外侧柱纵向钢筋直径；当有现浇板时，且现浇板混凝土强度等级不低于 C20、板厚不小于 80mm 时，梁宽范围外的柱纵向钢筋可伸入板内，其伸入长度与伸入梁内的柱纵向钢筋相同。梁上部纵向钢筋应伸至柱外边并向下弯折到梁底标高。当柱外侧纵向钢筋配筋率大于 1.2%时，伸入梁内的柱纵向钢筋应满足以上规定，且宜分两批截断，其截断点之间的距离不宜小于 $20d$。d 为梁上部纵向钢筋的直径。

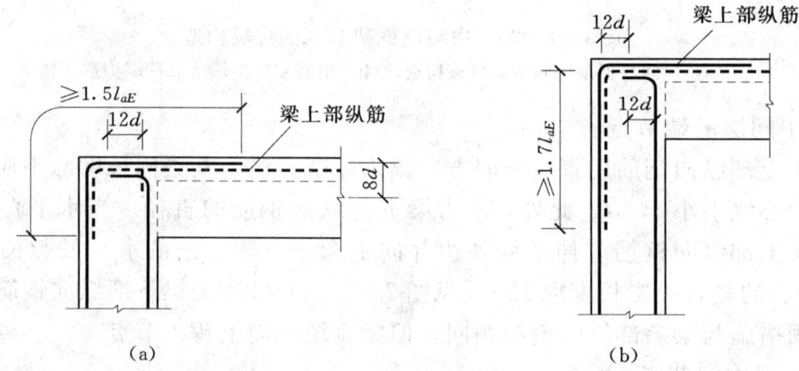

图 7-2-22　框架顶层端节点的抗震构造

(a) 钢筋搭接沿梁上边设置；(b) 钢筋搭接沿柱外边设置

当梁、柱配筋率较高时，顶层端节点处的梁上部纵向钢筋和柱外侧纵向钢筋的搭接连接也可沿柱外边设置［见图 7-2-22（b）］，搭接长度不应小于 $1.7l_{aE}$，其中，柱外侧纵向钢筋应伸至柱顶，并向内弯折，弯折段的水平投影长度不宜小于 $12d$。

梁上部纵向钢筋及柱外侧纵向钢筋在顶层端节点上角处的弯弧内半径，当钢筋直径 $d \leqslant 25$mm 时，不宜小于 $6d$；当钢筋直径 $d > 25$mm 时，不宜小于 $8d$。当梁上部纵向钢筋配筋率大于 1.2%时，弯入柱外侧的梁上部纵向钢筋除应满足以上搭接长度外，且宜分两批截断，其截断点之间的距离不宜小于 $20d$，d 为梁上部纵向钢筋直径。

梁下部纵向钢筋在顶层端节点中的锚固措施与中间层端节点处梁上部纵向钢筋的锚固措施相同。柱内侧纵向钢筋在顶层端节点中的锚固措施与顶层中间节点处柱纵向钢筋的锚

固措施相同。当柱为对称配筋时，柱内侧纵向钢筋在顶层端节点中的锚固要求可适当放宽，但柱内侧纵向钢筋应伸至柱顶。

e. 柱纵向钢筋不应在中间各层节点内截断。

2）框架节点核芯区的箍筋配置要求。

a. 箍筋的最大间距和最小直径同框架柱的箍筋配置要求。

b. 一级、二级、三级框架节点核芯区配箍特征值分别不宜小于0.12、0.10和0.08，且体积配箍率分别不宜小于0.6%、0.5%和0.4%。

c. 柱剪跨比不大于2的框架节点核芯区，体积配箍率不宜小于核芯区上、下柱端的较大体积配箍率。

四、任务实施

1. 结构设计的前期工作

（1）了解建筑布置和功能要求。

如建筑物设计基准期、建筑物重要性；建筑层数、总高、各层层高、柱网尺寸；各房间主要功能；围护墙材料等。

（2）了解建筑构造做法（楼、屋面及墙面）。

（3）收集结构设计的基本条件。

1）地质资料。

地基持力层范围内主要土层情况；地基持力层及其承载力特征值等。

2）气象资料。

基本风压；最大冰冻深度等。

3）抗震资料。

抗震设防分类；场地类别、场地特征周期 T_g；抗震设防烈度、设计地震分组等。

（4）了解其他相关专业对结构的要求。

1）给排水专业。

上下水管线进出户的标高；高位水箱的设置等。

2）暖通专业。

暖管线进出户的标高；集中空调与吊顶及梁高的关系；防排烟及加压送风井的设置。

3）电气专业。

电缆沟及电缆桥架等。

2. 框架结构设计流程（图7-2-23）

（1）框架结构承重方案选择。

根据楼盖的平面布置及竖向荷载的传力途径，确定框架的承重方案为横向框架承重方案，这可使横向框架梁的截面高度大，增加框架的横向侧移刚度。

（2）确定结构计算简图。

（3）初步确定构件截面尺寸。

根据《建筑结构抗震设计规范》及《混凝土结构设计规范》初步确定框架梁、柱、楼板截面尺寸。

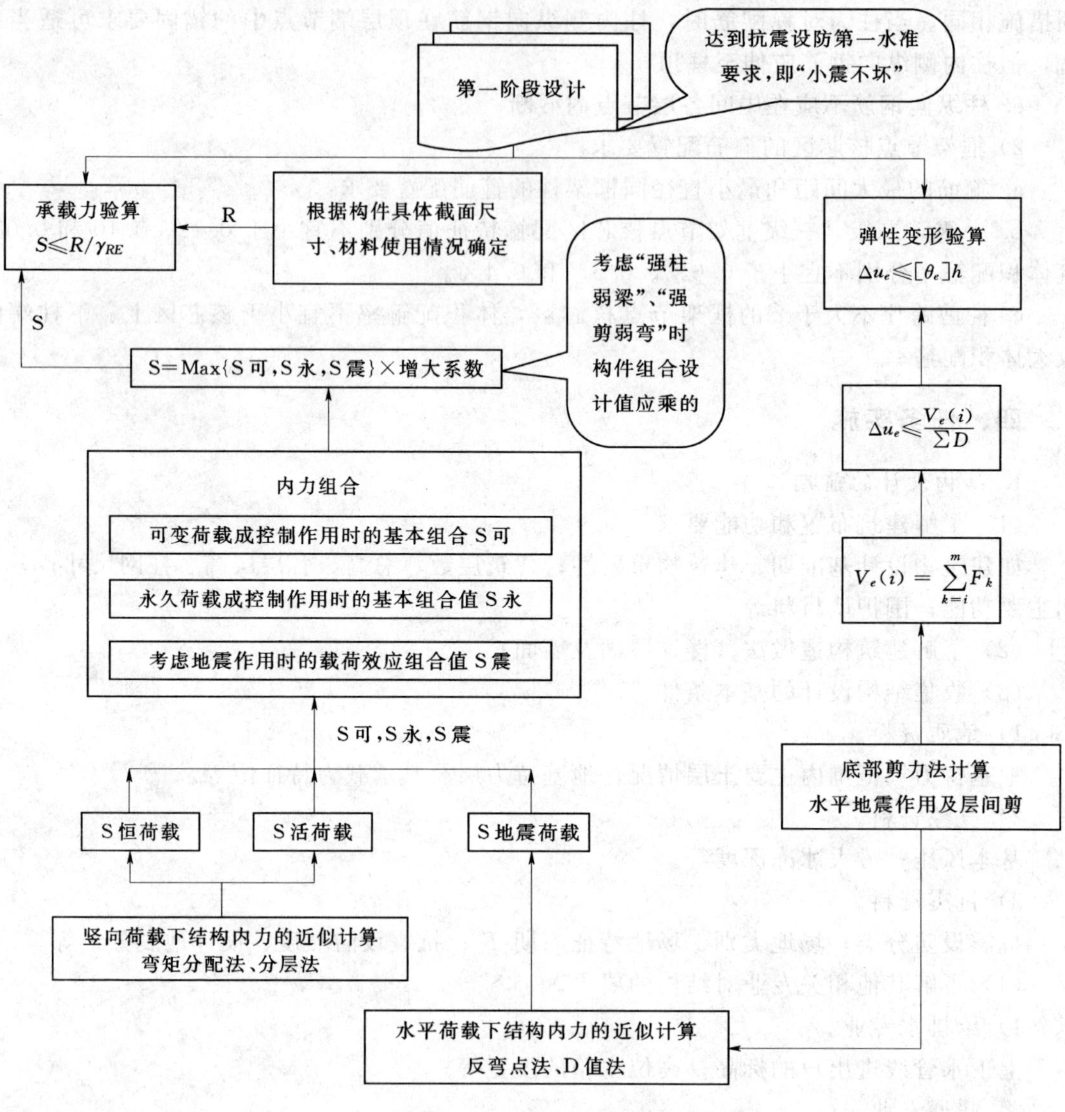

第一阶段设计

达到抗震设防第一水准要求，即“小震不坏”

承载力验算
$S \leqslant R/\gamma_{RE}$

R

根据构件具体截面尺寸、材料使用情况确定

弹性变形验算
$\Delta u_e \leqslant [\theta_e]h$

S

$S = Max\{S可, S永, S震\} \times$ 增大系数

考虑“强柱弱梁”、“强剪弱弯”时构件组合设计值应乘的

$\Delta u_e \leqslant \dfrac{V_e(i)}{\sum D}$

内力组合

可变荷载成控制作用时的基本组合S可

永久荷载成控制作用时的基本组合值S永

考虑地震作用时的载荷效应组合值S震

$V_e(i) = \sum_{k=i}^{m} F_k$

S可，S永，S震

底部剪力法计算
水平地震作用及层间剪

S恒荷载　S活荷载　S地震荷载

竖向荷载下结构内力的近似计算
弯矩分配法、分层法

水平荷载下结构内力的近似计算
反弯点法、D值法

图 7-2-23　设计流程图

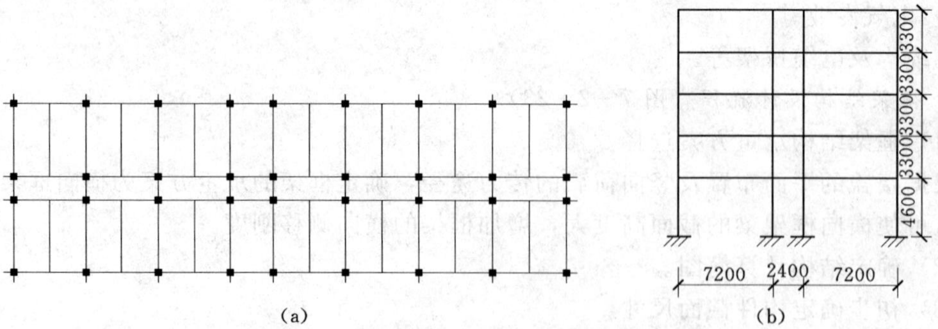

4600　3300　3300　3300　3300

7200　2400　7200

(a)　(b)

图 7-2-24　框架结构计算简图

(a) 平面；(b) 立面

(4) 荷载计算（以下各部分请同学们自己完成）。

(5) 框架侧移及水平地震作用计算。

由顶部位移法、能量法、等效质量法得到的结构基本周期，就可找到相应的结构水平地震影响系数，再按照底部剪力法计算各层的水平地震作用及层间剪力。由层间剪力来计算考虑地震作用时结构的地震作用效应，即地震时结构所产生的内力（包括弯矩、剪力）及变形。

1）框架柱的刚度及 D 值计算。

2）利用顶点位移法求结构的基本周期。

3）水平地震作用及层间位移计算。

(6) 水平地震作用下框架结构内力计算。

1）框架柱柱端弯矩计算。

2）框架梁梁端弯矩、剪力及轴力值的计算。

(7) 竖向荷载（恒荷载及活荷载）作用下框架结构的内力计算。

1）一榀框架线荷载。

2）一榀框架线内力。

3）跨中弯矩。

4）梁端弯矩、剪力及柱轴力、剪力。

(8) 内力组合。

1）框架梁内力组合。

AB 跨左、AB 跨右、BC 跨左（右）、AB 跨中、BC 跨中各列一表。

梁端表

2）框架柱内力组合。

(9) 框架梁截面抗震设计。

1）正截面受弯承载力验算（配纵筋）。

a. 梁跨中配筋计算。

b. 梁端配筋计算。

2）斜截面受剪承载力验算（配箍筋）。

a. 梁的内力调整 V（“强剪弱弯”原则）。

b. 剪压比的限制。

c. 截面抗震验算，即配置箍筋。

d. 按构造要求箍筋加密。

(10) 框架柱截面抗震设计。

1）正截面承载力计算（配纵筋）。

a. 轴压比限制。

b. M 的调整（“强柱弱梁”原则）。

c. 截面抗震验算，即配置纵筋。

2）斜截面承载力计算（配箍筋）。

a. 柱 V 的调整（“强剪弱弯”，“强柱弱梁”原则）。

b. 剪压比的限制。

c. 截面验算，即配置箍筋。

d. 按构造要求箍筋加密。

(11) 框架节点核芯区抗震设计。

1) 核芯区剪力调整（“强节点”原则)。

2) 核芯区截面有效验算宽度确定。

3) 核芯区截面抗震验算，即配置箍筋。

任务3　剪力墙结构设计简介

一、任务描述及分析

1. 剪力墙的布置原则

剪力墙总的布置原则是要求“均匀、分散、对中”。均匀是指无刚度突变和承载力削弱；分散是指应采用数量较多的宽度适当的剪力墙代替数量较少而宽度很大的剪力墙；对中是指房屋抗侧刚度中心应尽量与房屋质量中心重合，减少房屋的地震扭转作用。具体应该注意以下几点：

(1) 较长的抗震墙宜设置跨高比大于6的连梁形成洞口，将一道抗震墙分成长度较均匀的若干墙段，各墙段的高宽比不宜小于3。

(2) 剪力墙有较大洞口时，洞口宜上下对齐。

(3) 抗震墙的两端（不包括洞口两侧）宜设置端柱或与另一方向的抗震墙相连；框支部分落地墙的两端（不包括洞口两侧）应设置端柱或与另一方向的抗震墙相连。

(4) 矩形平面的部分框支抗震墙结构，其框支层的楼层侧向刚度不应小于相邻非框支层楼层侧向刚度的50%；框支层落地抗震墙间距不宜大于24m，框支层的平面布置宜对称，且宜设抗震筒体；底层框架部分承担的地震倾覆力矩，不应大于结构总地震倾覆力矩的50%。

2. 剪力墙的破坏形态

(1) 单肢剪力墙的破坏形态。

这里讨论的单肢剪力墙也包括小开洞墙及弱连梁连系的联肢墙。所谓弱连梁是指在地震作用下各层墙段截面总弯矩不小于该层及以上连梁总约束弯矩5倍的联肢墙。悬臂剪力墙随着墙高与墙宽比值的不同，破坏形态也不同。

1) 弯曲破坏。

此种破坏多发生在墙体高宽比大于2时，墙的破坏发生在下部的一个范围内，虽然该区段内也有斜裂缝，但它是绕根部某一点斜截面受弯，其弯矩与根部正截面弯矩相等，若不计水平腹筋的影响，该区段内竖筋的拉力也相等。是一种理想的塑性破坏。为防止该区段内过早发生剪切破坏，其受剪配筋及构造应该加强，所以该区段又称底部加强区。

底部加强部位的高度，应从地下室顶板算起。部分框支抗震墙结构的抗震墙，其底部

加强部位的高度，可取框支层加框支层以上两层的高度及落地抗震墙总高度的 1/10 二者的较大值。其他结构的抗震墙，房屋高度大于 24m 时，底部加强部位的高度可取底部两层和墙体总高度的 1/10 二者的较大值；房屋高度不大于 24m 时，底部加强部位可取底部一层。当结构计算嵌固端位于地下一层的底板或以下时，底部加强部位尚宜向下延伸到计算嵌固端。

2）剪压型剪切破坏。

此种破坏发生在墙体高宽比在 1～2 时，斜截面上的腹筋及受弯纵筋都屈服，最后以剪压区混凝土破坏而达到极限状态。这各破坏延性好，但不如弯曲破坏好。在构造上应加强措施，在截面设计上要求剪压区不宜太大。

3）斜压型剪切破坏。

此种破坏发生在墙体高宽比小于 1 时，多在框支层的落地剪力墙上遇到。这各形态的斜裂缝将剪力墙划分为若干个平行的斜压杆，是延性差的剪切破坏。可在墙体周边设置边缘构件加强。

4）滑移破坏。

此种破坏多发生在新旧混凝土施工缝的地方。在施工缝处应增设插筋并进行验算。

(2) 双肢墙的破坏形态。

剪力墙经过门窗分割后，形成了联肢墙。洞口上下之间的部位称为连梁，洞口左右之间的部位称为墙肢，两个墙肢的联肢墙为双肢墙。墙肢是联肢墙的关键部位，双肢墙在水平地震作用下，一肢处于压、弯、剪，另一肢处于拉、弯、剪的复杂受力状态，容易形成受剪破坏。双肢墙的破坏和框架柱一样，可分为“弱梁型”及“弱肢型”。弱肢型是墙肢先于连梁破坏，弱梁型是连梁先于墙肢屈服，因为连梁仅是受弯受剪，容易保证形成塑性铰转动而吸收地震变形能从而也减轻了墙肢的负担。故联肢墙的设计应该把连梁处于第一道防线，在连梁屈服前决不允许墙肢发生破坏。而连梁本身还要保证在发生弯曲破坏前不发生剪切破坏。即剪力墙设计要做到“强肢弱梁”、“强剪弱弯”。

3. 剪力墙的内力计算及截面验算

(1) 墙肢剪力调整。

为了使墙体在出现塑性铰之前不会发生剪切破坏，要按“强剪弱弯”的原则调整内力。一级、二级、三级的剪力墙底部加强区，其截面组合的剪力设计值应按下式调整

$$V=\eta_{VW}V_W \tag{7-3-1}$$

9 度时尚应符合

$$V=1.1\frac{M_{wua}}{M_w}V_W \tag{7-3-2}$$

式中　V——剪力墙底部加强部位截面组合剪力设计值，N；

V_W——剪力墙底部加强部位截面组合剪力计算值，N；

M_{wua}——剪力墙底部截面根据实配纵筋面积、材料强度和轴力计算的抗震承载力所对应的弯矩值；有翼墙时应计入墙两侧各一倍翼墙厚度范围内的纵向钢筋，N·m；

M_w——剪力墙底部截面组合弯矩设计值，N·m；

η_{vw}——剪力墙增大系数，一级为 1.6，二级 1.4，三级 1.2。

（2）墙肢弯矩调整。

为了通过配筋方式迫使塑性铰区位于墙肢的底部加强部位，一级剪力墙的底部加强部位及以上一层，应按墙肢底部截面组合弯矩设计值采用，其他部位，墙肢截面的组合弯矩设计值应乘以增大系数 1.2。此处，底部加强部位的纵向钢筋宜延伸至相邻上层，以满足锚固要求并保证加强部位以上墙肢截面的受弯承载力不低于加强部位顶截面的受弯承载力。

双肢剪力墙承受的水平荷载如果较大，竖向荷载又相对较小时，内力组合后可能会出现一个墙肢的轴向力为拉力，另一个墙肢轴向力为压力的情况。双肢剪力墙的某个墙肢一旦出现全截面受拉开裂，其刚度就会严重退化，大部分地震作用就将转移到受压墙肢。因此，双肢剪力墙中，墙肢不宜出现小偏拉；当任一墙肢为大偏拉时，另一墙肢的剪力设计值和弯矩设计值均应乘以增大系数发 1.25；而地震作用是往复运动的，实际上双肢墙的每个墙肢，都可能要按增大后的内力配筋。

（3）连梁的剪力调整和刚度折减。

为了使连梁在发生弯曲屈服前不出现脆性的剪切破坏，保证连梁有较好的延性，在强震中能消耗较多的地震能量，连梁剪力也需进行“强剪弱弯”调整。对于剪力墙中跨高比大于 2.5 的连梁，剪力调整方法与框架梁相同。

为了实现“强墙弱梁”，剪力墙连梁屈服要早于墙肢屈服，为此，可降低连梁的弯矩后进行配筋，从而使连梁抗弯承载力降低，较早出现塑性铰。

在进行弹性内力分析时可适当降低连梁刚度，将连梁刚度乘以不小于 0.5 的折减系数。考虑刚度折减后，如连梁不能满足剪压比限值，可按剪压比要求降低连梁剪力设计值及弯矩，并相应调整剪力墙的墙肢内力。但当剪力墙连梁内力由风荷载控制时，连梁刚度不宜折减。

（4）构件截面验算。

剪力墙墙肢、连梁其调整后的截面组合的剪力设计值都应符合剪压比限值要求：

跨高比大于 2.5 的连梁及剪跨比大于 2 的剪力墙：

$$V \leqslant \frac{1}{\gamma_{RE}} 0.20 f_c b h_0 \tag{7-3-3}$$

跨高比不大于 2.5 的连梁、剪跨比不大于 2 的剪力墙、部分框支剪力墙结构的框支柱和框支梁、以及落地剪力墙的底部加强部位：

$$V \leqslant \frac{1}{\gamma_{RE}} 0.15 f_c b h_0 \tag{7-3-4}$$

式中　f_c——混凝土轴心抗压强度设计值，N/mm；

b——连梁、墙肢截面宽度，mm；

h_0——截面有效高度，剪力墙可取墙肢长度，mm。

若不能满足剪压比要求，则应加大构件截面尺寸或提高混凝土强度等级。

剪力墙的墙肢应还满足轴压比限值要求，一级、二级抗震等级的剪力墙底部加强部位在重力荷载代表值作用下，墙肢的轴压比 $N/(f_cA)$ 不宜超过表 7-3-1 的限值。

表 7-3-1　　墙肢轴压比限值

抗震等级（设防烈度）	一级（9 度）	一级（8 度）	二级
轴压比限值	0.1	0.2	0.3

4. 剪力墙结构的构造要求

（1）材料要求。

为保证剪力墙的承载能力、变形能力和耐久性，剪力墙混凝土强度等级不宜不宜低于 C20，筒体结构的核心筒和内筒的混凝土强度等级不宜低于 C25，以短肢剪力墙为主的结构，混凝土强度等级不宜低于 C25。抗震设计时，剪力墙混凝土强度等级不宜超过 C60，其他构件，9 度时不宜超过 C60，8 度时不宜超过 C70。

剪力墙中的钢筋宜优先采用延性、韧性和焊接性较好的钢筋；钢筋的强度等级，纵向受力钢筋宜选用不低于 HRB400 级的热轧钢筋，也可 HRB335 级热轧钢筋；箍筋宜选用不低于 HRB335 级的热轧钢筋，也可选用 HPB300 级热轧钢筋。

（2）剪力墙的构造要求。

1）剪力墙的截面尺寸。

非抗震等设计的剪力墙，其厚度不应小于 140mm，且不宜小于楼层高度的 1/25。

一级、二级抗震等级的剪力墙厚度，不应小于 160mm，且不应小于层高的 1/20；底部加强部位的墙厚，不宜小于 200mm，且不宜小于层高的 1/16；当墙端无端柱或翼墙时，墙厚不宜小于层高的 1/12。对三级、四级抗震等级，不应小于 140mm，且不应小于层高的 1/25。

剪力墙井筒中，分隔电梯井或管道井的墙肢截面厚度可适当减小，但不应小于 160mm。

相对于一般剪力墙而言，短肢剪力墙是指墙肢截面高度与厚度之比为 5～8 的剪力墙（一般剪力墙是指墙肢截面高度与厚度之比大于 8 的剪力墙），短肢剪力墙截面厚度不应小于 200mm。

2）剪力墙中的钢筋布置。

剪力墙中钢筋有竖向、水平分布钢筋和钢筋网之间的拉结钢筋。设置水平和竖向分布钢筋的作用：①使剪力墙有一定延性，结构破坏前有明显的位移，防止突然的脆性破坏；②当混凝土受剪破坏后，钢筋仍有足够抗剪能力，剪力墙不会突然倒塌；③减少和防止产生满温度裂缝；④当因施工或其他原因使墙体产生裂缝时，能有效控制裂缝继续发展。

高层建筑剪力墙中竖向和水平分布钢筋，不应采用单排配筋。当剪力墙截面厚度不大于 400mm 时，可采用双排配筋；当墙厚大于 400mm，但不大于 700mm 时，宜采用三排配筋；当墙厚大于 700mm 时，宜采用四排钢筋。受力钢筋可均匀分布成数排。各排拉结筋间距不应大于 600mm，直径不应小于 6mm，在底部加强部位，约束边缘构件以外的拉结筋间距应适当加密。

一级、二级、三级抗震墙的竖向和横向分布钢筋最小配筋率均不应小于 0.25%，四级抗震墙分布钢筋最小配筋率不应小于 0.20%（高度小于 24m 且剪压比很小的四级抗震墙，其竖向分布筋的最小配筋率应允许按 0.15%采用)。分布钢筋间距不应大于 300mm；其直径不应小于 8mm；

部分框支剪力墙结构的剪力墙底部加强部位，水平和竖向分布钢筋配筋率不应小于 0.3%，钢筋间距不应大于 200mm；

房屋顶层剪力墙以及长矩形平面房屋的楼梯间和电梯间剪力墙、端开间的纵向剪力墙、端山墙的水平和竖向分布钢筋的最小配筋率不应小于 0.25%，钢筋间距不应大于 200mm。

为保证分布钢筋与混凝土的握裹力，剪力墙水平和竖向分布钢筋的直径均不宜大于墙厚的 1/10，且不应小于 8mm，竖向钢筋直径不宜小于 10mm。

3) 剪力墙的边缘构件。

试验表明，有约束边缘构件与无约束边缘构件的矩形截面剪力墙相比，极限承载能力约提高 40%，极限层间位移约增加一倍，对地震能量的消耗能力增大 20%左右，且有利于墙板的稳定。因此，剪力墙两端和洞口两侧应设置边缘构件。剪力墙的边缘构件包括暗柱、端柱和翼墙，其抗震设计时必须符合下列要求：

a. 底层墙肢底截面的轴压比不大于表 7-3-2 规定的一级、二级、三级剪力墙及四级剪力墙，墙肢两端可设置构造边缘构件。

表 7-3-2　　剪力墙设置构造边缘构件的最大轴压比

抗震等级（设防烈度）	一级（9度）	一级（7、8度）	二级、三级
轴压比限值	0.1	0.2	0.3

剪力墙构造边缘构件的设计宜符合下列要求：

①构造边缘构件的范围和计算纵向钢筋用量的截面面积 A_C 宜取图 7-3-1 中的阴影部分；

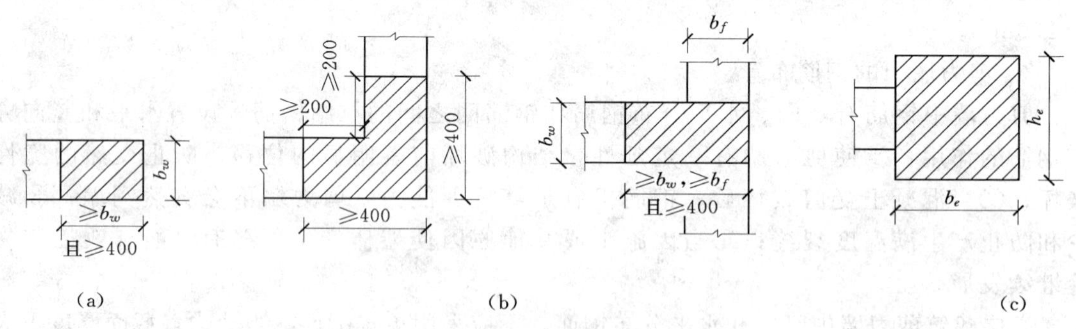

图 7-3-1　剪力墙的构造边缘构件范围

(a) 暗柱；(b) 翼柱；(c) 端柱

②构造边缘构件的纵向钢筋应满足受弯承载力要求；

③抗震设计时，构造边缘构件的最小配筋应符合表 7-3-3 的规定，箍筋的无支长度不应大于 300mm，拉筋的水平间距不应大于纵向钢筋间距的 2 倍。当剪力墙端部为端柱时，端柱中纵向钢筋及箍筋宜按框架柱的构造要求设置；

表 7-3-3　　剪力墙构造边缘构件的配筋要求

抗震等级	底部加强部位			其他部位		
	纵向钢筋最小量（取较大值）	箍筋		纵向钢筋最小量（取较大值）	拉筋	
		最小直径（mm）	沿竖向最大间距（mm）		最小直径（mm）	沿竖向最大间距（mm）
一	$0.010A_c$，$6\phi16$	8	100	$0.008A_c$，$6\phi14$	8	150
二	$0.008A_c$，$6\phi14$	8	150	$0.006A_c$，$6\phi12$	8	200
三	$0.006A_c$，$6\phi12$	6	150	$0.005A_c$，$4\phi12$	6	200
四	$0.005A_c$，$4\phi12$	6	200	$0.004A_c$，$4\phi12$	6	250

注　1. A_c 为边缘构件的截面面积。
2. 其他部位的拉筋，水平间距不应大于纵筋间距的2倍；转角处宜采用箍筋。
3. 当端柱承受集中荷载时，其纵向钢筋、箍筋直径和间距应满足柱的相应要求。

④非抗震设计时，剪力墙端部应按构造配置不少于4根12mm的纵向钢筋，沿纵向钢筋配置不少于直径为6mm、间距为250mm的拉筋。

b. 底层墙肢底截面的轴压比大于表7-3-1规定的一级、二级、三级剪力墙，以及部分框支抗震墙结构的剪力墙，应在底部加强部位及相邻的上一层设置约束边缘构件，在以上的其他部位可设置构造边缘构件。

剪力墙的约束边缘构件的设计应符合下列要求：

①一级、二级、三级时，约束边缘构件沿墙肢方向的长度 l_c 和箍筋配筋特征值 λ_v 及箍筋直径、间距按表7-3-4取用，箍筋的配筋范围如图7-3-2中的阴影面积所示，其

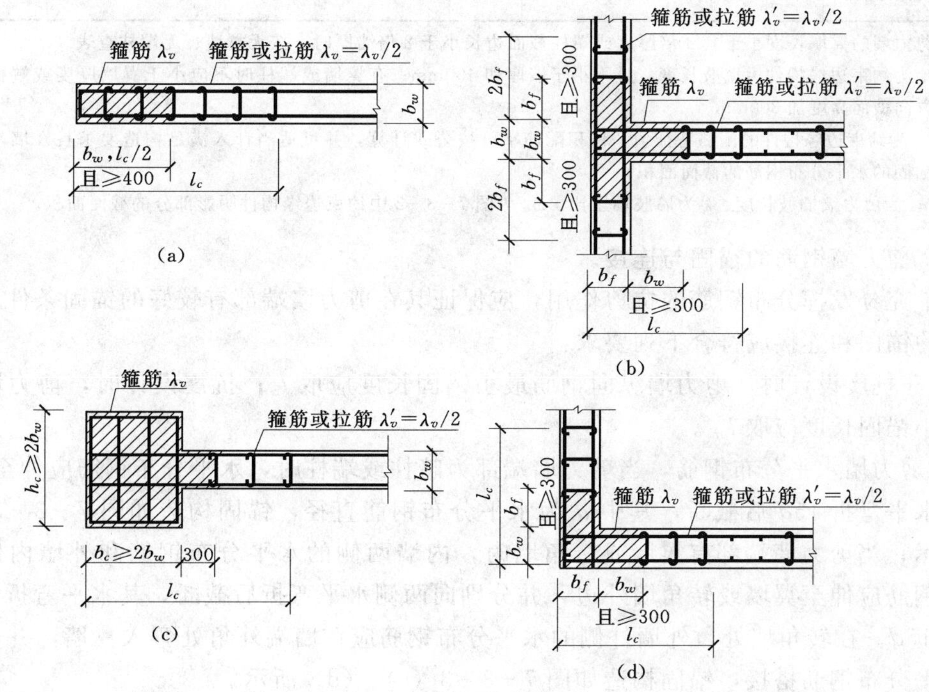

图7-3-2　剪力墙约束边缘构件

(a) 暗柱；(b) 有翼墙；(c) 端柱；(d) 转角墙

体积配筋率 ρ_v 应按下式计算：

$$\rho_v=\lambda_v \frac{f_c}{f_{yv}} \tag{7-3-5}$$

式中　λ_v——约束边缘构件配箍特征值；

f_c——混凝土轴心抗压强度设计值，N/mm^2；

f_{yv}——箍筋或拉筋的抗拉强度设计值，超过 360MPa 时，应按 360MPa 计算。

②约束边缘构件纵向钢筋的配筋范围不应小于图 7－3－2 中阴影面积，其纵向钢筋的最小截面面积及配筋情况如表 7－3－4 所示。

表 7－3－4　　剪力墙约束边缘构件的范围及配筋

项　目	一级（9度）		一级（8度）		二级、三级	
	$\lambda\leqslant0.2$	$\lambda>0.2$	$\lambda\leqslant0.3$	$\lambda>0.3$	$\lambda\leqslant0.4$	$\lambda>0.4$
l_c（暗柱）	$0.20h_w$	$0.25h_w$	$0.15h_w$	$0.20h_w$	$0.15h_w$	$0.20h_w$
l_c（翼墙或端柱）	$0.15h_w$	$0.20h_w$	$0.10h_w$	$0.15h_w$	$0.10h_w$	$0.15h_w$
λ_v	0.12	0.20	0.12	0.20	0.12	0.20
纵向钢筋（取较大值）	$0.012A_c$，$8\phi16$		$0.012A_c$，$8\phi16$		$0.010A_c$，$6\phi16$（三级 $6\phi14$）	
箍筋或拉筋沿竖向间距	100mm		100mm		150mm	

注　1. 剪力墙的翼墙长度小于其 3 倍厚度或端柱截面边长小于 2 倍墙厚时，按无翼墙、无端柱查表。

2. l_c 为约束边缘构件沿墙肢长度，且不小于墙厚和 400mm；有翼墙或端柱时不应小于翼墙厚度或端柱沿墙肢方向截面高度加 300mm。

3. λ_v 为约束边缘构件的配筋特征值，体积配筋率可按公式计算，并可适当计入满足构造要求且在墙端有可靠锚固的水平分布钢筋的截面面积。

4. h_w 为剪力墙墙肢长度、λ 为墙肢轴压比、A_c 为图 7－3－2 中约束边缘构件阴影部分的截面面积。

（3）剪力墙钢筋的锚固与连接。

为了充分发挥分布钢筋的抗剪作用，应保证其在剪力墙端部有较好的锚固条件。剪力墙钢筋的锚固和连接应符合下列要求：

1）非抗震设计时，剪力墙纵向钢筋最小锚固长度应取 l_a；抗震设计时，剪力墙纵向钢筋最小锚固长度应取 l_{aE}。

2）剪力墙水平分布钢筋，当剪力墙端部为暗柱或端柱时，水平分布钢筋应伸至墙端，并向内水平弯折 $15d$ 后截断，其中 d 为水平分布钢筋直径，锚固构造如图 7－3－3（a）、（b）所示；当剪力墙端部有翼墙或转角墙时，内墙两侧的水平分布钢筋和外墙内侧的水平分布钢筋应伸至翼墙或转角墙外边，并分别向两侧水平弯折后截断，其水平弯折长度不宜小于 $15d$。在转角墙处，外墙外侧的水平分布钢筋应在墙端外角处弯入翼墙，并与翼墙外侧水平分布钢筋搭接，锚固构造如图 7－3－3（c）、（d）所示。

3）剪力墙竖向分布钢筋应伸到顶层楼板处，如图 7－3－4 所示。

4）剪力墙竖向及水平分布钢筋的搭接连接，搭接长度为 l_l（l_{lE}）。非抗震设计时，

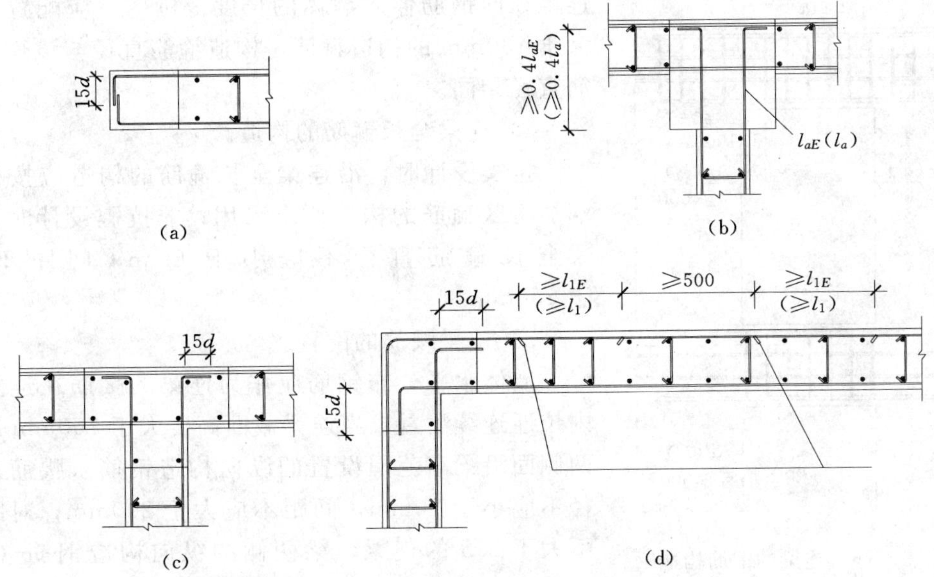

图7-3-3　剪力墙中水平分布钢筋的锚固

(a) 暗柱；(b) 端柱；(c) 有翼墙；(d) 转角墙

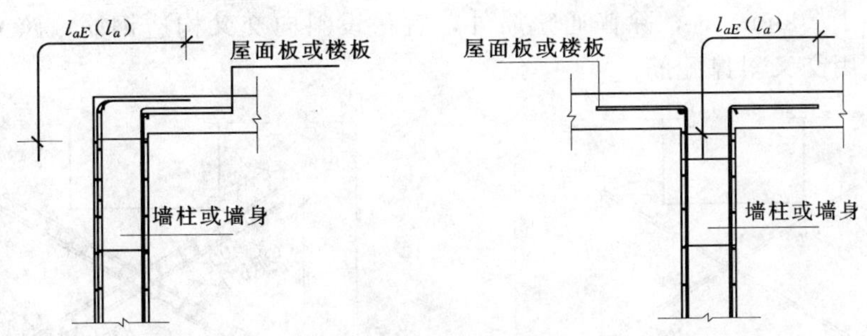

图7-3-4　剪力墙中竖向分布钢筋的锚固

$l_l=\zeta l_a$；抗震设计时 $l_{lE}=\zeta l_{aE}$。其中，ζ 为纵向受力钢筋搭接长度修正系数，当纵向钢筋搭接接头面积百分率≤25时，$\zeta=1.2$；当纵向钢筋搭接接头面积百分率为50时，$\zeta=1.4$；当纵向钢筋搭接接头面积百分率为100时，$\zeta=1.6$。

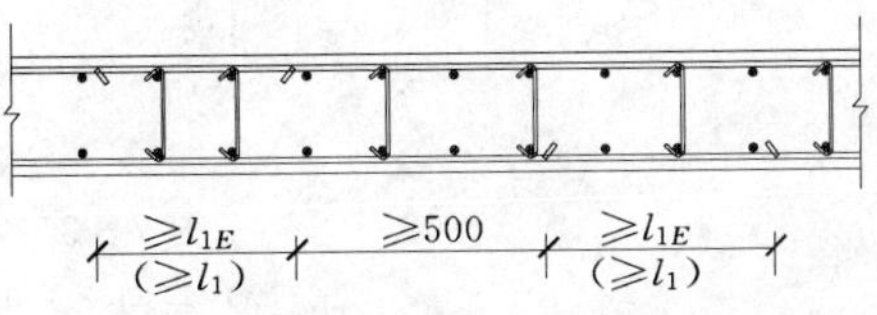

图7-3-5　剪力墙内分布钢筋的连接

一级、二级抗震等级剪力墙的加强部位，接头位置应错开，每次连接的钢筋数量不宜超过总数量的50%，错开净距不宜小于500mm（如图7-3-5所示）；其他情况剪力墙的钢筋可在同一个位置连接。

5）暗柱及端柱内纵向钢筋连接宜与框架柱相同。

（4）连梁的构造要求。

1）连梁顶面、底面纵向受力钢筋伸入墙内的锚固长度。

抗震设计时，不应小于 l_{aE}；非抗震设计时不应小于 l_a，且不应小于600mm。在顶层

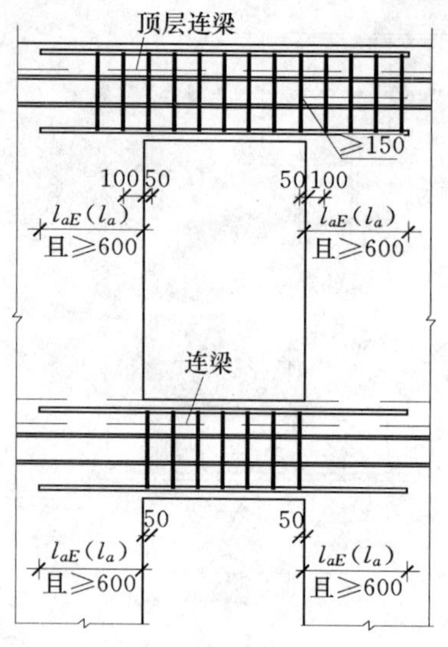

图 7-3-6　连梁的配筋构造

连梁纵向钢筋伸入墙体的长度范围内，应配置间距不大于 150mm 的构造箍筋，构造箍筋直径与该连梁的箍筋直径相同。

2）连梁全长箍筋的构造。

抗震设计时，沿连梁全长箍筋的构造应按框架梁端加密区箍筋的构造要求采用；非抗震设计时，沿连梁全长箍筋直径不应小于 6mm，间距不应大于 150mm。

3）连梁腰筋的配置。

墙体水平分布钢筋应作为连梁的腰筋在连梁范围内拉通连续配置；当连梁截面高度大于 700mm 时，其两侧面沿梁高范围设置的纵向构造钢筋（腰筋）的直径不应小于 10mm，间距不应大于 200mm；对跨高比不大于 2.5 的连梁，梁两侧的纵向构造钢筋（腰筋）的面积配筋率不应小于 0.3%。

4）斜向交叉构造钢筋。

对一级、二级抗震等级各类结构中的剪力墙连梁，当跨高比天有不大于 2.0，且连梁截面宽度不小于 200mm 时，除普通箍筋外，宜另设斜向交叉构造钢筋；跨高比不大于 1 的连梁，应采用交叉斜撑配筋。

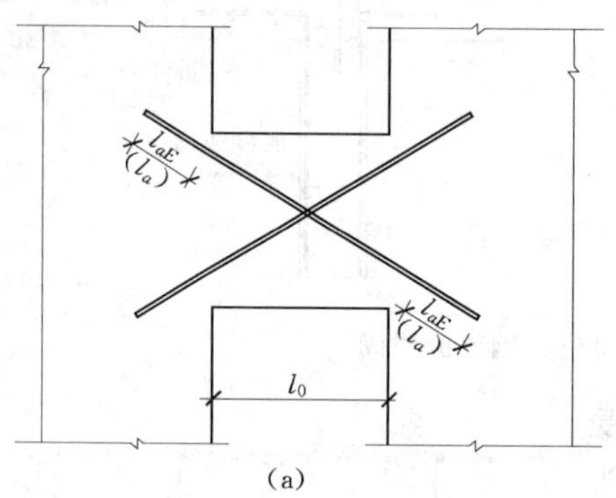

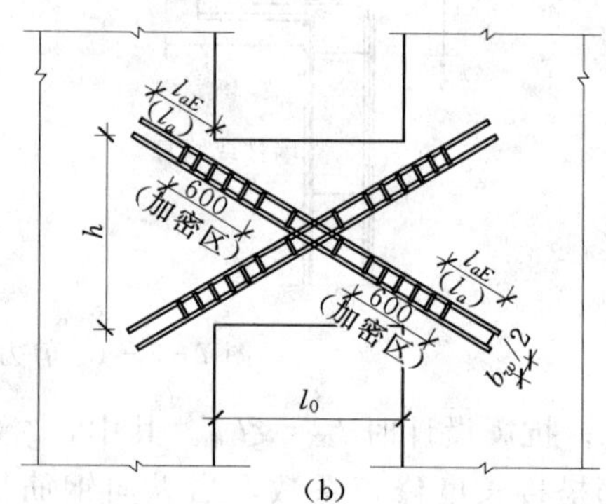

图 7-3-7　连梁斜向交叉配筋构造

（a）斜向交叉配筋构造；（b）斜向交叉暗撑构造

5）剪力墙墙面开洞和连梁开洞时要求。

a. 当剪力墙墙面开有非连续小洞口（其各边长度小于 800mm），且在整体计算中不考虑其影响时，应将洞口处被截断的分布筋量分别集中配置在洞口上、下和左、右两边［见图 7-3-8（a）］，且钢筋直径不应小于 12mm；

b. 穿过连梁的管道宜预埋套管，洞口上、下的有效高度不宜小于梁高的 1/3，且不宜小于 200mm，洞口处宜配置补强钢筋，被洞口削弱的截面应进行承载力验算［见图 7-3-8（b）］。

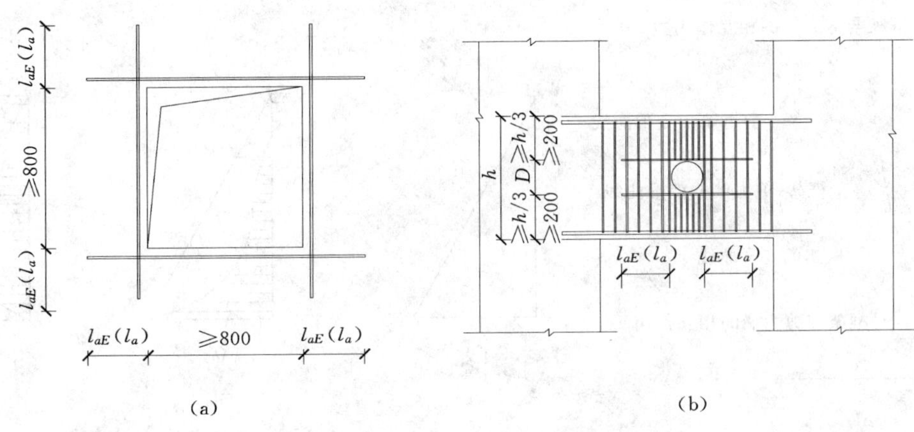

图 7-3-8　洞口补强配筋

(a) 剪力墙洞口补强 (b) 连梁洞口补强

任务 4　框架-剪力墙结构的受力分析

任务描述及分析

1. 框架-剪力墙结构的受力特点

对于纯框架结构，由于柱轴向变形所引起结构的变形的影响不大，且框架结构的层间位移与层间总剪力成正比，自下而上，层间剪力越来越小，因此，层间的相对位移，也是自下而上越来越小。这种形式的变形与悬臂梁的剪切变形相一致，称为剪切变形。对于纯剪力墙结构，在水平荷载作用下，剪力墙在各层楼面处的弯矩等于该楼面标高处的倾覆力矩，该力矩与剪力墙纵向变形的曲率成正比，其变形曲线将凸向原始位置[见图 7-4-1]，由于这各变形与悬臂梁的弯曲变形相一致，称为弯曲变形。而框架—剪力墙结构是由变形特点不同的框架和剪力墙组成的，由于它们之间通过平面内刚度无限大的楼板连接在一起，它们不能自由变形，结构的位移曲线就成了一条反 S 曲线，其变形性质称为弯剪型。

在下部楼层，剪力墙位移较小，它拉着框架按弯曲型曲线变形，剪力墙承担大部分剪力；在上部楼层则相反，剪力墙位移越来越大，有外倾趋势，而框架则呈内收趋势，框架拉着剪力墙按剪切型曲线变形，框架承担水平力以外，还承担把剪力墙拉回来的附加水平力。剪力墙因为给框架一个附加水平力而承受负剪力。由此可见，上部框架结构承受的剪力较大，如图 7-4-2 所示。

因此，框架与剪力墙剪力分担的水平剪力 V_f、V_w 将沿结构高度发生变化，但总有 $V_p=V_f+V_w$。在结构的底部，框架所随的总剪力 V_f 总等于零，此时由外荷载产生的水平剪力全部由剪力墙承担。在结构的顶部，总剪力总等于零，但 V_w 和 V_f 均不为零，两者大小相等，方向相反。

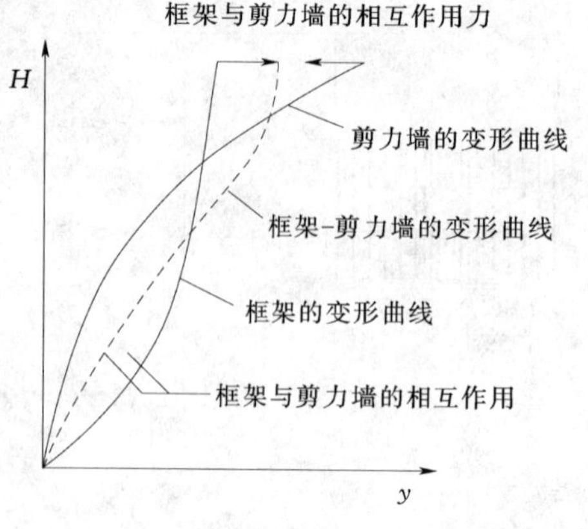

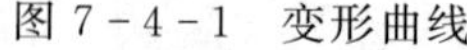
图 7-4-1　变形曲线

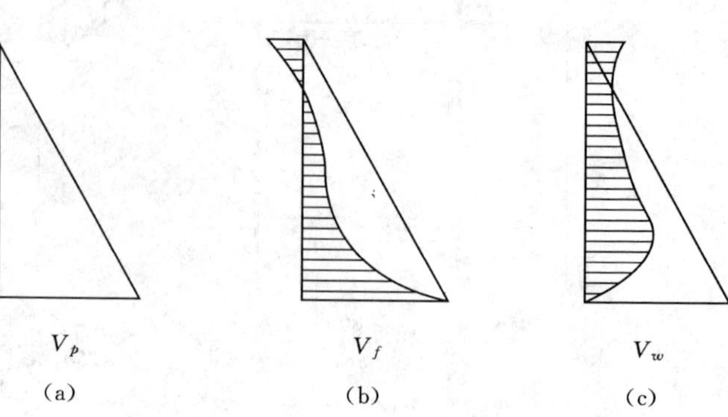

图 7-4-2　水平力在框架与剪力墙之间的分配
(a) 框墙体系总剪力；(b) 剪力墙分担的剪力；(c) 框架分担的剪力

2. 框架-剪力墙结构的计算的基本假定及计算简图

典型的框架-剪力墙结构，在竖向荷载作用下，框架和剪力墙分别承受各自传递范围内的楼面荷载。在水平地震作用下，框架和剪力墙由于各层楼板的连接作用而在水平方向上协调变形，共同工作。其内力和侧移的分析是一个复杂的空间超静定问题，要精确计算十分困难，可分为电算和手算。

电算时，较规则的框架一剪力墙结构可采用平面抗侧力结构空间协同工作方法计算；开口较大的联肢墙可作为壁式框架考虑，无洞口墙、整截面墙和小开口墙可按其等效刚度作为单柱考虑，体型和平面较复杂的结构宜采用三维空间分析方法进行内力与位移计算。

手算时，为简化计算，通常将其简化成平面结构来分析。计算这种结构可采用力法或微分方程法。计算时一般采用下面的基本假定：

(1) 楼板结构在其自身平面内的刚度为无穷大，平面外的刚度忽略不计。

(2) 结构的刚度中心与质量中心重合，结构不发生扭转。

(3) 框架与剪力墙的刚度特征值沿结构高度方向均为常数。

由假定可知，在水平荷载作用下，在同一楼层处，各榀框架和剪力墙的侧移是相等的。因而可以将房屋或变形缝区段内所有与地震作用方向平等的剪力墙合并在一起，组成“综合剪力墙”，将所有这个方向的框架合并在一起，组成“综合框架”。将“综合框架”和“综合剪力墙”移到同一个平面内进行分析。在楼板标高处用刚性连杆连接，以代替楼板和连系梁的作用。计算简图如图 7-4-3 所示。连杆与剪力墙的联结形式取决于连系梁的刚度。当剪力墙平面内的连系梁刚度较大，可以起到约束转动作用时，剪力墙与框架之间用刚性铰接杆连接 [见图 7-4-3 (a)]；如果连系梁截面尺寸较小，不能起到约束转动作用时，剪力墙与框架之间用弹性铰接杆连接 [见图 7-4-3 (b)]。

3. 框架-剪力墙结构的抗震构造要求

(1) 框架-剪力墙结构结构中的剪力墙设置要求。

1) 剪力墙宜贯通房屋全高。

2) 楼梯间宜设置剪力墙，但不宜造成较大的扭转效应。

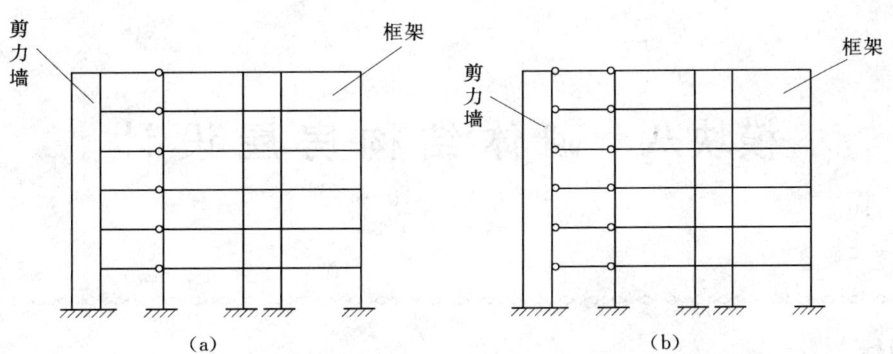

图 7-4-3　框架-剪力墙体系计算简图

(a) 刚性铰接杆连接；(b) 弹性铰接杆连接

3) 剪力墙的两端（不包括洞口两侧）宜设置端柱或与另一方向的抗震墙相连。

4) 房屋较长时，刚度较大的纵向剪力墙不宜设置在房屋的端开间。

5) 剪力墙洞口宜上下对齐；洞边距端柱不宜小于 300mm。

(2) 框架-剪力墙的截面设计和构造显然与框架和剪力墙的相应要求基本相同，一些特殊要求如下：

1) 框架-剪力墙结构的剪力墙厚度和边框设置，应符合下列要求：

a. 剪力墙的厚度不应小于 160mm，且不宜小于层高或无支长度的 1/20，底部加强部位的剪力墙厚度不应小于 200mm，且不宜小于层高或无支长度的 1/16。

b. 梁的截面宽度不宜小于 2 倍的剪力墙的厚度。梁的截面高度不宜小于 3 倍的剪力墙的厚度；柱的截面宽度不宜小于 2.5 剪力墙的厚度，柱的截面高度不小于柱截面宽度。

c. 剪力墙周边仅有柱面无梁时，则应在楼盖处宜设置暗梁，暗梁的截面高度不宜小于墙厚和 400mm 的较大值；端柱截面宜与同层框架柱相同，并应满足对框架柱的要求；剪力墙底部加强部位的端柱和紧靠剪力墙洞口的端柱宜按柱箍筋加密区的要求沿全高加密箍筋。

d. 暗梁的配筋可按构造配置，且应符合一般框架梁的最小配筋要求；边柱的配筋应符合一般框架柱配筋的规定。

2) 剪力墙的竖向和横向分布钢筋，配筋率均不应小于 0.25%（抗震设计）或 0.2%（非抗震设计），钢筋直径不宜小于 10mm，间距不宜大于 300mm，并应双排布置，双排分布钢筋间应设置拉筋。

3) 剪力墙的水平分布钢筋应全部锚入柱内，抗锚固长度不应小于 l_{aE}（抗震设计）或 l_a（非抗震设计）剪力墙的端部竖向钢筋应配在柱内。

4) 楼面梁与剪力墙平面外连接时，梁的纵筋应锚固在墙内；也可在支承梁的位置设置扶壁柱或暗柱，并应按计算确定其截面尺寸和配筋。

5) 剪力墙的洞口应配置补强钢筋。

6) 框架-剪力墙结构的其他抗震构造措施，应符合对框架结构及剪力墙结构抗震构造的有关要求。

模块八　砌体结构房屋设计

学习目标

1. 会确定砌体结构房屋的静力计算方案。
2. 会验算墙、柱高厚比。
3. 会计算砌体受压构件承载力。
4. 能说出过梁、圈梁、墙梁、悬挑构件及墙体的构造措施。

任务1　砌体结构的受力分析-静力计算方案的确定

一、任务描述

进行混合结构房屋的结构布置，确定混合结构房屋静力计算方案。

二、任务知识点

房屋中墙、柱等竖向承重构件用块体和砂浆砌筑而成，屋盖、楼盖等水平承重构件用钢筋混凝土、轻钢或其他材料建造的房屋称为砌体结构，也可称为混合结构。由板、梁、屋架等构件组成的楼（屋）盖是混合结构的水平承重结构；墙、柱和基础组成混合结构的竖向承重结构。

1. 结构布置

混合结构房屋的结构布置方案有纵墙承重方案、横墙承重方案、纵横墙承重方案、内框架承重方案（见图8-1-1）。

（1）横墙承重方案。

当房屋开间不大（一般为3～4.5m），横墙间距较小，将楼（或屋面）板直接搁置在横墙上的结构布置称为横墙承重方案。房间的楼板支承在横墙上，纵墙仅承受本身自重。

横墙承重方案的荷载主要传递路线为：楼（屋）面板——横墙——基础——地基。

这类结构纵墙门窗开洞受限较少、横向刚度大、抗震性能好，适用于多层宿舍等居住建筑以及由小开间组成的办公楼。

（2）纵墙承重方案。

对于要求有较大空间的房屋（如厂房、仓库）或隔墙位置可能变化的房屋，通常无内横墙或横墙间距很大，因而由纵墙直接承受楼面、屋面荷载的结构布置方案即为纵墙承重

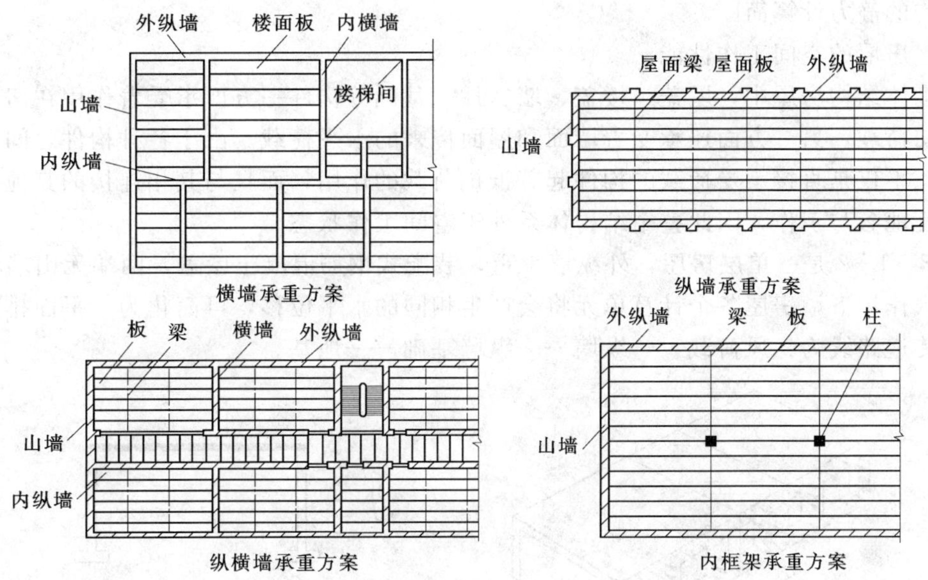

图8-1-1　混合结构房屋的结构布置方案

方案。其屋盖为预制屋面大梁或屋架和屋面板。这类房屋的屋面荷载（竖向）传递路线为：板——梁（或屋架）——纵墙——基础——地基。

这类结构纵墙门窗开洞受限、整体性差，适用于单层厂房、仓库、食堂。

(3) 纵横墙承重方案。

当建筑物的功能要求房间的大小变化较多时，为了结构布置的合理性，通常采用纵横墙布置方案。纵横墙承重方案既可保证有灵活布置的房间，又具有较大的空间刚度和整体性，所以适用于教学楼、办公楼、多层住宅等建筑。此类房屋的荷载传递路线为：

$$\text{楼（屋）面板}\rightarrow\left\{\begin{array}{l}\text{梁}\rightarrow\text{纵墙}\\\text{横墙}\end{array}\right\}\rightarrow\text{基础}\rightarrow\text{地基}$$

(4) 内框架承重方案。

对于工业厂房的车间、仓库和商店等需要较大空间的建筑，可采用外墙与内柱同时承重的内框架承重方案，该结构布置为楼板铺设在梁上，梁两端支承在外纵墙上，中间支承在柱上。

这类结构平面布置灵活、抗震性能差。内框架承重方案中应充分注意两种不同结构材料所引起的不利影响。

此类房屋的竖向荷载的传递路线为：

$$\text{楼（屋）面板}\rightarrow\text{梁}\rightarrow\left\{\begin{array}{l}\text{外纵墙}\rightarrow\text{外纵墙基础}\\\text{柱}\rightarrow\text{柱基础}\end{array}\right\}\rightarrow\text{地基}$$

2. 房屋的静力计算方案

砌体房屋的结构计算包括两部分内容：内力计算和截面承载力计算。进行墙、柱内力计算要确定计算简图，因此首先要确定房屋的静力计算方案，即根据房屋的空间工作性能

确定结构的静力计算简图。

（1）房屋的空间工作性能。

在砌体结构房屋中，屋盖、楼盖、墙、柱、基础等构件一方面承受着作用在房屋上的各种竖向荷载，另一方面还承受着墙面和屋面传来的水平荷载。由于各种构件之间是相互联系的，不仅是直接承受荷载的构件起着抵抗荷载的作用，而且与其相连接的其他构件也不同程度地参与工作，因此整个结构体系处于空间工作状态。

图8-1-2是一单层房屋，外纵墙承重，装配式钢筋混凝土屋盖，两端无山墙，在水平风荷载作用下，房屋各个计算单元将会产生相同的水平位移，可简化为一平面排架。水平荷载传递路线为：风荷载——纵墙——纵墙基础——地基。

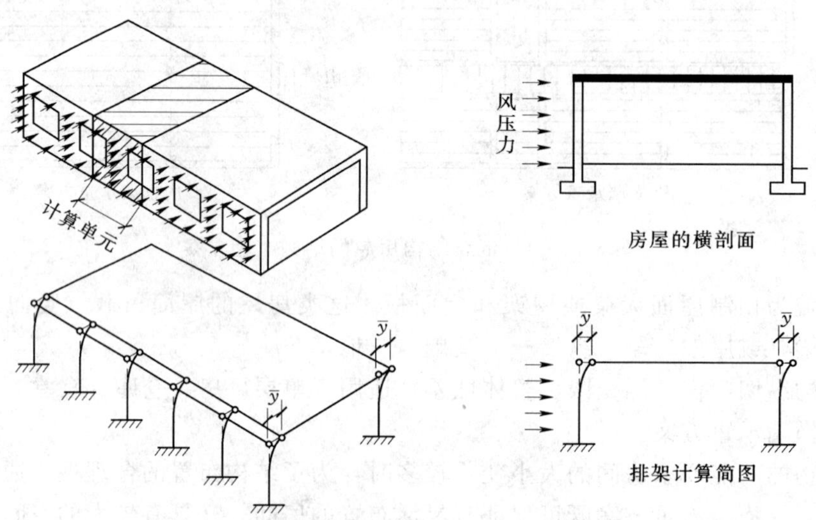

图8-1-2　两端无山墙单层房屋受力状态及计算简图

图8-1-3为两端加设了山墙的单层房屋，由于山墙的约束，使得在均布水平荷载作用下，整个房屋墙顶的水平位移不再相同，距离山墙越近的墙顶受到山墙的约束越大，水平位移越小。水平荷载传递路线为：风荷载——纵墙——纵墙基础（或屋盖结构——山墙——山墙基础）——地基。

通过试验分析发现，房屋空间工作性能的主要影响因素为楼盖（屋盖）的水平刚度和横墙间距的大小。

（2）房屋静力计算方案。

根据房屋的空间工作性能，将房屋的静力计算方案分为刚性方案、弹性方案、刚弹性方案。

1）刚性方案。

当房屋的横墙间距较小、楼盖（屋盖）的水平刚度较大时，房屋的空间刚度较大，在荷载作用下，房屋的水平位移很小，可视墙、柱顶端的水平位移等于零。在确定墙、柱的计算简图时，可将楼盖或屋盖视为墙、柱的水平不动铰支座，墙、柱内力按不动铰支承的竖向构件计算［见图8-1-4（a）］，按这种方法进行静力计算的方案为刚性方案，按刚性

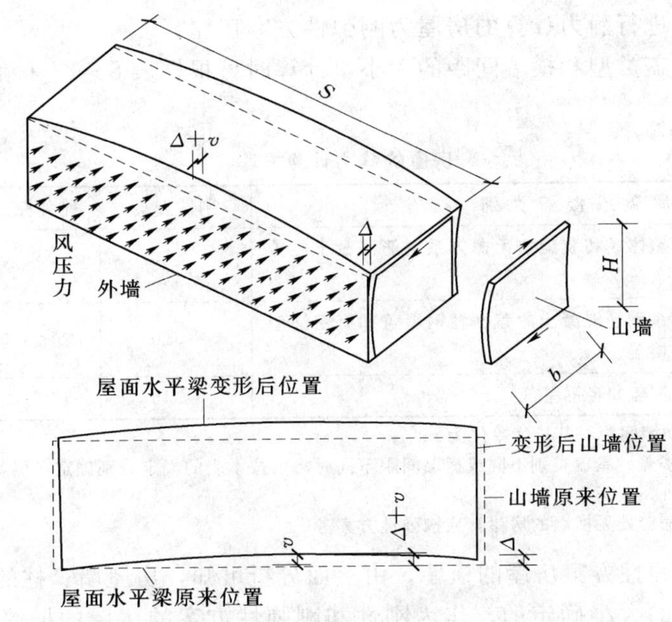

图8-1-3 两端有山墙单层房屋的受力状态

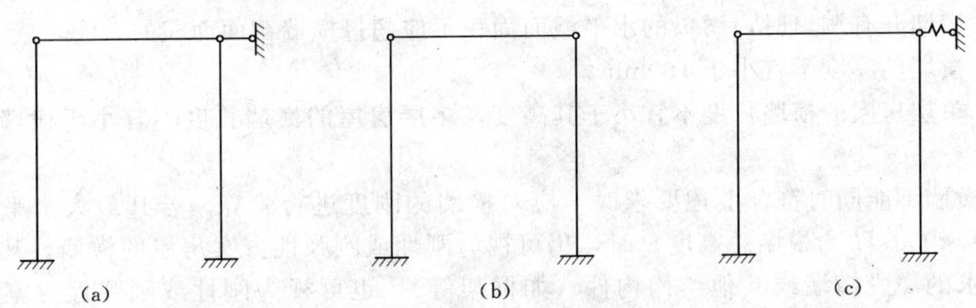

图8-1-4 单层混合结构房屋的静力计算方案

(a) 刚性方案；(b) 弹性方案；(c) 刚弹性方案

方案进行静力计算的房屋为刚性方案房屋。一般多层砌体房屋的静力计算方案都是属于这种方案。

2) 弹性方案。

当房屋横墙间距较大，楼盖（屋盖）水平刚度较小时，房屋的空间刚度较小，在荷载作用下房屋的水平位移较大，在确定计算简图时，不能忽略水平位移的影响，不能考虑空间工作性能，按这种方法进行静力计算的方案为弹性方案，按弹性方案进行静力计算的房屋为弹性方案房屋。一般的单层厂房、仓库、礼堂的静力计算方案多属此种方案［见图8-1-4 (b)］。静力计算时，可按屋架或大梁与墙（柱）铰接的、不考虑空间工作性能的平面排架或框架计算。

3) 刚弹性方案。

房屋空间刚度介于刚性方案房屋和弹性方案房屋之间。在荷载作用下，房屋的水平位移也介于两者之间。在确定计算简图时，按在墙、柱有弹性支座（考虑空间工作性能）的平面排架或框架计算［见图8-1-4 (c)］。按这种方法进行静力计算的方案为刚弹性方案，按刚弹性方案进行静力计算的房屋为刚弹性方案房屋。

根据楼（屋）盖类型和横墙间距的大小，计算时可根据表8-1-1确定房屋的静力计算方案。

表8-1-1　　房屋的静力计算方案

	屋盖或楼盖类别	刚性方案	刚弹性方案	弹性方案
1	整体式、装配整体式和装配式无檩体系钢筋混凝土屋盖或钢筋混凝土楼盖	$s<32$	$32\leqslant s\leqslant 72$	$s>72$
2	装配式有檩体系钢筋混凝土屋盖、轻钢屋盖和有密铺望板的木屋盖或木楼盖	$s<20$	$20\leqslant s\leqslant 48$	$s>48$
3	瓦材屋面的木屋盖和轻钢屋盖	$s<16$	$16\leqslant s\leqslant 36$	$s>36$

注　1. 表中 s 为房屋横墙间距，其长度单位为m。
2. 当多层房屋的楼盖、屋盖类别不同或横墙间距不同时，可按本表的规定分别确定各层（底层或顶部各层）房屋的静力计算方案。
3. 对无山墙或伸缩缝处无横墙的房屋，应按弹性方案考虑。

（3）刚性和刚弹性方案房屋的横墙。由上面分析可知，房屋墙、柱的静力计算方案是根据房屋空间刚度的大小确定的。作为刚性和刚弹性方案的房屋的横墙必须有足够的刚度。《砌体规范》规定，刚性和刚弹性方案房屋的横墙，应符合下列要求：

1）横墙开有洞口时，洞口的水平截面面积不应超过横墙截面面积的50%。

2）横墙的厚度不宜小于180mm。

3）单层房屋的横墙长度不宜小于其高度，多层房屋的横墙长度不宜小于横墙总高度的1/2。

当横墙不能同时符合上述要求时，应对横墙的刚度进行验算。若其最大水平位移值 $\mu_{max}\leqslant H/4000$（$H$ 为横墙总高度）时，仍可视为刚性或刚弹性方案房屋的横墙。凡符合此刚度要求的一段横墙或其他结构构件（如框架等），也可视为刚性或刚弹性方案房屋的横墙。

任务2　某办公楼墙和柱高厚比的验算任务

一、任务描述

某办公楼平面布置如图8-2-1所示，采用装配式钢筋混凝土楼盖，纵横向承重墙厚度均为190mm，采用MU7.5的单排孔混凝土砌块、双面粉刷，一层用Mb7.5砂浆，二至三层采用Mb5砂浆，层高为3.3m，一层墙从楼板顶面到基础顶面的距离为4.1m，窗洞宽均为1800mm，门洞宽均为1000mm，在纵横墙相交处和屋面或楼面大梁支承处，均设有截面为190mm×250mm的钢筋混凝土构造柱（构造柱沿墙长方向的宽度为250mm），试验算各层纵、横墙的高厚比。

二、任务分析

砌体结构房屋中，作为受压构件的墙、柱除了满足承载力要求之外，还必须满足高厚

比的要求。墙、柱的高厚比验算是保证砌体房屋施工阶段和使用阶段稳定性与刚度的一项重要构造措施。

高厚比验算包括允许高厚比的限值和墙、柱实际高厚比的确定两方面内容。

三、任务知识点

1. 允许高厚比限值

所谓高厚比β是指墙、柱计算高度H_0与墙厚h（或与矩形柱的计算高度相对应的柱边长）的比值，即$\beta=H_0/h$。墙柱的高厚比过大，虽然强度满足要求，但是可能在施工阶段因过度的偏差倾斜以及施工和使用过程中的偶然撞击、振动等因素而导致丧失稳定；同时，过大的高厚比，还可能使墙体发生过大的变形而影响使用。

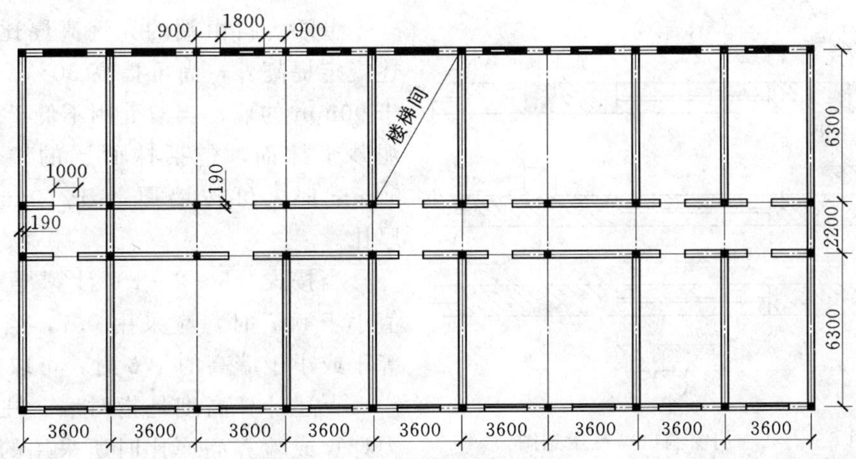

图8-2-1　某办公楼平面布置图

砌体墙、柱的允许高厚比［β］是指墙、柱高厚比的允许限值（见表8-2-1），它与承载力无关，而是根据实践经验和现阶段的材料质量以及施工技术水平综合研究而确定的。墙、柱砌筑砂浆的强度等级愈高，［β］值就愈大。墙上开设洞口，对墙、柱的稳定不利，［β］值须相应降低。需要指出的是，［β］值与墙、柱材料的质量和施工技术水平等因素有关，随着材料技术和施工技术的不断进步，在材料强度日益增高、砌体质量不断提高的情况下，［β］的值也将会有所增大。

表8-2-1　墙、柱的允许高厚比［β］值

砂浆强度等级	墙	柱
M2.5	22	15
M5.0	24	16
≥M7.5	26	17

下列情况下墙、柱的允许高厚比应进行调整：

（1）毛石墙、柱的高厚比应按表中数字降低20%。

（2）组合砖砌体构件的允许高厚比，可按表中数值提高20%，但不得大于28。

（3）验算施工阶段砂浆尚未硬化的新砌砌体高厚比时，允许高厚比对墙取14，对柱取11。

2. 高厚比验算

（1）一般墙、柱的高厚比验算。墙、柱高厚比应按下式验算：

$$\beta = H_0 / h \leqslant \mu_1 \mu_2 [\beta] \tag{8-2-1}$$

式中 $[\beta]$——墙、柱的允许高厚比，按表 8-2-1 采用；

H_0——墙、柱的计算高度，应按表 8-2-2 采用，mm；

h——墙厚或矩形柱与 H_0 相对应的边长，mm；

μ_1——自承重墙允许高厚比的修正系数，按下列规定采用：$h=240\text{mm}$，$\mu_1=1.2$；$h=90\text{mm}$，$\mu_1=1.5$；$240\text{mm}>h>90\text{mm}$，$\mu_1$ 可按插入法取值；

μ_2——有门窗洞口墙允许高厚比的修正系数，按下式计算：

$$\mu_2 = 1 - 0.4\frac{b_s}{s} \tag{8-2-2}$$

式中 b_s——在宽度 s 范围内的门窗洞口总宽度（见图 8-2-2），mm；

s——相邻窗间墙、壁柱或构造柱之间的距离，mm。

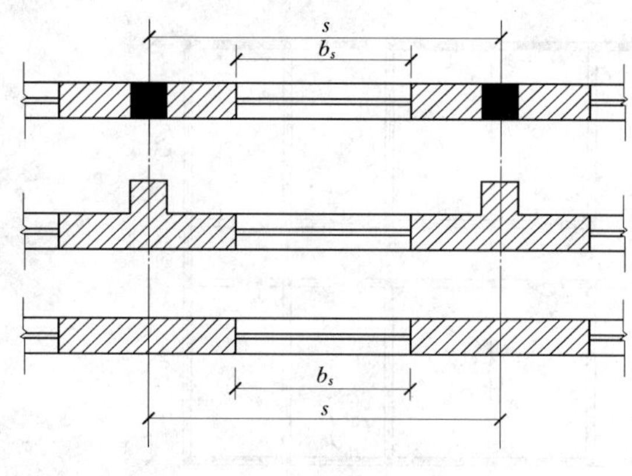

图 8-2-2 门窗洞口宽度示意图

上端为自由端的允许高厚比，除按上述规定提高外，尚可提高 30%；对厚度小于 90mm 的墙，当双面用不低于 M10 的水泥砂浆抹面，包括抹面层的墙厚不小于 90mm 时，可按墙厚等于 90mm 验算高厚比。

当按式（8-2-2）计算得到的 μ_2 的值小于 0.7 时，应采用 0.7，当洞口高度等于或小于墙高的 1/5 时，可取 $\mu_2=1.0$。

上述计算高度是指对墙、柱进行承载力计算或验算高厚比时所采用的高度，用 H_0 表示，它是由实际高度 H 并根据房屋类别和构件两端支承条件按表 8-2-2 确定。

表 8-2-2　　受压构件计算高度 H_0

房屋类别			柱		带壁柱墙或周边拉结的墙		
			排架方向	垂直排架方向	$s>2H$	$2H\geqslant s>H$	$s\leqslant H$
有吊车的单层房屋	变截面柱上段	弹性方案	$2.5H_u$	$1.25H_u$	$2.5H_u$		
		刚性、刚弹性方案	$2.0H_u$	$1.25H_u$	$2.0H_u$		
	变截面柱下段		$1.0H_1$	$0.8H_1$	$1.0H_1$		
无吊车的单层和多层房屋	单跨	弹性方案	$1.5H$	$1.0H$	$1.5H$		
		刚弹性方案	$1.2H$	$1.0H$	$1.2H$		
	多跨	弹性方案	$1.25H$	$1.0H$	$1.25H$		
		刚弹性方案	$1.10H$	$1.0H$	$1.1H$		
	刚性方案		$1.0H$	$1.0H$	$1.0H$	$0.4s+0.2H$	$0.6s$

注 1. 表中 H_u 为变截面柱的上段高度；H_1 为变截面柱的下段高度。

2. 对于上端为自由端的构件，$H_0=2H$。

3. 独立砖柱，当无柱间支撑时，柱在垂直排架方向的 H_0 应按表中数值乘以 1.25 后采用。

4. s 为房屋横墙间距。

5. 白承重墙的计算高度应根据周边支承或拉结条件确定。

表中的构件高度 H 应按下列规定采用：

1）在房屋的底层，为楼板顶面到构件下端支点的距离。下端支点的位置，可取在基础的顶面。当基础埋置较深且有刚性地坪时，可取室内外地面以下 500mm 处。

2）在房屋的其他层次，为楼板或其他水平支点间的距离。

3）对于无壁柱的山墙，可取层高加山墙尖高的 1/2；对于带壁柱的山墙，可取壁柱处的山墙高度。

对有吊车的房屋，当荷载组合不考虑吊车的作用时，变截面柱上段的计算高度可按表 7.3 规定采用，变截面柱下段的计算高度可按下列规定采用：

1）当 $Hu/H\leqslant\frac{1}{3}$时，取无吊车房屋的 H_0。

2）当$\frac{1}{3}<Hu/H\leqslant\frac{1}{2}$时，取无吊车房屋的 H_0 乘以修正系数 μ，$\mu=1.3-0.3\frac{I_u}{I_1}$，$I_u$ 为变截面柱上段的惯性矩，I_1 为变截面柱下段的惯性矩。

3）当 $Hu/H\geqslant\frac{1}{2}$时，取无吊车房屋的 H_0，但在确定 β 时，应采取柱的上截面。

（2）带壁柱墙高厚比验算。带壁柱的高厚比的验算包括两部分内容：即带壁柱墙的高厚比验算和壁柱之间墙体局部高厚比的验算。

1）整片墙高厚比验算。

视壁柱为墙体的一部分，整片墙截面为 T 形截面，将 T 形截面墙按惯性矩和面积相等的原则换算成矩形截面，折算厚度 $h_T=3.5i$，其高厚比验算公式为：

$$\beta=\frac{H_0}{h_T}\leqslant\mu_1\mu_2[\beta] \tag{8-2-3}$$

式中　h_T——带壁柱墙截面折算厚度，$h_T=3.5i$，mm；

i——带壁柱墙截面的回转半径，$i=\sqrt{\frac{I}{A}}$，mm；

I——带壁柱墙截面的惯性矩，mm^4；

A——带壁柱墙截面的面积，mm^2；

H_0——墙、柱截面的计算高度，应按表 8-2-2 采用，mm。

T 形截面的翼缘宽度 b_f，可按下列规定采用：①多层房屋，当有门窗洞口时，可取窗间墙宽度；当无门窗洞口时，每侧可取壁柱高度的 1/3；②单层房屋，可取壁柱宽加 2/3 壁柱高度，但不得大于窗间墙宽度和相邻壁柱之间的距离。

2）壁柱之间墙体局部高厚比验算。验算壁柱之间墙体的局部高厚比时，壁柱视为墙体的侧向不动支点，计算 H_0 时，s 取壁柱之间的距离，且不管房屋静力计算方案采用何种方案，在确定计算高度 H_0 时，都按刚性方案考虑。

（3）带构造柱墙高厚比验算。带构造柱墙的高厚比的验算包括两部分内容：整片墙体高厚比的验算和构造柱之间墙体局部高厚比的验算。

1）整片墙体高厚比的验算。考虑设置构造柱对墙体刚度的有利作用，墙体允许高厚比 $[\beta]$ 可以乘以提高系数阪：

$$\beta=\frac{H_0}{h_T}\leqslant\mu_1\mu_2\mu_c[\beta] \tag{8-2-4}$$

式中 μ_c——带构造柱墙允许高厚比［β］的提高系数，可按下式计算：

$$\mu_c=1+r\frac{b_c}{l} \tag{8-2-5}$$

式中 r——系数，对细料石、半细料石砌体，$r=0$；对混凝土砌块、粗料石及毛石砌体，$r=1.0$；其他砌体，$r=1.5$；

b_c——构造柱沿墙长方向的宽度，mm；

l——构造柱间距，mm。

当$\frac{b_c}{l}>0.25$时，取$\frac{b_c}{l}=0.25$；当$\frac{b_c}{l}>0.05$时，取$\frac{b_c}{l}=0$。

需注意的是，构造柱对墙体允许高厚比的提高只适用于构造柱与墙体形成整体后的使用阶段，并且构造柱与墙体有可靠的连接。

2）构造柱间墙体高厚比的验算。构造柱间墙体的高厚比仍按式（8-2-1）验算，验算时仍视构造柱为柱间墙的不动铰支点，计算 H_0 时，取构造柱间距，并按刚性方案考虑。

四、任务实施

1. 纵墙高厚比验算

（1）静力计算方案的确定。

横墙间距 $s_{max}=3.6\times3=10.8m<32m$，查表 8-1-1 得，属于刚性方案。

（2）一层纵墙高厚比验算（只验算外纵墙）。

1）整片墙高厚比验算（不宜用此类序号，下同）。

$s_{max}=3.6\times3=10.8m>2H=8.2m$；查表 8-2-2 得

$$H_0=1.0H=4.1m；\mu_1=1.0；[\beta]=26$$

$$\mu_2=1-0.4\frac{b_s}{s}=1-0.4\frac{1800}{3600}=0.8>0.7$$

$$0.05<\frac{b_c}{l}=\frac{250}{3600}=0.069<0.25；\mu_c=1+\gamma\frac{b_c}{l}=1+1.0\frac{250}{3600}=1.069$$

$$\beta=\frac{H_0}{h_T}=\frac{4.1\times10^3}{190}=21.58<\mu_1\mu_2\mu_c[\beta]=1.0\times0.76\times1.069\times26=22.24$$

满足要求。

2）构造柱间墙高厚比验算。

构造柱间距 $s=3.6m<H=4.1m$；查表 8-2-2 得

$$H_0=06s=0.6\times306=21.6m$$

$$[\beta]=26$$

$$\mu_2=1-0.4\frac{b_s}{s}=1-0.4\frac{1800}{3600}=0.8>0.7，\mu_1=1.0$$

$$\beta=\frac{H_0}{h}=\frac{21.6\times10^3}{190}=11.37<\mu_1\mu_2[\beta]$$

满足要求。

（3）二层、三层纵墙高厚比验算（只验算外纵墙）。

1）整片墙高厚比验算。

$s_{max}=3.6\times3=10.8m>2H=6.6m$；查表 8-2-2 得，

$$H_0=1.0H=3.3m;\ \mu_1=1.0;\ [\beta]=24$$

$$\mu_2=1-0.4\frac{b_s}{s}=1-0.4\frac{1800}{3600}=0.8>0.7$$

$$0.05<\frac{b_c}{l}=\frac{250}{3600}=0.069<0.25;\ \mu_c=1+\gamma\frac{b_c}{l}=1+1.0\frac{250}{3600}=1.069$$

$$\beta=\frac{H_0}{h_T}=\frac{3.3\times10^3}{190}=17.37<\mu_1\mu_2\mu_c[\beta]=1.0\times0.8\times1.069\times24=20.52$$

满足要求。

2）构造柱间墙高厚比验。

构造柱间距 $s=3.6m$；$H=3.3m<s<2H=6.6$

查表 8-2-2 得

$$H_0=0.4s+0.2H=0.4\times3.6+0.2\times3.3=2.1m;\ [\beta]=26$$

$$\mu_2=1-0.4\frac{b_s}{s}=1-0.4\frac{1800}{3600}=0.8>0.7;\ \mu_1=1.0$$

$$\beta=\frac{H_0}{h}=\frac{2.1\times10^3}{190}=11.05<\mu_1\mu_2[\beta]=1.0\times0.8\times24=19.2$$

满足要求。

2. 横墙高厚比验算

(1) 静力计算方案的确定。

纵墙间距 $s_{max}=6.3m<32m$ 查表 8-1-1 得，属于刚性方案。

(2) 一层横墙高厚比验算。

$$s=6.3m;\ H=4.1m<s<2H=8.2m$$

查表 8-2-1、表 8-2-2 得

$$H_0=0.4s+0.2H=0.4\times6.3+0.2\times4.1=3.34m;$$

$$[\beta]=26;\ \mu_1=1.0;\ \mu_2=1.0$$

$$\beta=\frac{H_0}{h}=\frac{3.34\times10^3}{190}=17.58<\mu_1\mu_2[\beta]=1.0\times1.0\times26=26$$

满足要求。

(3) 二、三层横墙高厚比验算。

$$s=3.6m;\ H=3.3m<s<2H=6.6$$

查表 8-2-1、表 8-2-2 得

$$H_0=0.4s+0.2H=0.4\times6.3+0.2\times3.3=3.18m;$$

$$[\beta]=24;\ \mu_1=1.0;\ \mu_2=1.0$$

因为$\frac{b_c}{l}=\frac{190}{6300}=0.03<0.05$，所以不考虑构造柱的影响，取 $\mu_2=1.0$，

$$\beta=\frac{H_0}{h}=\frac{3.18\times10^3}{190}=16.74<\mu_1\mu_2[\beta]=1.0\times1.0\times24=24$$

满足要求。

任务3　某厂房带壁柱墙受压构件承载力计算

一、任务描述

某无吊车的单层厂房，平面尺寸、山墙立面尺寸、壁柱墙截面尺寸如图 8-3-1 所示，层高 4.2m，采用 M2.5 砂浆砌筑，装配式无檩体系钢筋混凝土屋盖，试验算纵墙与山墙的高厚比。

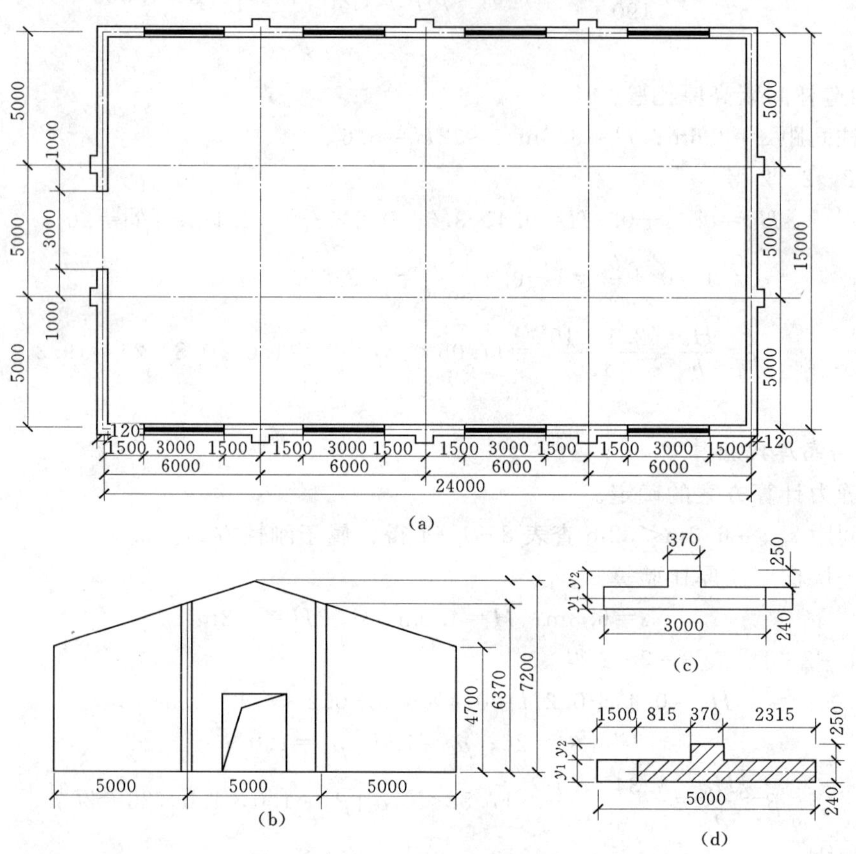

图 8-3-1　单层厂房尺寸图

(a) 平面图；(b) 立面图；(c) 带壁柱墙截面尺寸；(d) 带壁柱开门洞山墙截面尺寸

二、任务分析

该任务为一偏心受压构件的承载力计算，完成该任务需首先了解砌体受压构件的破坏特征，承载力计算公式，组合截面惯性矩的计算，墙、柱高厚比的概念等知识。

三、任务知识点

1. 无筋砌体受压构件的破坏特征

以砖砌体为例研究其破坏特征，通过试验发现，砖砌体受压构件从加载受力起到破坏

大致经历如图 8-3-2 所示的三个阶段。

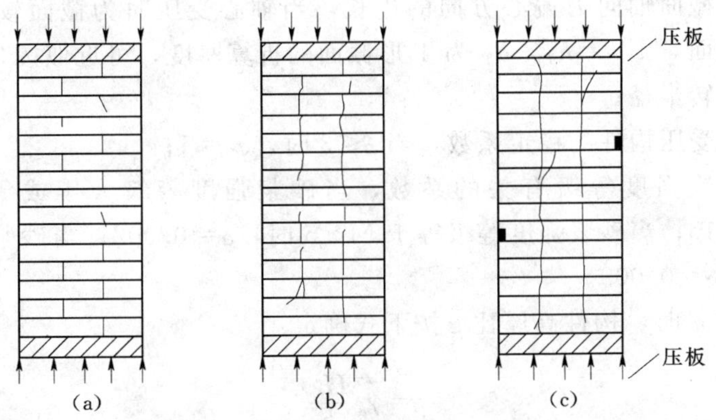

图 8-3-2　无筋砌体受压构件破坏过程

(a) 单砖开裂；(b) 砌体内形成一段段裂缝；(c) 竖向贯通裂缝形成

从加载开始到个别砖块上出现初始裂缝为止是第Ⅰ阶段［见图 8-3-2 (a)］，出现初始裂缝时的荷载约为破坏荷载的 0.5～0.7 倍，其特点是：荷载不增加，裂缝也不会继续扩展，裂缝仅仅是单砖裂缝。若继续加载，砌体进入第Ⅱ阶段［见图 8-3-2 (b)］，其特点是：荷载增加，原有裂缝不断开展，单砖裂缝贯通形成穿过几皮砖的竖向裂缝，同时有新的裂缝出现，若不继续加载，裂缝也会缓慢发展。当荷载达到破坏荷载的 0.8～0.9 倍时，砌体进入第Ⅲ阶段［见图 8-3-2 (c)］，此时荷载增加不多，裂缝也会迅速发展，砌体被通长裂缝分割为若干个半砖小立柱，由于小立柱受力极不均匀，最终砖砌体会因小立柱的失稳而破坏。

2. *无筋砌体受压构件承载力计算*

砌体构件的整体性较差，因此砌体构件在受压时，纵向弯曲对砌体构件承载力的影响较其他整体构件显著；同时又因为荷载作用位置的偏差、砌体材料的不均匀性以及施工误差，使轴心受压构件产生附加弯矩和侧向挠曲变形。《砌体规范》规定，把轴向力偏心距和构件的高厚比对受压构件承载力的影响采用同一系数 φ 来考虑。

《砌体规范》规定，对无筋砌体轴心受压构件、偏心受压承载力均按下式计算：

$$N \leqslant \varphi f A \tag{8-3-1}$$

式中　N——轴向力设计值，N；

φ——高厚比 β 卢和轴向力偏心距 e 对受压构件承载力的影响系数，可查砌体结构用表，附表 29；

f——砌体抗压强度设计值，N/mm²；

A——截面面积，对各类砌体均按毛截面计算，mm²。

高厚比 β 和轴向力偏心距 e 对受压构件承载力的影响系数也可按下式计算：

$$\varphi = \frac{1}{1+12\left[\frac{e}{h}+\sqrt{\frac{1}{12}\left(\frac{1}{\varphi_0}-1\right)}\right]^2} \tag{8-3-2}$$

$$\varphi_0 = \frac{1}{1+\alpha\beta^2} \tag{8-3-3}$$

式中　N——轴向力的偏心距，按内力设计值计算；

h——矩形截面轴向力偏心方向的边长，当轴心受压时为截面较小边长，若为T形截面，则$h=h_T$，h_T为T形截面的折算厚度，可近似按$3.5i$计算，i为截面回转半径；

φ_0——轴心受压构件的稳定系数，当$\beta\leqslant3$时，$\varphi_0=1$；

α——与砂浆强度等级有关的系数，当砂浆强度等级大于或等于M5时，$\alpha=0.0015$；当砂浆强度等级等于M2.5时，$\alpha=0.002$；当砂浆强度等级等于0时，$\alpha=0.009$。

计算影响系数φ时，构件高厚比β按下式确定：

$$\beta=\gamma_\beta\frac{H_0}{h} \tag{8-3-4}$$

式中　γ_β——不同砌体的高厚比修正系数，查表8-3-1，该系数主要考虑不同砌体种类受压性能的差异性；

H_0——受压构件计算高度，查表8-2-2，mm。

表8-3-1　　**高厚比修正系数**

砌体材料类别	γ_β
烧结普通砖、烧结多孔砖	1.0
混凝土或轻骨料混凝土砌块	1.1
蒸压灰砂砖、蒸压粉煤灰砖、细料石、半细料石	1.2
粗料石、毛石	1.5

对带壁柱墙，其翼缘宽度可按下列规定采用：

(1) 多层房屋，当有门窗洞口时，可取窗间墙宽度；当无门窗洞口时，每侧翼墙宽度可取壁柱高度的1/3。

(2) 单层房屋，可取壁柱宽加2/3墙高，但不大于窗间墙宽度和相邻壁柱之间距离。

(3) 当计算带壁柱墙的条形基础时，可取相邻壁柱之间距离。

受压构件计算中应该注意的问题有：

(1) 轴向力偏心距的限值。受压构件的偏心距过大时，可能使构件产生水平裂缝，构件的承载力明显降低，结构既不安全也不经济合理。因此《砌体规范》规定：轴向力偏心距不应超过$0.6y$(y为截面重心到轴向力所在偏心方向截面边缘的距离)。若设计中超过以上限值，则应采取适当措施予以减小。

(2) 对于矩形截面构件，当轴向力偏心方向的截面边长大于另一方向的截面边长时，除了按偏心受压计算外，还应对较小边长，按轴心受压计算。

(3) 砌体强度设计值的调整。砌体强度设计值的调整系数是基于两方面的原因提出的，一是因为砂浆或构件截面面积过小或各种偶然因素引起的砌体强度的降低；二是从安全储备考虑。在砌体结构构件设计计算时，满足表8-3-2中条件就应当对砌体强度设计值进行调整，即将砌体强度设计值改为$\gamma_a f$。

表 8-3-2　　**砌体强度设计值调整系数**

<table>
<tr><th colspan="2">调整内容</th><th>γ_a</th></tr>
<tr><td colspan="2">有吊车房屋砌体</td><td rowspan="2">0.9</td></tr>
<tr><td colspan="2">$l>9$m 梁下烧结普通砖砌体，$l>7.2$m 梁下烧结多孔砖、蒸压灰砂砖、混凝土和轻骨料混凝土砌块砌体</td></tr>
<tr><td colspan="2">无筋砌体构件，$A<0.3\text{m}^2$</td><td>$A+0.7$</td></tr>
<tr><td colspan="2">配筋砌体构件，$A<0.2\text{m}^2$（A 为砌体部分面积）</td><td>$A+0.8$</td></tr>
<tr><td rowspan="2">当采用水泥砂浆砌筑时</td><td>各类砌体抗压</td><td>0.9</td></tr>
<tr><td>各类砌体抗拉、抗弯、抗剪</td><td>0.8</td></tr>
<tr><td rowspan="2">施工质量控制等级</td><td>C 级</td><td>0.89</td></tr>
<tr><td>A 级</td><td>1.05</td></tr>
<tr><td colspan="2">施工阶段的房屋构件</td><td>1.1</td></tr>
</table>

注　1. 对于配筋砌体构件，仅对砌体的强度设计值 f 乘以强度调整系数 γ_a。
2. 对于灌孔混凝土砌块砌体的抗压强度设计值 f，当采用混凝土砌块砂浆（Mb）时，不应进行强度调整；其他情况下，仅对未灌孔砌体的抗压强度设计值 f，乘以强度调整系数 γ_a。
3. 配筋砌体的施工质量控制等级不允许采用C级。
4. 当砌体强度需要进行多项调整时，可采用各 γ_a 值连乘。

四、任务实施

1. 静力计算方案的确定

根据装配式无檩体系钢筋混凝土屋盖，查表 8-2-2 得 $s<32$m 时属刚性方案房屋，本题山墙间距 $s=24\text{m}<32\text{m}$，故为刚性方案。

2. 纵墙高厚比验算

(1) 求带壁柱墙截面几何特征。

$$A=240\times3000+370\times250=8.13\times10^5\text{mm}^2$$

$$y_1=\left[3000\times240\times120+250\times370\times(240+\frac{250}{2})\right]/(8.13\times10^5)=147.8\text{mm}$$

$$I=\frac{1}{3}\times3000\times147.8^3+\frac{1}{3}\times370\times(250+240-147.8)^3+\frac{1}{3}\times(3000-370)(240-147.8)^3=8.86\times10^9\text{mm}^4$$

$$i=\sqrt{\frac{I}{A}}=\sqrt{\frac{8.86\times10^9}{8.13\times10^5}}=104.39\text{mm}$$

$$h_T=3.5i=3.5\times104.39=365.37\text{mm}$$

(2) 纵墙整片墙高厚比验算。

壁柱高度 $H=4.2+0.5=4.7$m(0.5m 是室内地面至基础顶面的距离) $s=24\text{m}>2H=2\times4.7=9.4\text{m}$

查表知：壁柱的计算高度 $H_0=1.0H=4.7$m；

$$[\beta]=22;\ \mu_1=1.0$$

$$\mu_2=1-0.4\frac{b_s}{s}=1-0.4\frac{3000}{6000}=0.8$$

$$\beta=\frac{H_0}{h_T}=\frac{4.7\times10^3}{365.37}=123.86<\mu_1\mu_2[\beta]=1.0\times0.8\times22=17.6$$

（3）纵墙壁柱间墙高厚比验算。

$$H=4.7\text{m}<s=60\text{m}<2H=9.4\text{m}$$

查表得

$$H_0=0.4s+0.2H=0.4\times6+0.2\times4.7=3.34\text{m}$$

$$\beta=\frac{H_0}{h}=\frac{3.34\times10^3}{240}=13.92<\mu_1\mu_2[\beta]=1.0\times0.8\times22=17.6$$

所以纵墙满足稳定性要求。

3. 山墙高厚比验算

（1）求带壁柱开门洞山墙截面的几何特征。

$$A=370\times(240+250)\times(3500-370)\times240=9.325\times10^5\text{mm}^2$$

$$y_1=\left[3500\times240\times120+250\times370\times\left(240+\frac{250}{2}\right)\right]/(9.325\times10^5)=144.3\text{mm}$$

$$I=\frac{1}{3}\times3500\times144.3^3+\frac{1}{3}\times370\times(250+240-144.3)^3+\frac{1}{3}$$

$$\times(3000-370)(240-144.3)^3=9.52\times10^9\text{mm}^4$$

$$i=\sqrt{\frac{I}{A}}=\sqrt{\frac{9.52\times10^9}{9.325\times10^5}}=101.04\text{mm}$$

$$h_T=3.5i=3.5\times101.04=353.64\text{mm}$$

（2）开门洞山墙整片墙高厚比验算。

$H=6.37$m（取山墙壁柱高度）

$s=15\text{m}>2H=12.74\text{m}$；查表得 $H_0=1.0\quad H=6.37\text{m}$；

$$[\beta]=22;\ \mu_1=1.0;\ \mu_2=0.92$$

$$\beta=\frac{H_0}{h_T}=\frac{6.37\times10^3}{353.64}=18.01<\mu_1\mu_2[\beta]=1.0\times0.92\times22=20.24$$

（3）开门洞山墙壁柱间墙高厚比验算。

墙高取中间壁柱间墙的平均高度，即 $H=(6.37+7.2)/2=6.79\text{m}$；壁柱间墙长 $s=5\text{m}$，由于 $s=5\text{m}<H=6.79\text{m}$；查表 8-2-2 得

$$H_0=0.6s=0.6\times5=3.0\text{m}$$

$$[\beta]=22;\ \mu_1=1.0$$

$$\mu_2=1-0.4\frac{b_s}{s}=1-0.4\frac{3000}{5000}=0.76$$

$$\beta=\frac{H_0}{h_T}=\frac{3.0\times10^3}{240}=12.5<\mu_1\mu_2[\beta]=1.0\times0.768\times22=16.72$$

所以山墙稳定性满足要求。

五、任务知识拓展：砌体局部受压计算

局部受压是工程中常见的情况，其特点是压力仅仅作用在砌体的局部受压面上，如独立柱基的基础顶面、屋架端部的砌体支承处、梁端支承处的砌体均属于局部受压的情况。局部受压分局部均匀受压和局部非均匀受压。若砌体局部受压面积上压应力呈均匀分布，则称为局部均匀受压，如图 8-3-3 所示。

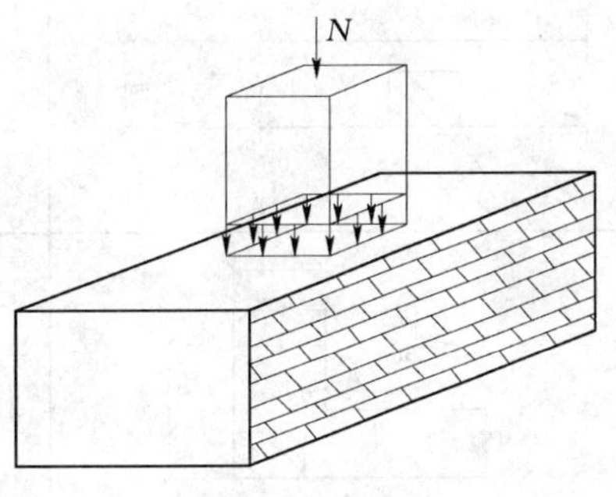

图 8-3-3　局部均匀受压

(1) 局部均匀受压承载力计算。砌体局部受压时有两个特点：一方面局部受压砌体上承受着较大的压力，单位面积的压应力较高；另一方面局部受压砌体的抗压强度高于砌体抗压强度。这是因为局部受压区砌体的横向变形受到周围未直接承受压力部分砌体的约束，使该处的砌体处于三向或双向受压应力状态，其局部抗压强度比一般情况下的抗压强度有所提高，即“套箍强化作用”，当砌体抗压强度为 f，则砌体局部抗压强度为）γf，（γ 为砌体局部抗压强度提高系数）。

砌体局部抗压强度提高的程度主要取决于砌体原有抗压强度和周围砌体对局部受压的约束情况，砌体局部均匀受压时承载力按下式计算：

$$N_l \leqslant \gamma f A_l \qquad (8-3-5)$$

式中　N_l——局部受压面积上的轴向力设计值，N；

γ——砌体局部抗压强度提高系数；

f——砌体局部抗压强度设计值，可不考虑强度调整系数的影响，N/mm^2；

A_l——局部受压面积，mm^2。

砌体局部抗压强度提高系数，按下式计算：

$$\gamma = 1 + 0.35\sqrt{\frac{A_0}{A_l}} \qquad (8-3-6)$$

式中　A_0——影响砌体局部抗压强度的计算面积，按表 8-3-3 规定采用，mm^2。

表 8-3-3　影响砌体局部抗压强度的计算面积与 γ_{max}

示　意　图	A_0	γ_{max}	
		普通砖砌体	空心砖砌体
h　a　c　b　h　A_0　A_l	$(a+c+h)h$	$\leqslant 2.5$	$\leqslant 1.5$

续表

示　意　图	A_0	γ_{max}	
		普通砖砌体	空心砖砌体
	$(b+2h)h$	≤2.0	≤1.5
	$(a+h)h+(b+h_1-h)h_1$	≤1.5	≤1.5
	$(a+h)h$	≤1.25	≤1.25

（2）梁端局部受压。在混合结构房屋中，钢筋混凝土梁搁置在砌体墙上时，梁端传给砌体的压力仅分布在局部区域，使砌体处于非均匀局部受压状态。作用在梁端的砌体所承受的压力，除了梁端支承压力 N_l 外，还有上部荷载产生的轴向力 N_0，如图 8-3-4 所示。

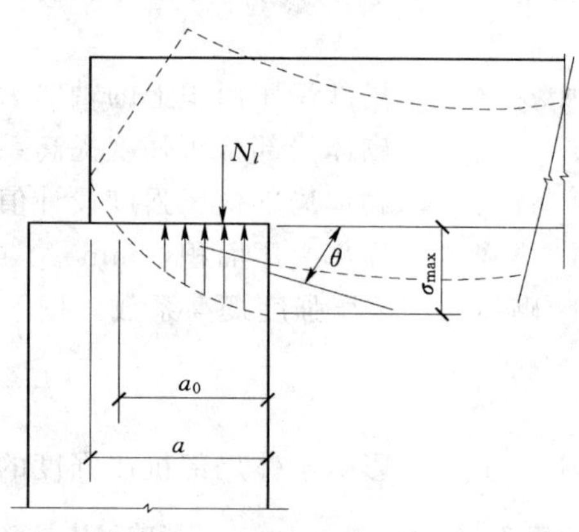

图 8-3-4　梁端局部受压

梁端支承处砌体的局部受压承载力按下式计算：

$$\psi N_0+N_l\leqslant\eta\gamma fA_l \qquad (8-3-7)$$

式中　ψ——上部荷载折减系数，按 $\psi=1.5-0.5\dfrac{A_0}{A_l}$，当 $\dfrac{A_0}{A_l}\geqslant3$ 时，$\psi=0$；

N_0——局部受压面积内上部轴向力设计值，$N_0=\sigma_0A_l$，σ_0 为上部平均压应力设计值，N；

N_l——梁端荷载设计值产生的支承压力，N；

η——梁端底面压应力图形完整系数，一般可取 0.7，对于过梁和墙梁可取 1.0；

γ——砌体局部抗压强度提高系数；

A_l——局部受压面积，$A_l=a_0b$，mm^2；

b——梁的截面宽度，mm；

a_0——梁端有效支承长度，$a_0=10\sqrt{\frac{h_c}{f}}$，当 a_0 大于梁端实际支承长度 a 时，取 a_0 等于 a，mm；

h_c——梁的截面高度，mm；

f——砌体抗压强度设计值，N/mm^2。

当梁端局部受压承载力不足时，可在梁端下设置刚性垫块（见图 8-3-5）。设置刚性垫块不但增大了局部承压面积，而且还可以使梁端压应力比较均匀地传递到垫块下的砌体截面上，从而改善了砌体受力状态。

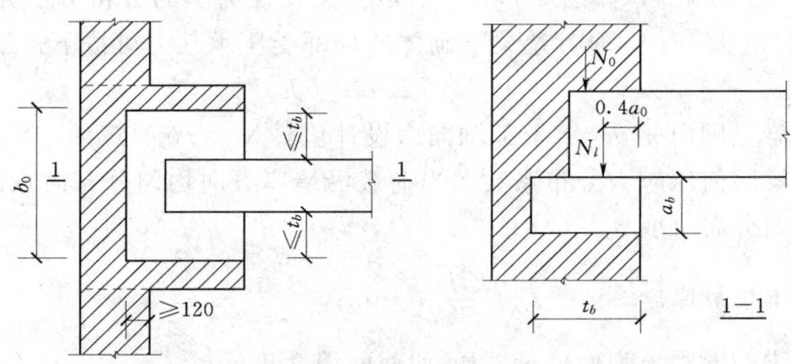

图 8-3-5　梁端下设预制垫块时的局部受压

刚性垫块分为预制刚性垫块和现浇刚性垫块，在实际工程中，往往采用预制刚性垫块。为了计算简化起见，《砌体规范》规定，两者可采用相同的计算方法。

梁端设有刚性垫块的砌体局部受压承载力应按下式计算：

$$N_0+N_l\leqslant\varphi\gamma_1 fA_b \tag{8-3-8}$$

式中　N_0——垫块面积 A_b 内上部轴向力设计值，$N_0=\sigma_0 A_b$，N；

A_b——垫块面积，$A_b=a_b b_b$，mm^2；

a_b——垫块伸入墙内的长度，mm；

b_b——垫块的宽度，mm；

φ——垫块上 N 及 N_l 的合力的影响系数，按砌体结构附表 29 确定，采用 $\beta\leqslant 3$ 时的数值；

γ_1——砌体局部抗压强度提高系数，γ_1 应为 0.8γ，但不小于 1.0。γ 为砌体局部抗压强度提高系数，按式（8-3-6）计算，但以面积 A_b 代替 A_l。

刚性垫块的构造应符合下列规定：

1）刚性垫块的高度不宜小于 180mm，自梁边算起的垫块挑出长度不宜大于垫块高度 t_b。

2）在带壁柱墙的壁柱内设置刚性垫块时，其计算面积应取壁柱范围内的面积，而不应计入翼缘部分，同时壁柱上垫块深入翼墙内的长度不应小于 120mm。

3）当现浇垫块与梁端整体浇筑时，垫块可在梁高范围内设置。

梁端设有刚性垫块时，梁端有效支承长度 a_0 应按下式确定：

$$a_0=\delta_1\sqrt{\frac{h_c}{f}} \tag{8-3-9}$$

式中　δ_1——刚性垫块的影响系数，可按表 8-3-4 采用。

表 8-3-4　　系数 δ_1 取值表

δ_0/f	0	0.2	0.4	0.6	0.8
δ_1	5.4	5.7	6.0	6.9	7.8

注　中间的数值可以采用插入法求得。

垫块上 N_l 的作用点的位置可取 $0.4a_0$。

当梁端支承处的砖墙上设置连续的钢筋混凝土垫梁（如圈梁）时，在梁端集中荷载作用下，垫梁将集中荷载分布在墙体一定宽度范围内，为了计算方便，假定竖向压应力成三角形分布，分布长度为 πh_0，如图 8-3-6 所示。按弹性力学的分析方法并考虑砌体的受力性能，当垫梁长度大于 πh_0 时，垫梁下砌体的局部受压承载力可按下式计算：

$$N_0+N_l\leqslant 2.4\delta_2 f b_b h_0 \qquad (8-3-10)$$

式中　N_0——垫梁范围内 $\pi b_b h_0/2$ 上部轴向力设计值，$N_0=\pi b_b h_0 N/2$，N；

δ_2——垫梁底面压应力分布系数，当荷载沿墙厚方向均匀分布时取晓 $\delta_2=1.0$，不均匀分布时取 $\delta_2=0.8$；

h_0——垫梁折算厚度，$h_0=2\sqrt[3]{\dfrac{E_b I_b}{Eh}}$，mm；

E_b、I_b——垫梁的混凝土弹性模量，Pa 和截面惯性矩 mm^4；

E——砌体的弹性模量，Pa；

h——墙厚，mm。

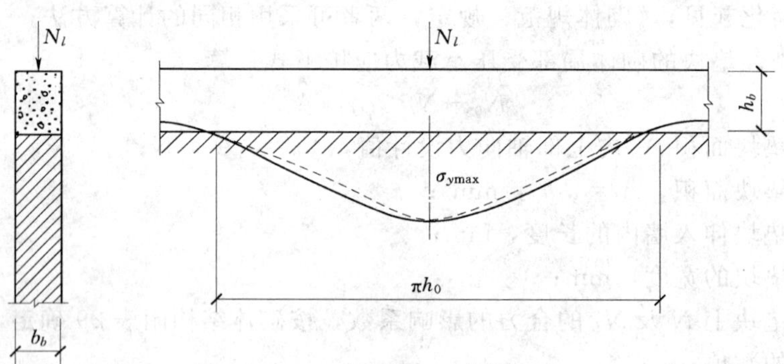

图 8-3-6　垫梁局部受压

【例 8-3-1】 如图 8-3-7（a）所示，某砖混结构住宅楼，窗间墙截面为 1600mm×370mm，采用蒸压灰砂砖 MU10 和混合砂浆 M5 砌筑，承受截面为 $b\times h=200\text{mm}\times 500\text{mm}$ 的钢筋混凝土梁（梁跨为 1480mm），梁端的支撑压力设计值 $N_l=110\text{kN}$，支撑长度 $a=240\text{mm}$，上层传来的轴向力标准值为 250kN，试计算梁端砖砌体的局部受压承载力。

解：

（1）当梁直接放在砌体上时。由砖和砂浆的强度等级查表，得砌体强度设计值 $f=1.5\text{MPa}$。得

$$A_0=(b+2h)h=(200+2\times 370)\times 370=347800\text{mm}^2$$

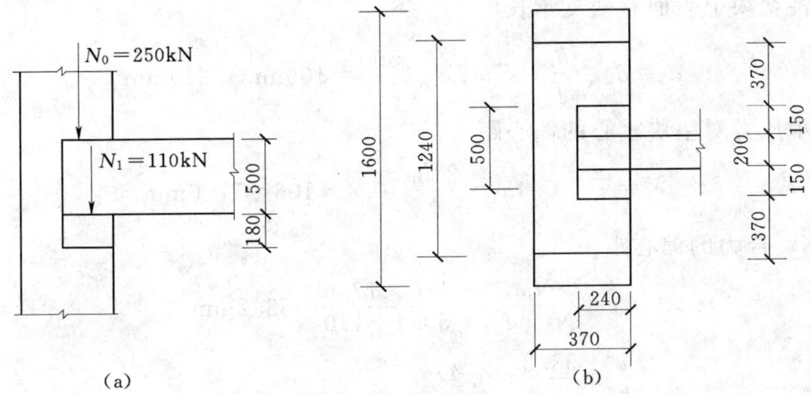

图8-3-7 窗间墙

(a) 窗间墙截面；(b) 梁下设置预制混凝土垫块

梁端有效支承长度

$$a_0=10\sqrt{\frac{h_c}{f}}=10\sqrt{\frac{500}{1.5}}=182.6$$

局部受压面积

$$A_l=a_0b=182.60\times200=36520.00$$

$\dfrac{A_0}{A_l}=\dfrac{347800}{36520}=9.52>3$，可不考虑上部荷载的作用，取 $\psi=0$。

砌体局部抗压强度提高系数

$$\gamma=1+0.35\sqrt{\frac{A_0}{A_l}-1}=1+0.35\sqrt{\frac{347800}{36520}-1}=2.02>2.0，取\ \gamma=2.0。$$

梁端砖砌体局部受压承载力

$$N_u=\eta\gamma fA_l=0.7\times2.0\times1.5\times36520=76692\text{N}=76.692\text{kN}<\psi N_0+N_l=110\text{kN}$$

故梁端支承处局部受压承载力不满足，构件不安全。

为保证砌体的局部受压承载力，可采取在梁端下设置刚性垫块或设置垫梁。

(2) 在梁端下设置 $a_bb_b=240\text{mm}\times500\text{mm}$、厚度 $t_b=180\text{mm}$ 的预制混凝土垫块，如图8-3-7 (b) 所示。

$$A_0=(b+2h)h=(500+2\times370)\times370=458800\text{mm}^2$$

垫块面积 $A_b=a_bb_b=240\times500=120000\text{mm}^2$

垫块外砌体面积的有利影响系数

$$\gamma_1=0.8\left(1+0.35\sqrt{\frac{A_0}{A_b}-1}\right)=0.8\left(1+0.35\sqrt{\frac{458800}{120000}-1}\right)=1.27>1.0$$

上部荷载在窗间墙截面上产生的平均压应力

$$\sigma_0=\frac{250\times10^3}{1600\times370}=0.422\text{N/mm}^2$$

垫块面积 A_b 内上部轴向力设计值 $N_0=\sigma_0A_b=0.42\times120000=50400\text{N}=50.4\text{kN}$，由

$$\frac{\sigma_0}{f}=\frac{0.422}{1.5}=0.28，查表8-3-4，\delta_1=5.82$$

梁端刚性垫块上表面有效支承长度

$$a_0=\delta_1\sqrt{\frac{h_c}{f}}=5.82\times\sqrt{\frac{500}{1.5}}=106\text{mm}<240\text{mm}$$

梁端支承压力对垫块重心的偏心距

$$e_1=\frac{a_b}{2}-0.4a_0=\frac{240}{2}-0.4\times106=77.6\text{mm}$$

N_0 与 N，合力的偏心距

$$e=\frac{N_l e_1}{N_0+N_l}=\frac{110\times77.6}{50.4+110}=53.2\text{mm}$$

$$\frac{e}{h}=\frac{53.2}{240}=0.222$$

按构件高厚比 $\beta\leqslant3$，查表 7.6 得 $\varphi=0.627$

$\varphi\gamma_1 fA_b=0.627\times1.27\times1.5\times120000=143332\text{N}=143.332\text{kN}<N_0+N_l=160.4\text{kN}$

故承载力不满足要求，说明垫块尺寸不够，应加大截面尺寸。

将垫块截面尺寸加大为 $a_b b_b=240\text{mm}\times600\text{mm}$，则垫块面积

$A_b=a_b b_b=240\times600=144000\text{mm}^2$，$N_0=\sigma_0 A_b=0.422\times144000=60.5\text{kN}$，可计算：

$$\varphi\gamma_1 fA_b=177.72\text{kN}>N_0+N_b=170.5\text{kN}$$

局部受压砌体安全（计算过程从略）。

（3）在梁端下设置 $a_b b_b t_b=240\text{mm}\times600\text{mm}\times180\text{mm}$ 的混凝土垫块与梁端整体现浇，其局部受压计算方法和计算结果与上述相同。

（4）在梁端下设置连续的钢筋混凝土垫梁，其尺寸为 240mm×240mm，设混凝土为 C20，混凝土弹性模量 $E=25.5\text{kN/mm}^2$。砌体的弹性模量 $E=1000$，$f=1.5\text{kN/mm}^2$，则垫梁折算厚度

$$h_0=2\sqrt[3]{\frac{E_b I_b}{Eh}}=2\sqrt[3]{\frac{E_b\frac{1}{12}b_b h_b^3}{Eh}}=467\text{mm}$$

而垫梁是连续沿墙设置的，其长度大于 $\pi h_0=1465\text{mm}$。

$$N_0=\frac{\pi b_b h_0\sigma_0}{2}=\frac{\pi b_b h_0}{2}\times\frac{250}{1.6\times0.37}=74\text{kN}$$

$$N_0+N_l=74+110=184\text{kN}$$

荷载沿墙厚方向不均匀分布，取 $\delta_2=0.8$，得

$$2.4\delta_2 fb_b h_0=2.4\times0.8\times1.5\times240\times467=322790\text{N}=322.79\text{kN}>184\text{kN}$$

故设置垫梁时，局部受压砌体安全。

任务 4 砌体轴心受拉、受弯和受剪构件设计

一、任务描述

认识砌体受拉、受弯和受剪构件，进行砌体受拉、受弯和受剪构件承载力计算。

二、任务知识点

1. 轴心受拉构件

因砌体的抗拉强度较低，故实际工程中很少用砌体构件作为受拉构件。对容积较小的圆形水池或筒仓，在液体或松散材料的侧压力下，壁内只产生环向拉力时，可采用砌体结构，如图 8-4-1 (a) 所示。砌体轴心受拉构件承载力按下式计算：

$$N_t \leqslant A f_t \tag{8-4-1}$$

式中　N_t——轴心拉力设计值，N；

f_t——砌体轴心抗拉强度设计值，附表 28，N/mm²。

2. 受弯构件

实际工程中常见的砌体受弯构件有砖砌平拱过梁及挡土墙。在弯矩作用下可能产生三种弯曲受拉破坏形态：沿齿缝截面破坏、沿砖和竖向灰缝截面破坏和沿通缝截面弯曲受拉破坏，如图 8-4-1（b）、（c）所示。受弯构件除了承受弯矩外，在支座处还存在着较大的剪力，因此砌体受弯构件应当进行受弯承载力和受剪承载力验算。

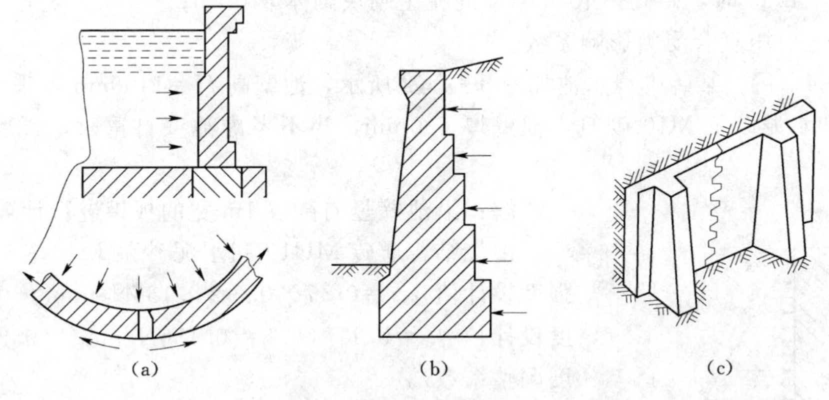

图 8-4-1　轴心受拉和受弯构件

(a) 沿砖和竖向灰缝截面破坏；(b) 沿通缝截面弯曲受拉破坏；(c) 沿齿缝截面破坏

(1) 受弯构件的承载力，应按下式计算：

$$M \leqslant W f_{tm} \tag{8-4-2}$$

式中　M——弯矩设计值，N·m；

f_{tm}——砌体弯曲抗拉强度设计值，附表 28，N/mm²；

W——截面抵抗矩，mm³。

(2) 受弯构件的受剪承载力，应按下式计算：

$$V \leqslant f_v b z \tag{8-4-3}$$

式中　V——剪力设计值，N；

f_v——砌体抗剪强度设计值，N/mm²；

b——截面宽度，mm；

z——内力臂，$z=\frac{I}{s}$，当截面为矩形时取 $z=\frac{2h}{3}$，mm；

I——截面惯性矩，mm^4；

s——截面面积矩，mm^3；

h——截面高度，mm。

3. 受剪构件

沿通缝或沿阶梯形截面破坏时受剪构件的承载力应按下式验算：

$$V \leqslant (f_v + \alpha\mu\sigma_0)A \tag{8-4-4}$$

当 $\gamma_G=1.2$ 时　　　　$\mu=0.26-0.082\dfrac{\sigma_0}{f}$

当 $\gamma_G=1.35$ 时　　　　$\mu=0.23-0.065\dfrac{\sigma_0}{f}$

式中　V——截面剪力设计值，N；

σ_0——恒荷载标准值产生的水平截面的平均压应力，N/mm^2；

A——构件水平截面面积，当有孔洞时，取砌体净截面面积，mm^2；

α——修正系数，当 $\gamma_G=1.2$ 时，砖砌体取 0.6，混凝土砌块砌体取 0.64；当 $\gamma_G=1.35$ 时，砖砌体取 0.64，混凝土砌块砌体取 0.66；

μ——剪压复合受力影响系数。

【例 8-4-1】 某砖砌浅水池如图 8-4-2 所示，池壁高 $H=1400$mm，采用烧结普通砖 MU10 和水泥砂浆 M10 砌筑，池壁厚 620mm，当不考虑池壁自重时，试验算池壁承载力。

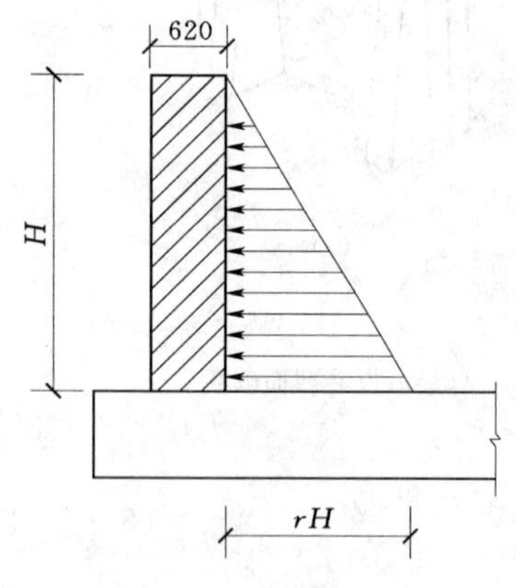

图 8-4-2　砖砌浅水池

解： 沿池壁竖向截取 1m 宽的板带进行计算。

由烧结普通砖 MU10 和水泥砂浆 M10 查得弯曲抗拉强度设计值 $f_{tm}=0.17\times0.8=0.136N/mm^2$，砌体抗剪强度设计值 $f_v=0.17\times0.8=0.136N/mm^2$（0.8 为砌体强度调整系数）。

（1）受弯承载力。池壁底端弯矩设计值

$$M=\frac{1}{6}rH^3=\frac{1}{6}\times10\times1.2\times1.4^3=5.5kN$$

$$W=\frac{1}{6}bh^2=\frac{1}{6}\times1000\times620^2=64066667mm^2$$

$$Wf_{tm}=0.136\times64066667\times10^{-6}=8.7kN\cdot m>5.5kN\cdot m$$

该池壁受弯承载力满足要求。

（2）受剪承载力。池壁底端剪力设计值

$$V=\frac{1}{2}rH^2=\frac{1}{2}\times10\times1.2\times1.4^2=11.8kN$$

$$z=\frac{2}{3}h=\frac{2}{3}\times620=413$$

$$f_vbz=0.136\times1000\times413\times10^{-3}=56.2>11.8kN$$

该池壁受剪承载力满足要求。

任务 5　刚性方案房屋静力计算

一、任务描述

作单层、多层刚性方案房屋计算简图。

二、任务知识点

1. 单层刚性方案房屋计算

（1）单层房屋承重纵墙的计算。

包括以下几方面：

1）静力计算假定。

刚性方案的单层房屋，由于其屋盖刚度较大，横墙间距较密，其水平位移可不计，内力计算时有以下基本假定：①纵墙、柱下端与基础固结，上端与大梁（屋架）铰接；②屋盖刚度等于无限大，可视为墙、柱的水平方向不动铰支座。

2）计算单元。

计算单层房屋承重纵墙时，一般选择有代表性的一段或荷载较大以及截面较弱的部位作为计算单元。有门窗洞口的外纵墙，取一个开间为计算单元，无门窗洞口的纵墙，取 lm 长的墙体为计算单元。其受荷宽度为该墙左、右各 1/2 的开间宽度。

3）计算简图。

单层房屋承重纵墙的计算简图如图 8－5－1 所示，由于墙、柱无侧移，两侧的墙、柱可独立进行计算。

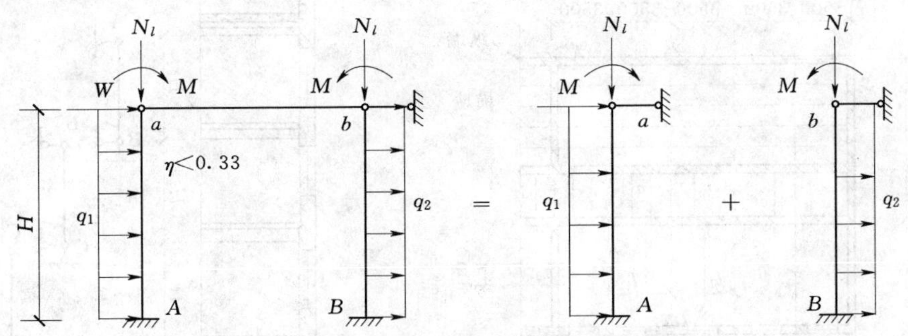

图 8－5－1　单层刚性方案纵墙的计算简图

4）纵墙、柱的荷载及内力。包括：

屋面荷载：屋面荷载包括屋盖构件自重、屋面活荷载或雪荷载，这些荷载以集中力 N_l 的形式通过屋架或大梁作用于墙、柱顶部。对屋架，其作用点一般距墙体中心线 150mm；对屋面梁，N_l 距墙体边缘的距离为 $0.4a_0$，a_0 为梁端的有效支承长度。因此，作用于墙顶部的屋面荷载通常由轴向力 N_l 和弯矩 M 组成。

风荷载：包括作用于屋面上和墙面上的风荷载，屋面上（包括女儿墙上）的风荷载可

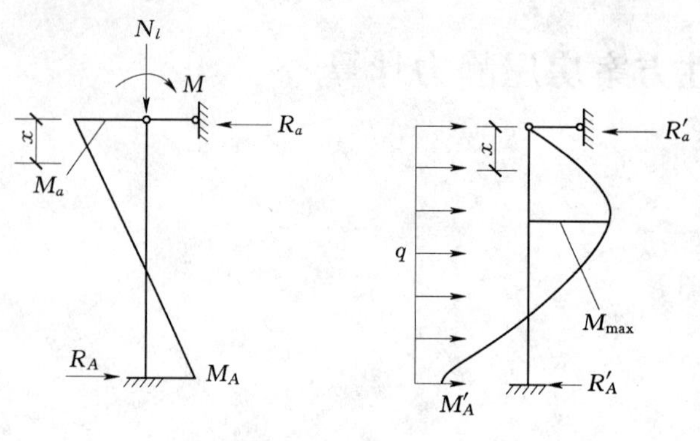

图 8-5-2　屋盖及风荷载作用下墙内力图

简化为作用于墙、柱顶部的集中荷载N_l，作用于墙面上的风荷载为均布荷载q，屋盖及风荷载作用下墙内力图见图 8-5-2。

墙体荷载：墙体荷载包括砌体自重、内外墙粉刷和门窗等自重，作用于墙体轴线上。等截面柱（墙）不产生弯矩，若为变截面，则上柱（墙）自重对下柱产生弯矩。

（2）单层房屋承重横墙的计算。

单层刚性方案房屋采用横墙承重时，可将屋盖视为横墙的不动铰支座，其计算与承重纵墙相似。

2. 多层刚性方案房屋计算

（1）多层房屋承重纵墙的计算。

此计算包括以下几方面：

1）计算单元。

在进行多层房屋纵墙的内力及承载力计算时，通常选择有代表性的一段或荷载较大以及截面较弱的部位作为计算单元。计算单元的受荷宽度为$\frac{l_1+l_2}{2}$，如图 8-5-3 所示。一般情况下，对有门窗洞口的墙体，计算截面宽度取窗间墙宽度；对无门窗洞口的墙体，计算截面宽度取$\frac{l_1+l_2}{2}$。对无门窗洞口且受均布荷载的墙体，取 1m 宽的墙体计算。

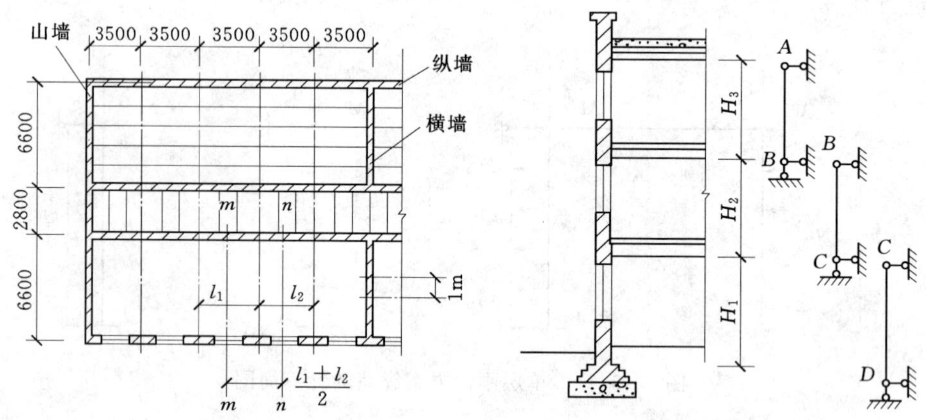

图 8-5-3　多层刚性方案计算单元及竖向荷载下计算简图

2）计算简图。

计算简图包括竖向荷载作用下墙体的计算简图和水平荷载作用下墙体的计算简图。

a. 竖向荷载作用下墙体的计算简图。

对多层民用建筑，在竖向荷载作用下，多层房屋的墙体相当于一竖向连续梁，由于楼盖嵌砌在墙体内，使墙体在楼盖处被削弱，使此处墙体所能传递的弯矩减小，可假定墙体在各楼盖处均为不连续的铰支承（见图 8-5-3）。在刚性方案房屋中，墙体与基础连接的截面竖向力较大，弯矩值较小，按偏心受压与轴心受压计算结果相差很小，为简化计算，也假定墙铰支于基础顶面。因此在竖向荷载作用下，多层砌体房屋的墙体可假定为以楼盖和基础为铰支的多跨简支梁。计算每层内力时，分层按简支梁分析墙体内力，其计算高度等于每层层高，底层计算高度要算至基础顶面。

b. 水平荷载作用下墙体的计算简图。

作用于墙体上的水平荷载是指风荷载，在水平风载作用下，纵墙可按连续梁分析其内力，其计算简图如图 8-5-4 所示。

由风荷载引起的纵墙的弯矩可近似按下式计算：

$$M=\frac{1}{12}wH_i^2 \qquad (8-5-1)$$

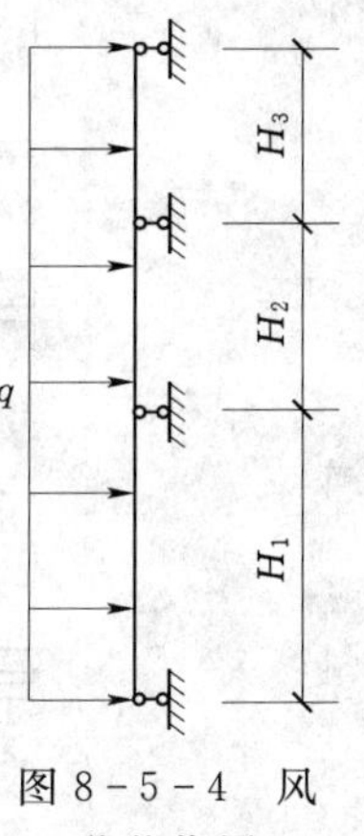

图 8-5-4　风荷载作用

式中　w——计算单元内，沿每米墙高的风荷载设计值，N/m；

H_i——第 i 层墙高，m。

在迎风面，风荷载表现为压力，在背风面，风荷载表现为吸力。

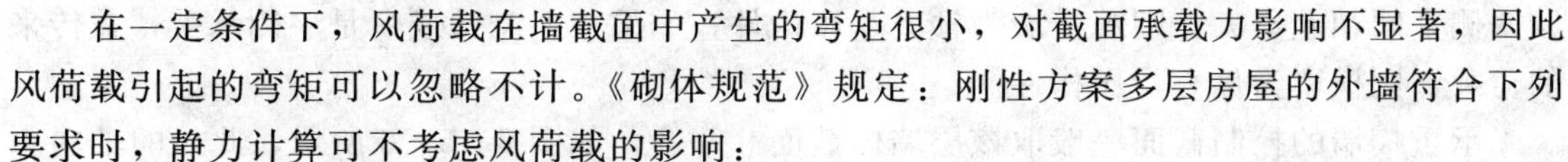

在一定条件下，风荷载在墙截面中产生的弯矩很小，对截面承载力影响不显著，因此风荷载引起的弯矩可以忽略不计。《砌体规范》规定：刚性方案多层房屋的外墙符合下列要求时，静力计算可不考虑风荷载的影响：

①洞口水平截面面积不超过全截面面积的 2/3；

②层高和总高度不超过表 8-5-1 的规定；

表 8-5-1　　刚性方案多层房屋外墙不考虑风荷载影响时的最大高度

基本风压值 (kN/m²)	层高 (m)	总高 (m)	基本风压值 (kN/m²)	层高 (m)	总高 (m)
0.4	4.0	28	0.6	4.0	18
0.5	4.0	24	0.7	3.5	18

③屋面自重不小于 0.8kN/m²。

对于多层砌块房屋 190mm 厚的外墙，当层高不大于 2.8m，总高不大于 19.6m，基本风压不大于 0.7kN/m² 时，可不考虑风荷载的影响。

（2）多层刚性方案房屋承重横墙的计算。

横墙承重的房屋，横墙间距一般较小，所以通常属于刚性方案房屋。房屋的楼盖和屋盖均可视为横墙的不动铰支座，其计算简图如图 8-5-5 所示。

1）计算单元与计算简图。

一般沿墙长取 1m 宽为计算单元，每层横墙视为两端为不动铰接的竖向构件，构件高度为每层层高，顶层若为坡屋顶，则构件高度取顶层层高加上山尖高度赢的平均值，底层算至基础顶面或室外地面以下 500mm 处。

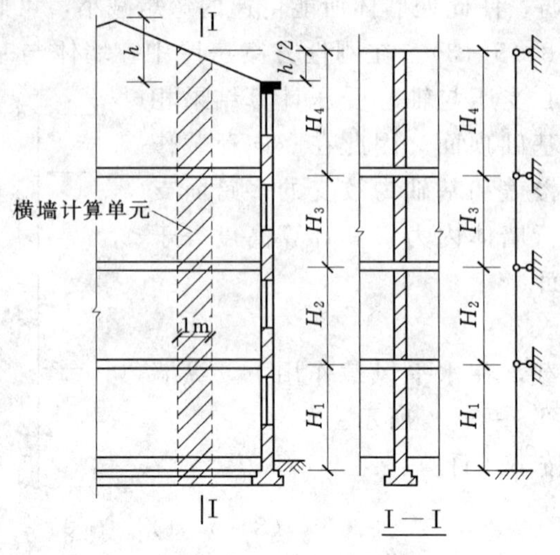

图 8-5-5　横墙计算简图

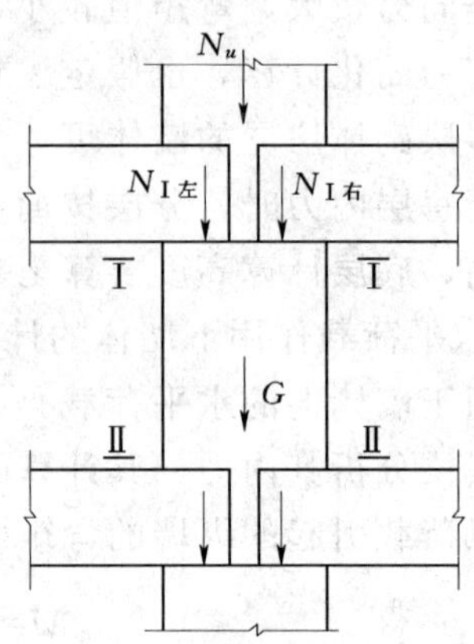

图 8-5-6　横墙上作用的荷载

2）内力分析要点。

作用在横墙上的本层楼盖荷载或屋盖荷载的作用点均作用于距墙边 $0.4a_0$ 处。如果横墙两侧开间相差不大，则视横墙为轴心受压构件；如果相差悬殊或只是一侧承受楼盖传来的荷载，则横墙为偏心受压构件。

承重横墙的控制截面一般取该层墙体截面Ⅱ—Ⅱ，如图 8-5-6 所示，此处的轴向力最大。

任务6　过梁、圈梁、墙梁、悬挑构件及墙体的构造

一、任务描述

认识砌体结构中的过梁、圈梁、墙梁、挑梁等构件，并对这些构件进行受力分析。

二、任务知识点

1. 过梁

(1) 过梁的种类与构造。

过梁是砌体结构中门窗洞口上承受上部墙体自重和上层楼盖传来的荷载的梁，常用的过梁有四种类型（见图 8-6-1）：

1）钢筋砖过梁［见图 8-6-1 (a)］。

过梁底面砂浆层处的钢筋，其直径不应小于 5mm，间距不宜大于 120mm，钢筋伸入支座砌体内的长度不宜小于 240mm，砂浆层厚度不宜小于 30mm；过梁截面高度内砂浆强度等级不应低于 M5；砖的强度等级不应低于 MU10；跨度不应超过 1.5m。

2）砖砌平拱过梁［见图 8-6-1 (b)］。

高度不应小于 240mm，跨度不应超过 1.2m。砂浆强度等级不应低于 M5。此类过梁

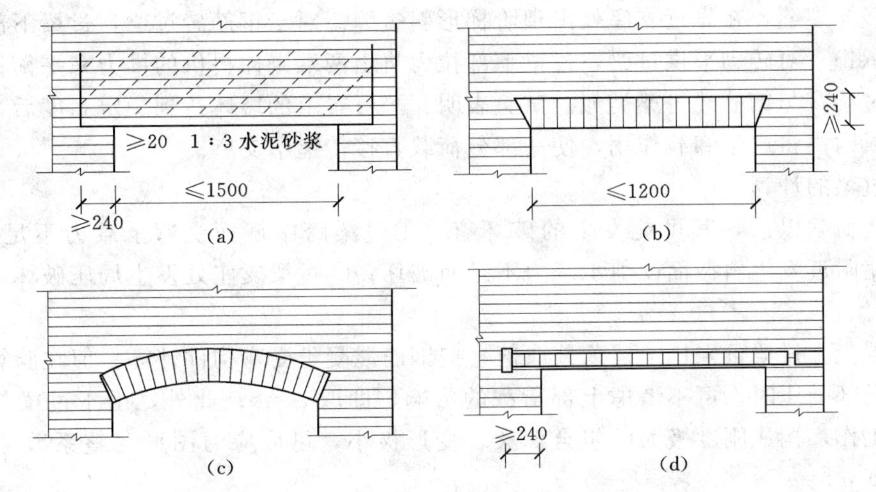

图8-6-1　过梁类型

(a) 钢筋砖过梁；(b) 砖砌平拱过梁；(c) 砖砌弧拱过梁；(d) 钢筋混凝土过梁

适用于无振动、地基土质好、无抗震设防要求的一般建筑。

3）砖砌弧拱过梁［见图8-6-1 (c)］。

竖放砌筑砖的高度不应小于120mm，当矢高 $f=\left(\frac{1}{8}-\frac{1}{12}\right)l$，砖砌弧拱的最大跨度为2.5～3m；当矢高 $f=\left(\frac{1}{5}-\frac{1}{6}\right)l$ 时，砖砌弧拱的最大跨度为3～4m。

4）钢筋混凝土过梁［见图8-6-1 (d)］。

其端部支承长度不宜小于240mm，当墙厚不小于370mm时，钢筋混凝土过梁宜做成L形。

工程中常采用钢筋混凝土过梁。

(2) 过梁的受力特点。

作用在过梁上的荷载有砌体自重和过梁计算高度内的梁板荷载。

1）墙体荷载：对于砖砌墙体，当过梁上的墙体高度 $h_w<\frac{l_n}{3}$ 时（l_n 为过梁的净跨），应按全部墙体的自重作为均布荷载考虑。当过梁上的墙体高度 $h_w\geqslant\frac{l_n}{3}$ 时，应按高度 $\frac{l_n}{3}$ 的墙体自重作为均布荷载考虑。对于混凝土砌块砌体，当过梁上的墙体高度 $h_w<\frac{l_n}{2}$ 时，应按全部墙体的自重作为均布荷载考虑。当过梁上的墙体高度 $h_w\geqslant\frac{l_n}{2}$ 时，应按高度 $\frac{l_n}{2}$ 的墙体自重作为均布荷载考虑。

2）梁板荷载：当梁、板下的墙体高度 $h_w<l_n$。时，应计算梁、板传来的荷载；如果 $h_w\geqslant l_n$，则可不计梁、板的作用。

砖砌过梁承受荷载后，上部受压、下部受拉，像受弯构件一样地受力。随着荷载的增大，当跨中竖向截面的拉应力或支座斜截面的主拉应力超过砌体的抗拉强度时，将先后在跨中出现竖向裂缝，在靠近支座处出现阶梯形斜裂缝。对于钢筋砖过梁，过梁下部的拉力将由钢筋承担；对砖砌平拱过梁，过梁下部拉力将由两端砌体提供的推力来平衡；对于钢筋混凝土过梁，与钢筋砖过梁类似。试验表明，当过梁上的墙体达到一定高度后，过梁上的墙体形成内拱将产生卸载作用，使一部分荷载直接传递给支座。

(3) 过梁的计算。

过梁受荷载以后，其可能发生的破坏有：①过梁跨中截面受弯承载力不足的破坏；②过梁支座附近发生斜截面受剪承载力不足而破坏；③过梁支座处发生局压破坏（钢筋混凝土过梁）。

钢筋混凝土过梁可采用上述荷载取值，按钢筋混凝土受弯构件计算。但在验算梁端支承处砌体局部受压时，可不考虑上部荷载的影响，即取 $\psi=0$；此外，由于过梁与其上部砌体共同工作，构成刚度极大的组合深梁，变形极小，可取应力图形完整系数 $\eta=1$，有效支承长度 $a_0=a$。

2. 圈梁

砌体房屋结构中，在墙体内水平方向设置封闭的钢筋混凝土梁称为圈梁。

(1) 圈梁的作用。包括以下几方面：

1) 增强房屋的整体性和空间刚度。

2) 防止由于地基不均匀沉降或较大振动荷载等对房屋引起的不利影响。

3) 设置在基础顶面部位和檐口部位的圈梁对抵抗不均匀沉降作用最为有效。

4) 当房屋中部沉降较两端为大时，位于基础顶面部位的圈梁作用较大；当房屋两端沉降较中部为大时，檐口部位的圈梁作用较大。

5) 圈梁与构造柱配合，有助于提高砌体结构的抗震性能。

(2) 圈梁的构造要求（见图 8-6-2）包括以下几方面：

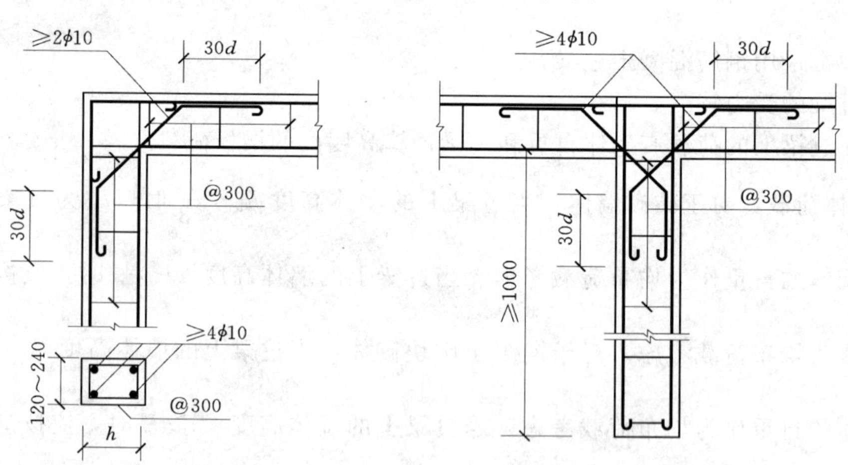

图 8-6-2　纵横墙交接处圈梁连接构造

1) 圈梁宜连续地设在同一水平面上，并形成封闭状。

2) 纵横墙交接处的圈梁应有可靠的连接。刚弹性和弹性方案房屋，圈梁应与屋架、大梁等构件可靠连接。

3）圈梁的宽度宜与墙厚相同，当墙厚 $h \geqslant 240$mm 时，宽度不宜小于 $2h/3$。圈梁高度不应小于 120mm。纵向钢筋不宜少于 4ϕ10，绑扎接头的搭接长度按受拉钢筋考虑，箍筋间距不应大于 300mm。

4）圈梁兼作过梁时，过梁部分的钢筋应按计算用量另行增配。

（3）圈梁的设置（见图 8-6-3）分为两种情况：

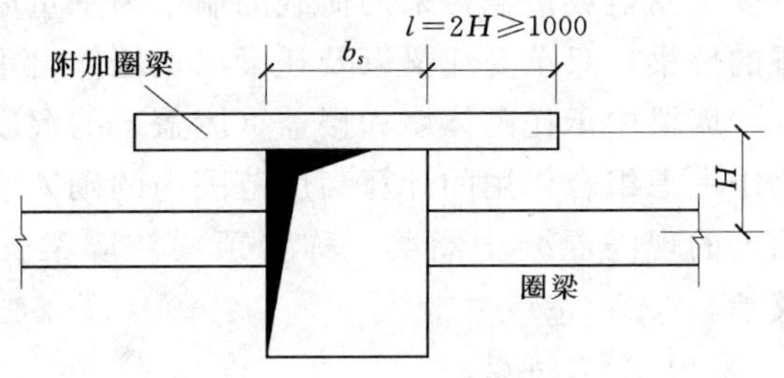

图 8-6-3　附加圈梁

车间、仓库、食堂等空旷的单层房屋应按下列规定设圈梁：

1）砖砌体房屋，檐口标高为 5～8m 时，应在檐口设置圈梁一道，檐口标高大于 8m 时，宜适当增设。

2）砌块及料石砌体房屋，檐口标高为 4～5m 时，应在檐口标高处设置圈梁一道，檐口标高大于 5m 时，宜适当增设。

3）对有吊车或较大振动设备的单层工业房屋，除在檐口或窗顶标高处设置现浇钢筋混凝土圈梁外，还应在吊车梁标高处或其他适当位置增设。

多层工业与民用建筑应按下列规定设置圈梁：

1）住宅、宿舍、办公楼等多层砌体民用房屋，层数为 3～4 层时，应在檐口标高处设置圈梁一道，当层数超过 4 层时，应在所有纵横墙上隔层设置。

2）多层砌体工业房屋，宜每层设置现浇钢筋混凝土囤梁。

3）设置墙梁的多层砌体房屋应在托梁、墙梁顶面和檐口标高处设置现浇钢筋混凝土圈梁，其他楼盖处宜在所有纵横墙上每层设置。

4）采用现浇钢筋混凝土楼（屋）盖的多层砌体结构房屋，当层数超过 5 层时，除在檐口标高处设置一道圈梁外，可隔层设置圈梁，并与楼（屋）面板一起现浇。未设置圈梁的楼面板嵌入墙内的长度不应小于 120mm，应沿墙配置不小于 2ϕ10 的通长钢筋。

3. 墙梁

由钢筋混凝土托梁及其以上计算高度范围内的墙体共同工作，一起承受荷载的组合结构称为墙梁（见图 8-6-4）。墙梁按支承情况分为简支墙梁、连续墙梁、框支墙梁；按

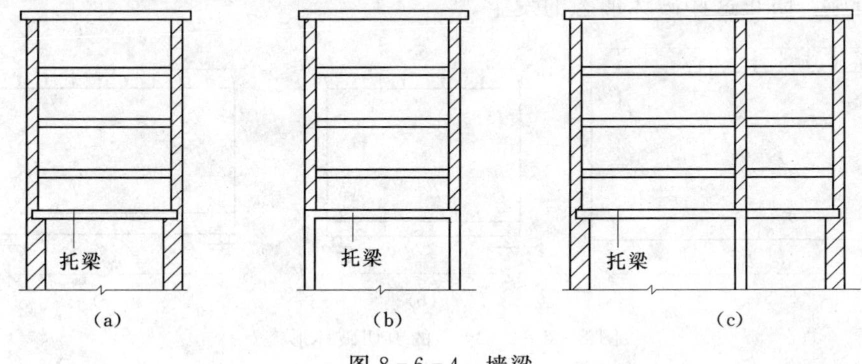

图 8-6-4　墙梁

（a）简支墙梁；（b）框支墙梁；（c）连续墙梁

承受荷载情况可分为承重墙梁和自承重墙梁。除了承受托梁和托梁以上的墙体自重外，还承受由屋盖或楼盖传来的荷载的墙梁为承重墙梁，如底层为大空间、上层为小空间时所设置的墙梁；只承受托梁以及托梁以上墙体自重的墙梁为自承重墙梁，如基础梁、连系梁。

墙梁中承托砌体墙和楼盖（屋盖）的混凝土简支梁、连续梁和框架梁，称为托梁。墙梁中考虑组合作用的计算高度范围内的砌体墙，称为墙体。墙梁的计算高度范围内墙体顶面处的现浇混凝土圈梁，称为顶梁。墙梁支座处与墙体垂直相连的纵向落地墙，称为翼墙。

(1) 受力特点。

当托梁及其上砌体达到一定强度后，墙和梁共同工作形成墙梁组合结构。试验表明，墙梁上部荷载主要是通过墙体的拱作用传向两边支座，托梁承受拉力，两者形成一个带拉杆拱的受力结构（见图 8-6-5）。这种受力状况从墙梁开始一直到破坏；当墙体上有洞口时，其内力传递如图 8-6-5（b）所示。

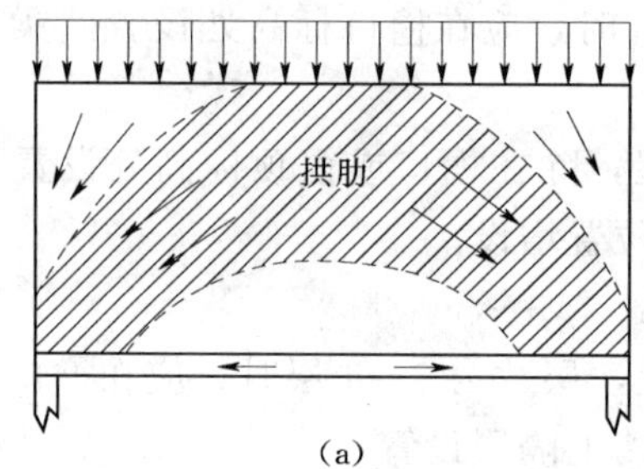

(a)

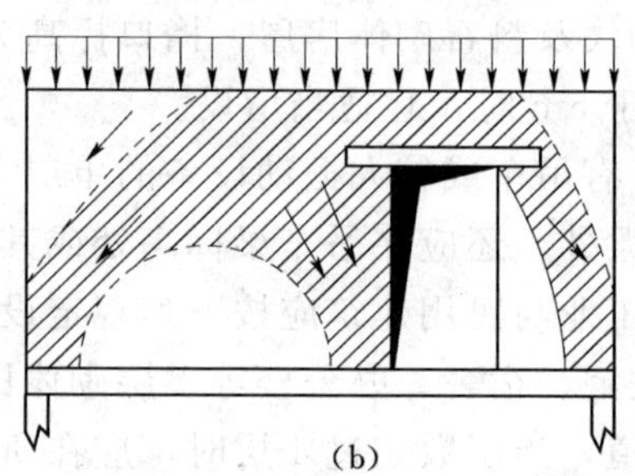
(b)

图 8-6-5　墙梁受力特点
(a) 无洞口墙梁的内力传递；(b) 有洞口墙梁的内力传递

墙梁是一个偏心受拉构件，影响其承载力的因素有很多，根据因素的不同，墙梁可能发生的破坏形态分为正截面受弯破坏、墙体或托梁受剪破坏和支座上方墙体局部受压破坏三种（见图 8-6-6）。托梁纵向受力钢筋配置不足时，发生正截面受弯破坏；当托梁的箍筋配置不足时，可能发生托梁斜截面剪切破坏；当托梁的配筋较强、并且两端砌体局部受压承载力得到保证时，一般发生墙体剪切破坏。墙梁除上述主要破坏形态外，还可能发生托梁端部混凝土局部受压破坏、有洞口墙梁洞口上部砌体剪切破坏等。因此必须采取一定的构造措施，防止这些破坏形态的发生。

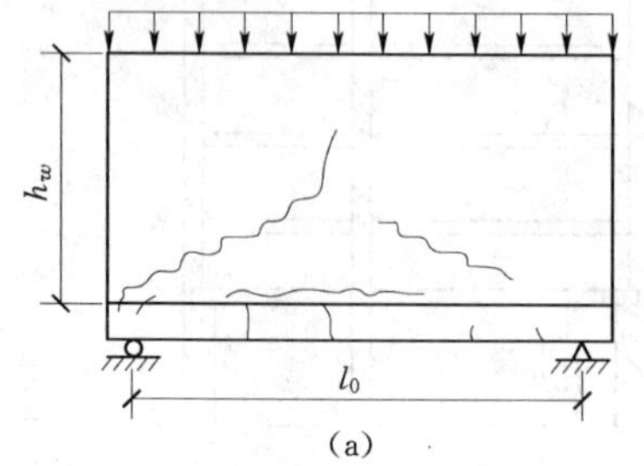

(a)

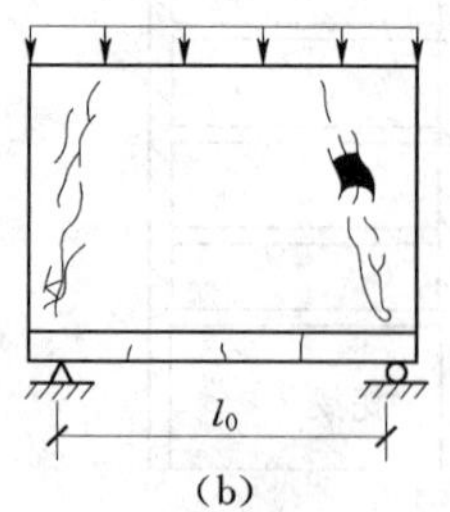

(b)

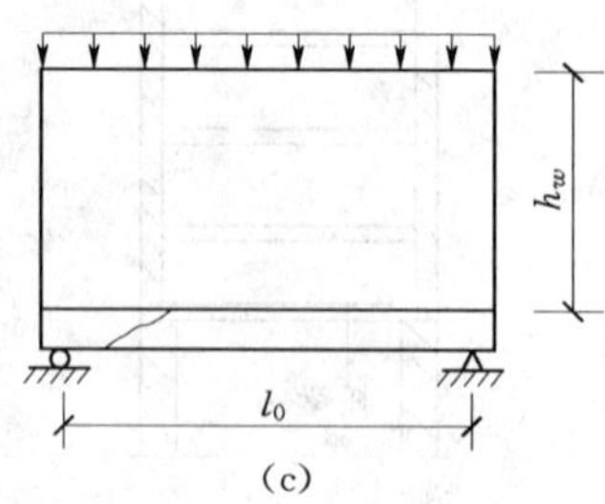

(c)

图 8-6-6　墙梁的剪切破坏形态
(a) 斜拉破坏；(b) 斜拉破坏；(c) 托梁剪切破坏

（2）墙梁的计算内容。

包括使用阶段和施工阶段承载力计算两部分。

使用阶段承重墙梁上的荷载主要有托梁自重及本层楼盖的恒荷载和活荷载，托梁以上各层墙体自重、墙梁顶面以上各层楼（屋）盖的恒荷载和活荷载；集中荷载可沿作用的跨度近似化为均布荷载。

使用阶段自承重墙梁上的荷载主要有托梁自重及托梁以上墙体自重。

施工阶段托梁上的荷载主要有：托梁自重及本层楼盖的恒荷载；本层楼盖的施工荷载。

考虑托梁与墙体的组合作用，墙梁应分别进行使用阶段正截面受弯承载力、斜截面受剪承载力和托梁支座上部砌体局部受压承载力计算，以及施工阶段托梁承载力验算。自承重墙梁可不验算墙体受剪承载力和砌体局部受压承载力。

（3）构造要求。墙梁除应符合《砌体规范》和现行国家标准《混凝土规范》有关构造外，尚应符合下列构造要求：

1）材料

a. 托梁的混凝土强度等级不应低于 C30。

b. 纵向钢筋宜采用 HRB335、HRB400、RRB400 级钢筋。

c. 承重墙梁的块材强度等级不应低于 MU10，计算高度范围内墙体的砂浆强度等级不应低于 M10。

2）墙体

a. 框支墙梁的上部砌体房屋，以及设有承重的简支墙梁或连续墙梁的房屋，应满足刚性方案房屋的要求。

b. 计算高度范围内的墙体厚度，对砖砌体不应小于 240mm，对混凝土小型砌块不应小于 190mm。

c. 墙梁洞口上方应设置混凝土过梁，其支承长度不应小于 240mm，洞口范围内不应施加集中荷载。

d. 承重墙梁的支座处应设置落地翼墙，翼墙厚度，对砖砌体不应小于 240mm，对混凝土砌块砌体不应小于 190mm，翼墙宽度不应小于墙梁墙体厚度的 3 倍，并与墙梁墙体同时砌筑。当不能设置翼墙时，应设置落地且上、下贯通的构造柱。

e. 当墙梁墙体在靠近支座 1/3 跨度范围内开洞时，支座处应设置上、下贯通的构造柱，并与每层圈梁连接。

f. 墙梁计算高度范围内的墙体，每天砌筑高度不应超过 1.5m，否则，应加设临时支撑。

3）托梁

a. 有墙梁的房屋的托梁两边各一个开间及相邻开间处应采用现浇混凝土楼盖，楼板厚度不宜小于 120mm，当楼板厚度大于 150mm 时，宜采用双层双向钢筋网，楼板上应少开洞，洞口尺寸大于 800mm 时应设置洞边梁。

b. 托梁每跨底部的纵向受力钢筋应通长设置，不得在跨中段弯起或截断。钢筋接长应采用机械连接或焊接。

c. 墙梁的托梁跨中截面纵向受力钢筋总配筋率不应小于0.6%。

d. 托梁距边支座边 $l_0/4$ 范围以内，上部纵向钢筋截面面积不应小于跨中下部纵向钢筋截面面积的1/3。连续墙梁或多跨框支墙梁的托梁中支座上部附加纵向钢筋从支座算起每边延伸不得少于 $l_0/4$。

e. 承重墙梁的托梁在砌体墙、柱上的支承长度不应小于350mm。纵向受力钢筋伸入支座应符合受拉钢筋的锚固要求。

f. 当托梁高度 $h_b \geqslant 500$mm 时，应沿梁高设置通长水平腰筋，直径不得小于12mm，间距不应大于200mm。

g. 墙梁偏开洞口的宽度及两侧各一个梁高 h_b 范围内直至靠近洞口支座边的托梁箍筋直径不宜小于8mm，间距不应大于100mm（见图8-6-7）。

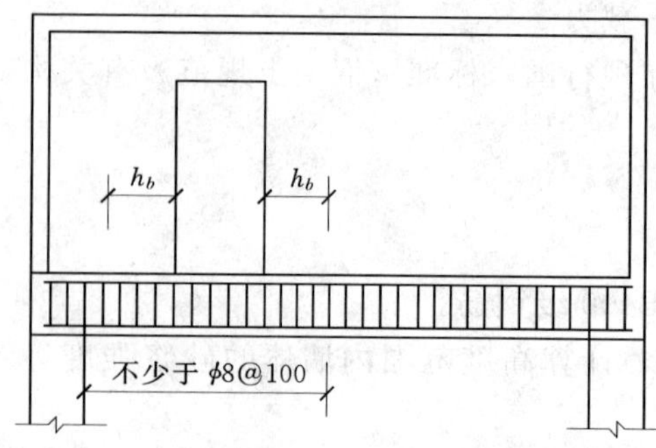

图8-6-7 偏开洞时托梁箍筋加密区

4. 砌体房屋构造要求

砌体结构设计包括计算设计和构造设计两部分。构造设计是指选择合理的材料和构件形式，墙板之间有效连接，各类构件和结构在不同受力条件下采取的特殊要求等措施。因此，在砌体设计中应十分重视有关构造要求。

(1) 一般构造要求。

对于砌体结构，为了保证房屋有足够的耐久性和良好的整体工作性能，墙柱除进行承载力和高厚比验算外，还应满足下列构造措施。

为了避免墙柱截面过小导致稳定性能变差，以及局部缺陷对构件的影响增大，规范规定了各种构件的最小尺寸：承重的独立砖柱截面尺寸不应小于240mm×370mm；毛石墙的厚度不宜小于350mm；毛料石柱截面较小边长不宜小于400mm；当有振动荷载时，墙、柱不宜采用毛石砌体。

为了增强砌体房屋的整体性和避免局部受压损坏，规范规定：跨度大于6m的屋架和跨度大于下列数值的梁，①对砖砌体为4.8m；②对砌块和料石砌体为4.2m；③对毛石砌体为3.9m；应在支承处砌体设置混凝土或钢筋混凝土垫块。当墙中设有圈梁时，垫块与圈梁宜浇成整体。

当梁的跨度大于或等于下列数值时：①对240mm厚的砖墙为6m，对180mm厚的砖墙为4.8m；②对砌块、料石墙为4.8m；其支承处宜加设壁柱或采取其他加强措施。

预制钢筋混凝土板的支撑长度，在墙上不宜小于100mm；在钢筋混凝土圈梁上不宜小于80mm；当利用板端伸出钢筋拉结和混凝土灌注时，其支承长度可为40mm，但板端缝宽不小于80ram，灌缝混凝土强度等级不宜低于C20。

预制钢筋混凝土梁在墙上的支承长度不宜小于180～240mm，支承在墙、柱上的吊车梁、屋架以及跨度大于或等于下列数值的预制梁的端部，①对砖砌体为9m；②对砌块和料石砌体为7.2m；应采用锚固件与墙、柱上的垫块锚固。

填充墙、隔墙应采取措施与周边构件可靠连接。一般是在钢筋混凝土结构中预埋拉接筋，在砌筑墙体时，将拉接筋砌入水平灰缝内。

山墙处的壁柱宜砌至山墙顶部，屋面构件应与山墙可靠拉结。

砌块砌体应分皮错缝搭砌，上下皮搭砌长度不得小于90mm。当搭砌长度不满足上述要求时，应在水平灰缝内设置不少于2ϕ4的焊接钢筋网片（横向钢筋间距不宜大于200mm），网片每段均应超过该垂直缝，其长度不得小于300mm。

砌块墙与后砌隔墙交接处，应沿墙高每400mm在水平灰缝内设置不少于2ϕ4、横筋间距不大于200mm的焊接钢筋网片。

混凝土砌块房屋，宜将纵横墙交接处、距墙中心线每边不小于300mm范围内的孔洞，采用不低于Cb20灌孔混凝土将孔洞灌实，灌实高度应为墙身全高。

混凝土砌块墙体的下列部位：①搁栅、檩条和钢筋混凝土楼板的支承面下，高度不应小于200mm的砌体；②屋架、梁等构件的支承面下，高度不应小于600mm，长度不应小于600mm的砌体；③挑梁支承面下，距墙中心线每边不应小于300mm，高度不应小于600mm的砌体；如未设圈梁或混凝土垫块，应采用不低于Cb20灌孔混凝土将孔洞灌实。

砌体中留槽洞或埋设管道时的规定如下：①不应在截面长边小于500mm的承重墙体、独立柱内埋设管线；②不宜在墙体中穿行暗线或预留、开凿沟槽，无法避免时应采取必要的措施或按削弱后的截面验算墙体承载力，对受力较小或未灌孔砌块砌体，允许在墙体的竖向孔洞中设置管线。

（2）防止墙体开裂的措施。

产生墙体裂缝的原因主要有三个：外荷载，温度变化，地基不均匀沉降。墙体承受外荷载后，按照规范要求，通过正确的承载力计算，选择合理的材料并满足施工要求，受力裂缝是可以避免的。

1）因温度变化和砌体干缩变形引起的墙体裂缝。

温度裂缝形态有水平裂缝、八字裂缝两种。水平裂缝多发生在女儿墙根部、屋面板底部、圈梁底部附近以及比较空旷高大房间的顶层外墙门窗洞口上下水平位置处；八字裂缝多发生在房屋顶层墙体的两端，且多数出现在门窗洞口上下，呈八字形。干缩裂缝形态有垂直贯通裂缝、局部垂直裂缝两种。

2）因地基发生过大的不均匀沉降而产生的裂缝。

常见的因地基不均匀沉降引起的裂缝形态有：正八字形裂缝、倒八字形裂缝、高层沉降引起的斜向裂缝、底层窗台下墙体的斜向裂缝。

为了防止或减轻房屋在正常使用条件下，由温度和砌体干缩引起的墙体竖向裂缝，应在墙体中设置伸缩缝。伸缩缝应设置在因温度和收缩变形可能引起应力集中、砌体产生裂缝可能性最大的地方。伸缩缝的间距可按表8-6-1采用。

为了防止和减轻房屋顶层墙体的开裂，可根据情况采取下列措施：

1）屋面设置保温、隔热层。

2）屋面保温（隔热）层或屋面刚性面层及砂浆找平层应设置分格缝，分格缝间距不宜大于6m，并与女儿墙隔开，其缝宽不小于30mm。

表 8-6-1 **砌体房屋伸缩缝的最大间距**

屋盖或楼盖类别		间距（m）
整体式或装配整体式钢筋混凝土楼盖	有保温层或隔热层的屋盖、楼盖	50
	无保温层或隔热层的屋盖	40
装配式无檩体系钢筋混凝土楼盖	有保温层或隔热层的屋盖、楼盖	60
	无保温层或隔热层的屋盖	50
装配式有檩体系钢筋混凝土楼盖	有保温层或隔热层的屋盖	75
	无保温层或隔热层的屋盖	60
瓦材屋盖、木屋盖或楼盖、轻钢屋盖		100

注 1. 对烧结普通砖、多孔砖、配筋砌块砌体房屋取表中数值；对石砌体、蒸压灰砂砖、蒸压粉煤灰砖和混凝土砌块房屋取表中数值乘以 0.8 的系数。当有实践经验并采取可靠措施时，可不遵守本表规定。

2. 在钢筋混凝土屋面上挂瓦的屋盖应按钢筋混凝土屋盖采用。

3. 按本表设置的墙体伸缩缝，一般不能同时防止由于钢筋混凝土屋盖的温度变形和砌体干缩变形引起的墙体局部裂缝。

4. 层高大于 5m 的烧结普通砖、多孔砖、配筋砌块砌体结构单层房屋，其伸缩缝间距可按表中数值乘以 1.3。

5. 温差较大且变化频繁地区和严寒地区不采暖的房屋及构筑物墙体的伸缩缝的最大间距，应按表中数值予以适当减小。

6. 墙体的伸缩缝应与结构的其他变形缝相重合，在进行立面处理时，必须保证缝隙的伸缩作用。

3）用装配式有檩体系钢筋混凝土屋盖和瓦材屋盖。

4）在钢筋混凝土屋面板与墙体圈梁的接触面处设置水平滑动层，滑动层可采用两层油毡夹滑石粉或橡胶片等；对于长纵墙，可只在其两端的 2～3 隔开间设置；对于横墙，可只在其两端 $z/4$ 范围内设置（z 为横墙长度）。

5）顶层屋面板下设置现浇钢筋混凝土圈梁，并沿内外墙拉通，房屋两端圈梁下的墙体宜适当设置水平钢筋。

6）顶层挑梁末端下墙体灰缝内设置 3 道焊接钢筋网片（纵向钢筋不宜少于 2ϕ4，横筋间距不宜大于 200mm）或 2ϕ6 钢筋，钢筋网片或钢筋应自挑梁末端伸入两边墙体不小于 1m。

7）顶层墙体有门窗洞口时，在过梁上的水平灰缝内设置 2～3 道焊接钢筋网片或 2ϕ6 钢筋，并应伸入过梁两边墙体不小于 600mm。

8）顶层及女儿墙砂浆强度等级不低于 M5。

9）女儿墙应设置构造柱，构造柱间距不宜大于 4m，构造柱应伸至女儿墙顶并与现浇钢筋混凝土压顶整浇在一起。

10）房屋顶层端部墙体内应适当增设构造柱。

底层墙体的裂缝主要是地基不均匀沉降或地基反力不均匀引起的，因此要防止或减轻房屋底层墙体裂缝，可根据情况采取下列措施：

1）增加基础圈梁的刚度。

2）在底层的窗台下墙体灰缝内设置三道焊接钢筋网片或 2ϕ6 钢筋，并应伸入两边窗间墙不小于 600mm。

3）采用钢筋混凝土窗台板，窗台板嵌入窗间墙内不小于 600mm。

墙体转角处和纵横墙交接处宜沿竖向每隔 400～500mm 设置拉结钢筋，其数量为每 120mm 墙厚不少于 1ϕ6 或焊接钢筋网片，埋入长度从墙的转角或交接处算起，每边不少于 600mm。

对于灰砂砖、粉煤灰砖、混凝土砌块或其他非烧结砖，宜在各层门、窗过梁上方的水平灰缝内及窗台下第一、第二道水平灰缝内设置焊接钢筋网片或 2ϕ6 钢筋，焊接钢筋网片或钢筋应伸入两边窗间墙内不小于 600mm。

为防止或减轻混凝土砌块房屋顶层两端和底层第一、二开间门窗洞口处开裂，可采取下列措施：

1）在门窗洞口两侧不少于一个孔洞中设置 1ϕ6 的钢筋，钢筋应在楼层圈梁或基础锚固，并采取不低于 C20 的灌孔混凝土灌实。

2）在门窗洞口两边的墙体的水平灰缝内，设置长度不小于 900mm，竖向间距为 400mm 的 2ϕ4 焊接钢筋网片。

3）在顶层和底层设置通长钢筋混凝土窗台梁，窗台梁的高度宜为块高的模数，纵筋不少于 4ϕ10，箍筋为 ϕ6@200，C20 混凝土。

当房屋刚度较大时，可在窗台下或窗台角处墙体内设置竖向控制缝。在墙体的高度或厚度突然变化处也宜设置竖向控制缝，或采取可靠的防裂措施。竖向控制缝的构造和嵌缝材料应能满足墙体平面外传力和防护的要求。

灰砂砖、粉煤灰砖砌体宜采用黏结性好的砂浆砌筑，混凝土砌块砌体因采用砌块专用砂浆砌筑。

对防裂要求较高的墙体，可根据实际情况采取专门措施。

防止墙体因为地基不均匀沉降而开裂的措施有：

1）设置沉降缝，在地基土性质相差较大，房屋高度、荷载、结构刚度变化较大处，房屋结构形式变化处，高低层的施工时间不同处设置沉降缝，将房屋分割为若干刚度较好的独立单元。

2）加强房屋整体刚度。

3）对处于软土地区或土质变化较复杂地区，利用天然地基建造房屋时，房屋体型力求简单，采用对地基不均匀沉降不敏感的结构形式和基础形式。

4）合理安排施工顺序，先施工层数多、荷载大的单元，后施工层数少、荷载小的单元。

模块九 钢结构房屋设计

任务1 钢结构连接与计算

学习目标

1. 熟悉焊缝连接的构造形式及设计方法，会进行简单焊缝连接的设计。

2. 熟悉螺栓连接的构造及设计方法，会进行简单螺栓连接的设计。

3. 能识别工程中的受弯构件，会进行梁的强度、刚度和整体稳定性的验算，熟悉保证梁整体稳定和局部稳定的构造措施。

4. 了解框架柱设计的方法，会进行实腹式柱强度、刚度和整体稳定性的验算，了解轴心受压柱的构造形式以及设计步骤。

5. 了解格构式柱的构造形式及设计方法，会进行格构式柱强度、刚度和整体稳定性的验算。

钢结构是将钢板和型钢按需要裁剪成各种零件，通过连接将他们组成基本构件（梁、柱等），然后再将这些基本构件通过连接组成需要的结构。连接设计和基本构件的设计一样，在整个钢结构的设计中占有重要地位。因此我们必须学习和熟悉，钢结构的连接方法及构造措施。

钢结构的连接方法可分为焊缝连接、螺栓连接和铆钉连接三种（见图 9-1-1）。

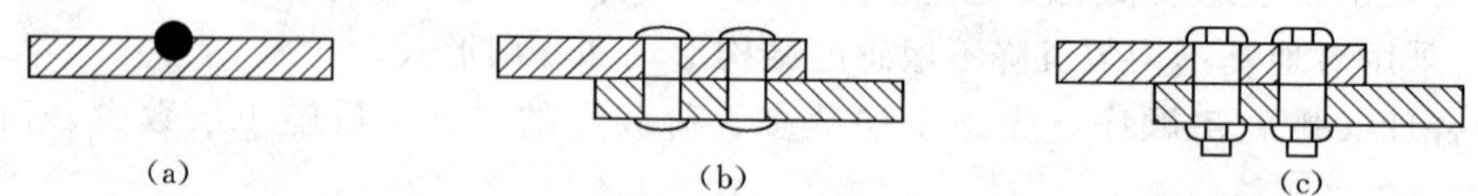

(a)　(b)　(c)

图 9-1-1　钢结构的连接方法

(a) 焊缝连接；(b) 螺栓连接；(c) 铆钉连接

钢结构的连接采用焊缝连接还是螺栓连接，要根据设计以及施工等因素确定，两种连接方法各有优缺点，具体参见表 9-1-1。

表 9-1-1　钢构的连接方法优缺点

连接方法	优　点	缺　点
焊　接	构造简单，用料经济，制作方便，密闭性好	焊缝附近热影响区内，易导致材质变脆；焊接残余应力和残余变形会使构件的刚度降低；对裂纹敏感，一旦出现裂纹易延伸到整体。对材质要求高，焊接程序严格，质量检验工作量大

续表

连接方法	优 点	缺 点
铆 接	传力可靠，韧性和塑性好，质量易于检查，抗动力荷载好	构造复杂，既费材料又费工
普通螺栓连接	装卸便利，设备简单	螺栓精度低时不宜受剪，螺栓精度高时加工和安装难度较大
高强螺栓连接	加工方便，对结构削弱少，可拆换，能承受动力荷载，耐疲劳，塑性、韧性好	摩擦面处理，安装工艺略为复杂，造价略高

任务1.1 某工业厂房工形截面牛腿与钢柱对接焊缝连接计算

一、任务描述

某工业厂房工字形截面牛腿与钢柱采用对接焊缝连接（见图9-1-2）。$F=550$kN（设计值），偏心距$e=300$mm。钢材为Q235B，焊条为E43型，手工焊。焊缝质量等级为三级，上、下翼缘加引弧板和引出板施焊。试验算焊缝的承载力是否满足要求。

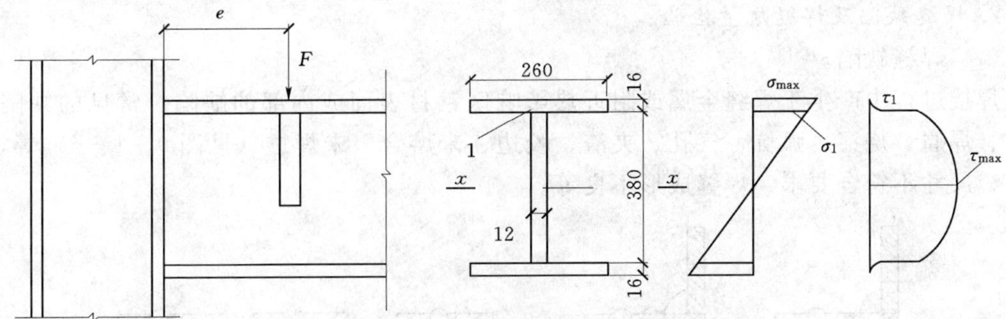

图9-1-2 牛腿与钢柱采用对接焊缝连接

二、任务分析

对接焊缝连接属于焊缝连接的一种，要验算牛腿和柱的连接在荷载的作用下强度是否满足要求，首先必须进行受力分析，分析焊缝的所承受的内力，根据受力来验算对接焊缝的承载力是否满足要求。要完成该任务需以下知识点。

1. 钢结构常用的焊接方法（见表9-1-2）

手工焊常用的焊条有碳钢焊条和低合金钢焊条，其牌号有E43型、E50型和E55型等，其中E表示焊条；型号由四部分组成E××××。前两位数表示焊缝金属最小抗拉强度（如E43型表示焊缝金属最小抗拉强度为43kgf/mm^2）；后两位数表示焊接位置、电流及药皮类型。在选用焊条时应与主体金属相匹配，一般情况下，对Q235采用E43型焊条；对Q345采用E50型焊条；对Q390（Q420）采用E55型焊条。不同钢种的钢材相焊接时，宜采用与低强度钢材相适应的焊条。

表 9-1-2　　　　钢结构常用的焊接方法

焊接形式	优　　点	缺　　点
手工电弧焊（图 9-1-3）	设备简单、操作灵活方便，实用性强，应用极为广泛，特别在高空和野外作业使用比较方便	生产效率比自动及半自动焊差，质量波动大，要求焊工等级高，劳动强度大，效率低
自动或半自动埋弧焊（图 9-1-4）	焊接速度快，生产效率高，成本低，劳动条件好	
气体保护焊	焊接速度快，热影响区小，变形小，强度高	设备复杂，电弧光较强，金属飞溅多

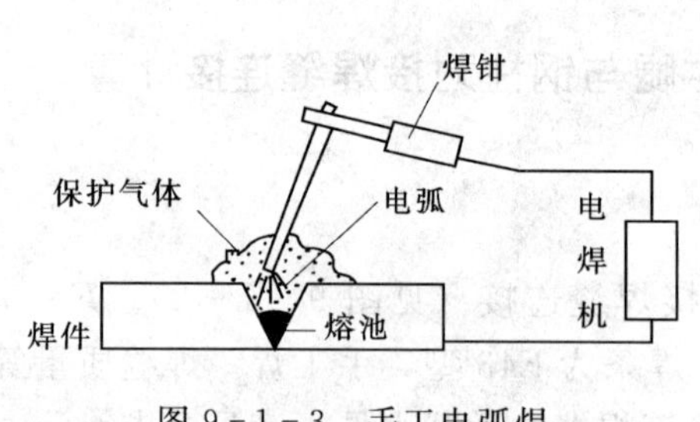

图 9-1-3　手工电弧焊

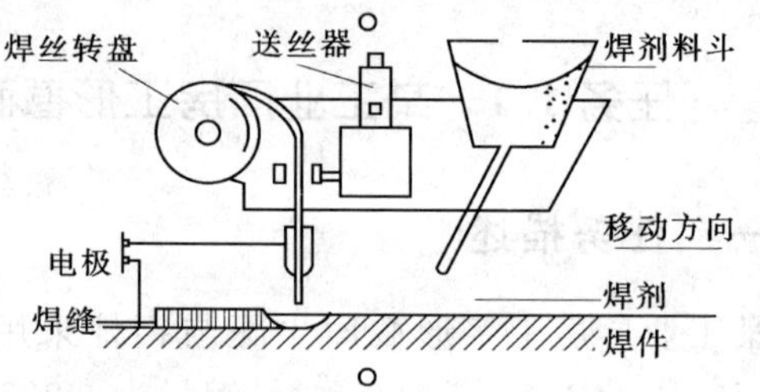

图 9-1-4　埋弧自动电弧焊

2. 焊缝缺陷及焊缝质量检验

(1) 焊缝缺陷。

焊接过程中产生于焊缝金属或附近热影响区钢材表面或内部的缺陷。常见的缺陷有：裂纹、焊瘤、烧穿、弧坑、气孔、夹渣、咬边、未熔合、未焊透（见图 9-1-5）等，以及焊缝尺寸不符合要求、焊缝成形不良等。

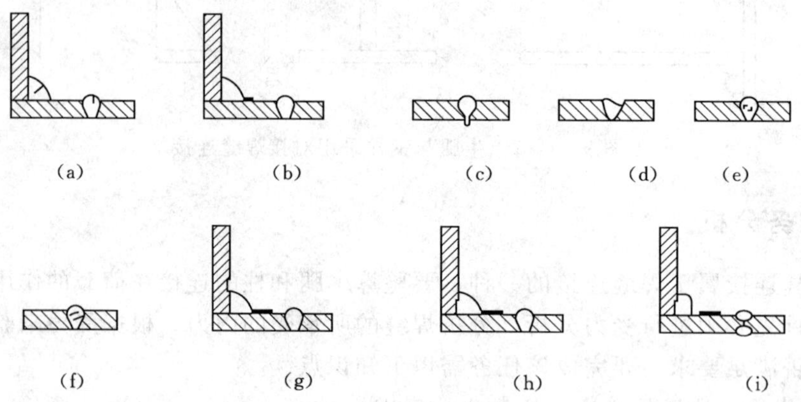

图 9-1-5　焊缝缺陷

(a) 裂纹；(b) 焊瘤；(c) 烧穿；(d) 弧坑；(e) 气孔；(f) 夹渣；(g) 咬边；(h) 未熔合；(i) 未焊缝

裂纹是焊缝中最危险的缺陷，产生裂纹的原因很多，如钢材的化学成分不当；焊接工艺条件如（电流、电压、焊速、施焊次序等）选择不合适；焊件表面油污未清除干净等。

（2）焊缝质量检验。

焊缝质量检验一般可用外观检查及内部无损检验。外观一般检查外观缺陷和几何尺寸；内部无损检查一般采用 x 射线、γ 射线、超声波。

《钢结构工程施工质量验收规范》规定：按其检验方法和质量要求分为一级、二级和三级。三级焊缝只要求对全部焊缝做外观检查且符合三级质量标准；一级、二级焊缝则除检查外观外，还要求一定数量的超声波检验，一级超声波和射线探伤为全部焊缝的100%，二级为20%。

（3）焊缝代号。

焊缝符号用于钢结构施工图上对焊缝进行标注，标明焊缝形式、尺寸和辅助要求。常用焊缝代号和标注方法如下表 9－1－3。

表 9－1－3　　　　**焊　缝　符　号**

形式	角焊缝			
	单面焊缝	双面焊缝	安装焊缝	相同焊缝
标注方法				
		h_e	h_f	h_f

形式	对接焊缝	塞焊缝	三面围焊
标注方法	c, a; a, c, p c		
	a c; a pc	h_f	h_f

3. 对接焊缝的构造

对接焊缝的焊件常需做成坡口，故又叫坡口焊缝。坡口形式与焊件的厚度有关。当焊件厚度很小（手工焊 $t\leqslant 6$mm，埋弧焊 $t\leqslant 10$mm）时可用直边缝；对于一般厚度的焊件可采用具有坡口角度的单边 V 形或 V 形焊缝；对于较厚的焊件（$t>20$mm），常采用 U 形、

K 形和 X 形坡口（见图 9-1-6）。

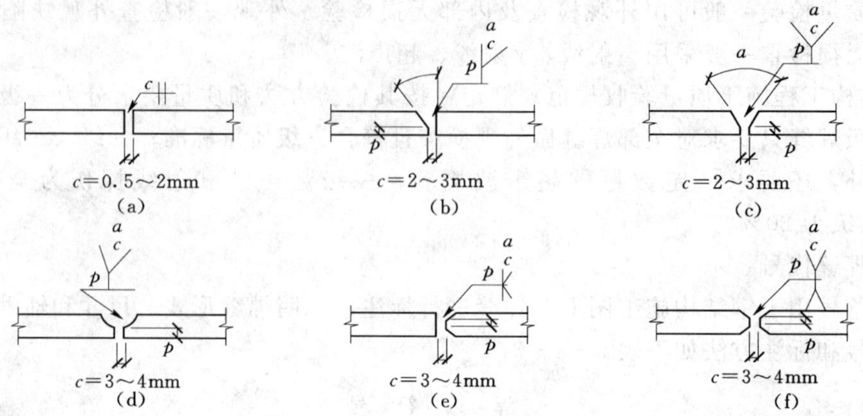

图 9-1-6　对接焊缝的坡口形式

(a) 直边缝；(b) 单边 V 形坡口；(c) V 形坡口；(d) U 形坡口；(e) K 形坡口；(f) X 形坡口

在拼接处，当焊件的宽度不同或厚度在一侧相差 4mm 以上时，应分别在宽度方向或厚度方向从一侧或两侧做成坡度不大于 1：2.5 的斜角（见图 9-1-7），以使截面过渡平缓，减小应力集中。对于直接承受动力荷载且需要进行疲劳计算的结构，斜角要求更加平缓，《钢结构设计规范》规定斜角坡度不应大于 1：4。

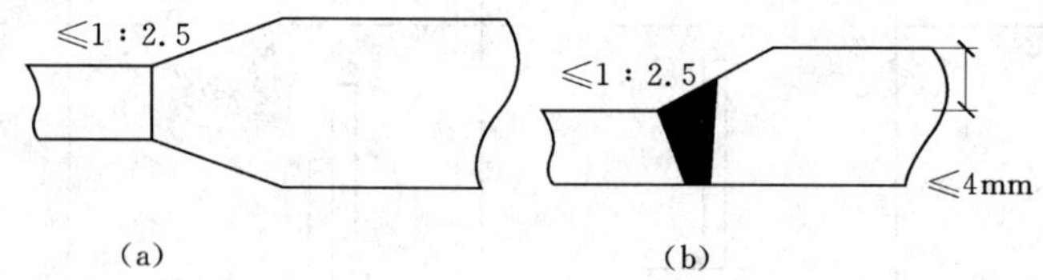

图 9-1-7　钢板拼接

(a) 改变宽度；(b) 改变高度

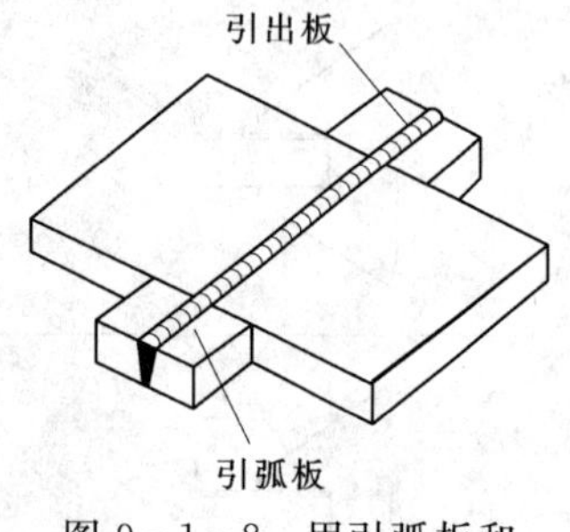

图 9-1-8　用引弧板和引出板焊接

在焊缝起灭弧处会出现弧坑等缺陷，这些缺陷对连接的承载力影响较大，故焊接时一般应设置引弧板和引出板（见图 9-1-8），焊后将它割除。对受静力荷载的结构设置引弧板的引出板有困难时，允许不设置，此时可令焊缝计算长度等于实际长度减去 $2t$（t 为较薄焊件厚度）。

4. 对接焊缝的计算

（1）轴心受力对接焊缝的计算。

对接焊缝受垂直于轴心拉力或轴心压力（见图 9-1-9），其焊缝强度可按下式计算：

$$\sigma=\frac{N}{l_w t}\leqslant f_t^w \text{ 或 } f_c^w \tag{9-1-1}$$

式中　N——轴心拉力或压力设计值，N；

l_w——焊缝的计算长度，当未采用引弧板和引出板施焊时，取实际长度减去 $2t$；当采用引弧板时，为焊缝的实际长度，mm；

t——在对接接头中连接件的较小厚度，在T形接头中为腹板厚度，mm；

f_t^w、f_c^w——对接焊缝的抗拉、抗压强度设计值，按钢结构用表附表31采用，N/mm²。

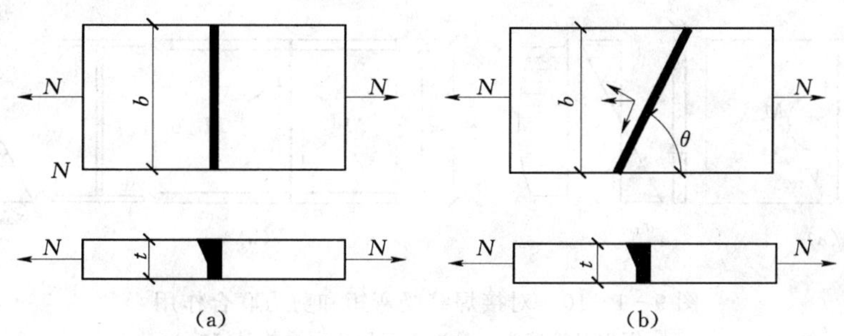

图9-1-9 对接焊缝受轴心力

(a) 对接焊缝；(b) 斜接焊缝

由于一级、二级检验的焊缝与母材强度相等，只有三级检验的焊缝才需按式（9-1-1）进行抗拉强度验算。如果用直缝不能满足强度要求时，可采用如图9-1-9（b）所示的斜对接焊缝。计算证明，三级检验的对接焊缝与作用力间的夹角 θ 满足 $\tan\theta \leqslant 1.5$ 时，斜焊缝的强度不低于母材强度，可不再进行验算。

（2）弯矩和剪力共同作用的对接焊缝的计算。

图9-1-10（a）所示钢板对接接头受到弯矩 M 和剪力 V 的共同作用，焊缝截面是矩形，焊缝截面的最大正应力和剪应力不在同一点上，故应分别验算其最大正应力和剪应力。

$$\sigma_{\max}=\frac{M}{W_w}=\frac{6M}{l_w^2 t}\leqslant f_t^w \qquad (9-1-2)$$

$$\tau_{\max}=\frac{VS_w}{I_w t}\leqslant f_v^w \qquad (9-1-3)$$

式中 M——计算截面的弯矩，N·mm；

W_w——焊缝计算截面的截面模量，mm³；

V——与焊缝方向平行的剪力，N；

S_w——焊缝计算截面在计算剪应力处以上或以下部分截面对中和轴的面积矩，mm³；

I_w——焊缝计算截面对中和轴的惯性矩，mm⁴；

f_v^w——对接焊缝的抗剪强度设计值，按钢结构用表附表31采用，N/mm²。

如图9-1-10（b）所示工字形截面梁的对接接头，除应分别验算最大正应力和最大剪应力外，对于同时受有较大正应力和较大剪应力处，例如腹板与翼缘的交接点，还应按下式验算折算应力：

$$\sqrt{\sigma_1+3\tau_1^2}\leqslant 1.1 f_t^w \qquad (9-1-4)$$

式中 σ_1、τ_1——验算点处的焊缝正应力和剪应力，N/mm²；

1.1——考虑到最大折算应力只在局部出现，而将强度设计值适当提高的系数。

三、任务实施

工形截面牛腿的上下翼缘以及腹板和柱子翼缘通过对接焊缝连接，不能上下左右移

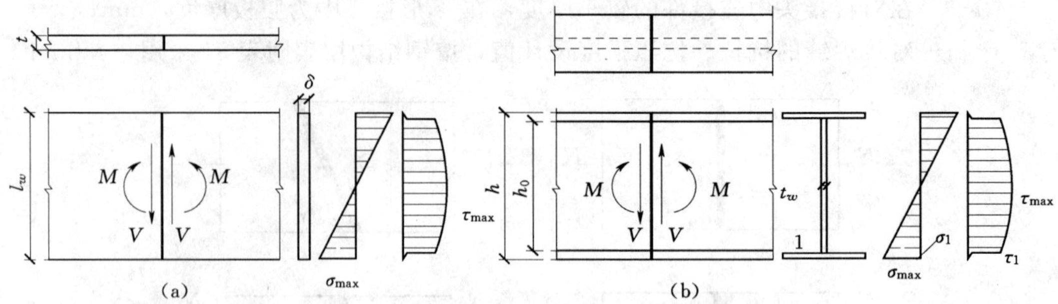

图 9-1-10　对接焊缝受弯矩和剪力联合作用

(a) 钢板对接接头；(b) 工字形截面梁的对接接头

动，也不能转动，所以为刚接节点。

截面几何特征值和内力：

$$I_x=\frac{1}{12}\times1.2\times38^3+2\times1.6\times26\times19.8^2=38105\text{cm}^4$$

$$S_{x1}=26\times1.6\times19.8=824\text{cm}^3$$

$$V=F=550\text{kN},\ M=550\times0.30=165\text{kN}\cdot\text{m}$$

1. 最大正应力

$$\sigma_{max}=\frac{M}{I_x}\cdot\frac{h}{2}=\frac{165\times10^6\times206}{38105\times10^4}=89.2\text{N/mm}^2<f_t^w=185\text{N/mm}^2$$

2. 最大剪应力

$$\tau_{max}=\frac{VS_x}{I_xt}=\frac{550\times10^3}{38105\times10^4\times12}\times260\times16\times198+190\times12\times\frac{190}{2}$$

$$=125.1\text{N/mm}^2\approx f_v^w=125\text{N/mm}^2$$

3. “1”点的折算应力

$$\sigma_1=\sigma_{max}\cdot\frac{190}{206}=82.3\text{N/mm}^2$$

$$\tau_1=\frac{VS_{x1}}{I_xt}=\frac{550\times10^3\times824\times10^3}{38105\times10^4\times12}=99.1\text{N/mm}^2$$

$$\sqrt{\sigma_1^2+3\tau_1^2}=\sqrt{82.3^2+3\times99.1^2}=190.4\text{N/mm}^2\leqslant1.1\times185=203.5\text{N/mm}^2$$

焊缝强度满足要求。

任务 1.2　某工业厂房工形截面牛腿与钢柱的角焊缝连接计算

一、任务描述

某工业厂房牛腿与钢柱采用角焊缝连接。钢材为 Q235B，焊条为 E43 型，手工焊。静荷载设计值 $N=350\text{kN}$，偏心距 $e=300\text{mm}$，图 9-1-11 右图为焊缝有效截面的示意图。试验算角焊缝的强度是否满足要求。

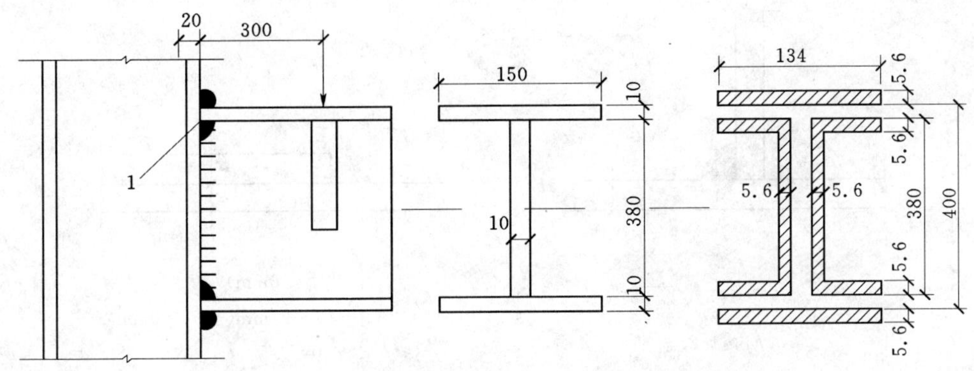

图 9-1-11 牛腿与钢柱角焊缝连接（单位：mm）

二、任务分析

角焊缝连接属于焊缝连接的一种方法，要验算牛腿和柱的连接在荷载的作用下强度是否满足要求，首先必须进行受力分析，分析焊缝的所承受的内力，根据受力来验算角焊缝的承载力是否满足要求。要完成该任务需以下知识点。

1. 角焊缝的形式和分类

角焊缝按其与作用力的关系可分为：平行于力作用方向的侧面角焊缝、垂直于力作用方向的正面角焊缝和与力作用方向斜交的斜向角焊缝。

按其截面形式可分为普通型、凹面型、平坦型（见图 9-1-12）。

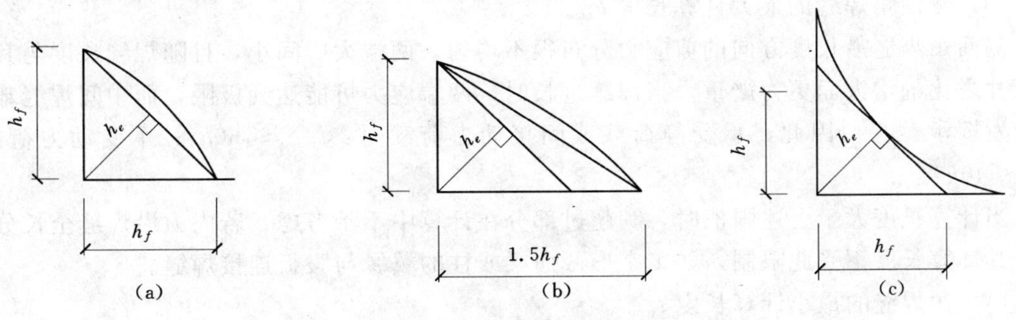

图 9-1-12 直角角焊缝

(a) 普通型；(b) 凹面型；(c) 平坦型

直角角焊缝的计算厚度为 $h_e=0.7h_f$，不计凸出部分的余高。凹面型和平坦型焊缝 h_f 和 h_e 的按图 9-1-12(b)、(c)。

2. 角焊缝的构造要求

(1) 最大焊脚尺寸 $h_{f\max}$。

为了避免焊缝收缩时产生较大的焊接残余应力和残余变形，且热影响区扩大，容易产生热脆，较薄焊件容易烧穿，《钢结构设计规范》规定，除钢管结构外，角焊缝的焊脚尺寸如图 9-1-13 所示，应满足：

$$h_{f\max}\leqslant 1.2t_{\min}$$

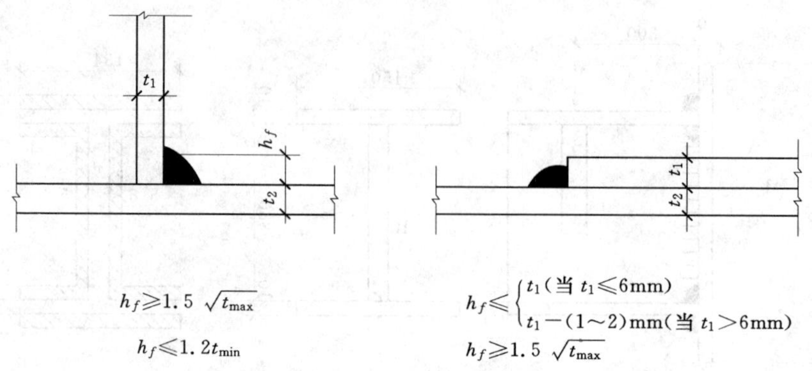

图 9-1-13　最大焊脚尺寸

对板边施焊，为防止咬边，h_{fmax}尚应满足下列要求：

当 $t_1>6mm$：$h_{fmax} \leqslant t_1-(1\sim2)mm$

当 $t_1 \leqslant 6mm$：$h_{fmax} \leqslant t_1$

（2）最小焊脚尺寸 h_{fmin}。

角焊缝的焊角尺寸不能过小，否则焊接时产生的热量较小，而焊件厚度较大，致使施焊时冷却速度过快，产生淬硬组织，导致母材开裂。《钢结构设计规范》规定：

$$h_{fmin} \geqslant 1.5\sqrt{t_{max}}（取整毫米数）$$

当焊件厚 $t \leqslant 4mm$ 时，取 $h_{fmin}=t$。

（3）侧面角焊缝的最大计算长度 l_{wmax}。

侧面角焊缝沿长度方向的剪应力分布很不均匀，两端大中间小，且随焊缝长度与其焊脚尺寸之比的增大而更为严重。当焊缝过长时，两端应力可能达到极限，而中间焊缝却未充分发挥承载力。因此，承受静荷载或间接动力荷载时：$l_{wmax} \leqslant 60h_f$；承受动力荷载：$l_{wmax} \leqslant 40h_f$。

当计算长度大于上述限值时，其超过部分在计算中不予考虑，若内力沿焊缝全长分布时，其计算长度不受此限制，如工字形截面梁或柱的翼缘与腹板连接焊缝。

（4）角焊缝的最小计算长度 l_{wmin}。

如焊缝长度过小，焊件局部受热严重，且弧坑太近，还有其他可能产生的缺陷。因此，$l_{wmin} \geqslant 8h_f$ 且 $\geqslant 40mm$。

（5）搭接连接的构造要求。

当板件端部仅有两条侧面角焊缝连接时（见图 9-1-14），应使 $b/l_w \leqslant 1$；同时应满足 $b \leqslant 16t$（$t>12mm$）或 200mm（$t \leqslant 12mm$），t 为较薄焊件的厚度。若不满足时，需加焊端缝。

杆件端部搭接采用围焊（包括三面围焊、L 形围焊）时，转角处截面突变会产生应力集中，如在此处起灭弧，可能出现弧坑或咬边等缺陷，从而加大应力集中的影响，故所有围焊的转角处必须连接施焊。对于非围焊情况，当角焊缝的端部在构件转角处时，可连续地作长度为 $2h_f$ 的绕角焊（见图 9-1-14）。

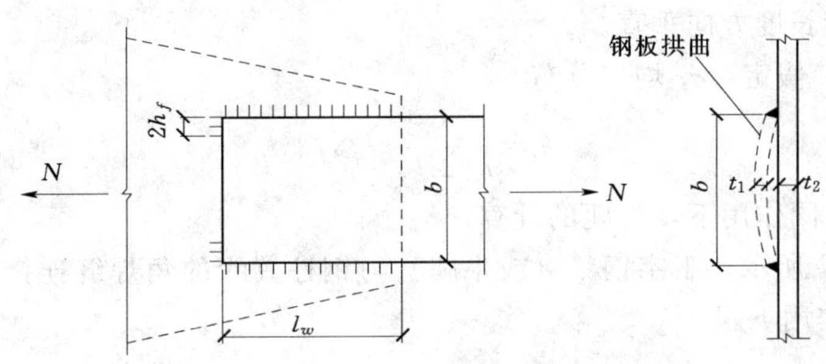

图 9-1-14　焊缝长度及两侧焊缝间距

当仅有两条正面焊缝时，要求搭接长度≥$5t_{min}$且≥25mm（见图 9-1-15）。

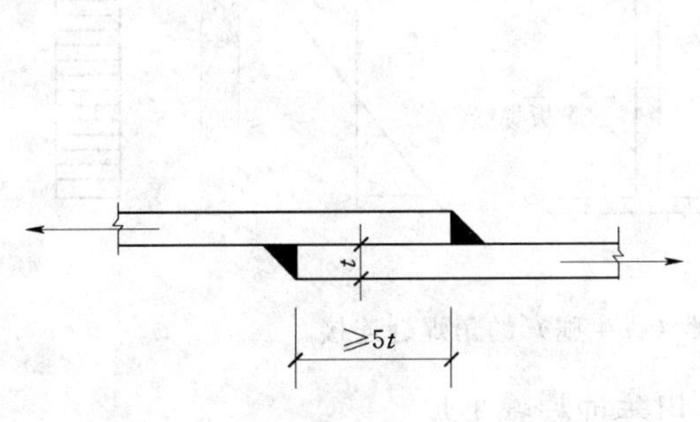

图 9-1-15　搭接连接

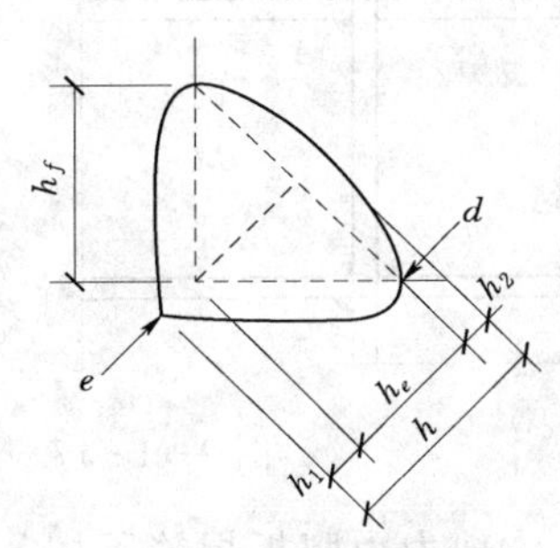

图 9-1-16　角焊缝的截面

h—焊缝厚度；h_f—焊脚尺寸；h_e—焊缝有效厚度（焊喉部位）；h_1—熔深；h_2—凸度；d—焊趾；e—焊根

3. 角焊缝的连接计算

图 9-1-16 所示为直角角焊缝的截面。试验表明，直角角焊缝的破坏常发生在有效截面处（焊喉），故对角焊缝的研究均着重于这一部位。直角角焊缝的计算厚度 $h_e=0.7h_f$。

直角角焊缝在各种应力综合作用下的计算式为：

$$\sqrt{\left(\frac{\sigma_f}{\beta_f}\right)^2+\tau_f^2}\leqslant f_f^w \tag{9-1-5}$$

式中　σ_f——按焊缝有效截面（$h_e l_w$）计算，垂直于焊缝长度方向的应力，N/mm²；

τ_f——按焊缝有效截面（$h_e l_w$）计算，沿焊缝长度方向的剪应力，N/mm²；

β_f——正面角焊缝的强度设计值提高系数，对承受静力荷载和间接承受动力荷载的结构，$\beta_f=1.22$；直接承受动力荷载的结构 $\beta_f=1.0$（由于正面角焊缝的刚度大，韧性差，应将其强度降低使用）；

f_f^w——角焊缝的抗拉、抗剪和抗压强度设计值，按钢结构用表附表 31 采用。

(1) 力与焊缝长度方向平行。

侧缝：$\sigma_f=0$；假定：τ_f 均匀分布

$$\tau_f=\frac{N}{h_e\sum l_w}\leqslant f_f^w \tag{9-1-6}$$

（2）力与焊缝长度方向垂直。

正缝：$\tau_f=0$；假定：σ_f 均匀分布

$$\sigma_f=\frac{N}{h_e\sum l_w}\leqslant\beta_f f_f^w \tag{9-1-7}$$

弯矩和剪力共同作用下，牛腿的计算。

如图 9-1-17 所示，工字钢梁（或牛腿）与钢柱翼缘的角焊缝连接，在承受弯矩 M 和剪力 V 的共同作用下。

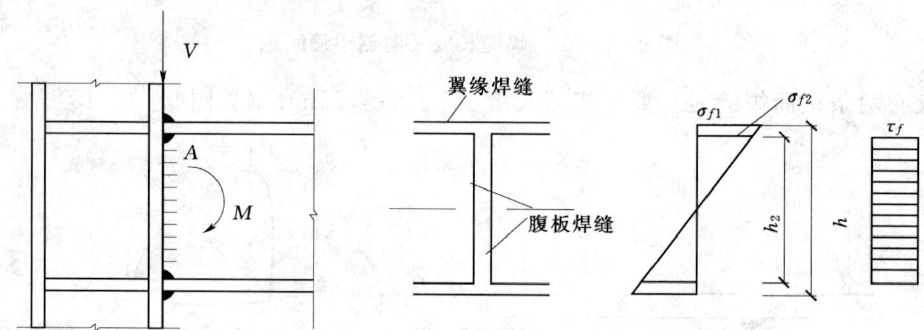

图 9-1-17　工字形梁（或牛腿）的角焊缝连接

假设：①剪力由腹板焊缝承担；②弯矩由全部焊缝承担。

1）翼缘焊缝最外纤维处的应力满足：

$$\sigma_{f1}=\frac{M}{I_w}\times\frac{h}{2}\leqslant\beta_f f_f^w \tag{9-1-8}$$

式中　M——全部焊缝所承受的弯矩，N·m；

I_w——全部焊缝有效截面对中和轴的惯性矩，mm^4；

h——上、下翼缘焊缝有效截面最外纤维之间的距离，mm。

2）腹板焊缝：

$$\sigma_{f2}=\frac{M}{I_w}\times\frac{h_2}{2} \tag{9-1-9}$$

$$\tau_f=\frac{V}{\sum(h_{e2}l_{w2})} \tag{9-1-10}$$

式中　$\sum(h_{e2}l_{w2})$——腹板焊缝有效截面积之和，mm^2；

h_2——腹板焊缝的实际长度，mm。

则腹板焊缝在 A 点的强度验算式为：

$$\sqrt{\left(\frac{\sigma_{f2}}{\beta_f}\right)^2+\tau_f^2}\leqslant f_f^w \tag{9-1-11}$$

腹板焊缝即承受垂直于焊缝长度方向的应力又承受平行腹板焊缝长度方向的剪应力。

三、任务实施

竖向力 N 在角焊缝形心处引起剪力 $V=N=365$kN 和弯矩 $M=Ne=350\times0.30=105$kN·m。

取 $h_f=8\text{mm}<1.2t_{\min}=1.2\times10=12\text{mm}$

$$>1.5\sqrt{t_{\max}}=1.5\times\sqrt{20}=6.7\text{mm}$$

考虑腹板焊缝参加传递弯矩的计算方法。

全部焊缝有效截面对中和轴的惯性矩为：

$$I_w=2\times\frac{0.7\times0.8\times38^3}{12}+2\times0.7\times0.8\times(15-1.6)\times20.28^2$$

$$+4\times0.7\times0.8\times(7.1-0.56-0.8)\times18.72^2=15799.6\text{cm}^4$$

$$W_f^w=\frac{15799.6}{20.56}=768\text{cm}^3$$

翼缘焊缝的最大应力：

$$\sigma_M=\frac{M}{W_f^w}=\frac{105\times10^6}{768\times10^3}136.7\text{N/mm}^2<\beta_f f_f^w=1.22\times160=195.2\text{N/mm}^2$$

腹板有效边缘 1 点的应力：

$$\sigma_{f1}=136.7\times\frac{19}{20.56}=126.3\text{N/mm}^2$$

由于剪力 V 在腹板焊缝中产生的平均剪应力：

$$\tau_{f1}^v=\frac{350\times10^3}{4256}=82.2\text{N/mm}^2$$

则腹板焊缝的强度（1 点为设计控制点）为：

$$\sqrt{\left(\frac{\sigma_{f2}}{\beta_f}\right)^2+\tau_f^2}=\sqrt{\left(\frac{113.2}{1.22}\right)^2+124.6^2}=155.4\text{N/mm}^2\leqslant f_f^w=160\text{N/mm}^2$$

满足要求。

任务 1.3　某工业厂房梯形屋架角钢和节点板角焊缝连接计算

一、任务描述

某工业厂房屋面采用梯形钢屋架，经计算确定该梯形屋架如图 9-1-18 所示。已知 1 号杆件的角钢为 2∟100×7，与厚度为 12mm 的节点板连接，轴心力 $N=527\text{kN}$，角钢

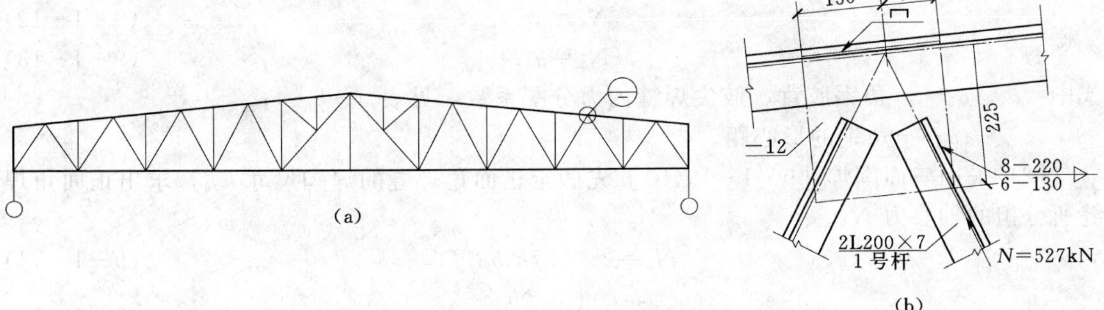

图 9-1-18　梯形钢屋架（单位：mm）

(a) 梯形钢屋架；(b) 1 号杆件角钢与节点板连接计算

和节点板采用两面侧焊，试计算角钢和节点板连接的焊缝。钢材为 Q235B，手工焊，焊条为 E43 型。

二、任务分析

该项目主要是学习有关屋架角钢和节点板连接角焊缝长度及焊脚高度的确定，从而根据角钢和节点板连接的焊缝长度，确定节点板的大小。要完成该任务，需以下知识点。

承受轴心力的角钢角焊缝计算：

在钢桁架中，主要是轴心受力构件，为了避免节点的偏心受力，各条焊缝所传递的合力作用线应与角钢杆件的轴线重合。

角钢腹杆与节点板的连接焊缝一般采用两面侧焊，也可采用三面围焊，特殊情况也允许采用 L 形围焊（见图 9-1-19）。

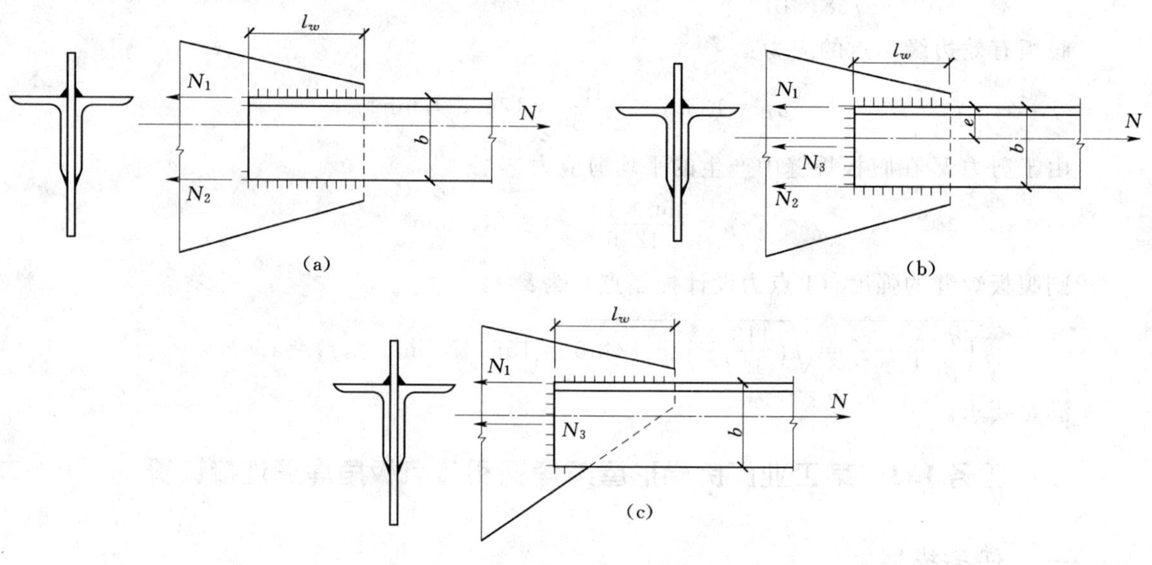

图 9-1-19　桁架腹杆与节点板的连接

(a) 两面侧焊；(b) 三面围焊；(c) L 形焊

（1）采用两面侧焊［见 9-1-19 (a)］设 N_1、N_2 分别为角钢肢背和肢尖的内力，则

$$N_1=\alpha_1 N \tag{9-1-12}$$

$$N_2=\alpha_2 N \tag{9-1-13}$$

式中　α_1、α_2——角钢肢背、肢尖焊缝内力分配系数，见表 9-1-4；

e——角钢的形心距。

（2）采用三面围焊［9-1-19(b)］先假定正面角焊缝的焊脚尺寸 h_{f3}，求出正面角焊缝所分担的轴心力 N_3。

$$N_3=2\times0.7h_f b\beta_f f_f^w \tag{9-1-14}$$

$$N_1=\alpha_1 N-\frac{N_3}{2} \tag{9-1-15}$$

$$N_2=\alpha_2 N-\frac{N_3}{2} \tag{9-1-16}$$

由强度公式
$$\tau=\frac{N}{h_e\sum l_w}\leqslant f_f^w \tag{9-1-17}$$

肢背焊缝
$$l_{w1}=\frac{N_1}{2\times0.7h_f f_f^w} \tag{9-1-18}$$

肢尖焊缝
$$l_{w2}=\frac{N_2}{2\times0.7h_f f_f^w} \tag{9-1-19}$$

L形焊［见图9-1-19（c)］和三面围焊计算方法相似，只是取角钢肢尖的受力 $N_2=0$。

表9-1-4　　角钢角焊缝内力分配系数

角钢类型	连接形式	分配系数	
		角钢肢背 α_1	角钢肢尖 α_2
等肢		0.7	0.3
不等肢（短肢相拼）		0.75	0.25
不等肢（长肢相拼）		0.65	0.35

三、任务实施

肢背焊脚高度需满足：

$$h_{f\min}=1.5\sqrt{t_{\max}}=1.5\sqrt{12}=5.2\text{mm}$$
$$h_{f\max}=1.2t_{\min}=1.2\times7=8.4$$

取肢背焊缝 $h_f=8$mm

肢尖焊脚高度需满足：

$$h_{f\min}=1.5\sqrt{t_{\max}}=1.5\sqrt{12}=5.2\text{mm}$$
$$h_{f\max}=1.2t_{\min}=1.2\times7=8.4$$
$$t_1=7\text{mm}>6\text{mm},\ h_f\leqslant t_1-(1-2)\text{mm}=6\text{mm}$$

取肢尖焊缝 $h_f=6$mm

下面计算所需的焊缝长度

肢背焊缝受力为：

$$N_1=\alpha_1 N=0.7\times527=368.9\text{kN}$$
$$N_2=\alpha_2 N=0.3\times527=158.1\text{kN}$$

肢背焊缝　　$l_{w1}=\dfrac{N_1}{2\times0.7h_f f_f^w}=\dfrac{368.9\times10^3}{2\times0.7\times8\times160}=206\text{mm}$

$l_{w1}=206+2\times8=222$mm；取 $l_{w1}=220$mm

肢尖焊缝　　$l_{w2}=\frac{N_2}{2\times0.7h_ff_f^w}=\frac{158.1\times10^3}{2\times0.7\times6\times160}=118\text{mm}$

取 $l_{w2}=118+2\times6=130\text{mm}$

任务 1.4　某次梁和主梁的普通螺栓受剪连接设计

一、任务描述

某次梁和主梁的连接如图 9-1-20 所示。主梁腹板厚 12mm，次梁采用 32 号工字钢，腹板厚度为 8mm，梁端反力为 $R=100\text{kN}$，与主梁上连接角钢为单剪连接，钢材为 Q235A·F。采用 C 级普通螺栓连接。试设计该连接。

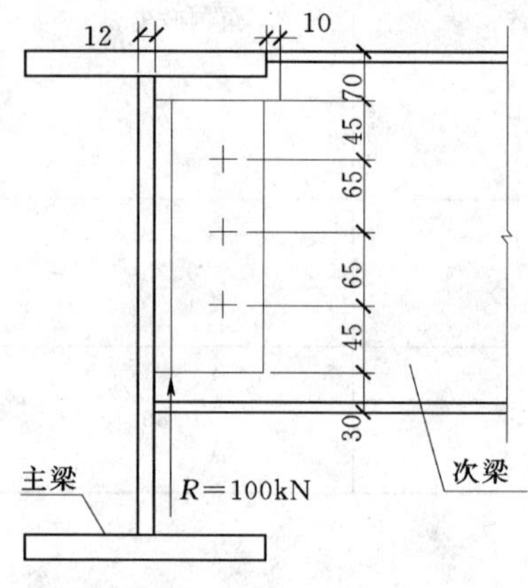

图 9-1-20　主次梁连接详图

二、任务分析

该任务为主次梁的腹板通过普通螺栓连接，翼缘没有连接，故为铰接节点，要设计此连接，首先必须了解普通螺栓连接有哪些受力方式、破坏形式，以及它在各种内力作用下的计算方法。要完成该连接需以下知识点。

普通螺栓通常采用由 Q235 钢制成，根据加工精度分 A、B、C 三级。A、B 级为精制螺栓，连接的抗剪性能好，制造安装费工，且费用较高，目前建筑结构中已较少使用。C 级螺栓加工粗糙，孔径 d_0 比杆径 d 大 1.5～3.0mm，抗剪性能差，但传递拉力的性能好，用于受拉连接及一些次要连接，性能等级为 4.6 级或 4.8 级。其中小数点前的数字表示螺栓成品的抗拉强度不小于 400N/mm^2，小数点及小数点后的数字表示屈强比为 0.6。

1. 螺栓的规格和排列

钢结构采用的普通螺栓形式为大六角头型，其代号用字母 M 与公称直径表示。常用 M16、M20、M24 等。钢结构施工图中的螺栓和孔，需要将螺栓及其孔的施工要求用图形表示清楚，以免引起混淆。其图例见表 9-1-5。

表 9-1-5　　螺栓及其孔眼图例

名称	永久螺栓	高强度螺栓	安装螺栓	圆形螺栓孔	长圆形螺栓孔
图例					b　d

螺栓的排列通常分为并列、错列两种形式（见图 9-1-21）。螺栓在构件上的排列要满足以下三个方面的要求。

（1）受力要求：端距过小，端部钢板会在外力作用下会被撕裂；受压的时候，顺内力方向螺栓中距过大，容易引起鼓曲。

（2）构造要求：螺栓间距不能太大，否则连接钢板不易夹紧，潮气容易侵入缝隙引起

钢板锈蚀。

(3) 施工要求：螺栓间距不能太近，要满足净空要求，便于安装，否则不利于扳手操作。

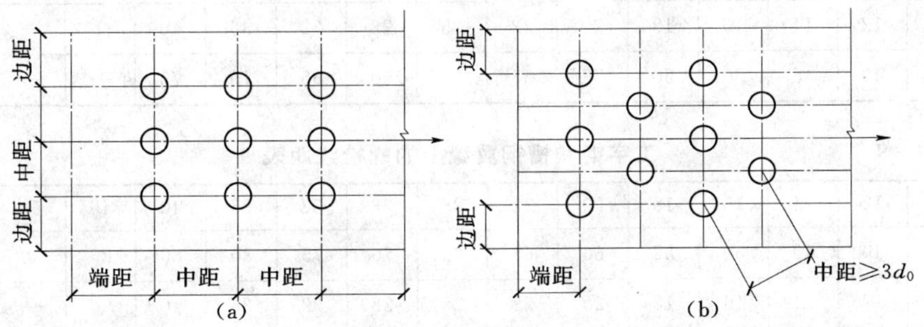

图 9-1-21 钢板的螺栓（铆钉）排列

(a) 并列；(b) 错列

《规范》制定出螺栓排列最大、最小容许距离（见表 9-1-6），在型钢上排列的螺栓还应符合各自线距和最大孔径的要求（见表 9-1-7～表 9-1-9）。角钢、普通工字钢、槽钢截面上排列螺栓的线距应满足图 9-1-22 的要求。

表 9-1-6　　螺栓或铆钉的最大、最小容许距离

<table>
<tr><th>名称</th><th colspan="3">位置和方向</th><th>最大容许距离
（取两者较少者）</th><th>最少容许距离</th></tr>
<tr><td rowspan="5">中心间距</td><td colspan="3">外排（垂直内力方向或顺内力方向）</td><td>$8d_0$ 或 $12t$</td><td rowspan="5">$3d_0$</td></tr>
<tr><td rowspan="3">中间排</td><td colspan="2">垂直内力方向</td><td>$16d_0$ 或 $24t$</td></tr>
<tr><td rowspan="2">顺内力方向</td><td>压力</td><td>$12d_0$ 或 $18t$</td></tr>
<tr><td>拉力</td><td>$16d_0$ 或 $24t$</td></tr>
<tr><td colspan="3">沿对角线方向</td><td>—</td></tr>
<tr><td rowspan="4">中心至构件边缘距离</td><td colspan="3">顺内力方向</td><td rowspan="4">$4d_0$ 或 $8t$</td><td>$2d_0$</td></tr>
<tr><td rowspan="3">垂直内力方向</td><td colspan="2">剪切边或手工气割边</td><td rowspan="2">$1.5d_0$</td></tr>
<tr><td rowspan="2">轧制边自动精密气割或锯割边</td><td>高强度螺栓</td></tr>
<tr><td>其他螺栓或铆钉</td><td>$1.2d_0$</td></tr>
</table>

表 9-1-7　　角钢上螺栓或铆钉线距表　　单位：mm

<table>
<tr><td rowspan="3">单行排列</td><td>角钢肢宽</td><td>40</td><td>45</td><td>50</td><td>56</td><td>63</td><td>70</td><td>75</td><td>80</td><td>90</td><td>100</td><td>110</td><td>125</td></tr>
<tr><td>线距 e</td><td>25</td><td>25</td><td>30</td><td>30</td><td>35</td><td>40</td><td>40</td><td>45</td><td>50</td><td>55</td><td>60</td><td>70</td></tr>
<tr><td>钉孔最大直径</td><td>11.5</td><td>13.5</td><td>13.5</td><td>15.5</td><td>17.5</td><td>20</td><td>22</td><td>22</td><td>24</td><td>24</td><td>26</td><td>26</td></tr>
<tr><td rowspan="4">双行错排</td><td>角钢肢宽</td><td>125</td><td>140</td><td>160</td><td>180</td><td>200</td><td rowspan="4">双行并列</td><td>角钢肢宽</td><td>160</td><td>180</td><td>200</td></tr>
<tr><td>e_1</td><td>55</td><td>60</td><td>70</td><td>70</td><td>80</td><td>e_1</td><td>60</td><td>70</td><td>80</td></tr>
<tr><td>e_2</td><td>90</td><td>100</td><td>120</td><td>140</td><td>160</td><td>e_2</td><td>130</td><td>140</td><td>160</td></tr>
<tr><td>钉孔最大直径</td><td>24</td><td>24</td><td>26</td><td>26</td><td>26</td><td>钉孔最大直径</td><td>24</td><td>24</td><td>26</td></tr>
</table>

表 9-1-8　　工字钢和槽钢腹板上的螺栓线距表　　单位：mm

工字钢型号	12	14	16	18	20	22	25	28	32	36	40	45	50	56	63
线距 c_{min}	40	45	45	45	50	50	55	60	60	65	70	75	75	75	75
槽钢型号	12	14	16	18	20	22	25	28	32	36	40	—	—	—	—
线距 c_{min}	40	45	50	50	55	55	55	60	65	70	75	—	—	—	—

表 9-1-9　　工字钢和槽钢翼缘上的螺栓线距表　　单位：mm

工字钢型号	12	14	16	18	20	22	25	28	32	36	40	45	50	56	63
线距 c_{min}	40	40	50	55	60	65	65	70	75	80	80	85	90	95	95
槽钢型号	12	14	16	18	20	22	25	28	32	36	40	—	—	—	—
线距 c_{min}	30	35	35	40	40	45	45	45	50	56	60	—	—	—	—

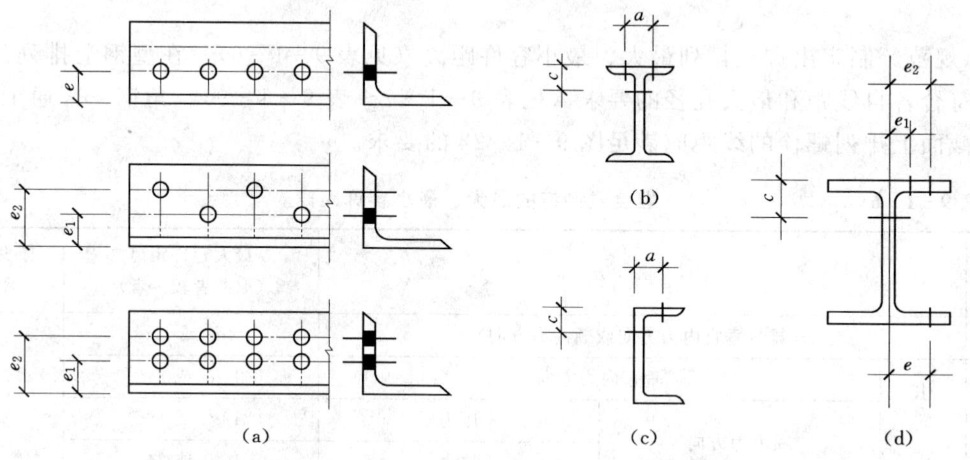

图 9-1-22　型钢的螺栓（铆钉）排列

(a) 角钢；(b) 工字钢；(c) 槽钢；(d) H 形钢

2. 螺栓连接的构造要求

(1) 为了使连接可靠，每一杆件在节点上以及拼接接头的一端，永久性螺栓数不宜少于两个。

(2) 对于直接承受动力荷载的普通螺栓连接应采用双螺帽或其他防止螺帽松动的有效措施。

3. 普通螺栓连接的工作性能和计算

普通螺栓连接按其传力方式可分为三类：外力与栓杆垂直的受剪螺栓连接［见图 9-1-23 (a)］；外力与栓杆平行的受拉螺栓连接［见图 9-1-23(b)］；同时受剪和受拉的螺栓连接［见图 9-1-23 (c)］。

4. 受剪螺栓连接

(1) 受剪螺栓连接在达到极限承载力时可能出现五种破坏形式，如图 9-1-24 所示。

1) 栓杆被剪断——当螺栓直径较小而钢板相对较厚时发生［见图 9-1-24 (a)］；

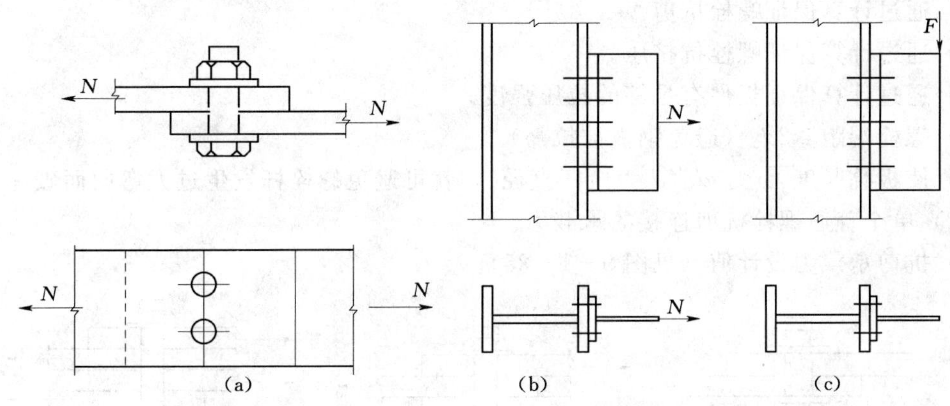

图9-1-23　普通螺栓连接按传力方式分类

(a) 受剪螺栓连接；(b) 受拉螺栓连接；(c) 同时受剪和受拉的螺栓连接

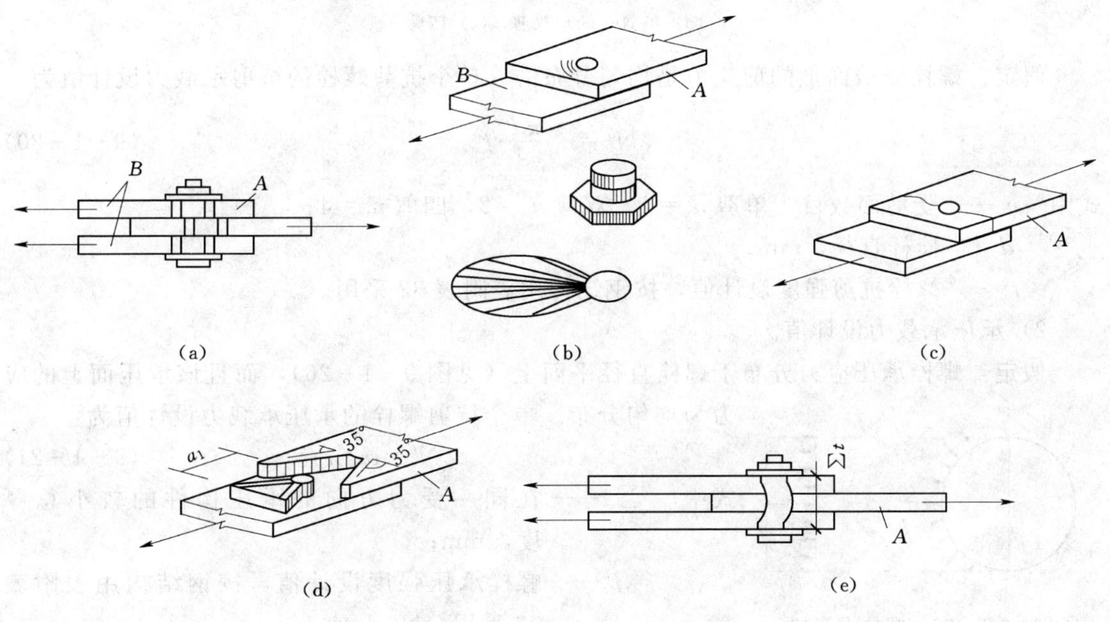

图9-1-24　受剪螺栓连接的破坏形式

(a) 栓杆被剪断；(b) 钢板孔壁被挤压破坏；(c) 钢板被拉断；
(d) 端部钢板被剪坏；(e) 栓件受弯破坏

2）钢板孔壁被挤压破坏——当螺栓直径较大而被连接钢材相对较薄时可能发生［见图9-1-24(b)］；

3）钢板被拉断——当钢板因螺孔削弱过多时可能发生［见图9-1-24（c)］；

4）端部钢板被剪坏——当顺受力方向端距离过小时可能发生［见图9-1-24（d)］；

5）栓杆受弯破坏——当螺栓杆过长（被连接钢材总厚度较大）时，可能发生破坏［见图9-1-24(e)］。

以上破坏形式，应采取以下措施防止：

1）通过计算保证螺栓抗剪。

2）通过计算保证螺栓抗挤压。

3）通过计算保证板件有足够的拉压强度。

4）螺栓端距$\geqslant 2d_0$（避免钢板被拉豁）。

5）使板叠厚度$\sum t \leqslant 5d$（d为栓杆直径），就可避免螺栓杆发生过大弯曲而破坏。

（2）单个普通螺栓抗剪连接的承载力。

1）抗剪承载力设计值（见图9-1-25）。

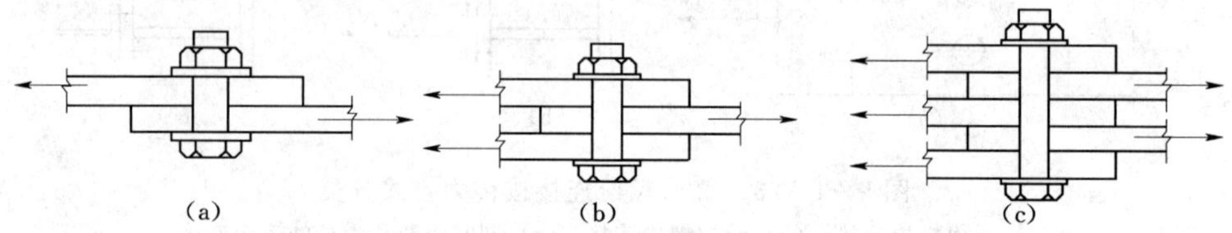

图9-1-25　抗剪承载力

(a) 单剪；(b) 双剪；(c) 四剪

假定：螺栓受剪面上的剪应力是均匀分布的。单个抗剪螺栓的抗剪承载力设计值为：

$$N_v^b = n_v \frac{\pi d^2}{4} f_v^b \tag{9-1-20}$$

式中　n_v——受剪面数目，单剪$n_v=1$，双剪$n_v=2$，四剪$n_v=4$；

d——栓杆直径，mm；

f_v^b——螺栓抗剪强度设计值，按钢结构用表附表32采用。

2）承压承载力设计值。

假定：螺栓承压应力分布于螺栓直径平面上（见图9-1-26），而且该承压面上的应力为均匀分布。单个抗剪螺栓的承压承载力设计值为：

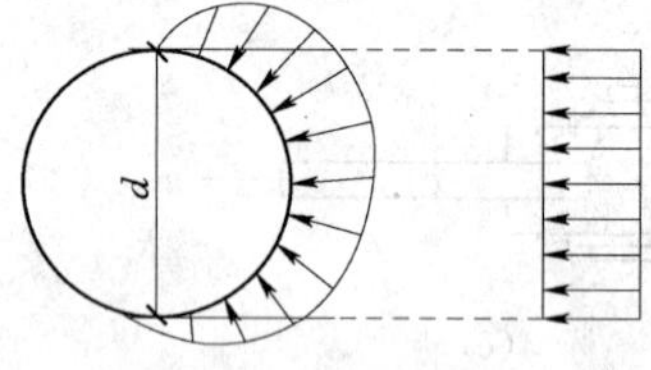

图9-1-26　螺栓承压的计算承压面积

$$N_c^b = d \sum t f_c^b \tag{9-1-21}$$

式中　$\sum t$——在同一受力方向的承压构件的较小总厚度，mm；

f_c^b——螺栓承压强度设计值，按钢结构用表附表32采用，N/mm^2。

3）单个螺栓的抗剪承载力设计值为：

$$N_{min}^b = \min\{N_v^b, N_c^b\} \tag{9-1-22}$$

（3）普通螺栓群抗剪连接计算。

1）普通螺栓群轴心受剪。

a. 连接所需螺栓的数目。

假定：各螺栓受到的剪力相等。

$$N_v = \frac{N}{n} \leqslant N_{min}^b \tag{9-1-23}$$

连接一侧所需的螺栓数：

$$n \geqslant \frac{N}{N_{min}^{b}} \tag{9-1-24}$$

式中 N_{min}^{b}——一个螺栓抗剪承载力设计值与承压承载力设计值的较小值，N。

当节点板或拼接接头一端螺栓沿受力方向的连接长度 $l_1 > 15d_0$ 时，即使连接进入弹塑性阶段，螺栓受力不均匀（见图9-1-27），端部螺栓受力仍最大，往往首先破坏。折减系数为：

$$\eta = 1.1 - \frac{l_1}{150d_0} \tag{9-1-25}$$

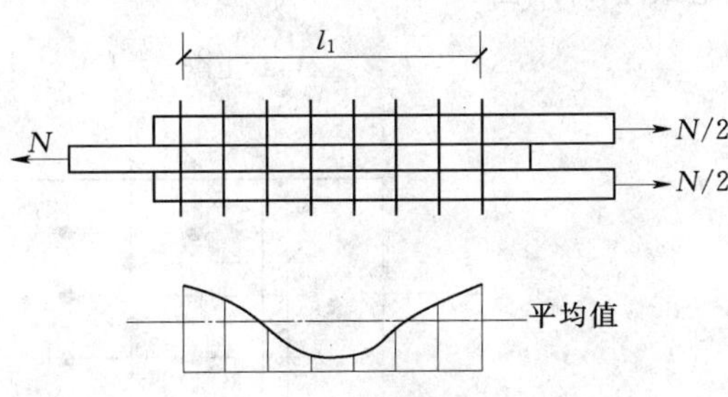

图9-1-27 长接头螺栓的内力力分布

因此，应将螺栓的承载力（N_v^b、N_c^b）乘以下列折减系数：

当 $l_0 > 15d_0$ $\eta = 1.1 - \dfrac{l_1}{150d_0}$；

当 $l_0 \geqslant 60d_0$ $\eta = 0.7$。

b. 构件净截面强度的验算。

为了防止构件因开孔削弱截面而拉短，还需验算开孔截面的强度：

$$\sigma = \frac{N}{A_n} \leqslant f \tag{9-1-26}$$

式中 A_n——构件净截面面积，mm^2。

净截面强度验算应选择构件或连接板的最不利截面，即内力最大祸螺孔较多的截面。

当螺栓并列布置时（见图9-1-28），构件最不利截面为Ⅰ—Ⅰ，内力最大为 N，连接板的截面因和构件受力相反，截面Ⅲ—Ⅲ受力最大，亦为 N，故需按下式比较它和构件截面Ⅰ—Ⅰ的净截面面积，以确定最不利截面：

连接件截面Ⅰ—Ⅰ： $A_n = t(b - n_1 d_0)$ (9-1-27)

被连接板Ⅲ—Ⅲ截面： $A_n = 2t_1(b - n_3 d_0)$ (9-1-28)

式中 n_1、n_3——截面Ⅰ—Ⅰ和Ⅲ—Ⅲ上的螺孔数；

t、t_1、b——构件和连接板的厚度和宽度，mm。

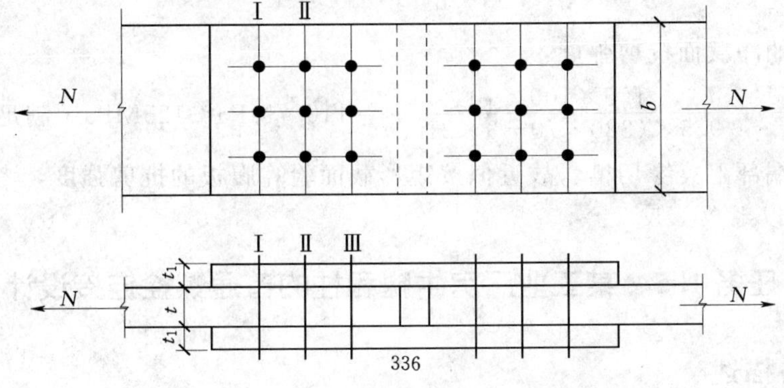

图9-1-28 螺栓并列布置

当螺栓错列布置时（见图 9-1-29），构件或连接板除可能沿直线截面Ⅰ—Ⅰ破坏，还可能沿折线截面Ⅱ—Ⅱ破坏，因其长度虽较大，但螺孔较多，故需按下式净截面面积以确定最不利截面：

$$A_n=[2e_1+(n_2-1)\sqrt{a^2+e^2}-n_2d_0]\cdot t \tag{9-1-29}$$

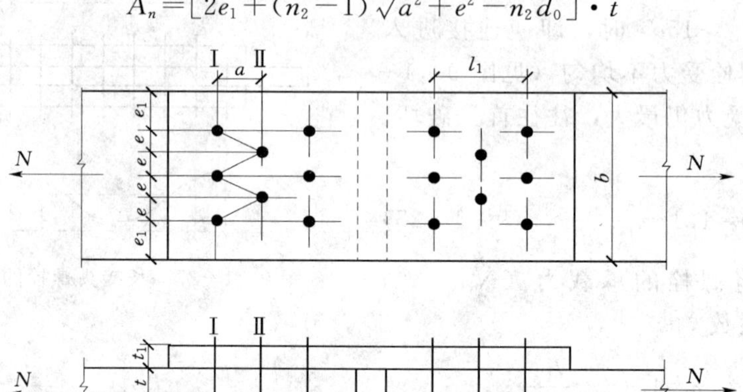

图 9-1-29　螺栓错列布置

三、任务实施

根据螺栓的构造要求及受力，可以初步试选 M20 螺栓，孔径 $d_0=21.5$mm。

单个螺栓的抗剪承载力设计值为：

$$N_v^b=n_v\frac{\pi d^2}{4}f_v^b=1\times\frac{\pi\times20^2}{4}\times140\times10^{-3}=43.9\text{kN}$$

螺栓对次梁的承压承载力设计值为：

$$N_c^b=d\sum tf_c^b=20\times9.5\times305\times10^{-3}=57.95\text{kN}$$

单个螺栓的抗剪承载力设计值为：

$$N_{\min}^b=\min\{N_v^b,N_c^b\}=43.9\text{kN}$$

轴心受力，螺栓的个数为：

$$n=\frac{R}{N_{\min}^b}=\frac{100}{43.9}=2.3\text{ 个，取 }n=3\text{ 个}$$

验算腹板的净截面抗剪强度：

$$\tau=\frac{1.5R}{A_{un}}=\frac{1.5\times100\times10^3}{9.5\times(320-70-3\times21.5)}=110.7\text{MPa}<125\text{MPa}\quad\text{满足要求。}$$

考虑次梁端部上翼缘切槽，故近似按矩形截面验算腹板的抗剪强度，考虑次梁翼缘的削弱，故 R 乘以系数 1.5。

任务 1.5　某工业厂房牛腿和柱的普通螺栓连接设计

一、任务描述

某工业厂房牛腿用 C 级普通螺栓以及承托与柱连接，如图 9-1-30 所示，承受竖向

荷载（设计值）$F=200\text{kN}$，偏心距为 $e=200\text{mm}$。试设计其螺栓连接。已知构件和螺栓均用 Q235 钢材，螺栓为 M20，孔径 21.5mm。

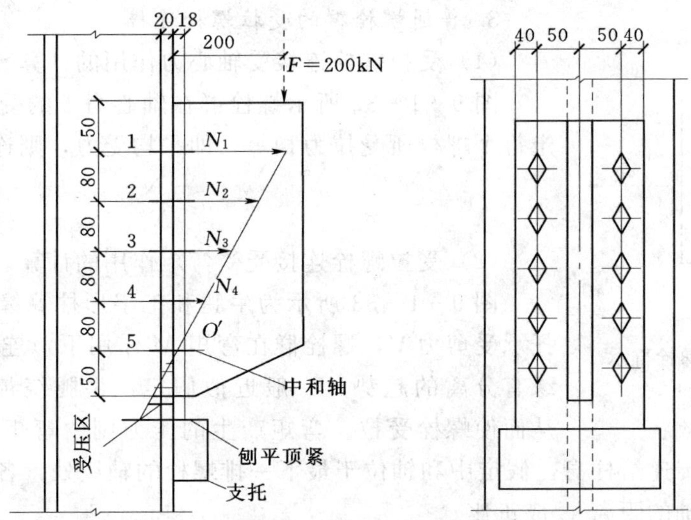

图 9-1-30 某厂房牛腿与柱的普通螺栓连接

二、任务分析

牛腿在偏心力 F 的作用下，将集中力 F 向螺栓群平面简化，则产生弯矩 M 和剪力 V，而剪力 V 由支托来承担，螺栓群仅承受弯矩 M。这是一个螺栓群在弯矩作用下使螺栓受拉的问题，要设计该连接，首先要了解受拉螺栓连接的传力方式和受力性能，分析螺栓群在弯矩 M 的作用下的受力情况以及计算方法。

1. 受拉螺栓连接的受力性能

螺栓所受拉力的大小与被连接板件的刚度有关，刚度大，连接板件无变形。受拉螺栓连接的破坏形式是栓杆被拉断，拉断部位多在螺纹削弱的截面处。图 9-1-31 为螺栓 T 形连接受力示意图。

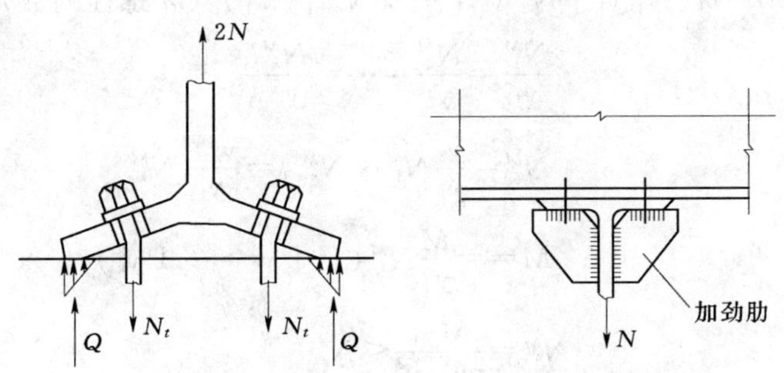

图 9-1-31 受拉螺栓连接

2. 单个普通螺栓的抗拉承载力设计值

$$N_t^b=\frac{\pi d_e^2}{4}f_t^b=A_e f_t^b \qquad (9-1-30)$$

式中　d_e、A_e——螺纹处有效直径和有效面积，mm、mm²；

f_t^b——螺栓的抗拉强度设计值，按钢结构用表附表 32 采用，N/mm²。

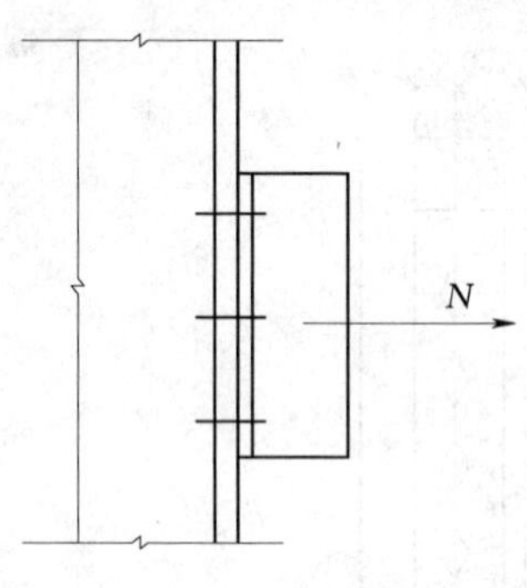

图 9－1－32　螺栓群承受轴心拉力

3. 普通螺栓群的受拉螺栓连接

（1）受拉螺栓连接受轴心力作用的计算。

图 9－1－32 所示螺栓群在轴心力下的受拉连接，可以假定每个螺栓所受拉力相等，即平均受力，则连接所需螺栓数

$$n \geqslant \frac{N}{N_t^b} \tag{9-1-31}$$

（2）受拉螺栓连接受受弯矩作用的计算。

图 9－1－33 所示为牛腿和工字形柱翼缘用螺栓连接，支托承受剪力 V，螺栓群在弯矩 M 作用下，连接上部牛腿和翼缘有分离的趋势。一般近似假定，牛腿绕最底排螺栓旋转，从而使螺栓受拉。弯矩产生的压力则由弯矩指向一侧部分牛腿端板通过挤压传递给柱身，假定中和轴位于最下一排螺栓的轴线处，各排螺栓所受拉力大小与其至中和轴的距离 y_i 成正比。

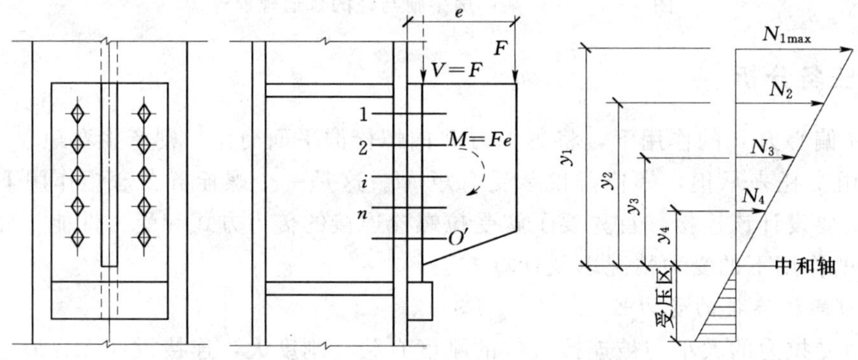

图 9－1－33　普通螺栓弯矩受拉

由平衡条件：$M=m(N_1^M y_1+N_2^M y_2+\cdots+N_{n-1}^M y_{n-1})$（$m$ 螺栓列数）

由假定条件：

$$\frac{N_1^M}{y_1}=\frac{N_2^M}{y_2}=\cdots=\frac{N_{n-1}^M}{y_{n-1}}$$

$$N_2^M=\frac{y_2}{y_1}N_1^M \cdots N_{n-1}^M=\frac{y_{n-1}}{y_1}N_1^M$$

$$M==\frac{M}{y_1}N_1^M(y_1^2+y_2^2+\cdots+y_n^2)$$

$$N_1^M=\frac{My_1}{m\sum y_i^2}\leqslant N_t^b \tag{9-1-32}$$

式中　M——弯矩设计值，mm；

y_1、y_i——最外排螺栓（1 号）和第 i 排螺栓到转动轴 O' 的距离，转动轴通常取在弯矩指向一侧最外排螺栓处，mm；

m——螺栓纵向列数，图 9－1－33 中，$m=2$。

三、任务实施

受力分析：将集中力 F 平移至螺栓群平面，则产生弯矩 M 和剪力 V。剪力 V 由于牛腿的端板与支托刨平顶紧，则由支托承担；螺栓群仅承受弯矩 M：查表，M20（$A_e=245\text{mm}^2$）

承托传递全部剪力 V，

$$V=F=200\text{kN}$$

弯矩由螺栓连接传递，$M=Ve=200\times0.20=40\text{kN}\cdot\text{m}$

单个螺栓最大拉力

$$N_1=\frac{My_1}{\sum y_i^2}=\frac{40\times0.32}{2\times(0.08^2+0.16^2+0.24^2+0.32^2)}=33.33\text{kN}$$

单个螺栓的抗拉承载力设计值为：

$$N_t^b=A_e f_t^b=245\times170=41.7\text{kN}>N_1=33.33\text{kN}$$

任务1.6　某工业厂房梯形屋架支座普通螺栓连接节点设计

一、任务描述

某工业厂房屋架支座连接节点如图9-1-34所示，钢材为Q235，C级普通螺栓M22，图中下弦、腹杆和节点板等在工厂焊成整体，在工地吊装就位于柱的支托处，然后用普通螺栓与柱连成整体。螺栓布置如图9-1-34所示，验算该连接是否安全。

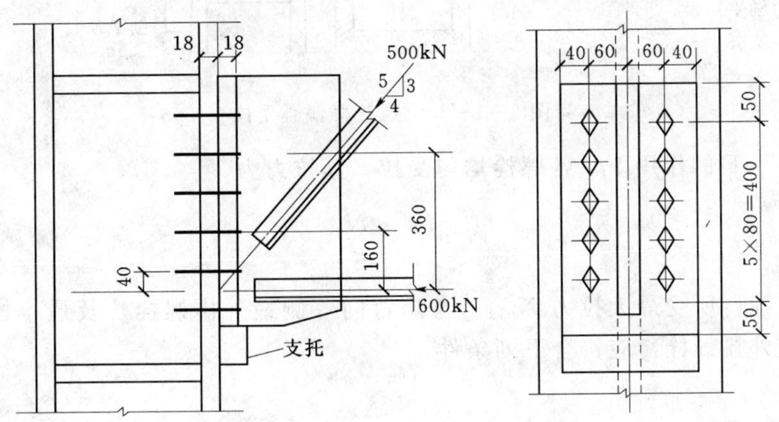

图9-1-34　某工业厂房架支座连接节点

二、任务分析

屋架支座连接节点在偏心力的作用下，螺栓群偏心受拉相当于连接承受轴心拉力 N

和弯矩 $M=Ne$ 的联合作用，使螺栓受拉，要设计该连接，首先要了解螺栓群在偏心力作用下的受力状态，然后根据要求来设计该连接，要设计该连接需以下知识点。

三、任务知识点

1. 普通螺栓群偏心受拉

由图 9-1-35（a）可知，螺栓群偏心受拉相当于连接承受轴心拉力 N 和弯矩 $M=Ne$ 的联合作用。按弹性设计法，根据偏心距的大小可能出现小偏心受拉和大偏心受拉两种情况。

（1）小偏心受拉。

当偏心距 e 较小，弯矩 $M=Fe$ 不大，连接以承受轴心拉力 N 为主，这时，螺栓群中所有螺栓均受拉。在计算 M 产生的螺栓内力时，转动轴取在螺栓群的形心轴 O 处［见图 9-1-35（a）］。根据式（9-1-32）可得最顶排螺栓所受拉力为

$$N_1^M=\frac{Ney_1}{m\sum y_i^2} \tag{9-1-33}$$

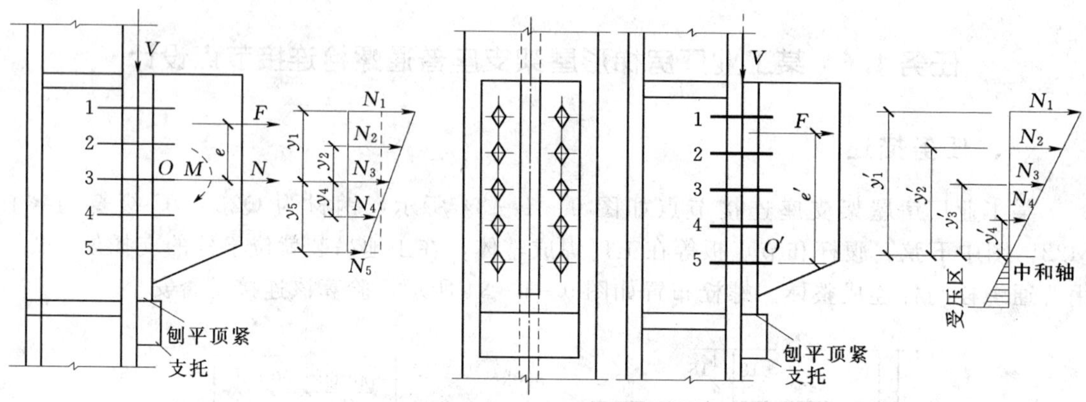

图 9-1-35　螺栓群偏心受拉

在轴心拉力 $N=F$ 的作用下，各螺栓均匀受拉，其拉力为

$$N_1^N=\frac{N}{n} \tag{9-1-34}$$

因此，螺栓群所受最大拉力 N_{max}（弯矩背向一侧最外排螺栓）及最小拉力 N_{min}（弯矩指向一侧最外排螺栓）应符合下列条件

$$N_{1max}=\frac{N}{n}+\frac{Ney_1}{m\sum y_i^2}\leqslant N_t^b \tag{9-1-35}$$

$$N_{1min}=\frac{N}{n}-\frac{Ney_1}{m\sum y_i^2}\geqslant 0 \tag{9-1-36}$$

由 $N_{1min}\geqslant 0$ 得 $e\leqslant\frac{m\sum y_i^2}{ny_1}$ 为小偏心受拉。

式中 F——偏心拉力设计值，N；

e——偏心拉力至螺栓群中心 O 的距离，mm；

n——螺栓数，图 9-1-35（a）中 $n=10$；

y_1——最外排螺栓到螺栓群中心 O 的距离，mm；

y_i——第 i 排螺栓到螺栓群中心 O 的距离，mm；

m——螺栓的纵向列数，图 9-1-35（a）中 $m=2$。

（2）大偏心受拉。

作用力 N 远离螺栓群的形心，偏心距 e 较大，式（9-1-34）不能满足时，端板底部会出现受压区螺栓群转动轴位置下移，偏安全的近似取转动轴在弯矩指向一侧最外排螺栓 O' 处。则

1 号螺栓所受拉力最大
$$N_{1\max}=\frac{Ne'y'_1}{m\sum y'^2_i}\leqslant N_t^b \tag{9-1-37}$$

式中 F——偏心拉力设计值，N；

e'——偏心拉力 F 至转动轴 O' 的距离，转动轴一般取在弯矩指向一侧最外排螺栓，mm；

y'_1——最外排螺栓到转动轴 O' 的距离，mm；

y'_i——第 i 排螺栓到转动轴 O' 的距离，mm；

m——螺栓的纵向列数，图 9-1-35（b）中 $m=2$。

四、任务实施

竖向剪力 $V=500\times3/5=300\text{kN}$，全部由支托承担。

水平偏心力 $N=600-500\times4/5=200\text{kN}$，由螺栓群来分担，（最底下的螺栓受力最大）。

（1）单个螺栓的抗拉承载力设计值。

已知 $f_t^b=170\text{N/mm}^2$，$A_e=303.4\text{mm}^2$，则单个螺栓的抗拉承载力设计值为：

$$N_b^t=A_e f_t^b=303.4\times170=51.6\text{kN}$$

（2）螺栓强度验算。

下弦杆轴线距螺栓群形心 $e=160\text{mm}$。

$$N_{1\min}=\frac{N}{n}-\frac{Ney_1}{m\sum y_i^2}=\frac{200\times10^3}{12}-\frac{200\times10^3\times160\times200}{2\times(40^2+120^2+200^2)\times2}$$

$$=17.1-29.1=-12\text{kN}<0$$

$N_{1\min}<0$，表明端板上部有受压区，属于大偏心受拉，此时螺栓群的转动轴在最顶排螺栓，最底排的螺栓受力最大，偏心距为 360mm。

$$N_{1\max}=\frac{Ney_1}{m\sum y_i^2}=\frac{200\times10^3\times360\times400}{2\ (80^2+160^2+240^2+320^2+400^2)}=41.8\text{kN}\leqslant N_t^b=51.6\text{kN}$$ 经过验算，满足要求。

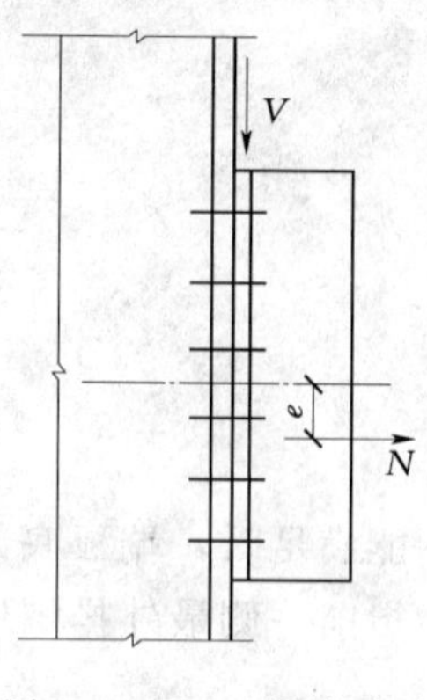

图 9-1-36　螺栓群受剪力和拉力联合作用

五、知识拓展

普通螺栓受剪力和拉力的联合作用（拉剪螺栓连接）。

图 9-1-36 所示连接，螺栓群承受剪力 V 和偏心拉力 N（即轴心拉力 N 和弯矩 $M=Ne$）的联合作用。

承受剪力和拉力联合作用的普通螺栓应考虑两种可能的破坏形式：一是螺杆受剪兼受拉破坏；二是孔壁承压破坏。

根据试验结果，螺栓的强度条件应满足下述曲线相关方程：

$$\sqrt{\left(\frac{N_v}{N_v^b}\right)^2+\left(\frac{N_t}{N_t^b}\right)^2}\leqslant 1 \tag{9-1-38}$$

式中　N_v、N_t——一个螺栓所承受的剪力和拉力，N。

当连接板件过薄时，可能因承压强度不足而破坏，需按下列公式计算螺栓的承压承载力：

$$N_v\leqslant N_c^b \tag{9-1-39}$$

$$N_v=\frac{V}{n} \tag{9-1-40}$$

任务 1.7　某钢框架主次梁高强度螺栓受剪连接计算

一、任务描述

如图 9-1-37 所示，某钢框架结构，主梁采用 H596×199×10×15，次梁采用 H300×150×6.5×9，次梁简支在主梁上，经计算梁端剪力为 $V=100$kN，钢材为 Q345，采用 8.8 级高强度螺栓摩擦型连接，表面处理方法为喷砂后生赤锈，试设计此主次梁的节点连接。

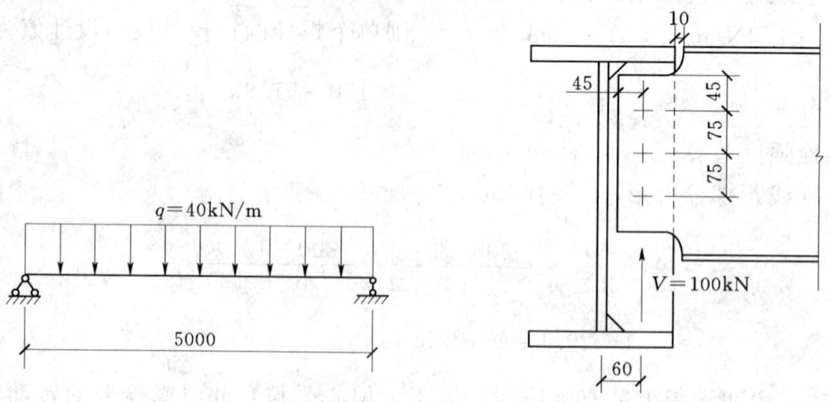

图 9-1-37　某钢框架主次梁高强度螺栓受剪连接

二、任务分析

次梁简支在主梁上，次梁支点在主梁的中心线上，连接采用摩擦型高强度螺栓，连接

螺栓除承受次梁的剪力外，尚应考虑由于连接偏心所产生的附加弯矩 $M=Ve$ 的作用。

三、任务知识点

1. 高强螺栓连接分类

(1) 按传力方式分。

高强螺栓连接分为摩擦型和承压型两种。

摩擦型高强度螺栓在抗剪连接中，设计时，以剪力达到板件接触面间可能发生的最大摩擦力为极限状态。摩擦型螺栓连接变形小，弹性性能好，耐疲劳，施工较简单，适用于承受动力荷载的结构连接。

承压型在受剪连接时，允许摩擦力被克服并发生相对滑移，之后外力还可以继续增加，并以栓杆受剪或孔壁承压的最终破坏为极限状态。在受拉时，二者没有区别。承压型螺栓连接承载力高于摩擦型螺栓，连接紧凑，剪切变形大，不能用于承受动力荷载的结构连接。

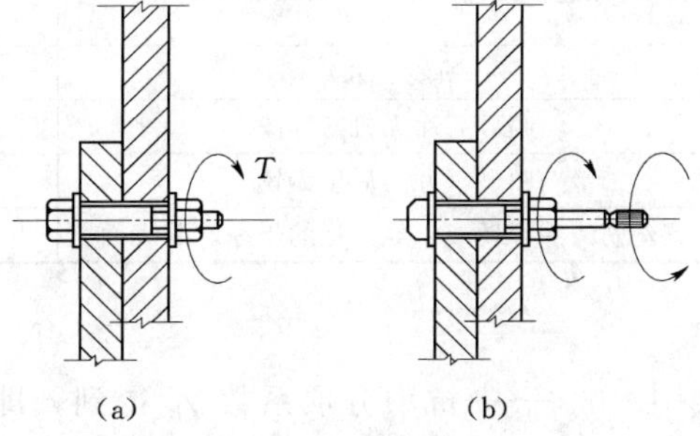

图 9-1-38 高强度螺栓

(a) 大六角头型号；(b) 扭剪型

(2) 按性能等级分。

高强度螺栓的性能等级按热处理后的强度，分为 8.8 级、10.9 级。其中小数点前 8、10 表示螺栓材料经热加工后的最低抗拉强度为 800、1000N/mm^2；小数点后 0.8、0.9 表示屈强比。

2. 高强度螺栓的紧固方法

高强度螺栓分大六角头型号［见图 9-1-38 (a)］和扭剪型［见图 9-1-38 (b)］两种。都是通过拧紧螺帽，使螺杆受到拉伸作用产生预拉力，而被连接板件间产生压紧力。

(1) 预拉力的控制方法。

1) 扭矩法。初拧后，使用一种能直接显示所施加扭矩大小的定扭扳手，终拧扭矩由试验测定。

2) 转角法。初拧后，用电动或风动扳手继续螺母 1/3～2/3 圈，终拧角度与板叠厚度和螺栓直径等有关，可测定。

3) 扭断螺栓尾部法。适用扭剪型高强度螺栓。用特制电动扳手的两个套筒分别套住螺母和螺栓尾部（正、反转），由于螺栓尾部槽口深度按拧断和预拉力之间的关系确定，故所得预拉力值能得到保证。

(2) 预拉力的确定。

高强度螺栓连接按其设计准则的不同分为摩擦型连接和承压型连接两种类型。其中摩擦型连接是依靠被连接件之间的摩擦阻力传递内力，并以荷载设计值引起的剪力不超过摩擦阻力这一条件作为设计准则。螺栓的预拉力 P（即板件间的法向压紧力）、摩擦面间的抗滑移系数和钢材种类等都直接影响到高强度螺栓摩擦型连接的承载力。因此，规范规定预拉力设计值 P 见表 9-1-10。

表 9-1-10　　一个高强度螺栓的设计预拉力值　　单位：kN

螺栓性能等级	螺栓公称直径（mm）					
	M16	M20	M22	M24	M27	M30
8.8 级	80	125	150	175	230	280
10.9 级	100	155	190	225	290	355

3. 高强度螺栓抗剪连接的计算

摩擦型高强螺栓的抗剪承载力取决于构件接触面的摩擦力，摩擦面的抗滑移系数 μ 见表 9-1-11。

表 9-1-11　　摩擦面的抗滑移系数 μ 值

在连接处构件接触面的处理方法	构件的钢号		
	Q235 钢	Q345、Q230 钢	Q420 钢
喷砂（丸）	0.45	0.50	0.50
喷砂后涂无机富锌漆	0.35	0.40	0.40
喷砂（丸）后生赤锈	0.45	0.50	0.50
钢丝刷清除浮锈或未经处理的干净轧制表面	0.30	0.35	0.40

$$N_v^b = 0.9 n_f \mu P \quad (9-1-41)$$

式中　0.9——抗力分项系数 γ_R 得到，即取 $\gamma_R = 1/0.9 = 1.111$；

n_f——传力摩擦面数目：单剪时，$n_f=1$；双剪时，$n_f=2$；

P——一个高强度螺栓的设计预拉力，按表 9-1-10 采用，N；

μ——摩擦面抗滑移系数，按表 9-1-11 采用。

受剪高强度螺栓摩擦型连接的受力分析和受剪普通螺栓连接一样，因此，受剪高强度螺栓摩擦型连接在轴心力作用或偏心力作用是的计算可利用受剪普通螺栓连接的计算公式，只需要将单个普通螺栓的承载力设计值 $N_{\min}^b$ 改为单个受剪摩擦型高强度螺栓的承载力设计值即可。

四、任务实施

受力分析，简支梁在均布荷载作用下，剪力 $V=\frac{1}{2}ql=\frac{1}{2}\times 40\times 5=100\text{kN}$

该连接为抗剪连接，试选螺栓为 M20，孔径 $d_0=21.5\text{mm}$，查表 9-1-10 预拉力设计值 $P=125\text{kN}$，抗滑移系数为 $\mu=0.50$。

单个螺栓的抗剪承载力设计值为：

$$N_v^b = 0.9 n_f \mu P = 0.9\times 1\times 0.5\times 125 = 56.25\text{kN}$$

所需螺栓数目：$n=\frac{V}{N_v^b}=\frac{100}{56.25}=1.8$ 考虑附加弯矩作用，去 $n=3$。

按构造布置如图 9-1-40 所示。

螺栓群受剪力 $V=100\text{kN}$，偏心弯矩 $M=Ve=100\times 0.06=6\text{kN}\cdot\text{m}$

一个螺栓的受力为：

$$N_y^v=\frac{V}{n}=\frac{100}{3}=33.3\text{kN}$$

$$N_x^M=\frac{My_1}{\sum y_i^2}=\frac{6\times 0.075}{2\times 0.075^2}=40\text{kN}$$

根据公式

$$N_1=\sqrt{(N_x^M)^2+(N_y^V)}=\sqrt{40^2+33.3^2}=52\text{kN}<N_v^b=56.25\text{kN}$$

受剪高强度螺栓承压型连接计算方法和受剪普通螺栓连接相同。受拉高强度螺栓承压型连接则与受拉摩擦型完全相同，在此不再细述。

任务 2　某工业厂房轴心受压柱的设计

任务 2.1　某工业厂房轴心受压实腹式柱的设计

一、任务描述

某工业厂房柱如图 9－2－1 所示，钢材采用 Q235 钢，厂房的跨度为 15m，柱距 6m，长度为 72m，柱近似按轴心受压柱考虑，轴心压力设计值为 $N=900\text{kN}$，$l_{0x}=500\text{cm}$，$l_{0y}=250\text{cm}$，截面无孔眼削弱。试设计此支柱的截面，用焊接工字形截面，翼缘板为轧制边。

二、任务分析

该任务为轴心受压柱的设计，完成该项目需要如下步骤：

(1) 轴心受压柱强度的计算。

(2) 轴心受压柱刚度的计算。

(3) 轴心受压柱的整体稳定性。

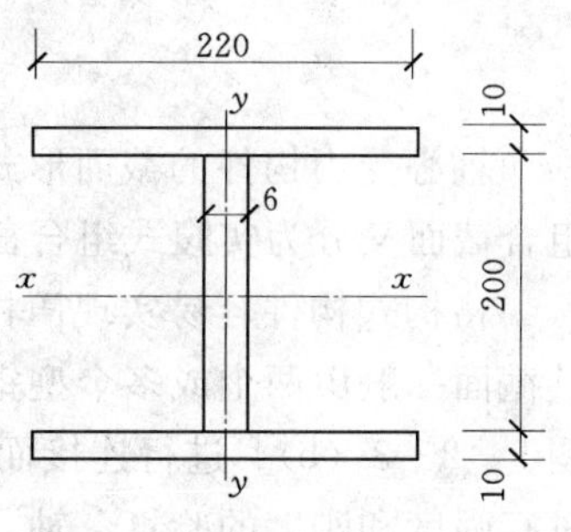

图 9－2－1　某工业厂房柱（单位：mm）

三、任务知识点

1. 轴心受压构件的形式

轴心受力构件常用于平面桁架、塔架和网架、网壳等杆件体系，通常假设其节点为铰接连接。当杆件上无节间荷载时，则杆件内力只是轴向拉力或压力，这类杆件称为轴心受拉构件和轴心受压构件，统称轴心受力构件。图 9－2－2 即为轴心受力构件在工程中应用的一些实例。

轴心压杆经常用作工业建筑的工作平台支柱。柱由柱头、柱身和柱脚三部分组成（见图 9－2－3）。柱头用来支承平台或桁架，柱脚坐落在基础上将轴心压力传给基础。

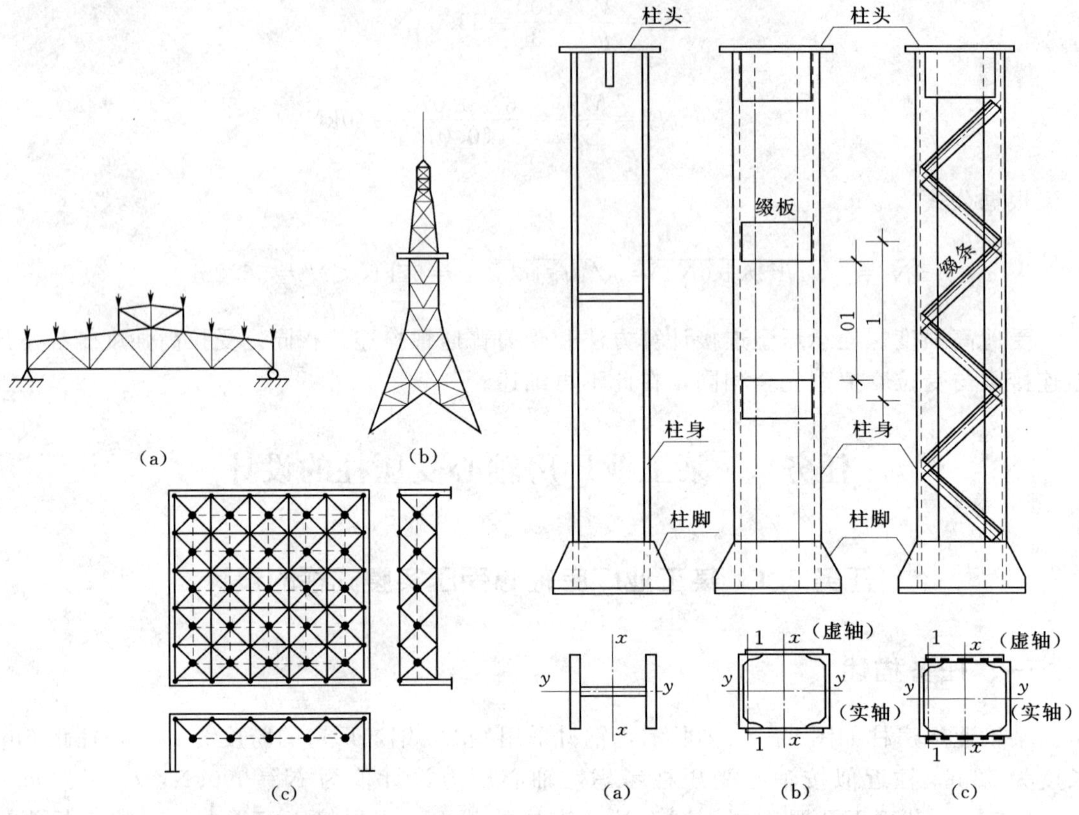

图 9-2-2　轴心受力构件在工程中的应用

(a) 桁架；(b) 塔架；(c) 网架

图 9-2-3　柱的组成

(a) 实腹式柱；(b) 缀板式格构式柱；(c) 缀条式格构式柱

轴心受力构件的截面形式很多，按其生产制作情况分为型钢截面和组合截面两种，其中组合截面又分为实腹式组合截面和格构式组合截面。如图 9-2-4 所示。

格构式构件容易实现压杆两主轴方向的等稳定性，刚度大，抗扭性能也好，用料较省。其截面一般由两个或多个型钢肢件组成，肢件间通过缀条［见图 9-2-3 (c)］或缀板［见图 9-2-3 (b)］进行连接而成为整体，缀板和缀条统称为缀材。轴心受拉构件设计需分别进行强度和刚度的验算，轴心受压构件设计需分别进行强度、稳定和刚度的验算。

2. 轴心受力构件的强度和刚度

(1) 强度计算。

轴心受力构件的强度承载力是以截面的平均应力达到钢材的屈服应力为极限。

对于有孔洞削弱的轴心受力构件，仍以其净截面的平均应力达到其强度限值作为设计时的控制值。

轴心受力构件的强度计算式如下：

$$\sigma=\frac{N}{A_n}\leqslant f \tag{9-2-1}$$

式中　N——构件的轴心拉力或压力设计值，N；

f——钢材的抗拉强度设计值，按附表 30 采用，N/mm²；

A_n——构件的净截面面积，mm²。

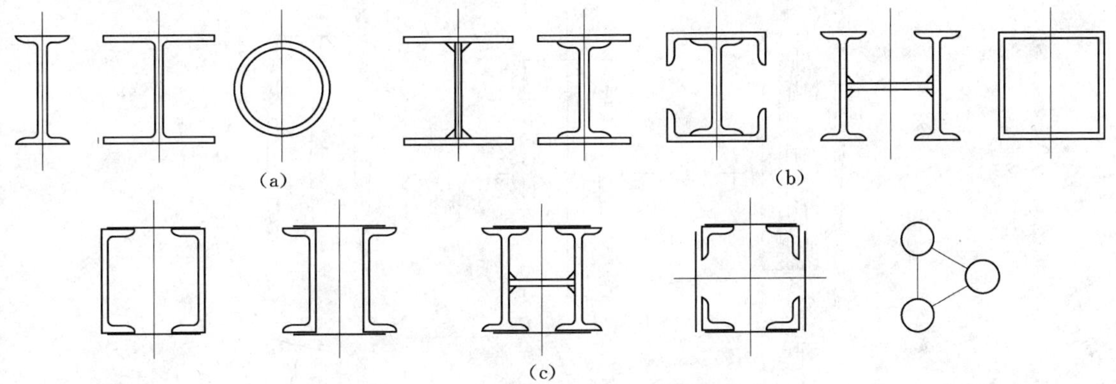

图 9-2-4　轴心受力实腹式的截面形式

(a) 型钢截面；(b) 实腹式组合截面；(c) 格构式组合截面

(2) 刚度计算。

为满足结构正常使用要求，轴心受力构件应具有一定的刚度，以保证构件不产生过度的变形。即要求轴心受力构件的长细比不超过规范规定的容许长细比：

$$\lambda=\frac{l_0}{i}\leqslant[\lambda] \tag{9-2-2}$$

式中　λ——构件的最大长细比；

l_0——构件的计算长度，mm；

i——截面的回转半径，mm；

$[\lambda]$——构件的容许长细比，按钢结构附表 33 和附表 34 采用。

当构件的长细比太大时，会产生下列不利影响：

1) 在运输和安装过程中会产生弯曲或过大的变形。

2) 使用期间因其自重而明显下挠。

3) 在动力荷载作用下发生较大的振动。

4) 压杆的长细比过大时，除具有前述各种不利因素外，还使得构件的极限承载力显著降低，同时，初弯曲和自重产生的挠度也将对构件的整体稳定带来不利影响。

3. 轴心受压构件的整体稳定性计算

当轴心受压构件的长细比较大而截面又没有孔洞削弱时，一般情况下强度条件不起控制作用，不必进行强度计算，而整体稳定条件则成为确定构件截面的控制因素。

(1) 理想轴心压杆的屈曲形式。

所谓理想轴心受压构件是认为构件是等截面的，截面形心纵轴是一直线，压力的作用线与形心纵轴重合，材料是完全均匀和弹性的。当轴心受压构件的截面形状和尺寸不同时，构件丧失整体稳定时可能有三种变形形态，即绕截面主轴的弯曲、绕构件纵轴的扭转和弯曲与扭转的耦合，分别称为弯曲屈曲、扭转屈曲和弯扭屈曲。

1) 弯曲屈曲：只发生弯曲变形，截面绕一个主轴旋转［见图 9-2-5 (a)］。

2）扭转屈曲：绕纵轴扭转［见图 9－2－5（b)］。

3）弯扭屈曲：即有弯曲变形也有扭转变形［见图 9－2－5（c)］。

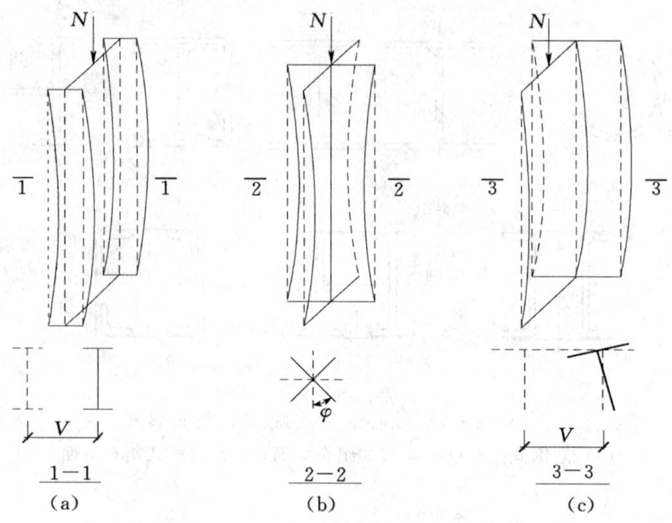

图 9－2－5　轴心压杆的屈曲变形

(a) 弯曲屈曲；(b) 扭转屈曲；(c) 弯扭屈曲

(2) 轴心受压构件的整体稳定计算。

钢结构设计规范对轴心受压构件的整体稳定计算采用下列公式：

$$\frac{N}{\varphi A}\leqslant f \tag{9-2-3}$$

式中　$\varphi=\dfrac{\sigma_{cr}}{f_y}$——轴心受压构件的整体稳定系数。

(取截面两主轴稳定系数中的较小者)，应根据构件的长细比、钢材的屈服强度和表 9－2－3 和表 9－2－4 的截面分类按附表 35 查出。

4. 构件长细比 λ 确定方法

(1) 截面为双轴对称或极对称的构件。

$$\left.\begin{aligned}\lambda_x=l_{0x}/i_x\\ \lambda_y=l_{0y}/i_y\end{aligned}\right\} \tag{9-2-4}$$

式中　l_{0x}、l_{0y}——构件对主轴 x 和 y 的计算长度，mm；

i_x、i_y——构件截面对主轴 x 和 y 的回转半径，mm。

对双轴对称十字形截面构件，λ_x 或 λ_y 取值不得小于 $5.07\dfrac{b}{t}$（为悬伸板件宽厚比)。

(2) 截面为单轴对称的构件。

对于单轴对称截面，由于截面形心与剪心（即剪切中心）不重和，在弯曲的同时总伴随着扭转，即形成扭转屈曲。在相同情况下，扭转失稳比弯曲失稳的临界应力要低。因此，对双板 T 形和槽形等单轴对称截面进行扭转分析后，认为绕对称轴（设为 y 轴）的稳定性应计及扭转效应，按下列换算长细比代替 λ_y。

单角钢截面和双角钢组合 T 形截面绕对称轴的换算长细比 λ_{yz} 可采用规范的相关规定计算。

整体稳定系数 φ 值应根据表 9－2－1、表 9－2－2 的截面分类和构件的长细比，按钢结构用表附表 35 查出。

表 9－2－1　　轴心受压构件的截面分类（板厚 $t<40$mm）

截面形式	对 x 轴	对 y 轴
轧制	a 类	a 类
轧制，$b/h\leqslant0.8$	a 类	b 类
轧制，$b/h>0.8$；焊接，翼缘为焰切边；焊接		
轧制；轧制等边角钢		
轧制、焊接（板件宽厚比大于 20）；轧制或焊接	b 类	b 类
轧制截面和翼缘为焰切边的焊接截面		
格构式；焊接，板件边缘焰切		

续表

截　面　形　式		对 x 轴	对 y 轴
焊接，翼缘为轧制或剪切边		b类	c类
焊接，板件边缘轧制或剪切	焊接，板件宽厚比＜20	b类	c类

表 9-2-2　　　　　轴心受压构件的截面分类（板厚 $t \geqslant 40$mm）

截　面　形　式		对 x 轴	对 y 轴
轧制工字形或H型截面	t＜80mm	b类	c类
	$t \geqslant$80mm	c类	d类
焊接工字形截面	翼缘为焰切边	b类	b类
	翼缘为轧制或剪切边	c类	d类
焊接箱形截面	板件宽厚比＞20mm	b类	b类
	板件宽厚比≤20mm	c类	c类

5. 实腹式轴心受压构件的局部稳定

轴心受压构件不仅有丧失整体稳定的可能性，而且也有丧失局部稳定的可能性。组成构件的板件，如工字形截面构件的翼缘和腹板，其厚度与其他两个尺寸相比都较小。在均匀压力的作用下，当压力到达某一数值时，板件不能继续维持平面平衡状态而产生凸曲现象，因为板件只是构件的一部分，所以把这种屈曲现象称为丧失局部稳定。图 9-2-6 为一工字形截面轴心受压构件发生局部失稳的变形形态示意图，在腹板和翼缘失稳的情况下，构件还可能维持着整体稳定的平衡状态，但由于部分板件因屈曲而后退出工作，使构

件的有效截面减少，导致构件过早丧失承载能力。因此，《钢结构设计规范》规定轴心受压构件必须满足局部稳定的要求，见表 9-2-3。

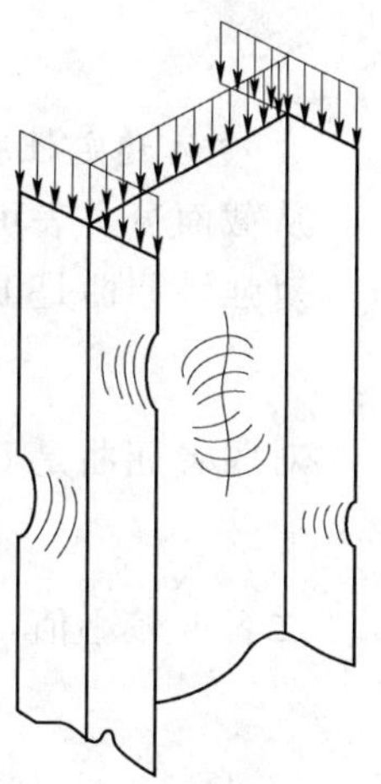

图 9-2-6　轴心受压构件的局部失稳

四、任务实施

1. 计算截面的几何特性

毛截面面积 $A=(2\times22\times1+20\times0.6)=56\text{cm}^2$

截面惯性矩

$$I_x=(22\times22^3-21.4\times20^3)\div12=5254.7\text{cm}^4$$

$$I_y=2\times(1\times22^3\div12)+20\times0.6^3\div12=1775\text{cm}^4$$

截面回转半径

$$i_x=\sqrt{\frac{I_x}{A}}=9.69\text{cm}$$

$$i_y=\sqrt{\frac{I_y}{A}}=5.63\text{cm}$$

表 9-2-3　　轴心受压构件组成板件的宽厚比限值

截面形式	容许宽（高）厚		说明
工字形截面（b，t，t_w，h_0）	翼缘板外伸肢	$\frac{b_0}{t}\leqslant(10+0.1\lambda)\sqrt{\frac{235}{f_y}}$	式中的 λ 是构件两方向长细比的较大值；当 $\lambda<30$ 时，$\lambda=30$；当 >100 时，取 $\lambda=100$，下均此
	腹板	$\frac{h_0}{t_w}\leqslant(25+0.5\lambda)\sqrt{\frac{235}{f_y}}$	
箱形截面（b_0，t，t_w，h_0）	翼缘	$\frac{b_0}{t}\leqslant40\sqrt{\frac{235}{f_y}}$	与长细比 λ 无关
	腹板	$\frac{h_0}{t_w}\leqslant40\sqrt{\frac{235}{f_y}}$	
T形截面（b，t，t_w，h_0）	翼缘板外伸肢	$\frac{b_0}{t}\leqslant(10+0.1\lambda)\sqrt{\frac{235}{f_y}}$	
	腹板	$\frac{h_0}{t_w}\leqslant(15+0.2\lambda)\sqrt{\frac{235}{f_y}}$	热轧部分 T 型钢
		$\frac{h_0}{t_w}\leqslant(13+0.17\lambda)\sqrt{\frac{235}{f_y}}$	焊接 T 型钢

2. 刚度验算

$$\lambda_x=\frac{l_{0x}}{i_x}=\frac{500}{9.69}=51.6<[\lambda]=150$$

$$\lambda_y=\frac{l_{0y}}{i_x}=\frac{250}{5.63}=44.4<[\lambda]=150$$

3. 整体稳定性验算

从截面分类表可知，翼缘为轧制边。

对强轴屈曲是 b 类截面，由钢结构附表 35，按 $\lambda_x=51.6$ 查得

$$\varphi_x=0.852-(0.852-0.847)\times0.6=0.849$$

对弱者屈曲是 c 类截面，由钢结构附表 35 按 $\lambda_y=44.4$ 查得

$$\varphi_y=0.814-(0.814-0.807)\times0.4=0.811$$

二者取较小值，即 $\varphi_{\min}=0.811$，则

$$\frac{N}{\varphi A}=\frac{900\times10^3}{0.811\times56\times10^2}$$

$$=198.2\text{N/mm}^2<f=215\text{N/mm}^2$$

经验算可知，此截面满足整体稳定和刚度要求，因截面无削弱不需要进行强度验算。

4. 局部稳定验算

腹板高厚比

$$\frac{h_0}{t_w}=\frac{200}{6}=33.33<(25+0.5\lambda)\sqrt{\frac{235}{f_y}}=(25+0.5\times51.6)\sqrt{\frac{235}{235}}=50.8$$

翼缘自由外伸段宽厚比

$$\frac{b_1}{t}=\frac{(220-6)/2}{10}=10.7<(10+0.1\lambda)\sqrt{\frac{235}{f_y}}=(10+0.1\times51.6)\sqrt{\frac{235}{235}}=15.2$$

局部稳定满足要求。

任务 2.2　某工业厂房轴心受压格构式柱的设计

一、任务描述

如图 9-2-7 所示，某工业厂房柱，其计算长度 $l_{oy}=10.2$m，$l_{ox}=5.1$m，轴心压力设计值 $N=2100$kN，采用 Q345 钢，焊条为 E50 系列，拟采用格构式柱，试设计此柱。

二、任务分析

轴心受压格构式柱的设计和实腹式柱的设计类似，都需要验算强度和稳定性，但是格构式柱由于沿虚轴的稳定承载力比实腹式柱的差，所以在设计时有差别，具体分析如下。

三、任务知识点

1. 格构柱的组成

格构式轴心受压构件主要是由两个或两个以上的相同截面的分肢，用缀材连成一体的一种构件，通常以对称双肢组合的较多，分肢的截面常为热轧槽钢、热轧工字钢和热轧角

钢。缀材分缀条和缀板两种，故格构式构件又分为缀条式和缀板式两种。缀条通常采用单角钢，一般与构件轴线成 $\alpha=40°\sim70°$夹角斜放［见图9-2-8 (a)］，缀条也可采用斜杆和横杆共同组成［见图9-2-8(b)］。缀板通常采用钢板，一般等距离垂直于构件直线横放［见图9-2-8 (c)］。

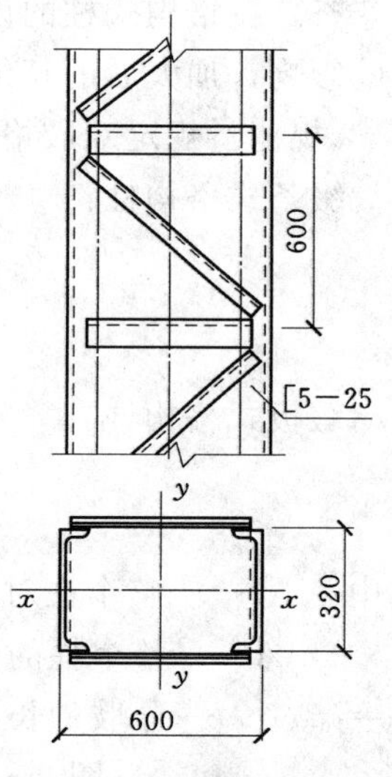

图9-2-7　某工业厂房柱

对称格构式双肢构件截面，与肢件腹板垂直的轴线为实轴，如图9-2-8中的 $x-x$ 轴，与缀材平面垂直的轴线为虚轴，如图9-2-8中的 $y-y$ 轴。格构式构件的分肢轴线间距可以根据需要进行调整，使截面对虚轴有较大的惯性矩，因而适用于荷载不大而柱身高度较大时。当格构式柱截面宽度较大时，因缀条柱的刚度较缀板柱为大，故宜采用缀条柱。

在格构式构件的截面上，横贯分肢腹板的轴为实轴（图9-2-8中的 x 轴），穿过缀件平面的轴称为虚轴（图9-2-8中的 y 轴）。缀条一般采用单角钢制成，而缀板通常采用钢板制成。

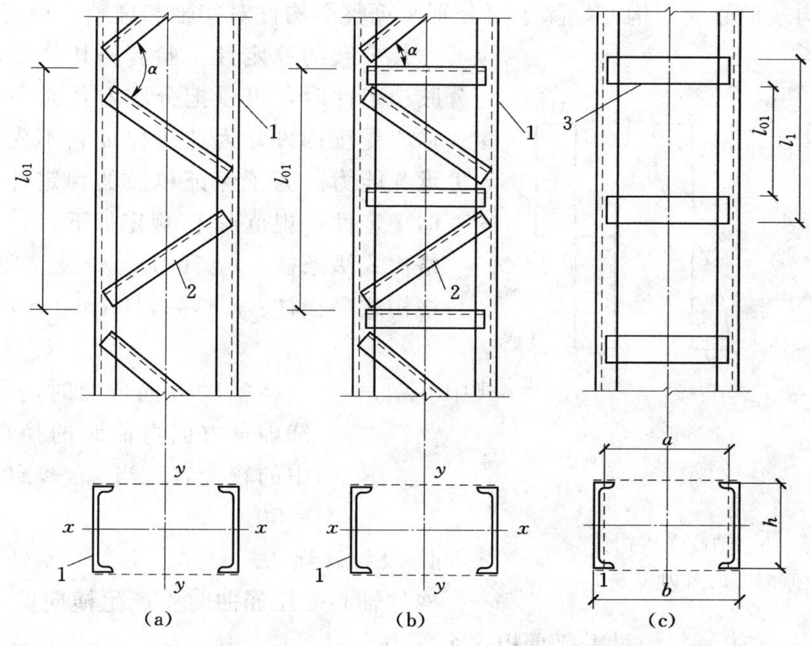

图9-2-8　格构式构件的常用截面形式

(a) 缀条式采用单角钢；(b) 缀条式采用斜杆和横杆共同组成；(c) 缀板式

2. 格构式轴心受压柱的整体稳定性

格构式轴心受压柱分别要考虑对实轴和对虚轴的整体稳定性。

格构柱绕实轴的稳定计算与实腹式构件相同。格构柱绕虚轴的整体稳定临界力比长细比相同的实腹式构件低。格构式柱，当绕虚轴失稳时，因肢件之间并不是连续的板而只是每隔一定距离用缀条或缀板联系起来。柱的剪切变形较大，剪力造成的附加挠曲影响就不能忽略。在格构式柱的设计中，对虚轴失稳的计算，常以加大长细比的办法来考虑剪切变形的影响，加大后的长细比称为换算长细比。

《规范》规定双肢格构式轴心受压构件对虚轴的换算长细比 λ_{0x} 的计算公式如下：

缀条式格构柱：

$$\lambda_{0x}=\sqrt{\lambda_x^2+27\frac{A}{A_1}} \tag{9-2-5}$$

缀板式格构柱：

$$\lambda_{0x}=\sqrt{\lambda_x^2+\lambda_1^2} \tag{9-2-6}$$

式中　λ_x——整个柱对虚轴的长细比；

A——整个柱的毛截面面积，mm^2；

$\lambda_1=l_{01}/i_1$——分肢的长细比。i_1 为分肢截面对其弱轴的回转半径，l_{01} 为缀板间的净距离[见图 9-2-8 (b)]。

3. 单肢的稳定性

对于格构式轴心受压构件，除了要分别验算整个构件对实轴和虚轴的稳定性以外，还应考虑其分肢的稳定性。验算格构式轴心受压构件的分肢稳定性时，可以把分肢看作是一个单独的实腹式轴心受压构件，因此应保证它不先于构件整体失去承载能力。为了保证单肢的稳定性不低于构件的整体稳定性，规范对 λ_1 规定如下：

格构式缀条柱：$\lambda_1 \leqslant 0.7\lambda_{max}$　(9-2-7)

格构式缀板柱：$\lambda_1 \leqslant 40$，且 $\lambda_1 \leqslant 0.5\lambda_{max}$　(9-2-8)

式中　λ_{max}——柱绕实轴方向弯曲时的长细比 λ_y 和绕虚轴方向弯曲时的换算长细比 λ_{0x} 中的较大者，当 $\lambda_{max}<50$ 时，取 $\lambda_{max}=50$。

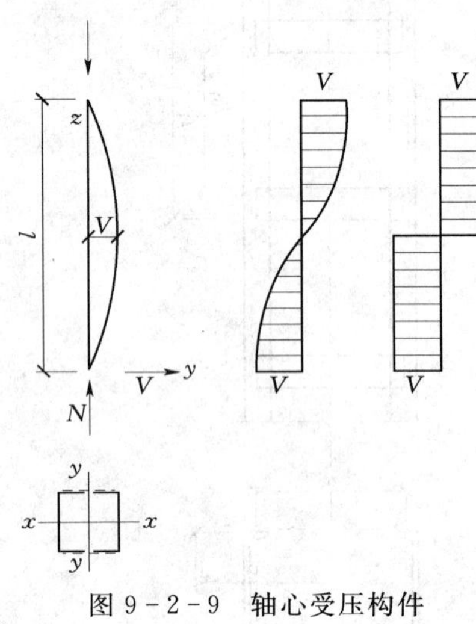

图 9-2-9　轴心受压构件截面上的剪力

4. 缀材设计

构件轴心受压屈曲时将产生横向剪力（见图 9-2-9），对格构式构件，缀材需要承担这个剪力。

（1）缀材的剪力：

$$V=\frac{Af}{85}\sqrt{\frac{f_y}{235}} \tag{9-2-9}$$

（2）缀条的设计：

对于缀条式构件，可将缀条看做平行弦桁架的腹杆进行计算。如图 9-2-10 所示，则斜缀条的内力为：

$$N_1=\frac{V_1}{n\cos\theta} \tag{9-2-10}$$

式中　V_1——分配到一个缀材面上的剪力，N；

n——一个缀材面承受剪力 V_1 的斜缀条数。单系缀条时，$n=1$；交叉缀条时，$n=2$；

θ——缀条与横向剪力的夹角（见图 9-2-10）。

由于剪力的方向不定，斜缀条可能受拉也可能受压，设计时按轴心压杆选择截面。

缀条一般采用单角钢，与柱单边连接，考虑到受力时的偏心和受压时的弯扭，当按轴心受力构件设计（不考虑扭转效应）时，应按钢材强度设计值乘以下列折减系数 η：

1）按轴心受力计算构件的强度和连接时，

$$\eta=0.85 \tag{9-2-11}$$

2）按轴心受压计算构件的稳定性时，

等边角钢：

$$\eta=0.6+0.0015\lambda\text{，但不大于 }1.0 \tag{9-2-12}$$

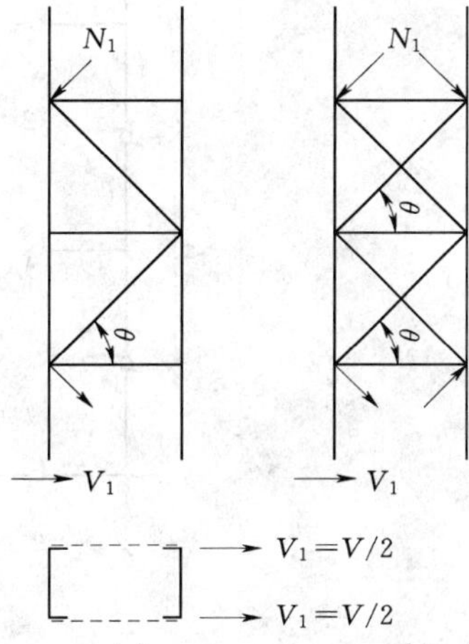

图 9-2-10　缀条计算见简图

(a) 单系缀条；(b) 交叉缀条

短边相连的不等边角钢：

$$\eta=0.5+0.0025\lambda\text{，但不大于 }1.0 \tag{9-2-13}$$

长边相连的不等边角钢：

$$\eta=0.70 \tag{9-2-14}$$

式中　λ——缀条的长细比，对中间无联系的单角钢压杆，按最小回转半径计算，当 $\lambda<20$ 时，取 $\lambda=20$。交叉缀条体系［见图 9-2-10（b）］的横缀条按压力 $N=V_1$ 进行设计。

为了减小分肢的计算长度，单系缀条图 9-2-10（a）一般需加横缀条，其截面尺寸一般取与斜缀条相同，也可按容许长细比 $[\lambda]=150$ 确定。

（3）缀板的设计。

缀板柱视为一多层框架体系（柱肢视为框架立柱，缀板视为横梁）。当它整体弯曲时，假定各层分肢中点、缀板中点为反弯点。从柱中取出如图 9-2-11 所示脱离体，可得缀板内力为：

剪力：

$$T=\frac{V_1 l_1}{a} \tag{9-2-15}$$

弯矩（与肢件连接处）：

$$M=T\,\frac{a}{2}=\frac{V_1 l_1}{2} \tag{9-2-16}$$

式中　l_1——缀板中心线间的距离，mm；

a——肢件轴线间的距离，mm。

缀板与柱肢之间用角焊缝相连，角焊缝承受剪力和弯矩的共同作用。由于角焊缝的强度设计值小于钢材强度设计值，故只需用上述 M 和 T 验算缀板与肢件间的连接焊缝。

缀板应有一定的刚度。规范规定，同一截面处两侧缀板线刚度之和不得小于较大分肢

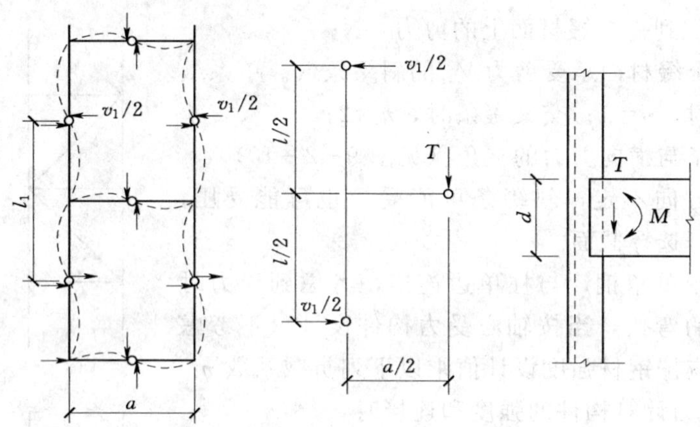

图 9-2-11　缀板计算简图

线刚度的 6 倍。一般取宽度 $d \geqslant 2a/3$（见图 9-2-11），厚度 $t \geqslant a/40$，且不小于 6mm。端缀板宜适当加宽，取 $d=a$。

连格构式轴心受压柱的横隔。缀板与肢件的搭接长度一般取 20～30mm，上、下缀条的轴线交点应在肢件纵轴线上。为缩短斜缀条两端的搭接长度，可采用三面围焊，同时有横缀条时还可加设节点板以便连接。

缀条不宜小于∟ 45×4 或∟ 56×36×4。缀板不宜小于 6mm 厚。为了增加构件的抗扭刚度，格构式柱也要按图 9-2-12 设横隔，其有关要求与实腹式柱相同。

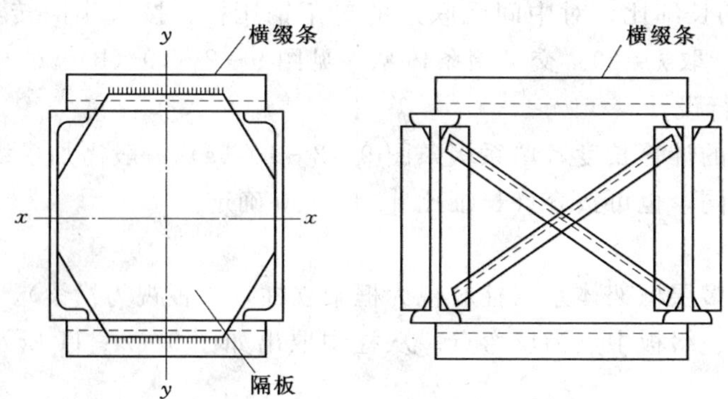

图 9-2-12　格构柱的横隔

四、任务实施

1. 初选截面

拟采用双肢槽钢单系缀条柱（见图 9-2-7），设 $\lambda=70$，查附表（b 类截面）得 $\varphi_x=0.656$，则：

$$A=\frac{N}{\varphi_x f}=\frac{2100\times10^3}{0.656\times315}=10162.6\text{mm}^2$$

初选肢件 2［32b

$$A=2\times5510=11020\text{mm}^2,\ I_1=3.36\times10^6\text{mm}^4$$

$$i_x=121\text{mm},z_o=21.6\text{mm},\ i_1=24.7\text{mm}$$

$$\lambda_x=l_{ox}/i_x=5100/121=42.2<[\lambda]=150$$

2. 初定分肢间距（柱宽 b）

由 $A_1=0.1A=0.1\times11020=1102\text{mm}^2$。选∟ 63×5 角钢，$A_1=2\times614=1228\text{mm}^2$；

$$\lambda_y=\sqrt{42.2^2-27\times11020/1228}=39.2$$

$$i_y=l_{oy}/\lambda_y=10200/39.2=260.2\text{mm}$$

查表得 $\alpha=0.44$

$b=i_y/\alpha=260.2/0.44=591.4\text{mm}$，取 $b=600\text{mm}$，初选截面如图 9-2-8。

3. 验算

$$I_y=2I_1+A\cdot\Delta^2=2\times3.36\times10^6+11020\times(300-21.6)^2$$

$$=8.6082\times10^8\text{mm}^4$$

$$i_y=\sqrt{I_y/A}=\sqrt{8.6082\times10^8/11020}=279.5\text{mm}$$

刚度验算：

$$\lambda_y=10200/279.5=36.5<[\lambda]=150\quad 满足$$

强度验算：

$$N/A=2100\times10^3/11020=190.6\text{N/mm}^2<f=315\text{N/mm}^2\quad 满足$$

整体稳定性验算：

由 $\lambda_{max}=42.2$ 查得 $\varphi=0.851$

$$\frac{N}{\varphi A}=\frac{2100\times10^7}{0.851\times11020}=224\text{N/mm}^2<f=315\text{N/mm}^2\quad 满足$$

4. 缀条设计

由肢件稳定条件：$\lambda_1<0.7\lambda=0.7\times42.2=29.54$；取 $\lambda_1=25$

查肢件槽钢［32b 对弱轴的回转半径 $i_1=2.47\text{cm}$；$z_o=2.16\text{cm}$

所以 $l_{01}=\lambda_1 i_1=25\times24.7=617.5\text{mm}$

偏安全取 $l_{01}=600\text{mm}$，$\theta=\arctan\dfrac{600}{600-2\times21.6}=47.13°$；采用加横缀条的单系布置。

计算横向剪力：$V=\dfrac{Af}{85}\sqrt{\dfrac{f_y}{235}}=\dfrac{11020\times315}{85}\sqrt{\dfrac{345}{235}}=49.51\text{kN}$

每肢斜缀条的轴力

$$N_1=\frac{\frac{V}{2}}{\cos\theta}=\frac{49.51}{2\times\cos47.13}=36.4\text{kN}$$

刚度验算：

$$l=\sqrt{600^2+(600-2\times21.6)^2}=818.6\text{mm}$$

$$\lambda=l/i_1=818.6/12.5=65.5<[\lambda]=150$$

强度验算：

$$N/A=36.4\times10^3/614=59.3\text{N/mm}^2<0.85f=0.85\times215=182.8\text{N/mm}^2$$

稳定性验算：

$\lambda=25$，$\varphi=0.953$，单角钢折减系数 $\gamma=0.6+0.0015\lambda=0.64$

$$\frac{N}{\varphi A}=\frac{36.4\times10^3}{0.953\times614}=62.2\text{N/mm}^2<0.64f=0.64\times215=137.6\text{N/mm}^2$$

连接焊缝的计算：

采用三围角焊缝，$h_f=5\text{mm}$，$f_t^w=160\text{N/mm}^2$，取两侧焊缝长度 $l_w=25\text{mm}$，则焊缝的承载力为：

$$0.7\times5\times160[2\times(25-5)\times+1.22\times63]=65.44\text{kN}>36.4\text{kN}$$

5. 横隔的设置

横隔间距 $s<9b=9\times0.6=5.4\text{m}$，则于柱顶、底及中部处各设一横隔。

$t=b_s/15=160/15=10.6\text{mm}$，取 $t=12\text{mm}$

任务3 某工业厂房受弯构件的设计

一、任务描述

某工业厂房的工作平台梁格布置如图 9－3－10 所示，荷载标准值为：恒载（不包括梁自重）1.5kN/mm²，活荷载 9kN/mm²。试按①平台铺板与次梁连牢，②平台铺板不与次梁连牢两种情况，分别选择次梁的截面。次梁跨度为 5m，间距为 2.5m，钢材为 Q235 钢。

二、任务分析

该任务主要是梁截面的设计，要进行梁的设计，首先的了解钢结构梁截面的形式，及其适用情况，同时要会根据荷载情况进行受力分析，从而依据梁的设计原理来设计该梁，并能根据实际情况考虑梁的构造措施。

三、任务知识点

承受横向荷载的构件称为受弯构件，其形式有实腹式和格构式两个系列。

1. 受弯构件的截面形式

(1) 实腹式受弯构件——梁。

实腹式受弯构件通常为梁，在土木工程中应用很广泛，例如房屋建筑中的楼盖梁、工作平台梁、吊车梁、屋面檩条和墙架横梁，以及桥梁、起重机、海上采油平台中的梁等。梁的截面类型如图 9－3－1 所示。

钢梁分为型钢梁和组合梁两大类。型钢梁构造简单，制造省工，成本较低，因而应优先采用。但在荷载较大或跨度较大时，由于轧制条件的限制，型钢的尺寸、规格不能满足梁承载力和刚度的要求，就必须采用组合梁。

在土木工程中，除少数情况如吊车梁、起重机大梁等可单根梁或两根梁成对布置外，一般建筑通常由若干梁平行或交叉排列而成梁格，图 9－3－2 即为工作平台梁格布置示例。

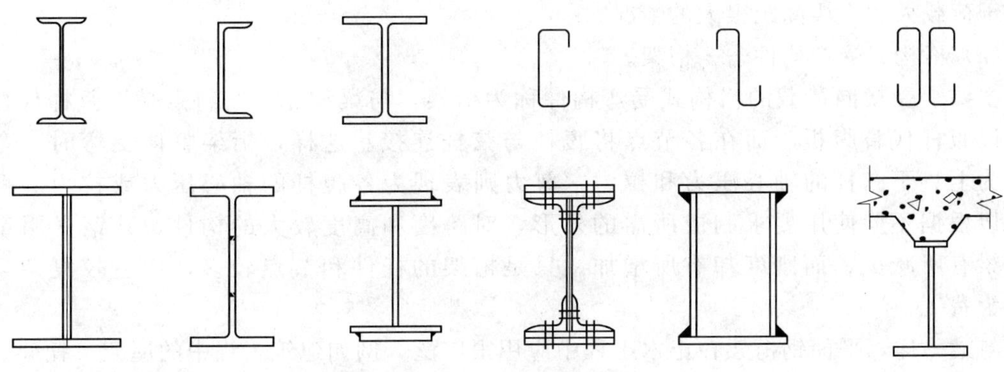

图 9－3－1　梁的截面类型

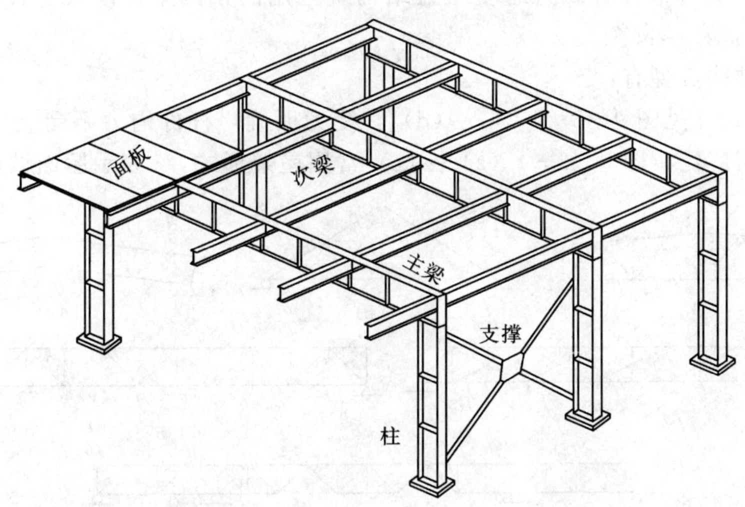

图 9－3－2　工作平台梁格示例

根据主梁和次梁的排列情况，梁格可分为三种类型：

1）单向梁格［见图 9－3－3（a）］只有主梁。

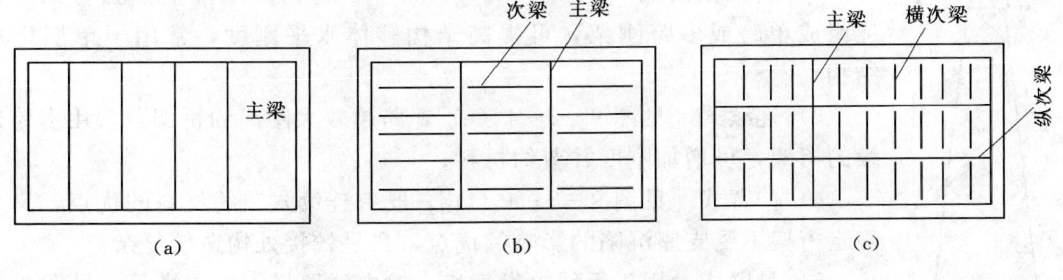

图 9－3－3　梁格形式

(a) 简式梁格；(b) 普通梁格；(c) 复式梁格

2）双向梁格［见图 9－3－3（b）］是最为常用的梁格类型。

3）复式梁格［见图 9－3－3（c）］在主梁间设纵向次梁，纵向次梁间再设横向次梁，

适用于荷载大和主梁间距很大的情况。

（2）格构式受弯构件——桁架。

主要承受横向荷载的格构式受弯构件称为桁架，与梁相比，其特点是以弦杆代替翼缘、以腹杆代替腹板，而在各节点将腹杆与弦杆连接。这样，桁架整体受弯时，弯矩表现为上、下弦杆的轴心压力和拉力，剪力则表现为各腹杆的轴心压力或拉力。钢桁架可以根据不同使用要求制成所需的外形，对跨度和高度较大的构件，其钢材用量比实腹梁有所减少，而刚度却有所增加。只是桁架的杆件和节点较多，构造较复杂，制造较为费工。

与梁一样，平面钢桁架在土木工程中应用很广泛，例如建筑工程中的屋架、托架、吊车桁架（桁架式吊车梁），桥梁中的桁架桥，还有其他领域，如起重机臂架、水工闸门和海洋平台的主要受弯构件等。大跨度屋盖结构中采用的钢网架，以及各种类型的塔桅结构，则属于空间钢桁架。

钢桁架的结构类型有：

1）简支梁式［见图 9-3-4（a）～（d）］，受力明确，杆件内力不受支座沉陷的影响，施工方便，使用广泛。图 9-3-4（a）～（c）常用屋架形式，i 表示屋面坡度；

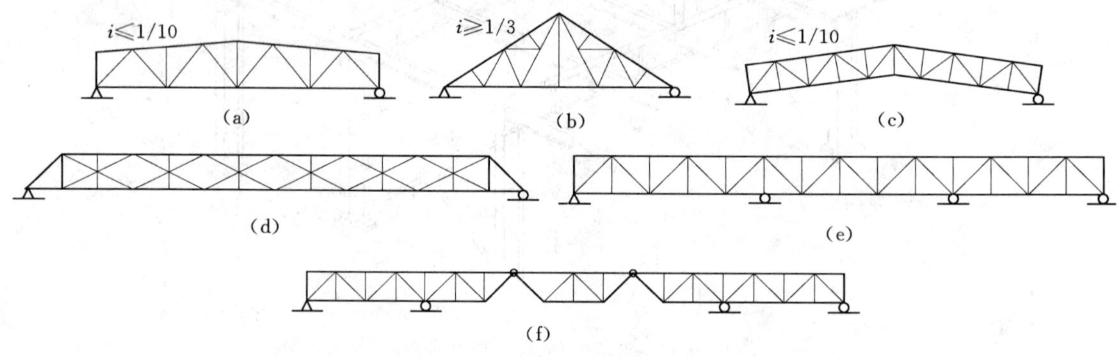

图 9-3-4　梁式桁架的形式

（a）、（b）、（c）简支梁式；（d）刚架横梁式；（e）连续式；（f）伸臂式

2）刚架横梁式［见图 9-3-4（d）］，将桁架端部上下弦与钢柱相连组成单跨或多跨刚架，可提高结构整体水平刚度，常用于单层厂房结构；

3）连续式［见图 9-3-4（e）］，跨越较大距离的桥架，常用多跨连续的桁架，可增加刚度并节约材料；

4）伸臂式［见图 9-3-4（f）］，既有连续式节约材料的优点，又有静定桁架不受支座沉陷的影响的优点，只是铰接处构造较复杂；

5）悬臂式，用于无线电发射塔、输电线路塔、气象塔等（见图 9-3-5），主要承受水平风荷载引起的弯矩。

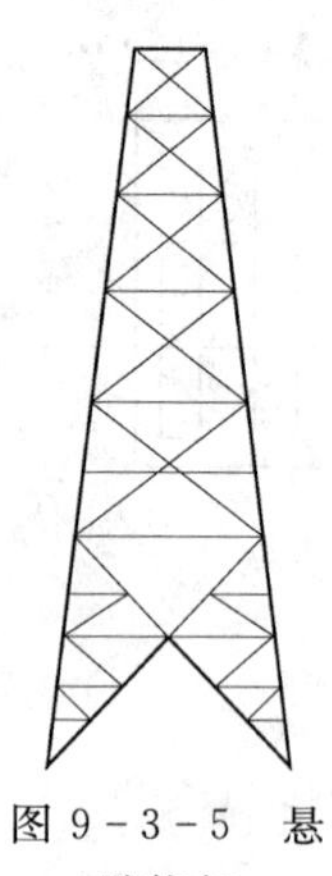

图 9-3-5　悬臂桁架

桁架的杆件主要为轴心拉杆和轴心压杆，设计方法已在任务 2 叙述；在特殊情况，也可能出现压一弯杆件，设计方法见任务 4。下面主要叙述实腹式受弯构件（梁）的工作性能和设计方法。

2. 梁的强度和刚度

(1) 梁的强度。

梁的强度问题考虑抗弯强度、抗剪强度、局部承压强度、复杂应力作用下强度，其中抗弯强度计算是首要的。

等直梁在纯弯曲是横截面上任一点的正应力计算公式为 $\sigma=\dfrac{My}{I}$。梁截面上的剪应力为 $\tau=\dfrac{VS}{It_w}$。

1) 梁的抗弯强度。

在弯矩 M_x 作用下：

$$\frac{M_x}{\gamma_x W_{nx}}\leqslant f \tag{9-3-1}$$

在弯矩 M_x 和 M_y 作用下：

$$\frac{M_x}{\gamma_x W_{nx}}+\frac{M_y}{\gamma_y W_{ny}}\leqslant f \tag{9-3-2}$$

式中　M_x、M_y——绕 x 轴和 y 轴的弯矩（对工字形截面，x 轴为强轴，y 轴为弱轴），N·m；

W_{nx}、W_{ny}——对 x 轴和 y 轴的净截面模量，mm^3；

γ_x、γ_y——截面塑性发展系数：对工字形截面，$\gamma_x=1.05$，$\gamma_y=1.20$；对箱形截面，$\gamma_x=\gamma_y=1.05$；对其他截面，可按表 9-3-1 采用；

f——钢材的抗弯强度设计值，按钢结构附表 30 采用，N/mm^2。

表 9-3-1　　截面发展系数 γ_x、γ_y

项次	截面形式	γ_x	γ_y
1	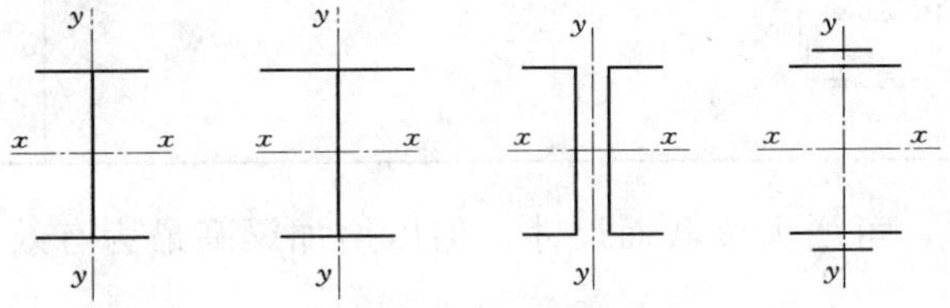	1.05	1.2
2	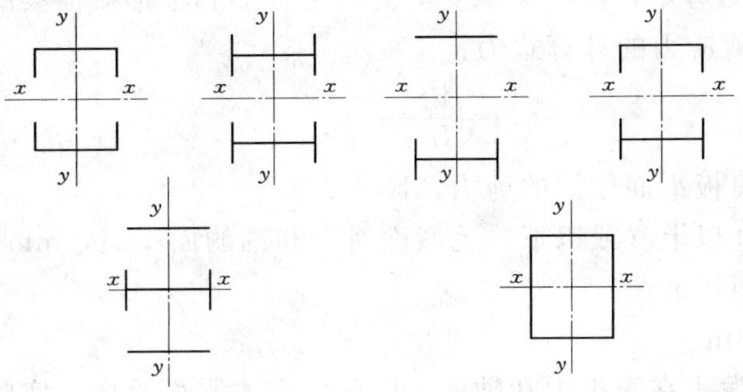		1.05

续表

项次	截 面 形 式	γ_x	γ_y
3	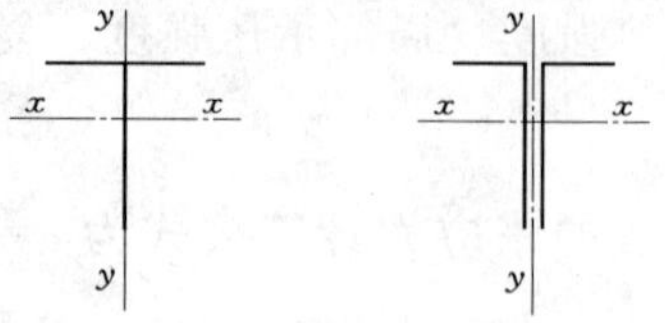	$\gamma_{1x}=1.05$ $\gamma_{2x}=1.2$	1.2
4	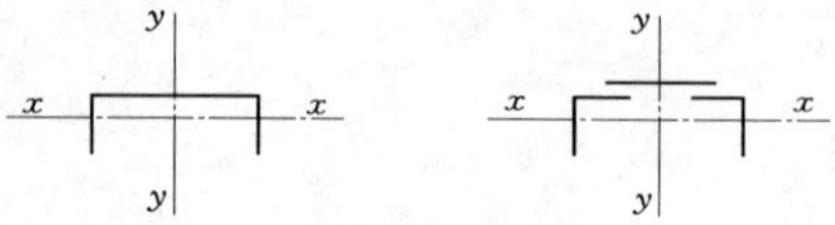		1.2
5	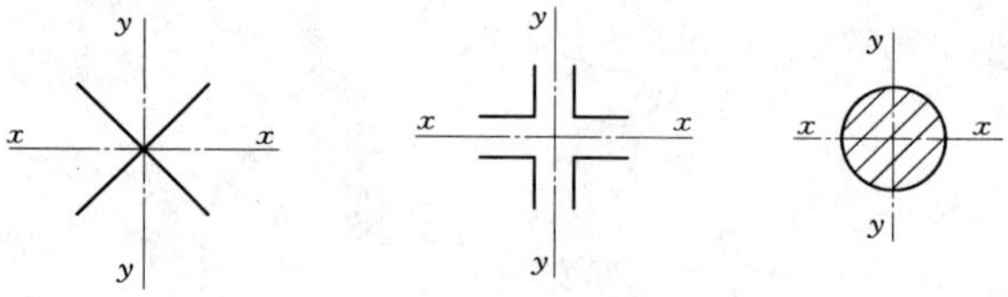	1.2	1.2
6	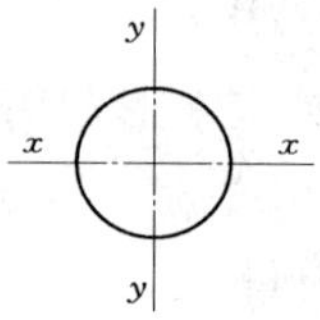	1.15	1.15
7	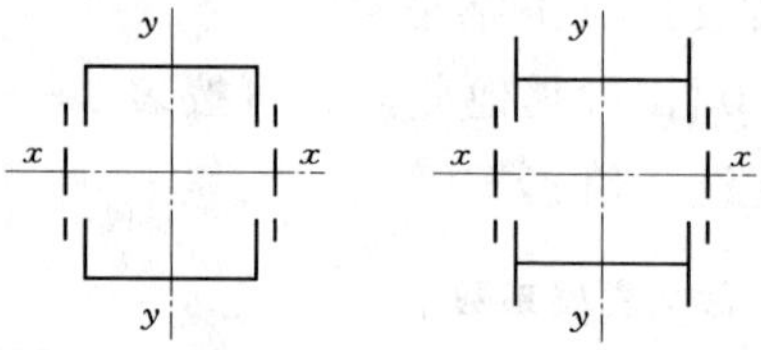	1.0	1.05
8	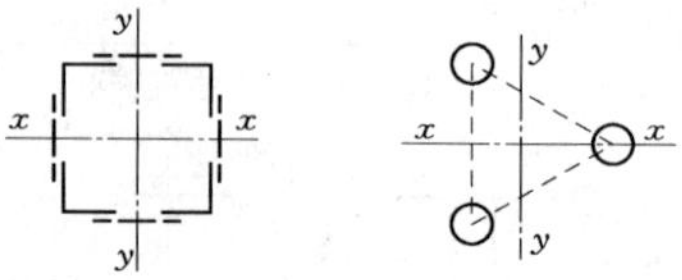		1.0

当梁的抗弯强度不够时，可增大梁截面尺寸，但以增加梁高最为有效。

2）梁的抗剪强度。

一般情况下，梁既承受弯矩，同时又承受剪力。工字形和槽形截面梁腹板上的剪应力分布如图 9－3－6 所示，剪应力的计算式为：

$$\tau=\frac{VS}{It_w} \tag{9-3-3}$$

式中 V——计算截面沿腹板平面作用的剪力，N；

S——计算剪应力处以上（或以下）毛截面对中和轴的面积矩，mm^3；

I——毛截面惯性矩，mm^4；

t_w——腹板厚度，mm。

截面上的最大剪应力发生在腹板中和轴处。因此，在主平面受弯的实腹构件，其抗剪

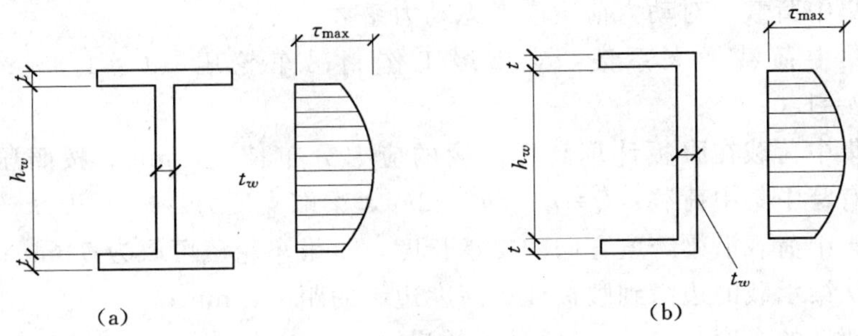

图 9-3-6 腹板剪应力

(a) 工字形截面；(b) 槽形截面

强度应按下式计算：

$$\tau_{\max}=\frac{VS}{It_w}\leqslant f_v \tag{9-3-4}$$

式中 S——中和轴以上毛截面对中和轴的面积矩，mm^3；

f_v——钢材的抗剪强度设计值，按钢结构附表30采用，N/mm^2。

当梁的抗剪强度不足时，最有效的办法是增大腹板的面积，但腹板高度 h_w 一般由梁的刚度条件和构造要求确定，故设计时常采用加大腹板厚度 t_w 的办法来增大梁的抗剪强度。

3）梁的局部承压强度。

当梁的翼缘受有沿腹板平面作用的固定集中荷载（包括支座反力）且该荷载处又未设置支承加劲肋时［见图9-3-7（a）］，或受有移动的集中荷载（如吊车的轮压）时［见图9-3-7（b）］，应验算腹板计算高度边缘的局部承压强度。

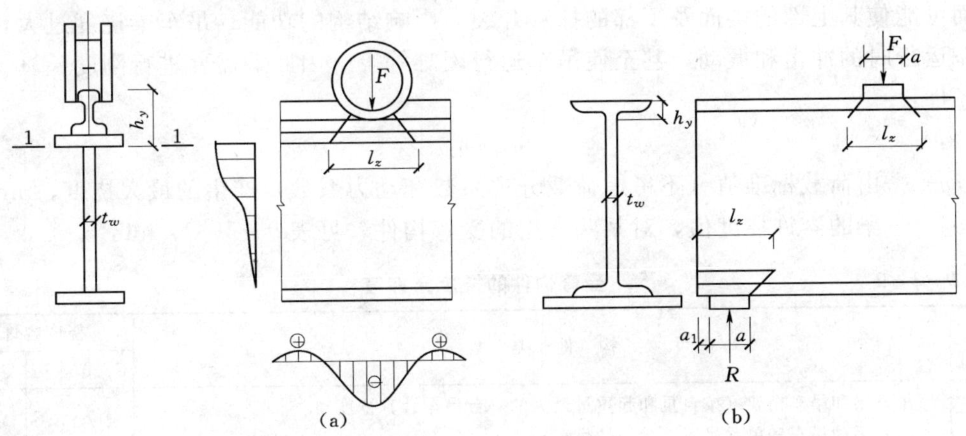

图 9-3-7 局部压应力

(a) 固定集中荷载；(b) 移动的集中荷载

梁的局部承压强度可按下式计算：

$$\sigma_c=\frac{\psi F}{t_w l_z}\leqslant f \tag{9-3-5}$$

式中　F——集中荷载，对动力荷载应考虑动力系数；

ψ——集中荷载增大系数：对重级工作制吊车轮压，$\psi=1.35$；对其他荷载，$\psi=1.0$；

l_z——集中荷载在腹板计算高度边缘的应力分布长度，mm。按照压力扩散原则，有跨中集中荷载：$l_z=a+5h_y+2h_R$，梁端支反力：$l_z=a+2.5h_y+a_1$；

a——集中荷载沿梁跨度方向的支承长度，对吊车轮压可取为50mm；

h_y——从梁承载的边缘到腹板计算高度边缘的距离，mm；

h_R——轨道的高度，mm。计算处无轨道时 $h_R=0$；

a_1——梁端到支座板外边缘的距离，mm，按实际取值，但不得大于 $2.5h_y$。

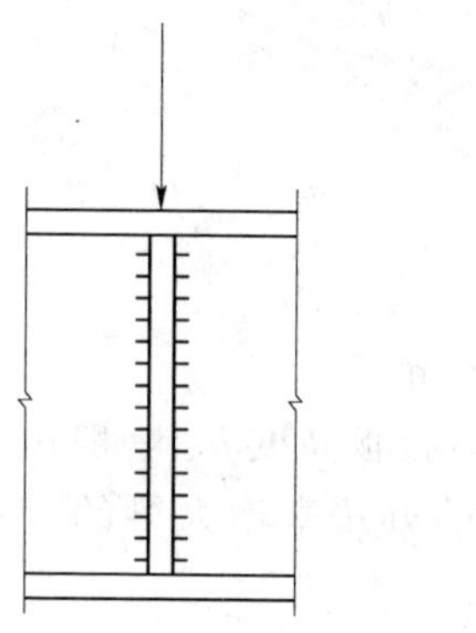
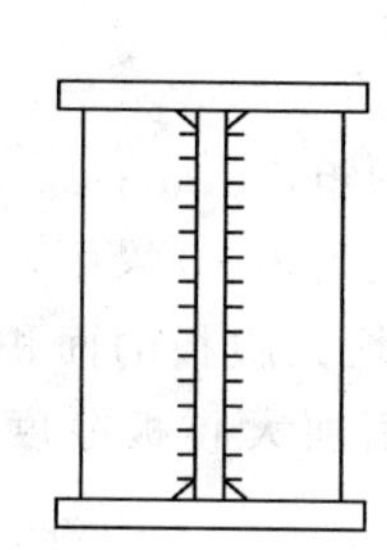

图 9-3-8　腹板的加强

腹板的计算高度 h_0：对轧制型钢梁为腹板在与上、下翼缘相交接处两内弧起点间的距离；对焊接组合梁，为腹板高度；对铆接（或高强度螺栓连接）组合梁，为上、下翼缘与腹板连接的铆钉（或高强度螺栓）线间最近距离。当计算不能满足时，在固定集中荷载处（包括支座处），应对腹板用支承加劲肋予以加强（见图 9-3-8），并对支承加劲肋进行计算；对移动集中荷载，则只能修改梁截面，加大腹板厚度。

（2）梁的刚度。

梁的刚度用荷载作用下的挠度大小来度量。梁的刚度不足，就不能保证正常使用。如楼盖梁的挠度超过正常使用的某一限值时，一方面给人们一种不舒服和不安全的感觉，另一方面可能使其上部的楼面及下部的抹灰开裂，影响结构的功能；吊车梁挠度过大，会加剧吊车运行时的冲击和振动，甚至使吊车运行困难等等。因此，需要进行刚度验算。梁的刚度条件：

$$\upsilon\leqslant[\upsilon] \tag{9-3-6}$$

式中　υ——由荷载标准值（不考虑荷载分项系数和动力系数）产生的最大挠度，mm；

$[\upsilon]$——梁的容许挠度值，对某些常用的受弯构件，见表 9-3-2，mm。

表 9-3-2　　受弯构件的挠度允许值

项次	构件类型	挠度容许值	
		$[\upsilon_T]$	$[\upsilon_Q]$
1	吊车梁和吊车桁架（按自重和起重量最大的一台吊车计算挠度）： （1）手动吊车和单梁吊车（含悬挂吊车）。 （2）轻级工作制桥式吊车。 （3）中级工作制桥式吊车。 （4）重级工作制桥式吊车	 $l/500$ $l/800$ $l/1000$ $l/1200$	
2	手动或电动葫芦的轨道梁	$l/400$	
3	有重轨（重量等于或大于 38kg/m）轨道的工作平台梁。 有轻轨（重量等于或小于 24kg/m）轨道的工作平台梁	$l/600$ $l/400$	

续表

项次	构件类型	挠度容许值	
		$[v_T]$	$[v_Q]$
4	楼（屋）盖梁或桁架、工作平台梁（第3项除外）和平台板。 （1）主梁或桁架（包括设有悬挂起重设备的梁和桁架）。 （2）抹灰顶棚的次梁。 （3）除（1）、（2）款外的其他梁（包括楼梯梁）。 （4）屋盖檩条。 支承无积灰的瓦楞铁和石棉瓦屋面者。 支承压型金属板、有积灰的瓦楞铁和石棉瓦等屋面者。 支承其他屋面材料者。 （5）平台板	$l/400$ $l/250$ $l/250$ $l/150$ $l/200$ $l/200$ $l/200$	$l/500$ $l/350$ $l/300$
5	墙架构件： （1）支柱。 （2）抗风桁架（作为连续支柱的支承时）。 （3）砌体墙的横梁（水平方向）。 （4）支承压型金属板、有积灰的瓦楞铁和石棉瓦墙面的横梁（水平方向）。 （5）带有玻璃窗的横梁（竖直和水平方向）	$l/200$	$l/400$ $l/1000$ $l/300$ $l/200$ $l/200$

注　1. l 为受弯构件的跨度（对悬臂梁和伸臂梁为悬伸长度的2倍）。

2. $[v_T]$ 为永久和可变荷载标准值产生的挠度（如有起拱应减去挠度）的容许值；$[v_Q]$ 为可变荷载标准值产生的挠度容许值。

3. 梁的整体稳定

（1）梁的整体稳定概念。

为了提高梁的抗弯强度，节省钢材，钢梁截面一般做成高而窄的形式，受荷方向刚度大侧向刚度较小。如果梁的侧向支承较弱（比如仅在支座处有侧向支承），梁的弯曲会随荷载大小变化而呈现两种截然不同的平衡状态。

如图9-3-9所示的工字形截面梁，荷载作用在其最大刚度平面内。当荷载较小时，梁的弯曲平衡状态是稳定的。虽然外界各种因素会使梁产生微小的侧向弯曲和扭转变形，但外界影响消失后，梁仍能恢复原来的弯曲平衡状态。然而，当荷载增大到某一数值后，梁在向下弯曲的同时，将突然发生侧向弯曲和扭转变形而破坏，这种现象称之为梁的侧向弯扭屈曲或整体失稳。梁维持其稳定平衡状态所承担的最大荷载或最大弯矩，称为临界荷载或临界弯矩。

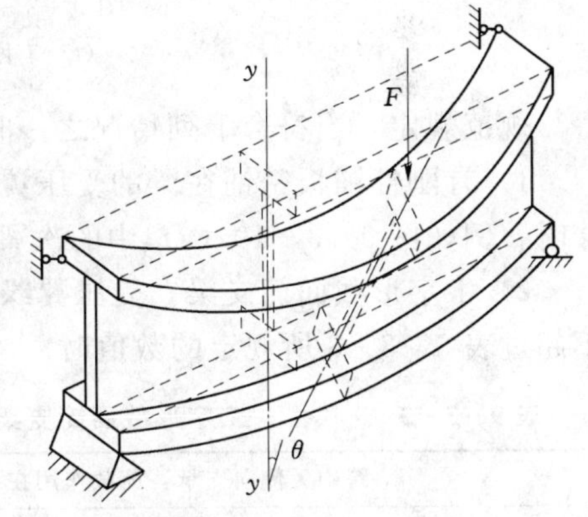

图9-3-9　梁的整体失稳

梁整体稳定的临界荷载与梁的侧向抗弯刚度、抗扭刚度、荷载沿梁跨分布情况及其在截面上的作用点位置等有关。

（2）梁整体稳定的保证措施。

为保证梁的整体稳定或增强梁抗整体失稳的能力，当梁上有密铺的刚性铺板（楼盖梁

的楼面板或公路桥、人行天桥的面板等）时，应使之与梁的受压翼缘连牢［见图 9-3-10（a）］；若无刚性铺板或铺板与梁受压翼缘连接不可靠，则应设置平面支撑［见图 9-3-10（b）］。楼盖或工作平台梁格的平面内支撑有横向平面支撑和纵向平面支撑两种，横向支撑使主梁受压翼缘的自由长度由其跨长减小为 l_1（次梁间距）；纵向支撑是为了保证整个楼面的横向刚度。不论有无连牢的刚性铺板，支承工作平台梁格的支柱间均应设置柱间支撑，除非柱列设计为上端铰接、下端嵌固于基础的排架。

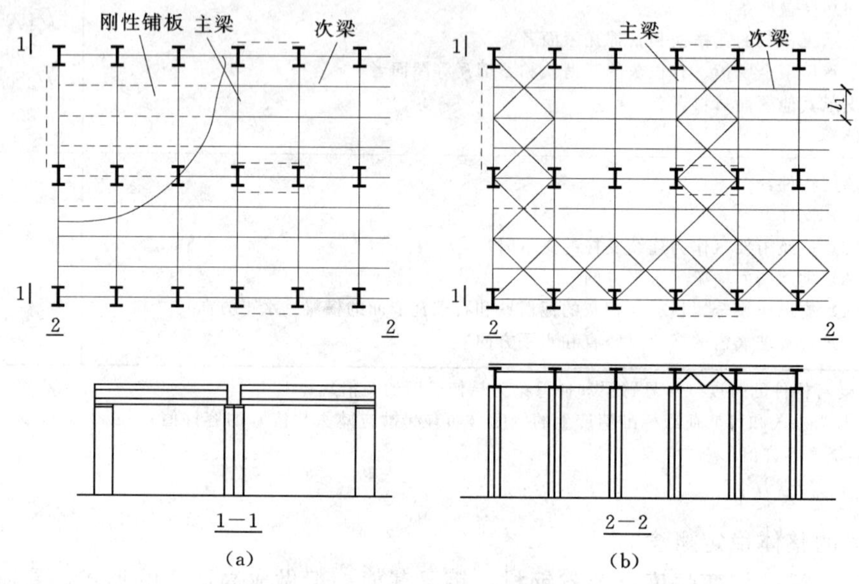

图 9-3-10　楼盖或工作平台梁格
(a) 有刚性铺板；(b) 无刚性铺板

规范规定，当符合下列情况之一时，梁的整体稳定可以得到保证，不必计算：

1）有刚性铺板密铺在梁的受压翼缘上并与其牢固连接，能阻止梁受压翼缘的侧向位移时，例如图 9-3-10（a）中的次梁即属于此种情况。

2）工字形截面简支梁，受压翼缘的自由长度与其宽度之比 l_1/b_1［图 9-3-10（b）］不超过表 9-3-3 所规定的数值时。

表 9-3-3　　工字形截面简支梁不需计算整体稳定的最大 l_1/b_1 值

跨中无侧向支承，荷载作用在		跨中有侧向支承，不论荷载作用于何处
上　翼　缘	下　翼　缘	
$13\sqrt{235/f_y}$	$20\sqrt{235/f_y}$	$16\sqrt{235/f_y}$

3）箱形截面简支梁，其截面尺寸（图 9-3-11）满足 $h/b_0\leqslant 6$，且 $l_1/b_0\leqslant 95(235/f_y)$ 时（箱形截面的此条件很容易满足）。

（3）梁整体稳定的计算方法。

$$\frac{M_x}{\varphi_b W_x}\leqslant f \tag{9-3-7}$$

式中　M_x——绕强轴作用的最大弯矩，N·m；

W_x——按受压纤维确定的梁毛截面模量，mm³；

$\varphi_b=\sigma_{cr}/f_y$——梁的整体稳定系数。

双轴对称工字形截面简支梁的整体稳定系数参见钢结构附录 3

$$\varphi_b=\frac{4320Ah}{\lambda_y^2W_x}\sqrt{1+\left(\frac{\lambda_yt_1}{4.4h}\right)^2}\frac{235}{f_y} \tag{9-3-8}$$

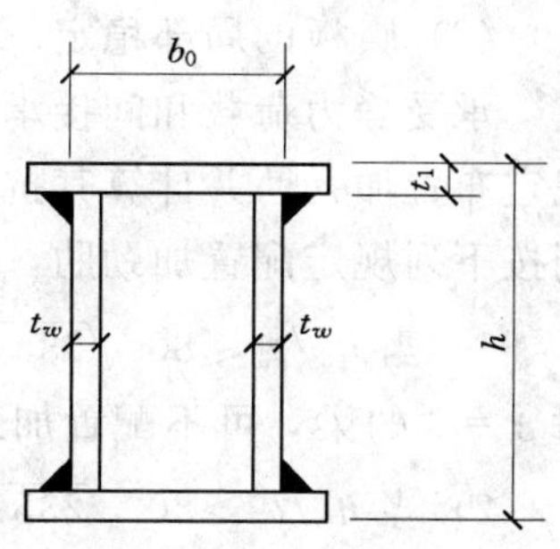

图 9-3-11　箱形截面

规范规定，当按上述公式或表格确定的 $\varphi_b>0.6$ 时，用下式求得的 φ_b' 代替 φ_b 进行梁的整体稳定计算：

$$\varphi_b'=1.07-0.282/\varphi_b\leqslant1.0 \tag{9-3-9}$$

当梁的整体稳定承载力不足时，可采用加大梁截面尺寸或增加侧向支承的办法予以解决，前一种办法中尤其是增大受压翼缘的宽度最有效。

4. 梁的局部稳定和腹板加劲肋设计

组合梁一般由翼缘和腹板等板件组成，如果将这些板件不适当地减薄加宽，板中压应力或剪应力达到某一数值后，腹板或受压翼缘有可能偏离其平面位置，出现波形鼓曲（图 9-3-12），这种现象称为梁局部失稳。

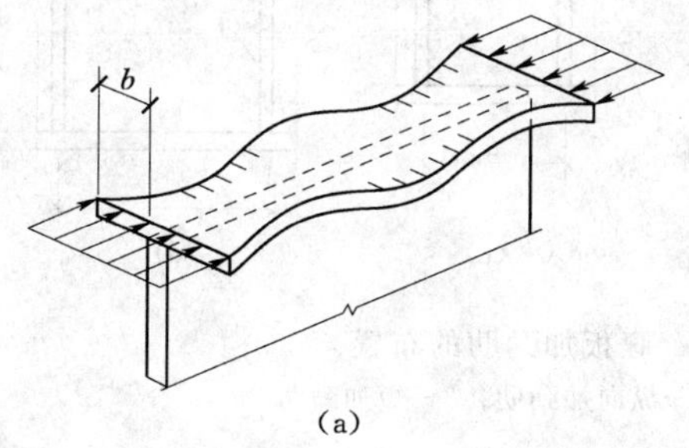

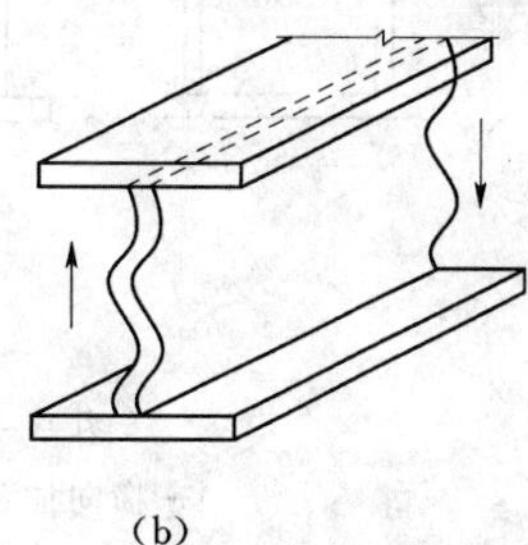

图 9-3-12　梁局部稳定

(a) 翼缘；(b) 腹板

(1) 受压翼缘的局部稳定。

梁的受压翼缘板主要受均布压应力作用（见图 9-3-12）。为了充分发挥材料强度，翼缘的合理设计是采用一定厚度的钢板，让其临界应力 σ_{cr} 不低于钢材的屈服点 f_y，从而使翼缘不丧失稳定。一般采用限制宽厚比的办法来保证梁受压翼缘板的稳定性。

$$\frac{b}{t}\leqslant13\sqrt{\frac{235}{f_y}} \tag{9-3-10}$$

当计算梁的抗弯强度取 $\gamma_x=1.0$ 时，b/t 值可放宽为：

$$\frac{b}{t}\leqslant15\sqrt{\frac{235}{f_y}} \tag{9-3-11}$$

箱形梁翼缘板（见图 9-3-11）在两腹板之间的部分，相当于四边简支单向均匀受压板。

$$\frac{b_0}{t}\leqslant40\sqrt{\frac{235}{f_y}} \tag{9-3-12}$$

（2）腹板的局部稳定。

承受静力荷载和间接承受动力荷载的组合梁，一般考虑腹板屈曲后强度，需按规范的规定布置加劲肋并计算其抗弯和抗剪承载力，而直接承受动力荷载的吊车梁及类似构件，则按下列规定配置加劲肋，并计算各板段的稳定性。

1）当 $h_0/t_w \leqslant 80\sqrt{235/f_y}$时，对有局部压应力的梁，应按构造配置横向加劲肋，但对 $\sigma_c=0$ 的梁，可不配置加劲肋［见图 9-3-13（a）］。

2）当 $h_0/t_w > 80\sqrt{235/f_y}$时，应按计算配置横向加劲肋［见图 9-3-13（a）］。

3）当 $h_0/t_w > 170\sqrt{235/f_y}$（受压翼缘扭转受到约束，如连有刚性铺板、制动板或焊有钢轨时）或 $h_0/t_w > 150\sqrt{235/f_y}$（受压翼缘扭转未受到约束时）或按计算需要时，应在弯矩较大区格的受压区增加配置纵向加劲肋［见图 9-3-13(b)、(c)］。局部压应力很大的梁，必要时尚宜在受压区配置短加劲肋［见图 9-3-13（d）］。

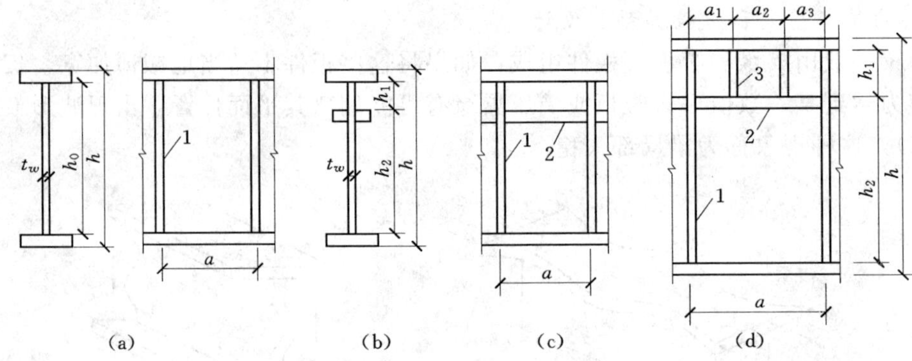

图 9-3-13　腹板加劲肋的布置

1—横向加劲肋；2—纵向加劲肋；3—短加劲肋

任何情况下，h_0/t_w 均不应超过 $250\sqrt{235/f_y}$。其中 h_0 称为腹板计算高度，对焊接梁 h_0 等于腹板高度 h_w；对铆接梁为腹板与上、下翼缘连接铆钉的最近距离。对单轴对称梁，第 3）款中的 h_0 应取腹板受压区高度 h_c 的 2 倍。

4）梁的支座处和上翼缘受有较大固定集中荷载处宜设置支承加劲肋。

为避免焊接后的不均匀对称残余变形并减少制造工作量，焊接吊车梁宜尽量避免设置纵向加劲肋，尤其是短加劲肋。

四、任务实施

1. 平台铺板与次梁连牢时，不必计算整体稳定

假设次梁自重为 0.5kN/m，次梁承受的线荷载标准值为：

$$q_k=(1.5\times2.5+0.5)+9\times2.5=4.25+22.5=26.75\text{kN/mm}=26.75\text{kN/mm}$$

荷载设计值可变荷载效应控制的组合：恒荷载分项系数为 1.2，活荷载分项系数为 1.3（工业建筑活荷载标准值大于 4kN/m^2 时，活荷载分项系数取 1.3）：

$$q=4.25\times1.2+22.5\times1.3=34.35\text{kN/m}$$

最大弯矩设计值为：

$$M_x=\frac{1}{8}ql^2=\frac{1}{8}\times 34.35\times 5^2=107.3\text{kN}\cdot\text{m}$$

根据抗弯强度选择截面，需要的截面模量为：

$$W_{nx}=M_x/(\gamma_X f)=107.3\times 10^6/(1.05\times 215)=475\times 10^3\text{mm}^3$$

选用 HN300 × 150 × 6.5 × 9，其 $W_x=490\text{cm}^3$，跨中无孔眼削弱，此 W_x 大于需要的 475cm^3，梁的抗弯强度已足够。由于H型钢的腹板较厚，一般不必验算抗剪强度；若将次梁连于主梁的加劲肋上（见图9－3－14），也不必验算次梁支座处的局部承压强度。

其他截面特性，$I_x=7350\text{cm}^4$；自重37.3kg/m＝0.37kN/m，略小于假设自重，不必重新计算。

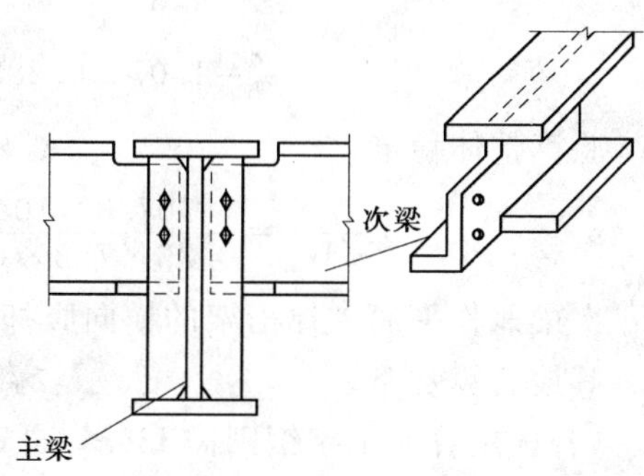

图9－3－14　次梁与主梁的平接

验算挠度：在全部荷载标准值作用下：

$$\frac{v_T}{l}=\frac{5}{384}\times\frac{26.75\times 5000^3}{206\times 10^3\times 7350\times 10^4}=\frac{1}{348}<\frac{[v_T]}{l}=\frac{1}{250}$$

在可变荷载标准值作用下：

$$\frac{v_Q}{l}=\frac{1}{348}\times\frac{22.5}{26.75}=\frac{1}{414}<\frac{[v_Q]}{l}=\frac{1}{300}$$

（注：若选用普通工字钢，则需I28a，自重43.4kg/m，比H型钢重16%）。

2. 若平台铺板不与次梁连牢，则需要计算其整体稳定

假设次梁自重为0.5kN/m，按整体稳定要求试选截面。参考普通工字钢的整体稳定系数（钢结构附录3），假设 $\varphi_b=0.73$，已大于0.6，故 $\varphi_b'=1.07-0.282/0.73=0.68$，由式（9－3－7）得所需的截面模量为：

$$W_x=M_x/(\varphi_b' f)=107.3\times 10^3/(0.68\times 215)=734\times 10^3\text{mm}^3$$

选用HN350×175×7×11，$W_x=782\text{cm}^3$；自重50kg/m＝0.49kN/m，与假设相符。另外，截面的 $i_y=3.93\text{cm}$，$A=63.66\text{cm}^2$。

由于试选截面时，整体稳定系数是参考普通工字钢的，对H型钢应按式9－3－8进行计算：

$$\varphi_b=\beta_b\frac{4320}{\lambda_y^2}\times\frac{A\times h}{W_x}\left[\sqrt{1+\left(\frac{\lambda_y t_1}{4.4h}\right)^2}+\eta_b\right]\frac{235}{f_y}$$

$$\xi=\frac{l_1 t_1}{b_1 h}=\frac{5000\times 11}{175\times 350}=0.898$$

$$\beta_b=0.69+0.13\times 0.898=0.807$$

$$\lambda_y=\frac{500}{3.93}=127$$

$$\varphi_b=\beta_b\frac{4320}{\lambda_y^2}\cdot\frac{Ah}{W_x}\sqrt{1+\left(\frac{\lambda_y t_1}{4.4h}\right)^2}$$

$$=0.807\times\frac{4320}{127^2}\times\frac{63.66\times35}{782}\sqrt{1+\left(\frac{127\times1.1}{4.4\times35}\right)^2}$$

$$=0.83$$

$$\varphi_b'=1.07-0.282/0.83=0.73$$

验算整体稳定：

$$\frac{M_x}{\varphi_b'W_x}=\frac{107.3\times10^6}{0.73\times782\times10^3}=188\text{N/mm}^2<f=215\text{N/mm}^2$$

次梁兼作平面支撑桁架的横向腹杆，其 $\lambda_y=127<[\lambda]=200$，$\lambda_x$ 更小，满足要求。

其他验算从略。

（若选用普通工字钢则需 I36a，自重 59.9kg/m，比 H 型钢重 19.8%）。

任务 4　某多层框架柱的设计

任务 4.1　某多层钢框架实腹式柱的设计

一、任务描述

某车间多层钢框架，其横向为框架，纵向为支撑抗侧力体系；框架梁柱均为焊接 H 型钢截面，材质为 Q235 钢，梁柱节点采用现场焊接连接，不考虑地震作用，经计算底层边柱承受内力为 $M=94.3$kN，$N=750.6$kN，底层边柱采用 H400×300×10×16，柱计算长度 $l_{0x}=807$cm，$l_{0y}=600$cm。试验算该柱承载力是否满足要求。

二、任务分析

框架结构的柱子不仅受轴心的压力，同时也承受端弯矩或横向荷载，属于在弯矩和轴心压力共同作用下实腹式柱的截面的设计，完成该任务需要以下知识。

三、任务知识点

有关柱子的截面形式已在第九模块任务 2 中作了详细的介绍，这里就不赘述。

同时承受轴向力和弯矩的构件称为压弯（或拉弯）构件（见图 9-4-1、9-4-2）。弯矩可能由轴向力的偏心作用、弯矩作用或横向荷载作用等因素形成。当弯矩作用在截面的一个主轴平面内时称为单向压弯（或拉弯）构件，作用在两主轴平面的称为双向压弯（或拉弯）构件。

压弯构件广泛作柱子，如工业建筑中的厂房框架柱（见图 9-4-3）、多层（或高层）建筑中的框架柱（见图 9-4-4）以及海洋平面的立柱等。它们不仅要承受上部结构传下来的轴向压力，同时还受弯矩和剪力。

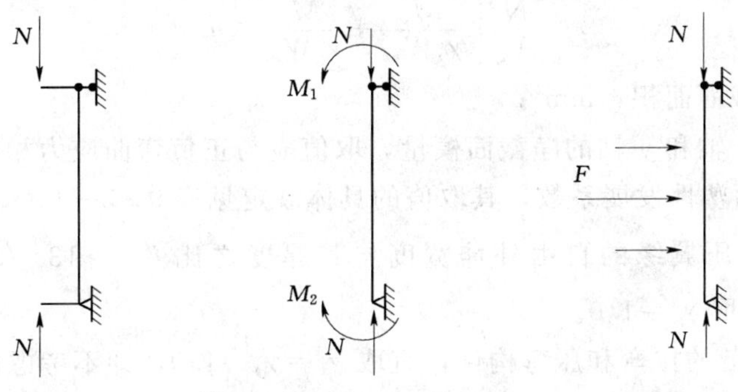

图 9-4-1　压弯构件

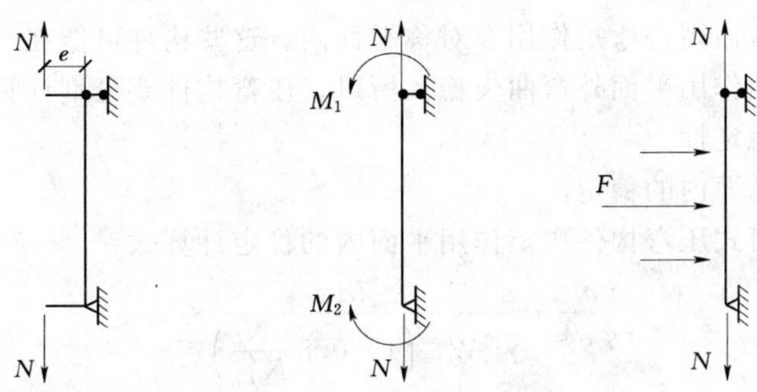

图 9-4-2　拉弯构件

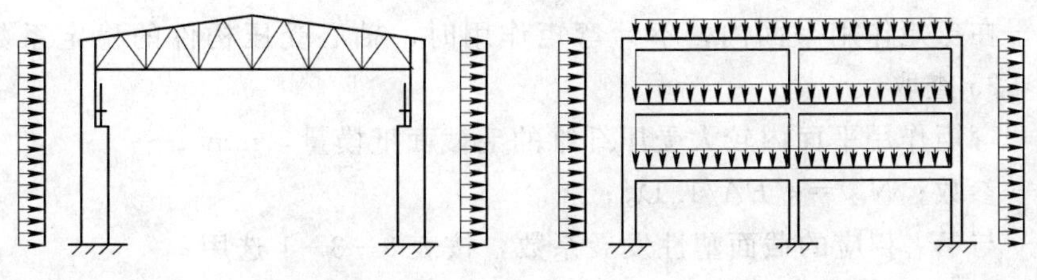

图 9-4-3　单层工业厂房框架柱　　　　图 9-4-4　多层框架柱

与轴心受力构件一样，在进行拉弯和压弯构件设计时，应同时满足承载能力极限状态和正常使用极限状态的要求。拉弯构件需要计算其强度和刚度（限制长细比）；对压弯构件，则需要计算强度、整体稳定弯矩作用平面内稳定和弯矩作用平面外稳定、局部稳定和刚度（限制长细比）。

拉弯构件的容许长细比与轴心拉杆相同（见表 9-2-2）；压弯构件的容许长细比与轴心压杆相同（见表 9-2-1）。

1. 拉弯和压弯构件的强度

考虑钢结构的塑性性能，拉弯和压弯构件是以截面出现塑性铰作为强度极限。规范规定：单向的拉弯和压弯构件的强度计算式：

$$\frac{N}{A_n}+\frac{M_x}{\gamma_x W_{nx}}\leqslant f \tag{9-4-1}$$

承受双向弯矩的拉弯或压弯构件，规范采用了与式（9-4-1）类似的下式计算：

$$\frac{N}{A_n}+\frac{M_x}{\gamma_x W_{nx}}+\frac{M_y}{\gamma_y W_{ny}}\leqslant f \tag{9-4-2}$$

式中　A_n——净截面面积，mm^2；

W_{nx}、W_{ny}——对 x 轴和 y 轴的净截面模量，取值应与正负弯曲应力相适应，mm^3；

γ_x、γ_y——截面塑性发展系数，其取值的具体规定见表 9-3-1。

当压弯构件受压翼缘的自由外伸宽度与其厚度之比 $b/t>13\sqrt{235/f_y}$（但不超过 $15\sqrt{235/f_y}$）时，取 $\gamma_x=1.0$。

对需要计算疲劳的拉弯和压弯构件，宜取 $\gamma_x=\gamma_y=1.0$，即不考虑截面塑性发展。

2. 压弯构件的稳定

压弯构件的截面尺寸通常由稳定承载力条件确定。对双轴对称截面一般将弯矩绕强轴作用，而单轴对称截面则将弯矩作用在对称平面内。这些构件可能在弯矩作用平面内弯曲失稳，也可能在弯矩作用平面外弯曲失稳。所以，压弯构件要分别计算弯矩作用平面内和弯矩作用平面外的稳定性。

(1) 弯矩作用平面内的稳定。

规范规定：实腹式压弯构件弯矩作用平面内的稳定计算式：

$$\frac{N}{\varphi_x A}+\frac{\beta_{mx}M_x}{\gamma_{1x}W_{1x}\left(1-0.8\frac{N}{N'_{Ex}}\right)}\leqslant f \tag{9-4-3}$$

式中　N——压弯构件的轴心压力设计值，N；

M_x——所计算构件段范围内的最大弯矩设计值，N·m；

φ_x——在弯矩作用平面内，不计弯矩作用时，轴心受压构件的稳定系数；由附表35查取；

W_{1x}——弯矩作用平面内较大受压纤维的毛截面抵模量，mm^3；

N'_{Ex}——参数；$N'_{Ex}=\pi^2 EA/1.1\lambda_x^2$；

γ_{1x}——与 W_{1x} 相应的截面塑性发展系数，按表 9-3-1 选用；

β_{mx}——等效弯矩系数，规范按下列情况取值。

1) 框架柱和两端支承的构件：

a. 无横向荷载作用时：

$$\beta_{mx}=0.65+0.35M_2/M_1$$

式中　M_1、M_2——端弯矩，使构件产生同向曲率（无反弯点）时取同号，使构件产生反向曲率（有反弯点时）取异号，$|M_1|\geqslant|M_2|$。

b. 有端弯矩和横向荷载同时作用时：

使构件产生同向曲率时，$\beta_{mx}=1.0$。

使构件产生反向曲率时，$\beta_{mx}=0.85$。

c. 无端弯矩但有横向荷载作用时：$\beta_{mx}=1.0$。

2) 悬臂构件，$\beta_{mx}=1.0$。

对于 T 型钢、双角钢 T 形等单轴对称截面压弯构件，当弯矩作用于对称轴平面且使较大翼缘受压时，构件失稳时出现的塑性区除存在前述受压区屈服和受压、受拉区同时屈

服两种情况外，还可能在受拉区首先出现屈服而导致构件失去承载能力，故除了按式（9-4-3）计算外，还应按下式计算：

$$\left|\frac{N}{A}-\frac{\beta_{mx}M_x}{\gamma_x W_{2x}\left(1-1.25\frac{N}{N'_{Ex}}\right)}\right|\leqslant f \tag{9-4-4}$$

式中　W_{2x}——受拉侧最外纤维的毛截面模量，mm^3；

γ_x——与 W_{2x} 相应的截面塑性发展系数。

其余符号同式（9-4-3），上式第二项分母中的1.25也是经过与理论计算结果比较后引进的修正系数。

（2）弯矩平面外的稳定。

规范规定：压弯构件在弯矩作用平面外稳定计算公式为：

$$\frac{N}{\varphi_y A}+\eta\frac{\beta_{tx}M_x}{\varphi_b W_{1x}}\leqslant f \tag{9-4-5}$$

式中　M_x——所计算构件段范围内（构件侧向支承点间）的最大弯矩，N·m；

β_{tx}——等效弯矩系数，应根据所计算构件段的荷载和内力情况确定，取值方法与弯矩作用平面内的等效弯矩系数 β_{mx} 相同；

η——调整系数：箱形截面 $\eta=0.7$，其他截面 $\eta=1.0$；

φ_y——弯矩作用平面外的轴心受压构件稳定系数；

φ_b——均匀弯曲梁的整体稳定系数。

为了设计上的方便，规范对压弯构件的整体稳定系数 φ_b 采用了近似计算公式，这些公式已考虑了构件的弹塑性失稳问题，因此当 φ_b 大于0.6时不必再换算。

1）工字形截面（含H形钢）。

双轴对称时：

$$\varphi_b=1.07-\frac{\lambda_y^2}{44000}\times\frac{f_y}{235}\text{，但不大于 }1.0 \tag{9-4-6}$$

单轴对称时：

$$\varphi_b=1.07-\frac{W_{1x}}{(2\alpha_b+0.1)Ah}\times\frac{\lambda_y^2}{14000}\times\frac{f_y}{235}\text{，但不大于 }1.0 \tag{9-4-7}$$

式中　$\alpha_b=I_1/(I_1+I_2)$，I_1、I_2 分别为受压翼缘和受拉翼缘对 y 轴的惯性矩。

2）T形截面。

a. 弯矩使翼缘受压时。

双角钢T形：

$$\varphi_b=1-0.0017\lambda_y\sqrt{f_y/235} \tag{9-4-8}$$

两板组合T形（含T型钢）：

$$\varphi_b=1-0.0022\lambda_y\sqrt{f_y/235} \tag{9-4-9}$$

b. 弯矩使翼缘受拉时

$$\varphi_b=1.0-0.0005\lambda_y\sqrt{f_y/235} \tag{9-4-10}$$

3）箱形截面。

$$\varphi_b=1.0 \tag{9-4-11}$$

四、任务实施

1. 截面特性

$$A=132.8\text{cm}^2 \qquad I_x=39563\text{cm}^2$$
$$i_x=17.26\text{cm} \qquad W_x=1978\text{cm}^3$$
$$I_y=7203\text{cm}^2 \qquad i_y=7.36\text{cm}$$

2. 验算强度

$$\frac{N}{A_n}+\frac{M_x}{\gamma_x W_{nx}}=\frac{750.6\times10^3}{132.8\times10^2}+\frac{94.3\times10^6}{1.05\times1978\times10^3}$$
$$=110\text{N/mm}^2<f=215\text{N/mm}^2$$

3. 验算弯矩作用平面内的稳定

$$\lambda_x=\frac{807}{17.26}=40.8<[\lambda]=150\text{，刚度条件满足要求。}$$

查附表 3-6（b 类截面），$\varphi_x=0.870$

$$N'_{Ex}=\frac{\pi^2 EA}{1.1\lambda_x^2}=\frac{\pi^2\times206000\times132.8\times10^2}{1.1\times46.8^2}=11207\text{kN}$$
$$\beta_{mx}=1.0$$
$$\frac{N}{\varphi_x A}+\frac{\beta_{mx}M_x}{\gamma_x W_{1x}\left(1-0.8\frac{N}{N'_{Ex}}\right)}=\frac{750.6\times10^3}{0.87\times132.8\times10^2}+\frac{1.0\times94.3\times10^6}{1.05\times1978\times10^3\times\left(1-0.8\times\frac{750.6}{11207}\right)}$$
$$=65.0+48.0=113\text{N/mm}^2<f=215\text{N/mm}^2$$

4. 验算弯矩作用平面外的稳定

$$\lambda_y=\frac{600}{7.36}=81.5<[\lambda]=150$$

查附表 3-6（b 类截面），$\varphi_y=0.678$

$$\varphi_b=1.07-\frac{\lambda_y^2}{44000}=1.07-\frac{81.5^2}{44000}=0.92$$
$$\beta_{tx}=1.0\text{，}\eta=1.0$$
$$\frac{N}{\varphi_y A}+\eta\frac{\beta_{tx}M_x}{\varphi_b W_{1x}}=\frac{750.6\times10^3}{0.678\times132.8\times10^2}+1\times\frac{1.0\times94.3\times10^6}{0.92\times1978\times10^3}$$
$$=83.4+51.8=135\text{N/mm}^2<f=215\text{N/mm}^2$$

任务 4.2　某钢结构单层厂房格构柱的设计

一、任务描述

图 9-4-5 为一单层厂房柱的下柱，在框架平面内（属有侧移框架柱）的计算长度为 $l_{ox}=21.7$m，在框架平面外的计算长度（作为两端铰接）$l_{oy}=12.20$m，钢材为 Q235。试验算此柱在下列组合内力（设计值）作用下的承载力。

第一组（使分肢 1 受压最大）：$\begin{cases}M_x=3340\text{kN}\cdot\text{m}\\N=4500\text{kN}\\V=210\text{kN}\end{cases}$

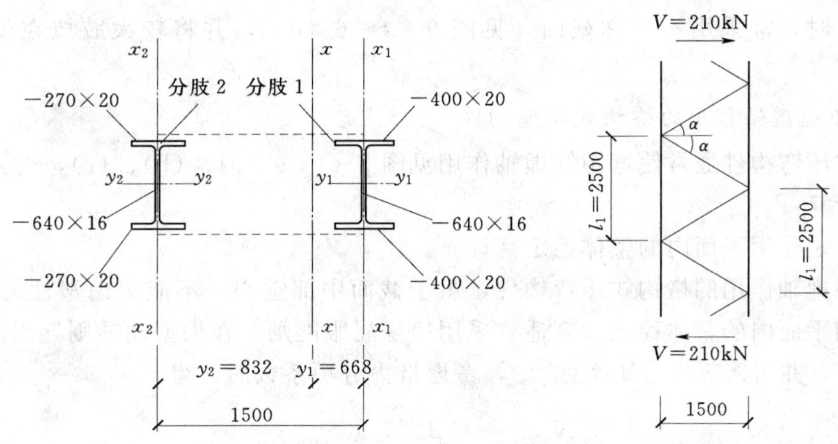

图 9-4-5　单层厂房柱的下柱

第二组（使分肢 2 受压最大）：$\begin{cases} M_x=2700\text{kN}\cdot\text{m} \\ N=4400\text{kN} \\ V=210\text{kN} \end{cases}$

二、任务分析

厂房的柱子因为承受荷载较大，如果采用实腹式柱将会造成截面很大，相当不经济，所以大型厂房一般多采用格构式柱，厂房的柱子不仅受轴心的压力，同时也承受端弯矩或横向荷载，属于在弯矩和轴心压力共同作用下格构式柱的截面的设计，完成该任务需要以下知识。

三、任务知识点

1. 格构式压弯构件的设计

截面高度较大的压弯构件，采用格构式可以节省材料，所以格构式压弯构件一般用于厂房的柱的高大的独立支柱。由于截面的高度较大且受有较大的外剪力，故构件常常用缀条连接。缀板连接的格构式压弯构件很少采用。

常用的格构式压弯构件截面如图 9-4-6 所示。当柱中弯矩不大或正负弯矩的绝对值相差不大时，可用对称的截面形式［见图 9-4-6（a）、（b）、（c）］如果正负弯矩的绝对

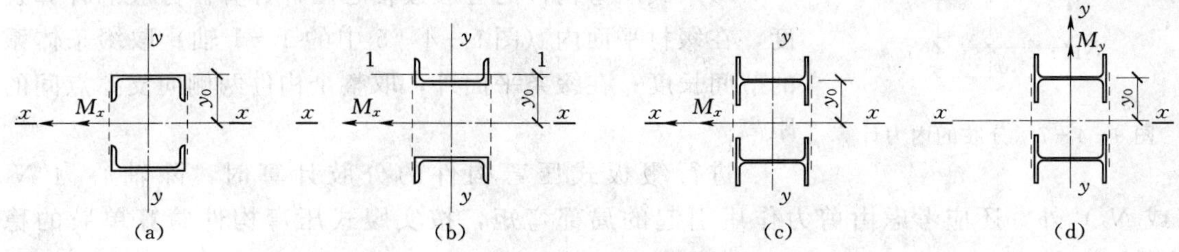

图 9-4-6　格构式压弯构件常用截面

（a）槽钢向内作为肢件的对称形截面；（b）槽钢向外作为肢件的对称形截面；（c）工字型钢作为肢件的对称形截面；（d）工字型钢作为肢件的不对称形截面

值相差较大时，常采用不对称截面［见图 9-4-6（d)］，并将较大肢放在受压较大的一侧。

2. 弯矩绕虚轴作用的格构式压弯构件

格构式压弯构件通常使弯矩绕虚轴作用见图 9-4-6（a)、(b)、(c)，对此种构件应进行下列计算：

(1) 弯矩作用平面内的整体稳定性计算。

弯矩绕虚轴作用的格构式压弯构件，由于截面中部空心，不能考虑塑性的深入发展，故弯矩作用平面内的整体稳定计算适宜采用边缘屈服准则。在根据此准则导出的相关公式(9-4-12)，并引入等效弯矩系数 β_{mx}，考虑抗力分项系数后，得：

$$\frac{N}{\varphi_x A}+\frac{\beta_{mx}M_x}{W_{1x}\left(1-\varphi_x \dfrac{N}{N'_{Ex}}\right)}\leqslant f \qquad (9-4-12)$$

式中　$W_{1x}=I_x/y_0$，I_x——对 x 轴（虚轴）的毛截面惯性矩。y_0 为由 x 轴到压力较大分肢轴线的距离或者到压力较大分肢腹板外边缘的距离，二者取较大值；

φ_x、N'_{Ex}——轴心压杆的整体稳定系数和考虑抗力分项系数 γ_R 的欧拉临界力，均由对虚轴（x 轴）的换算长 λ_{ox} 确定。

(2) 分肢的稳定计算。

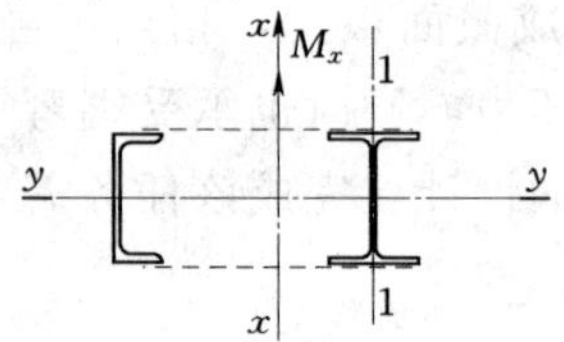

弯矩绕虚轴作用的压弯构件，在弯矩作用平面外的整体稳定性一般由分肢的稳定性计算得到保证，故不必再计算整个构件在平面外的整体稳定性。

将整个构件视为一平行弦桁架，将构件的两个分肢看作桁架体系的弦杆，两分肢的轴心力应按下列公式计算（见图 9-4-7)。

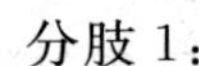

分肢 1：

$$N_1=N\frac{y_2}{a}+\frac{M_x}{a} \qquad (9-4-13)$$

分肢 2：

$$N_2=N-N_1 \qquad (9-4-14)$$

缀条式压弯构件的分肢按轴心压杆计算。分肢的计算长度，在缀材平面内（图 9-4-5 中的 1—1 轴）取缀条体系的节间长度；在缀条平面外，取整个构件两侧向支撑点间的距离。

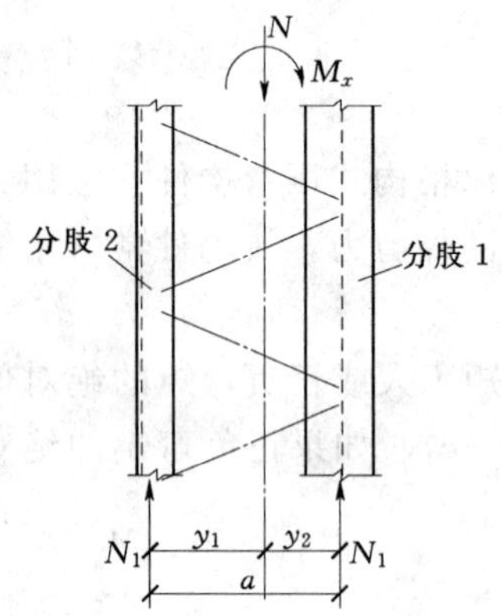

图 9-4-7　分肢的内力计算

进行缀板式压弯构件的分肢计算时，除轴心力 N_1（或 N_2）外，还应考虑由剪力作用引起的局部弯矩，按实腹式压弯构件验算单肢的稳定性。

(3) 缀材的计算。

计算压弯构件的缀材时，应取构件实际剪力和按式（9-2-9）计算所得剪力两者中

的较大值。其计算方法与格构式轴心受压构件相同。

3. 弯矩绕实轴作用的格构式压弯构件

当弯矩作用在与缀材面相垂直的主平面内时［见图 9-4-6(d)］，构件绕实轴产生弯曲失稳，它的受力性能与实腹式压弯构件完全相同。因此，弯矩绕实轴作用的格构式压弯构件，弯矩作用平面内和平面外的整体稳定计算均与实腹式构件相同，但在计算弯矩作用平面外的整体稳定时，长细比应取换算长细比，均匀弯曲的整体稳定系数应取 $\varphi_b=1.0$。缀材（缀板或缀条）所受剪力按式（9-2-9）计算。

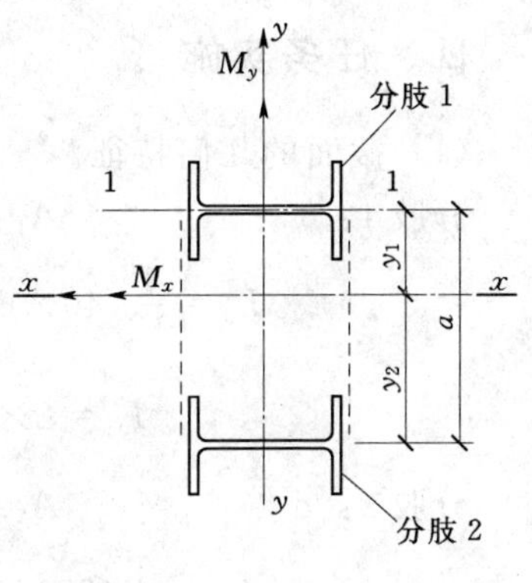

图 9-4-8　双向受弯格构柱

4. 双向受弯的格构式压弯构件

弯矩作用在两个主平面内的双肢格构式压弯构件（见图 9-4-8），其稳定性按下列规定计算：

（1）整体稳定计算。

$$\frac{N}{\varphi_x A}+\frac{\beta_{mx}M_x}{W_{1x}\left(1-\varphi_x\dfrac{N}{N'_{Ex}}\right)}+\frac{\beta_{ty}M_y}{W_{1y}}\leqslant f \tag{9-4-15}$$

式中　φ_x、N_{Ex}——换算长细比确定；

W_{1y}——在 M_y 作用下，对较大受压纤维的毛截面模量，mm^3。

（2）分肢稳定计算。

分肢按实腹式压弯构件计算，将分肢作为桁架弦杆计算其在轴力和弯矩共同作用下产生的内力（见图 9-4-7）。

分肢 1：

$$N_1=N\frac{y_2}{a}+\frac{M_x}{a} \tag{9-4-16}$$

$$M_{y1}=\frac{I_1/y_1}{I_1/y_1+I_2/y_2}M_y \tag{9-4-17}$$

分肢 2：

$$N_2=N-N_1 \tag{9-4-18}$$

$$M_{y2}=M_y-M_{y1} \tag{9-4-19}$$

式中　I_1、I_2——分肢 1 和分肢 2 对 y 轴的惯性矩，mm^4；

y_1、y_2——M_y 作用的主轴平面至分肢 1 和分肢 2 轴线的距离，mm。

上式适用于当 M_y 作用在构件的主平面时的情形，当 M_y 不是作用在构件的主轴平面而是作用在肢的轴线平面（如图 9-4-7 中分肢 1 的 1—1 轴线平面），则 M_y 视为全部由该分肢承受。

5. 格构柱的横隔及分肢的局部稳定

对格构柱，不论截面大小，均应设置横隔，横隔的设置方法与轴心受压格构柱相同。格构柱分肢的局部稳定同实腹式柱。

四、任务实施

(1) 截面的几何特征。

分肢 1：
$$A_1=2\times40\times2+64\times1.6=262.4\text{cm}^2$$
$$I_{y1}=\frac{1}{12}(40\times68^3-38.4\times64^3)=209200\text{cm}^4,\ i_{y1}=28.24\text{cm}$$
$$I_{x1}=2\times\frac{1}{12}\times2\times40^3=21330\text{cm}^4,\ i_{x1}=9.02\text{cm}$$

分肢 2：
$$A_2=2\times27\times2+64\times1.6=210.4\text{cm}^2$$
$$I_{y2}=\frac{1}{12}(27\times68^3-25.4\times64^3)=152600\text{cm}^4,i_{y2}=26.93\text{cm}$$
$$I_{x2}=2\times\frac{1}{12}\times2\times27^3=6561\text{cm}^4,\ i_{x2}=5.58\text{cm}$$

整个截面：
$$A=262.4+210.4=472.8\text{cm}^2$$
$$y_1=210.4/472.8\times150=66.8\text{cm},\ y_2=150-66.8=83.2\text{cm}$$
$$I_x=21330+262.4\times66.8^2+6561+210.4\times83.2^2$$
$$=2655000\text{cm}^4$$
$$i_x=\sqrt{\frac{265500}{472.8}}=74.9\text{cm}$$

(2) 斜缀条截面选择

假想剪力

$$V=\frac{Af}{85}\sqrt{\frac{f_y}{235}}=\frac{472.8\times10^2\times215}{85}=120\times10^3\text{N}$$，小于实际剪力 $V=210\text{kN}$

缀条内力及长度：
$$\tan\alpha=\frac{125}{150}=0.833,\alpha=39.8°$$
$$N_c=\frac{210}{2\cos39.8°}=136.7\text{kN},\ l=\frac{150}{\cos39.8°}=195\text{cm}$$

选用单角钢∟ 100×8，$A=15.6\text{cm}^2$，$i_{min}=1.98\text{cm}$
$$\lambda=\frac{195\times0.9}{1.98}=88.6<[\lambda]=150$$

查钢结构附表 3-6-2（b 类截面），得 $\varphi=0.631$。

单角钢单面连接的设计强度折减系数为：
$$\eta=0.6+0.0015\lambda=0.733$$

验算缀条稳定：
$$\frac{N_c}{\varphi A}=\frac{136.7\times10^3}{0.631\times15.6\times10^2}=139\text{N/mm}^2<0.733\times215=158\text{N/mm}^2$$

(3) 验算弯矩作用平面内的整体稳定。
$$\lambda_x=l_{0x}/i_x=2170/74.9=29$$

换算长细比：

$$\lambda_{ox}=\sqrt{\lambda_x^2+27\frac{A}{A_1}}=\sqrt{29^2+27\times\frac{472.8}{2\times15.6}}=35.4<[\lambda]=150$$

查附表3-6（b类截面），得 $\varphi_x=0.916$

$$N'_{Ex}=\frac{\pi^2EA}{1.1\lambda_{ox}^2}=\frac{\pi^2\times206\times10^3\times472.8\times10^2}{1.1\times35.4^2}=69740\text{kN}$$

对有侧移框架柱，$\beta_{mx}=1.0$。

1）第一组内力，使分肢1受压最大 $W_{1x}=\frac{I_x}{y_1}=\frac{265500}{66.8}=39750\text{cm}^3$

$$\frac{N}{\varphi_xA}+\frac{\beta_{mx}M_x}{W_{1x}\left(1-\varphi_x\frac{N}{N'_{Ex}}\right)}=\frac{4500\times10^3}{0.916\times472.8\times10^2}+\frac{1.0\times3340\times10^6}{39750\times10^3\times\left(1-0.916\times\frac{4500}{69740}\right)}$$

$$=193.1\text{N/mm}^2<f=205\text{N/mm}^2$$

2）第二组内力，使分肢2受压最大

$$W_{1x}=\frac{I_x}{y_2}=\frac{265500}{83.2}=31910\text{cm}^3$$

$$\frac{N}{\varphi_xA}+\frac{\beta_{mx}M_x}{W_{1x}\left(1-\varphi_x\frac{N}{N'_{Ex}}\right)}=\frac{4400\times10^3}{0.916\times472.8\times10^2}+\frac{1.0\times3340\times10^6}{31910\times10^3\times\left(1-0.916\times\frac{4400}{69740}\right)}$$

$$=191.3\text{N/mm}^2<f=205\text{N/mm}^2$$

（4）验算分肢1的稳定（用第一组内力）。

最大压力：
$$N_1=\frac{0.832}{1.5}\times4500+\frac{3340}{1.5}=4722\text{kN}$$

$$\lambda_{x1}=\frac{250}{9.02}=27.7<[\lambda]=150$$

$$\lambda_{y1}=\frac{1220}{28.24}=43.2<[\lambda]=150$$

查钢结构附表3-6-2（b类截面），得 $\varphi_{\min}=0.886$

$$\frac{N_1}{\varphi_{\min}A_1}=\frac{4722\times10^3}{0.866\times262.4\times10^2}$$

$$=203.1\text{N/mm}^2<205\text{N/mm}^2$$

（5）验算分肢2的稳定（用第二组内力）。

最大压力：
$$N_2=\frac{0.668}{1.5}\times4400+\frac{2700}{1.5}=3759\text{kN}$$

$$\lambda_{x2}=\frac{250}{5.58}=44.8<[\lambda]=150$$

$$\lambda_{y2}=\frac{1220}{26.93}=45.3<[\lambda]=150$$

查钢结构附表3-6-2（b类截面），得 $\varphi_{\min}=0.877$

$$\frac{N_2}{\varphi_{\min}A_2}=\frac{3759\times10^3}{0.877\times210.4\times10^2}$$

$$=204N/mm^2<205N/mm^2$$

（6）分肢局部稳定验算。

只需要验算分肢 1 的局部稳定。

分肢 1 属轴心受压构件，按表 9-2-5 规定的宽厚比限值进行验算。

因 $\lambda_{x1}=27.7$，$\lambda_{y1}=43.2$，有 $\lambda_{max}=43.2$

翼缘：

$$\frac{b}{t}=\frac{200}{20}=10<(10+0.1\lambda_{max})\sqrt{\frac{235}{f_y}}=10+0.1\times43.2=14.32$$

腹板：

$$\frac{h_o}{t_w}=\frac{640}{16}=40<(25+0.5\lambda_{max})\sqrt{\frac{235}{f_y}}=46.6$$

经过验算，此截面是合适的。

附　表

第1部分　混凝土结构用表及计算

附表1　　混凝土强度标准设计值　　单位：N/mm^2

强度种类	混凝土强度等级													
	C15	C20	C25	C30	C35	C40	C45	C50	C55	C60	C65	C70	C75	C80
f_c	7.2	9.6	11.9	14.3	16.7	19.1	21.1	23.1	25.3	27.5	29.7	31.8	33.8	35.9
f_t	0.91	1.10	1.27	1.43	1.57	1.71	1.80	1.89	1.96	2.04	2.09	2.14	2.18	2.22

注　1. 计算现浇钢筋混凝土轴心受压及偏心受压构件时，如截面的长边或直径小于300mm，则表中混凝土的强度设计值应乘以系数0.8；当构件质量（如混凝土成型、截面和轴线尺寸等）确有保证时，可不受此限制。

附表2　　混凝土弹性模量　　单位：$\times 10^4 N/mm^2$

强度等级	C15	C20	C25	C30	C35	C40	C45	C50	C55	C60	C65	C70	C75	C80
E_c	2.20	2.55	2.80	3.00	3.15	3.25	3.35	3.45	3.55	3.60	3.65	3.70	3.75	3.80

附表3　　混凝土保护层最小厚度　　单位：mm

环境类别		板、墙、壳			梁			柱		
		≤C20	C25～C45	≥C50	≤C20	C25～C45	≥C50	≤C20	C25～C45	≥C50
一		20	15	15	30	25	25	30	30	30
二	a	—	20	20	—	30	30	—	30	30
	b	—	25	20	—	35	30	—	35	30
三		—	30	25	—	40	35	—	40	35

注　1. 基础中纵向受力钢筋的混凝土保护层厚度不应小于40mm；当无垫层时不应小于70mm。

2. 处于一类环境中且由工厂生产的预制构件，当混凝土强度等级不低于C20时，其保护层厚度可按表中规定减少5mm，但预制构件中的预应力钢筋的保护层不应小于15mm；处于二类环境中且由工厂生产的预制构件，当表面采取有效保护措施时，保护层厚度可按表中一类环境数值采用。

3. 预制钢筋混凝土受弯构件钢筋端头的保护层厚度不应小于10mm；预制肋形板主肋钢筋的保护层厚度应按梁的数值采用。

4. 板、墙、壳中分部钢筋的保护层厚度不应小于表中相应数值减10mm。梁、柱箍筋和构造钢筋的保护层不应小于15mm。

附表4　　普通钢筋强度设计值　　单位：N/mm^2

种　类		符　号	f_y	f'_y
热轧钢筋	HPB235（Q235）	Φ	210	210
	HRB335（20MnSi）	Φ̲	300	300
	HRB400（20MnSiV、20MnSiNb、20MnTi）	Φ̳	360	360
	RRB400（K20MnSi）	$Φ^R$	360	360

注　在钢筋混凝土结构中，轴心受拉和小偏心受拉构件的钢筋抗拉强度设计值大于$300N/mm^2$，仍按$300N/mm^2$取用。

附表 5　　**钢筋外形系数**

钢筋类型	光面钢筋	带肋钢筋	螺旋肋钢丝	刻痕钢丝	三股钢绞丝	七股钢绞丝
a	0.16	0.14	0.19	0.13	0.16	0.17

注　光面钢筋系指 HPB235 钢筋，其末端应做 180°弯钩，弯后平直段不应小于 $3d$，但作受压钢筋时可不做弯钩；带肋钢筋系指 HRB335 级、HRB400 级钢筋及 RRB400 级余热处理钢筋。

附表 6　　**钢筋混凝土结构构件中纵向受力钢筋的最小配筋率**　　(%)

受力类型		最小配筋百分率
受压构件	全部纵向钢筋	0.6
	一侧纵向钢筋	0.2
受弯构件、偏心受拉、轴心受拉构件一侧的受拉钢筋		$45f_t/f_y$ 且不小于 0.2

注　1. 受压构件全部纵向钢筋最小配筋百分率，当采用 HRB400 级、RRB400 级钢筋时，应按表中规定减小 0.1；当混凝土强度等级为 C60 及以上时，应按表中规定增大 0.1。

2. 受压构件全部纵向钢筋和一侧纵向钢筋的配筋率应按构件的全截面面积计算。

3. 当钢筋沿构件截面周边布置时，“一侧纵向钢筋”系指沿受力方向两个对边中的一边布置的纵向钢筋。

附表 7　　**钢筋混凝土板每米宽的钢筋截面面积表**　　单位：mm

钢筋间距	钢筋直径											
	3	4	5	6	6/8	8	8/10	10	10/12	12	12/14	14
70	101	179	281	404	561	719	920	1121	1369	1616	1907	2199
75	94.3	167	262	377	524	671	859	1047	1277	1508	1780	2052
80	88.4	157	245	354	491	629	805	981	1198	1414	1669	1924
85	83.2	148	231	333	462	592	758	924	1127	1331	1571	1811
90	78.5	140	218	314	437	559	716	872	1064	1257	1483	1710
95	74.5	132	207	298	414	529	678	826	1008	1190	1405	1620
100	70.6	126	196	283	393	503	644	785	958	1131	1335	1539
110	64.2	114	178	257	357	457	585	714	871	1028	1214	1399
120	58.9	105	163	236	327	419	537	654	798	942	1113	1283
125	56.5	100	157	226	314	402	515	628	766	905	1068	1231
130	54.4	96.6	151	218	302	387	495	604	737	870	1027	1184
140	50.5	89.7	140	202	281	359	460	561	684	808	954	1099
150	47.1	83.8	131	189	262	335	429	523	639	754	890	1026
160	44.1	78.5	123	177	246	314	403	491	599	707	834	962
170	41.5	73.9	115	166	231	296	379	462	564	665	785	905
180	39.2	69.8	109	157	218	279	358	436	532	628	742	855
190	37.2	66.1	103	149	207	265	339	413	504	595	703	810
200	35.3	62.8	98.2	141	196	251	322	393	479	565	668	770
220	32.1	57.1	89.3	129	179	229	293	357	435	514	607	700
240	29.4	52.4	81.9	118	164	210	268	327	399	471	556	641
250	28.3	50.2	78.5	113	157	201	258	314	383	451	534	616
260	27.2	48.3	75.5	109	151	193	248	302	369	435	513	592
280	25.2	44.9	70.1	101	140	180	230	280	342	404	477	555
300	23.6	41.9	65.5	94	131	168	215	262	319	377	445	513
320	22.1	39.2	61.4	88	123	157	201	245	299	353	417	481

附录 1　等截面等跨连续梁在常用荷载作用下按弹性分析的内力系数计算及用表

1. 在均布及三角形荷载作用下：

$$M = 表中系数 \times ql^2$$
$$V = 表中系数 \times ql$$

2. 在集中荷载作用下：

$$M = 表中系数 \times Ql$$
$$V = 表中系数 \times Q$$

注：上式中 l 为梁的计算跨度。

3. 内力正负号规定：

M——使截面上部受压，下部受拉为正；

V——对邻近截面所产生的力矩沿顺时针方向者为正。

附表 8　　两　跨　梁

荷　载　图	跨内最大弯矩		支座弯矩	剪　力		
	M_1	M_2	M_B	V_A	V_{Bl} V_{Br}	V_C
q A B C l l	0.070	0.0703	−0.125	0.375	−0.625 0.625	−0.375
q M_1 M_2	0.096	—	−＊0.063	0.437	−0.563 0.063	0.063
q	0.048	0.048	−0.078	0.172	−0.328 0.328	−0.172
q	0.064	—	−0.039	0.211	−0.289 0.039	0.039
Q	0.156	0.156	−0.188	0.312	−0.688 0.688	−0.312
Q	0.203	—	−0.094	0.406	−0.594 0.094	0.094
Q	0.222	0.222	−0.333	0.667	−1.333 1.333	−0.667
Q	0.278	—	−0.167	0.833	−1.167 0.167	0.167

附表 9　　三　跨　梁

荷　载　图	跨内最大弯矩		支 座 弯 矩		剪　力			
	M_1	M_2	M_B	M_C	V_A	V_{Bl} V_{Br}	V_{Cl} V_{Cr}	V_D
q	0.068	—	−0.031	−0.031	0.219	−0.281 0	0 0.281	−0.219
q	—	0.052	−0.031	−0.031	−0.031	−0.031 0.250	−0.250 0.031	0.031

续表

荷载图	跨内最大弯矩		支座弯矩		剪力			
	M_1	M_2	M_B	M_C	V_A	V_{Bl} V_{Br}	V_{Cl} V_{Cr}	V_D
 q	0.050	0.038	−0.073	−0.021	0.177	−0.323 0.302	−0.198 0.021	0.021
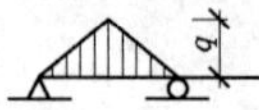 q	0.063	—	−0.042	0.010	0.208	−0.292 0.052	0.052 −0.010	−0.010
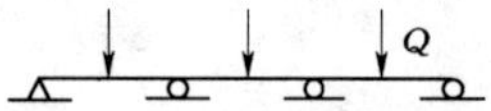 Q	0.175	0.100	−0.150	−0.150	0.350	−0.650 0.500	−0.500 0.650	−0.350
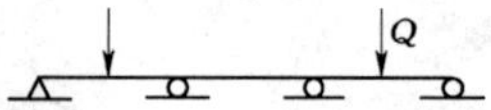 Q	0.213	—	−0.075	−0.075	0.425	−0.575 0	0 0.575	−0.425
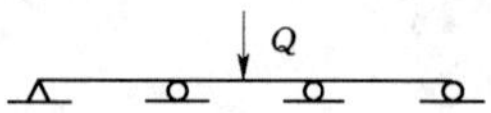 Q	—	0.175	−0.075	−0.075	−0.075	−0.075 0.500	−0.500 0.075	0.075
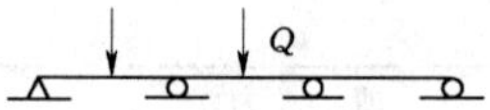 Q	0.162	0.137	−0.175	−0.050	0.325	−0.675 0.625	−0.375 0.050	0.050
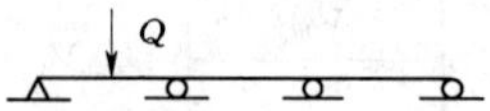 Q	0.200	—	−0.100	0.025	0.400	−0.600 0.125	0.125 −0.025	−0.025
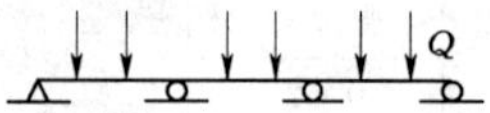 Q	0.244	0.067	−0.267	0.267	0.733	−1.267 1.000	−1.000 1.267	−0.733
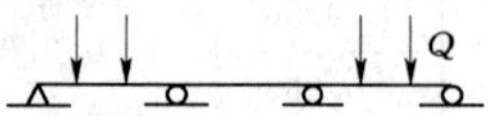 Q	0.289	—	0.133	−0.133	0.866	−1.134 0	0 1.134	−0.866
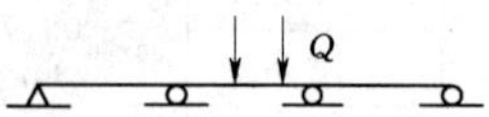 Q	—	0.200	−0.133	0.133	−0.133	−0.133 1.000	−1.000 0.133	0.133
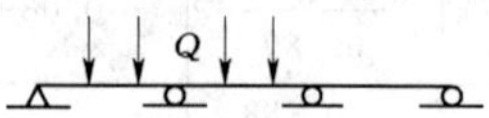 Q	0.229	0.170	−0.311	−0.089	0.689	−1.311 1.222	−0.778 0.089	0.089
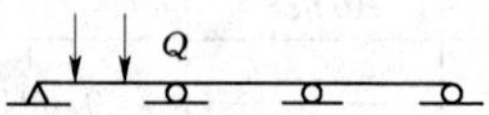 Q	0.274	—	−0.178	0.044	0.822	−1.178 0.222	0.222 −0.044	−0.044
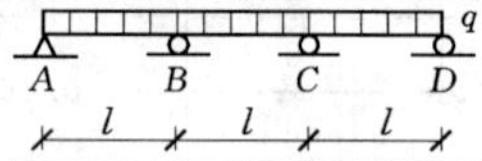 q A B C D l l l	0.080	0.025	−0.100	−0.100	0.400	−0.600 0.500	−0.500 0.600	−0.400
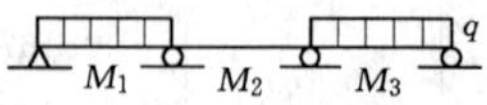 q M_1 M_2 M_3	0.101	—	−0.050	−0.050	0.450	−0.550 0	0 0.550	−0.450
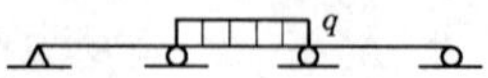 q	—	0.075	−0.050	−0.050	−0.050	−0.050 0.500	−0.500 0.050	0.050
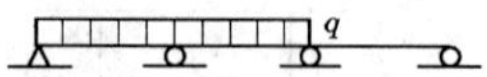 q	0.073	0.054	−0.117	−0.033	0.383	−0.617 0.583	−0.417 0.033	0.033
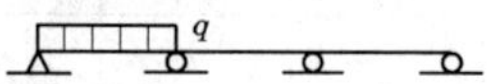 q	0.094	—	−0.067	0.017	0.433	−0.567 0.083	0.083 −0.017	−0.017
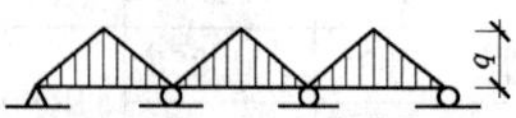 q	0.054	0.021	−0.063	−0.063	0.188	−0.313 0.250	−0.250 0.313	−0.188

附表10　　四　跨　梁

荷载图	跨内最大弯矩				支座弯矩			剪力							
	M_1	M_2	M_3	M_4	M_B	M_C	M_D	V_A	V_{Bl}	V_{Br}	V_{Cl}	V_{Cr}	V_{Dl}	V_{Dr}	V_E
q; A l B l C l D l E	0.077	0.036	0.036	0.077	−0.107	−0.071	−0.107	0.393	−0.607	0.536	−0.464	0.464	−0.536	0.607	−0.393
q; M_1 M_2 M_3 M_4	0.100	—	0.081	—	−0.054	−0.036	−0.054	0.446	−0.554	0.018	0.018	0.482	−0.518	0.054	0.054
q	0.072	0.061	—	0.098	−0.121	−0.018	−0.058	0.380	−0.620	0.603	−0.397	−0.040	−0.040	0.558	−0.442
q	—	0.056	0.056	—	−0.036	−0.107	−0.036	−0.036	−0.036	0.429	−0.571	0.571	−0.429	0.036	0.036
q	0.094	—	—	—	−0.067	0.018	−0.004	0.433	−0.567	0.085	0.085	−0.022	−0.022	0.004	0.004
q	—	0.074	—	—	−0.049	−0.054	0.013	−0.049	−0.049	0.496	−0.504	0.067	0.067	−0.013	−0.013
b	0.052	0.028	0.028	0.052	−0.067	−0.045	−0.067	0.183	−0.317	0.272	−0.228	0.228	−0.272	0.317	−0.183
b	0.067	—	0.055	—	−0.034	−0.022	−0.034	0.217	−0.284	0.011	0.011	0.239	−0.261	0.034	0.034
b	0.049	0.042	—	0.066	−0.075	−0.011	−0.036	0.175	−0.325	0.314	−0.186	−0.025	−0.025	0.286	−0.214
b	—	0.040	0.040	—	−0.022	−0.067	−0.022	−0.022	−0.022	0.205	−0.295	0.295	−0.205	0.022	0.022

续表

荷载图	跨内最大弯矩				支座弯矩			剪力				
	M_1	M_2	M_3	M_4	M_B	M_C	M_D	V_A	V_{Bl} V_{Br}	V_{Cl} V_{Cr}	V_{Dl} V_{Dr}	V_E
	0.063	—	—	—	−0.042	0.011	−0.003	0.208	−0.292 0.053	0.053 −0.014	−0.014 0.003	0.003
	—	−0.051	—	—	−0.031	−0.034	0.008	−0.031	−0.031 0.247	−0.253 0.042	0.042 −0.008	−0.008
	0.169	0.116	0.116	0.169	−0.161	−0.107	−0.161	0.339	−0.661 0.554	−0.446 0.446	−0.554 0.661	−0.339
	0.210	—	0.183	—	−0.080	−0.054	−0.080	0.420	−0.580 0.027	0.027 0.473	−0.527 0.080	0.080
	0.159	0.146	—	0.206	−0.181	−0.027	−0.087	0.319	−0.681 0.654	−0.346 −0.060	−0.060 0.587	−0.413
	—	0.142	0.142	—	0.054	−0.161	−0.054	−0.054	−0.054 0.393	−0.607 0.607	−0.393 0.054	0.054

附表 11 五 跨 梁

荷载图	跨内最大弯矩			支座弯矩				剪力					
	M_1	M_2	M_3	M_B	M_C	M_D	M_E	V_A	V_{Bl} V_{Br}	V_{Cl} V_{Cr}	V_{Dl} V_{Dr}	V_{El} V_{Er}	V_f
	0.078	0.033	0.046	−0.105	−0.079	−0.079	−0.105	0.394	−0.606 0.526	−0.474 0.500	−0.500 0.474	−0.526 0.606	−0.394
	0.100	—	0.085	−0.053	−0.040	−0.040	−0.053	0.447	−0.553 0.013	0.013 0.500	−0.500 −0.013	−0.013 0.533	−0.447

续表

荷载图	跨内最大弯矩			支座弯矩				剪力					
	M_1	M_2	M_3	M_B	M_C	M_D	M_E	V_A	V_{Bl} V_{Br}	V_{Cl} V_{Cr}	V_{Dl} V_{Dr}	V_{El} V_{Er}	V_f
	—	0.079	—	−0.053	−0.040	−0.040	−0.053	−0.053	−0.053 −0.513	−0.487 0	0 0.487	−0.513 0.053	0.053
	0.073	②0.059 0.098	—	−0.119	−0.022	−0.044	−0.051	0.380	−0.620 0.598	−0.402 −0.023	−0.023 0.493	−0.507 0.052	0.052
	①— 0.098	0.055	0.064	−0.035	−0.111	−0.020	−0.057	−0.035	−0.035 0.424	−0.576 0.591	−0.409 −0.037	−0.037 0.557	−0.443
	0.094	—	—	0.067	0.018	−0.005	0.001	0.433	−0.567 0.085	0.085 −0.023	−0.023 0.006	0.006 −0.001	0.001
	—	0.074	—	−0.049	−0.054	0.014	−0.004	−0.049	−0.049 0.495	−0.505 0.068	0.068 −0.018	−0.018 0.004	0.004
	—	—	0.072	0.013	−0.053	−0.053	0.013	0.013	0.013 −0.066	−0.066 0.500	−0.500 0.066	0.066 −0.013	−0.013
	0.053	0.026	0.034	−0.066	−0.049	−0.049	−0.066	0.184	−0.316 0.266	−0.234 0.250	−0.250 0.234	−0.266 0.316	0.184
	0.067	—	0.059	−0.033	−0.025	−0.025	−0.033	0.217	−0.283 0.008	0.008 0.250	−0.250 −0.008	−0.008 0.283	0.217
	—	0.055	—	−0.033	−0.025	−0.025	−0.033	−0.033	−0.033 0.258	−0.242 0	0 0.242	−0.258 0.033	0.033
	0.049	②0.041 0.053	—	−0.075	−0.014	−0.028	−0.032	0.175	0.325 0.311	−0.189 −0.014	−0.014 0.246	−0.255 0.032	0.032
	①— 0.066	0.039	0.044	−0.022	−0.070	−0.013	−0.036	−0.022	−0.022 0.202	−0.298 0.307	−0.193 −0.023	−0.023 0.286	−0.214

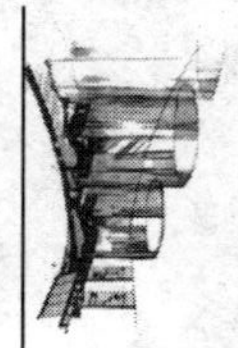

续表

荷载图	跨内最大弯矩			支座弯矩				剪力					
	M_1	M_2	M_3	M_B	M_C	M_D	M_E	V_A	V_{Bl} V_{Br}	V_{Cl} V_{Cr}	V_{Dl} V_{Dr}	V_{El} V_{Er}	V_f
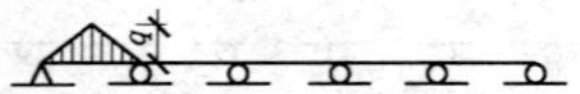	0.063	—	—	−0.042	0.011	−0.013 0.003	0.001	0.208	−0.292 0.053	0.053 −0.014	−0.014 0.004	0.004 −0.001	−0.001
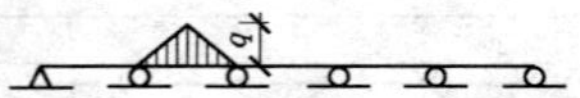	—	0.051	—	−0.031	−0.034	0.009	−0.002	−0.031	−0.031 0.247	−0.253 0.043	0.043 −0.011	−0.011 0.002	0.002
	—	—	0.050	0.008	−0.033	−0.033	0.008	0.008	0.008 −0.041	−0.041 0.250	−0.250 0.041	0.041 −0.008	−0.008
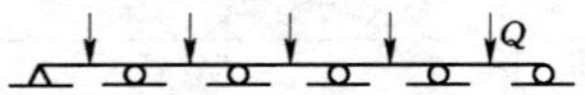	0.171	0.112	0.132	−0.158	−0.118	−0.118	−0.158	0.342	−0.658 0.540	−0.460 0.500	−0.500 0.460	−0.540 0.658	−0.342
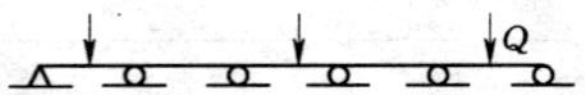	0.211	—	0.191	−0.079	−0.059	−0.059	−0.079	0.421	−0.579 0.020	0.020 0.500	−0.500 −0.020	−0.020 0.579	−0.421
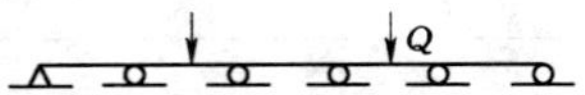	—	0.181	—	−0.079	−0.059	−0.059	−0.079	−0.079	−0.079 0.520	−0.480 0	0 0.480	−0.520 0.079	0.079
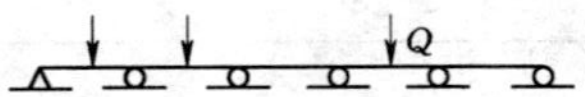	0.160	②0.144 0.178	—	−0.179	−0.032	−0.066	−0.077	0.321	−0.679 0.647	−0.353 −0.034	−0.034 0.489	−0.511 0.077	0.077
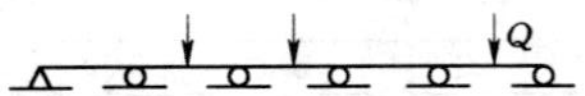	①— 0.207	0.140	0.151	−0.052	−0.167	−0.031	−0.086	−0.052	−0.052 0.386	−0.615 0.637	−0.363 −0.056	−0.056 0.586	−0.414
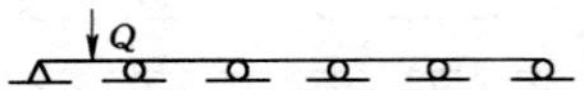	0.200	—	—	−0.100	0.027	−0.007	0.002	0.400	−0.600 0.127	0.127 −0.034	−0.034 0.009	0.009 −0.002	−0.002
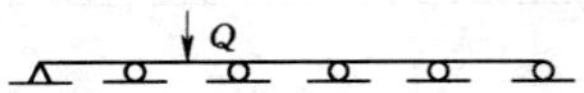	—	0.173	—	−0.073	−0.081	0.022	−0.005	−0.073	−0.073 0.493	−0.507 0.102	0.102 −0.027	−0.027 0.005	0.005
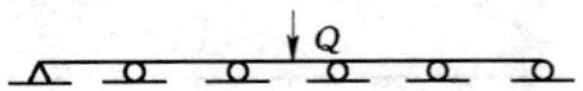	—	—	0.171	0.020	−0.079	−0.079	0.020	0.020	0.020 −0.099	−0.099 0.500	−0.500 0.099	0.099 −0.020	−0.020

附录 2　双向板按弹性分析的计算系数及用表

1. 刚度

$$B_c=\frac{Eh^3}{12(1-\nu^2)}$$

式中　E——弹性模量，N/mm²；

h——板厚，mm；

ν——泊松比；

f，f_{max}——板中心点的挠度和最大挠度，mm；

f_{0x}，f_{0y}——平行于 l_x 和 l_y 方向自由边的中点挠度，mm；

M_x，M_{xmax}——平行于 l_x 方向板中心点的弯矩和板跨内的弯矩及板跨内最大弯矩，N·m；

M_y，M_{ymax}——平行于 l_y 方向板中心点的弯矩和板跨内的弯矩及板跨内最大弯矩，N·m；

M_{0x}，M_{0y}——平行于 l_x 和 l_y 方向自由边的中点弯矩，N·m；

M'_x，M'_y——固定边中点沿 l_x 和 l_y 方向的弯矩，N·m；

M'_{xz}——固定边中点沿 l_x 方向自由边上固定端的支座弯矩，N·m。

———代表简支边　┄┄┄┄代表简支边　┴┴┴┴┴┴┴┴┴┴┴┴代表固定边

正负号的规定：

弯矩——使板的受荷面受压者为正，N·mm；

挠度——变位方向与荷载方向相同者为正，mm。

2. 计算公式

附表 12～附表 17（$\nu=0$）中：

挠度＝表中系数×$\frac{ql^4}{B_c}$；弯矩＝表中系数×ql^2；式中 l 取用 l_x 和 l_y 中较小者。

附表 18～21（$\nu=1/6$）中：

挠度＝表中系数×$\frac{ql_x^4}{B_c}$；弯矩＝表中系数×ql_x^2。

$\nu=0$ 代表一种实际上并不存在的假想材料；$\nu=1/6$ 各项系数可用于钢筋混凝土板中；附表 12～附表 17 仅列出了 $\nu=0$ 的弯矩系数与挠度系数。当 ν 值不等于零时，其挠度及支座中点弯矩仍可按这些表求得；当求其跨内弯矩时，可按下式求得：

$$M_x^{(\nu)}=M_x+\nu M_y$$

$$M_y^{(\nu)}=M_y+\nu M_x$$

式中　M_x、M_y——$\nu=0$ 时的跨内弯矩。必须注意，有自由边的板不能应用上述这二个公式。

3. 均布荷载作用下计算系数表

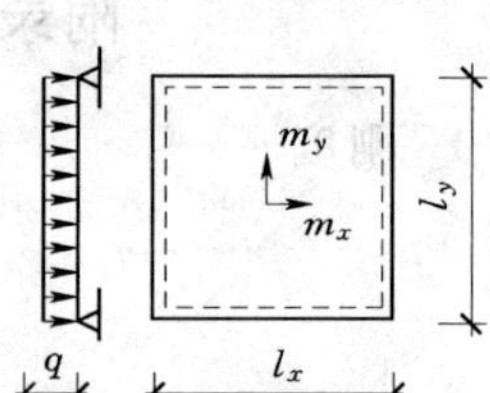

附表 12　　四边简支时板的计算系数表

l_x/l_y	f	M_x	M_y	l_x/l_y	f	M_x	M_y
0.50	0.01013	0.0965	0.0174	0.80	0.00603	0.0561	0.0334
0.55	0.00940	0.0892	0.0210	0.85	0.00547	0.0506	0.0348
0.60	0.00867	0.0820	0.0242	0.90	0.00496	0.0456	0.0358
0.65	0.00796	0.0750	0.0271	0.95	0.00449	0.0410	0.0364
0.70	0.00727	0.0683	0.0296	1.00	0.00406	0.0368	0.0368
0.75	0.00663	0.0620	0.0317				

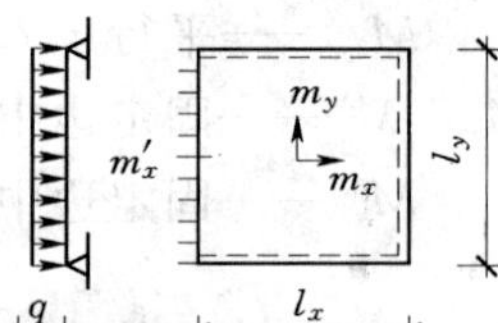

附表 13　　一边固支三边简支时板的计算系数表

l_x/l_y	l_y/l_x	f	f_{max}	M_x	M_{xmax}	M_y	M_{ymax}	m'_x
0.50		0.00488	0.00504	0.0583	0.0646	0.0060	0.0063	−0.1212
0.55		0.00471	0.00492	0.0563	0.0618	0.0081	0.0087	−0.1187
0.60		0.00453	0.00472	0.0539	0.0589	0.0104	0.0111	−0.1158
0.65		0.00432	0.00448	0.0513	0.0559	0.0126	0.0133	−0.1124
0.70		0.00410	0.00422	0.0485	0.0529	0.0148	0.0154	−0.1087
0.75		0.00388	0.00399	0.0457	0.0496	0.0168	0.0174	−0.1048
0.80		0.00365	0.00376	0.0428	0.0463	0.0187	0.0193	−0.1007
0.85		0.00343	0.00352	0.0400	0.0431	0.0204	0.0211	−0.0965
0.90		0.00321	0.00329	0.0372	0.0400	0.0219	0.0226	−0.0922
0.95		0.00299	0.00306	0.0345	0.0369	0.0232	0.0239	−0.0880
1.00	1.00	0.00279	0.00285	0.0319	0.0340	0.0243	0.0249	−0.0839
	0.95	0.00316	0.00324	0.0324	0.0345	0.0280	0.0287	−0.0882
	0.90	0.00360	0.00368	0.0328	0.0347	0.0322	0.0330	−0.0926
	0.85	0.00409	0.00417	0.0329	0.0347	0.0370	0.0378	−0.0970
	0.80	0.00464	0.00473	0.0326	0.0343	0.0424	0.0433	−0.1014
	0.75	0.00526	0.00536	0.0319	0.0335	0.0485	0.0494	−0.1056
	0.70	0.00595	0.00605	0.0308	0.0323	0.0553	0.0562	−0.1096
	0.65	0.00670	0.00680	0.0291	0.0306	0.0627	0.0637	−0.1133
	0.60	0.00752	0.00762	0.0268	0.0289	0.0707	0.0717	−0.1166
	0.55	0.00838	0.00848	0.0239	0.0271	0.0792	0.0801	−0.1193
	0.50	0.00927	0.00935	0.0205	0.0249	0.0880	0.0888	−0.1215

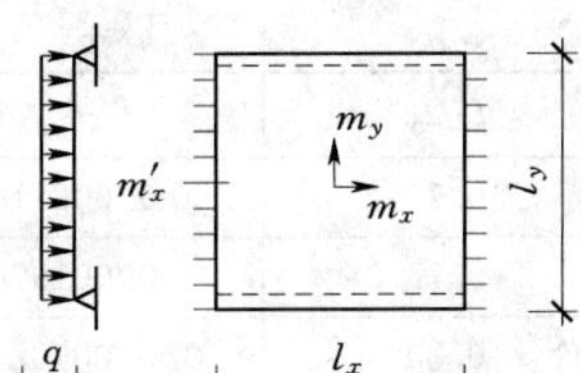

附表14　　两相对边固支两相对边简支时板的计算系数表

l_x/l_y	l_y/l_x	f	M_x	M_y	M'_x
0.50		0.00261	0.0416	0.0017	−0.0843
0.55		0.00259	0.0410	0.0028	−0.0840
0.60		0.00255	0.0402	0.0042	−0.0834
0.65		0.00250	0.0392	0.0057	−0.0826
0.70		0.00243	0.0379	0.0072	−0.0814
0.75		0.00236	0.0366	0.0088	−0.0799
0.80		0.00228	0.0351	0.0103	−0.0782
0.85		0.00220	0.0335	0.0118	−0.0763
0.90		0.00211	0.0319	0.0133	−0.0743
0.95		0.00201	0.0302	0.0146	−0.0721
1.00	1.00	0.00192	0.0285	0.0158	−0.0698
	0.95	0.00223	0.0296	0.0189	−0.0746
	0.90	0.00260	0.0306	0.0224	−0.0797
	0.85	0.00303	0.0314	0.0266	−0.0850
	0.80	0.00354	0.0319	0.0316	−0.0904
	0.75	0.00413	0.0321	0.0374	−0.0959
	0.70	0.00482	0.0318	0.0441	−0.1013
	0.65	0.00560	0.0308	0.0518	−0.1066
	0.60	0.00647	0.0292	0.0604	−0.1114
	0.55	0.00743	0.0267	0.0698	−0.4456
	0.50	0.00844	0.0234	0.0798	−0.1191

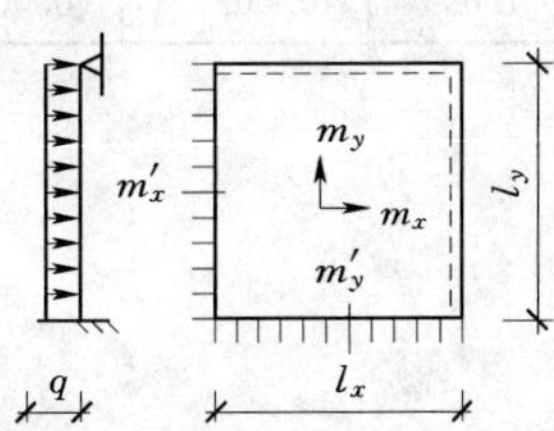

附表15　　两相邻边固支两相邻边简支时板的计算系数表

l_x/l_y	f	M_x	M_y	M'_x	M'_y
0.50	0.00253	0.0400	0.0038	−0.0829	−0.0570
0.55	0.00246	0.0385	0.0056	−0.0814	−0.0571
0.60	0.00236	0.0367	0.0076	−0.0793	−0.0571
0.65	0.00224	0.0345	0.0095	−0.0766	−0.0571

续表

l_x/l_y	f	M_x	M_y	M'_x	M'_y
0.70	0.00211	0.0321	0.0113	−0.0735	−0.0569
0.75	0.00197	0.0296	0.0130	−0.0701	−0.0565
0.80	0.00182	0.0271	0.0144	−0.0664	−0.0559
0.85	0.00168	0.0246	0.0156	−0.0626	−0.0551
0.90	0.00153	0.0221	0.0165	−0.0588	−0.0541
0.95	0.00140	0.0198	0.0172	−0.0550	−0.0528
1.00	0.00127	0.0176	0.0176	−0.0513	−0.0513

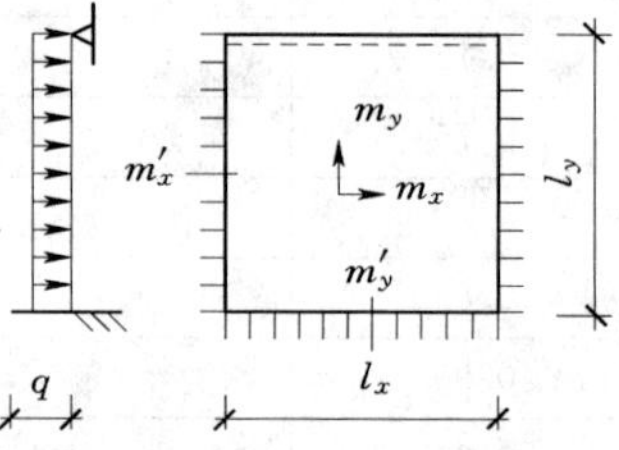

附表 16　　三边固支一边简支时板的计算系数表

l_x/l_y	f	f_{max}	M_x	M_{xmax}	M_y	M_{ymax}	M'_x	M'_y
0.50	0.00468	0.00471	0.0559	0.0562	0.0079	0.0135	−0.1179	−0.0786
0.55	0.00445	0.00454	0.0529	0.0530	0.0104	0.0153	−0.1140	−0.0785
0.60	0.00419	0.00429	0.0496	0.0498	0.0129	0.0169	−0.1095	−0.0782
0.65	0.00391	0.00399	0.0461	0.0465	0.0151	0.0183	−0.1045	−0.0777
0.70	0.00363	0.00368	0.0426	0.0432	0.0172	0.0195	−0.0992	−0.0770
0.75	0.00335	0.00340	0.0390	0.0396	0.0189	0.0206	−0.0938	−0.0760
0.80	0.00308	0.00313	0.0356	0.0361	0.0204	0.0218	−0.0883	−0.0748
0.85	0.00281	0.00286	0.0322	0.0328	0.0215	0.0229	−0.0829	−0.0733
0.90	0.00256	0.00261	0.0291	0.0297	0.0224	0.0238	−0.0776	−0.0716
0.95	0.00232	0.00237	0.0261	0.0267	0.0230	0.0244	−0.0726	−0.0698
1.00	0.00210	0.00215	0.0234	0.0240	0.0234	0.0249	−0.0677	−0.0677

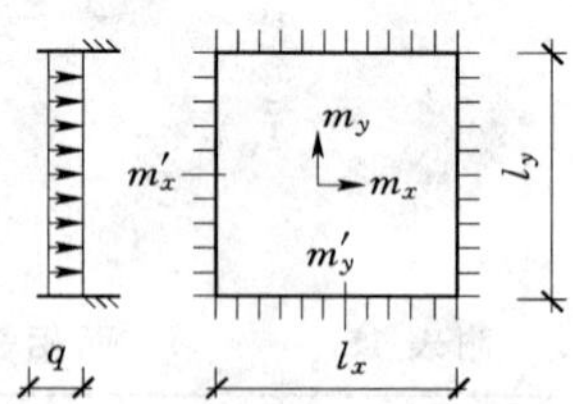

附表 17　　四边固支时板的计算系数表

l_x/l_y	l_y/l_x	f	f_{max}	M_x	M_{xmax}	M_y	M_{ymax}	M'_x	M'_y
0.50		0.00257	0.00258	0.0408	0.0409	0.0028	0.0089	−0.0836	−0.0569
0.55		0.00252	0.00255	0.0398	0.0399	0.0042	0.0093	−0.0827	−0.0570
0.60		0.00245	0.00249	0.0384	0.0386	0.0059	0.0105	−0.0814	−0.0571
0.65		0.00237	0.00240	0.0368	0.0371	0.0076	0.0116	−0.0796	−0.0572

续表

l_x/l_y	l_y/l_x	f	f_{max}	M_x	M_{xmax}	M_y	M_{ymax}	M'_x	M'_y
0.70		0.00227	0.00229	0.0350	0.0354	0.0093	0.0127	−0.0774	−0.0572
0.75		0.00216	0.00219	0.0331	0.0335	0.0109	0.0137	−0.0750	−0.0572
0.80		0.00205	0.00208	0.0310	0.0314	0.0124	0.0147	−0.0722	−0.0570
0.85		0.00193	0.00196	0.0289	0.0293	0.0138	0.0155	−0.0693	−0.0567
0.90		0.00181	0.00184	0.0268	0.0273	0.0159	0.0163	−0.0663	−0.0563
0.95		0.00169	0.00172	0.0247	0.0252	0.0160	0.0172	−0.0631	−0.0558
1.00	1.00	0.00157	0.00160	0.0227	0.0231	0.0168	0.0180	−0.0600	−0.0550
	0.95	0.00178	0.00182	0.0229	0.0234	0.0194	0.0207	−0.0629	−0.0599
	0.90	0.00201	0.00206	0.0228	0.0234	0.0223	0.0238	−0.0656	−0.0653
	0.85	0.00227	0.00233	0.0225	0.0231	0.0255	0.0273	−0.0683	−0.0711
	0.80	0.00256	0.00262	0.0219	0.0224	0.0290	0.0311	−0.0707	−0.0772
	0.75	0.00286	0.00294	0.0208	0.0214	0.0329	0.0354	−0.0729	−0.0837
	0.70	0.00319	0.00327	0.0194	0.0200	0.0370	0.0400	−0.0748	−0.0903
	0.65	0.00352	0.00365	0.0175	0.0182	0.0412	0.0446	−0.0762	−0.0970
	0.60	0.00386	0.00403	0.0153	0.0160	0.0454	0.0493	−0.0773	−0.1033
	0.55	0.00419	0.00437	0.0127	0.0133	0.0496	0.0541	−0.0780	−0.1093
	0.50	0.00449	0.00463	0.0099	0.0103	0.0534	0.0538	−0.0784	−0.1146

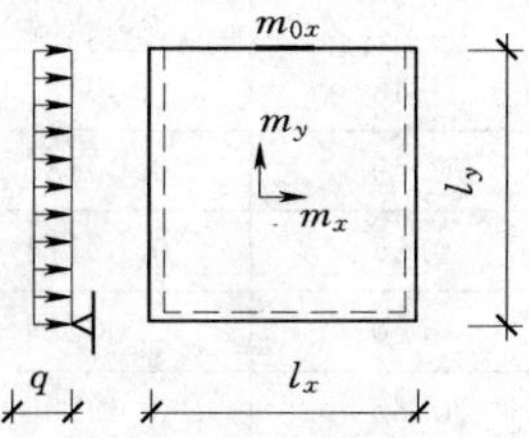

附表 18　　**三边简支一边自由时板的计算系数表**

l_x/l_y	f	f_{0x}	M_x	M_y	M_{0x}
0.30	0.00152	0.00289	0.0145	0.0103	0.0250
0.35	0.00199	0.00372	0.0192	0.0131	0.0327
0.40	0.00248	0.00458	0.0242	0.0159	0.0407
0.45	0.00299	0.00542	0.0294	0.0186	0.0487
0.50	0.00351	0.00624	0.0346	0.0210	0.0564
0.55	0.00402	0.00703	0.0397	0.0231	0.0639
0.60	0.00452	0.00776	0.0447	0.0250	0.0709
0.65	0.00501	0.00843	0.0495	0.0266	0.0773
0.70	0.00547	0.00905	0.0542	0.0279	0.0833
0.75	0.00592	0.00962	0.0585	0.0289	0.0886
0.80	0.00634	0.01013	0.0626	0.0298	0.0935
0.85	0.00674	0.01058	0.0665	0.0304	0.0979
0.90	0.00711	0.01099	0.0702	0.0309	0.1018
0.95	0.00747	0.01135	0.0736	0.0313	0.1052
1.00	0.00780	0.01167	0.0768	0.0315	0.1083

续表

l_x/l_y	f	f_{0x}	M_x	M_y	M_{0x}
1.10	0.00841	0.01221	0.0826	0.0317	0.1135
1.20	0.00894	0.01262	0.0887	0.0315	0.1175
1.30	0.00941	0.01294	0.0922	0.0312	0.1205
1.40	0.00983	0.01319	0.0961	0.0307	0.1229
1.50	0.01020	0.01338	0.0995	0.0301	0.1247
1.75	0.01095	0.01368	0.1065	0.0286	0.1276
2.00	0.01151	0.01383	0.1115	0.0271	0.1291

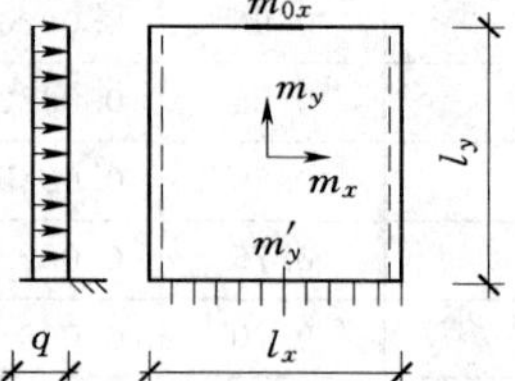

附表 19　　一边固支相对边自由其余边简支时板的计算系数表

l_x/l_y	f	f_{0x}	M'_y	M_x	M_y	M_{0x}
0.30	0.00029	0.00077	−0.0388	0.0007	−0.0060	0.0052
0.35	0.00048	0.00125	−0.0489	0.0022	−0.0058	0.0039
0.40	0.00072	0.00184	−0.0588	0.0045	−0.0048	0.0147
0.45	0.00102	0.00252	−0.0680	0.0073	−0.0031	0.0210
0.50	0.00136	0.00327	−0.0764	0.0108	−0.0008	0.0280
0.55	0.00174	0.00406	−0.0839	0.0146	0.0018	0.0355
0.60	0.00214	0.00486	−0.0905	0.0188	0.0045	0.0431
0.65	0.00256	0.00566	−0.0962	0.0232	0.0074	0.0508
0.70	0.00300	0.00644	−0.1011	0.0277	0.0102	0.0582
0.75	0.00344	0.00718	−0.1052	0.0323	0.0129	0.0652
0.80	0.00388	0.00787	−0.1087	0.0368	0.0154	0.0719
0.85	0.00431	0.00852	−0.1116	0.0413	0.0177	0.0781
0.90	0.00474	0.00912	−0.1140	0.0456	0.0198	0.0838
0.95	0.00515	0.00966	−0.1160	0.0499	0.0217	0.0890
1.00	0.00555	0.01015	−0.1176	0.0539	0.0233	0.0938
1.10	0.00630	0.01099	−0.1200	0.0615	0.0259	0.1018
1.20	0.00699	0.01167	−0.1216	0.0684	0.0277	0.1083
1.30	0.00762	0.01220	−0.1227	0.0746	0.0289	0.1134
1.40	0.00820	0.01261	−0.1234	0.0802	0.0297	0.1173
1.50	0.00871	0.01293	−0.1239	0.0852	0.0300	0.1204
1.75	0.00979	0.01345	−0.1245	0.0955	0.0298	0.1254
2.00	0.01062	0.01371	−0.1248	0.1033	0.0288	0.1279

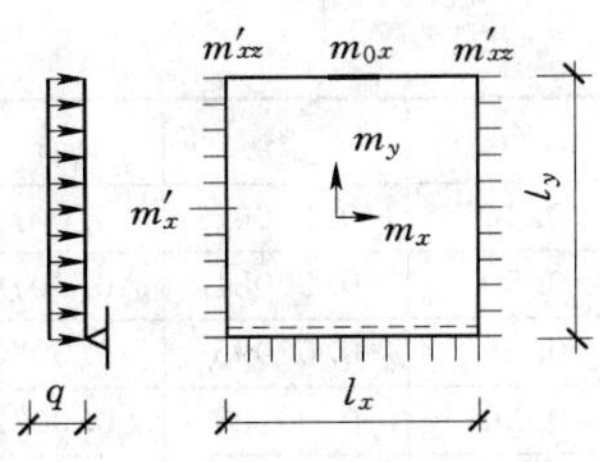

附表 20　　一边自由端三边固支无 M'_y 时板的计算系数表

l_x/l_y	f	f_{0x}	M'_{xz}	M_x	M_y	M_{0x}	M'_x
0.30	0.00087	0.00162	−0.0643	0.0127	0.0084	0.0211	−0.0372
0.35	0.00104	0.00189	−0.0673	0.0157	0.0100	0.0256	−0.0421
0.40	0.00120	0.00212	−0.0688	0.0185	0.0114	0.0295	−0.0467
0.45	0.00134	0.00230	−0.0694	0.0210	0.0125	0.0328	−0.0508
0.50	0.00147	0.00244	−0.0692	0.0232	0.0133	0.0355	−0.0546
0.55	0.00158	0.00255	−0.0686	0.0252	0.0139	0.0376	−0.0579
0.60	0.00169	0.00264	−0.0677	0.0270	0.0143	0.0393	−0.0610
0.65	0.00178	0.00270	−0.0667	0.0286	0.0146	0.0406	−0.0637
0.70	0.00187	0.00274	−0.0656	0.0301	0.0146	0.0415	−0.0662
0.75	0.00195	0.00276	−0.0646	0.0314	0.0146	0.0422	−0.0684
0.80	0.00202	0.00278	−0.0637	0.0326	0.0145	0.0427	−0.0704
0.85	0.00209	0.00279	−0.0629	0.0336	0.0142	0.0431	−0.0721
0.90	0.00215	0.00280	−0.0622	0.0346	0.0140	0.0433	−0.0737
0.95	0.00220	0.00280	−0.0616	0.0354	0.0136	0.0434	−0.0751
1.00	0.00225	0.00280	−0.0612	0.0362	0.0133	0.0435	−0.0763
1.10	0.00234	0.00279	−0.0607	0.0375	0.0125	0.0435	−0.0783
1.20	0.00240	0.00278	−0.0605	0.0386	0.0118	0.0434	−0.0799
1.30	0.00246	0.00277	−0.0606	0.0394	0.0110	0.0433	−0.0811
1.40	0.00250	0.00276	−0.0608	0.0401	0.0104	0.0433	−0.0820
1.50	0.00253	0.00276	−0.0612	0.0406	0.0098	0.0432	−0.0826
1.75	0.00258	0.00275	−0.0624	0.0414	0.0086	0.0431	−0.0836
2.00	0.00260	0.00275	−0.0637	0.0417	0.0078	0.0431	−0.0839

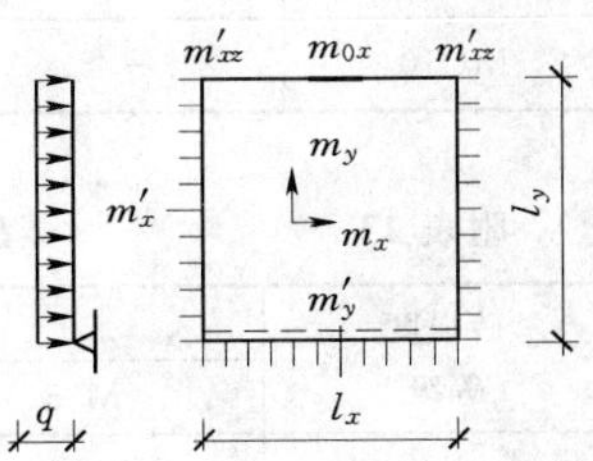

附表 21　　一边自由端三边固支有 M'_y 时板的计算系数表

l_x/l_y	f	f_{0x}	M'_{xz}	M_{0x}	M_x	M_y	M'_x	M'_y
0.30	0.00024	0.00064	−0.0345	0.0068	0.0018	−0.0039	−0.0135	−0.0344
0.35	0.00037	0.00094	−0.0432	0.0112	0.0039	−0.0026	−0.0179	−0.0406
0.40	0.00052	0.00125	−0.0506	0.0160	0.0063	−0.0008	−0.0227	−0.0454

续表

l_x/l_y	f	f_{0x}	M'_{xx}	M_{0x}	M_x	M_y	M'_x	M'_y
0.45	0.00067	0.00155	−0.0564	0.0207	0.0090	0.0014	−0.0275	−0.0489
0.50	0.00081	0.00181	−0.0607	0.0250	0.0116	0.0034	−0.0322	−0.0513
0.55	0.00095	0.00204	−0.0635	0.0288	0.0142	0.0054	−0.0368	−0.0530
0.60	0.00109	0.00222	−0.0652	0.0320	0.0166	0.0072	−0.0412	−0.0541
0.65	0.00121	0.00237	−0.0661	0.0347	0.0188	0.0087	−0.0453	−0.0548
0.70	0.00133	0.00249	−0.0663	0.0368	0.0209	0.0100	−0.0490	−0.0553
0.75	0.00144	0.00258	−0.0661	0.0385	0.0228	0.0111	−0.0526	−0.0557
0.80	0.00155	0.00246	−0.0656	0.0399	0.0246	0.0119	−0.0558	−0.0560
0.85	0.00164	0.00269	−0.0651	0.0409	0.0262	0.0125	−0.0558	−0.0562
0.90	0.00173	0.00273	−0.0644	0.0417	0.0277	0.0129	−0.0615	−0.0563
0.95	0.00182	0.00275	−0.0638	0.0422	0.0291	0.0132	−0.0639	−0.0564
1.00	0.00189	0.00277	−0.0632	0.0427	0.0304	0.0133	−0.0662	−0.0565
1.10	0.00203	0.00278	−0.0623	0.0431	0.0327	0.0133	−0.0701	−0.0566
1.20	0.00215	0.00278	−0.0617	0.0433	0.0345	0.0130	−0.0732	−0.0567
1.30	0.00225	0.00278	−0.0614	0.0434	0.0361	0.0125	−0.0758	−0.0568
1.40	0.00233	0.00277	−0.0614	0.0433	0.0374	0.0119	−0.0778	−0.0568
1.50	0.00239	0.00276	−0.0616	0.0433	0.0384	0.0113	−0.0794	−0.0569
1.75	0.00250	0.00275	−0.0625	0.0431	0.0402	0.0099	−0.0819	−0.0569
2.00	0.00256	0.00275	−0.0637	0.0431	0.0411	0.0087	−0.0832	−0.0569

第2部分　砌体结构用表及计算

附表 22　　**烧结普通砖和烧结多孔砖砌体的抗压强度设计值**　　单位：MPa

砖强度等级	砂浆强度等级					砂浆强度
	M15	M10	M7.5	M5	M2.5	0
MU30	3.94	3.27	2.93	2.59	2.26	1.15
MU25	3.60	2.98	2.68	2.37	2.06	1.05
MU20	3.22	2.67	2.39	2.12	1.84	0.94
MU15	2.79	2.31	2.07	1.83	1.60	0.82
MU10	—	1.89	1.69	1.50	1.30	0.67

附表 23　　**蒸压灰砂砖和蒸压粉煤灰砖砌体的抗压强度设计值**　　单位：MPa

砖强度等级	砂浆强度等级				砂浆强度
	M15	M10	M7.5	M5	0
MU25	3.60	2.98	2.68	2.37	1.05
MU20	3.22	2.67	2.39	2.12	0.94
MU15	2.79	2.31	2.07	1.83	0.82
MU10	—	1.89	1.69	1.50	0.67

附表 24　**单排孔混凝土和轻骨料混凝土砌块砌体抗压强度设计值**　单位：MPa

砌块强度等级	砂浆强度等级				砂浆强度
	Mb15	Mb10	Mb7.5	Mb5	0
MU20	5.68	4.95	4.44	3.94	2.33
MU15	4.61	4.02	3.61	3.20	1.89
MU10	—	2.79	2.50	2.22	1.31
MU7.5	—	—	1.93	1.71	1.01
MU5	—	—	—	1.19	0.70

注　1. 对错孔砌筑的气体，应按表中数值乘以 0.8。

2. 对独立柱或厚度为双排组砌的砌块砌体，应按表中数值乘以 0.7。

3. 对 T 形截面砌体，应按表中数值乘以 0.85。

4. 表中轻骨料混凝土砌块为煤矸石和水泥煤渣混凝土砌块。

附表 25　**轻骨料混凝土砌块砌体的抗压强度设计值**　单位：MPa

砌块强度等级	砂浆强度等级			砂浆强度
	Mb10	Mb7.5	Mb5	0
MU10	3.08	2.76	2.45	1.44
MU7.5	—	2.13	1.88	1.12
MU5	—	—	1.31	0.78

注　1. 表中的砌块为火山渣、浮石和陶粒轻骨料混凝土砌块。

2. 对厚度方向为双排组砌的轻骨料混凝土砌块砌体的抗压强度设计值，应按表中数值乘以 0.8。

附表 26　**毛料石砌体的抗压强度设计值**　单位：MPa

毛料石强度等级	砂浆强度等级			砂浆强度
	M7.5	M5	M2.5	0
MU100	5.42	4.80	4.18	2.13
MU80	4.85	4.29	3.73	1.91
MU60	4.20	3.71	3.23	1.65
MU50	3.83	3.39	2.95	1.51
MU40	3.43	3.04	2.64	1.35
MU30	2.97	2.63	2.29	1.17
MU20	2.42	2.15	1.87	0.95

注　对下列各类料石砌体，应按表中数值分别乘以系数：细料石砌体，1.5；半细料石砌体，1.3；粗料石砌体，1.2；干砌勾缝石砌体，0.8。

附表 27　**毛石砌体的抗压强度设计值**　单位：MPa

毛石强度等级	砂浆强度等级			砂浆强度
	M7.5	M5	M2.5	0
MU100	1.27	1.12	0.98	0.34
MU80	1.13	1.00	0.87	0.30
MU60	0.98	0.87	0.76	0.26
MU50	0.90	0.80	0.69	0.23
MU40	0.80	0.71	0.62	0.21
MU30	0.69	0.61	0.53	0.18
MU20	0.56	0.51	0.44	0.15

附表 28　　沿砌体灰缝截面破坏时砌体的轴心抗拉强度设计值、弯曲抗拉强度设计值和抗剪的强度设计值

单位：MPa

强度类别	破坏特征及砌体种类		砂浆强度等级 ≥M10	M7.5	M5	M2.5
轴心抗拉	沿齿缝	烧结普通砖、烧结多孔砖	0.19	0.16	0.13	0.09
		蒸压灰砂砖、蒸压粉煤灰砖	0.12	0.10	0.08	0.06
		混凝土砌块	0.09	0.08	0.07	
		毛石	0.08	0.07	0.06	0.04
弯曲抗拉	沿齿缝	烧结普通砖、烧结多孔砖	0.33	0.29	0.23	0.17
		蒸压灰砂砖、蒸压粉煤灰砖	0.24	0.20	0.16	0.12
		混凝土砌块	0.11	0.09	0.08	
		毛石	0.13	0.11	0.09	0.07
弯曲抗拉	沿齿缝	烧结普通砖、烧结多孔砖	0.17	0.14	0.11	0.08
		蒸压灰砂砖、蒸压粉煤灰砖	0.12	0.10	0.08	0.06
		混凝土砌块	0.08	0.06	0.05	
抗剪	烧结普通砖、烧结多孔砖		0.17	0.14	0.11	0.08
	蒸压灰砂砖、蒸压粉煤灰砖		0.12	0.10	0.08	0.06
	混凝土砌块		0.09	0.08	0.06	
	毛石		0.21	0.19	0.16	0.11

注　1. 对于用形状规则的块体砌筑的砌体，当打接长度与块体高度的比值小于1时，其轴心抗拉强度设计值 f_t 和弯曲抗拉强度设计值 f_{tm} 应按表中数值乘以搭接长度与块体高度比值后采用。
2. 对空洞率不大于35%的双排孔或多孔轻骨料混凝土砌块砌体抗剪强度设计值，可按表中砌块砌体抗剪强度设计值乘以1.1。
3. 对蒸压灰砂砖、蒸压粉煤灰砖砌体，当有可靠试验数据时，表中强度设计值允许适当调整。
4. 对烧结页岩砖、烧结煤矸石砖、烧结粉煤灰砖砌体，当有可靠的试验数据时，表中强度设计值允许适当调整。

附表 29　　影 响 系 数 φ

砂浆强度等级≥M5

β	$\frac{e}{h}$ 或 $\frac{e}{h_T}$ = 0	0.025	0.05	0.075	0.1	0.125	0.15	0.175	0.2	0.225	0.25	0.275	0.3
3	1	0.99	0.97	0.94	0.89	0.84	0.79	0.73	0.68	0.62	0.57	0.52	0.48
4	0.98	0.95	0.90	0.85	0.80	0.74	0.69	0.64	0.58	0.53	0.49	0.45	0.41
6	0.95	0.91	0.86	0.81	0.75	0.69	0.64	0.59	0.54	0.49	0.45	0.42	0.38
8	0.91	0.86	0.81	0.76	0.70	0.64	0.59	0.54	0.50	0.46	0.42	0.39	0.36
10	0.87	0.82	0.76	0.71	0.65	0.60	0.55	0.50	0.46	0.42	0.39	0.36	0.33
12	0.82	0.77	0.71	0.66	0.60	0.55	0.51	0.47	0.43	0.39	0.36	0.33	0.31
14	0.77	0.72	0.66	0.61	0.56	0.51	0.47	0.43	0.40	0.36	0.34	0.31	0.29

续表

砂浆强度等级≥M5

β	$\frac{e}{h}$或$\frac{e}{h_T}$												
	0	0.025	0.05	0.075	0.1	0.125	0.15	0.175	0.2	0.225	0.25	0.275	0.3
16	0.72	0.67	0.61	0.56	0.52	0.47	0.44	0.40	0.37	0.34	0.31	0.29	0.27
18	0.67	0.62	0.57	0.52	0.48	0.44	0.40	0.37	0.34	0.31	0.29	0.27	0.25
20	0.62	0.57	0.53	0.48	0.44	0.40	0.37	0.34	0.32	0.29	0.27	0.25	0.23
22	0.58	0.53	0.49	0.45	0.41	0.38	0.35	0.32	0.30	0.27	0.25	0.24	0.22
24	0.54	0.49	0.45	0.41	0.38	0.35	0.32	0.30	0.28	0.26	0.24	0.22	0.21
26	0.50	0.46	0.42	0.38	0.35	0.33	0.30	0.28	0.26	0.24	0.22	0.21	0.19
28	0.46	0.42	0.39	0.36	0.33	0.30	0.28	0.26	0.24	0.22	0.21	0.19	0.18
30	0.42	0.39	0.36	0.33	0.31	0.28	0.26	0.24	0.22	0.21	0.20	0.18	0.17

砂浆强度等级 M2.5

β	$\frac{e}{h}$或$\frac{e}{h_T}$												
	0	0.025	0.05	0.075	0.1	0.125	0.15	0.175	0.2	0.225	0.25	0.275	0.3
3	1	0.99	0.97	0.94	0.89	0.84	0.79	0.73	0.68	0.62	0.57	0.52	0.48
4	0.97	0.94	0.89	0.84	0.78	0.73	0.67	0.62	0.57	0.52	0.48	0.44	0.40
6	0.93	0.89	0.84	0.78	0.73	0.67	0.62	0.57	0.52	0.48	0.44	0.40	0.37
8	0.89	0.84	0.78	0.72	0.67	0.62	0.57	0.52	0.48	0.44	0.40	0.37	0.34
10	0.83	0.78	0.72	0.67	0.61	0.56	0.52	0.47	0.43	0.40	0.37	0.34	0.31
12	0.78	0.72	0.67	0.61	0.56	0.52	0.47	0.43	0.40	0.37	0.34	0.31	0.29
14	0.72	0.66	0.61	0.56	0.51	0.47	0.43	0.40	0.36	0.34	0.31	0.29	0.27
16	0.66	0.61	0.56	0.51	0.47	0.43	0.40	0.36	0.34	0.31	0.29	0.26	0.25
18	0.61	0.56	0.51	0.47	0.43	0.40	0.36	0.33	0.31	0.29	0.26	0.24	0.23
20	0.56	0.51	0.47	0.43	0.39	0.36	0.33	0.31	0.28	0.26	0.24	0.23	0.21
22	0.51	0.47	0.43	0.39	0.36	0.33	0.31	0.28	0.26	0.24	0.23	0.21	0.20
24	0.46	0.43	0.39	0.36	0.33	0.31	0.28	0.26	0.24	0.23	0.21	0.20	0.18
26	0.42	0.39	0.36	0.33	0.31	0.28	0.26	0.24	0.22	0.21	0.20	0.18	0.17
28	0.39	0.36	0.33	0.30	0.28	0.26	0.24	0.22	0.21	0.20	0.18	0.17	0.16
30	0.36	0.33	0.30	0.28	0.26	0.24	0.22	0.21	0.20	0.18	0.17	0.16	0.15

砂浆强度 0

β	$\frac{e}{h}$或$\frac{e}{h_T}$												
	0	0.025	0.05	0.075	0.1	0.125	0.15	0.175	0.2	0.225	0.25	0.275	0.3
3	1	0.99	0.97	0.94	0.89	0.84	0.79	0.73	0.68	0.62	0.57	0.52	0.48
4	0.87	0.82	0.77	0.71	0.66	0.60	0.55	0.51	0.46	0.43	0.39	0.36	0.33
6	0.76	0.70	0.65	0.59	0.54	0.50	0.46	0.42	0.39	0.36	0.33	0.30	0.28
8	0.63	0.58	0.54	0.49	0.45	0.41	0.38	0.35	0.32	0.30	0.28	0.25	0.24
10	0.53	0.48	0.44	0.41	0.37	0.34	0.32	0.29	0.27	0.25	0.23	0.22	0.20
12	0.44	0.40	0.37	0.34	0.31	0.29	0.27	0.25	0.23	0.21	0.20	0.19	0.17

续表

β	砂浆强度0												
	$\frac{e}{h}$或$\frac{e}{h_T}$												
	0	0.025	0.05	0.075	0.1	0.125	0.15	0.175	0.2	0.225	0.25	0.275	0.3
14	0.36	0.33	0.31	0.28	0.26	0.24	0.23	0.21	0.20	0.18	0.17	0.16	0.15
16	0.30	0.28	0.26	0.24	0.22	0.21	0.19	0.18	0.17	0.16	0.15	0.14	0.13
18	0.26	0.24	0.22	0.21	0.19	0.18	0.17	0.16	0.15	0.14	0.13	0.12	0.12
20	0.22	0.20	0.19	0.18	0.17	0.16	0.15	0.14	0.13	0.12	0.12	0.11	0.10
22	0.19	0.18	0.16	0.15	0.14	0.14	0.13	0.12	0.12	0.11	0.10	0.10	0.09
24	0.16	0.15	0.14	0.13	0.13	0.12	0.11	0.11	0.10	0.10	0.09	0.09	0.08
26	0.14	0.13	0.13	0.12	0.11	0.11	0.10	0.10	0.09	0.09	0.08	0.08	0.07
28	0.12	0.12	0.11	0.11	0.10	0.10	0.09	0.09	0.08	0.08	0.08	0.07	0.07
30	0.11	0.10	0.10	0.09	0.09	0.09	0.08	0.08	0.07	0.07	0.07	0.07	0.06

第3部分　钢结构用表及计算

附表30　**钢材的强度设计值**　单位：N/mm^2

钢材		抗拉、抗压和抗弯	抗剪	端面承压（刨平顶紧）
牌号	厚度或直径(mm)	f	f_v	f_{ce}
Q235钢	≤16	215	125	325
	＞16～40	205	120	
	＞40～60	200	115	
	＞60～100	190	110	
Q345钢	≤16	310	180	400
	＞16～40	295	170	
	＞40～60	265	155	
	＞60～100	250	145	
Q390钢	≤16	350	205	415
	＞16～40	335	190	
	＞40～60	315	180	
	＞60～100	295	170	
Q420钢	≤16	380	220	440
	＞16～40	360	210	
	＞40～60	340	195	
	＞60～100	325	185	

注　附表中厚度系指计算点的钢材厚度，对轴心受拉和轴心受压构件系指截面中较厚板件的厚的。

附表 31　　　　**焊缝的强度设计值**　　　　单位：N/mm^2

焊接方法和焊条型号	构件钢材		对接焊缝				角焊缝
	牌号	厚度或直径(mm)	抗压 f_c^w	焊接质量为下列等级时，抗拉 f_t^w		抗剪 f_v^w	抗拉、抗压和抗剪 f_f^w
				一级、二级	三级		
自动焊、半自动焊和 E43 型焊条的手工焊	Q235 钢	≤16	215	215	185	125	160
		>16～40	205	205	175	120	
		>40～60	200	200	170	115	
		>60～100	190	190	160	110	
自动焊、半自动焊和 E50 型焊条的手工焊	Q345 钢	≤16	310	310	265	180	200
		>16～35	295	295	250	170	
		>35～50	265	265	225	155	
		>50～100	250	250	210	145	
自动焊、半自动焊和 E55 型焊条的手工焊	Q390 钢	≤16	350	350	300	205	220
		>16～35	335	335	285	190	
		>35～50	315	315	270	180	
		>50～100	295	295	250	170	
	Q420 钢	≤16	380	380	320	220	220
		>16～35	360	360	305	210	
		>35～50	340	340	290	195	
		>50～100	325	325	275	185	

注　1. 自动焊和半自动焊所采用的焊丝和焊剂，应保证其熔敷金属的力学性能不低于现行国家标准《埋弧焊用碳钢焊丝和焊剂》GB/T 5293 和《低合金钢埋弧焊用焊剂》GB/T 12470 中相关的规定。

2. 焊缝质量等级应符合现行国家标准《钢结构工程施工质量验收规范》GB 50205 的规定。其中厚度小于 8mm 钢材的对接焊缝，不应采用超声波探伤确定焊缝质量等级。

3. 对接焊缝在受压区的抗弯强度设计值取 f_c^w，在受拉区的抗弯强度设计值取 f_t^w。

4. 附表中厚度系指计算点的钢材厚度，对轴心受拉和轴心受压构件系指截面中较厚板件的厚度。

附表 32　　　　**螺栓连接的强度设计值**　　　　单位：N/mm^2

螺栓的性能等级、锚栓和构件钢材的牌号		普通螺栓						锚栓	承压型连接高强度螺栓		
		C级螺栓			A级、B级螺栓						
		抗拉 f_t^b	抗剪 f_v^b	承压 f_c^b	抗拉 f_t^b	抗剪 f_v^b	承压 f_c^b	抗拉 f_t^a	抗拉 f_t^b	抗剪 f_v^b	承压 f_c^b
普通螺栓	4.6 级、4.8 级	170	140	—	—	—	—	—	—	—	—
	5.6 级	—	—	—	210	190	—	—	—	—	—
	8.8 级	—	—	—	400	320	—	—	—	—	—
锚栓	Q235 钢	—	—	—	—	—	—	140	—	—	—
	Q345 钢	—	—	—	—	—	—	180	—	—	—

续表

螺栓的性能等级、锚栓和构件钢材的牌号		普通螺栓						锚栓	承压型连接高强度螺栓		
		C级螺栓			A级、B级螺栓						
		抗拉 f_t^b	抗剪 f_v^b	承压 f_c^b	抗拉 f_t^b	抗剪 f_v^b	承压 f_c^b	抗拉 f_t^b	抗拉 f_t^b	抗剪 f_v^b	承压 f_c^b
承压型连接高强度螺栓	8.8级	—	—	—	—	—	—	—	400	250	—
	10.9级	—	—	—	—	—	—	—	500	310	—
构件	Q235钢	—	—	305	—	—	405	—	—	—	470
	Q345钢	—	—	385	—	—	510	—	—	—	590
	Q390钢	—	—	400	—	—	530	—	—	—	615
	Q420钢	—	—	425	—	—	560	—	—	—	655

注　1. A级螺栓用于$d\leqslant 24$mm和$l\leqslant 10$d或$l\leqslant 150$mm（按较小值）的螺栓；B级螺栓用于$d>24$mm和$l>10d$或$l>150$mm（按较小值）的螺栓。d为公称直径，l为螺杆公称长度。

2. A、B级螺栓孔的精度和孔壁表面粗糙度，C级螺栓孔的允许偏差和孔壁表面粗糙度，均应符合现行国家标准《钢结构工程施工质量验收规范》GB 50205的要求。

附表33　　**受压构件的容许长细比**

项次	构件名称	容许长细比
1	柱、桁架和天窗架中的杆件	150
	柱的缀条、吊车梁或吊车桁架以下的柱间支撑	
2	支撑（吊车梁或吊车桁架以下的柱间支撑除外）	200
	用以减少受压构件长细比的杆件	

注　1. 桁架（包括空间桁架）的受压腹杆，当其内力等于或小于承载能力的50%时，容许长细比值可取为200。

2. 计算单角钢受压构件的长细比时，应采用角钢的最小回转半径；但在计算单角钢交叉受压杆件平面外的长细比时，应采用与角钢肢边平行轴的回转半径。

3. 跨度等于或大于60m的桁架，其受压弦杆和端压杆的长细比宜取为100，其他受压腹杆可取为150（承受静力荷载）或120（承受动力荷载）。

附表34　　**受拉构件的容许长细比**

项次	构件名称	承受静力荷载或间接承受动力荷载的结构		直接承受动力荷载的结构
		一般建筑结构	有重级工作制吊车的厂房	
1	桁架的杆件	350	250	250
2	吊车梁或吊车桁架以下的柱间支撑	300	200	—
3	其他拉杆、支撑、系杆等（张紧的圆钢除外）	400	350	—

注　1. 承受静力荷载的结构中，可仅计算受拉构件在竖向平面内的长细比。

2. 中、重级工作制吊车桁架下弦杆的长细比不宜超过200。

3. 在设有夹钳吊车或刚性料耙吊车的厂房中，支撑（表中第2项除外）的长细比不宜超过300。

附表 35　　**轴心受压构件的稳定系数**

a类截面轴心受压构件的稳定系数 φ

$\lambda\sqrt{\frac{f_y}{235}}$	0	1	2	3	4	5	6	7	8	9
0	1.000	1.000	1.000	1.000	0.999	0.999	0.998	0.998	0.997	0.996
10	0.995	0.994	0.993	0.992	0.991	0.989	0.988	0.986	0.985	0.983
20	0.981	0.979	0.977	0.976	0.974	0.972	0.970	0.968	0.966	0.964
30	0.963	0.961	0.959	0.957	0.955	0.952	0.950	0.948	0.946	0.944
40	0.941	0.939	0.937	0.934	0.932	0.929	0.927	0.924	0.921	0.919
50	0.916	0.913	0.910	0.907	0.904	0.900	0.897	0.894	0.890	0.886
60	0.883	0.879	0.875	0.871	0.867	0.863	0.858	0.854	0.849	0.844
70	0.839	0.834	0.829	0.824	0.818	0.813	0.807	0.801	0.795	0.789
80	0.783	0.776	0.770	0.763	0.757	0.750	0.743	0.736	0.728	0.721
90	0.714	0.706	0.699	0.691	0.684	0.676	0.668	0.661	0.653	0.645
100	0.638	0.630	0.622	0.615	0.607	0.600	0.592	0.585	0.577	0.570
110	0.563	0.555	0.548	0.541	0.534	0.527	0.520	0.514	0.507	0.500
120	0.494	0.488	0.481	0.475	0.469	0.463	0.457	0.451	0.445	0.440
130	0.434	0.429	0.423	0.418	0.412	0.407	0.402	0.397	0.392	0.387
140	0.383	0.378	0.373	0.369	0.364	0.360	0.356	0.351	0.347	0.343
150	0.339	0.335	0.331	0.327	0.323	0.320	0.316	0.312	0.309	0.305
160	0.302	0.298	0.295	0.292	0.289	0.285	0.282	0.279	0.276	0.273
170	0.270	0.267	0.264	0.262	0.259	0.256	0.253	0.251	0.248	0.246
180	0.243	0.241	0.238	0.236	0.233	0.231	0.229	0.226	0.224	0.222
190	0.220	0.218	0.215	0.213	0.211	0.209	0.207	0.205	0.203	0.201
200	0.199	0.198	0.196	0.194	0.192	0.190	0.189	0.187	0.185	0.183
210	0.182	0.180	0.179	0.177	0.175	0.174	0.172	0.171	0.169	0.168
220	0.166	0.165	0.164	0.162	0.161	0.159	0.158	0.157	0.155	0.154
230	0.153	0.152	0.150	0.149	0.148	0.147	0.146	0.144	0.143	0.142
240	0.141	0.140	0.139	0.138	0.136	0.135	0.134	0.133	0.132	0.131
250	0.130	—	—	—	—	—	—	—	—	—

b类截面轴心受压构件的稳定系数 φ

$\lambda\sqrt{\frac{f_y}{235}}$	0	1	2	3	4	5	6	7	8	9
0	1.000	1.000	1.000	0.999	0.999	0.998	0.997	0.996	0.995	0.994
10	0.992	0.991	0.989	0.987	0.985	0.983	0.981	0.978	0.976	0.973
20	0.970	0.967	0.963	0.960	0.957	0.953	0.950	0.946	0.943	0.939
30	0.936	0.932	0.929	0.925	0.922	0.918	0.914	0.910	0.906	0.903
40	0.899	0.895	0.891	0.887	0.882	0.878	0.874	0.870	0.865	0.861
50	0.856	0.852	0.847	0.842	0.838	0.833	0.828	0.823	0.818	0.813

续表

b类截面轴心受压构件的稳定系数 φ

$\lambda\sqrt{\frac{f_y}{235}}$	0	1	2	3	4	5	6	7	8	9
60	0.807	0.802	0.797	0.791	0.786	0.780	0.774	0.769	0.763	0.757
70	0.751	0.745	0.739	0.732	0.726	0.720	0.714	0.707	0.701	0.694
80	0.688	0.681	0.675	0.668	0.661	0.655	0.648	0.641	0.635	0.628
90	0.621	0.614	0.608	0.601	0.594	0.588	0.581	0.575	0.568	0.561
100	0.555	0.549	0.542	0.536	0.529	0.523	0.517	0.511	0.505	0.499
110	0.493	0.487	0.481	0.475	0.470	0.464	0.458	0.453	0.447	0.442
120	0.437	0.432	0.426	0.421	0.416	0.411	0.406	0.402	0.397	0.392
130	0.387	0.383	0.378	0.374	0.370	0.365	0.361	0.357	0.353	0.349
140	0.345	0.341	0.337	0.333	0.329	0.326	0.322	0.318	0.315	0.311
150	0.308	0.304	0.301	0.298	0.295	0.291	0.288	0.285	0.282	0.279
160	0.276	0.273	0.270	0.267	0.265	0.262	0.259	0.256	0.254	0.251
170	0.249	0.246	0.244	0.241	0.239	0.236	0.234	0.232	0.229	0.227
180	0.225	0.223	0.220	0.218	0.216	0.214	0.212	0.210	0.208	0.206
190	0.204	0.202	0.200	0.198	0.197	0.195	0.193	0.191	0.190	0.188
200	0.186	0.184	0.183	0.181	0.180	0.178	0.176	0.175	0.173	0.172
210	0.170	0.169	0.167	0.166	0.165	0.163	0.162	0.160	0.159	0.158
220	0.156	0.155	0.154	0.153	0.151	0.150	0.149	0.148	0.146	0.145
230	0.144	0.143	0.142	0.141	0.140	0.138	0.137	0.136	0.135	0.134
240	0.133	0.132	0.131	0.130	0.129	0.128	0.127	0.126	0.125	0.124
250	0.123	—	—	—	—	—	—	—	—	—

c类截面轴心受压构件的稳定系数 φ

$\lambda\sqrt{\frac{f_y}{235}}$	0	1	2	3	4	5	6	7	8	9
0	1.000	1.000	1.000	0.999	0.999	0.998	0.997	0.996	0.995	0.993
10	0.992	0.990	0.988	0.986	0.983	0.981	0.978	0.976	0.973	0.970
20	0.966	0.959	0.953	0.947	0.940	0.934	0.928	0.921	0.915	0.909
30	0.902	0.896	0.890	0.884	0.877	0.871	0.865	0.858	0.852	0.846
40	0.839	0.833	0.826	0.820	0.814	0.807	0.801	0.794	0.788	0.781
50	0.775	0.768	0.762	0.755	0.748	0.742	0.735	0.729	0.722	0.715
60	0.709	0.702	0.695	0.689	0.682	0.676	0.669	0.662	0.656	0.649
70	0.643	0.636	0.629	0.623	0.616	0.610	0.604	0.597	0.591	0.584
80	0.578	0.572	0.566	0.559	0.553	0.547	0.541	0.535	0.529	0.523
90	0.517	0.511	0.505	0.500	0.494	0.488	0.483	0.477	0.472	0.467

续表

c类截面轴心受压构件的稳定系数 φ

$\lambda\sqrt{\frac{f_y}{235}}$	0	1	2	3	4	5	6	7	8	9
100	0.463	0.458	0.454	0.449	0.445	0.441	0.436	0.432	0.428	0.423
110	0.419	0.415	0.411	0.407	0.403	0.399	0.395	0.391	0.387	0.383
120	0.379	0.375	0.371	0.367	0.364	0.360	0.356	0.353	0.349	0.346
130	0.342	0.339	0.335	0.332	0.328	0.325	0.322	0.319	0.315	0.312
140	0.309	0.306	0.303	0.300	0.297	0.249	0.291	0.288	0.285	0.282
150	0.280	0.277	0.274	0.271	0.269	0.266	0.264	0.261	0.258	0.256
160	0.254	0.251	0.249	0.246	0.244	0.242	0.239	0.237	0.235	0.233
170	0.230	0.228	0.226	0.224	0.222	0.220	0.218	0.216	0.214	0.212
180	0.210	0.208	0.206	0.205	0.203	0.201	0.199	0.197	0.196	0.194
190	0.192	0.190	0.189	0.187	0.186	0.184	0.182	0.181	0.179	0.178
200	0.176	0.175	0.173	0.172	0.170	0.169	0.168	0.166	0.165	0.163
210	0.162	0.161	0.159	0.158	0.157	0.156	0.154	0.153	0.152	0.151
220	0.150	0.148	0.147	0.146	0.145	0.144	0.143	0.142	0.140	0.139
230	0.138	0.137	0.136	0.135	0.134	0.133	0.132	0.131	0.130	0.129
240	0.128	0.127	0.126	0.125	0.124	0.124	0.123	0.122	0.121	0.120
250	0.119	—	—	—	—	—	—	—	—	—

d类截面轴心受压构件的稳定系数 φ

$\lambda\sqrt{\frac{f_y}{235}}$	0	1	2	3	4	5	6	7	8	9
0	1.000	1.000	0.999	0.999	0.998	0.996	0.994	0.992	0.990	0.987
10	0.984	0.981	0.978	0.974	0.969	0.965	0.960	0.955	0.949	0.944
20	0.937	0.927	0.918	0.909	0.900	0.891	0.883	0.874	0.865	0.857
30	0.848	0.840	0.831	0.823	0.815	0.807	0.799	0.790	0.782	0.774
40	0.766	0.759	0.751	0.743	0.735	0.728	0.720	0.712	0.705	0.697
50	0.690	0.683	0.675	0.668	0.661	0.654	0.646	0.639	0.632	0.625
60	0.618	0.612	0.605	0.598	0.591	0.585	0.578	0.572	0.565	0.559
70	0.552	0.546	0.540	0.534	0.528	0.522	0.516	0.510	0.504	0.498
80	0.493	0.487	0.481	0.476	0.470	0.465	0.460	0.454	0.449	0.444
90	0.439	0.434	0.429	0.424	0.419	0.414	0.410	0.405	0.401	0.397
100	0.394	0.390	0.387	0.383	0.380	0.376	0.373	0.370	0.366	0.363
110	0.359	0.356	0.353	0.350	0.346	0.343	0.340	0.337	0.334	0.131
120	0.328	0.325	0.322	0.319	0.316	0.313	0.310	0.307	0.304	0.301
130	0.299	0.296	0.293	0.290	0.288	0.285	0.282	0.280	0.277	0.275

续表

d类截面轴心受压构件的稳定系数 φ

$\lambda\sqrt{\frac{f_y}{235}}$	0	1	2	3	4	5	6	7	8	9
140	0.272	0.270	0.267	0.265	0.262	0.260	0.258	0.255	0.253	0.251
150	0.248	0.246	0.244	0.242	0.240	0.237	0.235	0.233	0.231	0.229
160	0.227	0.225	0.223	0.221	0.219	0.217	0.215	0.213	0.212	0.210
170	0.208	0.206	0.204	0.203	0.201	0.199	0.197	0.196	0.194	0.192
180	0.191	0.189	0.188	0.186	0.184	0.183	0.181	0.180	0.178	0.177
190	0.176	0.174	0.173	0.171	0.170	0.168	0.167	0.166	0.164	0.163
200	0.162	—	—	—	—	—	—	—	—	—

注　1. 附表35中的 φ 值系按下列公式算得：

当 $\lambda_n=\frac{\lambda}{\pi}\sqrt{f_y/E}\leqslant 0.215$ 时：

$$\varphi=1-\alpha_1\lambda_n^2$$

当 $\lambda_n\geqslant 0.215$ 时：

$$\varphi=\frac{1}{2\lambda_n^2}\left[(\alpha_2+\alpha_3\lambda_n+\lambda_n^2)-\sqrt{(\alpha_2+\alpha_3\lambda_n+\lambda_n^2)^2-4\lambda_n^2}\right]$$

式中，α_1、α_2、α_3 为系数，根据截面的分类，按附表36采用。

2. 当构件的 $\lambda\sqrt{f_y/235}$ 值超出附表35的范围时，则 φ 值按注1所列的公式计算。

附表36　　**系数 α_1、α_2、α_3**

<table>
<tr><th colspan="2">截　面　类　型</th><th>α_1</th><th>α_2</th><th>α_3</th></tr>
<tr><td colspan="2">a类</td><td>0.41</td><td>0.986</td><td>0.152</td></tr>
<tr><td colspan="2">b类</td><td>0.65</td><td>0.965</td><td>0.300</td></tr>
<tr><td rowspan="2">c类</td><td>$\lambda_n\leqslant 1.05$</td><td rowspan="2">0.73</td><td>0.906</td><td>0.595</td></tr>
<tr><td>$\lambda_n>1.05$</td><td>1.216</td><td>0.302</td></tr>
<tr><td rowspan="2">d类</td><td>$\lambda_n\leqslant 1.05$</td><td rowspan="2">1.35</td><td>0.868</td><td>0.915</td></tr>
<tr><td>$\lambda_n>1.05$</td><td>1.375</td><td>0.432</td></tr>
</table>

附录3　梁的整体稳定系数及用表

1. 等截面焊接工字形和轧制H型钢简支梁

等截面焊接工字形和轧制H型钢（附图1）简支梁的整体稳定系数 φ_b 应按下式计算：

$$\varphi_b=\beta_b\frac{4320}{\lambda_y^2}\frac{Ah}{W_x}\left[\sqrt{1+\left(\frac{\lambda_y t_1}{4.4h}\right)^2}+\eta_b\right]\frac{235}{f_y}\qquad(附1)$$

式中　β_b——梁整体稳定的等效临界弯矩系数，按附表37采用；

λ_y——梁在侧向支撑点间对截面弱轴 $y-y$ 的长细比，$\lambda_y=l_1/i_y$，l_1 为侧向支承点间的距离，i_y 为梁毛截面对 y 轴的截面回转半径；

A——梁的毛截面面积，mm^2；

h、t_1——梁截面的全高和受压翼缘厚度，mm；

η_b——截面不对称影响系数；对双轴对称截面［附图1（a）、（d）］：$\eta_b=0$；对单轴对称工字形截面［附图1（b）、（c）］：加强受压翼缘：$\eta_b=0.8(2\alpha_b-1)$；加强受拉翼缘：$\eta_b=2\alpha_b-1$；$\alpha_b=\dfrac{I_1}{I_1+I_2}$，式中 I_1 和 I_2 分别为受压翼缘和受拉翼缘对 y 轴的惯性矩。

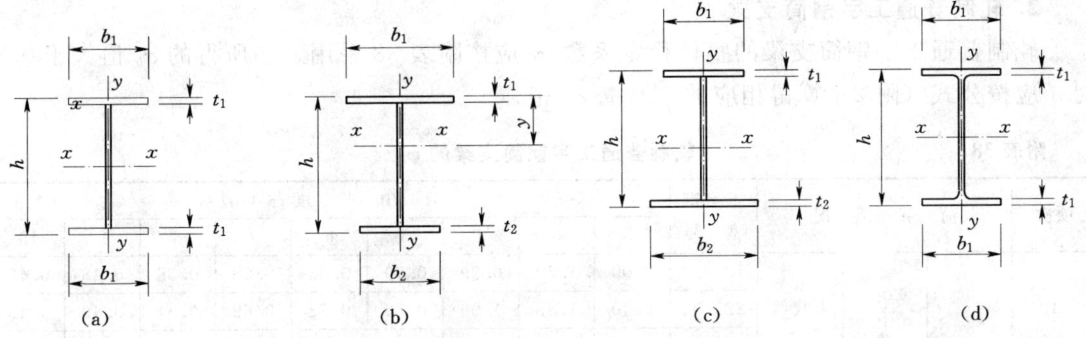

（a）　（b）　（c）　（d）

附图1　焊接工字形和轧制H型钢截面

（a）双轴对称焊接工字形截面；（b）加强受压翼缘的单轴对称焊接工字形截面；（c）加强受拉翼缘的单轴对称焊接工字形截面；（d）轧制H型钢截面

附表37　　H型钢和等截面工字形简支梁的系数 β_b

项次	侧向支承	荷载		$\xi\leqslant2.0$	$\xi>2.0$	适用范围
1	跨中无侧向支承	均布荷载作用在	上翼缘	$0.69+0.13\xi$	0.95	附图1（b）、（d）的截面
2			下翼缘	$1.73-0.20\xi$	1.33	
3		集中荷载作用在	上翼缘	$0.73+0.18\xi$	1.09	
4			下翼缘	$2.23-0.28\xi$	1.67	
5	跨度中点有一个侧向支承点	均布荷载作用在	上翼缘	1.15		附图1中的所有截面
6			下翼缘	1.40		
7		集中荷载作用在截面高度上任意位置		1.75		
8	跨中有不少于两个等距离侧向支承点	任意荷载作用在	上翼缘	1.20		
9			下翼缘	1.40		
10	梁端有弯矩，但跨中无荷载作用			$1.75-1.05\left(\dfrac{M_2}{M_1}\right)+0.3\left(\dfrac{M_2}{M_1}\right)^2$，但$\leqslant2.3$		

注　1. ξ 为参数，$\xi=\dfrac{l_1t_1}{b_1h}$，其中 l_1 和 b_1 分别为H型钢或等截面工字形简支梁受压翼缘的自由长度和宽度。

2. M_1、M_2 为梁的端弯矩，使梁产生同向曲率时 M_1 和 M_2 取同号，产生反向曲率时取异号，$|M_1|\geqslant|M_2|$。

3. 附表中项次3、4和7的集中荷载是指一个和少数几个集中荷载位于跨中央附近的情况，对其他情况的集中荷载，应按附表中项次1、2、5、6内的数值采用。

4. 附表中项次8、9的 β_b，当集中荷载作用在侧向支承点处时，取 $\beta_b=1.20$。

5. 荷载作用在上翼缘系指荷载作用点在翼缘表面，方向指向截面形心；荷载作用在下翼缘系指荷载作用点在翼缘表面，方向背向截面形心。

6. 对 $\alpha_b>0.8$ 的加强受压翼缘工字形截面，下列情况的 β_b 值应乘以相应的系数：

项次1：当 $\xi\leqslant1.0$ 时，乘以0.95；

项次3：当 $\xi\leqslant0.5$ 时，乘以0.90；当 $0.5<\xi\leqslant1.0$ 时，乘以0.95。

当按式（附 1）算得的 φ_b 值大于 0.6 时，应用下式计算的 φ_b' 代替 φ_b 值：

$$\varphi_b' = 1.07 - \frac{0.282}{\varphi_b} \leqslant 1.0 \qquad (附 2)$$

注：公式附 1 亦适用于等截面铆接（或高强度螺栓连接）简支梁，其受压翼缘厚度 t_1 包括翼缘角钢厚度在内。

2. 轧制普通工字钢简支梁

轧制普通工字钢简支梁的整体稳定系数 φ_b 应按附表 38 采用，当所得的 φ_b 值大于 0.6 时，应按公式（附 2）算得相应的 φ_b' 代替 φ_b 值。

附表 38　　轧制普通工字钢简支梁的 φ_b

项次	荷载情况			工字钢型号	自由长度 l_1（m）								
					2	3	4	5	6	7	8	9	10
1	跨中无侧向支承点的梁	集中荷载作用于	上翼缘	10～20	2.00	1.30	0.99	0.80	0.68	0.58	0.53	0.48	0.43
				22～32	2.40	1.48	1.09	0.86	0.72	0.62	0.54	0.49	0.45
				36～63	2.80	1.60	1.07	0.83	0.68	0.56	0.50	0.45	0.40
2			下翼缘	10～20	3.10	1.95	1.34	1.01	0.82	0.69	0.63	0.57	0.52
				22～40	5.50	2.80	1.84	1.37	1.07	0.86	0.73	0.64	0.56
				45～63	7.30	3.60	2.30	1.62	1.20	0.96	0.80	0.69	0.60
3		均布荷载作用于	上翼缘	10～20	1.70	1.12	0.84	0.68	0.57	0.50	0.45	0.41	0.37
				22～40	2.10	1.30	0.93	0.73	0.60	0.51	0.45	0.40	0.36
				45～63	2.60	1.45	0.97	0.73	0.59	0.50	0.44	0.38	0.35
4			下翼缘	10～20	2.50	1.55	1.08	0.83	0.68	0.56	0.52	0.47	0.42
				22～40	4.00	2.20	1.45	1.10	0.85	0.70	0.60	0.52	0.46
				45～63	5.60	2.80	1.80	1.25	0.95	0.78	0.65	0.55	0.49
5	跨中有侧向支承点的梁（不论荷载作用点在截面高度上的位置）			10～20	2.20	1.39	1.01	0.79	0.66	0.57	0.52	0.47	0.42
				22～40	3.00	1.80	1.24	0.96	0.76	0.65	0.56	0.49	0.43
				45～63	4.00	2.20	1.38	1.01	0.80	0.66	0.56	0.49	0.43

注　1. 同附表 37 的注 3、5。
　　2. 附表中的 φ_b 适用于 Q235 钢。对其他钢号，附表中数值应乘以 $235/f_y$。

3. 轧制槽钢简支梁

轧制槽钢简支梁的整体稳定系数，不论荷载的形式和荷载作用点在截面高度上的位置，均可按下式计算：

$$\varphi_b = \frac{570bt}{l_1 h} \times \frac{235}{f_y} \qquad (附 3)$$

式中　h、b、t——槽钢截面的高度、翼缘宽度和平均厚度，mm。

按公式（附 3）算得的 φ_b 大于 0.6 时，应按公式（附 2）算得相应的 φ_b' 代替 φ_b 值。

4. 双轴对称工字形等截面（含 H 形钢）悬臂梁

双轴对称工字形等截面（含 H 形钢）悬臂梁的整体稳定系数，可按公式（附 1）计算，但式中系数 β_b 应按附表 39 查得，$\lambda_y = l_1/i_y$（l_1 为悬臂梁的悬伸长度）。当求得的 φ_b 大于 0.6 时，应按公式（附 2）算得相应的 φ_b' 代替 φ_b 值。

表 39　　双轴对称工字形等截面（含 H 型钢）悬臂梁的系数 β_b

项次	荷载形式		$0.60\leqslant\xi\leqslant1.24$	$1.24<\xi\leqslant1.96$	$1.96<\xi\leqslant3.10$
1	自由端一个集中荷载作用在	上翼缘	$0.21+0.67\xi$	$0.72+0.26\xi$	$1.17+0.03\xi$
2		下翼缘	$2.94-0.65\xi$	$2.64-0.40\xi$	$2.15-0.15\xi$
3	均布荷载作用在上翼缘		$0.62+0.82\xi$	$1.25+0.31\xi$	$1.66+0.10\xi$

注　1. 本附表是按支承端为固定的情况确定的，当用于由邻跨延伸出来的伸臂梁时，应在构造上采取措施加强支承处的抗扭能力。
2. 附表中 ξ 见附表 37 注 1。

5. 受弯构件整体稳定系数的近似计算

均匀弯曲的受弯构件，当 $\lambda_y\leqslant120\sqrt{\frac{235}{f_y}}$ 时，其整体稳定系数 φ_b 可按下列近似公式计算：

工字形截面（含 H 型钢）：

双轴对称时：

$$\varphi_b=1.07-\frac{\lambda_y^2}{44000}\times\frac{f_y}{235} \tag{附 4}$$

单轴对称时：

$$\varphi_b=1.07-\frac{W_x}{(2\alpha_b+0.1)Ah}\times\frac{\lambda_y^2}{14000}\times\frac{f_y}{235} \tag{附 5}$$

T 形截面（弯矩作用在对称轴平面，绕 x 轴）

弯矩使翼缘受压时：

双角钢 T 形截面：

$$\varphi_b=1-0.0017\lambda_y\sqrt{\frac{f_y}{235}} \tag{附 6}$$

部分 T 形钢和两板组合 T 形截面：

$$\varphi_b=1-0.0022\lambda_y\sqrt{f_y/235} \tag{附 7}$$

弯矩使翼缘受拉且腹板宽厚比不大于 $18\sqrt{235/f_y}$ 时：

$$\varphi_b=1-0.0005\lambda_y\sqrt{f_y/235} \tag{附 8}$$

按式（附 4）式（附 8）所得的 φ_b 值大于 0.6 时，不需按式（附 2）换算成 φ_b' 值；当按式（附 4）和式（附 5）算得的 φ_b 值大于 1.0 时，取 $\varphi_b=1.0$。

附录 4　截面的几何性质

1. 截面的静矩和形心位置

设任意形状截面如附图所示。

（1）静矩（或一次矩）设任一截面形状如附图 2 所示，其截面面积为 A。从截面中坐标为（x，y）处取一面积元素 dA，则 xdA 和 ydA 分别为该面积元素 dA 对于 y 轴和 x 轴的静矩，即：

$$S_y=\int_A x\,dA\qquad S_x=\int_A y\,dA \tag{附 9}$$

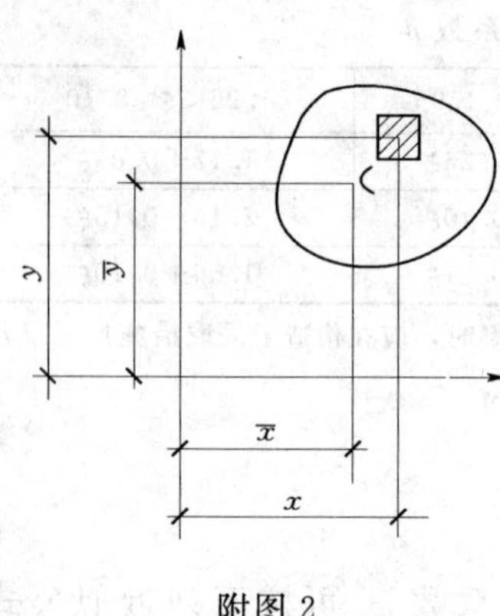

附图 2

截面静矩是对于一定的轴而言的。同一截面对于不同的坐标轴，其静矩也不同。静矩可能是正值，也可能是负值或零。常用单位是 m^3 或 mm^3。

(2) 形心坐标公式，在 Oxy 坐标系中，均质等厚薄板的重心坐标为：

$$S_y = A\,\overline{x} \qquad S_x = A\,\overline{y} \tag{附 10}$$

(3) 静矩与形心坐标的关系

$$\overline{x} = \frac{\int_A x\,\mathrm{d}A}{A} \quad \overline{y} = \frac{\int_A y\,\mathrm{d}A}{A} \tag{附 11}$$

结论：截面对形心轴的静矩恒为 0，反之，亦然。

(4) 组合截面的静矩（截面为若干个图形组成时）。

由静矩的定义知：整个截面对某轴的静矩应等于它的各组成部分对同一轴的静矩的代数和：

$$S_y = \sum_{i=1}^{n} A_i\,\overline{x_i} \quad S_x = \sum_{i=1}^{n} A_i\,\overline{y_i} \tag{附 12}$$

（A_i 和$\overline{x}_i$，$\overline{y}_i$ 分别为第 i 个简单图形的面积及其形心在 Oxy 坐标系的坐标）

(5) 组合截面的形心坐标公式。

将
$$S_y = \sum_{i=1}^{n} A_i\,\overline{x_i} \quad S_x = \sum_{i=1}^{n} A_i\,\overline{y_i}$$

代入
$$S_y = A\,\overline{x} \quad S_x = A\,\overline{y}$$

解得组合截面的形心坐标公式为：

$$\overline{x} = \frac{\sum_{i=1}^{n} A_i\,\overline{x}_i}{\sum_{i=1}^{n} A_i} \quad \overline{y} = \frac{\sum_{i=1}^{n} A_i\,\overline{y}_i}{\sum_{i=1}^{n} A_i} \tag{附 13}$$

（注：被“减去”部分图形的面积应代入负值）

【例 1】 试计算附图 3 三角形截面对于与其底边重合的 x 轴的静矩。

解： 取平行于 x 轴的狭长条，

易求
$$b(y) = \frac{b}{h}(h-y)$$

因此
$$\mathrm{d}A = \frac{b}{h}(h-y)\,\mathrm{d}y$$

所以对 x 轴的静矩为

$$S_x = \int_A y\,\mathrm{d}A = \int_0^h \frac{b}{h}(h-y)\,y\,\mathrm{d}y = \frac{bh^2}{6}$$

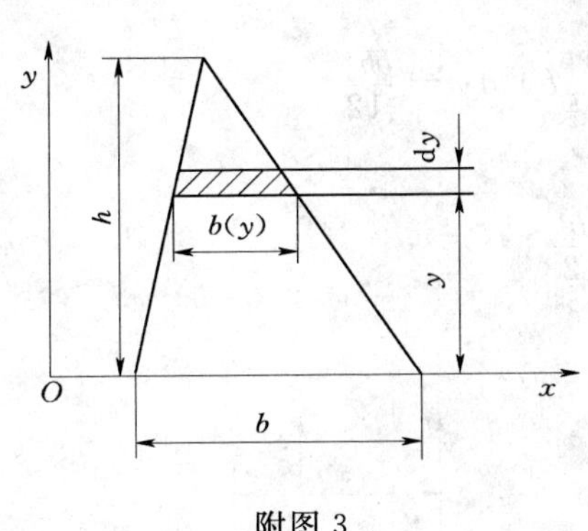

附图 3

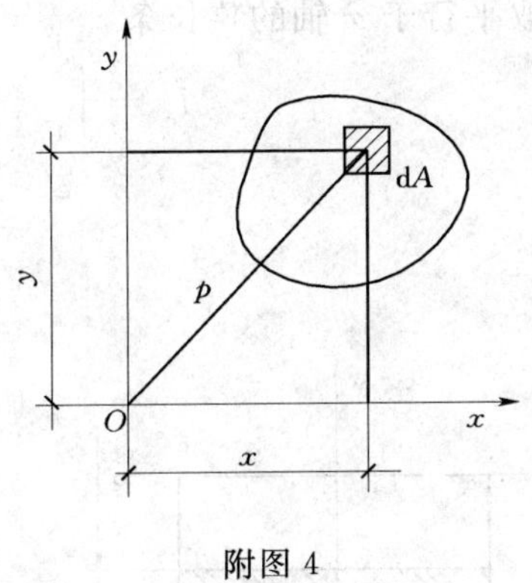

附图 4

2. 极惯性矩·惯性矩·惯性积

$$\rho^2 \mathrm{d}A \tag{附 14}$$

设任意形状截面如附图 4 所示。从截面坐标为（x，y）处取一面积元素 $\mathrm{d}A$，则 $\mathrm{d}A$ 与其至坐标原点距离平方的乘积 $\rho^2 \mathrm{d}A$，称为面积元素对 O 点的极惯性矩。

（1）极惯性矩（或截面二次极矩）（为正值，单位 m^4 或 mm^4）。

$$I_p = \int_A \rho^2 \mathrm{d}A \tag{附 15}$$

（2）惯性矩（或截面二次轴矩）。

面积元素 $\mathrm{d}A$ 与其至 y 轴或 x 轴距离平方的乘积 $x^2 \mathrm{d}A$ 或 $y^2 \mathrm{d}A$，分别称为该面积元素对于 y 轴或 x 轴的轴惯性矩或惯性矩。

$$I_y = \int_A x^2 \mathrm{d}A \quad I_x = \int_A y^2 \mathrm{d}A$$

由于

$$\rho^2 = y^2 + x^2$$

所以

$$I_p = \int_A \rho^2 \mathrm{d}A = \int_A (y^2 + x^2) \mathrm{d}A = I_x + I_y \tag{附 16}$$

（即截面对一点的极惯性矩，等于截面对以该点为原点的任意两正交坐标轴的惯性矩之和。）

（3）惯性积，面积元素 $\mathrm{d}A$ 与分别其至 y 轴或 x 轴距离平方的乘积 $xy\mathrm{d}A$，称为该面积元素对于两坐标轴的惯性积。

$$I_{xy} = \int_A xy \mathrm{d}A \tag{附 17}$$

（其值可为正、负或 0，单位：m^4 或 mm^4）

结论：截面对于包含对称轴在内的一对正交轴的惯性积为 0。

（4）惯性半径（单位 m 或 mm）

$$i_y = \sqrt{\frac{I_y}{A}} \quad i_x = \sqrt{\frac{I_x}{A}} \tag{附 18}$$

i_x、i_y 分别称为截面对于 x 轴和 y 轴的惯性半径。

【例 2】 试计算附图 5 所示矩形截面对于其对称轴（即形心轴）x 和 y 的惯性矩。

解：取平行于 x 轴的狭长条，

$$I_x = \int_A y^2 \mathrm{d}A = \int_{-\frac{h}{2}}^{\frac{h}{2}} by^2 \mathrm{d}y = \frac{bh^3}{12}$$

同理

$$I_y = \frac{hb^3}{12}$$

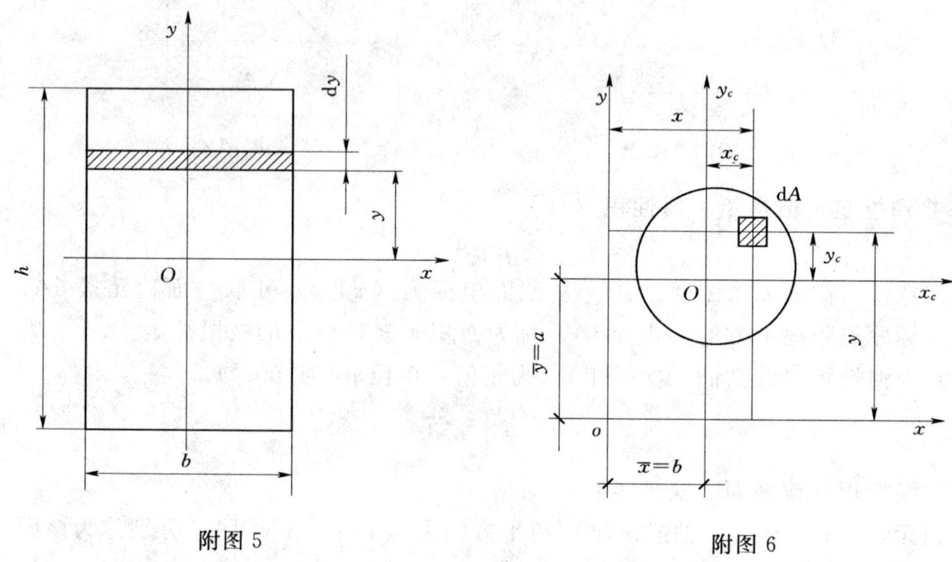

附图 5　　　　附图 6

【例 3】 试计算附图 6 圆截面对于其形心轴（即直径轴）的惯性矩。

解：由于圆截面有极对称性，

所以

$$I_z = I_y$$

由于

$$I_x + I_y = I_p$$

所以

$$I_z = I_y = \frac{I_p}{2} = \frac{\pi d^4}{64}$$

3. 惯性矩和惯性积的平行移轴公式

(1) 惯性矩和惯性积的平行移轴公式

如附图 6 所示，设有面积为 A 的任意形状的截面。C 为其形心，Cx_cy_c 为形心坐标系。与该形心坐标轴分别平行的任意坐标系为 Oxy，形心 C 在 Oxy 坐标系下的坐标为（a，b）。

任意微面元 $\mathrm{d}A$ 在两坐标系下的坐标关系为：

$$x = x_C + b \quad y = y_C + a$$

$$\begin{aligned} I_x &= \int_A y^2 \mathrm{d}A = \int_A (y_c + a)^2 \mathrm{d}A \\ &= \int_A {y_c}^2 \mathrm{d}A + 2a\int_A y_c \mathrm{d}A + a^2 \int_A \mathrm{d}A \\ &= I_{x_c} + 2a \cdot (A \cdot \overline{y_c}) + a^2 A \\ &= I_{x_c} + a^2 A \end{aligned}$$

同理，有

$$I_x = I_{x_c} + a^2 A \quad I_y = I_{y_c} + b^2 A$$
$$I_{xy} = I_{x_c y_c} + abA$$

（此为平行移轴公式）

注意：式中的 a、b 代表坐标值，有时可能取负值。等号右边各首项为相对于形心轴的量。

（2）组合截面的惯性矩和惯性积。

根据惯性矩和惯性积的定义易得组合截面对于某轴的惯性矩（或惯性积）等于其各组成部分对于同一轴的惯性矩（或惯性积）之和：

$$I_x = \sum_{i=1}^{n} I_{x_i} \quad I_y = \sum_{i=1}^{n} I_{y_i} \quad I_{xy} = \sum_{i=1}^{n} I_{xy_i}$$

【例 4】 求附图 7 所示直径为 d 的半圆对其自身形心轴 xc 的惯性矩。

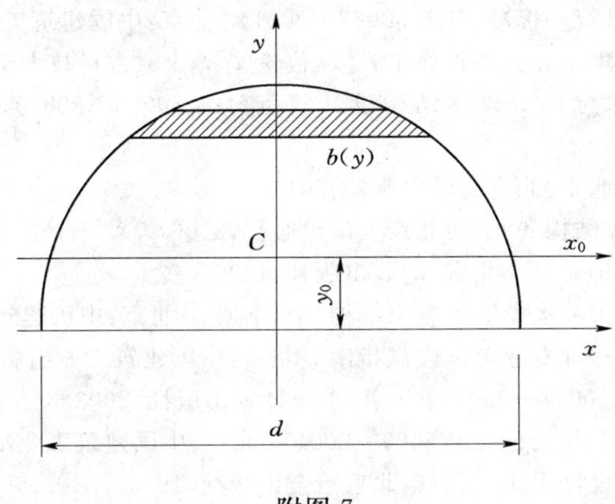

附图 7

解：

（1）求形心坐标

$$b(y) = 2\sqrt{R^2 - y^2}$$

$$y_c = \frac{S_x}{A} = \frac{\frac{d^3}{12}}{\frac{\pi d^2}{8}} = \frac{2d}{3\pi}$$

$$S_x = \int_A y\,\mathrm{d}A = \int_0^{\frac{d}{2}} y b(y)\,\mathrm{d}y = \int_0^{\frac{d}{2}} y 2\sqrt{R^2 - y^2}\,\mathrm{d}y$$
$$= \frac{d^3}{12}$$

（2）求对形心轴 xc 的惯性矩

$$I_x = \frac{\pi d^4/64}{2} = \frac{\pi d^4}{128}$$

由平行移轴公式得：

$$I_{x_c} = I_x - (y_c)^2 \cdot \frac{\pi d^2}{8} = \frac{\pi d^4}{128} - \frac{d^4}{18\pi}$$

参 考 文 献

[1] 胡兴福．建筑力学与结构知识．北京：中国建筑工业出版社，2000.

[2] 刘洁．建筑力学与结构．北京：中国水利水电出版社，2009.

[3] 《建筑结构抗震设计规范》(GB 50011—2010)土木工程抗震设计．北京：中国建筑工业出版社，2010.

[4] 《高层建筑混凝土结构技术规程》(JGJ 3—2002). 北京：中国建筑工业出版社，2002.

[5] 《混凝土结构设计规范》(GB 50010—2002). 北京：中国建筑工业出版社，2002.

[6] 《建筑结构荷载规范》(GB 50009—2001). 北京：中国建筑工业出版社，2006.

[7] 《建筑结构可靠度设计统一标准》(GB 50068—2001). 北京：中国建筑工业出版社，2001.

[8] 许宝勤．内蒙古科技大学办公楼扩建工程[学位论文]. 内蒙古科技大学．2006. 5.

[9] 中华人民共和国国家标准．砌体结构设计规范(GB 50003—2001). 北京：中国建筑工业出版社，2001.

[10] 徐锡权．建筑结构．北京：北京大学出版社，2010.

[11] 何培玲、尹维新．砌体结构．北京：北京大学出版社，2006.

[12] 方鄂华．高层建筑结构设计．北京：地震出版社，1990.

[13] 东南大学，同济大学，天津大学．混凝土结构(上、下册). 北京：中国建筑工业出版社，2002.

[14] 施岚青．注册结构工程师专业考试应试指南．北京：中国建筑工业出版社，2008.

[15] 钢结构设计规范(GB 50017—2003). 北京：中国计划出版社，2003.

[16] 钢结构工程施工质量验收规范(GB 5009—2001). 北京：中国建筑工业出版社，2001.

[17] 赵熙元．建筑钢结构设计手册．北京：北京冶金出版社，1995.

[18] 陶红林．建筑结构．北京：化学工业出版社，2001.

[19] 郭继武，龚伟．建筑结构(上、下册). 北京：中国建筑工业出版社，1995.

[20] 王振东．混凝土及砌体结构(上、下册). 北京：中国建筑工业出版社，1995.

[21] 钟芳林，马丹丁．建筑结构．北京：科学出版社，2009.

[22] 施楚贤．砌体结构疑难释义(第二版). 北京：中国建筑工业出版社，2002.

[23] 刘声扬．钢结构疑难释义(第二版). 北京：中国建筑工业出版社，1998.

[24] 沈蒲声，罗国强．混凝土结构疑难释义(第二版). 北京：中国建筑工业出版社，1998.

[25] 朱炳寅，陈富生．建筑结构设计新规范综合应用手册(第二版). 北京：中国建筑工业出版社，2004.